新能源与船舶节能技术

New Energy and Ship Energy Saving Technology

胡以怀　编著

科学出版社
北　京

内 容 简 介

本书第1章阐述常规能源的特点和新能源概念，分析我国的能源现状、可持续发展的途径和可再生能源的发展目标。第2～5章分别介绍太阳能、风能、生物质能和海洋能的资源分布及应用技术，第6、7章分别介绍小水电、地热能、可燃冰、页岩气、核能和氢能的特点及开发应用前景，第8章全面介绍船舶的各种节能技术，包括船型优化、气膜减阻、船体节能装置、船舶轻量化、动力装置余热回收、LNG代用燃料、风帆助航、减速航行等。

本书内容丰富、覆盖全面，既有传统的船舶节能方法，又有最新的研究成果，可以作为理工科院校的本科生、研究生教材，也可供广大从事节能减排研究的科研人员和应用开发的工程技术人员参考，特别是为船舶高校和航海院校的广大师生提供帮助。

审图号：GS京(2023)1242号

图书在版编目(CIP)数据

新能源与船舶节能技术＝New Energy and Ship Energy Saving Technology/胡以怀编著. —北京：科学出版社，2015.9

ISBN 978-7-03-045707-3

Ⅰ.①新… Ⅱ.①胡… Ⅲ.①船舶航行-节能 Ⅳ.①U676.3

中国版本图书馆CIP数据核字(2015)第220590号

责任编辑：耿建业 陈构洪 乔丽维 / 责任校对：桂伟利

责任印制：吴兆东 / 封面设计：无极书装

科学出版社 出版

北京东黄城根北街16号

邮政编码：100717

http://www.sciencep.com

北京中石油彩色印刷有限责任公司 印刷

科学出版社发行 各地新华书店经销

*

2015年9月第 一 版 开本：720×1000 1/16

2023年6月第二次印刷 印张：33 1/4

字数：655 000

定价：256.00元

(如有印装质量问题，我社负责调换)

前　言

人类最早使用薪柴作燃料，18 世纪 50 年代第一次工业革命后，由于蒸汽机的发明，煤炭得到了大规模的使用，开始了从薪柴向煤炭的第一次能源结构转变。自从 1859 年美国在宾夕法尼亚开采出第一口油井，特别是随着 19 世纪末内燃机的发明，石油作为工业燃料开始大规模使用，人类又实现了从煤炭转向油气的第二次能源结构转变。进入 20 世纪后，特别是第二次世界大战后随着全球工业化规模的飞速发展，人类对能源的消耗急速增长。人类仅仅用了 200 多年的时间就消耗了地球上大部分的油气资源和煤炭资源，同时也造成了恶劣的环境污染，由此给人类社会的发展带来了两个严重的问题。

一方面，按目前探明的全球能源储量和消耗速度计算，石油只够用 40 多年，天然气将在 60 年内用完，煤炭也只能用 220 年。而石油、天然气和煤炭都是地球经过亿万年的漫长时间积存起来的，再产生这些能源已基本不可能，只会是用一点少一点。常规化石能源的有限性，使人类在不远的未来将面临能源的枯竭，必须在此之前寻找到可替代的新能源。

另一方面，随着化石能源的大量消耗，各种有害气体被不断地排入大气层中。其中氮氧化物会引起人类的支气管炎和肺气肿，形成光化学烟雾，导致酸雾酸雨，造成臭氧层的损耗；燃烧所生成的二氧化碳会使地球表面的温度不断升高，导致海平面上升、冰川消融、极地缩小、主要农区转移，对农业、林业和畜牧业产生重大影响；二氧化硫会造成酸雨，导致森林大片死亡、农作物枯萎、土壤贫瘠化、湖泊和河流酸化、建筑物腐蚀和风化等严重危害。可见，化石能源的大量使用，会造成人类赖以生存的地球生态环境的严重破坏，危及人类的长远可持续发展。

人类已进入 21 世纪，目前正面临着第三次能源结构的转变，需要一种不会污染环境又可以持续利用的新能源来代替目前的化石能源。当然，地球上可以持续利用的能源还很多，包括太阳能、风能、生物质能、海洋能、水能，还有一些能源可以较长时间使用，如地热能、可燃冰、页岩气、核能等，其资源分布和应用技术各有特色。

太阳能总量很大，每秒照射到地球上的能量相当于 500 万吨煤，每年到达地球表面上的太阳辐射能相当于 130 万亿吨油当量。它没有地域的限制，无论陆地或海洋，无论高山或岛屿处处皆有，可直接开发和利用，且无需开采和运输。但太阳能很分散，能流密度很低，而且有季节、昼夜、阴晴、地点的变化，能量有间断性和不稳定，能量利用效率低而开发成本高。

地球风能资源也很大，每年有高达 1400 亿吨油当量的能量，分布广泛。但与太阳

目　　录

第1章 概　　述

1.1 我国的能源现状

我国地大物博、资源丰富，自然资源总量排世界第七位，能源资源总量约4万亿吨标准煤，居世界第三位。煤炭保有储量为10 024.9亿吨，可采储量893亿吨；石油的资源量为930亿吨，天然气的资源量为38万亿m^3；水力的可开发装机容量为3.78亿kW，居世界首位[1]。另外，新能源和可再生能源资源丰富，风能资源量约为16亿kW，可开发利用的风能资源约2.53亿kW；地热资源的远景储量为1 353.5亿吨标准煤，探明储量为31.6亿吨标准煤；太阳能、生物质能、海洋能等储量更是居于领先地位。但我国人口众多，能源资源仍相对匮乏。我国人口占世界总人口的21%，但已探明的煤炭储量占世界的11%、原油占2.4%、天然气仅占1.2%，人均能源资源占有量不到世界平均水平的一半，石油仅为1/10。我国1997年一次能源生产量为13.34亿吨标准煤，人均能源消费量仅为1.165吨标准煤，人均电量为893kW·h，不足世界人均能源消费水平(2.4吨标准煤)的一半，居世界第89位。北美人均能源消费量超过10吨标准煤，欧洲及苏联人均能源消费量为5吨标准煤。我国是世界上能源消耗增长最快的国家，20世纪90年代我国GDP平均年增长率为8%～9%，经济的快速增长导致我国能源消耗急剧增长。但我国人均能源可采储量远低于世界平均水平，2000年人均石油可采储量只有2.6吨，人均天然气可采储量为1074m^3，人均煤炭可采储量为90吨，分别为世界平均值的11.1%、4.3%和55.4%[2]。随着我国经济的快速发展和人民生活水平的不断提高，我国年人均能源消费将逐年增加，2050年将达到2.38吨标准煤左右，相当于目前世界平均值，远低于发达国家目前的水平。人均能源资源相对不足，是我国经济、社会可持续发展的一个限制因素，这也是发展新能源和可再生能源、开辟新的能源供应渠道的一个重要原因。

我国目前能源形势非常严峻，我国自1993年成为石油净进口国以来，进口石油不断增加。2004年达到1.2亿吨，到2010年我国石油消费超过3亿吨。短短几年时间，我国已跃升为世界第二大能源消费国和世界第二原油、电力消耗大国。2003年我国能源消费总量已达16.8亿吨标准煤，其中石油达到2.52亿吨，成为仅次于美国的世界第二大石油净进口国。能源短缺不但阻碍整个国民经济的可持续发展，而且拉闸限电、油价暴涨，老百姓的生活也受到了严重影响。

目前我国的重化工比例持续居高不下，产业增长表现出对投资和资源高度依赖的特征，固定资产投资迅速增加。按照与国际可比的支出法计算，我国资本形成占GDP的比例，2000～2002年分别为36.4%、38%、39.4%，2006年已高达53.9%，呈不断攀升的趋势，说明产业增长越来越依赖资本投入的拉动[3]。重工业比例出现了增大趋势，钢铁、建材、电解铝等高能耗产业迅速扩张，由此导致了能源消费量的急剧增加，甚至超过了经济增长速度。2002～2005年能源消耗量的增长速度分别为9.9%、15.3%、15.2%和12.7%，同期经济增长速度则分别为7.5%、8.3%、9.5%和9.5%。2006年我国GDP总量占世界总量的比例约为5.5%，但为此消耗的重要能源资源占世界的比例却高得多。消耗标准煤24.6亿吨，占世界的15%左右；消耗钢材3.88亿吨，占30%；消耗水泥12亿吨，占54%。

我国是世界能源生产大国和消费大国，2004年我国能源消费量超过19.7亿吨标准煤，全球能源消费总量是102亿吨标准油，我国占世界能源消费量的13.5%左右。但GDP按美元计算，2004年全球为4万亿，我国只有0.164万亿，仅占世界GDP的4.1%[4]。

2004年以来世界原油价格进入疯狂状态，国际原油市场的价格一年之内就从28美元涨到了50多美元。截至10月中旬，纽约、伦敦原油期货价格已达到55美元，分别是其近21年、23年的最高点。油价上涨会促使企业的生产与销售增加成本，紧缩开支、减少员工、增加失业，从而严重影响世界经济发展。有人担心，油价飙升会使20世纪70年代初世界石油危机和西方经济衰退的情况卷土重来。据专家分析，国际原油价格疯涨对我国的贸易平衡、工业生产、运输成本和国民经济运行都将带来负面影响。美国花旗银行环球金融集团亚洲首席经济学家黄益平估计，原油价格每上涨10美元，我国GDP将回落0.3个百分点。

在我国能源发展战略中，降低对国际石油的依赖是出于对石油安全的考虑。据统计，2007年我国生产原油18 665.7万吨，同比增长1.6%；2007年我国进口原油15 928万吨，同比增长14.7%。2007年我国原油表观消费量约为3.46亿吨，同比增长7.3%，达历史高位，原油对外依存度达到46.05%。我国原油需求对外依存度的提高，无疑会给我国石油安全带来很大压力。

我国计划到2020年GDP达到4万亿美元。按照我国现在的需求增长速度，已探明的世界储油量全部供我国消费也只有50年。所以，国际石油大鳄拼命炒作"中国饿虎论"，认为"全世界的资源将喂不饱一条中国饿龙"，保证石油的供应已成为国家经济安全的重大问题。我国现在还只是一个发展中国家，经济实力、军事实力、政治实力都没有强大到可以左右世界的程度。把国家经济安全系在需要有强大的经济实力、军事实力、政治实力来保证的原油、矿产进口上，不是很悬吗？因此，减少对石油、煤炭等不可再生资源的依赖，同时采取措施为其他替代能源的公平竞争创造条件，将是我国能源发展战略的唯一选择。

另外，我国工业原料进口也呈大幅增长，仅2003年就进口钢材3 717万吨、氧化铝561万吨、铁矿砂及精矿14 813万吨、锰矿石286万吨、铬铁矿178万吨、铜矿石267万吨、钾肥657万吨。今后20年我国还将缺铁30亿吨、铜5～6亿吨、铅1亿吨，都需大量进口。我国45种主要矿产的现有储量，能保证2010年需求的只有24种，能保证2020年需求的只有6种，矿产资源紧缺矛盾日益突出。据说，我国有经济效益的矿只够继续开采50年；水利资源的潜能只剩下2亿kW。到2020年，不但石油的对外依存度将超过60%，铁矿石也将达到57%，铜将达到70%，铝将达到80%。这就再一次向我们敲响了警钟，要高度重视矿产资源的开发和利用。

一方面，当今世界日趋紧张的供需形势、不断攀升的国际油价、对能源产地和运输通道的战略竞争，以及与能源相关的污染和排放等问题使得能源安全问题成为全球最高政治会晤的首要议题，能源安全是影响全球推引低碳经济发展的重要驱动诉求。石油、天然气价格不断上涨，中东地区、俄罗斯等能源生产地区的能源供应安全得不到保障。受一些政治和经济原因的影响，世界能源生产及供应已经出现了一些问题，表现出油气行业勘探和开采不足、海运及管道运输能力遭遇瓶颈、炼油能力迟滞不前等。国际能源机构指出，当前世界能源体系正面临实现向低碳、高效、环保的能源供应体系的转变，能否解决这个问题，将决定未来人类社会的繁荣与否，可以说现在继续的是一场能源革命[5]。

而另一方面，一批新兴国家的经济高速增长，导致全球能源需求量和消耗量急剧增加。根据英国石油公司的研究报告，2001～2006年，全球的能源价格经历了急剧上升，世界一次能源消费量逐年增加。平均年增长率达到3%，而且增长主要来自非经合组织国家。根据美国能源部能源信息署(EIA)发表的《2007年国际能源展望》报告预测，到2030年，世界能源的总消耗量将会比2004年的水平增长57%。其中，经合组织国家能源消耗量将增长24%，而非经合组织国家的总能源需求增长更为迅猛，几乎比2004年翻一番(增长95%)。因此，发展低碳经济、转变能源利用模式、节能降耗、开发替代能源和可再生能源是保障未来能源安全的必由之路[5]。

美国能源专家保罗·罗伯茨2004年发表了一篇文章“全球能源争夺不宣而战”，他说：“我们正处于一种新战争的前沿。”现在看来，争夺最后的丰富油气资源的斗争很可能成为21世纪地缘政治的主题。现在全世界的石油储藏量2003年已探明的大概为11 500亿桶(1 734亿吨，其中中东995.88亿吨)。以目前的开采速度计算，全世界现在每天消耗石油8 000万桶，地球上的石油储量大约只够满足全世界石油消费需要41年。世界将在2040年后进入“石油枯竭时代”，我们已看到了竞争的轮廓。美国正在不遗余力地全面遏制中国获得资源的能力。日本则表示，随着中国的迅速工业化，需要大量能源，一场与中国争夺海上自然资源和世界能源资源的斗争变得日趋激烈和残酷。目前世界上凡是有石油的地方，日本人与中国人几乎是如影随形。在中日两国就东海大陆架石油开发出现争议的情况下，韩国也悄悄加入黄海大陆架石油资源竞争者的行列，欲“浑水摸鱼”，因此中国平等利用世界资源的努力将会遇到越来越大的阻力[6]。亚洲未经宣战的石油战争再次提醒我们：在全球经济基本只依赖石油一种燃料的情况下，能源安全得不到保障则意味着工业化和现代化失去动力而被迫屈服。石油安全面临的真正困境是，以石油为主的能源经济内部的不稳定因素越明显，世界就越难摆脱石油的束缚，因此人类必须开发石油以外的可持续发展的新能源，以摆脱石油的束缚。

同时，全球变暖给社会经济发展也带来了严重损害，深度触及能源安全、生态安全、水资源安全和粮食安全，甚至威胁到人类的生存。由此引发了国际社会对环境问题的极度关注和对现有经济发展模式的深刻反思，人类社会迫切需要探索出一条新的经济发展模式[7]。

我国能源结构以煤为主，煤炭消耗占能源总消耗的60%以上。随着煤炭消耗量的增加，二氧化硫排放量以每年3%～4%的速度不断增长，使我国酸雨发展迅速，重酸雨区从“七五”期间的西南、华南局部地区已扩大到华中、华南、长江以南大部分地区，年平均降水 pH 已低于 4.5，并向长江以北发展。虽然我国单位 GDP 的二氧化碳排放量从 1990 年到 2001 年下降了 52%，但二氧化碳排放总量却从 1980 年的 3.94 亿吨碳增加到 2001 年的 8.32 亿吨碳。另外，随着我国城市化进程的加快，我国汽车总数以 13%的年增长率增加，城市中汽车和摩托车数量剧增，导致城市空气污染加剧，造成巨大的经济损失[8]。

从能源利用效率来看，我国单位产品的能耗水平较高。2001 年，我国终端能源用户能源消费的支出为 1.25 万亿元，占 GDP 总量的比例为 13%，而美国仅为 7%。我国单位产品的能耗水平较高，目前 8 个高耗能行业的单位产品能耗平均比世界先进水平高 47%，而这 8 个行业的能源消费占工业部门能源消费总量的 73%。

根据“十六大”提出的到 2020 年我国 GDP 翻两番达到 4 万亿美元的经济发展目标估计，届时全国需发电装机容量为 8 亿～9 亿 kW。目前国内已有装机容量为 3.5 亿 kW，需要新增量为 4.5 亿～5.5 亿 kW。实现上述目标，如果全部用煤就必须新增 12 亿吨以上电力用煤，由此将对资源、采掘、运输及环境带来难以承受的负担。

当前我国在能源安全方面最突出的是石油问题。我国自 1993 年从石油净出口国变为净进口国以来，石油进口依存度（净进口量占消费量的比例）大幅上升，2000 年石油进口已超过 30%，2010 年达 45%以上，2020 年将超过 60%。当今世界风云变幻，保障石油的可靠供应对国家安全至关重要，这是我国能源领域面临的一项重大挑战。

我国是世界上少数几个以煤为主要能源的国家之一，是煤炭消费大国，燃煤造成的环境问题日益明显。据我国新能源和可再生能源1999年白皮书估计，目前我国已探明的煤炭可开采蕴藏量为1 145亿吨，按目前的开采速度可供开采不足百年；已探明的石油剩余可开采储量为32.735亿吨，可供开采不足20年；天然气可开采储量为11 704亿 m^3，可供开采不足60年。到时，我国面临严峻的能源短缺问题，同时化石燃料的燃烧所造成的污染使我国每年损失约1 000多亿元，这就是我国的能源现状。

1.2 常规能源的特点

1. 常规能源的有限性

柴薪是人类第一代主体能源。人类发现用火之后首先用树枝、杂草等作为燃料，用于燃烧煮食和取暖，用草饲养牲畜，靠人力、畜力并利用一些简单机械作动力，从事手工生产和交通运输活动。从远古时代直至中世纪，在马车的低吟声中，人类度过了悠长的农业文明时代。

18世纪西欧产业革命开创的工业文明逐步扩大了煤炭的利用。煤气灯的使用，照彻了人类的漫漫长夜。蒸汽机的发明，使煤炭一跃成为第二代主体能源。以煤炭作燃料的蒸汽机的应用，使纺织、冶金、采矿、机械加工等工业获得迅速发展。同时，蒸汽机车、轮船的出现使交通运输业得到巨大进步。19世纪以来，电磁感应现象的发现，使得由蒸汽轮机作动力的发电机开始出现，煤炭作为一次能源被转换成更加便于输送和利用的二次能源——电能。

1859年美国宾夕法尼亚州打出了世界上第一口商用油井，石油工业由此发展。19世纪末，人们发明了以汽油和柴油为燃料的内燃机。1908年，福特研制成功第一辆汽车，此后汽车、飞机、柴油机轮船、内燃机车和石油发电的出现，将人类飞速推进到现代文明时代。到20世纪60年代全球石油的消费量超过煤炭，成为第三代主体能源[9]。

石油、煤和天然气均为化石燃料，是古生物在地下历经数亿年沉积变迁而形成的，其储量极为有限，而且不可再生。按现在的能源消耗计算，世界上的石油、煤和天然气等化石燃料将在几十年至两百年内逐渐耗尽。而地质学家预测世界石油产量最早在2010年、最迟在2040年将达到顶峰，在那之后将开始下滑。此后，石油和天然气价格将大幅度上升，再也不会回落。如果到时候人类还没有找到真正能够取代石油的新能源，必将出现世界范围的经济恐慌和衰退。

目前，世界各国所利用的能源基本上是煤炭、石油和天然气三大化石能源，其比例约为68∶17∶15。据预测，随着人口的增长和社会的发展，世界能耗将以每年 2.8%的速度增长。按目前探明的储量计算,石油只可用 40 多年,天然气将在 60 年内用完,煤炭也只能用 220 年。而石油、天然气和煤炭等天赐的化石能源都是亿万年前古代太阳能的积存,现在再产生这些能源已基本不可能,因此属于不可再生的能源,只能用一点少一点[10]。及早寻求替代能源,从根本上解决能源匮乏的问题,开发新能源是一条符合社会发展趋势的必由之路。

2. 环境污染与生态破坏

随着工业化的发展和人口的快速增长,人们对能源的需求越来越大,而煤炭、石油、天然气等能源的大量开发和使用,造成的大气、环境污染及生态破坏已严重危害了人类的生存环境和人们的身体健康。上述能源的大量消耗,不断将各种有害气体排入大气层中,其中的氮氧化物会造成臭氧层的损耗,而能够屏蔽 99%紫外线辐射的臭氧层一旦遭受破坏,无疑将使进入地球表层的紫外线辐射增加,从而危及整个生态系统;燃烧所生成的二氧化碳会产生“温室效应”,使地球表面的温度不断升高,导致海平面上升、冰川消融、极地缩小、主要农区转移,这种气候变化还会改变世界上大部分地区的降雨,对农业、林业和畜牧业产生重大影响;二氧化硫会造成酸雨,如果酸度过高,就会导致森林大片死亡、农作物枯萎、土壤贫瘠化、湖泊和河流酸化、建筑物腐蚀和风化等严重危害;大量开采煤炭资源既对土地资源造成破坏,又因排出废水和甲烷气体而对水源和大气造成不同程度的破坏,大量化石燃料的燃烧是造成大气污染、酸雨和温室效应的罪魁祸首。因此,开发和利用无污染又无生态破坏的清洁能源,解决好能源、环境和发展问题是实现可持续发展的重要选择之一。

1.3 可持续发展的途径

“可持续发展”这一概念,是在 1992 年 6 月举行的联合国环境与发展大会上首次得到 170 多个联合国成员国认可的,在此次大会上通过了《里约环境与发展宣言》及《21 世纪议程》两个纲领性文件。“可持续发展”广义上是指:既满足当代人的需求,又不对后代人满足其自身需求构成危害。其需求将经济、社会、资源和环境保护构成一个密不可分的系统,协调发展,既要达到发展经济的目的,又要保护好人类赖以生存的大气、淡水、海洋、土地和森林等自然资源,使子孙后代能够永续发展和安居乐业。因此要求人们:在发展过程中利用各种资源时,既要满足当代人的物质、文化需求,又要为人类子孙后代的长远发展着想;要节约使用各种资源,如煤炭、石油、天然气、矿产、森林、水、生物、土地和海洋等;最大限度利用废弃物资源,做到一物多次利用、合理利用;要研究、开发、利用各种可再生能源,借此节约不可再生的煤炭、石油、天然气等常规能源。

历史上,人类利用能源大致经历了三个时期:薪柴时期、煤炭时期和油气时期。第一次能源结构转变是从薪柴转向煤炭(1920年);第二次能源结构转变是由煤炭转向油气(1959年);面对日益枯竭的化石能源和不断恶化的生态环境,人类需要进行第三次能源结构转变,即从矿物能源向可再生能源转变,用可再生能源替代矿物能源,用无碳能源、低碳能源替代高碳能源。

传统工业的发展离不开化石燃料所提供的巨大能源,能源结构的高碳化是传统工业化的必然结果。当地球温室效应不断地影响和威胁人类赖以生存的自然生态系统时,人类对工业文明依赖化石能源基础的反思和改造也就顺理成章了。

在三种化石能源中,煤的含碳量最高,石油次之,天然气的单位热值碳密集度只有煤炭的60%。其他形式的能源(如核能、风能、太阳能、水能、地热能等)属于无碳能源。

发展低碳经济必须加快国家能源消费从以传统煤炭为主的结构向石油和天然气为主的结构转变,加快以传统化石能源为主的结构向清洁和可再生能源为主的结构转变,通过化石能源内部和外部结构的调整,有效地减缓碳排放增长速度。从保证能源安全和保护环境的角度看,一是要发展低碳和无碳能源,促进能源供应的多样化,也是减少煤炭消费和降低对进口石油依赖度的必然选择;二是大力提高能效,提高能效被认为是煤炭、天然气、核能和再生燃料之外的第五种燃料,更高的能效意味着可以减少温室气体排放[5]。

为了保护环境和满足自身的能源需求,世界各国近年来一直利用自身优势,努力开发风能、波浪能、潮汐能等多种可再生能源,以减少温室气体排放。

改变传统的能源利用方式、开发利用新能源已成为国际共识,美国、日本等发达国家普遍大力实施"绿色新政"。美国总统奥巴马认为发展可再生能源是"美国复兴和再投资计划"的重要部分,在产业政策中对新能源作出了极大倾斜。他计划用三年时间,促使美国可再生能源产量增加一倍。这一领域的革新将创造数百万个就业机会。据专家分析,此前美国等发达国家的经济增长主要靠金融。而目前来看,短期内金融业再成为拉动经济增长的火车头已不可能。

英国在1997年签署了《京都议定书》,并承诺英国将在2050年之前将温室气体排放量减少到1996年排放量的40%。为了鼓励开发可再生能源,英国推出了"可再生能源计划",取代了20世纪七八十年代制定的"非矿物燃料计划",那时的计划是为了鼓励使用核能。根据"可再生能源计划",英国在能源方面的政府研发资金开始转向投入开发多种清洁的新型能源。随后四年,英国政府通过资助和研发支持等形式,向可再生能源行业提供了3.5亿英镑(约合6.3亿美元)资金[11]。2003年,英国前首相布莱尔发表了题为《我们本来的能源——创建低碳经济》的白皮书(DTI2003),宣布到2050年英国能源发展的总体目标是从根本上把英国变成一个低碳经济的国家。按照《京都议定书》的承诺,2012年欧盟温室气体要在1990

年的基础上减排 8%,英国表示愿意为欧盟成员国在温室气体减排方面承担更多的责任,在欧盟内部的“减排量分担协议”中英国承诺减排 12.5%,比平均减排 8% 的目标高出 4.5 个百分点。不仅如此,英国政府进一步表示,力求在 2010 年减排主要温室气体——二氧化碳 20%,2050 年减排 60%。

英国海岸线总长 11 450km。为了借助这种地理优势,英国把研究海洋风能、潮汐能、波浪能等作为开发新型能源的突破口,希望海洋成为未来英国的能量之源。2004 年 8 月 2 日,英国政府设立了 5 000 万英镑(约合 9 000 万美元)的专项资金,重点开发海洋能源。2004 年 8 月 10 日,世界首座海洋能量试验场“欧洲海洋能量中心”在苏格兰奥克尼群岛正式启动,是全球首座海洋能量试验场,它将对新型海洋能源技术和设备进行试验和推广。中心在海上设有 4 个试验床,将各种能量转换为电能,再通过海底电缆传输到岸上的发电站。电能经过控制系统处理,将直接通向英国国家电网,将电力输送到居民家中。该中心耗资 500 万英镑(约合 900 万美元),由英国贸易工业部、当地政府和私营机构共同投资。新中心的建立,表明英国希望在海洋能源领域取得全球领先地位,它也将有助于英国进行新型海洋能源技术和设备的试验和推广,海浪发电站将和风力发电站一样,成为英国海岸的一大景观。一台名为帕拉米斯的波浪发电机由爱丁堡海洋能输送公司生产,输出功率为 750kW,可供 500 户居民使用。英国计划在西南部地区建造一座占地面积约 $1km^2$、由 40 台波浪发电机组成的波浪发电站,并通过一条海底电缆为 2 万户居民提供电力[12]。

在重视研发的同时,英国已经开始把相对成熟的可再生能源技术用于实践,风能是可再生能源中成本较为低廉的一种。英国风能发电的历史悠久,技术在世界风能业居于领先地位。目前,英国有关公司既可以生产小规模的风能充电器,也可以建造大规模的风能发电场。近 10 年来,随着风能发电成本大幅下降,英国加快了利用风能的步伐。根据“可再生能源计划”,英国在近期还将建造 10 个类似的风能发电场。其他可再生能源的研究工作在英国也发展十分迅速,在把垃圾通过掩埋转换成天然气的技术方面,英国处于世界领先水平。另外,英国在利用氢能、太阳能方面也取得了很大进展[13]。

日本投入巨资开发利用新能源和可再生能源,不仅集中在新能源的产业化方面,也注重对太阳能、风能、光能、氢能、燃料电池,以及潮汐能、水能、地热能等方面的基础研究。2007 年 5 月日本的经济产业省决定在未来 5 年中投入 2 090 亿日元用于发展清洁汽车技术,其目的不仅要大大降低燃料消耗,还要降低温室气体的排放量[14]。

日本在风能和太阳能利用方面同步发展,在日本很多海边公园里,都可以看到迎风矗立的风力发电机徐徐转动。在多种可再生能源中,日本的风力发电量居世界第三位,2010 年日本的风力发电就达到 200 万 kW · h。此外,太阳能发电在日本的新能源利用中也占有非常重要的地位。三洋电机公司建于安八郡安八町的“阳光方舟”是当时世界上最大规模的太阳能发电装置，每年能发电53万kW·h，与传统火力发电相比，可减少约348吨的二氧化碳排放量。

据海外媒体报道，由日本东北大学研究所环境科学研究科教授斋藤武雄主持的研究小组开发出一种新式发电系统。先用太阳能加热水，再用热水将有机触媒加热到120℃左右，之后用2～3马赫(当地音速的倍数)的超音速将触媒对着新开发的小型涡轮旋翼喷射，每分钟转3 300次左右，并借此发电。先前的实验中，这套系统每小时可发电约300W，可将16%～20%的太阳能转换为电能。此外，同样规模的太阳能电池设备售价70万日元，这套新系统只要30万日元左右。这种发电系统不会排放导致地球温室化的二氧化碳，而且即使体积缩小，效能也不会降低，因此适合汽车引擎、家用小型发电机等用途。

2008年6月，日本首相福田康夫提出了日本新的防止全球变暖对策——“福田蓝图”，表示日本减排的长期目标是到2050年使本国的温室气体排放量比目前减少60%～80%。行动计划草案写明，从2009年起将就捕捉及封存技术开展大规模验证实验，争取2020年前使这些技术实用化。福田蓝图还提出，日本太阳能发电量到2020年要达到当时的10倍，到2030年要提高到当时的40倍[15]。

综上所述，化解即将到来的能源资源危机，我们必须跳出现在依靠不可再生的石油矿物资源来维持经济运转的模式，用可再生的新能源、新材料、新技术来使人类彻底摆脱矿物资源的桎梏。这一点对中国的发展和和平崛起尤其重要。我们只有在新能源资源方面走在世界前面，才能不被遏制，并获得发展的动力。短时间内我国可以采取以下办法。

(1) 利用我国拥有5 000多亿美元外汇储备的优势，趁国际市场石油、金属等贸易价格还可以承受之时，尽量多进口一些战略物资，建立起比较雄厚的战略储备。但是，我们必须清醒地看到，这将会受到其他国家的阻挠。把自己的命运寄托在别人身上，总是不保险的。

(2) 加快我国本土资源的勘探、开发和利用。从勘探角度看，我国很大部分地区都尚未得到详细勘探，还有很大一部分矿产资源未被勘探出来，探明储量比例更小。中国总资源量中，原油达到1 221亿吨，天然气达到47万亿m^3。而目前，中国石油资源探明储量只占预测储量的37%，资源潜力还很大。例如，目前大庆还有38亿吨的剩余储量，新疆蕴藏的油气储量有200亿～400亿吨，西藏的地质为海相地层，羌塘盆地与中东、里海特大油田的地质构造完全相同，现已发现丰富的油气储藏。

中国海上石油的发现率仅为18.5%，天然气发现率仅为9.2%。黄海和东海大陆架的石油资源达77亿吨，渤海湾盆地可能蕴藏205亿吨石油储量，其中90亿吨已经探明，超过了我国原有65亿吨的已探明石油保有储量。而中国南海海域的油气资源储量，石油储量达到 200 亿吨，天然气资源量达到 25 万亿 m^3。另外，我国煤储量丰富，煤炭资源总量约为 5.57 万亿吨，探明煤炭保有资源总量达 1 万亿吨，如果在煤的气化、液化清洁使用技术方面有所突破，我国的能源就能在近百年中有所保证。而根据现已掌握的技术，我国煤制油的成本可以降低到 20 美元一桶。如果抓紧发展，已经可以取代很大一部分石油。但是我们也应该看到，我国富矿少、品位低，大部分位于自然条件恶劣的缺水地区，开采难度大、成本高。光靠开采我国自己的资源满足经济发展需要有很大难度。而且以污染严重的煤为主要能源的状况很难改变，必须加快煤的气化、液化等清洁利用的研究[16]。

(3) 加大节约能源、节约用电用水、减少原材料消耗的科学技术研究，发展循环经济，使资源可以多次重复使用，用尽可能少的资源创造最大的价值。中国每年有 500 万吨废钢铁、20 多万吨废有色金属、1 400 万吨废纸及大量废塑料、废玻璃等没有回收利用。如果回收利用率能提高一倍，其所能够产生的社会经济和生态效益将是十分惊人的。

中国有巨大的节能潜力，我国钢铁、建材行业的工艺路线、生产流程与国外没有太大的差距，但吨钢可比能耗、水泥综合能耗却是国外先进水平的 1.4 倍以上。如果目前中国的能源消费结构与世界相同，那么中国的能源需求就可以减少 2 亿吨标煤。然而，现有传统能源矿产资源总是有限的，再节约也会开采用完。据科学家预测，世界上绝大多数矿产资源包括石油、铜、铁等都会在 50～100 年内开采殆尽。所以我们必须另辟蹊径，用科学发展观、用创新科学技术来寻求新的资源。

1.4 新能源概念

新能源是指目前尚未被大规模利用，正有待于进一步研究、试验和开发利用的新型能源。新能源有两大特点：一是资源的广泛性；二是新能源一般是非碳能源。以太阳能、风能等为代表的新能源在消耗时不向空气中排放二氧化碳，不增加温室效应。把自然界存在的阳光、风力、水力和有机生物转变成燃料、热和电力的技术（即开发太阳能、地热能、风能、海洋能、核聚变能以及生物质能、氢能等可再生能源的工艺和技术）就是新能源技术。

新能源的概念和含义是 1981 年联合国在肯尼亚首都内罗毕召开的新能源和可再生能源会议上确定的，它不同于常规化石能源，可以持续发展，几乎用之不竭，对环境无很大损害，有利于生态良性循环[17]。

目前，联合国开发计划署（UNDP）将新能源分为三类：①大中型水电；②可再生能源，包括小水电、太阳能、风能、现代生物质能、地热能、海洋能；③传统生物质能。

目前可再生能源是指除常规化石能源、传统生物质能和大中型水力发电、核裂变发电之外的生物质能、太阳能、风能、小水电、地热能以及海洋能等一次能源。这些能源资源丰富，可以再生，清洁干净，是最有前景的替代能源，将成为未来世界能源的基石。

1）太阳能

太阳每秒照射到地球的能量就相当于500万吨煤[5]，地球上的各种能源根本上都源自太阳。而狭义的太阳能则指光热、光电和光化学的直接转换。太阳能既是一次能源，又是可再生能源。既可免费，又无需运输，更无任何污染。

太阳能的转换和利用方式有光—热转换、光—电转换和光—化学转换。接收或聚集太阳能使之转换为热能，然后用于生产和生活的一些方面，是光—热转换即太阳能热利用的基本方式。太阳热水系统是太阳能热利用的主要形式，它是利用太阳能将水加热储于水箱中以便利用的装置。太阳能产生的热能可以广泛应用于采暖、制冷、干燥、蒸馏、温室、烹饪以及工农业生产等各个领域，并可进行太阳能热发电。利用光生伏打效应原理制成的太阳能电池，可将太阳的光能直接转换成为电能加以利用，称为光—电转换即太阳能光电利用。光—化学转换尚处于研究开发阶段，这种转换技术包括半导体电极产生电而电解水产生氢、利用氨氧化钙或金属氢化物热分解储能等。

2）风能

风能是太阳辐射造成地球各部分受热不均匀，引起各地温差和气压不同，导致空气运动而产生的能量。全球可利用风能为2×10^7 MW，比地球上可开发利用的水能总量还要大10倍[5]。风能对沿海岛屿、边远山区、草原牧场，以及远离电网地区有着重要意义。即使在发达国家，这种高效清洁的新能源也日益受到重视。我国季风强盛，近期可开发的约为16亿kW，内蒙古、青海、黑龙江、甘肃等省风能储量居我国前列。利用风力机可将风能转换成电能、机械能和热能等，风能利用的主要形式有风力发电、风力提水、风力致热及风帆助航等。

3）生物质能

生物质能是太阳能以化学能形式储存在生物中的一种能量，它直接或间接地来源于植物光合作用[5]。生物质是唯一可再生的碳源，每年通过光合作用储存在植物的枝、茎、叶中的太阳能，相当于全世界每年消耗能量的10倍。世界上生物质资源数量庞大、形式繁多，包括薪柴、农林作物、农业和林业残剩物、食品加工和林产品加工的下脚料、城市固体废弃物、生活污水和水生植物等。有机物中除矿物燃料以外，所有来源于动植物的能源物质均属于生物质能，通常包括木材、森林废弃物、农业废弃物、水生植物、油料植物、城市和工业有机废弃物、动物粪便等。

生物质能的利用主要有直接燃烧、热化学转换和生物化学转换三种途径。生物质的直接燃烧在今后相当长的时期内仍将是我国农村生物质能利用的主要方式。因此，改造热效率仅为10%左右的传统烧柴灶，推广热效率可达20%～30%的节柴灶这种技术简单、易于推广、效益明显的节能措施，被国家列为农村能源建设的重点任务之一。生物质的热化学转换是指在一定温度和条件下,使生物质气化、炭化、热解和催化液化以生产气态燃料、液态燃料和化学物质的技术。生物质的生物化学转换包括生物质—沼气转换和生物质—乙醇转换等。沼气转换是有机物质在厌氧环境中,通过微生物发酵产生一种以甲烷为主要成分的可燃性混合气体,即沼气。乙醇转换是利用糖质、淀粉和纤维素等原料经发酵制成乙醇。

4) 海洋能

通常指依附在海水中的可再生能源,包括潮汐能、波浪能、海洋温差能、海洋盐差能和海流能等,更广义的海洋能源还包括海洋风能、海洋表面太阳能及海洋生物质能等。全球海洋能的可再生量很大,上述五种海洋能理论上可再生的总量为760亿kW。虽然其强度比常规能源低,但在可再生能源中,海洋能仍具有可观的能流密度。

海洋能被储存的能量形式可分为机械能、热能和化学能。潮汐能、波浪能、潮流能、海流能为机械能,海水温度差能为热能,海水盐度差能为化学能。海洋能技术是指将海洋能转换成电能或机械能的技术。

5) 小水电

按照原国家计委的规定,电站总容量在5万kW以下的为小型;5万～25万kW的为中型;25万kW以上的为大型。所谓小水电,通常是指小水电站及与其相配套的小电网的统称。1980年联合国召开的第二次国际小水电会议,确定了以下三种小水电容量范围:小型水电站(small),1 001～12 000kW;小小型水电站(mini),101～1 000kW;微型水电站(micro),100kW以下。我国20世纪70年代以来,小水电一般是指单站容量在12 000kW以下的小水电站及其配套小电网。但随着国民经济的发展,自1996年起,小水电的容量范围已提高到按单站5万kW计算。我国农村中,村级以下办的小水电多数属于容量为100kW左右的微型水电站。小水电的开发方式,按照集中水头的办法,可分为引水式、堤坝式和混合式三类。

6) 地热能

据估计,每年从地球内部传到地面的热能相当于100PW·h[5],源自地球的熔融岩浆和放射性物质的衰变。如果热量提取的速度不超过补充的进度,那么地热能便是可再生的。地热能应用相当广泛,不过其分布相对分散,开发难度大。

地热资源是指在当前技术经济和地质环境条件下,地壳内能够科学、合理地开发出来的岩石中的热能量和地热流体中的热能量及其伴生的有用组分。地热资源按储存形式可分为水热型(又分为干蒸汽型、湿蒸汽型和热水型)、地压型、干热岩和岩浆型四大类;按温度高低可分为高温型(>150℃)、中温型(90～149℃)和低温型(≤89℃)。地热能的利用方式主要有地热发电和地热直接利用两大类。不同品质的地热能可用于不同的目的,流体温度为200～400℃的地热能主要可用于发电和综合利用;150～200℃的地热能主要可用于发电工业热加工、工业干燥和制冷;

100～150℃的地热能主要可用于采暖、工业干燥、脱水加工、回收盐类和双循环发电；50～100℃的地热能主要可用于温室、采暖、家用热水、工业干燥和制冷；20～50℃的地热能主要可用于洗浴、养殖、种植和医疗等。

另外，还有一些二次能源，如电能、氢能等。二次能源是联系一次能源和用户的中间纽带，可分为“过程性能源”和“含能体能源”。电能是“过程性能源”，柴油、汽油则是“含能体能源”。随着化石燃料耗量的日益增加和储量的日益减少，迫切需要一种不依赖化石燃料的含能体能源，氢能正是一种理想的含能体能源。一种新的更为分散的电力体系模式将在全国各地开始运行，燃料电池将缓慢但稳步地进入汽车市场和固定的电力市场，并为氢气经济的最终出现打下基础。届时，利用再生能源技术（如太阳能、风能）或者清洁煤技术生产氢气的技术就会具有成本竞争力。

现在世界各国正在研究的新能源主要有以下几个方面。

(1) 太阳能：太阳具有当今世界最大的能源资源，太阳辐射到地球表面的能量相当于人类目前生产能源的一万倍。太阳每分钟射向地球的能量相当于人类一年所耗用的能量。光伏电池是将太阳能转换为电能的主要装置。世界光伏电池发展很快，1996 年以来销售量平均每年增长 33%，预计到 2040 年，光伏发电将占全球电力需求的 26%。美、欧、日等发达国家都有庞大的屋顶发电系统计划，发展中国家也有 100 多万个家庭使用光伏电池。

目前太阳能利用转化率多晶硅太阳能电池已达 16%以上，单晶硅太阳能电池已达 17.8%，将来还能进一步提高。到 2020 年，世界能源消费总量大约需要 25 万亿升原油。如果用太阳能替代，只需要约 97 万平方公里的一块太阳能“光板”就可实现，我国则只需要二三十万平方公里的面积就够了。现在，太阳能电池板一般需要七、八年收回成本，而使用寿命可长达 27 年，经济效益上可行[18]。我国西部地区 120 多万平方公里的沙漠和戈壁，如果用来建设这种太阳能发电厂，对解决我国的能源问题可以说是绰绰有余。因此已有专家提出，可以从沙漠的上风头边缘开始，用太阳能电池板逐步将沙漠覆盖，太阳能板还可以作为农业工厂的顶板，下面作种植用地。这样一来，我国 120 多万平方公里的沙漠和戈壁就可以成为我国取之不尽、用之不竭的能源基地，还可以大大减少沙漠地区的蒸腾蒸发量，消灭沙尘暴，制止沙漠的流动和扩张。同时得到广阔的生产空间，生产大量农产品，提高西部地区人类的生存能力，一举多得。

并网光伏发电是太阳能资源大规模和商业化利用的主要手段，目前技术上可以实现的方式有屋顶并网发电系统和沙漠电站系统。屋顶系统是利用现有建筑的屋顶有效面积，安装并网光伏发电系统。沙漠电站则是在无人居住的沙漠地区开发建设大规模的并网光伏发电系统。不论屋顶系统还是沙漠电站系统，都有可能实现光伏发电系统的大规模发展。目前，太阳能电池已经开始广泛用于通信、交通、石油、农村电气化、民用产品等各个领域[19]。光伏发电不但列入国家的攻关计划，而且列入国家电力建设计划，同时也在一些重大工程项目中得到应用。

(2) 风能：近 20 年来，世界风力发电有惊人的发展，成为世界上增长最快的能源之一。全球风能发电年增长速度为 35%，2003 年初世界风力发电总装机容量已达到 3200 万 kW。地球上的风能资源约为每年 200 万亿 kW·h，是地球上可利用水资源的 10 倍，只要能够将地球 1%的风能利用好，就能满足全球的能源需要。

我国风能资源居世界第三，已探明理论储量为 32.26 亿 kW，可利用开发为 2.53 亿 kW，加上近海的风能资源，全国可开发资源在 10 亿 kW 以上，但已开发的只有千分之二。过去，由于风能的含能密度低、风向变换不定、风力大小无常，给风能大规模开发带来困难。现在的新型风轮已能够随着风向的变换和大小随意轻快地转动，大小风速都能正常工作，技术已经相当成熟。如果风力发电站选址好的话，年发电时间可超过 3000 小时。我国北方冬春季风大风多，正是水电站的枯水期，风力发电正好能够弥补水力发电。据国家发改委再生能源规模化发展项目办公室资料，我国风能发电场已有 26 个，总装机容量 50 多万 kW，近年风电年增长率都在 50%以上，但是基数太低，未来发展将更快。风能的一个重要特点是上马快，不像核电、水电需要好几年的建设周期。按现有风电发展规划，到 2020 年，风电将占我国全部电力的 10%。

(3) 生物质能：生物质工程是我国工程技术最前沿研究项目之一。生物质主要指粮食以外的秸秆、树木等木质纤维类农林废弃物及禽畜粪便等。我国相关生物技术已基本成熟，目前我国已在木质纤维素水解、代谢产物分离和纯化等三项国际公认的关键技术上取得重要进展。生物质能资源丰富，分布广泛易得，污染远低于煤和石油，平均含硫量只有 3.8‰(煤的平均含硫量为 1%)，且可再生，是能源分散供给体系的一种极佳能源。我国农村还发展了以生物沼气技术为主的利用方式，2002 年全国沼气用户已有 1100 万户。一些省市还在积极发展粮食及秸秆深加工制取甲醇、乙醇甚至汽油和柴油，以代替石油，或用农产品代替石化塑料的工业，既提高了产值，增加了农民收入，又成为新一代可再生能源，具有巨大发展前景。我国新兴生物质产业已经处于国际领先地位，产能有望达到大庆油田的产能，成为一座年产 5000 万吨的“绿色油田”。

(4) 地热能：每年从地球内部喷出或爆发出的热量大约相当于 1000 亿桶石油燃烧所放出的热量。在地球上所有能源中，地热能仅次于太阳能排第二位。仅地球表层 10 公里厚的一层，就可满足人类近百万年的能量需要。世界上有 20 多个国家建有地热发电站，总装机容量超过 843.8 万 kW。我国从 20 世纪 70 年代开始发展地热电站，最大的西藏羊八井地热电站装机 2.5 万 kW。近年来我国地热水直接利用总量已超过日本跃居世界首位。

(5) 核能：当今世界核电站发展十分迅速，技术日趋成熟。截至 2002 年，全世界运行中的核电机组已达441个，总装机容量为3.6亿kW，占全球供电比例为16.1%，有17个国家的核电占全国总发电量的1/4以上。而我国还只有9座核电站运营，发电量只占2%左右，因此我国也应该提高核电比例。我国现在的核电生产能力只有870万kW，计划到2020年，将增至3600万kW，从而使核电比例提高到4%，以后还要提高到20%以上。由于全球核电发展迅速，最重要的核燃料铀已被各国抢夺一空，渐趋枯竭。今后国际市场上铀价肯定会暴涨。所以，应该及早将铀列入国家战略储备物资，加紧储备。同时开发钍及氢同位素等其他核燃料，以满足将来的需要。

(6) 海洋能：全球潮汐能理论资源有30亿kW，波浪能理论资源也有30亿kW，海洋温差能理论上则可达400亿kW。我国海洋能资源潜力很大，沿海地区应充分开发利用。

(7) 雪能源：日本的研究表明，雪可以作为保冷制冷的能源，现在以雪为能源的保冷制冷装置已经投入使用。用雪储藏农作物，其成本比用电控温要低。按照能量换算，一吨雪所能产生的热能相当于10升原油的热能。

(8) 垃圾资源化："垃圾是放错了地方的资源"。现在，我国2/3的城市陷入垃圾包围之中，全国每年的城市垃圾总量已达到1.5亿吨，还在以每年9%的速度猛增。如果用老办法填埋，不仅占用土地，而且加剧环境污染。如何变废为宝，使垃圾资源化，是一个重大课题。我国有的企业已经研制成功高技术垃圾焚烧发电方法，采用高压风管喷风助燃，变频控温技术，降低了成本，使垃圾燃烧后二噁英排放值达到国家标准，并取得了好的经济效益。

(9) 氢能、核聚变能及其他：氢能、核聚变能被称为人类的终极能源或永久能源。它燃料来源广、经济性好、无污染，理论上可供人类几亿年甚至永久使用。未来人类将进入热核时代和氢时代，汽车、火车、飞机、轮船等将都是用氢发动机、电动机、原子能发动机行驶，烧氢产水或用热核发电驱动。氢是地球上最丰富的元素，用太阳能发电电解水制氢或直接用太阳能聚焦电解水制氢，都是经济的、很有发展前途的方法。氢燃烧后仍合成水，没有任何污染，也是最清洁的燃料。而氢的同位素氘和氚作为热核燃料也足够人类使用几千万年。氢能近年来受到各国政府的高度重视，投入大量经费支持氢能开发和应用。我国政府制订2020年的中国能源发展战略，氢能也被列为重点发展方向之一。我国863、973科技攻关计划中，就包括氢能规模制备、储运及相关燃料电池的基础研究、利用太阳能规模制氢的研究等，目前在一些关键技术上已经取得显著进展。我国氢能年产量已达到800多万吨，成为仅次于美国的第二大氢能生产国。我国变压吸附氢气提纯技术的处理能力达到20万m^3/h，高压水电解技术、稀土合金储氢、火箭用氢能发动机技术处于世界先进水平。目前已研制出中等规模的生物制氢等氢能技术，以氢为动力，只排放水而没有尾气排放的燃料电池轿车、客车已研制成功，并已试验运行2000多公里。10 年后我国氢燃料电池汽车产业有望形成。

1.5　我国可再生能源的发展目标[20]

1）到 2020 年实现可再生能源利用总量翻两番

2010 年我国可再生能源在能源结构中的比例是 10%，到 2020 年希望达到 16%左右，可再生能源利用量达到 5.3 亿吨标煤。实现这个目标难度很大，要加快技术成熟的水电、沼气、地热和太阳能热的发展；积极推进风电和生物质能发电；通过制订强制性的政策，推进特殊行业对太阳能用电的使用，如街头广告牌等，推进太阳能发电的商业化和产业化。

2）农村用能条件得到改善

目前，农村地区还有 3 000 万人没有电用，50%的人还要用低效的直接燃烧的方式解决生活用能。所以，今后要把农村能源的利用作为能源领域的一个重要方面。可以因地制宜，采用可再生能源技术，解决偏远地区无电人口的供电问题和农村生活燃料短缺问题，按循环经济模式推行有机废弃物的能源化利用。

3）推进可再生能源新技术的产业化发展

要积极推进可再生能源新技术的产业化发展，建立可再生能源技术创新体系，形成较完善的可再生能源产业体系。通过这种方式吸引国外大企业在我国投资，对我国转让技术，带动其产业发展。到 2020 年，形成以自有知识产权为主的国内可再生能源装备能力。具体情况如下。

（1）水电。今后 10 年要充分开发利用所有的大江、大河的水资源，重点开发金沙江、大渡河、乌江和怒江等流域，因地制宜加快中小水电的开发，争取到 2020 年水电装机达到 3 亿 kW 的目标。

（2）风电。重点在三北地区和东部沿海地区建设大型风电厂，在其他地区因地制宜发展中小型风电场，争取到 2020 年总装机达到 3 000 万 kW，促进技术进步和产业发展，实现设备制造国产化，尽快使风电具有市场竞争力。德国风电装机都可以达到 1 700 万 kW，我国这么大的国土面积，实现装机 3 000 万 kW，应该是没有问题的。

（3）太阳能。太阳能利用方面，主要是创造条件、完善政策、规范技术。在城市推广普及太阳能一体化建筑、太阳能集中供热水工程、太阳能采暖和制冷工程，在农村和小城镇推广户用太阳能热水器、太阳房和太阳灶。到 2020 年，在无电地区运用太阳能发电解决 400 万户 2 000 万居民的用电问题。实现屋顶和公共设施光伏发电 100 万 kW，还要搞一些大型光伏发电试点，特别是在沙漠地区。

（4）生物质能。生物质能发电包括农林生物质发电、垃圾焚烧发电、垃圾填埋场沼气发电、大中型沼气工程发电等。农村利用秸秆发电发展较快，目前国内已有

5个电厂。到2020年生物质发电能够达到3 000万kW。

生物质能利用的另一个用途是生物质固体成型燃料，欧洲目前应用得比较好，就是把生物质压碎成型，代替煤炭。清华大学已经研制出这种设备，一端把秸秆打碎放进去，另一端出来的就是固体颗粒燃料，并且燃烧效率比煤炭还好，燃烧完之后几乎没有残留物，专用炉子实现了计算机控制，完全是自动化的，不用人工填料，市场前景非常好。北京市政府已经拨了300万元，准备在怀柔的一个村搞试点，在全村推行秸秆成型燃料来代替当地燃料。

生物质能的第三个用途就是生物质液体燃料。全世界目前有3 000万吨的液体燃料乙醇，其中巴西有1 500万吨，美国有1 000万吨。我国目前主要是用陈化粮来制取，存在成本较高的问题，并且粮食也不是很充足。现在有些国家，包括国内有些地方利用甜高粱茎秆、甘蔗和木薯等原料生产燃料乙醇，也用油桐、油菜籽等为原料或餐饮等行业地沟油生产生物柴油。我们的目标是到2020年替代1 000万吨成品油，这是解决汽车用油的一种很好措施。

生物质能源支撑了人类几千年的历史，相信将来生物质能源还要起到重要的作用。国外成功的经验可以促使我们在这方面下更多的力气去研究、去探索。同时，生物质能源也是农村脱贫致富的一条道路，农村不仅可以种粮食，还可以种速生林，争取把农村的脱贫致富与我国的能源问题结合起来解决。

参考文献

[1] 程福龙. 化学电源与物理电源产品策略研究[D]. 天津：天津大学硕士学位论文，2006.

[2] 材料科学和技术综合专题组. 2020年中国材料科学和技术发展研究[A]//2020年中国科学和技术发展研究暨科学家讨论会论文集(上册)[C]. 北京，2004.

[3] 朱明春，何映昆. 当前我国产业发展的结构特征和政策取向思考[J]. 中国经贸导刊，2004，(16)：23-25.

[4] 中国可再生行业发展前景[J]. 财经界，2006，(2)：14-16.

[5] 邢继俊，黄栋，赵刚. 低碳经济报告[M]. 北京：电子工业出版社，2010.

[6] 孙冰冰. 论中日东海争端与能源合作[J]. 太平洋学报，2005，(6)：88-96.

[7] 张建欣. 促进低碳经济发展的财税政策研究[D]. 北京：首都经济贸易大学硕士学位论文，2011.

[8] 李兵. 大有作为的新能源技术[J]. 可再生能源，2004，(6)：45.

[9] 二十一世纪呼唤绿色能源[J]. 世界环境，2004，(4)：22-31.

[10] 赵建柱，毛恩荣，董生，等. 风能利用与可持续发展[J]. 农机化研究，2004，(6)：40-42.

[11] 英国大力开发可再生能源[OL]. http://www.bioon.com/bioindustry/bioenergy/339397.shtml[2014-8-17].

[12] 信息服务[J]. 电力建设，2004，(9)：70-76.

[13] 英国为减少温室气体排放大力开发可再生能源[OL]. http://www.bioon.com/bioindustry/bioenergy/339396.shtml [2014-8-13].

[14] 王娣. 中国发展低碳经济的国际经验借鉴及对策[D]. 长春：吉林大学硕士学位论文，2011.

[15] 王文军. 低碳经济：国外的经验启示与中国的发展[J]. 西北农林科技大学学报：社会科学版，2009，9(6)：73-77.

[16] 吴智泉.用矛盾论化解石油危局[A]//中国自然辩证法研究会地学哲学委员会第十届学术会议代表论文集[C].北京，2005.

[17] 王长贵.新能源和可再生能源的分类[J].太阳能，2003，(1)：14-15.

[18] 陈敏.摆脱“能源困境”更需“三管齐下”[J].中国标准化，2005，(7)：14-15.

[19] 马胜红.中国光伏产业发展展望及政策建议[J].电器工业，2004，(10)：1-11.

[20] 中国可再生行业发展前景[OL]. http://finance. sina. com. cn/review/20060214/10312340275. shtml.[2006-2-14].

第 2 章　太　阳　能

2.1　太阳能资源

太阳能是指太阳释放的辐射能，是太阳内部连续不断的核聚变反应过程产生的能量。太阳向宇宙空间发射的辐射能(约为 3.75×10^{26}W)仅有 22 亿分之一到达地球大气高层，其中约 30%被大气层反射回宇宙空间，23%被大气层吸收，其余的到达地球表面，其功率仍高达 80×10^{12}kW，大约相当于地球上所含的已知能源(如煤、石油、天然气和核能)的 10 倍，是全世界每年能量消费的 15000 倍。地球上的风能、水能、海洋温差能、波浪能和生物质能以及部分潮汐能都是来源于太阳，即使是地球上的化石燃料(如煤、石油、天然气等)从根本上说也是远古以来储存下来的太阳能。所以广义的太阳能所包括的范围非常大，狭义的太阳能则限于太阳辐射能的光热、光电和光化学的直接转换[1]。

地球轨道上的平均太阳辐射强度为 1367kW/m^2。地球赤道的周长为40000km，从而可计算出地球获得的能量可达 173000TW。在海平面上的标准峰值强度为 1kW/m^2，地球表面某一点 24h 的年平均辐射强度为 0.20kW/m^2，相当于有 102000TW 的能量。人类依赖这些能量维持生存，其中包括所有其他形式的可再生能源(地热能资源除外)。太阳能既是一次能源，又是可再生能源。它资源丰富，既可免费使用，又无需运输，对环境无任何污染。但太阳能也有两个主要缺点：一是能流密度低；二是其强度受各种因素(季节、地点、气候等)的影响不能维持常量，这两大缺点大大限制了太阳能的有效利用。虽然太阳能资源总量相当于现在人类所利用的能源的一万多倍，但太阳能的这些特点使它在整个综合能源体系中的作用受到一定的限制。

太阳能资源分区如表 2-1 所示，全球以美国西南部、非洲、澳大利亚、中国西藏、中东等为资源最丰富区。我国太阳能资源丰富，全国有 2/3 以上国土面积年日照时数大于 2000h，平均辐射总量超过了 5.9×10kJ/m^2，每年获得的太阳资源大约为 3.6×10^{22}J，辐射量高于平均值，是世界上高值区之一，具有很高的开发利用价值。西藏、青海、新疆、甘肃、宁夏、内蒙古高原的总辐射量和日照时数均为全国最高，属世界太阳能资源丰富地区之一；四川盆地、两湖地区、秦巴山地是太阳能资源低值区；东部、南部及东北为资源中等区。我国太阳能资源分布详见表 2-2 和图 2-1[2]。

表 2-1　太阳能资源分区表

资源代号	名称	指标/(MJ/(m² · 年))
Ⅰ	资源丰富带	6 700
Ⅱ	资源较富带	5 400～6 700
Ⅲ	资源一般带	4 200～5 700
Ⅳ	资源贫乏带	＜4 200

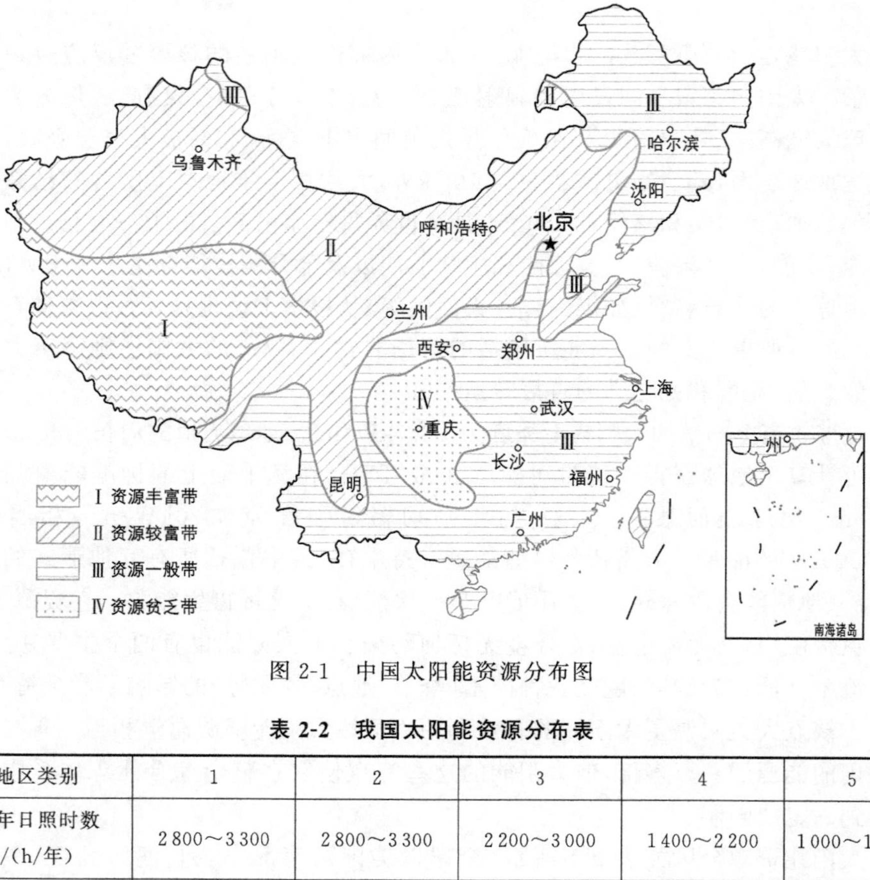

图 2-1　中国太阳能资源分布图

表 2-2　我国太阳能资源分布表

地区类别	1	2	3	4	5
全年日照时数/(h/年)	2 800～3 300	2 800～3 300	2 200～3 000	1 400～2 200	1 000～1 400
全年辐射总量/(kW·h/(m²·年))	1 900～2 400	1 600～1 900	1 600～1 900	1 200～1 400	1 000～1 200
地区名称	宁夏北部、甘肃北部、新疆南部、青海西部、西藏南部	河北西北部、山西北部、内蒙古、陕西北部、宁夏南部、青海东部、西藏东南部、新疆南部	山东、河北东南部、河南、山西南部、陕西中南部、新疆北部、吉林、辽宁、云南	湖南、湖北、广西、江西、黑龙江、广东北部、江苏南部、广西北部	四川、贵州

太阳能可转换为热能、机械能、电能、化学能等，具体应用形式如图 2-2 所示，目前主要利用技术有如下三种形式：太阳能热能转换、太阳能电能转换、太阳能化学能转换。

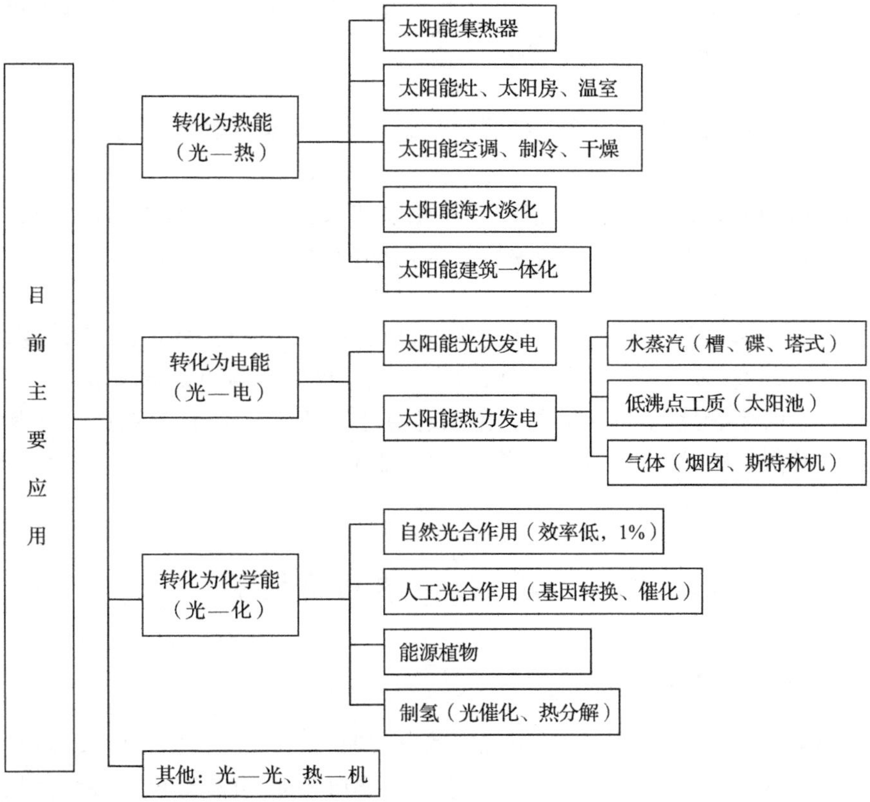

图 2-2　太阳主要利用形式

1）光热利用

光热利用的基本原理是将太阳辐射能收集起来，通过与物质的相互作用转换成热能加以利用。目前使用最多的太阳能收集装置，主要有平板型集热器、真空管集热器和聚焦集热器三种。通常根据所能达到的温度和用途的不同，而把太阳能光热利用分为低温利用（＜200℃）、中温利用（200～800℃）和高温利用（＞800℃）。目前低温利用主要有太阳能热水器、太阳能干燥器、太阳能蒸馏器、太阳房、太阳能温室、太阳能空调制冷系统等，中温利用主要有太阳灶、太阳能热发电聚光集热装置等，高温利用主要有高温太阳炉等。

2）光电利用

未来太阳能的大规模利用是用来发电。利用太阳能发电的方式有多种，目前已实用的主要有以下两种。

（1）光—热—电转换，即利用太阳辐射所产生的热能发电。一般用太阳能集热器将所吸收的热能转换为工质的蒸汽，然后由蒸汽驱动汽轮机带动发电机发电。前一过程为光—热转换，后一过程为热—电转换。

（2）光—电转换，其基本原理是利用光生伏特效应将太阳辐射能直接转换为电能，它的基本装置是太阳能电池。

3）光化利用

这是一种利用太阳辐射能直接分解水制氢的光—化学转换方式。

4）光生物利用

通过植物的光合作用，太阳能把二氧化碳和水合成有机物（生物质能）并放出氧气。光合作用是地球上最大规模转换太阳能的过程，现代人类所用燃料是远古和当今光合作用固定的太阳能[3]。

太阳能虽然有着很多无可替代的优点，但它也存在着很多的缺点和问题，需要进行深入的研究，才能找到克服这些问题的办法，更好地利用太阳能。

（1）分散性：到达地球表面的太阳辐射的总量尽管很大，但是能流密度很低。

（2）不稳定性：受日夜季候的影响，太阳能不断地发生变化。

（3）效率低和成本高。

2.2 太阳能光热利用技术

2.2.1 太阳能热水器原理

太阳能加热热水主要是运用了温室效应的原理。太阳光透过透明玻璃板照射到太阳集热板上，集热板吸收太阳光把光能转变成热能，并把热能传导给储热水箱内的水。由于太阳能热水器的保温系统有效地减少了热量损失，从而使储热水箱内的水温不断升高[4]。提高利用效率的关键点在于多吸收太阳光、减少反射和辐射、减少散热损失。

太阳热水器（系统）组成包括太阳能集热器、储热水箱、水箱支架、上下水、循环管路、水泵、阀门、系统保温、辅助加热、控制器，其中最关键的部件是太阳集热器。太阳能集热器的种类主要有平板型集热器和真空管集热器两种。

平板型集热器的板芯有全铜板芯、铜铝复合板芯、全铝板芯、钢板芯、塑料板芯，真空管集热器又分全玻璃真空管集热器（管）和热管真空管集热器两种[5]。

2.2.2 平板型太阳能集热器

1. 平板型太阳能集热器构造

平板型太阳能集热器有聚光型和非聚光型两种，其组成包括吸热体、透明盖板和隔热层,结构如图 2-3 所示。

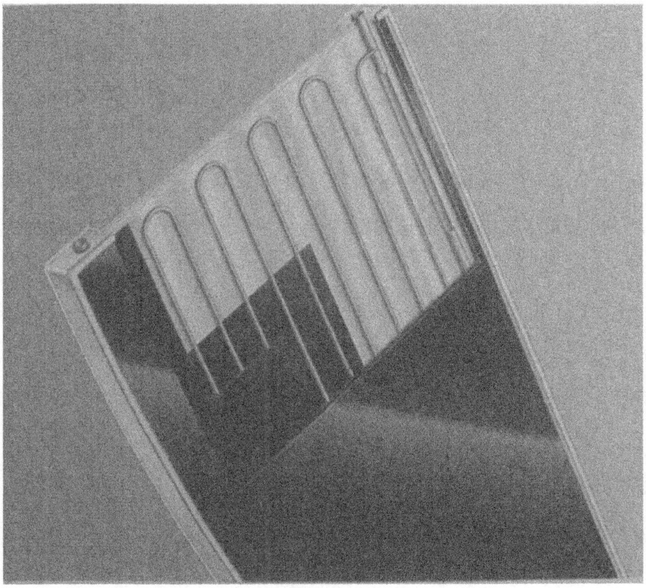

图 2-3 平板型太阳能集热器结构图

1) 吸热体

吸热体作为热交换器使用,组成包括选择性涂层、管板、管板的结合方式。涂层材料采用无光黑漆,尽可能薄以减小热量传递阻力,选择性涂层(小于 2μm)采用电镀二氧化铬等。对吸热体要求上下水管要粗,压力降是总压的 10%左右,选择性涂层太阳辐射吸收率必须大于 0.95,热发射率小于 0.2。

2) 透明盖板

透明盖板的材料一般是玻璃,有蓝玻璃和白玻璃,缺点是重量大、易碎。也采用钢化玻璃,比较安全。其结构如图 2-4 所示。

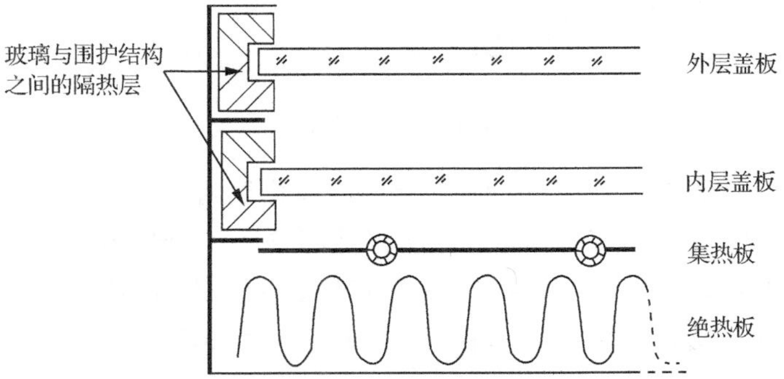

图 2-4 透明盖板结构图

透明盖板的距离为 2cm 时最佳，此时只有导热和辐射换热。当距离为 4cm 时，热阻更大但是存在对流换热。

集热器的材料应具有抗老化(特别是抗紫外线老化)；抗化学腐蚀和拉裂，特别是在遭受雨淋、遇到大气污染物、打扫透光面、鸟类接触到密封材料和涂料等情况时；容忍高温和低温变化(如－20～100℃)而不碎、不老化和不蠕变；抗冲击，具有坚固的表面以防止偶然的或人为的破坏以及在清洗表面时的损害；用于表面覆盖时必须有一定的防火能力。塑料薄膜的透过率虽高于玻璃，但容易积尘、松垂。

透明盖板的面积受风雪等自然条件、盖板的厚度、材料等影响。例如，在北欧天气条件下，倾角 45°时以玻璃为透光层的集热器最大采光面积是 0.6m^2(4mm 厚)和 1.4m^2(6mm 厚)，钢化玻璃的采光面积可以适当增大一些。

我国的实践表明，上述数据可以更大一些，如许多产品中 5mm 厚玻璃的面积达到 1.2m^2。

3) 隔热层

一般要求隔热层的热流量在 0.5～1.0W/m^2，相当于 40～80mm 厚玻璃纤维的隔热层，其结构如图 2-5 所示。

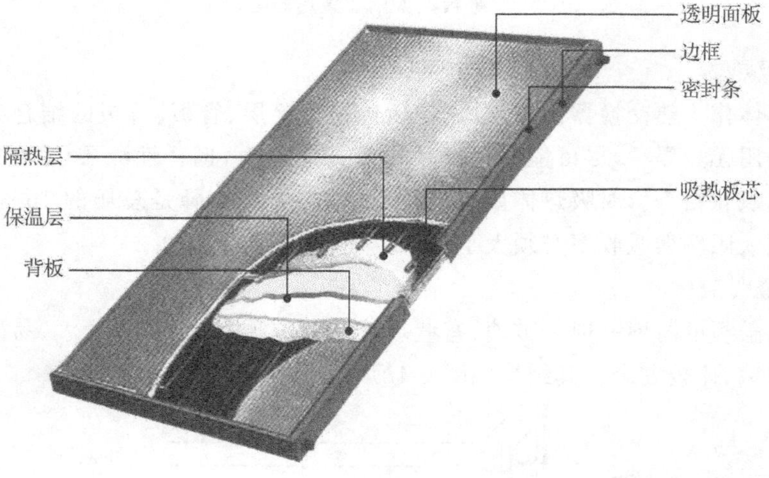

图 2-5　隔热层结构图

透明面板：透光率高达 90%的太阳能专用强化玻璃。边框：铝材，与建筑物完美结合。密封条：采用强密封、耐高温、抗老化型硅胶条。吸热板芯：铜铝复合板，选择性吸收膜，吸收率大于 94%。背板：优质镀铝板，外形美观，耐腐蚀能力强。保温层：特有超细玻璃棉复合保温材料，比普通单层式保温效果更胜一筹。隔热层：反射铝箔纸，将阳光有效进行二次反射，提高热效率。

2. 平板型太阳能集热器的能量平衡

投射到集热器上的太阳辐射能大体转变为三部分能量[6]，即有用能量、各种热损失、集热器本身储存的能量。这样整个集热器的能量平衡方程可以表示为

$$Q_a = Q_u + Q_L + Q_s \tag{2-1}$$

式中，Q_a 为集热器吸收的太阳辐射功率；Q_u 为集热器有用供能负荷；Q_L 为集热器对周围的热损失；Q_s 为集热器热储存。

$$Q_a = A_c[I_{t,b}(\tau\alpha)_b + I_{t,d}(\tau\alpha)_d + I_{t,g}(\tau\alpha)_g] \tag{2-2}$$

其中，$I_{t,b}$为集热器表面的直接太阳辐射能，W/m^2；$I_{t,d}$为集热器表面上的散射辐射能，W/m^2；$I_{t,g}$为地表反射到集热器表面的辐射，W/m^2；τ 为盖板透过率，投射到盖板上的阳光，一部分被盖板透过，一部分被反射和吸收；α 为集热体吸收率，即被集热体吸收的系数；$\tau\alpha$ 综合反映平板集热器采光面对阳光透过性能和吸热体的吸光作用。

2.2.3 全玻璃真空管平板集热器

普通平板集热器的热损失较大，单层为6～8W/(m^2·℃)，选择性涂层为4～5W/(m^2·℃)。采用真空管可大大减少散热损失，这时的主要热损失只来源于夹层中的空气，因为真空管切断了集热器与透明盖板之间的导热和对流换热热桥。

全玻璃真空管的构造由内玻璃管、太阳选择性吸收涂层、真空夹层、罩玻璃管、支承件(弹簧卡子)、吸气剂等部分组成[7]。选择性吸收涂层采用氧化铜、黑镍、黑铬、黑锌、黑铜等太阳选择性吸收涂料。

集热器吸收的太阳辐射能与吸热板芯材料有很大的关系。不同板芯材料的特点如表2-3所示。

表2-3 不同板芯材料的特点

板芯材料	铝板芯	铜铝复合板芯	全铜板芯
特点	铝合金一次挤压成型，热阻小，传热效率高； 需采用氩弧焊接，焊接难度大； 易电解腐蚀，对水质要求较严	铜管流道，耐腐蚀，水质清洁； 铝片吸热、传热快，比铜片成本低； 与上下联管需通过过渡接头焊接，易渗漏； 损坏后修复困难	导热性最好； 抗腐蚀能力强； 承压性高

2.2.4 真空管集热器

1. 真空管集热器构造

真空管集热器构造如图2-6所示。

图 2-6　真空管集热器构造图

将涂有选择性涂层的内玻璃管封入玻璃罩内，然后将内外玻璃管之间抽成真空，形成真空度为 0.05Pa 的真空夹层，以减少由于空气对流和传导而引起的热损失，这与热水瓶胆的原理相似。

真空管采用玻璃材料，但要求承压和温差热应力，一般是高硼硅玻璃。玻璃管早期长度为 1.2m，现在有 1.5～1.8m。只要内外壁不接触，内外管间距离为 0.2mm 即可。管间距离要留有间隙，不可密排。

真空管在受热后，原来被吸附在管壁上的微量气体（主要是水蒸气）会释放出来，影响真空度，吸气剂和吸气膜就是用来吸收这些被释放出来的气体，以保持集热管内的高真空。

不同类型的真空管夹层如图 2-7 所示。

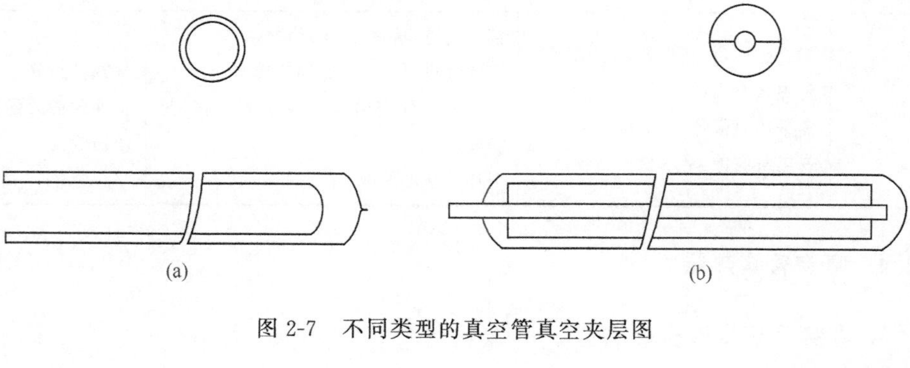

图 2-7　不同类型的真空管真空夹层图

2. 全玻璃真空管热水器

全玻璃真空管热水器构造如图 2-8 所示，其热损失低于 1W/(m^2·℃)，但易结水垢，可以用于寒冷季节和地区的生活热水、除湿、干燥、空调、制冷、暖房种植、养殖和海水淡化等方面。

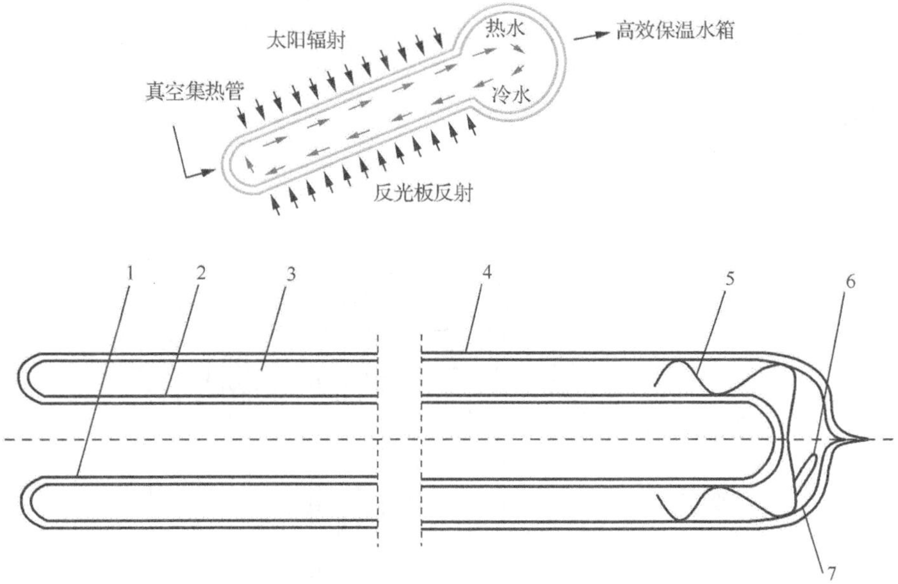

图 2-8 全玻璃真空管集热管构造

1-内玻璃管；2-太阳选择性吸收涂层；3-真空夹层；4-罩玻璃管；5-支撑件；6-吸气剂；7-吸气膜

真空管集热器热效率为

$$\eta = \frac{DF_{\mathrm{R}}}{B(I_{\mathrm{sb}} + I_{\mathrm{sd}})}[I_{\mathrm{eff}} - \pi U_{\mathrm{L}}(t_{\mathrm{fi}} - t_{\mathrm{a}})] \tag{2-3}$$

式中，D 为吸热管外径；B 为集热管中心线间距；I_{sb} 为集热器板单位面积的直射辐射量；I_{sd} 为集热器板单位面积的散射辐射量；F_{R} 为集热器热转移因子；I_{eff} 为集热管实际吸收的辐射量；U_{L} 为集热器总热损失系数；t_{fi} 为集热器流体进口温度；t_{a} 为环境空气温度。

3. 热管-真空管热水器

热管-真空管热水器结构如图 2-9 所示，它通过热管强化传热，利用物质相变传递热量，热容小、启动快、传热效率高，并具有单向导热特性。管内不走水，抗冻性好，无结垢问题，可在－40℃下使用。

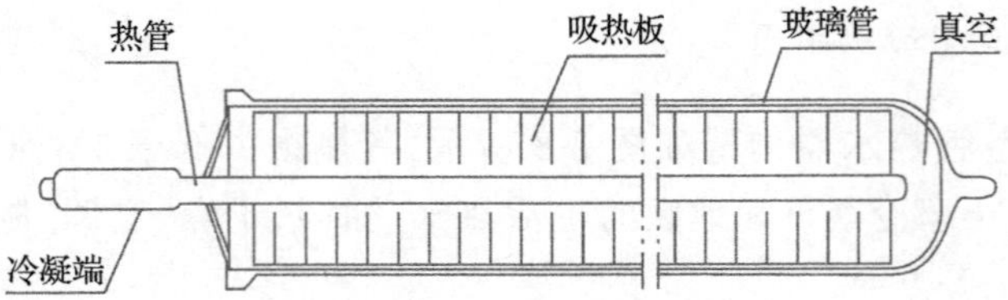

图 2-9　热管-真空管热水器结构图

还有一种复合式热管-真空管热水器如图 2-10 所示，其采用双层真空设计，抗冲击，运行安全可靠。管内达到 18℃即可传导热量，热传递速度快，热效率更高，冬天性能尤为突出。

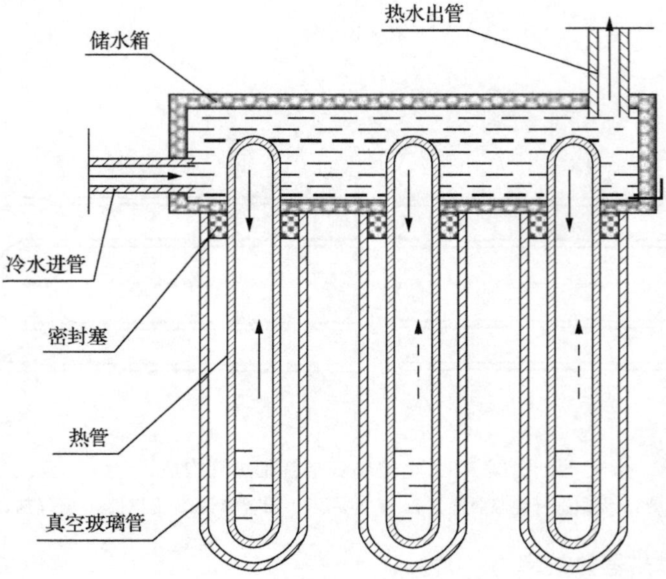

图 2-10　复合式热管-真空管热水器结构图

热水器所用热管有玻璃真空热管和金属热管两种。玻璃真空热管具有真空管的优点，且管内不走水，不炸管，可承压运行，热管本身质量直接影响产热效果。金属热管具有平板和真空管的优点，保温好，热管质量高。

2.2.5　家用太阳能热水器

1. 闷晒式太阳能热水器

闷晒式家用太阳能热水器（图 2-11）有平板式和真空管式两种，成本低、质量轻、便于运输携带、安装简单。没有保温，所以水热得快、凉得也快。简易、方便，适合夏季使用。

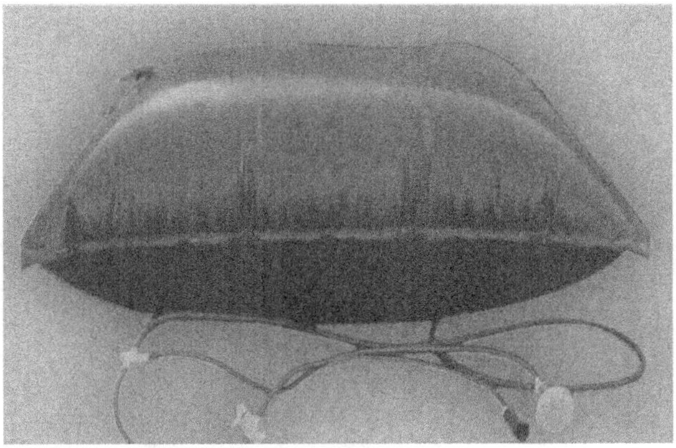

图 2-11　闷晒式太阳能热水器

2. 圆桶式太阳能热水器

圆桶式太阳能热水器(图 2-12)有单圆筒、双圆筒、三圆筒、多圆筒多种规格，具有加工工艺简单、成本低，适合工厂化生产。保温较好、热效率较高、水质清洁，适合春夏秋三季使用。

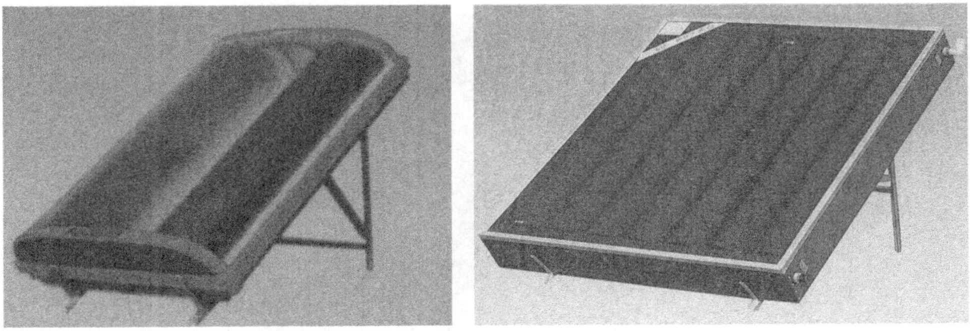

(a)　(b)

图 2-12　圆桶式太阳能热水器

3. 方箱式太阳能热水器

方箱式太阳能热水器(图 2-13)储水箱为方箱或梯形，有效吸热面积大，热效率高。但承压能力差，不便于工厂化生产。

4. 平板型太阳能热水器

平板型太阳能热水器(图 2-14)的有效采光面积大，水箱和集热板保温比闷晒型好，效率高。工厂化生产程度更高，不抗冻，结冰将造成致命损坏。

图 2-13 方箱式太阳能热水器

图 2-14 平板型太阳能热水器

5. 新型平板热水器

一种新型的平板热水器如图 2-15 所示，其特点如下。

(1) 平板热水器更安全，使用寿命长，但真空玻璃管容易破裂，存在安全隐患。

(2) 从能源利用角度看,平板远远优于真空管。在技术成熟的条件下,目前真空管的热效率最高只有 45%左右,而平板热效率至少在 50%以上,极端条件可达到 80%。

(3) 容易结垢,不好清理。

(4) 对水质要求高,容易腐蚀漏水。

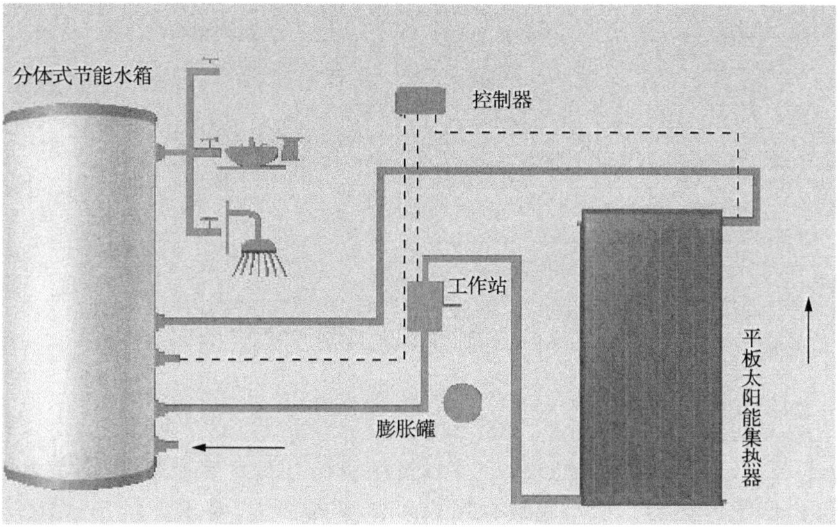

图 2-15 新型平板热水器

2.2.6 太阳能热水循环系统

1. 自然循环

自然循环采用容积较小的水箱、集热器、继电器、电磁阀等,如图 2-16 所示。

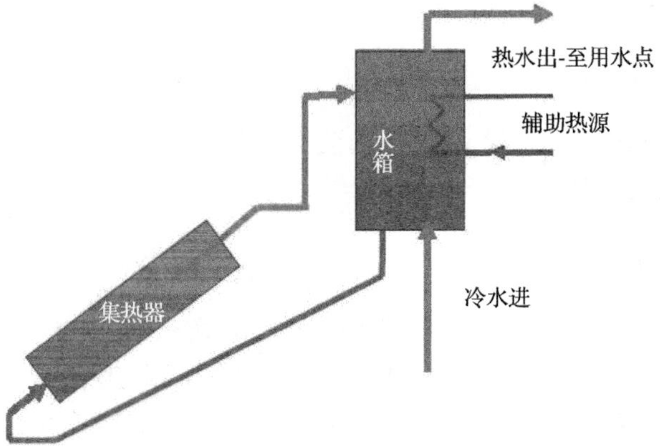

图 2-16 太阳能热水的自然循环

2. 强迫循环

强迫循环比自然循环水温更高,水量大但增加了能耗,如图 2-17 所示。

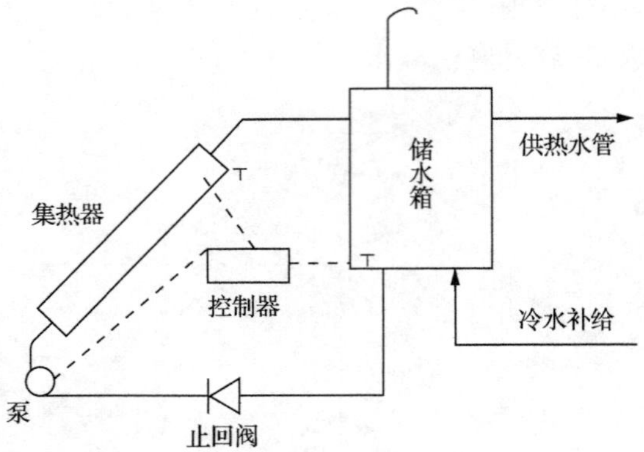

图 2-17 太阳能热水的强迫循环

3. 直流式

冷水直接进入集热器,通过控制流量控制水温。与自然循环相比,储水箱可以放在屋内,低于集热器。储水箱放在屋内可减少热损失,对于连续用水,水箱体积可以很小。

一般春夏秋三季使用的用户,可选择闷晒型、平板型或者真空管型太阳能热水器;全年使用的用户,可选择真空管型太阳能热水器;北方高寒地区,冬季气温低于－25℃的地区,全年使用,可选择热管型太阳能热水器。

洗澡人数多,选采光面积大一点的;反之,可选小一点的。

太阳能热水器的安装要牢固可靠,防风雪,防雷雨,不破坏楼房防水层,防漏电,管路及保温规范,与建筑相协调。

2.2.7 太阳灶技术

太阳灶就是利用太阳能直接炊事的装置,目前推广使用的太阳灶主要有箱式太阳灶和聚光式太阳灶。

1. 箱式太阳灶

箱式太阳灶是一个一面透光、其余四周用绝热保温材料保温的箱体,如图 2-18～图 2-20 所示。箱式太阳灶结构简单、成本低廉、使用方便,箱式太阳灶的工作温度低于 200℃,可以用来蒸馒头、做包子、焖米饭、炖肉、烤红薯等。

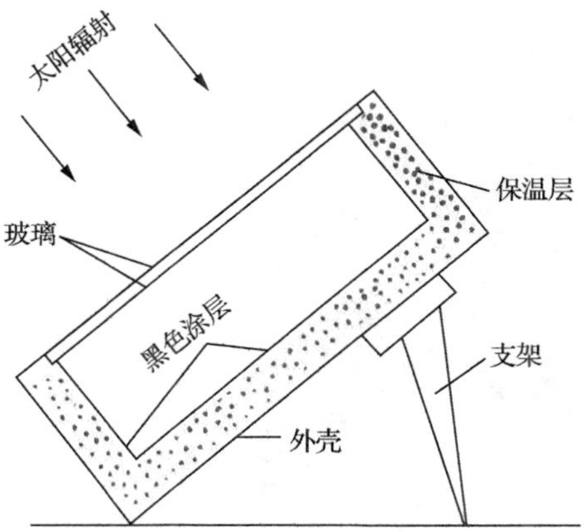

图 2-18　箱式太阳灶

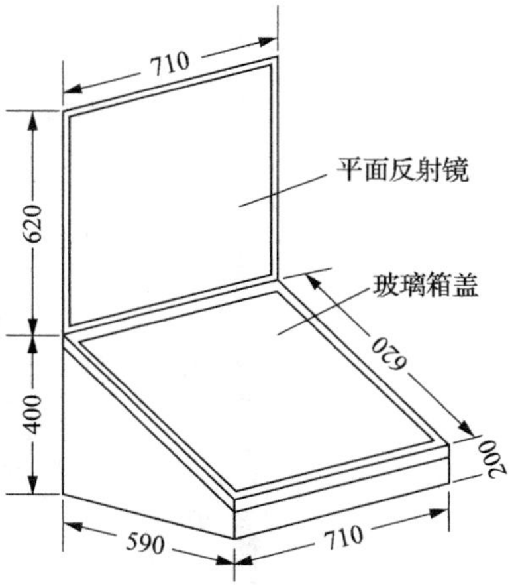

图 2-19　斜坡箱式太阳灶

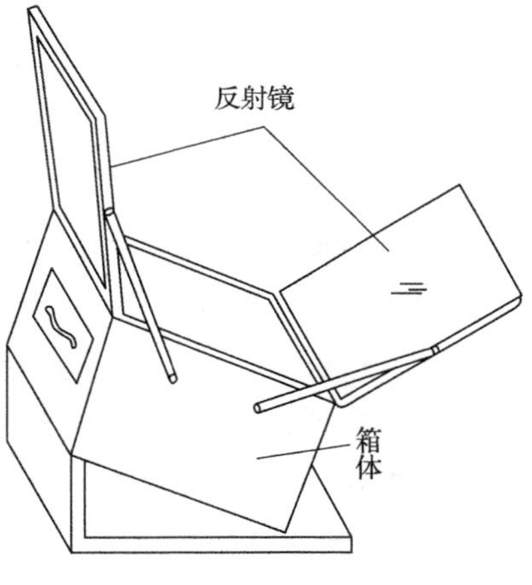

图 2-20　加反射镜的箱式太阳灶

2. 聚光式太阳灶

聚光式太阳灶利用抛物面聚光的特性，大大提高了太阳灶的功率和聚光度，如图 2-21 和图 2-22 所示。锅底温度可达 500℃左右，可以用来煮炒食物、烧开水等[8]。但聚光式太阳灶比箱式太阳灶结构复杂，成本也较高。

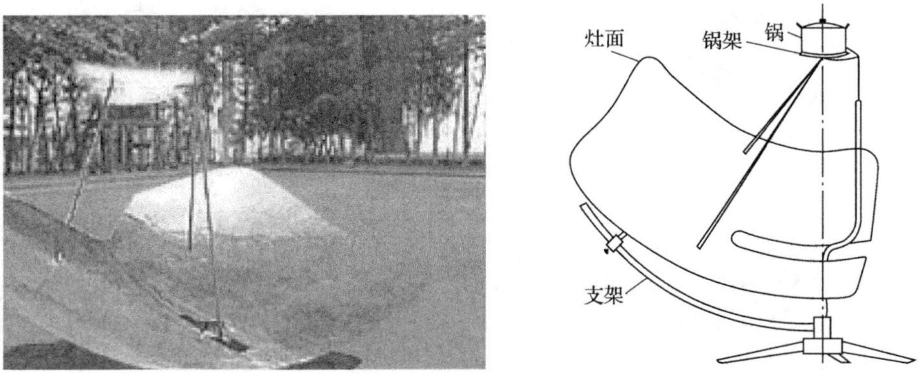

图 2-21　聚光式太阳灶

图 2-22　聚光式太阳灶实物图

2.2.8　太阳房技术

太阳房是一种能够集热、蓄热、分配所积存热能的建筑，有主动式太阳房和被动式太阳房两种。主动式太阳房由太阳能集热系统、储能系统、备用能源系统、房间供暖能量的输送系统等组成。被动式太阳房是利用建筑本身作为集热装置，依靠建筑方位的合理布置，以自然热交换的方式（辐射、对流、传导）使建筑物在冬季尽可能多地吸收和储存热量，达到供暖的目的。

太阳房工作原理如图 2-23 所示。

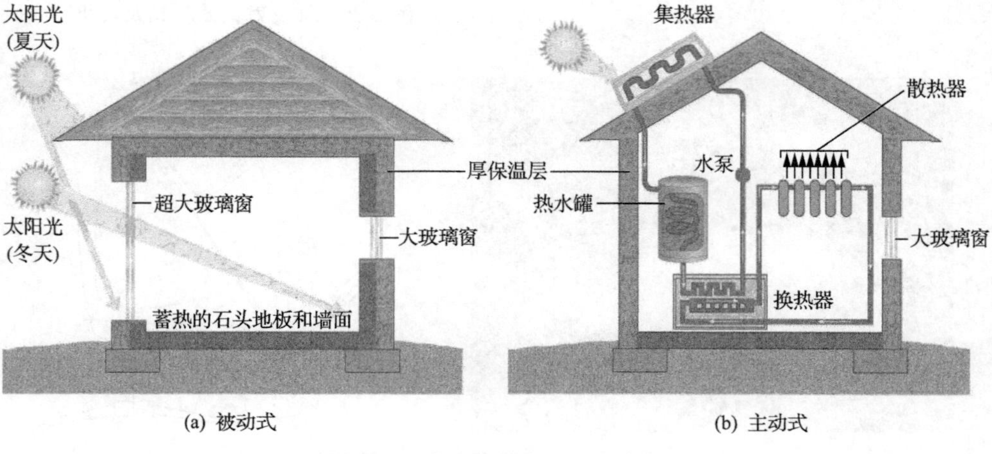

图 2-23　太阳房工作原理示意图

1. 主动式太阳房

主动式太阳房工作原理如图 2-24 所示。

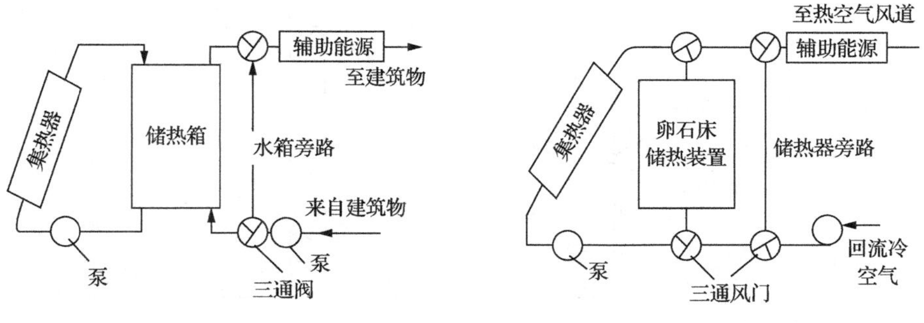

(a) 热水采暖系统示意图　(b) 热空气采暖系统示意图

图 2-24 主动式太阳房工作原理

2. 被动式太阳房

让阳光直接加热采暖房间,把房间作为太阳集热器、储热器和配热装置的综合体。

白天有阳光时,墙和地板吸热,夜晚向外释放热量,使室温维持在一定的水平。只要有一定的房檐,夏天就能避免阳光直射,同时由于墙体的隔热性能较好,夏季可得到比较凉爽的效果。图 2-25 是被动式太阳房中最简单的一种。

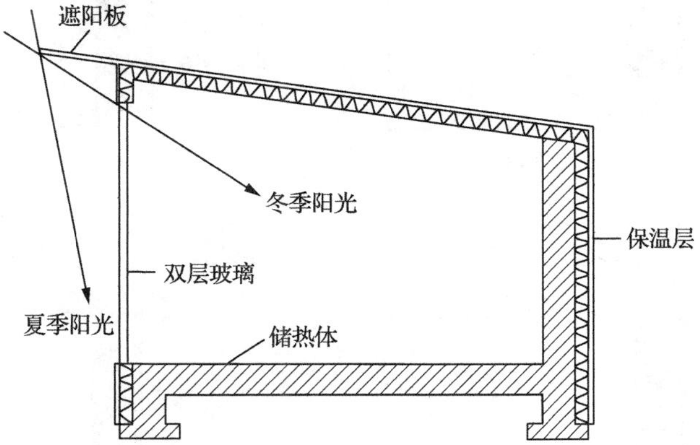

图 2-25 直接收益式被动式太阳房

3. 集热蓄热墙式太阳房

集热蓄热墙式太阳房如图 2-26 所示。

阳光首先照射到带玻璃外罩的集热墙上,然后通过墙体传热和空气流动两种

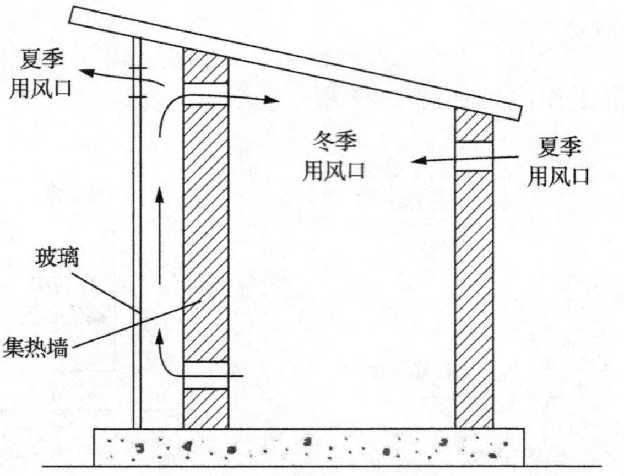

图 2-26　集热蓄热墙式太阳房

方式向室内供热，如图 2-26 所示。夏季时，打开夏季用风口，室外空气经位于房屋北面的风口进入室内，使室内保持较凉爽的感觉。不同季节的供热路线如图 2-27 所示。

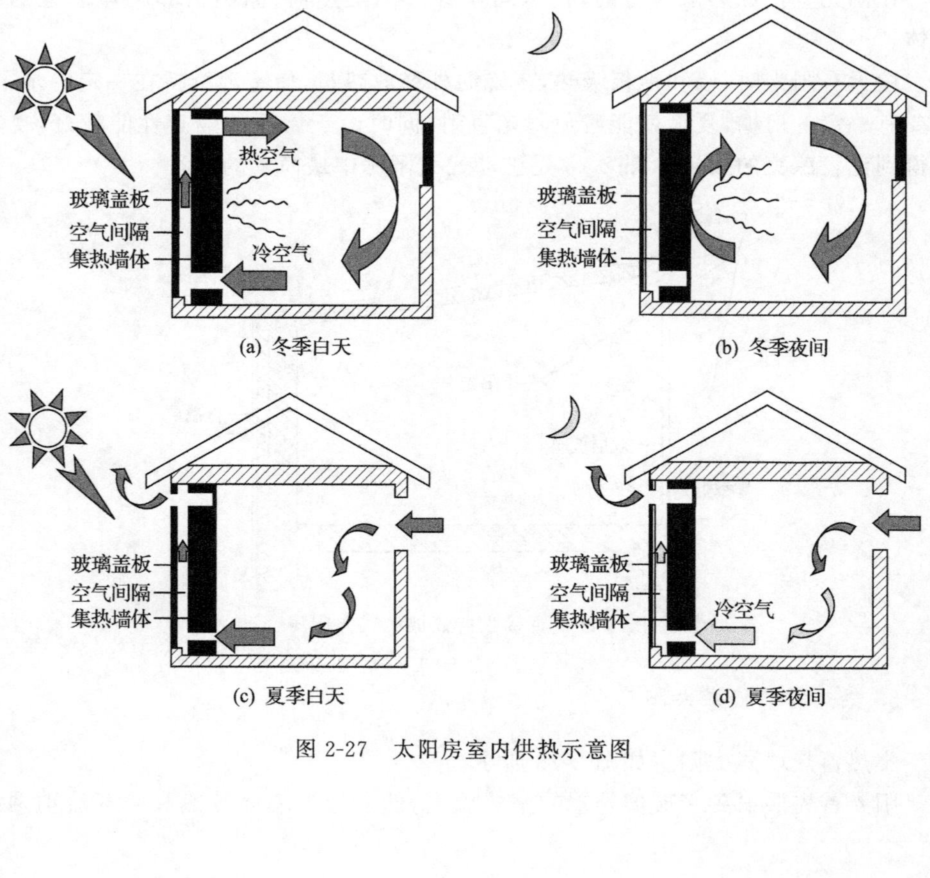

图 2-27　太阳房室内供热示意图

4. 附加温室式太阳房

附加温室式太阳房是集热蓄热墙式和直接收益式太阳房的混合变形，如图 2-28 所示。它将玻璃和墙体之间的空气增值层加宽，形成一个可以使用的空间——附加温室[9]。

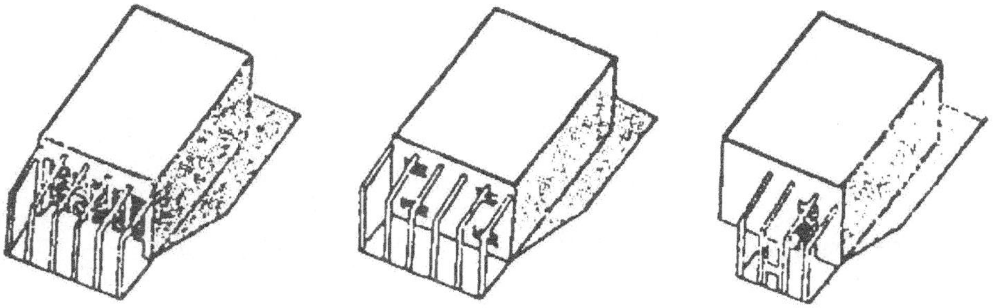

(a) (b) (c)

图 2-28 附加温室式太阳房

5. 屋顶集热蓄热式太阳房

它在屋顶金属顶棚台板之上放置装满水的密封塑料袋作为储热体，可冬夏两季使用，如图 2-29 所示。

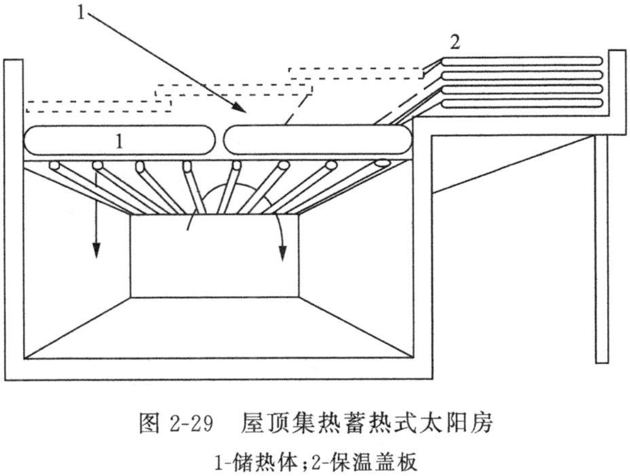

图 2-29 屋顶集热蓄热式太阳房

1-储热体；2-保温盖板

冬季采暖：白天敞开保温板，使储热体暴露在阳光下吸收太阳辐射能；夜晚将保温板盖上，储热体从天棚辐射到下面的房间，也有一部分通过空气热对流传到室内。

夏季降温：夜里敞开保温板，水袋向外散热降温；白天盖上保温板，防止太阳照射，同时储热体中的冷水吸收下面房间的热量，使室温下降。

6. 花格集热蓄热墙式太阳房

它以花格墙作为集热蓄热,如图 2-30 所示。

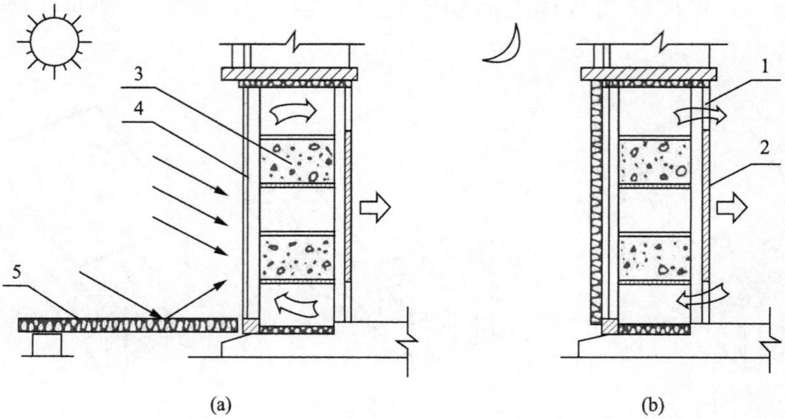

图 2-30　花格集热蓄热墙式太阳房

1-内板通风口;2-内隔板;3-蓄热材料;4-外隔板;5-保温板

白天:打开保温板,太阳能将花格墙内的空气加热,由于被加热的空气不进入室内,而围绕集热墙循环加热集热墙本身。

夜晚:关闭保温板,开启室内上下风口,花格墙与室内空气对流换热。

7. 热虹吸式太阳房

利用液体的热虹吸作用,将热水从集热器送入储水箱中,如图 2-31 所示。

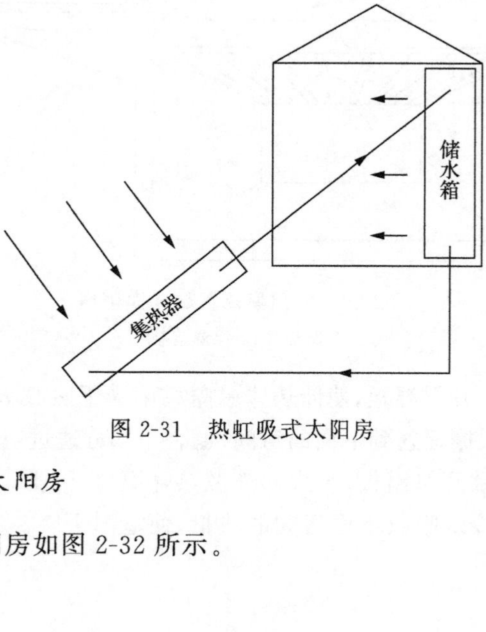

图 2-31　热虹吸式太阳房

8. 潜热蓄热式太阳房

潜热蓄热式太阳房如图 2-32 所示。

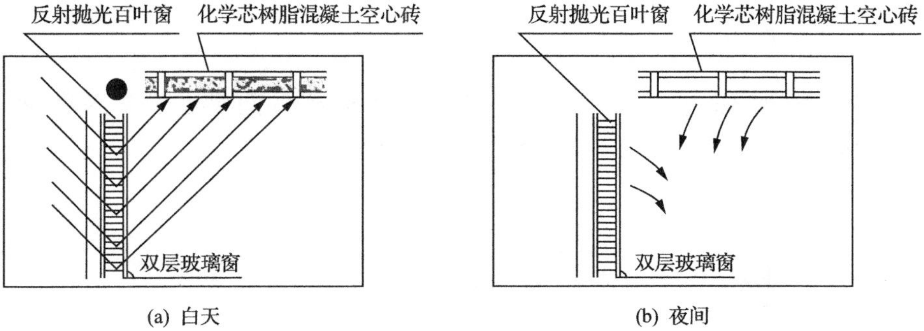

图 2-32　潜热蓄热式太阳房

南立面采用“热镜”玻璃窗，向外的热损失减少 50%以上。“热镜”后面安装特制百叶窗，冬天可使阳光反射到天花板上，减少阳光直射产生的炫光，同时增加房间后半部的光照；夏季可以将阳光反射到室外，所以夏季室内比较凉快。

在天棚和南窗下装有一种相变材料，其相变温度为 23℃。白天相变材料吸收热量而变为液体；夜晚室内温度降低时，相变材料放出潜热。

2.2.9　太阳能干燥器

太阳能干燥的适用范围是干燥温度在 60℃以下，更高温度需要集热器型干燥系统。太阳能干燥系统的基本组成包括干燥室、集热器、通风设备、辅助加热设备。

1. 温室型太阳能干燥器

图 2-33 为一个 303m^2太阳能果脯干燥系统。

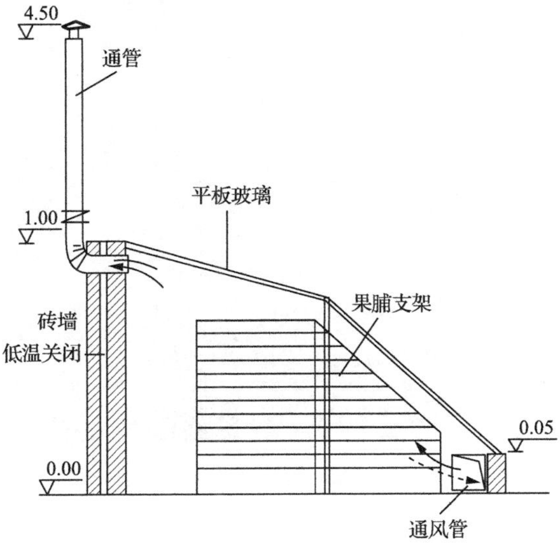

图 2-33　太阳能果脯干燥系统

2. 集热器型太阳能干燥器

以空气作为传热介质，分为直接型（空气自然对流）和间接型（强迫对流）两种。图 2-34 和图 2-35 为集热器型太阳能干燥器和干燥房。

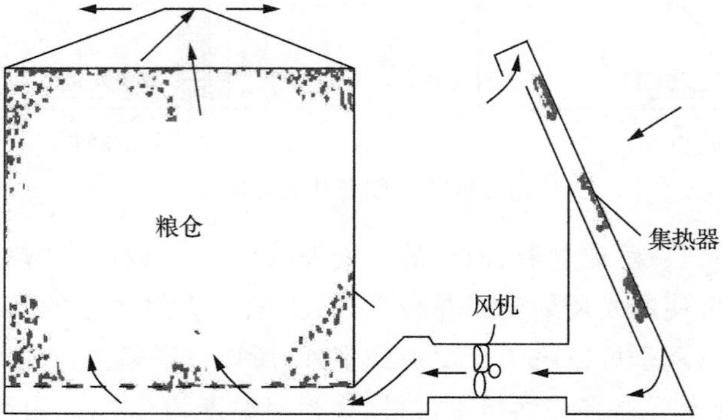

图 2-34　集热器型太阳能干燥器

图 2-35　集热器型太阳能干燥房

3. 混合式太阳能干燥器

它是温室与集热器的结合，图 2-36 是一个混合型太阳能水果干燥系统。

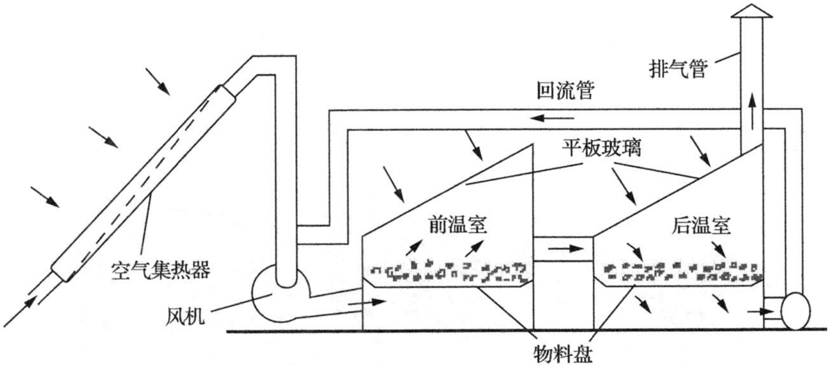

图 2-36　混合型太阳能水果干燥系统

2.2.10　太阳能海水淡化

1872 年世界上第一座太阳能蒸馏器在智利诞生，它利用太阳能进行海水淡化，日产淡水 17.7 吨，一直工作到 1910 年。

1. 池式太阳能蒸馏器

池式太阳能蒸馏器如图 2-37 所示。

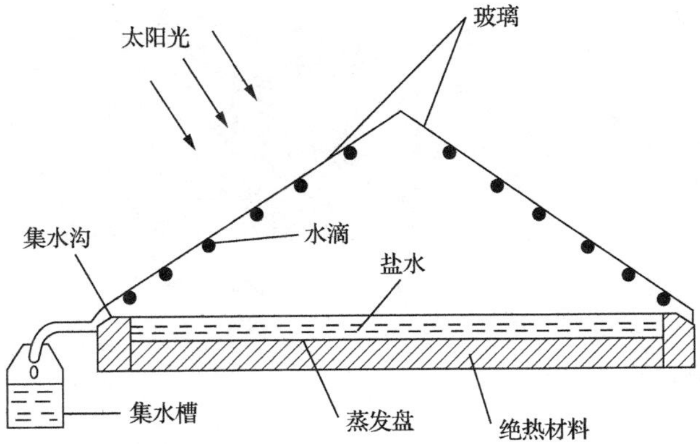

图 2-37　池式太阳能蒸馏器

2. 充气式太阳能蒸馏器

充气式太阳能蒸馏器的工作原理和实物如图 2-38 和图 2-39 所示。

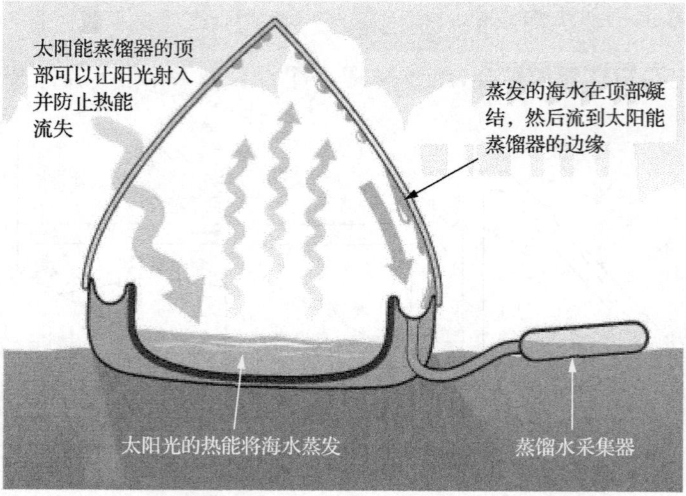

图 2-38　充气式太阳能蒸馏器工作原理图

图 2-39　充气式太阳能蒸馏器实物图

3. 太阳能海水淡化滴灌

适用于沙漠、盐碱地等淡水资源缺乏地区的森林滴灌。海水从海水蓄水池流入管式蒸馏器，再在管式太阳能蒸馏管中蒸发成淡水灌注到植物的根部。其示意图如图 2-40 所示。

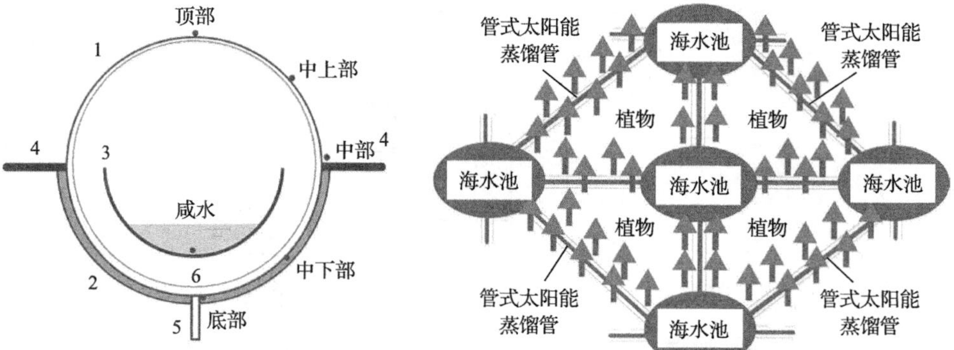

图 2-40　太阳能海水淡化滴灌示意图

2.2.11　太阳能空调

太阳能空调的工作方式主要有两类。一是先实现光—电转换，再用电力驱动常规压缩式制冷机进行制冷。这种方式原理简单、容易实现，但成本高，青岛海尔就生产过这种太阳能冰箱和空调。二是利用太阳能转换的热能驱动进行制冷，这种制冷方式技术要求高，但成本低、无噪声、无污染，目前采用的主要是这种方式。这种方式的太阳能空调一般又可分为吸收式和吸附式两种[10]。

吸收式制冷技术是利用吸收剂的吸收和蒸发特性进行制冷的技术。吸收式制冷与蒸汽压缩制冷原理类似，都是利用液态制冷剂在低温、低压条件下，蒸发、汽化吸收载冷剂的热负荷，产生制冷效应。但两者的能源系统和工质不同，吸收式制冷是利用制冷剂与吸收剂组成的二元溶液为工质对完成制冷循环的。根据吸收剂的不同，分为氨-水吸收式制冷和溴化锂-水吸收式制冷两种。它以太阳能集热器收集太阳能产生的热水或热空气，再用热水或热空气代替锅炉热水输入制冷机中制冷。由于造价、工艺、效率等方面的原因，这种制冷机不宜做得太小。所以，这种太阳能空调一般适用于具有一定规模的中央空调系统。

吸附式制冷技术是利用固体吸附剂对制冷剂的吸附作用来制冷。利用太阳能或者其他热源，使吸附剂和吸附质形成的混合物在吸附床中发生解吸，放出高温高压的制冷剂气体进入冷凝器，冷凝出来的制冷剂液体由节流阀进入蒸发器。制冷剂蒸发时吸收热量，产生制冷效果，蒸发出来的制冷剂气体进入吸附发生器，被吸附后形成新的混合物，从而完成一次吸附制冷循环过程，常用的有分子筛-水吸附式制冷和活性炭-甲醇吸附式制冷，其工作原理如图 2-41 所示。

在各种各样太阳能转换为冷能的方式之中，太阳能热驱动制冷空调最符合现在太阳能供热系统，其工作原理就是使用太阳能集热装置供应的热能进行制冷装置的驱动从而产生冷能或者冰冻水向建筑物室内输送[11]。它能够有效地与采暖

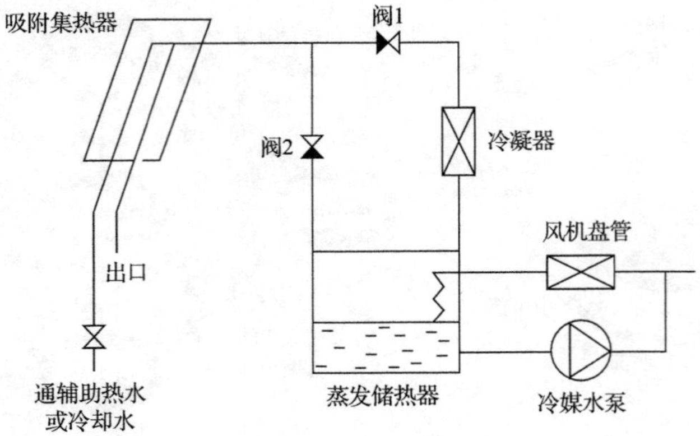

图 2-41　太阳能吸附式制冷工作原理图

和热水系统结合，把太阳能综合利用最大化。常用的太阳能热驱动空调制冷技术主要有吸附式、吸收式、除湿空调和喷射式制冷四大类。从目前国内外报道的太阳能制冷技术应用情况来看，太阳能吸收式空调占60%，除湿空调约占28%，吸附式空调占12%。我国的太阳能空调应用示范项目中，太阳能吸收式空调占45%，除湿空调约占40%，吸附式空调占15%[12]。

(1) 吸收式：使用太阳能集热装置来进行吸收式制冷空调的驱动，这是至今应用最为广泛的太阳能空调技术，使用大多是溴化锂-水系统，另外也有使用氨-水系统。

(2) 吸附式：使用吸附式原理，把太阳能作为热源，能够使用太阳能集热装置把吸热床进行加热后给脱附制冷剂，经由加热脱附，然后进行冷凝再吸附这几个步骤来实现制冷。

(3) 除湿空调：这属于一种循环的吸附式供冷方式，除湿空调本质就是干燥剂进行除湿与蒸发冷却，这也是符合太阳能利用的空调系统。

(4) 蒸汽喷射式：这种制冷系统是经由太阳能集热器让低沸点工质转变成高压蒸汽，在通过喷管时因流出速度高、压力低、吸入室周围吸引蒸发器内生成低压蒸汽进入混合室，同时制冷剂在当中汽化来实现制冷效果。

综上所述，把太阳能集热装置的热能用来驱动空调制冷的方法中，到目前都是以溴化锂-水吸收方式的制冷空调应用最为广泛，多以欧美地区为主。除此之外，吸附式制冷空调系统对于驱动热能需求偏低，目前在国内和欧洲开发也很完善。除湿空调在技术方面要求较高，其开放循环的工作模式稳定性极高，在进行空调潜热负荷处理时占有一定优势。

1. 太阳能吸收式制冷技术及应用

用太阳能集热器收集太阳能来驱动吸收式制冷系统，是我国一些示范工程应用最多的太阳能空调方式。根据制冷工质的不同,太阳能吸收式制冷机主要有氨吸收式(NH_3-H_2O)制冷机和溴化锂吸收式(LiBr-H_2O)制冷机。

1) 氨-水吸收式太阳能空调

氨-水吸收式制冷机是以 H_2O 作为吸收剂,NH_3 作为制冷剂,利用热量作为补偿并利用溶液的特性来制冷,氨-水吸收式太阳能空调是利用太阳能转化为热能获得制冷效应的重要技术途径。氨-水吸收式太阳能空调集热器采用太阳能真空管和平板集热器,工质热源温度为 80~160℃,额定空调 COP 为 0.5~0.6,系统规模大于 5kW,能够满足从冷冻到空调区域的温度要求。氨吸收式制冷机可以制取0℃以下的低温,并且制冷工质对不会发生结晶现象,容易实现风冷化。不足的是氨有毒,具有刺激性臭味,要求有精馏装置,系统复杂,制冷机内部压力相对较高,容易发生泄漏而造成危险,且需要的热源温度较高,制冷系数较低而限制了它的发展。

2) 溴化锂-水吸收式太阳能空调

溴化锂吸收式制冷机是以 LiBr 作为吸收剂,H_2O 作为制冷剂,利用溶液浓度变化来完成制冷循环。它可以夏季制冷、冬季制暖,并且一年四季提供生活热水。溴化锂-水吸收式太阳能空调集热器采用真空管或平板集热器,工质热源温度大于65℃,额定空调 COP 为 0.4,系统规模大于 100kW。溴化锂吸收式制冷机具有可以利用太阳能作为驱动热源,在运行中大量节约用电,整个机组运动部件少,结构简单、运转安静、安全可靠并且维护管理方便,制冷量调节范围广等优点,因此得到了迅猛的发展,主要应用于大型中央空调系统。

溴化锂-水吸收式空调由于产业基础好,技术也相对成熟。与传统单效吸收制冷机相比,驱动热源温度大幅降低(65℃以上),因而与太阳能集热器能够更好地匹配工作。

3) 太阳能无泵溴化锂吸收式制冷机

这种装置的主要特点是不使用机械泵,而是依靠热虹吸的作用将液体输送至一定高度,溶液借液位差克服系统的阻力得以循环。因此,这种制冷机也被称为溶液自然循环式溴化锂吸收式制冷机,冷剂水一次流过蒸发器,所以省掉了冷剂水泵。由此可知,热虹吸泵的工作特性对制冷机的性能有决定性的影响,它是制冷机中的关键设备之一。这种无泵的小型机组,与带机械泵的机组相比,结构简单、尺寸小、运转安静、噪声低、寿命长、无运转部件、运转平稳、安全可靠。由于以上特点,这种机组在国外发展较快,我国尚处于研制阶段。

2. 太阳能吸附式制冷技术及应用

利用吸附制冷原理,以太阳能为热源,采用的工质对通常为活性炭-甲醇、分子筛-水、硅胶-水及氯化钙-氨等,可利用太阳能集热器将吸附床加热后用于脱附制冷剂，通过加热—脱附—冷凝—吸附—蒸发等几个环节实现制冷。吸附式制冷机无运动部件，也不需要溶液泵等附件，并且不存在腐蚀现象。吸附式制冷机所需的热源温度较低，可采用普通的太阳能热水系统驱动。因此，对小型太阳能空调系统来说，吸附式制冷系统可能是一个更好的选择。

已经产业化的吸附式空调是硅胶-水吸附式制冷机。这种机组的最大特点是要求驱动热源温度低，与集热器工作温度匹配好，可依靠普通太阳能集热器阵列产生的热水驱动制冷循环。机组采用了回质与回热循环措施，同时采用了双蒸发器结构实现了连续制冷量输出。在额定工况下（对应于85℃的热水，冷冻水出口温度为10℃），机组制冷功率为8.5kW，热力COP为0.4。用于太阳能制冷，可利用60～80℃热水驱动。

3. 太阳能除湿空调技术及应用

它是一种开放循环的吸附式制冷系统，基本特征是干燥剂除湿和蒸发冷却，也是一种适合于利用太阳能的空调系统。除湿空调是各类空调方式中要求热源温度最低的，完全依靠干燥剂除湿和蒸发冷却原理工作，环保无污染。除湿空调根据采用干燥剂的不同，分为固体除湿空调和溶液除湿空调两类。

1）固体除湿空调

固体除湿空调，根据其吸附床工作状态不同又分为固定床式和转轮式。固定床系统为间歇性工作，转轮式除湿空调是研究最活跃、应用最广泛的除湿空调技术。采用复合干燥剂材料的两级转轮除湿空调机组，由于采用了物理吸附、化学吸附耦合的复合干燥剂材料，经过对吸附表面的处理，使除湿空调循环的动态吸湿率大幅提高，同时对再生热源温度的要求得以降低。另一方面，采取了级间冷却的方法，提高了系统效率。系统可利用50℃以上的热源驱动，空调COP大于1。与普通太阳能集热器结合，能够将40%以上的太阳辐射能量转变为空调能力输出。

2）溶液除湿空调

依靠溶液的浓度差可以实现空调除湿能力蓄存，且能量储存不存在与周围环境的温差热损失，易于长期储存。太阳能溶液除湿空调的应用研究主要集中在德国、澳大利亚、意大利等国家。国内东南大学、清华大学等研究机构在溶液除湿空调方面也开展了大量工作，东南大学在再生器和内冷型除湿器传热传质研究等方面富有成效。清华大学江亿提出的热湿独立处理的热泵溶液处理新风机组已经在一定范围内应用。上海交通大学太阳能制冷研究小组最近提出一种采用级间冷却的双级、双溶液太阳能除湿空调系统，采用特殊设计的大浓度差、集中再生循环方式，标准工况下系统热力COP由传统除湿空调的0.7～0.8提高到1.3，不足的是增加了系统的复杂性。

4. 太阳能蒸汽喷射式制冷技术及应用

通过太阳能集热器加热使低沸点工质变为高压蒸汽，通过喷管时因流出速度高、压力低，在吸入室周围吸引蒸发器内生成的低压蒸汽进入混合室，同时制冷剂在蒸发器中汽化而达到制冷效果。

1）热管喷射制冷

热管喷射制冷是一种非常新颖的制冷系统，由热管、喷射器和蒸发器组成。在热管发生室内，工质吸收太阳能或余热等产生高压蒸汽，经喷射器中的喷嘴形成高速低压气流以吸引蒸发室低压蒸汽，两股蒸汽混合后经喷射器扩压段升压后在热管冷凝室中冷凝，冷凝后的工质液体一部分节流到蒸发室，另一部分通过热管中的毛细芯，在毛细力的抽吸作用下压力升高，返回到发生室重新蒸发。如此循环，系统通过蒸发室工质的蒸发产生制冷效应。

热管喷射制冷系统结构简单，没有运动部件，运行稳定可靠，维护方便。由于是用毛细芯来代替循环泵，制冷工质的范围比较窄。目前最有可能的工质是水，其次就是甲醇、乙醇等，这些都是不会破坏臭氧层和不产生温室效应的环保工质。毛细芯是此系统的关键部件之一，其结构还有待进一步改进。

2）被动式喷射制冷

在被动式太阳能喷射系统中，没有运动部件，依靠冷凝器和发生器之间的高度差所能得到的重力压头来代替循环泵，冷凝器出来的冷凝液体一部分经膨胀阀进入蒸发器，另一部分由于重力作用经单向阀进入发生器。从运行情况来看，有以下缺点：其性能系数要比蒸汽压缩式制冷低很多；由于水作为制冷剂，蒸汽比容较大，这就需要大尺寸的管子；水作为制冷剂的运行压力在大气压力以下，有空气渗入的可能；太阳能资源的不连续性、热惯性大[13]。

被动式喷射制冷系统用重力泵来代替循环泵，结构简单，运行稳定可靠，使用寿命长，维护少，发生故障的可能性小，没有噪声和振动。为了使冷凝器和发生器之间的高度差最小，要求选择的工质满足以下条件：密度大、具有适中的运行压差，在工作条件下蒸汽压力较低，工质对环境的影响要小，即制冷剂的臭氧破坏指数和温室效应指数为零或尽可能小。

综上所述，就空调特点而言，吸附制冷、吸收制冷和喷射制冷主要是以获得冷冻水为目的，进一步通过风机盘管或辐射末端对环境温湿度进行调节。而除湿空调是对空气进行调节的空气调节手段，能够直接把空气处理到理想的温湿度条件，在处理潜热负荷方面具有优势，但对空气降温处理方面能力有限。某些情况下，需要与其他制冷方式结合实现显热、潜热分级处理，达到理想的空调效果[14]。

2.2.12　太阳能蓄热

太阳能蓄热装置按照蓄热温度和蓄热方式可分为两大类。

1. 按蓄热温度的高低分类

根据蓄热温度的差异，太阳能蓄热系统可以分为低温蓄热和高温蓄热两种形式。低温蓄热的温度范围通常为0～40℃，而高温蓄热则为40～90℃。目前，国内外应用较多的是低温蓄热方式，技术上也相对比较成熟。对于高温蓄热，如何降低热损失是必须考虑的问题。例如，对于一个圆柱形高温蓄热装置，热损失主要由底面、侧面和顶面三部分组成。其中顶面对装置的影响较大，占总热损失的35%～40%，(无隔热材料)或15%～20%(有隔热材料)。因此，通常对高温蓄热系统的蓄热规模有一定的限制和要求。一般而言，高温太阳能蓄热系统的最小储热容积应在10 000m^3以上[15]。

2. 按蓄热介质分类

1）热水蓄热

热水蓄热装置的结构如图2-42所示。水箱壁面由混凝土浇筑而成，内侧通常还要敷设一层较厚不锈钢板(大于1.0mm)，以增强系统的坚固性、抗腐蚀性，同时还可以增大导热热阻，减小热损失。从热力学角度看，这种蓄热形式具有较大的热容以及良好的蓄热/释热性能，所以是最佳的蓄热方式，其利用可能性最为广阔。热水蓄热的一个关键技术在于水箱围护结构的设计和隔热，德国Ilmenua科技大学已经开发出一种由玻璃纤维增强塑料组成的新型复合壁面材料。目前，研究小组正对这种材料进行长期耐久性能测试[16]。

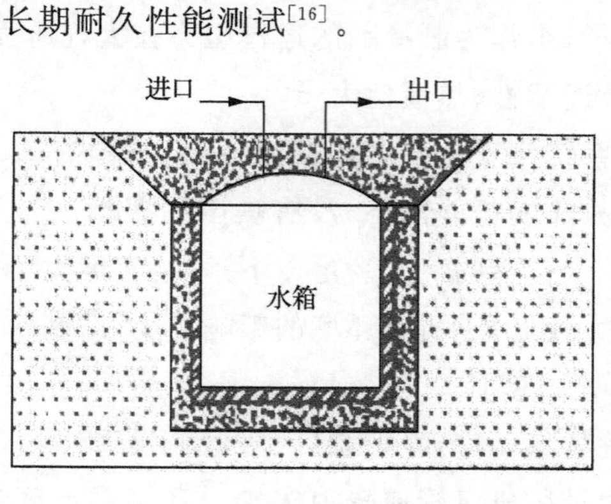

图2-42　热水蓄热装置

2）砾石-水蓄热

砾石-水蓄热装置的结构如图2-43所示。在内壁敷设有不透水塑料的蓄热槽中，填充了一定密度的砾石-水混合物，作为主要蓄热材料。太阳能可以通过埋设在各层的换热管群，进行储存和释放。这种方式的特点是不需要特别的承重框架，因为作用力可以被砾石分解至蓄热槽的四周及底部区域。但是，由于砾石-水混合物的比热较小，在相同蓄热量的情况下，砾石-水蓄热装置的容积要比热水蓄热高出50%左右。

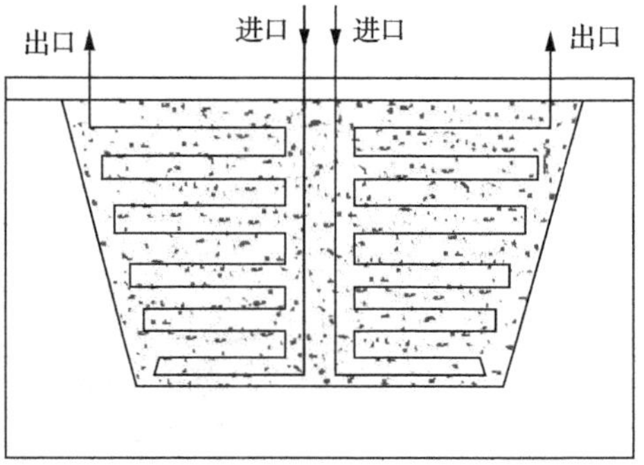

图 2-43 砾石-水蓄热装置

3）埋管蓄热

埋管蓄热装置的结构如图 2-44 所示。通过地下埋管，热量直接被存储或释放至埋管周围的土壤中。埋管蓄热方式对地质结构具有较强的选择性，比较适合的地质结构有岩石和饱和水土壤等。在实际应用中，垂直钻孔换热器是比较典型的埋管蓄热装置，主要分为单U型、双U型等多种类型。此外，桩埋换热器也是近年来发展起来的一种新型埋管蓄热装置。这些装置在地源热泵系统中应用较为广泛，技术成熟度也较高。埋管蓄热方式的最大优点在于可以实现模块化设计，根据负荷的增加，可以添加埋管进行适应性调节。但与热水蓄热方式相比，其容积要高出3～5倍。通常在高温蓄热时，这种蓄热方式的经济性比较明显。

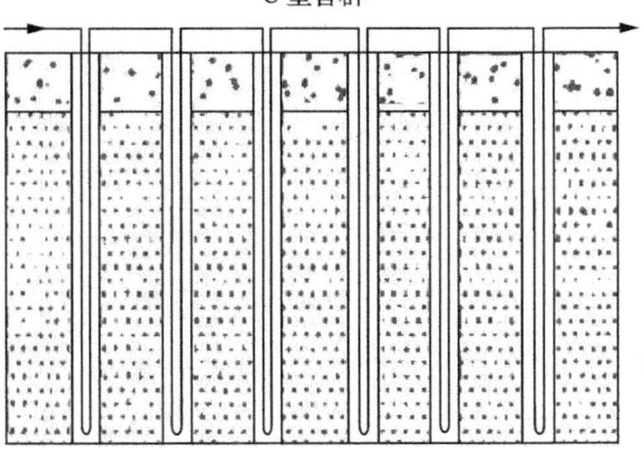

图 2-44 埋管蓄热装置

4）储水层蓄热

天然的地下储水层也可以用于季节性蓄热，将深井打入地下储水层，通过循环工质使太阳能集热器和地下水之间进行热交换。为了使热损失减少到合理的程度，这种蓄热方式的容积应尽可能地大，一般要超过100万m^3。储水层蓄热的蓄热温度一般为20～30℃。若储水层足够深，则蓄热温度可达60～90℃，如图2-45所示[17]。

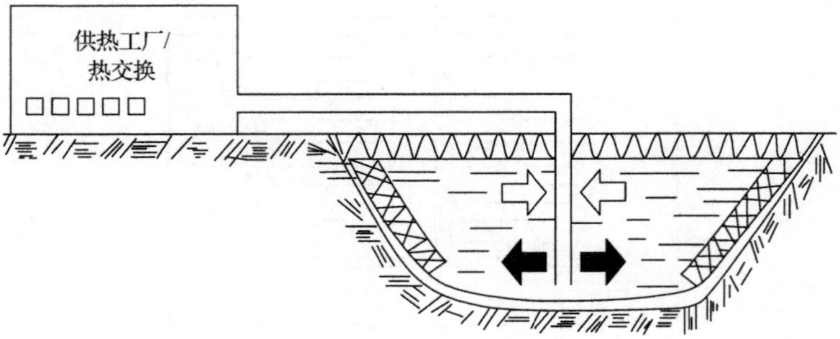

图2-45 储水层蓄热

3. 太阳能蓄热供热装置的利用

随着中国经济的发展，中国城镇化水平不断增加，越来越多的人集中居住在一起，再加上中国大部分城市处在北回归线以北，这为有效利用太阳能提供了便利。近几年集热蓄热技术的发展加快了太阳能蓄热供热装置应用于建筑的步伐，目前最具有发展潜力的是跨季节蓄热供热系统。

跨季节蓄热供热系统主要由太阳集热器、蓄热装置、供热中心、供热水网以及热量交换站等组成。在夏季，冷水与太阳集热器采集的太阳能换热后，一方面可以直接供用户使用；另一方面，有相当一部分太阳能被直接送入蓄热装置中储存起来。冬季使用时，储存的热水经供热管网送至供热中心，然后由各个热量交换站按热量需求进行分配，并负责送至各用户。如果储存的热量不足以达到供热温度，可以由供热中心通过控制其他辅助热源进行热量补充。这样一来，蓄热供热系统就实现了太阳能的跨季节储存和使用，在很大程度上提高了太阳能利用率。

早在1995年，意大利卡拉布里亚大学机械工程系的Cucumo和Olivert等就建立了一个小型太阳能集热蓄热系统，用于试验研究。该系统共计采用了91.2m^2的热管集热器，与之配套的建筑冬季采暖负荷约为111GJ。系统蓄热采用一个500m^3的圆柱形水箱，顶部为半球形，采用混凝土浇筑而成，内壁用20mm厚的泡沫玻璃进行隔热。此外，该研究小组还开发了一个系统模拟程序COSIMI。计算模拟结果表明，当集热器平均效率为55%时，蓄热装置的年平均效率为58%，整个系统年平均效率为 31%。与上述结果相比,实际测试数据稍微偏低一些。随后,其他欧洲国家(如德国、瑞典、丹麦、罗马尼亚等)也相继开展了研究工作,并建造了一些示范性工程。德国在太阳能集热蓄热系统研究方面一直走在世界前列,先后经历了两代技术革新。

我国近几年在太阳能集热蓄热系统方面的研究也有了突破性发展,应用比较广泛的是太阳能热水器等短期蓄热系统,如图 2-46 和图 2-47 所示。在我国的西部太阳辐射丰富的地区(新疆、甘肃等),太阳房正在兴起,在东北一些地区的小型别墅上,小型的太阳能蓄热装置已经使用。

图 2-46 小型的太阳能蓄热装置

图 2-47 京沪高铁南京南站——全球最大单体太阳能利用项目

2.2.13 太阳能热能转换的利用

用太阳能集热装置收集并吸收太阳辐射能,将其转换为热能,可用于生活热水、家庭炊事、建筑物取暖、空调、工业用热、高温冶金炉、农产品干燥和温室栽培等方面。在日常生活中,最常见的太阳能利用就是太阳能热水利用。据有关资料统计，每使用 $1m^2$ 的真空管太阳能热水产品，每年可节约优质煤 300kg，节约电能 850kW·h，节约液化气 100kg。

许多国家都制定了鼓励开发和应用太阳能的政策。在太阳能的热能利用方面，太阳能热水器、太阳能温室等都有税收方面的优惠。当前将太阳能热水、太阳能空调和太阳能电池发电应用于建筑，并与建筑一体化的新型太阳能建筑已在欧美和日本等国进行示范。以色列在 20 世纪 80 年代为太阳能热水器立法，规定新建住宅必须安装太阳能热水器，否则不准建。该法大大推动了太阳热水器的普及，普及率已达到 85%。

1974 年，首届国际被动式太阳能大会召开，各国开始探讨太阳能供热等问题。设计师将太阳能技术与其他节能技术相结合，提出了各式各样的低能耗、能源自给的建筑设计方案。

1992 年，丹麦科学家设计的斯科特帕肯低能耗住宅备受世人关注，获得 1993 年的“世界人居奖”。该建筑技术措施主要包括：外墙、屋顶、楼板均设保温层，使用热传导系数较小的门窗玻璃；利用智能系统对太阳能和常规供热系统进行调控，使热水保持恒定温度；利用通风系统和夜间热补偿等技术减少住宅的热散失；安装能量表、双道节水阀装置及具有热回收性能的节水设备。这些技术措施的应用，使住宅小区的煤气、水、电分别节约了 60%、30%和 20%，而且改善了整个小区的环境。

在德国，建筑师利用高新技术设计出旋转式太阳能房屋。1994 年，一位建筑师把自己的住房设计成向日葵那样，能随阳光转动。此房屋安装在一个圆形底座上，由一个小型太阳能电动机带动一组齿轮。该房屋底座在环行轨道上以 3cm/min 的速度随着太阳旋转，当太阳落山以后该房屋便反向转动，回到初始位置。屋顶太阳能电池产生的电能有 1.3%被旋转电机消耗掉，而它所获得的太阳能量相当于不能转动的太阳能房屋的 2 倍，这也是欧洲第一座由计算机控制的太阳能追踪住宅。

日本 1995 年在九州市建成了首栋环境生态住宅，它是依据日本环境生态住宅地方标准的要求建造的，这栋住宅的温热水由装在大楼南侧的太阳能集热器提供。这种太阳能集热器即使在下雨天也能将水加热到约 55℃。住宅前还装有风车，风车发电可为公共场所照明提供辅助电源。据估算，每个住户一年可节约 5.7 万日元的空调电费和煤气费。

2003 年 11 月 17 日，施瓦辛格正式就任美国加州州长。他公布了雄心勃勃的环保计划，号召全州使用清洁能源，承诺要在不久的将来，推广燃料电池车的使用；在 2005 年前让加州一半以上的新居利用太阳能；将加州大气污染减少 50%，两年内能源消耗减少 20%，让加州的天更蓝、山更青、水更美。

2003 年，美国伦斯勒工学院开发出一种“太阳能窗系统”，它的实用性使传统太阳能设备大大提高。具体来说，“太阳能窗系统”由嵌入两个大玻璃天窗的多个透明塑料板构成，如图 2-48 所示。每个塑料板上都有几十个小型金字塔形的模块，这些模块能够追踪太阳光的运动。每个模块上都有一个小型的太阳能电池，负责收集光热，并将其转化成可用能量，运转发电机。装在房屋外部墙上和屋顶的传感器能确保模块总是对着太阳。除了满足建筑内供热、制冷和人工照明的能源需求外，这一系统还能把剩余的能量传送到需要的地方或者储存在电池组中，以备后用。如果今后人们都住在这样的太阳能房屋里，对传统电力的依赖就能明显减少，全面解决房屋的供暖、制冷和照明问题。

图 2-48 伦斯勒工学院开发的新型太阳能房屋内部效果图

我国在太阳能的热能利用方面，自 20 世纪 70 年代以来已有了一定基础。在光热利用方面已有了太阳灶、太阳能热水器、太阳房、太阳能干燥器等。太阳能热水器行业发展尤其迅速。截至 2000 年年底，我国太阳能热水器拥有量已达 2 600 万 m^2，年替代常规能源 400 万吨标准煤，生产量和使用量均居世界首位。全国太阳能热水器的厂家已经超过 1 000 家，用户达 3 000 多万人，总产值 60 亿元。近几年来，太阳能热水器以每年 20%～30%的速度增长，每年增长 500 万 m^2。到 2015 年，我国家庭太阳能热水器普及率达 20%～30%，拥有量达 3.2 亿 m^2。我国自主开发的全玻璃真空管太阳能热水器在世界上处于领先水平，并出口日本、美国等发达国家。

在昆明、苏州等城市，居民楼顶几乎布满太阳能集热板和水塔，每户只要拥有 4m^2 的集热板，就能解决一家人的生活用热水，而且价格便宜。

2003 年，青海省政府制作太阳能灶 66 000 台，免费发放使 30 万农牧民用上了太阳能灶。太阳能灶操作简易、使用方便、清洁卫生、没有污染，使用年限可达 15 年。推广使用太阳能灶，大大减少了燃料短缺地区砍伐灌木林的数量，促进了环保工作。

2003年3月,上海交通大学机械与动力工程学院燃烧与环境技术研究中心研制出国际首创的同时制冷和制热的太阳能冷管,该项成果通过了江苏省科技厅的鉴定。据报道,一根约1.6m长的黑色玻璃管,两头接上冷气、热量的传输装置和蓄冷设备后,就可以全天提供冷气和热水了。以前同样的任务需要由太阳能集热器、换热器、制冷机三部分共同完成,现在靠一根管子全部解决。该太阳能冷管利用吸附热泵原理,用沸石分子筛作为主体吸附剂,采用整体成形新工艺使吸附性能比传统的颗粒床提高55%,传热性能提高100%以上;用水作制冷工质,避免了化学药物(如氟利昂)一旦泄漏对环境造成的污染。同时,其造价比同类设备降低了一半。简单的系统使能耗大大降低,太阳能制冷效率达到26.8%、供热效率达60.9%,太阳能总体转化率高达87.7%,达到国际领先水平。由于无需机械运转,该设备没有噪声,主体设备也不用电,因此运行成本极低。

2004年9月哈尔滨建成国内首创的7座太阳能温室大棚。经过试验,在一栋660m^{2}的标准温室顶部安装40个太阳能集热板,通过散热装置,将热能导入土壤中的地热装置,在冬季−30℃的天气里,室内温度可保持在6～7℃,土壤温度保持在15℃左右。太阳能温室重要组成部分的风能发电设施,把生产的电能储存在蓄电池中使用,主要用以带动水泵,进行热水循环、室内照明及其他方面用电。据介绍,这种温室比常规温室节约4 000元左右,同时能生产出2茬蔬菜。夏天利用太阳能的热量生产脱水蔬菜,搞干菜加工,冬季生产无公害蔬菜。预计年产无公害蔬菜8万公斤。

2008年的奥运会,北京成为我国在太阳能应用方面的最大展示窗口,“新奥运”充分体现了“环保奥运、节能奥运”的新概念,采用全玻璃真空太阳能集热技术,供应奥运会90%的洗浴热水。在奥运会场馆周围80%～90%的路灯都利用太阳能光伏发电技术。在整个奥运会期间,太阳能路灯、太阳能电话、太阳能手机、太阳能冲洗卫生间等都是一系列太阳能技术的应用[18]。

2.3　太阳能光伏发电技术

2.3.1　太阳能电池

1. 光伏发电原理

在晶体中电子的数目总是与核电荷数相一致,所以P(N)型硅对外部来说是电中性的。若将P(N)型硅放在阳光下照射,仅是被加热,外部看不出变化。但内部通过光的能量,电子从化学键中被释放,由此产生电子-空穴对,但在很短的时间内(在μs范围内)电子又被捕获,即电子和空穴“复合”[19]。

当P型和N型半导体结合在一起时,在两种半导体的交界面区域会形成一个特殊的薄层，界面的P型一侧带负电，N型一侧带正电。这是由于P型半导体多空穴，N型半导体多自由电子，出现了浓度差。N区的电子会扩散到P区，P区的空穴会扩散到N区，一旦扩散就形成了一个由N指向P的“内电场”，从而阻止扩散进行。达到平衡后，就形成了这样一个特殊的薄层并形成电势差，这就是PN结。迄今为止，大多数太阳能电池厂家都是通过扩散工艺，在P型硅片上形成N型区，在两个区交界就形成了一个PN结。太阳能电池的基本结构就是一个大面积平面PN结[20]。

如果光线照射在太阳能电池上并且光在界面层被吸收，具有足够能量的光子能够在P型硅和N型硅中将电子从共价键中激发，以致产生电子-空穴对。界面层附近的电子和空穴在复合之前，将通过空间电荷的电场作用被相互分离。电子向带正电的N区和空穴向带负电的P区运动。通过界面层的电荷分离，将在P区和N区之间产生一个向外的可测试的电压。通过光照在界面层产生的电子-空穴对越多，电流就越大。界面层吸收的光能越多，界面层即电池面积越大，在太阳能电池中形成的电流也越大，此即为光生伏特效应，如图2-49所示。

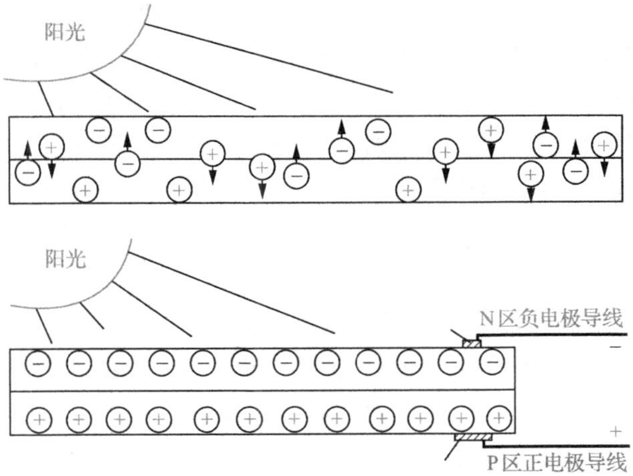

图2-49 光伏发电原理图

光伏发电就是根据光生伏特效应原理，利用太阳能电池将太阳光能直接转化为电能。无论独立使用还是并网发电，光伏发电系统主要由太阳能电池板(组件)、控制器和逆变器三大部分组成，它们主要由电子元器件构成，不涉及机械部件，所以，光伏发电设备极为精炼，可靠稳定寿命长、安装维护简便。理论上讲，光伏发电技术可以用于任何需要电源的场合，上至航天器，下至家用电源，大到兆瓦级电站，小到玩具，光伏电源无处不在。太阳能光伏发电的最基本元件是太阳能电池(片)，有单晶硅、多晶硅、非晶硅和薄膜电池等。目前，单晶和多晶电池用量最大，非晶电池用于一些小系统和计算器辅助电源等[21]。

2. 太阳能电池的分类

1) 结晶型太阳能电池

单晶硅太阳能电池是开发最早的一种太阳能电池，硅的禁带宽度为1.1eV，是间接迁移型半导体，本来不是制作太阳能电池的最合适材料。但是由于硅蕴藏量非常丰富，已广泛应用于微电子工业，有很完善的技术基础，有利于太阳能电池的开发应用。单晶硅太阳能电池具有比较高的转换效率，规模生产的电池组件的效率可以达到12%～16%，而实验室记录的最高转换效率为24.4%。

单晶硅太阳能电池是当前开发最快的一种太阳能电池，它的结构和生产工艺已定型，产品已广泛用于空间和地面。这种太阳能电池以高纯的单晶硅棒为原料，纯度要求99.999%。为了降低生产成本，现在地面应用的太阳能电池等采用太阳能级的单晶硅棒，材料性能指标有所放宽。单晶硅太阳能电池的生产需要消耗大量的高纯硅材料，而制造这些材料工艺复杂，耗电很大，在太阳能电池生产总成本中超过1/2。因此，20世纪80年代以来，欧美一些国家投入了多晶硅太阳能电池的研制。

多晶硅太阳能电池具有独特的优势，价格比较低廉，相应的电池单元成本低，光电转换效率为11%～13%，实验室效率可达到16.9%，非常具有竞争优势。但是由于多晶硅材料存在较多的晶粒间界而有较多的缺点，转换效率不够高，提高多晶硅太阳能电池的转换效率就是目前许多科学家的研究热点。

多晶硅太阳能电池的制作工艺与单晶硅太阳能电池差不多，其光电转换效率稍低于单晶硅太阳能电池，但是材料制造简便，节约电耗，总的生产成本较低，因此得到了大量发展[22]。

2) 膜型太阳能电池

薄膜(thin-film)光伏电池，其薄膜厚度一般在2～3μm，包括硅薄膜型(主要包括多晶硅、非晶硅和微晶硅)、化合物半导体薄膜型(主要包括非结晶型、Ⅲ-Ⅴ族(GaAs、InP等)、Ⅱ-Ⅵ族(CdS系)和磷化锌等)、新材料薄膜型电池(主要包括聚合物薄膜太阳能电池和染料敏化太阳能电池)。

(1) 多晶硅薄膜光伏电池。

典型硅薄膜光伏电池基本结构示意图如图2-50所示。

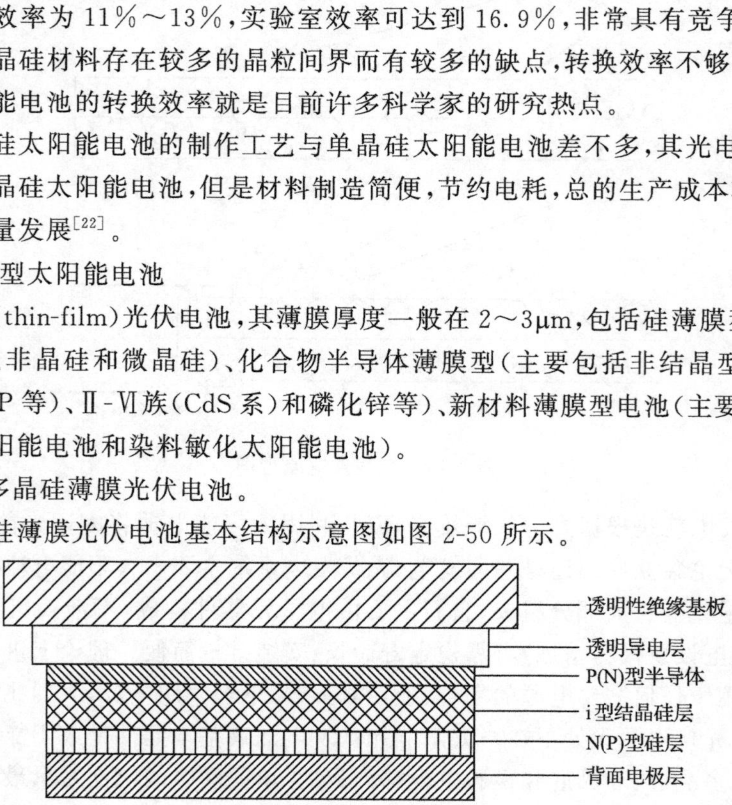

图2-50　典型硅薄膜光伏电池基本结构示意图

由于多晶硅薄膜电池所使用的硅远比单晶硅少，也无效率衰退问题，并且可以在廉价衬底材料上制备，其成本远低于单晶硅电池，而效率高于非晶硅薄膜电池。因此，多晶硅薄膜电池是薄膜太阳能中发展速度最快的。

(2) 非晶硅(无定形硅)太阳能电池。

非晶硅太阳能电池是1976年出现的新型薄膜太阳能电池，它与单晶硅和多晶硅太阳能电池的制作方法完全不同，硅材料消耗少、电耗低，光电转换效率为6%，实验室效率可达到15%。非晶硅可以生长在很薄的不锈钢和塑料衬底上，可制备出超轻量级的太阳能电池。由于存在S-K效应，目前非晶硅太阳能电池的光电转换效率偏低，国际先进水平为10%左右，且不够稳定，常有转换效率衰减的现象，制约着非晶硅电池作为大型太阳能电源，只能应用于弱光电源。

由于a-Si(无定形硅)多缺陷的特点，a-Si的PN结是不稳定的，而且光照时光电导不明显，几乎没有有效的电荷收集。所以，a-Si太阳电池基本结构不是PN结而是PIN结[23]。

(3) 多元化合物薄膜太阳能电池。

在发展硅系太阳能电池的同时，为了避开硅系太阳能电池存在的普遍问题，人们也在研制其他材料的太阳能电池，其中主要包括砷化镓(GaAs)Ⅲ-Ⅴ族化合物、硫化镉(CdS)及铜铟硒薄膜电池等。砷化镓Ⅲ-Ⅴ族化合物及铜铟硒薄膜电池由于具有较高的转换效率而受到人们的普遍重视。砷化镓属于Ⅲ-Ⅴ族化合物半导体材料，其能隙为1.4eV，并且耐高温性强，在200℃左右的温度下光电转换性能仍不受到太大的影响。并且由于其高光电转换(效率约30%)，特别适合做高温聚光太阳能电池，是一种很理想的电池材料。已研究的砷化镓系列太阳能电池有单晶砷化镓、多晶砷化镓、镓铝砷-砷化镓异质结、金属半导体砷化镓、金属绝缘体半导体砷化镓太阳能电池等。除砷化镓外，其他Ⅲ-Ⅴ族化合物，如GaSb、GaInP等电池材料也得到了开发。

化合物太阳能电池包括Ⅲ-Ⅴ族化合物电池和Ⅱ-Ⅵ族化合物电池。Ⅲ-Ⅴ族化合物电池主要有GaAs电池、InP电池、GaSb电池等，Ⅱ-Ⅵ族化合物电池主要有CaS/CuInSe电池、CaS/CdTe电池等。

铜铟镓硒薄膜太阳能电池开发时间还不长，是较有前途而被寄予厚望的新型低成本太阳能电池。该薄膜太阳能电池单元的制备是先用溅射、喷涂或蒸发法在基片上沉积Cu、In和Ga层，再在Se气氛中硒化。铜铟镓硒电池薄膜的制备一般采用真空镀膜、硒化法、电沉积、电泳法或化学气相沉积法等工艺来制备，材料消耗少、成本低、性能稳定、光电转换效率在10%以上。

碲化镉(CdTe)已成为公认的高效、稳定、廉价的薄膜光伏器件材料，而且在各种制备条件下都可以得到较好的电池结果，包括非常粗糙的工艺，如电镀。

综上所述，尽管多元化合物薄膜太阳能电池的效率比非晶硅薄膜太阳能电池效率高，成本比单晶硅电池低，并且也易于大规模生产，但由于其组成元素大都剧毒，会对环境造成严重的污染，有的元素比较稀有。因此，这种电池并不是晶体硅太阳能电池最理想的替代品。

3）其他新型太阳能电池

（1）有机太阳能电池。

有机太阳能电池具有柔韧性和成本低廉的优势，是近年出现的新型太阳能电池。与结构工艺复杂、成本高昂、光电压受光强影响波动大的传统半导体固结太阳能电池相比，有机太阳能电池制备工艺简单，可采用真空蒸镀或涂敷的方法制备成膜，且可以制备在可弯曲折叠的衬底上形成柔性太阳能电池。有机物太阳能电池材料的分子结构还可以自行设计合成，材料选择余地大，加工容易，毒性小，成本低，可制造面积大，在太阳能电池产业引起了科学家的极大关注[24]。

（2）染料敏化纳米晶太阳能电池(DSSC)。

染料敏化纳米晶太阳能电池(图 2-51)是最近二十几年发展起来的，其原理是(TiO_2)表面吸附一层对可见光具有良好吸收性能的染料光敏化剂后，染料分子在可见光的作用下，通过吸收光能而跃迁到激发态，通过染料分子与 TiO_2 表面的相互作用，电子跃迁到较低能级的导带，进入 TiO_2 导带的电子被导电电极薄膜收集，通过外回路，回到反电极产生光电流，其原理与植物叶绿素光合作用原理类似。

图 2-51　染料敏化太阳能电池

染料敏化薄膜太阳能电池主要由以下几部分组成：透明导电玻璃、纳米 TiO_2 多孔半导体薄膜、染料光敏化剂、电解质和反电极透明导电玻璃作为导电电极，就是在普通玻璃上镀上一层掺 F 或 Sb 的 SnO_2 透明导电膜，也可以是 ITO 薄膜，在导电膜和玻璃之间最好扩散一层几纳米的 TiO_2。

染料敏化太阳能电池与传统的太阳电池相比有以下一些优势：寿命长，使用寿命可达 15～20 年；结构简单、易于制造，生产工艺简单，易于大规模工业化生产；制备电池耗能较少,能源回收周期短;生产成本较低,仅为硅太阳能电池的1/5～1/10,预计每峰瓦电池的成本在10元以内。生产过程中无毒、无污染;可以采用特殊导电塑料,柔软,无热岛效应。

传统的硅基太阳能电池容量大,对太阳光的转换率可以达到20%,技术成熟。但是它存在的主要问题就是必须加工成坚硬的板块状电池板,这就限制了它的许多用途。柔性太阳能电池质量轻,而且可以折叠、卷曲,甚至可以粘贴在其他物体表面,如汽车玻璃、衣服等。

太阳能光伏发电的关键技术就是太阳能电池技术。当今太阳能电池已发展到第二代,但目前使用最广泛的还是第一代——晶体硅电池,占2003年全球太阳能光伏发电(简称PV)电池产量的88.73%。第一代太阳能电池:晶体硅太阳能电池,分为单晶硅和多晶硅两种。晶体硅电池工业化产品效率一般为13%～15%,因生产工艺使得该类电池生产成本较高,销售价格为3～4$/Wp(峰值功率)。第二代太阳能电池:薄膜太阳能电池,主要包括非晶硅(a-Si)、碲化镉(CdTe)和铜铟(镓)硒。其成本低于第一代,且可大幅度增加电池板制造面积,但效率不如第一代,其中的非晶硅稳定效率为10%。随着PV市场的扩大,薄膜光伏电池的增长会加速。未来的第三代太阳能电池应具有以下特征:薄膜化、高效率、原材料丰富和无毒性。可望实现第三代太阳能电池效率的途径包括:叠层电池、多带光伏电池、碰撞离化、光子下转换、热载流子电池、热离化、热光伏电池等。

3. 太阳能电池的特点

(1) 将光能直接转换为(直流)电能,但本身不储存能量。

(2) 使用方便、无废弃物、无污染、无噪声。

(3) 电池模板寿命长久,可达二十年以上。

(4) 外形尺寸可随意变化,应用广泛(小至消费性产品(如计算机),大至发电厂)。

(5) 发电量大小随日光强度而变化。

(6) 太阳能电池未来与建筑物结合,将可普及化。

目前,太阳能电池产业发展的瓶颈主要有两个方面的问题:一个是价格问题。首先要研制能稳定获得高效率且低成本的半导体材料,其次是能用低成本的工艺路线生产这种光伏电池。从成本上讲,太阳能电池仍然是目前常规能源中成本最高的。另一个是效率问题。在光电转换的过程中,并不是所有的入射光谱都能被电池所吸收,并完全转成电流。有一半的光谱因能量小于半导体的能隙,对电池的输出没有贡献。而另一半被吸收的光子中,除了产生电子2空穴对所需要的能量外,大概有一半左右的能量以热量的形式浪费掉。所以,单一电池的最高效率在25%左右,目前实验室所研发出来的电池效率几乎可以达到理论最高值。但是因为制造工艺过程复杂,产量太低,造成价格偏高,不符合经济效益,所以这成为光伏电池发展的最大瓶颈。薄膜光伏电池不但存在块状光伏电池产业化发展中遇到的普遍问题,还存在着现有薄膜技术无法达到的要求:沉积薄膜的速率在1μm/min以上;沉积的温度在600℃以下;薄膜的厚度在10μm以下;成长的晶粒大小在1μm以下;少数载子的扩散长度超过10μm。所以虽然电池的薄膜技术已经被人们广泛接受,被认为是最具有潜力的方式,但是目前为止仍然没有任何一种技术可以进入产业化。

另外,由材料来源看,由于Ⅲ-Ⅴ族化合物及CIS等是由稀有元素所制备,即使它们所制备的太阳能电池转换效率很高,将来也不可能占据主导地位。而纳米晶太阳能电池和聚合物修饰电极太阳能电池,它们的研究刚刚起步,技术不是很成熟,转换效率还比较低,这两类电池还处于探索阶段,短时间内不可能替代硅系太阳能电池。因此,从转换效率和材料的来源角度讲,今后发展的重点仍是硅太阳能电池,特别是硅薄膜电池。

2.3.2 光伏技术的应用

理论上讲,光伏发电技术可以用于任何需要电源的场合,上至航天器,下至家用电源,大到兆瓦级电站,小到玩具,光伏电源无处不在。太阳能光伏发电的最基本元件是太阳能电池(片),有单晶硅、多晶硅、非晶硅和薄膜电池等。由一个或多个太阳能电池片组成的太阳能电池板称为光伏组件。光伏发电产品主要用于三大方面:一是为无电场合提供电源;二是太阳能日用电子产品,如各类太阳能充电器、太阳能路灯和太阳能草地各种灯具等;三是并网发电,这在发达国家已经大面积推广实施[25]。太阳能光伏技术的应用领域包括以下几个方面。

航天航空领域:人造卫星、空间太阳能电站、宇宙飞船等,机场灯标、太阳能飞机等。

通讯设备:军用通讯台站、步话机、微波中继站、小型通讯机、无线电话等。

航运:航标灯、浮标、灯塔、浮子障碍灯等。

气象:无人气象台、积雪测量计、水文雨量测量仪等。

农业:电围栏、黑光灯、森林火灾红外探测仪等。

日常生活:电视机、收音机、计算器、电子手表、充电器、太阳能游艇等。

户用太阳能电源:直流电源。

据估计,地球表面太阳能的密度达到1 000W/m^2。假设太阳能电池的利用效率为10%,以平均每天辐照时间6h计算,一个面积为100m^{2}的屋顶可获得60kW·h的电力,每月达1 800kW·h[26]。

1. 太阳能路灯

一种典型的太阳能路灯系统的工作原理:利用光生伏特效应原理制成的太阳

能电池白天太阳能电池板接收太阳辐射能并转化为电能输出，经过充放电控制器储存在蓄电池中，夜晚当照度逐渐降低至 10lx(勒克斯)左右、太阳能电池板开路电压 4.5V 左右，充放电控制器监测到这一电压值后动作，蓄电池对灯头放电。蓄电池放电 8.5h 后，充放电控制器动作，蓄电池放电结束。充放电控制器的主要作用是保护蓄电池[27]。

2. 光伏建筑

1) 光伏与建筑一体化

光伏与建筑一体化(building intergration PV，BIPV)提出了“建筑物产生能源”的新概念，即通过建筑物，主要是屋顶和墙面与光伏发电集成起来，使建筑物自身利用绿色、环保的太阳能资源生产电力，如图 2-52 所示。BIPV 系统可以划分为光伏屋顶结构和光伏墙结构两种形式[28]。

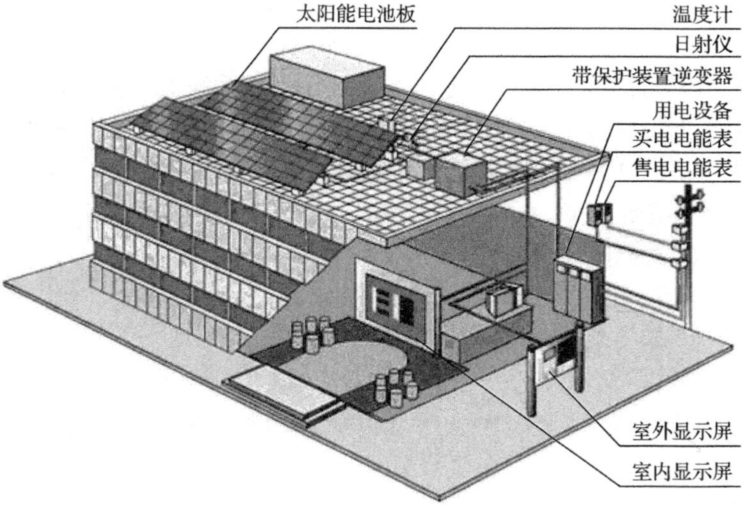

图 2-52 光伏建筑示意图

(1) 建筑与光伏系统相结合：把封装好的光伏组件安装在居民住宅或建筑物的屋顶上，再与逆变器、蓄电池、控制器、负载等装置组成一个发电系统。

(2) 建筑与光伏器件相结合：将光伏器件与建筑材料集成一体，用光伏组件代替屋顶、窗户和外墙，形成光伏与建筑材料集成产品，既可以当建材，又能利用绿色太阳能资源发电。

把光伏器件用作建材，必须具备建材所要求的几项条件：坚固耐用、保温隔热、防水防潮、适当的强度和刚度等性能。若是用于窗户、天窗等，则必须能够透光，就是说既可发电又可采光。除此之外，还要考虑安全性能、外观和施工简便等因素。

光伏系统工作时，安装在建筑物上的光伏组件产生直流电源，通过接线盒与逆变器连接，将直流转换成交流，给建筑物负载供电或给建筑物以外的其他负荷供电[29]。

光伏与建筑一体化具有如下优点。

(1) 绿色能源。太阳能光伏与建筑一体化产生的是绿色能源，是应用太阳能发电，不会污染环境。太阳能是最清洁并且是免费的，开发利用过程中不会产生任何生态方面的副作用。它又是一种再生能源，取之不尽，用之不竭。

(2) 不占用土地。光伏阵列一般安装在闲置的屋顶或外墙上，无需额外占用土地，这对于土地昂贵的城市建筑尤其重要；夏天是用电高峰的季节，也正好是日照量最大、光伏系统发电量最多的时期，对电网可以起到调峰作用。

(3) 采用并网光伏系统，不需要配备蓄电池，既节省投资，又不受蓄电池荷电状态的限制，可以充分利用光伏系统所发出的电力。

(4) 起到建筑节能作用。光伏阵列吸收太阳能转化为电能，大大降低了室外综合温度，减少了墙体得热和室内空调冷负荷，所以也可以起到建筑节能作用。因此，发展太阳能光伏与建筑一体化，可以“节能减排”。

虽然太阳能光伏与建筑一体化有高效、经济、环保等诸多优点，并已在世博场馆和示范工程上得以运用，但光伏建筑还未进入寻常百姓家，成片使用该技术的民宅社区并未出现。这是由于太阳能光伏建筑存在三大问题。

(1) 建筑物造价较高。一体化设计建造的带有光伏发电系统的建筑物造价较高，在科研技术方面还有待提升。

(2) 太阳能发电成本高。目前太阳能发电的成本是每度 2.5 元，比常规发电成本(每度 1 元)翻一倍多。

(3) 光伏发电不稳定，受天气影响大，有波动性。这是由于太阳并不是一天 24h 都有，因此如何解决太阳能光伏发电的波动性，如何储电也是亟待解决的问题。

2) 国际上太阳能建筑利用进展

1997 年 6 月美国政府提出了“百万太阳能屋顶计划”，提出到 2010 年美国要为 100 万个家庭安装太阳能屋顶，每个太阳能屋顶有 3～5kW 的太阳能并网发电系统，需求量为 4500MW[30]。

1997 年左右欧洲也宣布了百万屋顶计划，并提出 2010 年完成。欧盟委员会提出了“欧洲可再生能源技术战略计划”，太阳能在该计划中占有重要地位。到 2020 年，太阳能将占欧盟电力需求的 15%，其中包括 12%来自光伏发电，3%来自太阳热发电系统[31]。

2010 年 7 月 21 日美国参议院能源委员会投票通过了“美国千万太阳能屋顶计划”，这一法案的通过极大促进了美国光伏市场的急速增长。

法国阿尔萨斯馆的水幕太阳能系统的玻璃幕墙从外到内包括三个层面，外层为太阳能电板和第一层玻璃，中间层是个可开可闭的空气层，最后一层还是玻璃，上面有水流过，构成水幕玻璃，如图 2-53 所示[32]。

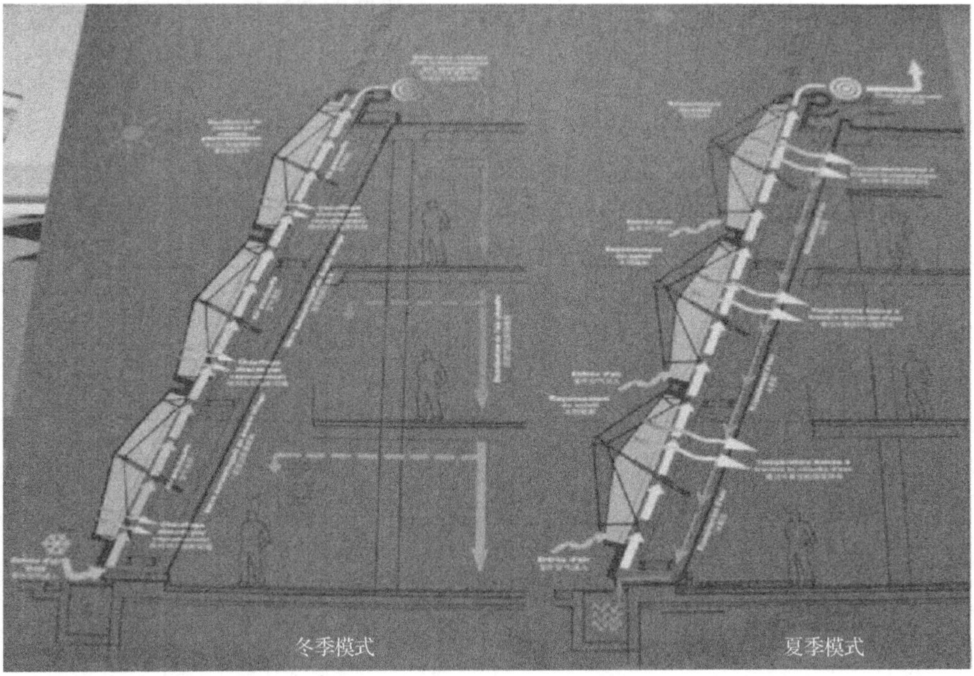

图 2-53　光伏水幕墙工作原理图

它具体是如何运行的呢？先看“冬天模式”：所有的玻璃窗全部关闭，使得中间层成为一个密闭空气舱。经过阳光照射以及太阳光在光电板上转换成电并发热，密闭舱里的空气被迅速加热，并源源不断送往风机，就能持续地给室内各个楼面供暖。

“夏天模式”时，外层玻璃打开实现通风；同时经位于屋顶的水泵抽送，水幕以 $48m^3/h$ 的流速不断冲刷着内层玻璃，再加上太阳能板产生的阴影，三管齐下，使得中间空气层的温度有所降低，从而起到给建筑降温的作用。此时，太阳能光电板产生的能量将成为水泵的动力来源[33]。

3）我国光伏与建筑一体化的发展

世界各地出现了不少光伏与建筑一体化建筑物，中国也不例外。我国在借鉴国外发达国家技术经验的基础上，开始发展太阳能光伏与建筑一体化建筑物。

（1）上海的一些地标性工程在建设过程中已经使用新能源系统，并注意与建筑本身融为一体。例如，在虹桥交通枢纽庞大的主体建筑上，顶面和部分外立面均安装了太阳能发电装置，总量达 6.5MW，每年为虹桥高铁客运站提供 650 万 kW·h 清洁电力，减少二氧化碳排放 5 000 吨左右[34]。

(2) 2003年，在北京市大兴区建成了一幢建筑面积达8 000m^2的综合利用新能源的生态建筑示范工程，经过近一年的运行后，于2004年6月全面通过验收，被专家评议为“我国第一幢综合利用太阳能解决能源问题的建筑示范工程”。该工程中“50千瓦大型屋顶光伏并网示范电站”是科技部“十五”科技攻关项目。

(3) 2004年，深圳建成当时亚洲最大的并网太阳能光伏电站，该光伏电站总容量为1MW，年发电能力约为100万kW·h。电站设计及安装与深圳综合展馆、花卉展馆等建筑融为一体，堪称国内绿色建筑的典范。

(4) 北京南站中，主站房屋面中央采光带也采用了太阳能光伏发电系统，该系统总发电量约320kW·h，可辅助解决车站的用电问题。

上述光伏与建筑一体化建筑的设计和建成，对于中国在更多城市建筑中推广光伏与建筑一体化的用能模式具有明显的示范意义，对于广大的农村地区推广这种太阳能利用方式也具有借鉴意义。但是国内光伏企业90%以上的光伏组件产品仍然需要出口，国内光伏市场在外的现状没有得到实质性改观。面对迟迟未能启动的中国光伏市场，国家出台了《推动太阳能光电建筑应用的实施办法》，并启动了金太阳示范工程，这都将大力刺激国内光伏与建筑一体化市场的发展。

据了解，国家2009年9月下达了首批太阳能光电建筑应用示范项目补贴资金12.7亿元，共111个项目，总规模91MW；同年11月，国家公布了金太阳示范工程补贴结果，补助275个项目，总投资达200亿元，其中光电建筑并网项目222个共298.4MW。

2010年，太阳能光电建筑应用示范项目补贴政策重点支持应用程度较高的建材型、构建型项目，总投资11.95亿元，共99个项目；同年金太阳示范项目补贴120个项目共计272MW，其中有13个太阳能光伏发电集中应用示范区。2010年年底，财政部等四部委联合在京召开会议提出，力争2012年以后每年国内应用规模不低于1 000MW，形成持续稳定、不断扩大的光伏发电应用市场。据了解，2011年的太阳能光电建筑应用示范项目补贴政策将预算定在10亿元左右[35]。

3. 光伏电站

通过太阳能电池方阵将太阳辐射能转换为电能的发电站称为太阳能光伏电站。太阳能光伏电站按照运行方式可分为独立太阳能光伏电站和并网太阳能光伏电站。

未与公共电网连接独立供电的太阳能光伏电站称为离网光伏电站，主要应用于远离公共电网的无电地区和一些特殊场所，如为边远偏僻农村、牧区、海岛、高原、沙漠的农牧渔民提供照明、看电视、听广播等基本的生活用电，为通信中继站、沿海和内河航标、输油输气管道阴极保护、气象电站、公路道班以及边防哨所等特殊处所提供电源。独立系统由太阳电池方阵、系统控制器、蓄电池组、直流/交流逆变器等组成。

与公共电网连接且共同承担供电任务的太阳能光伏电站称为并网光伏电站，它是太阳能光伏发电进入大规模商业化发电阶段、成为电力工业组成部分的重要发展方向，是当今世界太阳能光伏发电技术发展的主流趋势。并网系统由太阳能电池方阵、系统控制器、并网逆变器等组成[36]。

4. 太阳能热电站

通常人们所说的太阳能电站，指的是太阳能热电站。这种发电站先将太阳光转变成热能，然后再通过机械装置将热能转变成电能，如图 2-54 和图 2-55 所示。

图 2-54 加州的塔式太阳能热发电站

图 2-55 西班牙 PS10 太阳能发电塔

太阳能电站能量转换的过程是：在地面上设置许多聚光镜，以不同角度和方向把太阳光收集起来，集中反射到一个高塔顶部的专用锅炉上，使锅炉里的水受热变为高压蒸汽，用来驱动汽轮机，再由汽轮机带动发电机发电。电站内设有蓄热器，当用高压蒸汽推动汽轮机转动的同时，通过管道将一部分热能储存在蓄热器中。如果在阴天、雨天或晚上没太阳时，就由蓄热器供应热能，以保证电站连续发电。世界上第一座太阳能热电站，是建在法国的奥德约太阳能热电站，发电能力为 64kW。

1982 年，美国建成了一座大型塔式太阳能热电站，用了 1 818 个聚光镜，塔高 80m，发电能力为 1 万 kW。它利用太阳能把油加热，再用高温油将水变成蒸汽，利用蒸汽来推动汽轮发电机发电。

太阳能热电站不足之处在于：一是需要占用很大地方来设置聚光镜；二是它的发电能力受天气和太阳出没的影响较大。虽然热电站一般都安装有蓄热器，但不能从根本上消除影响。

5. 光伏光热一体化系统(PV/T)

这种系统(图 2-56)可减少太阳能电池面积，采用可伸展透镜聚光、片形聚光、槽式聚光、双抛物线聚光等技术。技术相对简单，应用范围较广，实用系统如图 2-57 和图 2-58 所示。

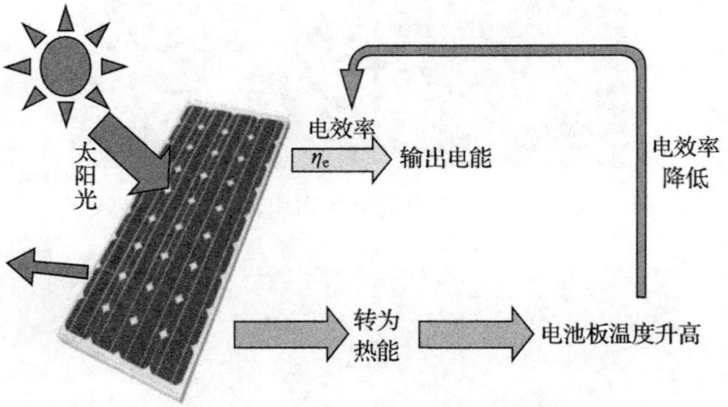

图 2-56　聚光太阳能 PV/T 系统

图 2-57　平板太阳能 PV/T 系统

图 2-58　气冷式光伏光热一体化系统

6. 太阳池发电

太阳池发电是利用水池中的水吸收阳光，将太阳能收集和储存起来。太阳池的优越之处是水池本身就可充当储存热能的蓄热槽。

为了提高池中的水温，人们想了许多办法，其中最引人注目的就是利用盐水蓄热。越靠近湖底的水，其所含盐分的浓度就越大。湖底处的热水因密度变小而升到水面，从而形成对流。但是当水中的盐分浓度很高时，水的密度随之增大，这样热水就难以升到水面，打乱了水热升冷降的循环过程。由于湖水无法形成对流，热量便在湖底处蓄积起来，而湖面上较轻的一层水，就像锅盖一样将池底的热能严严实实地封住。结果，湖底的水温就会越来越高。

太阳池发电比其他利用太阳能的方法优越。同太阳热发电、太阳光发电等应用太阳能的技术相比，太阳池发电的突出优点是构造简单、成本低；它几乎不需要价格昂贵的不锈钢、玻璃和塑料，只要一处浅水池和发电设备即可；另外它能将大量的热储存起来，可以长年不断地利用阳光发电，即使在夜晚和冬季也照常可以利用。因此，有人说太阳池发电是太阳能应用中最为廉价和便于推广的一种技术。

美国对这项太阳能利用的新技术十分重视，一个由政府资助的科学家组织对全国进行了调查，以确定太阳池发电计划和建造发电站的地方。至今美国已修建了 10 个太阳池，以便进行研究试验。

在澳大利亚，已建成了一个面积为 3 000m^2 的太阳池，并将用它发电，以便为偏僻地区供电，并进行海水淡化和温度供暖等。日本农林水产省土木试验场已建有四个 8m^3、深 2.5～3m 的太阳池，用来为温室栽培和水产养殖提供热能。

人们在太阳池发电的推广使用中，对其可能出现的问题能够及时地予以研究解决。例如，起初人们估计铺在池底的薄膜会发生破裂，从而使盐水流出，污染水池下面的土壤;但是实践证明,薄膜的防渗漏性能很好,没有出现上述问题。当前太阳池在供热和发电方面还存在一些不足之处。随着科学技术的进步,在不久的将来,太阳池发电将作为一种廉价的电源得到普遍应用。

7. 太阳能气流发电(太阳塔发电)

太阳能气流发电站有一个高大的"烟囱",用它抽吸空气,形成气流驱动风力机,再带动发电机。所以也被称为太阳塔发电或太阳能烟囱电站,如图 2-59 所示。

图 2-59 太阳能烟囱式热力发电站

太阳能气流电站的中央竖立着一个大"烟囱",在"烟囱"的周围,是巨大的环形曲面半透明塑料大棚,在烟囱底部装有风力机。当大棚内的空气经太阳曝晒后,其温度比棚外空气约高 20℃。由于空气具有热升冷降的特点,再加上大"烟囱"向外排风的作用,就使热空气通过"烟囱"快速地排出去,从而驱动设在烟囱底部的风力机和发电机发电。

太阳能气流电站占地较大,所以只能建在阳光充足、地面开阔的沙漠地区。另外,塑料大棚内的地方很大,温度又较高,可利用起来作暖房,种植蔬菜和栽培早熟的农作物。

1978 年,德国 Schlaich 教授提出了太阳能烟囱发电的概念。1982 年,德国政府和西班牙一个发电企业合作,在西班牙 Manzanares 建成了世界上第一个太阳能烟囱发电站,功率为 50kW。

澳大利亚和美国 EnviroMission 公司合作,准备在澳大利亚的新南威尔士建筑一座 20 万 kW 的太阳能烟囱发电站。烟囱设计高 1000m,直径 130m,底部厚度为 1m,顶部厚度为 0.25m。集热棚直径为 7 000m。其日间可发电 20 万 kW · h,夜间可发电 8 万 kW · h,年发电量预计为 7 亿 kW · h,投资预算为 6 亿~7 亿澳元。

这种发电方式无需常规能源，其动力的供给完全来自于集热棚下面因太阳辐射所产生的热空气。

在美国西南部未来有可能出现一座“太阳能塔”，如图 2-60 所示。这是一种最新的能源生产概念，看上去它就像一个巨大的烟囱，但并不释放有害浓烟气体，而是通过太阳能加热空气，并转换成为电能，可以 20 万户居民使用。太阳能塔高达 1 000m，加热空气上升时速达 55km。

图 2-60　美国西南部未来的太阳能塔

8. 空间太阳能电站

太阳光经过大气层到达地球表面时，已经大大减弱。而到达地面的阳光，又有 1/3 被反射回空间。因此，在大气层以上接收的太阳能要比在地球表面接收的多 4 倍以上。人们就萌发了一个大胆的设想：要把太阳能发电站搬到宇宙空间去，以便得到更多的太阳能。而且这样还能避免地面太阳能电站接收太阳光时断时续的缺点。

要达到这一目的，就必须研制一种太阳能卫星，并把它发送到距地面 3.5 万多公里的高空，而且与地球同步的轨道上（在这一轨道上，卫星绕地球飞行一圈的时间，正好与地球自转一周的时间相同），这样就可以用它把太阳能直接引到地球上。

空间太阳能电站实际上是利用太阳能发电的卫星，这些卫星表面覆盖有太阳能电池板，能够积聚大量太阳能并将其转化为电能，通过微波束将电能传送回地面。地面接收站通过巨型天线，将动力卫星送回到地面的微波能重新转换成电能。

空间太阳能电站是由永远朝向太阳的太阳电池列阵、把直流电转换成微波能的微波转换站和发射微波束能的列阵天线三部分组成。通过天线以微波形式向地面输电。在地面上则要建一个面积达几十平方公里的巨型接收系统[37]。

空间太阳能电站与常规光伏电站相比，有以下优点[38]。

(1) 太空中的太阳能电池板没有大气层的阻隔，没有干扰，它接收太阳光的强度是地球上的 8～10 倍，而且更清洁。

(2) 可以 24 小时持续不断地接收阳光，解决了地面太阳能发电间断和稳定性差的问题。

(3) 太空的"土地"是免费的，况且目前国际社会尚无对开发太空太阳能的限制和法律约束，太空太阳能的开发对各国都是公平的。

当然，就目前来说，实现大型太阳能空间电站计划还存在一定的技术难关。巨大的动力卫星需要分成部件运送到太空进行组装；卫星安装后，还需要定期进行保养和检修，这就需要一种像航天飞机一样能往返于地球和太空的运输工具。

欧洲航空防务与航天公司的科学家哈特穆特·米勒在不来梅演示了一种该公司与卡尔斯鲁厄大学的科学家用了两年的时间合作研制成功的新型激光设备，这将是未来"太空发电厂"向地球传送能量的最重要部件。科学家说，该设备将可以利用激光光束把在太空中收集到的能量传送回地球。他们计划在 2008 年将第一台激光装置送入国际空间站，然而他们的第一座"太空发电厂"要在 50 年后才开始工作。在进行太空试验之前，专家还需要更多的地面研究，尝试提升通过激光光束传送回来的能量级别。

米勒说，近 30 年来全世界都在寻找将太阳能这一"用之不尽"的能源直接转化为地球上可用能源的方法，而他们的研究成果则在建造以激光技术为支持的"太空发电厂"方面迈出了重要的一步。欧洲航空防务与航天公司已耗资 60 万欧元研究开发在太空建立太阳能发电厂，用激光束把能量传送回地球的"太空发电厂"宏伟计划。

9. 太阳能制氢

目前我们使用的能源资源绝大部分是石油和煤炭。它们在燃烧时排放了大量的二氧化碳和污染物，对环境造成很大的不良影响，对人类的生存和健康造成了极大的威胁。可是，化石燃料由于便于储存和运输，被广泛地用于海陆空运输工具上。因为氢燃烧后的生成物为水，基本实现温室气体和污染物的零排放；通用性强，可用于大多数终端燃烧设备；可实现低损耗输运和储存，实现分布式利用；最重要的是氢能可由多种能源转化,特别是可由太阳能制氢,成为取之不尽、用之不竭的新型能源。制氢可以解决普通太阳能发电的一些问题,如受日夜、季节、天气的影响,太阳能不断地发生变化;电能的储存问题;应用的方式更加多样化。因此,大家把目光投向氢能,作为化石燃料的替代品。

氢的制备方法有许多种。目前最经济的方法仍是从碳氢燃料尤其是廉价的煤炭和生物质制备,最吸引人们关注的是太阳能制氢。氢能作为二次能源具有能量密度高、热转化效率高、输送成本低、对环境零污染等诸多优点,是最具竞争力的未来能源[39]。随着矿石燃料的日益枯竭,氢能的利用大有可为,也是光伏技术发展的重要出路之一。

美国自“9·11”事件以后,对于氢能相关技术研发的步伐明显加快,在国际上处于领先地位。美国2001年11月在华盛顿召开的国家氢能前景会议上形成的文件“A national vision of America's transition to a hydrogen economy—to 2030 and beyond”中,对氢经济的描述为:“未来的氢经济中——美国将拥有安全、清洁以及繁荣的氢能产业。美国消费者将像现在获取汽油、天然气或电力那样方便地获取氢能。氢能的制备将是洁净的、没有温室气体排放的。氢能将以安全的方式输送。美国的商业和消费者将氢作为能源的选择之一。美国的氢能产业将提供全球领先的设备、产品和服务。”[40]

2003年1月布什宣布正式启动“国家氢燃料研究计划”,并投资近20亿美元从事氢能项目的研究与开发。该计划提出了氢能工业化生产技术、氢能存储技术、氢能应用开发技术等方面的重点开发项目。目的是将美国对石油矿物能源的依赖减少到最低程度。一旦美国的氢能开发进入商业化,就能在2040年以前使每天的石油消耗量减少1100万桶。

越来越多的国家开始把开发氢能列为重要的新能源项目,并在政策上予以支持。美国能源部下属的国家实验室已决定同企业合作,重点开发高效率、低成本的氢生产工艺。日本工业技术院从1995年起开始由政府提供资金研究以氢气取代城市煤气,2001年由政府提供的科研资金达180亿日元,其长远目标是逐渐减少对进口石油、天然气的依赖。日本政府的另一层意图是,通过氢能的开发和应用,培育一个在21世纪大有作为的新兴产业和相关的服务业。日本产业界相信,进入21世纪后,氢能生产设备将逐步成为市场热点,其潜在市场规模将达数百亿美元以上。

详细内容请见本书第7章。

10. 风光互补发电

风光互补发电系统是利用太阳能电池方阵、风力发电机(将交流电转化为直流电)将发出的电能存储到蓄电池组中,当用户需要用电时,逆变器将蓄电池组中储存的直流电转变为交流电,通过输电线路送到用户负载处,使风力发电机和太阳电池方阵两种发电设备共同发电。

风光互补发电站采用风光互补发电系统,主要由风力发电机、太阳能电池方阵、智能控制器、蓄电池组、多功能逆变器、电缆及支撑和辅助件等组成一个发电系统,将电力并网送入常规电网中。夜间和阴雨天无阳光时由风能发电,晴天由太阳能发电,在既有风又有太阳的情况下两者同时发挥作用,实现了全天候的发电功能,比单用风机和太阳能更经济、科学、实用,适用于道路照明、农业、牧业、种植、养殖业、旅游业、广告业、服务业、港口、山区、林区、铁路、石油、部队边防哨所、通讯中继站、公路和铁路信号站、地质勘探和野外考察工作站及其他用电不便地区。

由于太阳能与风能的互补性强,风光互补发电系统在资源上弥补了风电和光电独立系统在资源上的缺陷。同时,风电和光电系统在蓄电池组和逆变环节是可以通用的,所以风光互补发电系统的造价可以降低,系统成本趋于合理[41]。

2.3.3 光伏技术的发展

太阳能电池的效率较低、成本较高,但与其他利用太阳能的方式相比,它具有可靠性好、使用寿命长、没有转动部件、使用维护方便等优点,所以能得到较广泛的应用。

太阳能电池最初是应用在空间技术中的,后来才扩大到其他许多领域。据统计,世界上90%的人造卫星和宇宙飞船都采用太阳能电池供电。美国已于近年研究开发出性能优异的太阳能电池,其地面光电转换率为35.6%,在宇宙空间为30.8%。澳大利亚用激光技术制造的太阳能电池,在不聚焦时转换率达24.2%,而且成本较低,与柴油发电相近。

在太阳能电池方阵中,通常还装有蓄电池,这是为了保证在夜晚或阴雨天时能连续供电的一种储能装置。当太阳光照射时,太阳能电池产生的电能不仅能满足当时的需要,还可提供一些电能储存于蓄电池内。

有了太阳能电池,就为人造卫星和宇宙飞船探测宇宙空间提供了方便、可靠的能源。1953年,美国贝尔电话公司成功研制了世界上第一个硅太阳能电池。1958年,美国就发射了第一颗由太阳能供电的“先锋1”号卫星。现在,各式各样的卫星和空间飞行器上都安装了布满太阳能电池的铁翅膀,使它们能在太空中远航高飞。

通常,根据卫星电源的要求将太阳能电池在电池板上整齐地排列起来,组成太阳能电池方阵。当卫星向着太阳飞行时,电池方阵受阳光照射产生电能,供应卫星用电,并同时向卫星上的蓄电池充电;当卫星背着太阳飞行时,蓄电池就放电,使卫星上的仪器保持连续工作。我国在1958年就开始了太阳能电池的研究工作,并于1971年将研制的太阳能电池用在我国发射的第三颗卫星上,这颗卫星在太空中正常运行了八年多。“神舟五号”飞船的太阳能电池为飞船的飞行和科学测量提供了电源，保障了飞船顺利完成任务。

太阳能电池还能代替燃油用于飞机。世界上第一架完全利用太阳能电池作动力的飞机“太阳挑战者”号已经试飞成功，共飞行了四个半小时，飞行高度达4 000m，飞行速度为60km/h。在这架飞机的尾翼和水平翼表面上，装置了16 000多个太阳能电池，其最大能量为2.67kW。它将太阳能变成电能，驱动单叶螺旋桨旋转，使飞机在空中飞行。

太阳能动力车早在20多年前就出现在车展上。2004年8月，日本铃鹿举行了太阳能动力车F1大赛。此外，日本一爱好者驾驶太阳能动力车横越西伯利亚直达圣彼得堡，荷兰一辆太阳能动力车用30小时54分钟跑了3 010公里，这两项都是太阳能动力车的性能记录。

近年来，光伏电池产业发展迅速。据2004年数据分析，各种太阳能电池中硅基太阳能电池占总产量的98%，晶体硅太阳能电池占总产量的84.6%，多晶硅太阳能电池占总量的56%。2005年，世界太阳能电池总产量1 656MW，其中日本762MW仍居首位，占世界总产量的46%；欧洲为464MW，占总产量的28%；美国为156MW，占总产量的9%；其他274MW，占总产量的17%。2005年，世界光伏市场总安装量为1 460MW，比2004年增长34%，其中德国安装最多，为837MW，比2004年增长53%，占世界总安装量的57%；欧洲为920MW，占世界总安装量的63%，日本为292MW，增幅为14%，占世界总安装量的20%；美国为102MW，占世界总安装量的7%，其他为146MW，占世界总安装量的10%。

德国于2004年9月8日建成世界上功率最大的太阳能发电站并网发电，这座发电站位于德国莱比锡市以南30公里的Espanhain镇。整套发电装置耗资2200万欧元，功率为5MW，由33 500块光电池板组成，占地面积21.6公顷。发电站为全自动操作，可为1800户住家提供生活用电，每年的二氧化碳排放量将减少3 700吨。

位于茨城县筑波市的日本产业技术综合研究所最近建成了国内最大的太阳能发电系统。太阳能电池板面积加起来像足球场一样大，共6 500m^2，采用了单晶硅等四种材料，分别镶在研究所内建筑物、停车场棚顶和空地的斜坡上，共使用太阳能电池板5 600块，有直流电变交流电装置21台，造价为8亿日元，发电功率最高可达869kW。与已有的设备合在一起，该系统的发电能力超过1 000kW，发电量可供300户家庭使用，每年减少排放二氧化碳约1100吨。日本生产的太阳能电池占世界的1/2，日本国内太阳能市场也占世界的1/2。自1999年以来，日本太阳能发电能力的年增长率为45%。到2002年底，全国太阳能发电能力为64万kW，到2010年达到482万kW。

英国政府拨款7万英镑，用于在英国伦敦西南部的Richmond消防站安装了一个屋顶光电(PV)系统。该站建于1963年，目前正对该电站进行顶层防水修理，并更换其采光天窗。经筛选，峰值共计 650kW 的 24 项太阳能工程，在最近一轮的政府拨款中，共获得 220 多万英镑的资助款。近期的一轮资助活动对伦敦附近的 Guildford 儿童收容所、英格兰北部 Huddersfield 大型住宅开发区、英国怀特岛的一所学校，以及位于英格兰中部诺丁汉区的一所公墓也进行了拨款资助。在英国目前现有的条件下，光电单元输出 1000W 的峰值有望 1 年内产生约 750kW · h 的电力，而英国家庭平均用电量为 3 000～5 000kW · h。

以色列将建设世界最大发电功率为 50 万 kW 太阳能发电厂，占地 1000 英亩。该太阳能电厂一期发电能力将达 10 万 kW，2012 年工程全部完工，发电能力达到 50 万 kW，发电量约占以色列全国电力生产的 5%。

法国将太阳能电池与房屋的屋面瓦结合在一起。据称这种用光电屋面瓦发电的系统将在欧洲安装 300 套，每年由此产生的电力将达到 30 亿 kW · h。该系统不用在屋顶上安装支架，也不用在屋顶上凿洞安装太阳能电池板。新的系统不要求设置其他的密封装置，通过像瓦一样地叠置式安放，就能起到密封的作用。瓦片上有一个内置式的透气缝，保证光电池的通风散热。专家说，这种屋面瓦能够保证在 25 年时间里的发电效率为 95%左右。

目前太阳能光伏发电技术的发电成本较高，如果没有价格和政策上的优惠，将极大影响技术的推广，因此各国政府采取一系列鼓励政策鼓励太阳能光电技术的使用。美国政府为太阳能系统的住宅用户提供新的税收信贷，对太阳能屋顶系统提供额外的优惠；荷兰政府出台一些强制政策，要求该国的电力公司必须有 3%的可再生能源，否则将给予惩罚；在芬兰，安装太阳能装置的公司可获得总投资 35%的补贴，家庭可获得 20%；德国政府已制定 21 世纪太阳能在国家能源消费中的所占比例应超过 20%[42]。

与此同时，各国政府还开展一系列光电项目。美国曾于 1997 年 6 月就宣布了太阳能百万屋顶计划，准备在 100 万座建筑物上安装太阳能发电系统和太阳能热利用系统，使二氧化碳年排放量减少 300 多万吨。1993 年日本制定的新日光计划把光电作为重点项目。鉴于 1992 年世界环发大会后，民众对降低二氧化碳等问题的重视，通产省决定从 1994 年开始，实施住宅用光电系统的优惠政策，即对每户居民住宅用光电系统（含整流器、蓄电池和电网连接系统）的采用补助总造价的 1/2（含施工费），对住宅建设商亦采取同样补助，从而大大促进了住宅用光电的推广。

在国内，太阳能光伏发电应用始于 20 世纪 70 年代，真正快速发展是在 80 年代。在 1983～1987 年短短的几年内先后从美国、加拿大等国引进了七条太阳能电池生产线，使我国太阳能电池的生产能力从 1984 年以前的年产 200kW 跃到 1988 年的 4.5MW。目前太阳能电池主要应用于通信系统和边远无电县、无电乡村、无电岛屿等无电地区，年销售约 1.1MW，成效显著。此外，还有如下应用。

(1) 建成了 40 多座县、乡级小型光伏电站，光伏电池总装机容量约 600kW，其中西藏最多，约达450kW；1998年10月建成我国最大的西藏那曲安多县光伏电站的光伏电池装机容量高达100kW。

(2) 家用光伏电源在青海、内蒙古、新疆、甘肃、宁夏、西藏以及辽宁、吉林、河北、海南、四川等地广泛应用。据不完全统计，至今全国已累计推广家用光伏电源约15万台，光伏电池总功率约达2.9MW。

(3) 在22所农村学校建立了光伏电站，光伏电池组件的总装机容量为57kW。

(4) 1998年中国通信史上建成难度最大的兰－西－拉光缆干线工程，有26个光缆通信站采用光伏电池作电源，其海拔高度多在4 500m以上，光伏电池组件的总功率达100kW。

(5) 1996年建成了塔中4-轮南输油输气管道阴极保护光伏电源系统，总功率为40kW。该系统横贯环境恶劣复杂的塔克拉玛干大沙漠，总长达300km。

(6) 1995年，63个国家重点援藏项目——西藏广播电视发射接收工程采用光伏电池供电，共建成216套卫视接收站和配套调频发射光伏电池供电系统，总功率为300多kW[43]。

1984年9月，我国试制成功了太阳能汽车“太阳号”，这标志着我国太阳能电池的研制已经达到国际先进水平。此外，我国还将太阳能电池用于小型电台的通讯机充电上。当在野外工作无交流电源可用时，就可启用太阳能电池小电台充电器。这种充电器使用方便，操作简单，因而深受用户欢迎。

我国许多地方已建成用太阳能电池作电源的电视差转台，很受人们欢迎。只要是太阳光照射到的地方都可以使用，特别是一些能源缺少的孤岛、山区和沙漠地带，可以利用太阳能电池照明、空调、抽水、淡化海水等，还可以用于灯塔照明、航标灯、铁路信号灯、杀灭害虫的黑光灯、机场跑道识别灯、手术灯等，真可以说是一种处处可用的方便电源。

近年来，西藏先后实施了“阳光计划”“科学之光计划”“阿里地区光电计划”等项目，推广太阳能发电，解决乡村用电问题。2002年，国家在西藏投资8.1亿元，实施“通电到乡工程”，为300个乡村建成光伏电站。西藏已建成10～100kW规模的太阳能光电站7个，解决了20多万人的用电问题，全区光电设施总装机容量达2 000多kW。

2004年9月，深圳建成1 000kW太阳能发电系统，预计年发电能力约为98万kW·h，每年能实现二氧化碳减排170余吨、二氧化硫减排7.68吨。这是目前亚洲最大的太阳能光伏发电系统，投资6 600万元。

2004年9月25日，我国首座屋顶太阳能发电站在北京竣工投产，安装在北京市路灯管理中心的4栋办公楼和左安门宾馆的屋顶上，可以单独供电也可以并网供电，总装机容量为140kW。

2003年12月，多晶硅太阳能电池及应用系统在保定投产。该工程一期投资

1.57 亿元,生产多晶硅太阳能硅片、电池、组件生产线,年组件封装能力达 50MW,转换效率超过 14%,产能跻身世界光伏企业前 10 位。

2.3.4 我国太阳能产业发展格局

我国光伏产业链的发展极不平衡,呈上大下小的局面。大多数光伏企业是通过外购电池片进行组件封装加工。目前我国已具有超过 100MW 的太阳能级单晶硅棒的制造能力,但 90%的硅棒出口到日本和欧洲。硅片切割能力也很小。与国外比,我国光伏产业技术支撑方面还存在很大差距,材料、设备、工艺、检测手段等方面都缺乏资金投入和人才[44]。

上海:上海市经济委员会曾制定"5 万屋顶计划",对上海太阳能屋顶的使用范围、发展方向及阶段目标等作出规划,以期在世博会期间建设 5 万个太阳能光伏屋顶和 10 万平方米太阳能发电装置。目前上海电气环保集团正谋划与德国 ERSOL 组建合资公司,旨在 200 亿元的市场中占据相当份额[45]。

河北:河北宁晋半导体材料基地 2004 年生产单晶硅材料达到 800 多吨,其单晶硅材料产量占全国 70%,全球 20%,为全球最大单晶硅材料生产地。保定天威英利新能源是中国规模最大的太阳能电池生产企业,全套引进太阳能硅片、电池、组件生产线,规模居全球同行业前十位。

江苏:中澳合资无锡尚德太阳能是国际太阳能光伏产业的重要制造商之一,据瑞士 Sarasin Basic Report 2004 年 11 月报告,尚德公司晶体硅太阳能电池产能居世界第十位。该公司目前正加快第二代多晶硅薄膜太阳电池大规模产业化研究的步伐,做好产品的更新换代技术储备。

天津:日本京瓷在天津的合资厂(京瓷占 90%股份)年产太阳能电池组件 12MWp。但是,PV 制造业被日本视为关键工业,日本明确提出不应向中国及亚洲其他国家转移。另外,北京科诺伟业属中国科学院电工所前沿技术的市场转化基地,专长是设计并安装 PV 等可再生能源系统,深圳园博园 1MWp 光伏发电并网系统即出自其手笔。

目前我国光伏发电产业发展面临的问题和障碍在于光伏发电价格过高。火力发电每度 0.3 元,而光伏发电每度要 3.4 元左右,两者相差悬殊;硅原料紧缺。2004 年我国硅产量只能满足市场需求的 2.6%,其余全部进口。2005 年我国 90%以上硅依靠进口来填补;产业链整体竞争力脆弱。整个产业链呈金字塔格局,塔尖高纯硅生产几乎空白,一些重要环节技术期待突破。

激励政策的启动力度不够。我国虽然实行了"送电到乡"和"西部无电县建设"等计划,对光伏发电的发展起到一定推进作用,但至今还没有切实可行的激励政策,如补贴政策、光伏并网政策和合理的电价政策等。另外,虽然已经颁布了《可再生能源法实施细则》,但是对太阳能光伏发电的并网政策是"一事一议",并没有像风电和生物质能一样出台全国统一电价上网政策，这对太阳能光伏发电行业极为不利。因为国家发改委不可能去对小的项目进行讨论，只有对国家级的项目，发改委才有可能去讨论制定具体的上网电价政策。虽然国家有可能投入巨资去建国家级的项目，但起伏会较大，不好操作，这意味着我国光伏市场将很难大规模发展。

我国目前没有一个统一的国家光伏规划。鉴于光伏发电的特别重要性，仅有一些部委或地区规划恐怕是不够的，没有统一的国家光伏计划，就无法全面考虑光伏科学的基础研究、材料研究、发展研究、应用研究、产业化研究、市场开发研究；光伏研究机构和企业的技术创新能力薄弱，缺乏自有知识产权的技术。光伏领域的基础和应用技术研究有待加强，同时需要继续解决研发与产业脱节的问题。

参考文献

[1] 太阳能[OL]. http://www.baike.com/wiki/[2015-3-8].

[2] 中国太阳能光伏发电产业分析[OL]. http://www.docin.com/p-65021514.html[2015-3-9].

[3] 张升黎，旷玉辉，丁立强. 太阳能利用中心蓄热技术[J]. 工程学院学报，2000，(4)：92-97.

[4] 杨艳娟，黄旺钦. 太阳能热水器在建筑工程中的应用[J]. 黑龙江科技信息，2008，(34)：367.

[5] 刘华斌，马友才，周珣树，等. 太阳能供暖空调系统设计探讨[J]. 暖通空调，2009，29(3)：53-56.

[6] 金连才. 西藏高寒地区冬季混凝土施工新技术与方案选择[D]. 成都：四川大学硕士学位论文，2003.

[7] 张守文. 从力诺瑞特"青花瓷"看中国太阳能热水器新营销模式[J]. 中国商界(下半月)，2010，(9)：213-214.

[8] 李波. 宁夏吴忠地区农村移民居住建筑节能技术研究[D]. 西安：西安建筑科技大学硕士学位论文，2013.

[9] 崔焕颖，杨培奇. 我国村镇住宅建筑节能技术的应用与发展[J]. 农业科技与装备，2009，(1)：80-81.

[10] 张守刚. 太阳能空调技术的发展与现状[J]. 可再生能源，2003，(3)：39-40.

[11] 代彦军，王如竹. 太阳能空调制冷技术最新研究进展[J]. 化工学报，2008，(S2)：1-8.

[12] 王玉晨. 太阳能空调制冷技术[J]. 包钢科技，2013，39(6)：71-74.

[13] 沈逵. 被动式太阳能喷射制冷系统的研究[D]. 南京：东南大学硕士学位论文，2005.

[14] 代彦军，王如竹. 太阳能空调制冷技术[J]. 太阳能，2010，(5)：20-26.

[15] 王华军，赵军，宋著坤，等. 跨季节蓄热太阳能集中供热技术[J]. 太阳能，2005，(4)：27-31.

[16] 韩敏霞. 太阳能土壤跨季节蓄热—地源热泵组合理论与实验研究[D]. 天津：天津大学硕士学位论文，2007.

[17] 王俊凯. 地下蓄热技术综述[J]. 科技信息，2012，(33)：381-382.

[18] 言惠. 太阳能——21世纪的能源[J]. 上海大中型电机，2004，(4)：1-9.

[19] 黄宏智. PECVD法制备微晶硅薄膜材料及太阳能电池[D]. 广州：暨南大学硕士学位论文，2008.

[20] 梅燕琴. 光电效应的种类及应用[J]. 中学物理，2011，29(12)：58-60.

[21] 付媛媛. 光伏并网模拟装置的研制[D]. 荆州：长江大学硕士学位论文，2012.

[22] 成志秀，王晓丽. 太阳能光伏电池综述[J]. 信息记录材料，2007，8(2)：41-47.

[23] 金韦利，姜礼华. 非晶硅薄膜太阳能电池应用分析[J]. 节能，2010，29(3)：21-24.

[24] 卢金军. 太阳能电池的研究现状和产业发展[J]. 科技资讯，2007，18：8.

[25] 光伏发电[OL]. http://www.baike.com/wiki/[2015-3-8].

[26] 方祖捷，陈高庭，叶青，等. 太阳能发电技术的研究进展[J]. 中国激光，2009，36(1)：5-14.

[27] 王一寰，檀柏梅．基于太阳能的白光 LED 照明技术[J]．光电技术应用，2007，22(4)：38-41.
[28] 光伏建筑[OL]. http://www.solarbe.com/news/content/2009/1/2687.html[2015-3-8].
[29] 龙文志．太阳能光伏建筑一体化[J]．建筑节能，2009，40(9)：1-9.
[30] 徐金鹏，刘菁，陈春园．中国光伏产业的新黎明[J]．瞭望，2008，(49)：32-34.
[31] 王健强．第五讲：并网光伏发电系统[J]．电力电子，2009，(4)：45-49.
[32] 龙文志．上海世博光电应用交相生辉[J]．建设科技，2010，(12)：54-57.
[33] 夏爱民．理想城市：人类心灵归属地[J]．标准生活，2010，(5)：26-33.
[34] 陈兰武．光伏建筑门窗幕墙——现代建筑的夸父追日[J]．门窗，2010，(11)：14-23.
[35] 周洪博．中国光伏建筑一体化进程将加快[J]．建筑节能，2012，(7)：76.
[36] 章勇．寻找太阳能多途径利用模式[J]．中国新技术新产品，2008，(2)：57-63.
[37] 亢超群．基于太阳能发电的考察与探究[J]．硅谷，2012，(10)：37，55.
[38] 龚坚，张聪．太空太阳能 7 年内为地球人供电[N]．中国能源报，2009-05-11.
[39] 冯进来，王宝辉，王志涛，李宝玉．太阳能制氢技术及其进展[J]．可再生能源，2004，(5)：10-13.
[40] 原鲲，肖云汉．氢能与人类的可持续发展[A]//第二届国际氢能论坛青年氢能论坛论文集[C]．北京，2003.
[41] 邵洪涛．风光互补发电技术[J]．科技视界，2014，(36)：315-316.
[42] 杨维菊，沙晓冬．国外太阳能光电技术应用[J]．华中建筑，2004，22(3)：77-79.
[43] 肖敦华．新疆新能源发展战略研究[D]．乌鲁木齐：新疆大学硕士学位论文，2011.
[44] 董颖．以战略眼光谋求光伏产业市场化[N]．市场报，2006-02-20.
[45] 翁政军．太阳电池组件自然通风冷却和电热联用的数值模拟研究[D]．上海：东华大学硕士学位论文，2009.

第3章　风　　能

3.1　我国的风能资源及特点

3.1.1　风能资源

风能是地球表面大量空气流动所产生的动能。太阳辐射到地球表面，海洋、陆地、沙漠、森林等吸收热量不同，加之季节变化和昼夜温差的影响，导致地表各处散热情况不同。散热多的地区，靠近地表的空气受热膨胀，压力减小，形成低气压区。空气从高气压区向低气压区流动就形成了风。地球自转、公转的影响和地形、地貌的差异，加剧了空气流量和流向的变化，造成风速和风向的变化。地球上大约有2%的太阳能转化成风能[1]。只要有太阳的存在，就有风能，故从广义来说风能属于太阳能范畴。

风能资源取决于风能密度和可利用的风能年累积小时数。风能密度是单位迎风面积可获得的风功率，与风速的三次方和空气密度成正比[2]，风能密度分级如表 3-1 所示。风能资源受地形的影响较大，世界风能资源多集中在沿海和开阔大陆的收缩地带[3]，全球风能资源如表 3-2 所示。

表 3-1　风能密度分级

风能分级	10m 高处		50m 高处	
	风能密度/(W/m^2)	风速/(m/s)	风能密度/(W/m^2)	风速/(m/s)
1	0～100	0～4.4	0～200	0～5.6
2	100～150	4.4～5.1	200～300	5.6～6.4
3	150～200	5.1～5.6	300～400	6.4～7
4	200～250	5.6～6.4	400～500	7～7.5
5	250～300	6.0～6.4	500～600	7.5～8.0
6	300～400	6.4～7	600～800	8～8.8
7	400～1000	7～9.4	800～2000	8.8～11.9

我国幅员辽阔，陆疆总长达 2 万多公里，还有 1.8 万多公里的海岸线，边缘海中有岛屿 5000 多个，风能资源丰富。据中国气象科学研究院估算，按离地面 10m 高度层上的风能资源估算，总储量为 32.26 亿 kW，实际可开发量为 2.53 亿 kW，

表 3-2　全球风能资源

区域	风力 3～7 级的地面面积		用地无限制的风能资源		占地小于 4%的风能资源	
	%	10^3km^2	10^3TW · h/年	EJ/年	10^3TW · h/年	EJ/年
北美	41	7876	126	1512	5	60
拉美和加勒比	18	3310	53	636	2.1	25
西欧	42	1968	31	372	1.3	16
东欧和苏联	29	6783	109	1308	4.3	52
中东和北美	32	2566	41	492	1.6	19
撒哈拉非洲	30	2209	35	420	1.4	17
太平洋地区	20	4188	67	804	2.7	32
中国	11	1056	17	204	0.7	8
中亚和南亚	6	243	4	48	0.2	2
世界总计	27	29 143	466	5592	18.7	224

海上可开发利用的风能约 7.5 亿 kW,总计约 10 亿 kW,仅次于美国和俄罗斯,居世界第三位。在我国的不同地区,风能资源是不同的,风能资源可划分为四种类型[4]。

(1) 风能资源丰富区:这一区域的有效风能功率密度在 200W/m^2 以上,风速不低于 3.5m/s 的时间全年为 7 000～8 000h。

(2) 风能资源较丰富区:这一区域的有效风能功率密度为 150W/m^2 以上,风速不低于 3.5m/s 的时间全年为 4 000h 以上。

(3) 风能资源可利用区:这一区域的有效风能功率密度为 50W/m^2 以上,风速不低于 3.5m/s 的时间全年为 2 000h 以上。

(4) 风能资源欠缺区:这一区域的有效风能功率密度 50W/m^2 以下,风速不低于 3.5m/s 的时间全年为 2 000h 以下。

影响我国风能资源分布的主要因素有大气环流、地形、海拔、海陆和水体等,风能资源主要分布在东南沿海、华北、西北和东北地区,如图 3-1 所示。

东南沿海及其附近岛屿是风能资源丰富地区,有效风能密度大于或等于 200W/m^2 的等值线平行于海岸线,沿海岛屿有效风能密度在 300W/m^2 以上,全年风速大于或等于 3m/s 的时数为 7 000～8 000h,大于或等于 6m/s 的时数为4 000h[5]。受大气环流因素的影响,东南沿海及岛屿风能资源呈典型的海岛—沿海—内陆递减的空间分布规律,变化明显。以长江三角洲地区为例,按地面以上 10m 高度风力资料计算,陆上理论可开发储量为 53.0GW,技术可开发储量为 5.5GW,占全国 1.5%。其中江苏省的风能资源最为丰富,由风能丰富区、较丰富区和可利用区构成,江苏东部沿海 30km 范围内是风力资源最为集中的地区,江苏近一半的省域面积均为风能丰富区和较丰富区,风能有效密度在 50W/m^2 以上,风能开发潜力巨

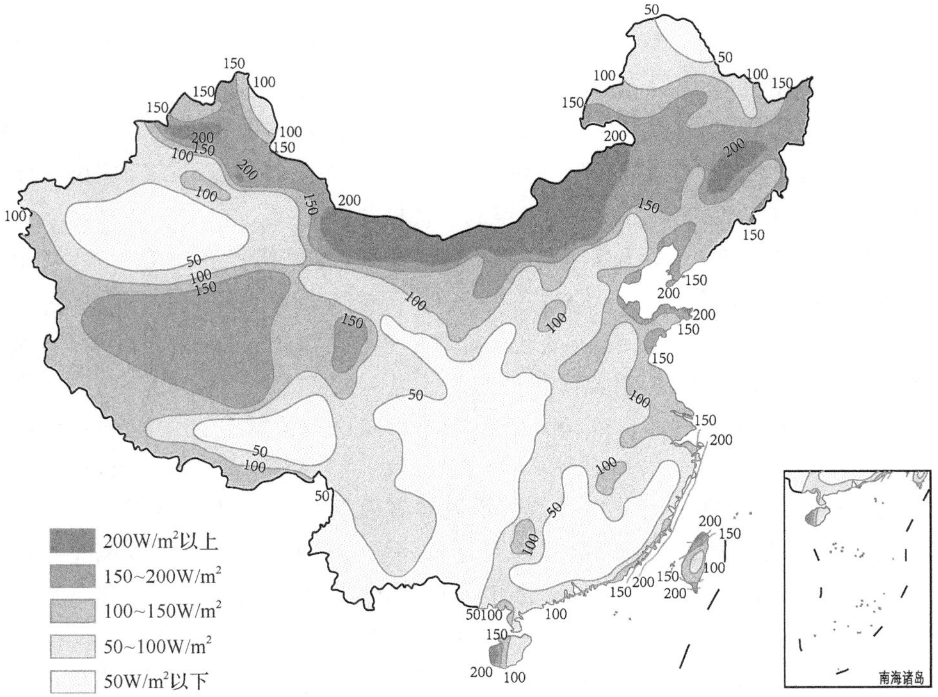

图 3-1 中国风能资源分布图

大。上海市由风能丰富区和较丰富区构成，在长江口、崇明岛滩地、沿海地带等有较好的风力资源，尤其以崇明东滩的风力资源为最优，市域范围内风能有效密度在 $50W/m^2$ 以上[6]。在海岸线 50km 以外受丘陵及温差降低的影响，风能资源锐减，风能密度不到 $50W/m^2$。该地区最大年平均风速在 5m/s 以上，有效风能密度大于或等于 $200W/m^2$，有效风能出现时间百分率可达 80%～90%。风速大于或等于 3m/s 的风全年出现累积小时数为 7 000～8 000h，风速大于或等于 6m/s 的风有 4 000h。特别是台湾海峡两岸，每当冷空气南下到达时，由于狭管效应使风速增大，风能资源更为丰富。与沿海地区相比，岛屿上的风能尤其丰富，有效风能密度为 200～$500W/m^2$，风能可以集中利用。例如，福建的台山、东山，台湾的澎湖湾，浙江的南麂、大陈、嵊泗等沿海岛屿，有效风能密度都在 $500W/m^2$ 左右，风速大于或等于 3m/s 的风累积为 8 000h，换言之，平均每天可以有 21h 以上的风速大于或等于 3m/s。总体来说，东南沿海及岛屿风能资源虽然总的储量不是很大，但分布非常集中，因此有开发利用的前景。

内蒙古、甘肃北部是中国次大风能资源区，有效风能密度为 200～$300W/m^2$，全年风速大于或等于 3m/s 的时数为 5 000h 以上，全年风速大于或等于 6m/s 的时数为 2 000h 以上。内蒙古和甘肃北部地区受西伯利亚冷气流和蒙古高原气旋活动影响，每年有5～6级以上的风速出现在春夏和夏秋之交，气旋活动频繁。当每一气旋过境时，风速也较大，因此风能资源极其丰富。这一地区风能总储量为10.1亿kW，可开发利用量为1.01亿kW，占全国风能可开发利用量的40%。年平均风速在3.7m/s以上，风能可利用区占总面积的80%，有效风能密度为100～300W/m^2，年有效风能功率为400～2 480kW·h/m^2，风速大于或等于3m/s的风全年累积小时数在5 000h以上，是中国风能连成一片的最大地区。

黑龙江和吉林东部及辽东半岛的风能也较大，有效风能密度在200W/m^2以上，全年风速大于或等于3m/s的时数为5 000～7 000h，全年风速大于或等于6m/s的时数为3 000h。东北地区由于大兴安岭对西伯利亚冷气流的阻碍作用，其风能资源相对于内蒙古较少，但总储量仍然很大。已有研究表明，东北地区理论可开发利用的风能资源储量为377.9GW，占全国的11.71%，技术允许的可开发风能资源储量为29.7GW，占全国的11.74%。东北地区风能空间分布的地域，由于受地形地貌因素、风力机实际可获取有效可用风能等因素的影响，有效风能资源分布变化较大。有效风能丰富区和较丰富区的分布区域明显缩小，其中有效风能丰富区集中分布在黑龙江省嫩江流域和松花江下游地区，有效风能较丰富区分布在风能丰富区的外围区域，包括松嫩平原、东宁、鸡西、双鸭山一带；辽宁省有效风能丰富区主要分布在辽东半岛以及辽河流域的盘锦地区，风能较丰富区主要分布在东北平原和辽河平原；吉林省缺少风能丰富区，风能较丰富区分布在吉林省东部的珲春、图们和汪清地区，西部地势广阔，潜在风能资源非常丰富。东北地区有效风能密度的空间分布具有以下特点：①有效风能密度的空间分布差异较大，呈现出“南北富，中间贫”的特点；②有效风能资源受地形影响比较大，平原地区总体富于山地地区；③有效风能资源相对贫乏区分布面积较小，主要分布在黑龙江省的北部[7]。

新疆地区风能资源分布与东北地区相似，受天山、阿尔泰山、祁连山的影响，风能资源主要集中在天山山脉和阿尔泰山脉之间的走廊，风能资源总储量为8.72×10^8kW，年平均风能密度大于或等于150W/m^2的面积有$7.78\times10^4$$km^2$，技术开发储量为$1.2\times10^8$kW，位居全国第三，约占全国的25%。其中有九个风能资源丰富区，即乌鲁木齐达坂城风区、阿拉山口风区、十三间房风区、吐鲁番小草湖风区、额尔齐斯河河谷风区、塔城老风口风区、三塘湖——淖毛湖风区、哈密东南部风区和罗布泊风区。

青藏高原海拔在4 000m以上，风速较大，但其气压低空气密度较小，只有0.823kg/m^3，因此在相同风速条件下，风能只有东南沿海等低海拔地区的65%，有效风能密度在150W/m^2左右。青藏高原地区总的风能资源理论可开发储量为5.08×10^8kW，技术可开发储量为0.399×10^8kW，占全国的15.8%，居全国第二，具有广阔的发展利用空间。青藏地区风能具有季节变化和日变化明显的特点，每年的12月到来年的5月风速较大，称为“风季”。

其他地区如云南、贵州、四川、甘肃、陕西南部、河南、湖南西部、福建、广东、广西的山区及新疆塔里木盆地和西藏的雅鲁藏布江，为风能资源贫乏地区，有效风能密度在 50W/m^{2}以下，全年风速大于或等于 3m/s 的时数在 2 000h 以下。全年风速大于或等于 6m/s 的时数在 150h 以下，风能潜力很低，无利用价值。这一地区因受西藏高原的影响，半年高空在西风带的死水区，冷空气沿东亚大槽南下很少影响这里。

3.1.2 风能的特点及利用

1. 风能的优点

(1) 无污染：在风能转换为电能的过程中，不产生任何有害气体和废料，不污染环境。

(2) 可再生：风能是靠空气的流动而产生的，这种能源依赖于太阳的存在。只要太阳存在，就可不断地、有规律地形成气流，周而复始地产生风能，可永远利用。

(3) 分布广泛、就地取材、无需运输：在边远地区如高原、山区、岛屿、草原等地区，由于缺乏煤、石油和天然气等资源，给生活在这一地区的人们带来诸多不便。而且由于地处偏远、交通不便，即使从外界运输燃料也十分困难。因此，利用风能发电可就地取材、无需运输，具有很大的优越性。

(4) 适应性强、发展潜力大：我国可利用的风力资源区域占全国国土面积的76%，在我国发展小型风力发电潜力巨大、前景广阔。

2. 风能的局限性

(1) 能量密度低：由于风能来源于空气的流动，而空气的密度很小，因此风力的能量密度很小，只有水力的 1/816。

(2) 不稳定性：由于气流瞬息万变，风时有时无，时大时小，日、月、季、年的变化都十分明显。

(3) 地区差异大：由于地形变化，地理纬度不同，风力的地区差异很大。两个近邻区域，由于地形的不同，其风力可能相差几倍甚至几十倍。

3. 风能的利用

目前，国内外一般选择在年平均风速为 6m/s 或以上的高风速区(及风能资源丰富区)安装并网型风力发电机组及大型风力发电机组。在这些机组中，我国一般选用单机容量 600kW 以上的机组建设风电场。这样才能保证机组多发电，经济效益才能显著。独立运行的小型风力发电机组启动风速较低，一般在 3m/s 以上就能发电，这些地区分布区域广。我国有相当部分农耕区、山区和牧区属于这种地区。根据理论计算和实践结果，我们把具有一定风速（通常指 3～20m/s）的风作为一种能量资源加以开发，用来做功（如发电），差不多相当于风力 3～9 级。我们把这一范围的风称为有效风能或风能资源。因为风速低于 3m/s 时，它的能量太小，没有利用的价值，而风速大于 20m/s 时，它对风力发电机的破坏性很大，很难利用。

我国风电资源丰富，其优势可以归纳如下。

(1) 分布非常广泛。风能可利用地区几乎占了中国版图的 1/2，而且是取之不尽、用之不竭的。

(2) 利用风能不会产生任何影响人体健康的有害物质，是可再生的洁净能源，开发利用不会破坏环境，不会产生大气污染。

(3) 不需要燃料及运输费用，除正常维护外，没有其他消耗。在风力资源丰富的地区，可就地建立风力发电站，就地用电，以节省大量的输电设备和其他能源。

(4) 随着单机容量的增大和技术水平的提高，成本逐年下降，已经形成可与常规能源竞争的趋势。目前，国际上水电投资为 1 000 美元/kW，上网电价为 5～6 美分/(kW·h)，而美国风电投资已为 1 000 美元/kW，上网电价接近 5 美分/(kW·h)。同时随着技术的进步，成本继续降低，风电价格将会进一步下降。在不久的将来，风能将会成为最廉价的能源[8]。

其他几种风能利用形式也具有许多优点，如风力提水、风能致热、风帆助航等具有设备制造简单、技术要求低、投资少、风能转化效率高、使用维修简便等优点，都具有极大的发展前景，具体利用如图 3-2 所示。

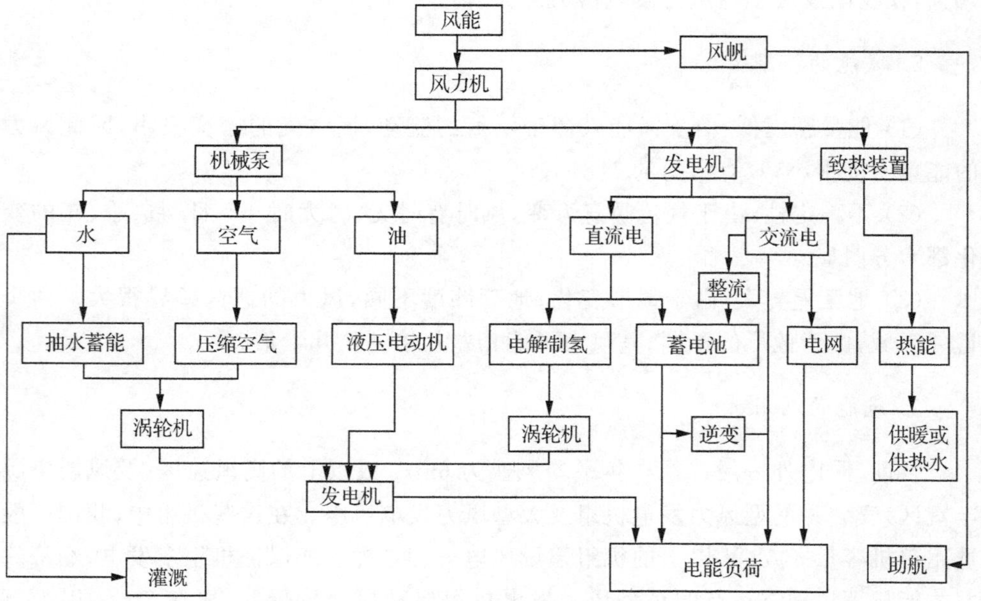

图 3-2　风能转换及利用情况

（1）风力发电。

风力发电是目前使用最多的形式，其发展趋势：功率由小变大，陆上使用的单机最大发电量已达到2MW；由一户一台扩大到联网供电；由单一风电发展到多能互补，即“风力—光伏”互补和“风力机—柴油机”互补等。

（2）风力提水。

我国适合风力提水的区域辽阔，提水设备的制造和应用技术也非常成熟。我国东南沿海、内蒙古、青海、甘肃和新疆北部等地区，风能资源丰富，地表水源也丰富，是我国发展风力提水的较好区域。风力提水可用于农田灌溉、海水制盐、水产养殖、滩涂改造、人畜饮水及草场改良等，是弥补当前农村、牧区能源不足的有效途径之一，具有较好的经济、生态和社会效益，发展潜力巨大。

（3）风力致热。

风力致热与风力发电、风力提水相比，具有能量转换效率高等特点。因为由机械能转变为电能时不可避免地要产生损失，而由机械能转变为热能时，理论上可以达到100％的效率。农村、边远地区能源的最终使用方式主要是热能，如采暖、加热、保温、烘干、水产养殖、家禽饲养及蔬菜大棚等，因此使用风力致热最有利、最便捷。目前，国际上风力致热技术仍处于示范试验阶段，而我国研究的也较少。

（4）风帆助航。

风帆助航是风能利用的最早形式，现在除了仍在使用传统的风帆船外，还发展了主要用于海上运输的现代大型风帆助航船。据介绍，风帆作为船舶的辅助动力，可以减少燃料消耗10％～15％。

3.2 风力发电技术

风力发电的原理，是利用风力带动风车叶片旋转，再通过增速机将旋转的速度提升，来促使发电机发电。风力发电机组大体上可分为风轮（包括尾舵）、发电机和铁塔三部分，如图3-3所示。风轮是把风的动能转变为机械能的重要部件，它由两只（或更多只）螺旋桨形的叶轮组成。当风吹向桨叶时，桨叶上产生气动力驱动风轮转动。由于风力机的转速比较低，而且风力的大小和方向经常变化，这又使转速不稳定。所以，在带动发电机之前，还必须附加一个把转速提高到发电机额定转速的齿轮变速箱，再加一个调速机构使转速保持稳定，然后再连接到发电机上。为保持风轮始终对准风向以获得最大的功率，还需在风轮的后面装一个类似风向标的尾舵。铁塔是支撑风轮、尾舵和发电机的构架，它一般修建得比较高，目的是获得较大的和较均匀的风力，又要有足够的强度。铁塔高度视地面障碍物对风速影响的情况，以及风轮的直径大小而定，一般为6～20m。

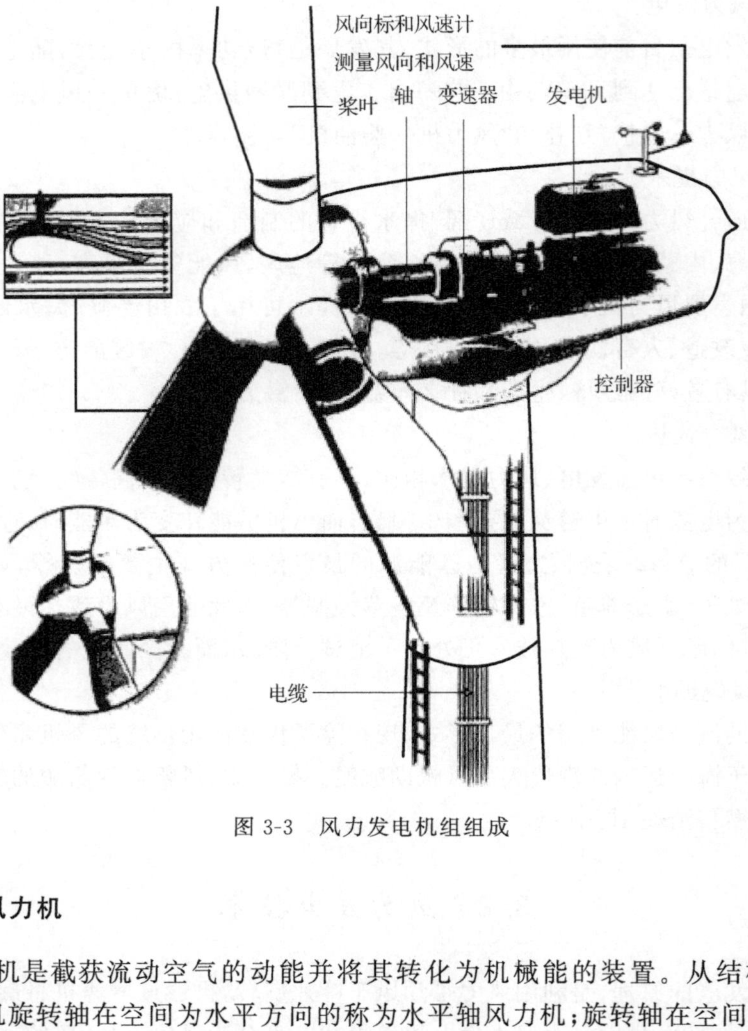

图 3-3　风力发电机组组成

3.2.1　风力机

风力机是截获流动空气的动能并将其转化为机械能的装置。从结构形式上看，风力机旋转轴在空间为水平方向的称为水平轴风力机；旋转轴在空间为垂直方向的称为垂直轴风力机，也称立轴风力机。此外，还有某些结构形式特殊的风力机。图 3-4 表示出几种不同结构形式的风力机。

水平轴风力机的风力机叶片可制成桨距可调的，以控制从风中吸收的能量。垂直轴风力机除直叶片外，风力机叶片是不可调的。水平轴风力机有调向机构，垂直轴风力机不需要调向机构。水平轴风力机大多数情况下和变速箱及发电机一起置于塔架的顶端，垂直轴风力机可将变速箱及发电机一起放置在靠近地面处。另外，还有一些比较特殊的类型，如扩压型和旋风型，现在尚处于探索性研究，没有大规模地推广应用。

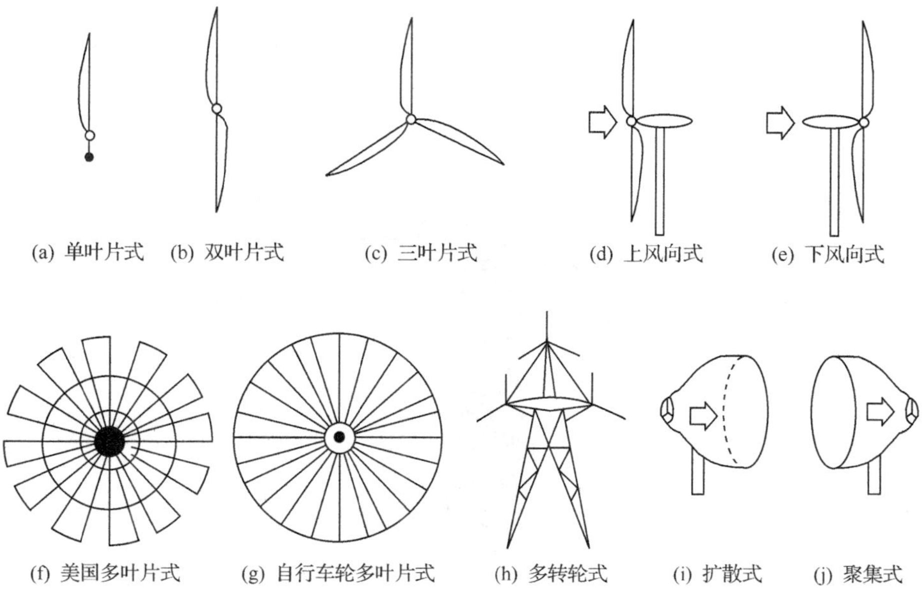

图 3-4 不同结构形式的风力机

1. 水平轴风力机

水平轴风力机的结构特征是风轮的旋转平面与风向垂直，旋转轴与地面平行，如图 3-5 所示。风力机的主要部件有叶片、传动轴、齿轮变速箱、发电机、尾翼和塔架等，风轮上的叶片与旋转平面成一角度(即安装角)。叶片数目的多少视风力机的用途而定，用于发电的风力机叶片大多为 2 片或 3 片，用于风力提水的风力机叶片一般为 12～24 片，叶片数多的风力机通常为低速风力机。在风速较低时有较高的风能利用系数和较大的转矩，并且由于它的启动力矩大，启动风速低，所以适用于提水。叶片数少的风力机通常为高速风力机，由于轻便容易大型化。而且高速旋转对传动机构要求低，因此在风速较高时有较高的风能利用系数，适用于风力发电。水平轴式风力发电机是目前技术最成熟、生产应用最广泛的一种风力发电机。目前，10kW 以下的风力发电机，特别是几百瓦的充电式微型风力发电机绝大多数是水平轴式的[9]。

水平轴风力发电机又可分为两种：一种是上风向风力发电机(图 3-6(a))，风轮在塔架的前面迎风旋转，迎风面的调整依靠尾翼；另一种是下风向风力发电机(图 3-6(b))，它的风力机在塔架的后面，叶片的阻力可以保证迎风面的正确取向，但是风先经过塔架再到风力机，会影响风力机功率输出。由于尾翼结构并不复杂，目前大量生产的是上风向风力机。

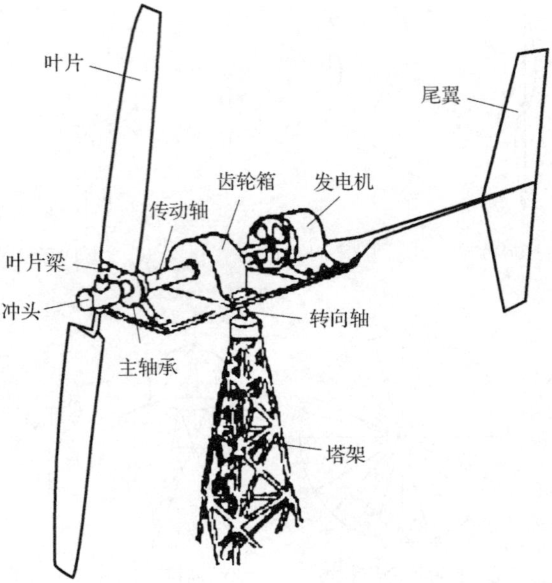

图 3-5　水平轴风力机

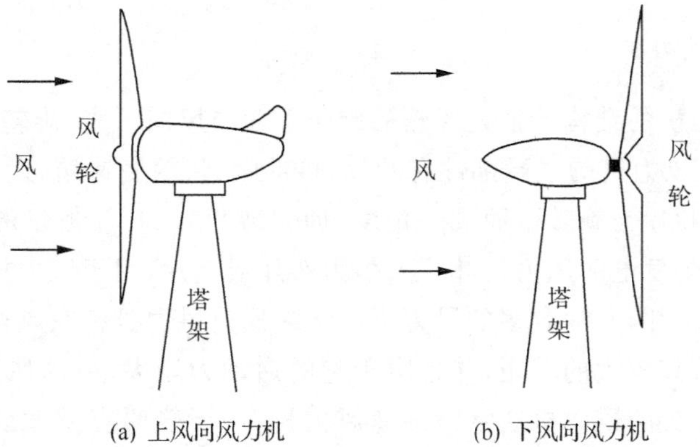

图 3-6　上风向、下风向风力发电机

目前投入运行的风电机组的控制主要有三类：定桨距失速控制、变桨距控制、主动失速控制。定桨距失速控制风机的功率调节完全依靠叶片的空气动力学特性，其输出功率随风速改变而改变。变桨距风机通过对桨距进行调整来提高风能转换效率，其输出功率比定桨距失速控制风机平稳得多，并在定桨距的基础上加装了桨距调节结构，依靠改变与叶片相匹配的叶片攻角来进行功率调节。变桨距风机的启动风速比定桨距风机低，可以在非常大的风速范围内按最佳效率运行，因此可以从风能中获取更多的能量[10]。

1) 定桨距失速控制

定桨距是指风轮的桨叶与轮毂刚性连接。桨距角保持不变，随着风速增加，攻角增大，分离区形成大的涡流，流动失去翼型效应。与未分离时相比，上下翼面压力差减小，致使阻力增加，升力减少，叶片失速，从而限制了功率的增加。因此，定桨距失速控制没有功率反馈系统和变桨距执行机构，整机结构简单，部件少，造价低，并具有较高的安全系数。但失速控制方式依赖于叶片独特的翼型结构，叶片本身结构较复杂，成型工艺难度也较大。随着功率增大，叶片加长，所承受的气动推力大，使得叶片的刚度减弱，失速动态特性不易控制，所以很少应用在兆瓦级以上的大型风力发电机组控制上。

2) 变桨距控制

变桨距是指风轮叶片的安装角随风速而变化，高于额定功率时，桨距角向迎风面积减小的方向转动一个角度，相当于增大桨距角，减小攻角。变桨距风力机在阵风时，塔架、叶片、基础受到的冲击比定桨距风力机要小得多，可减少材料使用率，降低整机重量。它的缺点是需要有一套比较复杂的变桨距调节机构，要求风力机的变桨距系统对阵风的响应速度足够快，才能减轻由于风的波动引起的功率脉动。

3) 主动失速控制

这种调节方式是前两种功率调节方式的组合。在低风速时，采用变桨距调节，可达到更高的气动效率；当风机达到额定功率后，使桨距角向减小的方向转过一个角度，相应的攻角增大，使叶片的失速效应加深，从而限制风能的捕获。这种方式的变桨距调节不需要很灵敏的调节速度，执行机构的功率相对较小。

2. 垂直轴风力机

垂直轴风力机的特征是旋转轴与地面垂直，风力机的旋转平面与风向平行，如图 3-7 所示。它具有几个突出的优点：一是风力机塔架结构简单；二是发电机传动机构和控制机构等装置在地面或低空，给操作和维修带来了方便；三是叶片容易制造、成本低；四是叶轮运行时不受风向的影响，不需要迎风装置，大大简化了结构。

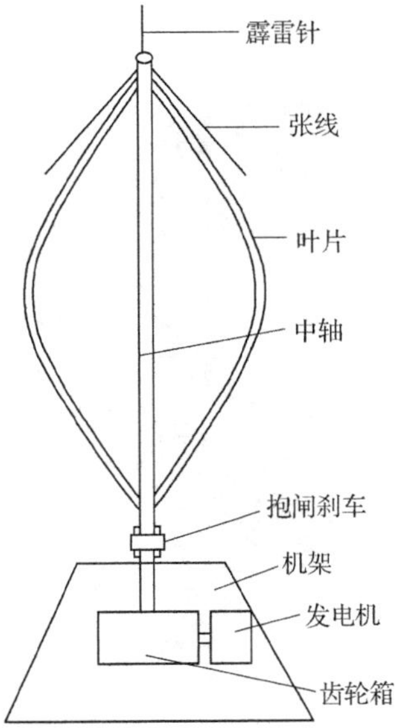

图 3-7　垂直轴风力机

垂直轴风力机也可分为两类：一类称为阻力型，另一类称为升力型。典型的阻力型有 S 型风力机，即由芬兰萨窝纽斯(Savonius)在 20 世纪 20 年代发明的萨窝纽斯型(Savonius type)风力机，它由两个轴线错开的半圆柱形叶片组成，起动转矩较大，因而启动性能良好。但是它的转速低，并且在运行中围绕着风力机会产生不对称气流，从而产生侧向推力，特别是对于较大型的风力机，因为受偏转与安全极限应力的限制，采用这种结构形式是比较困难的。S型风力机风能利用系数低于水平轴风力机，由于它的转速不高，也低于高速型的其他垂直轴风力机，所以用作发电缺乏竞争力。升力型垂直轴风力机利用翼型的升力做功，最典型的是由与萨窝纽斯同时代的法国戴瑞斯(Darrieus)首创的戴瑞斯型(Darrieus type)风力机。根据风叶的形状，戴瑞斯型风力机又有多种形式，如图3-8所示的Φ型、H型、△型、Y型和◇形等，其中以H型风力机和Φ型风力机最为典型。戴瑞斯型风力机的转速高，旋转惯性大，结构相对简单，适合大型风力机。

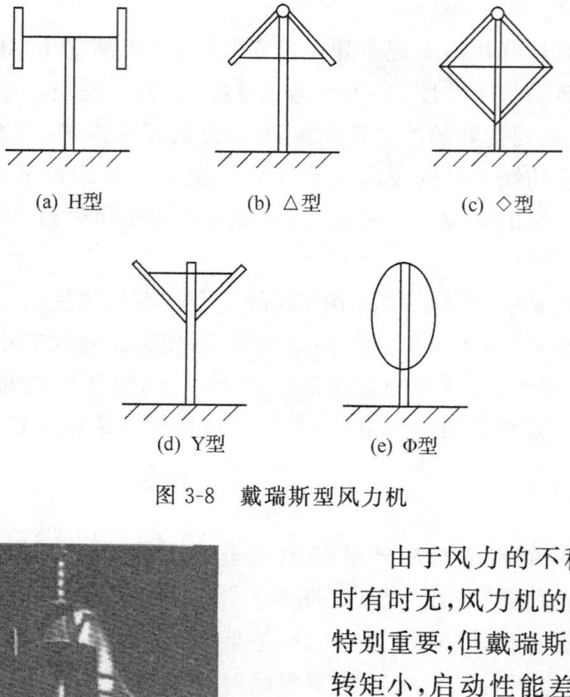

图 3-8　戴瑞斯型风力机

图 3-9　萨窝纽斯型与戴瑞斯型相结合的风力机

由于风力的不稳定，时大时小，时有时无，风力机的启动特性就显得特别重要，但戴瑞斯型风力机的启动转矩小，启动性能差，必须靠其他动力启动，达到要求的转速才能正常运行。因此，这种风力机大都需要具有启动机构和离合器等，这样就增加了系统的复杂性，提高了成本。图3-9所示的风力机是在戴瑞斯型风力机的上部和下部分别安装了一个小型的萨窝纽斯型风力机，以改善本身的启动性能，弥补戴瑞斯型风力机启动力矩的不足。世界上最大的戴瑞斯型风力发电机是安装在加拿大马格达伦岛的200kW发电机组，它的风力机直径24m、高39m、机组全高46m。另外，我国一家公司也开发了一种新型的垂直轴风力机，如图3-10所示。这种风力机的工作原理不同于戴瑞斯型，启动性能好，可以在较低的风速下(3.5m/s)正常运行，无需外加启动力；它也不同于萨窝纽斯型那样依靠曲面构成捕风构件，具有更高的运行效率。

风力发电中采用的风力机，水平轴式和垂直轴式处于并存发展的局面，兆瓦级的大型风力机趋向于采用两个叶片。为了在高风速时控制风力机的转速及输出功率，普遍采用全翼展或1/3翼展(靠近叶尖处的1/3叶片长度)桨距控制或叶片失速控制。为了减轻阵风和风剪切力施加于叶片上和塔架上的负载，大型水平轴风力机叶片与主传动轴间采用跷跷板式连接。为了充分利用风能，使风力机运行于接近最高效率，变速运行越来越受到重视，但同时需要解决维持发电机输出电能的频率恒定，即变速恒频系统。为了实现变速恒频运行，已经使用的有交流—直流—交流变换系统，正在研究的有磁场调制发电机系统、双馈异步发电机系统及滑差频率励磁感应发电机系统等。

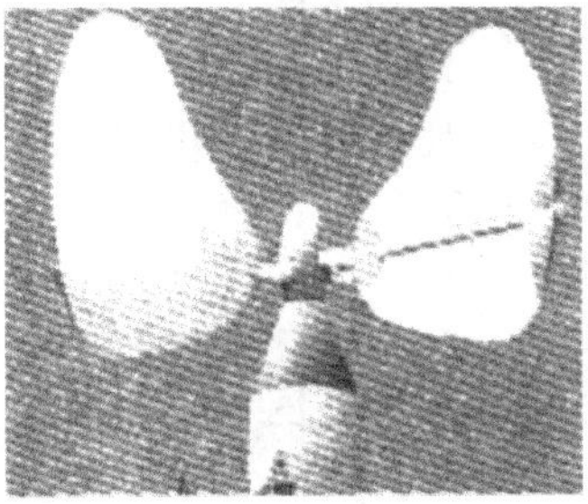

图3-10 一种新型的垂直轴风力机

3. 新概念型风力发电机

除了传统的水平轴和垂直轴风力机外，近年来，还涌现出一些新概念型的风能转换装置，它们的共同特点是力图通过较小的风力机扫掠面积来收集更多的风能，提高风力机的发电效率。

1) 扩散型风力机

早在20世纪50年代，我国著名科学家钱学森就提出了他称之为"风洞风车"的概念，即利用附加的扩压器(diffuser)，在叶轮的后部造成一个低压区，从而增加通过叶轮的空气流量，达到提高风力机效率的目的。与一般的水平轴风力机相比，这种结构不仅能使流经风力机的风速提高，增加输出功率，而且可以增加系统的抗风能力。根据钱学森提出的构思，20世纪80年代我国成功地研制过一台这样的小型风能转换装置，风力机直径为1.5m，由24片动叶和25片静叶组成，在15m/s风速下输出功率为2kW，如图3-11所示。国外一些机构，对扩散型风能装置也十分关注，美国、苏联、日本等国先后进行过许多研究工作，例如，新西兰的Vortec能源有限公司开发的Vortec 7型商用扩散型风力机(DAWT)已运行在距新西兰的奥克兰南120km的一座小山上，它高17m，像一只庞大的巨兽蹲坐在山顶，如图3-12所示。另外，在扩散型风力机的基础上，近年来又发展了另一种新型风力机，这种风力机在主叶片的尖端安装一个折形或弧形的称为端翼(tip vane)的附件,叶轮旋转时这个附件能起到类似扩散器的作用,这样不仅解决了由于扩散器存在而限制了风力机的大型化发展问题,而且使风力机的经济性也大大提高 。

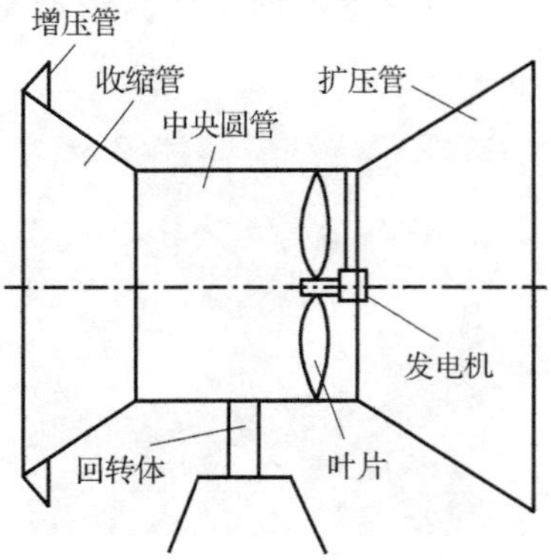

图 3-11　扩散型风力机

图 3-12　商用扩散型风力机

2) 旋风型风力机

旋风型风力机是由美国格鲁曼空间公司的詹姆斯·伊恩首创的。其原理就是利用特殊结构的浮筒在浮筒内产生类似龙卷风的漩涡,在浮筒内部产生低压区,从而增加通过叶轮的空气流量,提高风力机的效率,如图 3-13 所示。据称,这种旋风型风力机的效率比传统的风力机要大得多。

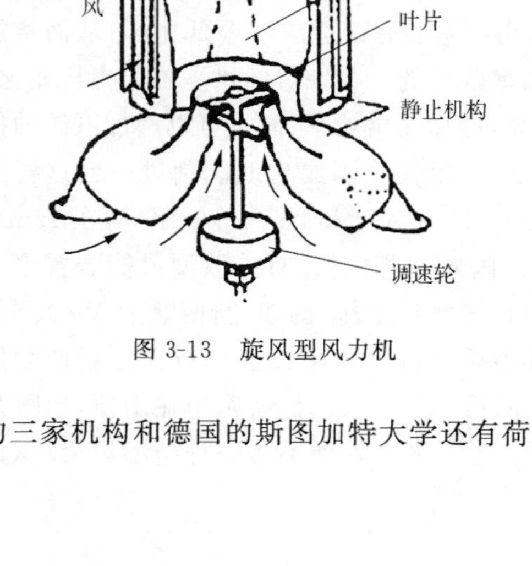

图 3-13　旋风型风力机

3) 建筑物风力机

随着现代化和城市化的发展,城市中的高层建筑越来越多,越来越高。这些高层建筑干扰了局部气流,形成了特殊的聚风效应。这些高楼风具有很大的能量,又在用能中心,充分利用这些风能就受到了关注。近年来,这方面的研究工作很活跃,例如,有人提出利用高楼内部的垂直气压差形成的上升风发电,甚至有些国家准备建造巨型的发电建筑利用这种风能。

城市的高楼大厦特别是“双塔”结构建筑之间狭窄的通道处很容易产生“文氏效应”,形成“风口现象”。英国的三家机构和德国的斯图加特大学还有荷兰的科学家已着手设计了一幢能利用这种由高楼形成的风力发电的写字楼。在这座大楼的“双塔”之间，安装三组巨大的涡轮发电机，如图 3-14 所示。由于双塔主体楼的横截面都是弧形的，能将风“挤”向中间吹入涡轮机，使风力机的工作效率大大提高。三组涡轮桨叶同时工作时，所产生的电能至少可以满足大楼 1/5 的用电需要。如果研究成功，它将有望改变城市的供电结构。

图 3-14 建筑物风力机

2008 年 4 月完工的巴林王国麦纳麦市中心的世贸中心，在 50 层、高 240m 的办公塔楼之间安装了三台水平轴发电风车，如图 3-15 所示。风机转子直径为 29m，用 50 层玻璃纤维制成[11]，设计的最佳发电状态在风速 15～20m/s 时约为 225kW，每年约能提供 1 200MW · h(120 万度)的电力，大约相当于 300 个家庭的用电量。该大楼的椭圆形截面使它们中间区域的空间陡然变窄，构造成一个负压区域，将塔间的风速提高了约 30%；而塔楼设计成风帆的外形，起到导风板的作用，引导向陆地吹来的风通过两塔之间。这样的处理还使原本斜向的来风改变方向，沿着塔间的中线吹拂。风洞测试表明，从左右不大于 45°吹来的风都会调整到几乎垂直于发电风车的走向。这不但提升了涡轮机的潜在发电能力，还将斜向风对风翼的压力控制在可接受极限内，尽量减少风翼的疲劳。随着塔楼向上逐渐变小，其导风板的作用也逐渐减少，而海面吹来的风是随高度的增加而逐渐增加，两者的综合效果使三个涡轮机上受风的风速大致相等，尽量做到能量的平均分布，避免高处的涡轮机过早受损。

当然，城市高楼大厦之间的风力发电设计是很复杂的工作。业内人士指出，尽管这在理论上可行，但实施起来困难得多。这不仅要选择大厦的地点，使大厦之间常年的平均风速较高，同时又要解决风力机运行时的噪声问题及楼群之间很强的无线电、电视信号受发电机叶片运转的干扰等问题。另外，要设计这样一座能利用风力发电的双塔式建筑物，还必须考虑建筑物的空气动力学构造，要求既能降低造价，又能保证较大的风力发电能力。

图 3-15　巴林王国麦纳麦市中心的世贸中心安装的 3 台水平轴发电风车

4）高空风车

罗伯茨是悉尼技术大学的工程学教授，他设计的“会飞的风车”是一个飞行发电机，重约 500kg，有四个水平旋翼，每个长 10m。在空中飞行时，这些旋翼会调整角度和转速，最大限度地“捕捉”风能。飞行发电机将悬浮在 4 500～10 000m 的高空，它的飞行动力由自己所发的电力提供。飞行发电机通过电缆将电能传输到地面，每小时可发电 200 度。试验表明，一个由 600 个飞行发电机组成的“空中电站”，其产生的电力相当于美国功率最大的核电站产生的电力。而其发电成本每度不到 2 美分，低于煤炭的发电成本，因此有望成为最便宜的能源。

3.2.2 风力发电系统

1. 系统组成

典型的风力发电系统由风力发电机、控制装置、蓄能装置、备用电源及电能用户组成，如图 3-16 所示，是实现由机械能到电能转换的关键设备。由于风能是随机性的，风力的大小时刻变化，必须根据风力大小及电能需要量的变化及时通过控制装置来实现对风力发电机系统的启动、调节（转速、电压、频率）、停机、故障保护（超速、振动、过负荷等）以及对电能用户所接负荷的接通、调整及断开等。在小容量的风力发电系统中，一般采用由继电器、接触器及传感元件组成的控制装置；在容量较大的风力发电系统中，普遍采用微机控制。蓄能装置是为了保证电能用户在无风期间可以不间断地获得电能而配备的设备；此外，在有风期间，当风能急剧增加时，蓄能装置可以吸收多余的风能。

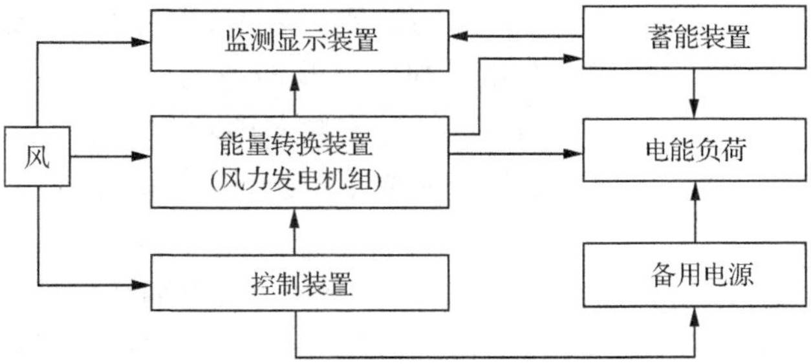

图 3-16 风力发电系统的组成

风力机属于低速旋转机械，所采用的变速器是升速器。其作用是将风力机轴上的低速旋转输入转变为高速旋转输出，以便与发电机运转所需要的转速相匹配，其升速比对风力发电机组的性能及造价有重要影响。选择高升速比有利于降低发电机造价，但升速器体积增大，造价增高；选择低升速比有利于降低升速器造价及减小升速器所占的空间，但发电机造价增高。合适的升速比应通过系统的方案优化比较来选定。为了实现不间断的供电，有的风力发电系统配备了备用电源，如柴油发电机组。

2. 风力发电机

按输出功率的大小，风力发电机组可分为微型（1kW 以下）、小型（1～10kW）、中型（10～100kW）和大型（100kW 以上），1 000～2 000kW 称为兆瓦（MW）级，2 000kW 及以上称为多兆瓦（multi-MW）级。

目前，风力发电所采用的发电机主要有两种：同步发电机和异步发电机。对于笼型异步发电机，既可以孤立运行，又可与系统并网。由于它具有低功耗、高可靠性、无需励磁装置和电刷、结构简单、尺寸小、坚固耐用、基本上不用维修等一系列优点，而被广泛采用。但风电系统中，风电机组的启动、停机频繁，风轮机又有很大的转动惯量，通常，其转速均设计在 20～30r/min。机组容量越大，转速越低。

但是，异步发电机需要从电网吸收感性无功来励磁，会导致电网功率因数下降。而对于同步发电机，运行中既能输出有功功率，又能提供无功功率，不存在异步发电机并网时可能产生的涌流，电力脉动小，电压、频率相对稳定，电能质量高。更重要的是可取消增速齿轮机构以及相应的油润滑系统等，节省空间、降低造价。因此，同步发电机特别是永磁式同步发电机在风电系统中同样具有广阔的应用前景[12]。

风力发电机系统按照发电机运行的方式分为恒速恒频系统和变速恒频系统两大类，而采用的发电机技术主要有三种：①单速或双速交流风力发电机，一般使用在恒速恒频系统，目前的新装机量在逐渐减少；②永磁同步风力发电机；③双馈交流风力发电机。

变速恒频系统使用得比较普遍，是当前风力发电机组的一个发展趋势。变速恒频系统中对风机来说，其调速范围一般在同步转速的 50%～150%。如果采用鼠笼型异步发电机或永磁同步发电机系统，变频器的功率要求与所匹配的发电机容量相当。就目前而言，大功率变频器的成本以及维护问题仍是影响其广泛使用的重要因素[13]。

双馈交流风力发电机系统是一种非常适合风力发电的变速恒频方案。双馈绕线转子异步发电机系统的定子绕组直接接到工频电网上，其转子绕组接到频率、相位、幅值和相序都可以调节的变频电源上，变频器的容量与调速范围有关，一般为发电机容量的 30%～40%。同时由于采用多极发电机，齿轮箱变比减小、结构简单、体积也大幅度减小，因此机组成本可大大降低。

微型及容量在 10kW 以下的小型风力发电机组，采用永磁式或自励式交流发电机，经整流后向蓄电池充电；容量在 10kW 以上的风力发电机组，普遍应用同步发电机或感应发电机。同步发电机所需励磁功率小，仅约 1%。通过调节励磁可以调节电压及无功功率，向电网提供无功功率，改善电网的功率因数。但同步发电机在阵风时因输入功率有强烈的起伏，瞬态稳定性是个严重问题。通常需要采用变桨距风力机，以使得瞬态扭矩能被限制在同步发电机的牵出扭矩之下。同步发电机还需要严格的调速及同步并网装置。在具有大容量同步发电机装机容量和低感抗的网络中，采用配有感应发电机的风力发电机组与电网并联运行有较大的优点。感应发电机的结构简单，价格便宜，不需要严格的并网装置，可以较容易地与电网连接，还可借助自身作为电动机来实现启动。感应发电机允许转速在一定限度内变化，可吸收瞬态阵风能量。但感应发电机需借助电网获得励磁，加重了对电网的无功功率的需求。

大型风力发电机组可以少占风电场的土地,减少并网成本,另外对景观也有所改善,但是也带来一些新的技术问题。首先是风轮叶片长度增加后,叶片变得更加柔性,这时叶片除了在挥舞方向和摆振方向发生振动外,还可能在扭转方向发生振动,当叶片挥舞和扭转振动耦合时,就会出现颤振,导致叶片破坏。因此,在叶片设计时必须确保叶片的扭转刚度,并调整好叶片质心的位置。其次是风力机的动态特性变得更加重要。风力机的动态特性研究包括两个方面:一方面是准确预测作用在风力机上,特别是作用在风轮上的载荷,其中主要是空气动力载荷(包括定常空气动力载荷和非定常空气动力载荷);另一方面是对风力机结构动力特性(包括结构响应和结构稳定性)进行分析。目前,国内外都已研制了一些专用软件,但是,这些软件在用于多兆瓦级风力发电机组时还需要进一步改进。改进重点是三维风湍流的模拟、叶片气动模型(特别是非定常空气动力模型)和叶片结构模型的建立,以及多柔性体系统动力学的分析和设计。最后,随着风力机尺寸的增加,在制造、材料、运输和安装等方面都会提出许多新的课题[14]。

三菱可变速风电机组中,采用了低风速特性好的永磁同步发电机以及拥有最先进电力电子(PE)技术的电力变换器。由于两者的组合,可取消异步电机风力机组不可缺少的升速机构,实现可变速运转。图 3-17 为永磁式风力发电系统的组成结构,其具有以下特点。

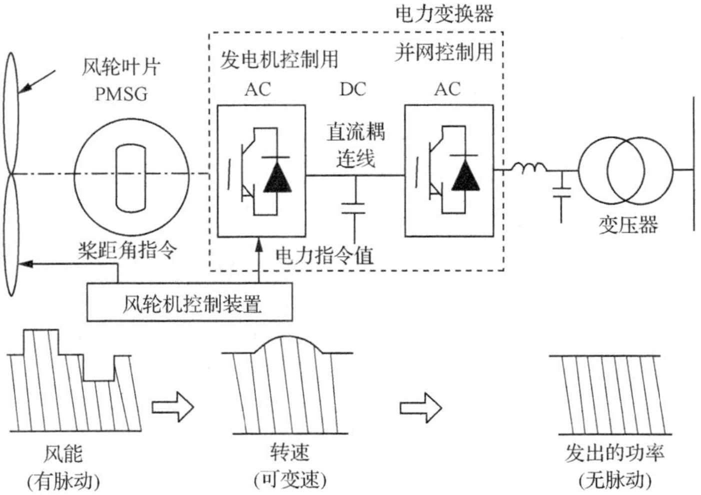

图 3-17　永磁式风力发电系统的组成

(1) 能将风能的变化作为旋转的能量予以蓄存,可减少功率的脉动,因而也可减少因功率脉动引起电压波动等对电网的不利影响,确保电能质量。

(2) 发电机转子采用永磁,不需要励磁装置,对比其他形式的同步发电机,系统更简化。

(3) 取消了设置于高处塔架上的升速齿轮机构，施工、维护保养性能大幅度改善。此外，可降低机械噪声，尤其是叶片前端的形状优化以后，噪声更为减小。

(4) 能对应于风速的变化，实现在最佳转速下运转。相对于异步恒速方式，发电机效率提高。无论在额定工况下或是局部负荷下运转，均能达到高的发电效率。

3. 风力发电储能系统

风力发电储能系统是在有风期间将多余的风能转化为其他形式的能量储存起来，在无风期间再将储存的能量释放出来，以保证稳定持续供电的装置。风能是不可直接储存的能源，即使在风能资源丰富的地区，若以风力发电作为获得电能的主要方式，也必须配有适当的储能系统。风力发电系统采用的储能系统主要是蓄电池储能；在地形条件合适的地点，也可以采用抽水蓄能；正在研究的有压缩空气储能、飞轮储能、电解氢储能等。与大电网并联运行的风力发电系统，电网即是最好的储能系统，不需要另外配备其他形式的储能系统。

1) 蓄电池储能

在风力发电系统中，多采用铅酸蓄电池或碱性蓄电池作为储存电能的装置。铅酸蓄电池的单台电压为2V，碱性蓄电池的单台电压为1.2V。小型风力发电系统中蓄电池组的电压通常为12V、24V或36V。蓄电池的容量以安时(A·h)数表示。安时数表明该蓄电池在连续10h充电或放电过程中允许的充电和放电电流的数值(10h充放电率电流值)，超过10h充放电率的电流值会损坏蓄电池。在充放电过程中，蓄电池的电压是变化的，特别是放电时，蓄电池电压逐渐降低。使用时铅酸蓄电池电压不应低于1.4～1.8V，碱性蓄电池不应低于0.8～1.1V。铅酸蓄电池在充电时电解液的浓度增高，比重增大；放电过程中电解液的浓度降低。测定电解液的浓度就能了解蓄电池放电的程度。蓄电池的寿命因使用方法不同有很大差异，铅酸蓄电池的寿命一般为1～20年，碱性蓄电池的寿命为3～20年。

2) 抽水储能

当风大而负荷所需电能较少时，利用多余的电能带动抽水机，将低处的水抽到高处的水库中储存起来；当风小或无风期来临时，再释放高处水库中的水来推动水轮机带动发电机发电。

3) 压缩空气储能

在电力负荷减小时，将风力发电机提供的多余电力通过电动机带动空气压缩机，将空气压缩后储存到地下岩洞或废弃的矿坑内。在电力负荷达到高峰、风小或无风时，再以释放储存的压缩空气为动力，带动涡轮机发电。

4) 飞轮储能

在风力机与发电机之间安装一个飞轮，利用飞轮旋转时的惯性储能。当风速高时，风能以动能的形式储存于飞轮中；当风速低时，储存在飞轮中的动能即可带动发电机发电。飞轮多由钢材制成。近年来正在研究采用强度高而质量轻的纤维材料制造飞轮，其储能量可达钢制飞轮的10～20倍。

5）电解氢储能

在电力负荷减小时，将风力发电多余下来的电能用来电解水，使氢和氧分离。把氢作为燃料储存起来，需要时再把氢和氧在燃料电池中进行反应而产生电能。

3.2.3 风力发电机的运行方式

风力发电的运行方式可分为独立运行、并网运行、集群式风力发电站、风力-柴油发电系统及风力-其他再生能源联合发电系统等。

1. 独立运行

风力发电机输出的电能经蓄电池蓄能，再供应用户使用，如图3-18所示。若用户需要交流电，则需在蓄电池与用户负荷之间加装逆变器。3～5kW以下的风力发电机多采用这种运行方式，可供边远农村、牧区、海岛、气象台站、导航灯塔、电视差转台、边防哨所等电网达不到的地区利用。在容量较大的独立运行方式中，为了避免大量使用蓄电池，采取由负荷控制器按负荷的优先次序来直接控制负荷的接通与断开，以适应风速大小的变化。这种方式的缺点是在无风期不能供电。为了克服这一缺点，可配备少量蓄电池，来保证不能断电的设备在无风期间内从蓄电池获得电能。

2. 并网运行

风力发电机与电网连接，向电网输送电能。并网运行是为克服风的随机性而带来的蓄能问题的最稳妥易行的运行方式，可达到节约矿物燃料的目的，10kW以上直至兆瓦级的风力发电机皆可采用这种运行方式。并网运行又可分为两种不同的方式：① 恒速恒频方式，即风力发电机组的转速不随风速的波动而变化，维持恒速运转，从而输出恒定频率的交流电。这种方式采取失速调节或者主动失速调节的风力机，以恒速运行时，主要采用异步感应发电机。目前已普遍采用，具有简单可靠的优点，但是对风能的利用不充分，因为风力机只有在一定的叶尖速比数值下才能达到最高的风能利用率。② 变速恒频方式，即风力发电机组的转速随风速的波动作变速运行，但仍输出恒定频率的交流电，这种方式采用电力电子变频器将发电机发出的频率变化的电能转化成频率恒定的电能，可提高风能的利用率，因此成为追求的目标之一。但需增加实现恒频输出的电力电子设备，可利用变速同步发电机（交流励磁电机），同时还应解决由于变速运行而在风力发电机组支撑结构上出现共振现象的问题。

一般中、大型风力发电机组都较多采用异步发电机与电网并联运行。为了充

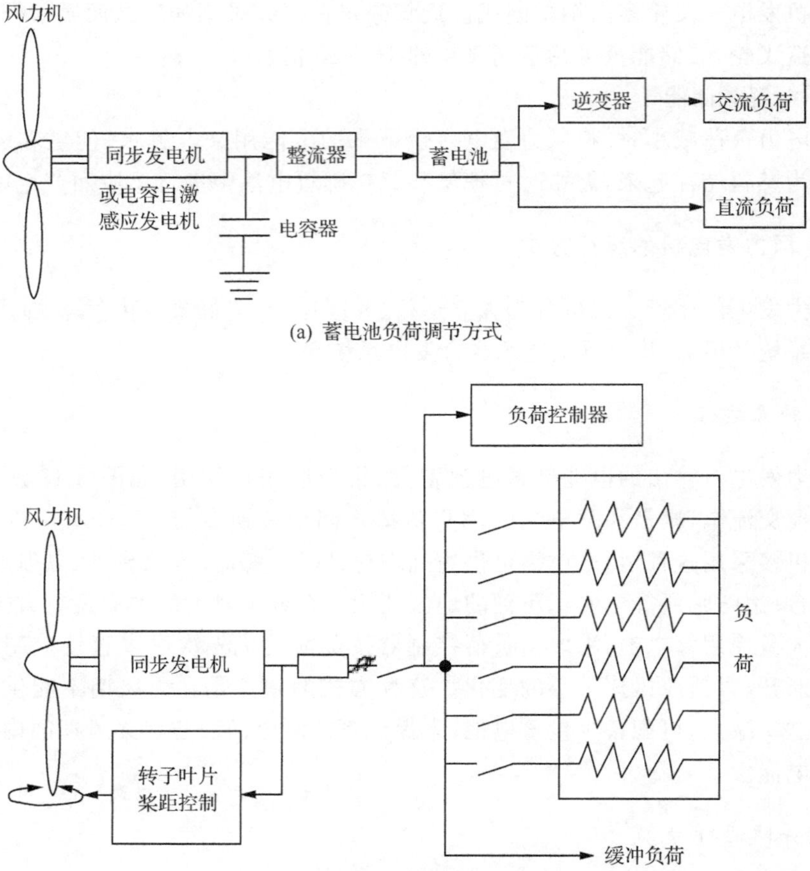

(a) 蓄电池负荷调节方式

(b) 控制器负荷调节方式

图 3-18　具有负荷调节的独立运行风力发电系统

分利用低风速时的风能，增加年发电量，定桨距的风力发电机组广泛采用两种不同的同步转动的双速异步电机。通常使用的异步发电机，在输出额定功率时的滑差率数值是恒定的(2%～5%)。为了使机组在不同风速下能以不同的转速运行，又发展了滑差可调的绕线式异步发电机，它可以不通过调节叶片桨距来控制额定功率的输出，改善输出电能质量，减少变距系统的频繁动作，提高运行可靠性。

3. 风力发电机集群(风电场或风力田)

在风能资源丰富的地区按一定的排列方式成群安装风力发电机组，组成集群。这种集群内的风力发电机，少的有 3～5 台，多的可达几十台、几百台甚至数千台。集群内的风力发电机组的容量多数为几十千瓦至几百千瓦，也有个别达到兆瓦以上的。风力发电机集群属于大规模利用风能，其发出的电能全部经变电设备送往大电网。

风力发电机集群是在大面积范围内大规模开发利用风能的有效形式，弥补了风能能量密度低的弱点。风力发电机集群的建立和发展可带动和促进形成新的产业，有利于降低设备投资及发电成本，其特点如下。

(1) 建立风力发电机集群地区的风力资源应达到年平均风速在 6～7m/s 以上，风向稳定，有效风能密度在 200W/m^{2}以上，全年风速在 3～20m/s 的累计时数不小于 5 000h。对装机地点的风速、风向、沿高度方向上的风速分布、湍流等应进行实测；还应考虑地形、地貌、障碍物(如平坦地面、山地、建筑物)影响、特殊恶劣气象情况(如热带风景、雷暴、沙暴等)的发生频率。

(2) 风力发电机集群中各个机组的排列方式仍是研究和探索的问题。

现已建造的风力发电机集群所遵循的原则是：在平坦的地面上风力机按矩阵分布排列，沿盛行风向风力机前后之间的距离约为风力机风轮直径的 10 倍，风力机左右之间的距离约为风力机风轮直径的 2 倍；在非平坦的地形起伏的地面上，风力机安装在等风能密度线上，风力机之间的距离比在平坦地形上的稍小些。

4. 风力-柴油发电系统联合运行

采用风力-柴油发电系统可以实现稳定持续地供电，这种系统主要有两种不同的运行方式：① 风力发电机与柴油发电机交替(切换)运行，风力发电机与柴油发电机在机械上及电气上没有任何联系，有风时由风力发电机供电，无风时由柴油发电机供电；② 风力发电机与柴油发电机并联运行，风力发电机与柴油发电机在电路上并联后向负荷供电，如图 3-19 所示。柴油发电机可以是连续运转的，也可以是断续运转的。这种运行方式，技术上较复杂，需要解决在风况及负荷经常变动的情况下两种动态特性和控制系统各异的发电机组并联后运行的稳定性问题。在柴油机连续运转时，当风力增大或电负荷小时，柴油机将在轻载下运转，会导致柴油机效率低；在柴油机断续运转时，可以避免这一缺点，但柴油机的频繁启动和停机，对柴油机的维护保养是不利的。为了避免这种由于风力及负荷的变化而造成的柴油机的频繁启动和停机，可采用配备蓄电池短时储能的措施：当短时间内风力不足时可由蓄电池经逆变器向负荷供电；当短时间内风力有余或负荷减小时，就经由整流器向蓄电池充电，从而减少柴油机的停机次数。此外，配备具有短期储能特性的飞轮，也可达到降低柴油机启停次数的目的。

风能-柴油联合发电系统主要解决有风缺电地区的生活和生产动力用电的需要。风能-柴油联合发电系统的基本形式有风能-柴油发电并联运行系统、风能-柴油发电交替运行系统和具有蓄能装置的风能-柴油发电联合运行系统。

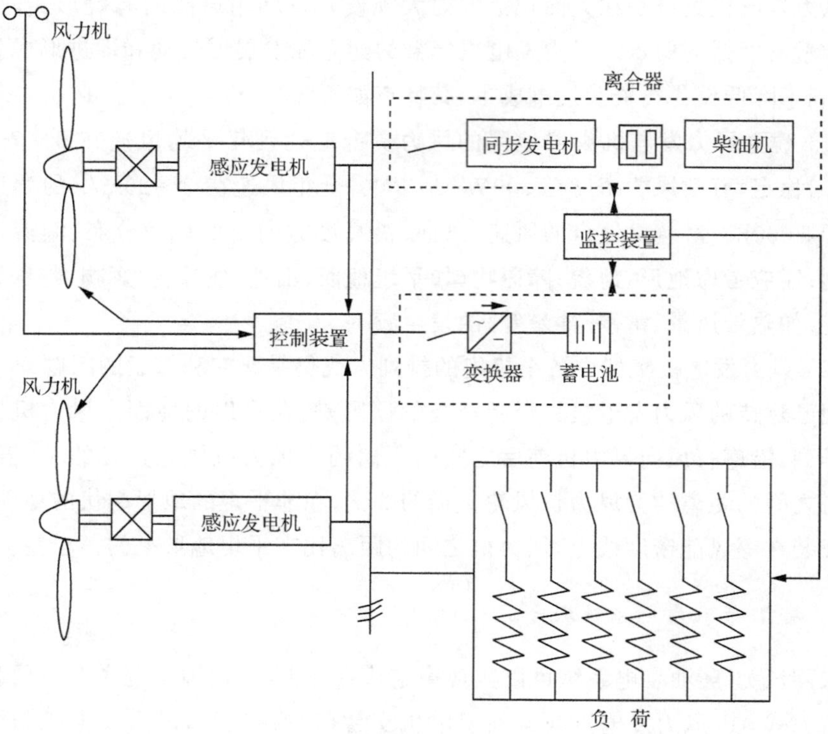

图 3-19 风力发电机-柴油发电机并联系统

5. 风力发电-太阳能电池联合运行

风能、太阳能都有能量密度低、稳定性差的弱点，并受地理分布、季节变化、昼夜变化等因素影响。中国属于季风气候区，冬、春季风力强，但太阳辐射弱，夏季、秋季风力弱，而太阳辐射强，两者能量变化趋势相反，因而可以组成能量互补系统，并给出比较稳定的电能输出。利用两种能源的互补特性，增加供电的可靠性，并使得风力发电机及太阳能电池组的容量比单独使用时要小。风电-光电联合系统有两种不同的运行方式：①切换运行，即有风时由风力发电机供电，有阳光时由太阳能电池组供电，这种方式简单，但系统的效率较低；②互供电运行，风力发电机与太阳能电池方阵同时向蓄电池组充电，可以充分发挥两者的效能。风力发电机、太阳能电池方阵及蓄电池三者容量选择（匹配），可根据风能、太阳能变化规律及负荷-电量变动规律得出。

风能-太阳能互补发电系统主要解决有风无电地区户用或村用的生活用电需要，我国正在西部地区实施的光明工程一般由 30W 的风力发电机组和 150W 的太阳能电池方阵组成互补发电系统。系统配有 6 只蓄电池和一台 600W 的逆变器。

一个互补系统除了取决于风能-太阳能高效和可靠的小型风力发电机组及太阳能电池方阵本身的质量外，还取决于根据不同地区的风能和太阳能资源以及用户负荷来合理确定风力发电机组和太阳能电池方阵的容量，以及系统控制系统的设计。

3.2.4 海上风电技术

海上风况优于陆地，风流过粗糙的地表或障碍物时，风速的大小和方向都会变化，而海面粗糙度小，离岸10km的海上风速通常比沿岸陆上高约25%；海上风湍流强度小，具有稳定的主导风向，机组承受的疲劳负荷较低，使得风机寿命更长；风切变小，因而塔架可以较短；在海上开发利用风能，受噪声、景观影响、鸟类影响、电磁波干扰等问题的限制较少；海上风电场不占陆上土地，不涉及土地征用等问题，对于人口比较集中、陆地面积相对较小、濒临海洋的国家或地区较适合发展海上风电。海上风能的开发利用不会造成大气污染和产生任何有害物质，可减少温室效应气体的排放，环保价值可观[15]。

1. 海上风力发电机组

海上风力发电机组需要针对海洋环境条件进行专门的设计，许多大学、研究所、制造厂商推出了各种新型的设计概念。海上风电机组的设计要考虑结构承受的风力和海浪力，现有海上风电工程中所安装的风电机组基本上由陆上风电机组改装而来，在向海上推广应用前必须对任何新的设计进行彻底的测试。早期的海上风电场使用的是中小型风电机组，单机容量为220～600kW。近期的大型海上风电示范工程主要采用兆瓦级风电机组，兆瓦级风电机组在尺寸、功率和风的捕获能力等方面都有很大的增加。已投入商业运行的大型海上风电机组容量为1.5～2.5MW，风力机直径为65～80m，最大的叶尖速度可达80m/s。正在研制单机容量更大的样机，风电机组单机容量有可能达到5MW，甚至10MW，风力机设计直径为80～120m。海上风电机组的叶片材料今后的趋势倾向于采用碳纤维复合材料，变速设计和采用直接驱动式发电机技术也是两个重要的发展方向。

2. 海上风电机组基础结构

风电机组的基础被认为是造成海上风电成本较高的因素之一，大力发展比较经济的基础结构是海上风电场研究开发的主要课题。海上风电机组基础结构的设计要考虑海床的地质结构情况、离岸距离、海上风浪的载荷特性以及海流、冰等的影响。就目前发展情况来看，海上风力机基础从结构形式上可分为重力固定式、支柱固定式、浮置式，以及桶形基础（bucket foundation），部分基础结构如图3-20所示。

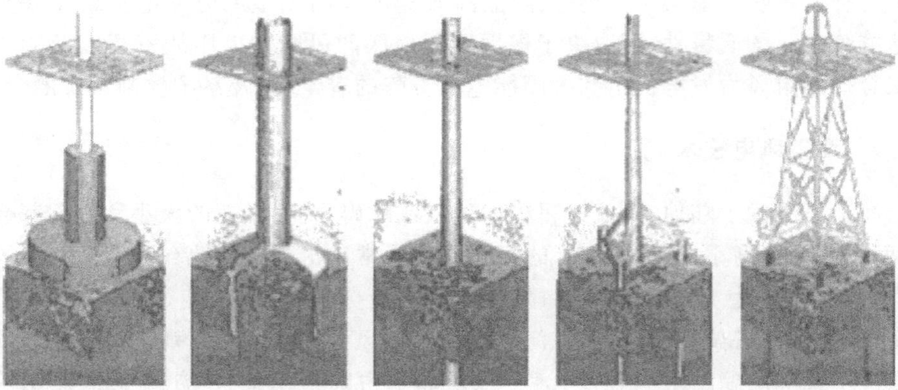

(a) 重力式结构 (b) 负压桶结构 (c) 单桩结构 (d) 三角架结构 (e) 导管架结构

图 3-20 海上风电机组基础结构

1）重力固定式

重力固定式(gravity)基础结构体积很大，靠重力来固定位置。丹麦的 Vindeby、TunΦ Knob 和 Middelgrunden 即采用这种形式，为混凝土沉箱型。这种基础结构简单，其稳定性和可靠性已得到证实；另一种较新的结构是将圆柱钢管支承在较薄的钢制基座上，填充重矿物以增加重量，此种结构便于运输和安装。基础的重量需随着水深的增加而增加，所以随着水深的增加，基础建造的费用也会增加。

2）支柱固定式

支柱固定式(pile)结构是利用打桩、钻孔或喷冲的方法将支柱安装在海底泥面以下一定的深度，将塔架固定其上起支撑作用，支柱一般为钢质。较简单的一种结构是单腿固定，由一个直径 3～4.5m 的钢桩安装在海床下 18～25m 处，其深度由海床地面的类型决定。现有的大部分海上风电场都采用此种基础，这种结构受到海底地质条件和水深的制约。也有类似于海上钻井平台所采用的三腿或四腿固定的基础结构，采用质量轻、价格低的三脚钢套管。风塔下面的钢桩分布着一些钢架，这些钢架管承担和传递来自塔身的载荷，钢桩被埋置于海床下 10～20m 处[16]。

3）浮置式

浮置式(floating)结构可以克服海床底部安装基础结构受水深限制的缺点，如图 3-21 所示，主要应用于水深 75～500m 的范围，使海上风能利用向几百米的水深处发展，正处于研制阶段。英国进行的两项研究 FLOAT 和 MUFOW (Multiple Unit Floating Offshore Windfarm)提出两种浮置式基础的设计概念：一种为漂浮式(buoy type support structures)或浮筒式，包括塔架、浮体和锚泊装置，风电机组组成的浮置结构浮于水面上；另一种为半潜式(semi-submersible support structure)或半浸入式，浮体结构位于海面以下，由锚泊系统固定，其上可安装多台风电机组。

(1) 浮筒式支撑:浮筒式基础由 8 根与海床系留锚相连的缆索固定在海面上,风机塔杆通过螺栓与浮筒相连。

(2) 半浸入式支撑:主体支撑结构浸于水中,通过缆索与海底的锚锭连接。该形式受波浪干扰较小,可以支撑 3～6MW 旋翼直径 80m 的大型风机。

(a) 张力腿结构　　(b) 三浮体结构　　(c) Spar结构

图 3-21　浮置式支撑

4) 桶形基础

丹麦 Frederikshavn 海上风电场的建设中首次使用了桶形基础,形似翻转的桶,利用负压方法进行海上施工,图 3-22 为深海吸力式基础。吸力式基础是一种钢桶沉箱结构,钢桶制作好后,将其移至水中需要的位置并向桶内充气,定位后抽出筒内气体,使筒体底部着于海底地面,然后通过筒体顶部通孔抽出桶内水和气体,形成真空,利用压差将筒压入海底。适用于深浅海地质条件为沙质或软黏土。优点是费用低,缺点是安装困难。这种基础大大节省了钢材用量和海上施工时间,降低了生产、安装成本,运输也较容易,有良好的应用前景。

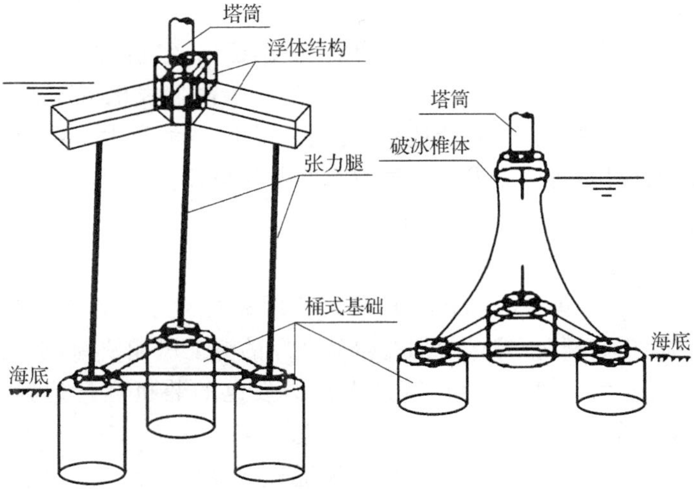

图 3-22　深海吸力式基础

海上风电成本也与单机容量和风电场装机台数有关，同一基础上安装更大容量的风电机组会更经济，海上风电场总装机容量在100MW以上比较经济。

海上风电场的设计同时要考虑风、浪、冰、海流等的作用和影响，海上作业难度大。如果发生故障，维修起来要比陆上困难得多。此外，海洋潮湿的环境和周围的盐雾容易引起结构和部件的腐蚀。在海上建设风电场，除了投资费用要增加外，还遇到许多技术上的挑战。首先，海上风力发电机组除了承受强风产生的空气动力载荷外，还要承受海上波浪和海流产生的水动力载荷；其次，要预防盐雾对机械和结构的腐蚀，以及因海上运输和安装的不便带来的要求机组设计时有更高的可靠性和可维修性；最后，海上风力发电机组的基础结构设计是一个关键，目前采用的有重力基础、单桩基础和三角架式基础，其中三角架基础与海上石油钻台的基础类同，可用于较深的海上风电场。

海上风电场的运行和维护费用也很高。为减少维修次数，在海上恶劣天气条件下停运设备，降低了可用率；为使风电机组适合海上运行，要采取气密、干燥、换热、防腐处理等特别措施；为方便维修，需特别的装置以接近风电机组，这些都造成海上发电成本的增加；另外，安装、运输等成本也都要高于陆上。比较典型的陆上风电场的成本中，风电机组约占总投资的65%，基础设施(基础、电网、道路、变电站等)占20%～30%。通常的海上风电场成本中，风电机组约占一个风电场全部费用的30%，其他(基础、海底电缆、运行维护设施等)约占70%。根据丹麦、荷兰等欧洲国家陆上、海上风电工程和海上风电技术经济性的论证，对于拥有中型风电机组(500～750kW)的陆上风电场(平均风速5～10m/s)，投资一般在700～1 000欧元/kW，发电成本为3～8欧分/(kW·h)。

3.2.5 风电的发展趋势

未来风电技术发展趋势是大型化、海洋化、调速化，包括：① 研制单机容量大、安全可靠、投资费用低的大型风力发电设备，进一步降低发电成本；②风电场的建设与推广；③分散独立运行方式的应用，特别是风力-柴油发电系统及风力-太阳能电池发电系统的应用；④风力发电蓄能技术的研究与开发；⑤提高风力发电的可靠性及稳定性。大致趋势包括以下几个。

1) 风力发电向海上发展

目前，世界上许多国家都在积极建设大容量海上风力发电场。北海沿岸五国(德国、英国、荷兰、比利时和丹麦)拥有得天独厚的海上风能资源，正在大力发展海上风力发电。丹麦计划2030年使其海上风力发电的装机容量达到400万kW。预计2305年英国的海上风力发电装机容量将达到203万kW。目前瑞典正在建造的7.2万kW的海上风力发电场，将成为世界上最大的海上风力发电场。今后几年欧洲的海上风力发电事业将会得到更大的发展。

2）风机向大型化发展

20世纪90年代，300～500kW级的风力发电设备开始成功地在欧洲推广，这就是德国风力发电大发展的开端。在迅速发展的过程中，德国的风机制造技术居世界领先地位。全世界每年安装的风力发电机组平均功率在不断增加，1987年为100kW，1993年为240kW，1999年为780kW。在发达国家，风力发电机组正稳步地走向大型化，现已进入兆瓦级。采用兆瓦级的新型风力发电设备是目前的一个明显的发展趋势，以实现经济规模运行。今后的几年内将会出现更大功率的风力发电设备，风力机直径将会达到70m以上，美国已生产出风力机直径达97.5m的风机。在高风速地区，如海上，风机的额定功率将会达到2MW。

3）风力发电设备制造技术日臻完善

目前风力发电设备制造技术不断改进，风力发电设备制造厂商将会采用更先进的方法设计风力发电设备，兆瓦级风机的零部件重量将会降低，以进一步提高风能利用效率和风机在低风速地区的运转效率。大型风机的运转对控制系统提出了新的要求，风力发电设备的运转应尽可能保证电网的稳定性。今后研发工作的一项重要任务是，在风速变化不定的情况下如何确保电网的稳定性，能够使风力发电设备不影响电网稳定的智能型控制系统将会得到推广，带有可变速风力机的风力发电设备将是一种理想的产品。大型风机的失速控制将会与变速运转相结合，多极可变速发电机和智能控制系统也会被采用。采用永磁多极发电机的无齿轮传动系也将是今后的技术发展方向之一[17]。

3.3 风力致热技术

3.3.1 风力致热的特点

风能的利用目前还主要是风力发电和提水，这些风能利用形式已经得到长足的发展，但在许多场合最终需要的能源形式是热能，如浴池供热水、住宅取暖、温室供暖、水产养殖池水保温、禽畜舍取暖、蔬菜棚保温、野外作业防冻等需要低品位的热能。如果先将风能转变成电能再转变成热能，首先是设备复杂、费用比较高，再加上转变成电能的效率本来就不高，再转变成热能效率会很低，因此成本很高、很难实用化[18]。风力致热是将风力机输出轴的机械能转换为热能。根据热力学定律，由机械能转换成热能时理论效率为100%。理想风力机的转换效率将近60%，实际的风力机效率一般仅为理想风力机的70%[19]。据资料显示，风力发电的能量转换效率最高为35%，风力提水最高为21%，而风力致热最高可超过40%，是所有风能利用装置中效率最高的一种风能利用形式。风能致热具有装置简单、效率高等优点，热能的成本将比较低，因此风能致热容易被广泛接受。另外，风力致热装置结构比较简单，且容易满足风力机对负荷的最佳匹配要求。因此，随着社会发展对热能需求的增长，开发风力致热技术应用于生活采暖及农业生产等，具有广阔的发展前景。

目前风能转化为热能的方式有三种。一是风力机发电，再将电能通过电阻丝发热，变成热能。虽然电能转换成热能的效率是100%，但风能转换成电能的效率却很低，因此从能量利用的角度看，这种方法是不可取的。二是由风力机将风能转换成空气压缩能，再转换成热能，即由风力机带动离心压缩机，对空气进行绝热压缩而放出热能[20]。这种方式的特点是成本低、运行安全、维护简单、效率高。压缩空气致热装置中，主要设备是空气压缩机。市场上常见的空气压缩机有离心式空气压缩机和活塞式空气压缩机。活塞式空气压缩机适应压力范围广，不论排气量多少均可达到较高压力，功率消耗也比其他类型空气压缩机小，排气量基本上不受排气压力大小的影响；其缺点是排气不连续，压力有周期性脉动，容易出现气柱振动。三是将风力机直接转换成热能[21]。

3.3.2 直接致热方式

目前风能直接致热方式主要有液体搅拌致热、液体阻尼致热、固体摩擦致热、液力耦合器致热、涡电流致热等。

1. *液体搅拌致热*

液体搅拌致热是风力机的转轴上连接一个搅拌转子，转子上装有叶片，将搅拌转子置于装满液体的搅拌罐内，罐的内壁为定子，也装有叶片。当风力机带动转子叶片转动时，转子搅拌液体使其在转子叶片、定子叶片及容器内壁之间作涡流运动，并不断撞击、摩擦，将机械能转化为热能，提高液体温度，从而得到所需的热能。在整个工作过程中，投入的能量全部转化为热能。搅拌式风能致热能很好地与风力机输出功率特性相匹配、功率系数大、结构简单、制造容易、价格便宜，而且对载热介质无严格要求，多采用水作介质。

1988年，中国农业大学农村能源研究所对搅拌式风力致热系统进行了试验性研究，得出了功率吸收方程和压力方程，为设计搅拌式风力致热器提供了一定的理论依据，还给出了搅拌式风力致热器的设计方法及相应的计算机设计程序。

2002年，中国农业大学研制了一套液体搅拌致热装置(图3-23)。试验人员用变频电机模拟风机的不同转速，研究发现在保持风机输入转速不变的情况下，搅拌装置内油液的温度越低，油液的温度升高越快，致热效率越高。在保持搅拌桶高度不变的情况下，风机转速越高，系统的致热效率越高，发热越快。

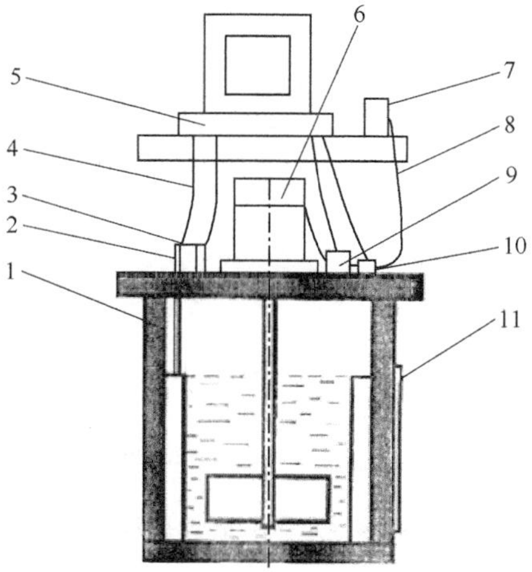

图 3-23 液体搅拌致热装置简图

1-致热器;2-温度传感器;3-转速传感器;4-数据传输线;5-数据处理系统;6-立式交流电机;7-变频器;8-电源线;9-电压传感器;10-电流传感器;11-液位计

2. 液体阻尼致热

液体阻尼致热是利用液压泵和阻尼孔进行致热。风力机输出轴驱动液压泵旋转,使液压油从狭小的阻尼孔高速喷出,高速喷出的油与尾流管中的低速油相冲击。油液高速通过阻尼孔时,由于分子间相互冲击、摩擦而加速分子运动。油液的动能变成热能,油温上升,由于是液体间的冲击和摩擦,不会因磨损、烧损等问题损坏致热装置,因此,液体阻尼式致热的可靠性较高。

1985 年沈阳工业大学热能研究所研制了一台 20kW 的油压式风力致热系统(图 3-24)。1990 年吴书远等通过理论研究推导出了风力机与致热器之间在额定工况下达到最佳匹配的理论公式,并指出无论风速如何变化,风力致热器总可以较好地吸收风能;风力机与致热器的最佳匹配条件,可以作为液压式致热元件设计的参考公式。在理论分析的基础上研究者成功研制了一种致热的关键元件——多级节流孔板。该孔板与单个节流的小孔板相比,防止气蚀和噪声的效果优异。

2001 年齐瑞贵等将薄壁孔元件作为阻尼元件应用于液体挤压式致热,使系统始终工作在最佳工作点,有效地将风能转化为热能。试验研究表明,薄壁孔元件作为致热元件可以有效提高致热系统的效率。

利用节流器替代阻尼孔,应用于液体挤压致热也是一种非常有效的致热方式。受压液体工质通过节流器高速喷出使液体压力能在极短的时间内迅速转化为液体动能,在垂直流动方向较大速度梯度的作用下,液体分子间的相互冲击碰撞和摩擦导致液体动能转换为热能。2004 年西安交通大学的郭新生等依据流体节流与摩

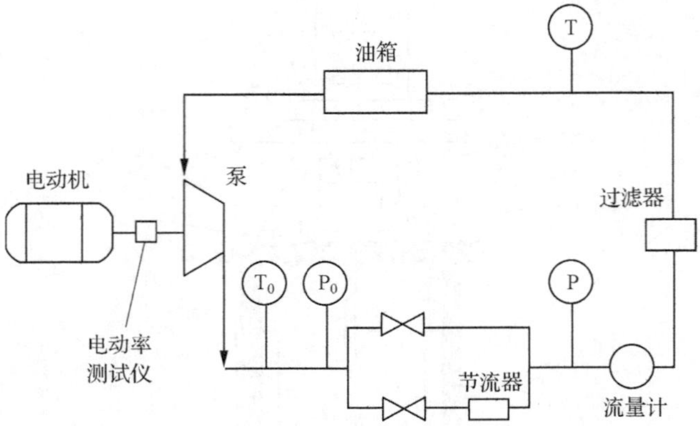

图 3-24　液体阻尼致热装置

擦学原理对一个 800W 的风力节流致热试验装置进行了试验研究,液体工质在 3h 内升温近 50℃,温升曲线与理论分析计算相一致。所建立的致热系统能量与换热方程可准确预测风力致热装置内工质温升,并可作为其换热器的设计依据。此外,研究还指出风力致热的工质应综合考虑其黏性、定压比热、密度、节流微分效应、温度——饱和蒸汽压力值等因素后优化确定;风力机、液体泵、节流器参数的确定应兼顾额定工况、风能利用率及系统的变工况性能。2005 年陈汝刚等对风力节流致热系统的试验研究指出,减少在节流短管之前的压力损失,提高分担在节流短管上的压力降,可以使流体在节流短管中获得更大的速度梯度,有利于提高系统的节流致热效果。此外,断面渐变节流器的温升效果略优于断面突变节流器。合理选择节流器并匹配液体泵,综合联合运行时工况的稳定性及变工况时风能的利用率是保证高致热效率的关键。为了避免风力机飞车对致热装置造成破坏,经过多年对风力机失速特性、风力机与致热节流孔板的匹配特性、风力致热系统的非电控限速和限温保护装置的研究,1995 年赵玉刚等设计了一种先导型大流量、温度组合控制阀的控制部分,通过对风力机所带泵的流量控制,实现对风力机转速的控制,并建立数学模型对该装置的可行性和动、静态进行了定性数字模拟,优选了装置的设计参数。沈阳工业大学的研究人员应用现代控制理论,研制了一种油温自动控制系统。试验表明,该系统反应灵敏,具有良好的动态和静态稳定特性,用于风力致热系统防止温度过高是可行的。研究者还提出了一种风力致热系统的过速保护装置,模拟和优化结果表明,该装置同样具有反应灵敏,动、静态稳定性好等特点,同时还分析了将该过速保护装置用于对致热系统的固定桨叶风力机进行失速控制的可行性。2004 年中国农业大学的黄应红等利用智能控制方式提高风能利用率,采用计算机、数据采集卡和电子电路辅助设备在各种风速的工况下对致热器进行控制,使致热器在大小风速的条件下都能工作,并以 2kW 小型液压式风力致热系统为研究对象，开发了精度高、响应快的控制系统。

3. 固体摩擦致热

一般机械都要求尽量减少摩擦，以提高机械效率。而固体摩擦式致热器恰恰相反，希望机械能全部转换为热能，故要求增加摩擦。固体摩擦致热器就是利用“摩擦生热”的道理设计的，这种致热器结构简单、维修方便。

图 3-25 为固体摩擦致热器的示意图。当传动轴达到一定转速时，摩擦块在离心力的作用下，压靠在摩擦缸体的内表面上，产生一定的正压力。随着传动轴转速的增加，摩擦力增加，摩擦产生的热量由水箱中的水吸收，固体摩擦致热器的吸收功率与转速三次方成正比，所以也与风力机匹配。一般摩擦块采用耐磨铸铁，而缸体选用淬火钢，摩擦系数为 0.13～0.19。应当指出，在这种散热器中，摩擦面应光滑，因为此时摩擦主要来自表面分子间的吸收力，而不是接触处的机械变形[22]。

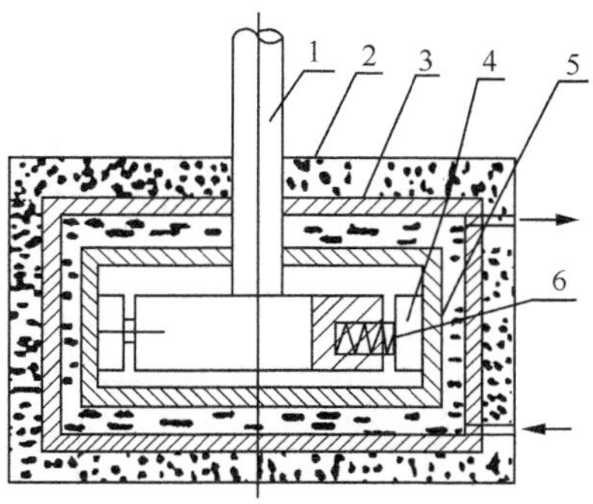

图 3-25 固体摩擦致热装置

1-传动轴；2-保温材料；3-水箱；4-摩擦块；5-摩擦缸体；6-弹簧

4. 涡电流致热

导体在磁场中运动切割磁力线，导体表面便产生涡电流，涡电流在导体内产生热，涡电流致热器就是利用这个原理而设计的。图 3-26 是一种涡电流致热器原理图，传动轴 1 由风力机驱动，在轴 1 上固定着圆盘 2 和 4，它们随着转动轴一起转动。圆盘 2、4 上镶装永久磁铁，磁铁极性相异，数目由风力机功率和圆盘尺寸确定。发热盘是由铜制成的空心筒，开有进出水口，固定在支架上不动。带有永久磁铁的圆盘 2 和 4 相对发热盘 3 回转，即切割磁力线，在发热盘 3 上产生感应电流而生热，该热量被流过发热盘中空部分的流体所吸收并向外输出。

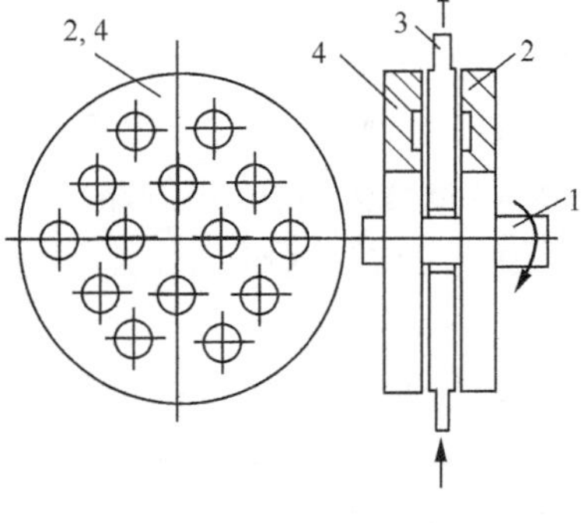

图 3-26 涡电流法致热装置

1-传动轴；2、4-转子；3-定子

3.3.3 搅拌阻尼型致热装置

1. 工作原理[23]

搅拌阻尼型致热装置是由搅拌泵和阻尼孔组合起来直接进行风能—热能能量转换的致热装置，它把液体搅拌致热方式和液体阻尼致热方式结合在一起，是一种搅拌阻尼联合作用致热的新方法，其原理如图 3-27 所示。

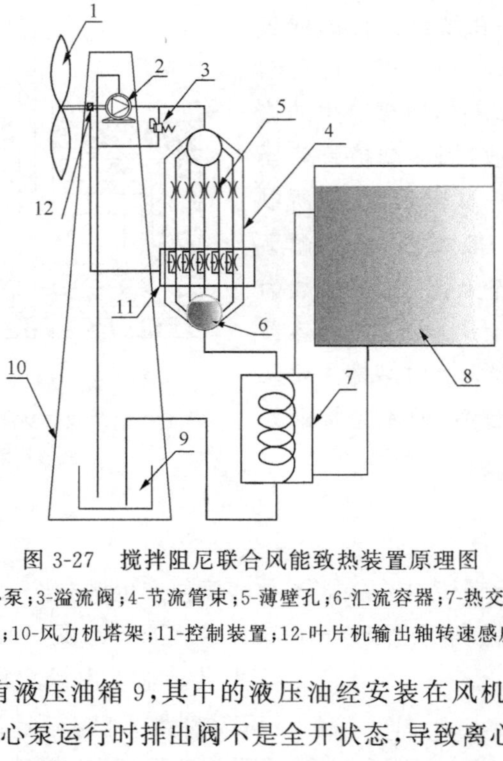

图 3-27　搅拌阻尼联合风能致热装置原理图

1-叶片机；2-离心泵；3-溢流阀；4-节流管束；5-薄壁孔；6-汇流容器；7-热交换器；8-蓄水罐；9-油箱；10-风力机塔架；11-控制装置；12-叶片机输出轴转速感应装置

风机下部安装有液压油箱 9，其中的液压油经安装在风机上部的离心泵 2 吸入泵腔中，因为在离心泵运行时排出阀不是全开状态，导致离心泵的实际流量小于其额定流量。大部分油液停留在泵腔中进行搅拌并产生热量，同时排出高压油液。

当离心泵的转速过快导致泵的排出压力过高、流量增大时，排出管路中的一部分液压油经回流管路上的溢流阀 3 送到离心泵中继续搅拌，这样既加强了搅拌作用，又减少了对系统中液压油的压力波动。

离心泵排出的高压油液继续被平均输送到节流管束 4 中的每一个细小管路中，经过薄壁孔结构 5 高速喷出，并与后面的低速油相冲击、碰撞、摩擦从而产生热量。实际上薄壁孔结构在整个系统中起到增加负荷的作用，类似于电路中电阻的作用。通过增加薄壁孔结构的数量可提高整个系统的负荷，从而提高系统产生热水的温度。

当风速减小时，风力机输出轴转速降低，所提供的功率下降，离心泵排出的油液压力也因此减小。为防止油液因压力过小而不能通过节流管束,必须减小系统负荷,即减少薄壁孔结构的数量。节流管束安装有两组薄壁孔结构,后面一组中的每一个薄壁孔结构都设有旁通管路(图3-28),旁通管路上安装有电磁阀。当风速减少到其设定值时,风力机输出轴感应器12上的信号控制电磁阀开启,油液就会通过旁通管路流入汇流容器6从而使第二组薄壁孔结构失去作用,达到减少系统负荷的目的,装置适应风速的范围也因此扩大。

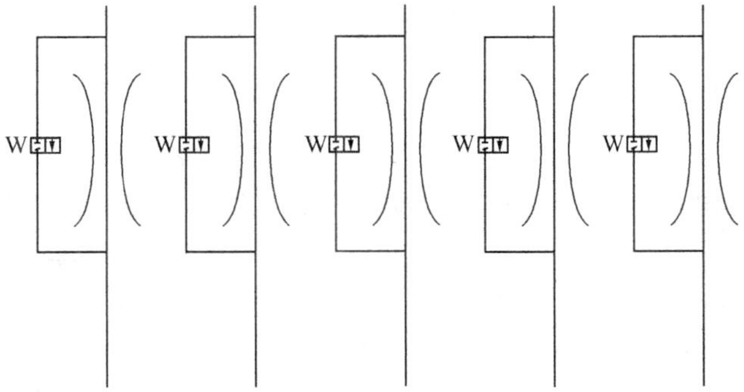

图3-28 控制装置示意图

各管路中的油液经薄壁孔结构后仍具有一定的速度和压力。为让这部分能量也转化为热能,提高系统效率,在节流管束后设置一汇流容器6。各管路上具有一定速度和压力的油液从不同方向在汇流容器内汇集并发生碰撞、摩擦,从而继续产生热量。

汇流容器内的油液靠重力继续流入热交换器7中与水发生热交换作用,在热交换器的上部温度较高、密度较小,水向上流动到蓄水箱中。蓄水箱中的冷水密度相对于从交换器流入的热水密度较大,因此下行到热交换器下部继续加热,这样就形成了自然循环。蓄水箱中水的温度会不断升高,达到理想温度后用来供应生产生活热水。

经热交换后的低温油液回到油箱中,在油箱中沉淀、过滤后继续下一个循环。同时油箱还有排气、补油、加添加剂等作用。

2. 装置的特点

(1) 采用搅拌和阻尼联合作用原理提高致热系统效率,使热水的质量和温度得到提高。

(2) 采用离心泵作为致热系统的动力,利用离心泵在排出阀关闭的情况下也能正常运行的特点实现致热系统中的搅拌作用。

(3) 在离心泵后安装具有薄壁孔结构的节流管束作为系统的负荷,实现系统中的阻尼作用,同时提高了系统的流量,增加了系统的效率。

(4) 在节流管束末端安装一汇流容器，使节流管束中的油液从不同方向注入并不断碰撞、摩擦进一步产生热量。

(5) 将离心泵安装在风力机的顶部，实现风力机直接驱动离心泵，而且充分利用离心泵的功率。

(6) 在离心泵出口设回流管路，加强离心泵的搅拌作用，同时起到控制流量的作用。

(7) 在风力机输出轴处安装转速感应装置，用来控制系统中薄壁孔结构的数量，调节系统负荷。

3. 试验研究[24]

本试验装置是由垂直轴风力机带动的搅拌阻尼致热装置，其结构主要分三部分，即垂直轴风力机、传动机构和搅拌阻尼致热桶。表 3-3 为试验设备的技术参数，图 3-29 为装置的结构简图，此装置主要是利用垂直轴风力机带动搅拌叶片旋转，通过搅拌作用和搅拌隔板产生的阻尼作用将机械能转化为热能。装置的工作原理是：风作用于风斗的阻力在凸侧和凹侧产生差异，从而给风机叶轮施加旋转转矩；风力机的垂直轴通过皮带传动机构与搅拌桶的中心轴相连接，从而将垂直轴的旋转力矩传给中心轴，以带动中心轴上的搅拌叶片旋转；在搅拌叶片与隔板的搅拌和阻尼作用下，液体的温度升高，达到风能致热的目的。

表 3-3　试验设备的技术参数

设备名称	设备参数
风力机	改进的萨伏纽斯式风力机，直径 1000mm，高 1000mm
鼓风机	额定功率：7.5kW
风速测量仪	型号：AVM-305
搅拌叶片(长×宽×厚)	288mm×36mm×7mm；288mm×72mm×7mm；288mm×92mm×7mm；258mm×36mm×7mm；228mm×36mm×7mm
搅拌桶隔板	直径 360mm，厚 5mm，2 片
同步皮带	传动比(搅拌叶片转速与风力机转速之比)：2∶1；3∶1
搅拌介质	水、长城牌 46# 抗磨液压油
搅拌桶	直径 360mm，高 334mm，容积 40L

因搅拌阻尼装置的启动阻力矩较大，需要一种启动力矩大的风力机，所以选择改进的三叶片萨伏纽斯式风力机。这种风力机启动力矩大，结构简单，运行稳定，不需调节风向装置，风力机与搅拌阻尼桶的动力匹配是装置设计的重点。平直涡轮式叶片产生较大的剪切作用，易将机械能转化为热能，所以选用此种叶片作为搅拌致热装置的叶片。试验中使用不同尺寸的搅拌叶片，寻找最佳的尺寸与风力机

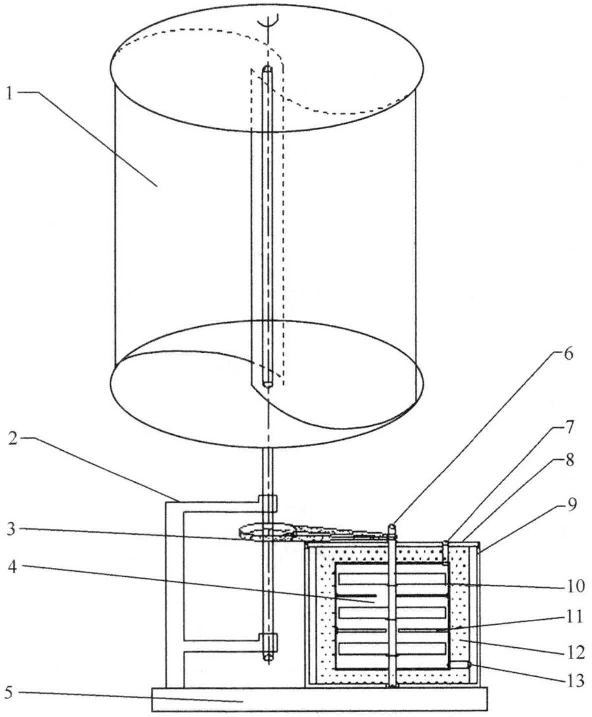

图 3-29 试验装置的结构简图

1-风力机；2-风力机支架；3-皮带传动机构；4-搅拌桶；5-底座；6-搅拌桶中心轴；7-进水孔；8-上盖板；9-搅拌桶固定架；10-搅拌叶片；11-搅拌桶隔板；12-保温材料；13-出水孔

匹配，使致热效果达到最好。风力机与搅拌阻尼装置通过同步皮带轮传动，通过适当设置同步皮带传动比，提高搅拌叶片的转速，可提高致热效率。

试验装置中设计各项参数的选择是否合理直接影响到致热效果。通过测量搅拌介质温度、搅拌叶片转速和风速，检验试验装置的致热效果，研究装置的致热规律。考虑到试验条件有限，用鼓风机产生风速模拟自然风速，实现机械能到热能的转换。影响试验装置致热效果的因素很多，包括搅拌叶片的形状和尺寸、搅拌叶片的转速、搅拌隔板以及搅拌介质的选择等。

1）搅拌介质对致热效果的影响

在同步皮带传动比为 2∶1、搅拌叶片尺寸为 288mm×36mm×7mm、风速为 12m/s 的条件下，分别以水和油为搅拌介质进行试验，测量 1h 内搅拌叶片的转速和介质的温度。试验结果如图 3-30 所示。当搅拌介质为水时，温度上升了 5℃，搅拌叶片的平均转速为 370r/min；当搅拌介质为油时，温度上升了 8℃，搅拌叶片的平均转速为 273r/min。因为水的比热为 4.18kJ(kg·℃)，液压油的比热为 1.9kJ(kg·℃)，且水的密度比液压油的密度大，所以搅拌介质为水时，吸收的热量多。即搅拌介质为水时，致热效果好。

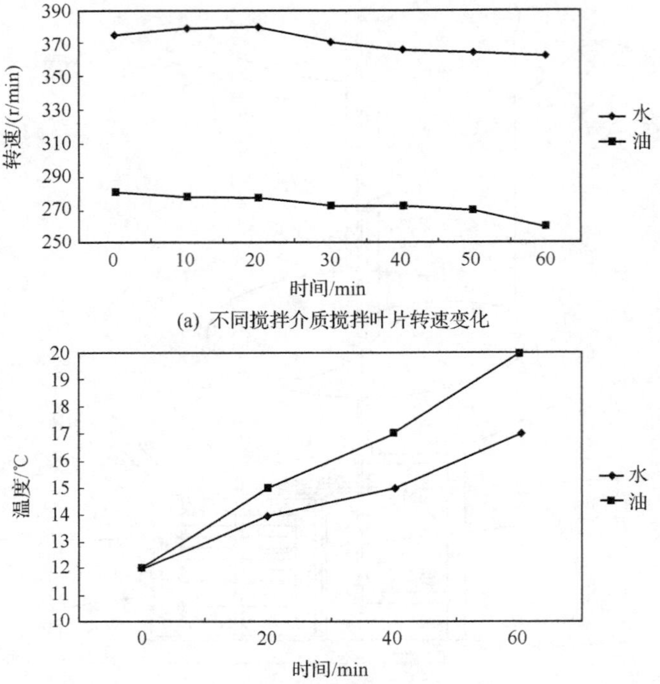

(a) 不同搅拌介质搅拌叶片转速变化

(b) 不同搅拌介质温度变化

图 3-30 搅拌介质对致热效果的影响

2）搅拌隔板对致热效果的影响

在同步皮带传动比为 2∶1、搅拌叶片尺寸为 288mm×36mm×7mm、风速为 12m/s 的条件下，以油为搅拌介质进行试验，测量有隔板和无隔板时的致热装置在 1h 内搅拌叶片的转速和介质的温度，研究搅拌隔板对致热效果的影响。试验结果如图 3-31 所示。对比两组试验数据可以发现，存在搅拌隔板条件下，由于隔板的阻尼作用，搅拌叶片的平均速度下降，但是搅拌介质温度上升较快，即隔板的阻尼作用产生的热量大于因搅拌叶片速度降低而使搅拌作用减少的热量，说明增加搅拌隔板对搅拌装置有明显的阻尼致热效果。

3）同步皮带传动比对致热效果的影响

在搅拌叶片、风速、搅拌介质等相同条件下，改变传动比来改变搅拌叶片的搅拌转速，测量 1h 内搅拌叶片的转速和介质的温度，比较致热效果，研究同步皮带传动比对致热效果的影响。对同步皮带传动比为 3∶1、2∶1 两种情况进行试验，试验结果如图 3-32 所示。

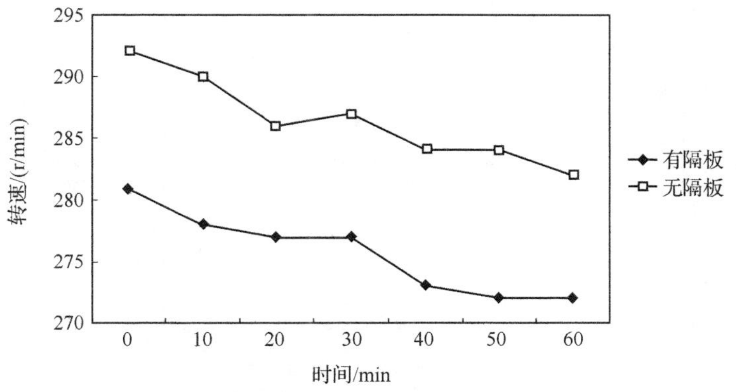

(a) 隔板对搅拌叶片转速的影响

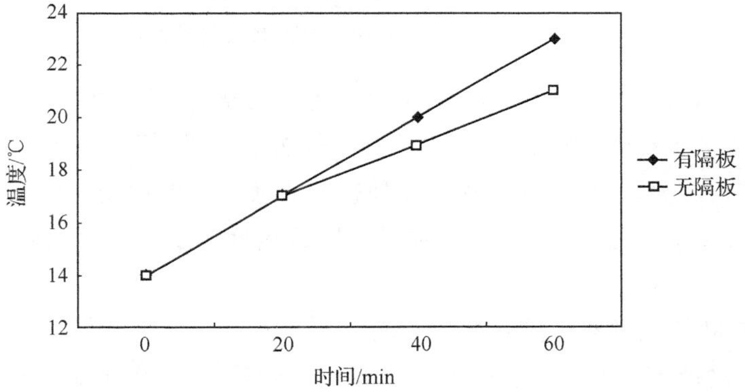

(b) 隔板对搅拌介质温度的影响

图 3-31　搅拌隔板对致热效果的影响

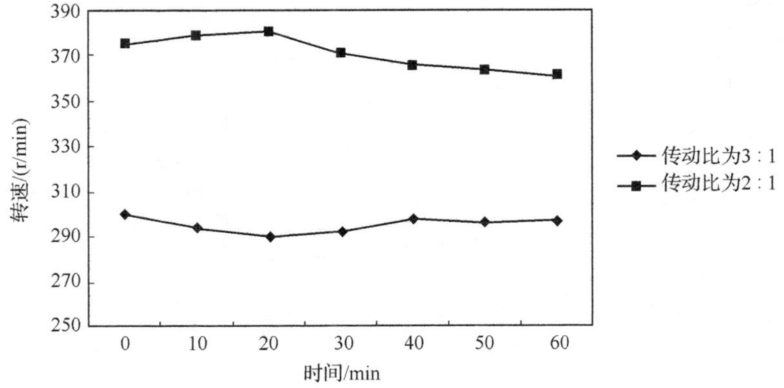

(a) 不同传动比搅拌叶片转速

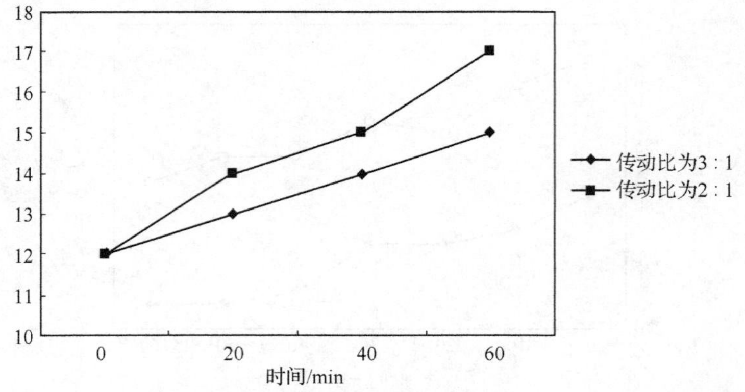

(b) 不同传动比搅拌介质温度变化

图 3-32　同步皮带传动比对致热效果的影响

对比两组试验数据可以看出,同步皮带传动比越高,风力机叶片的搅拌阻力矩越大,风力机的搅拌速度明显下降。传动比虽然增加了,但风力机的转速下降,搅拌叶片的平均转速减小;平均转速减小使搅拌介质分子的运动速度下降,同时阻尼效果变差,温度上升速度减慢,单位时间产生的热量减小,风能转换为热能的效率降低。

4）搅拌叶片宽度对致热效果的影响

在同步皮带传动比、风速、搅拌介质和搅拌叶片长度相同条件下,改变搅拌叶片的宽度,通过测量 1h 内搅拌转速和搅拌介质温度,比较致热效果,研究致热效果与搅拌叶片宽度的关系。分别对长×宽×厚为 288mm×36mm×7mm、288mm×72mm×7mm、288mm×92mm×7mm 的三组搅拌叶片进行试验,试验结果如图 3-33 所示。

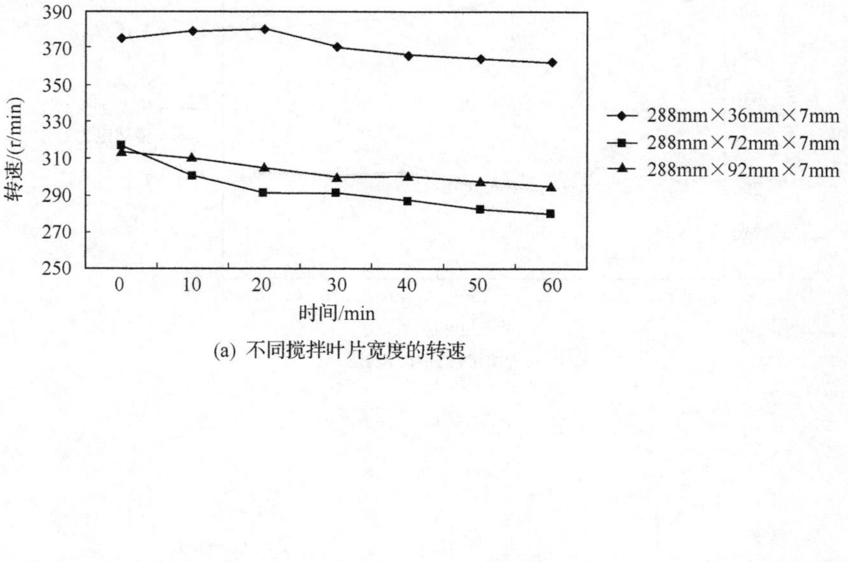

(a) 不同搅拌叶片宽度的转速

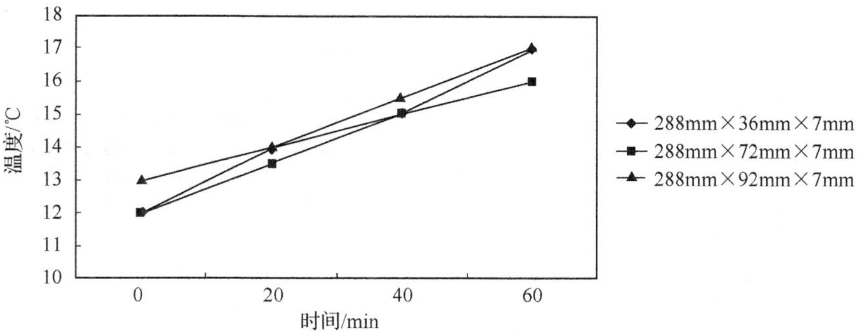

(b) 不同搅拌叶片宽度温度变化

图 3-33　搅拌叶片宽度对致热效果的影响

对比三组试验数据可以看出，搅拌叶片为 288mm×36mm×7mm 的搅拌装置上升了 5℃，搅拌叶片的平均转速为 370r/min。搅拌叶片为 288mm×72mm×7mm 和搅拌叶片为 288mm×92mm×7mm 的搅拌装置均上升了 4℃，搅拌叶片的平均转速分别为 292r/min 和 291r/min。从中发现搅拌装置转速越高，搅拌介质温度上升得越快，搅拌叶片宽度为 92mm 比 36mm 和 72mm 的致热效果好。但搅拌叶片宽度达到 72mm 后，随着搅拌宽度的增加，搅拌介质温度和搅拌平均转速变化不大。

5）搅拌叶片长度对致热效果的影响

在同步皮带传动比、风速、搅拌介质和搅拌叶片宽度相同条件下，改变搅拌叶片的长度，通过测量 1h 内搅拌转速和搅拌介质温度，研究致热效果与搅拌叶片长度的关系。分别对长×宽×厚为 288mm×36mm×7mm、258mm×36mm×7mm、228mm×36mm×7mm 的三组搅拌叶片进行试验，试验结果如图 3-34 所示。

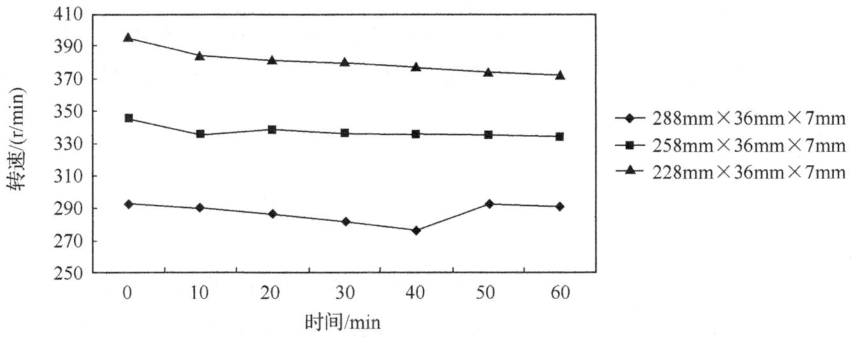

(a) 不同长度搅拌叶片的转速

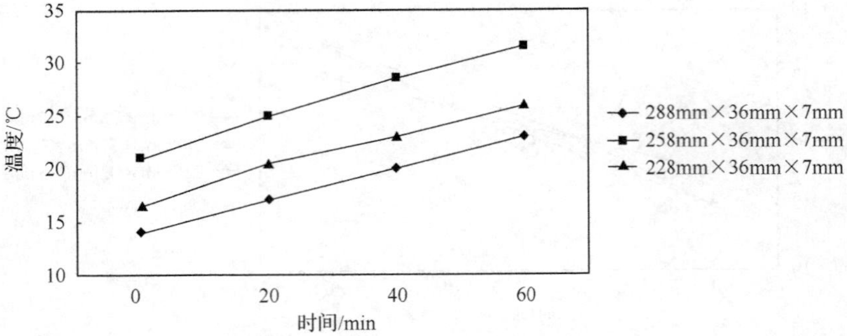

(b) 不同长度搅拌叶片对搅拌介质影响

图 3-34 搅拌叶片长度对致热效果的影响

对比三组试验数据可以看出,搅拌叶片为 258mm×36mm×7mm 时致热装置的搅拌介质温度上升最快,产生的热量最多。随着搅拌叶片半径的增大,搅拌叶片的转速下降,但产生的热量随着搅拌叶片长度的增加先增大后减小。

6) 试验结论

通过试验研究,对搅拌阻尼致热装置得出以下几点结论。

(1) 搅拌阻尼致热效率与搅拌叶片的转速有关。在搅拌叶片、搅拌介质、传动装置和风力机等相同条件下,转速越快,搅拌介质的温度上升越快,致热效率越高。

(2) 搅拌致热过程中,搅拌叶片长度和宽度对致热效果有重要的影响,搅拌叶片的长度和宽度与风力机存在最佳的匹配,可以通过理论计算和试验验证。

(3) 在一定范围内,搅拌叶片的宽度对搅拌致热效果影响不是很明显。

(4) 搅拌隔板的存在对致热装置有一定的阻尼致热效果。

(5) 在风力机尺寸确定后,通过合理设置传动装置的传动比,减小搅拌叶片的尺寸,增大搅拌叶片的转速,可提高致热效率。

(6) 在相同的试验过程中,水吸收的热量大于液压油吸收的热量,但水的温度上升慢。油的黏度大,搅拌叶片在搅拌过程中,阻力大,搅拌叶片的转速低,油吸收的热量少,致热效率比水的效率低。

4. 参数设计[25]

1) 风力机的动力计算

垂直轴风力机相对水平轴风力机有很多优势:运行噪声小,结构简单,变速装置和搅拌致热装置可放到地面,不需风向控制装置,其转动与风向无关。翼型风力机是一种升力型风力机,相对阻力型垂直轴风力机,升力型垂直轴风力机的风能利用效率高。风力机获得的机械能取决于风速和风力机结构参数,设风力机的功率为

$$P = \frac{1}{2}\rho_a A C_P V^3 \tag{3-1}$$

式中，ρ_a 为空气密度，kg/m^3；A 为风轮旋转扫掠面积，m^2；C_P 为风力机风能利用系数；V 为风轮叶片转速，m/s。

垂直轴风力机叶片扫掠面积 A 为

$$A = 2hR \tag{3-2}$$

式中，h 为叶轮高度，m；R 为叶轮的旋转半径，m。

垂直轴风力机的扭矩 T_T 为

$$T_T = \frac{P}{\omega} = \frac{\rho_a A C_P V^3}{2\omega} \tag{3-3}$$

风能利用系数 C_P 是尖速比 λ 的函数，即

$$C_P = f(\lambda) \tag{3-4}$$

$$\lambda = \frac{R\omega}{V} \tag{3-5}$$

由于 $C_P = f(\lambda)$ 是非线性的且有最大值 $C_{P\max}$，此时 λ 为最佳尖速比 λ_E，如图3-35所示。将式(3-5)中的 V 代入式(3-3)得

$$T_T = \frac{\rho_a A C_P R^3}{2\lambda^3}\omega^2 \tag{3-6}$$

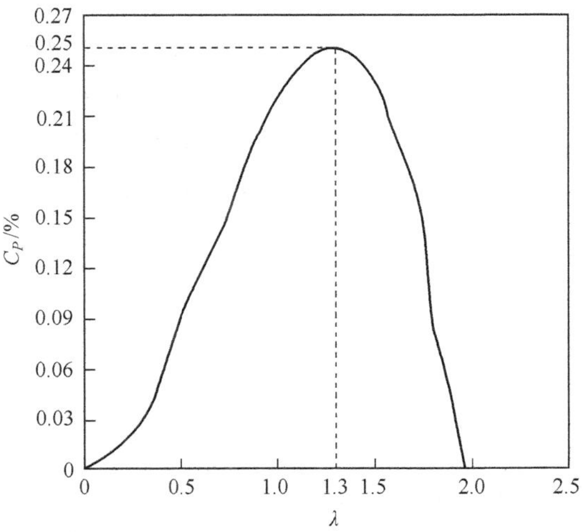

图3-35 风力机风能利用系数与叶尖速度比关系图

由式(3-6)可得到，当λ为λ_E时，风力机最大扭矩T_T为

$$T_T=\frac{\rho_a AC_{P\max}R^3}{2\lambda_E^3}\omega^2 \tag{3-7}$$

2) 搅拌装置的动力设计

当搅拌桨搅拌时，液体吸收的功率P_1可表示为

$$P_1=7.0339\rho_w h^{1.5679}D^{-0.5383}b^{0.7057}l^{0.3871}w^{0.4775}d^{2.4}\omega^3 \tag{3-8}$$

式中，ρ_w为搅拌液体的密度，kg/m^3；h为液面高度，m；D为搅拌桶内径，m；b为搅拌叶片宽度，m；l为阻力板长度，m；w为阻力板宽度，m；d为搅拌叶片的直径，m；ω为搅拌叶片角速度，rad/s。

通过该方程可知，液体的吸收功率与搅拌桨的几何参数、液体的物理参数及搅拌桨的运动参数之间的关系。搅拌装置的相关参数如图3-36所示。

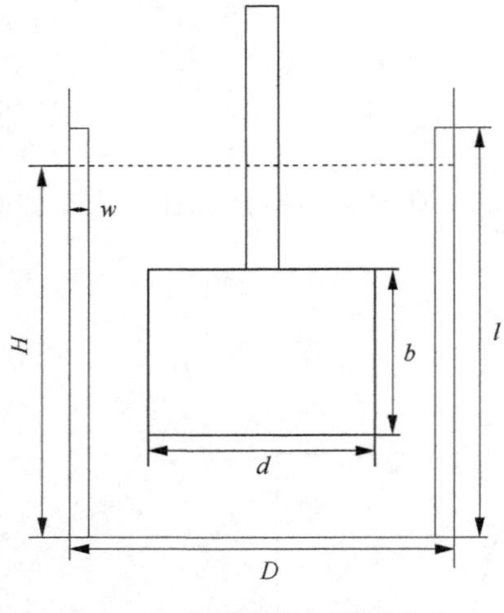

图3-36 搅拌桨装置设计参数

由于液体分子间的摩擦产生热量，产生的热量可由式(3-9)表示：

$$N_P=f(Re) \tag{3-9}$$

式中，N_P为液体吸收的功率；Re为雷诺数。

吸收功率准数取决于搅拌桨的形状和雷诺数。因此，N_P可表示为

$$N_P=\frac{P}{\rho_w n^3 d^5} \tag{3-10}$$

式中，P为风力机的功率；ρ_w为搅拌液体的密度，kg/m^3；d为搅拌桨的直径，m；g为重力加速度，m/s^2；n为搅拌桨的转速，r/s。

搅拌桨的转速又可表示为

$$n=\frac{\omega}{2\pi} \tag{3-11}$$

选用4个叶片的搅拌桨，雷诺数可表示为

$$Re=\frac{\rho_w nd^2}{\mu} \tag{3-12}$$

式中，μ为搅拌液体的黏度，kg/(m·s)。

搅拌液体的过程是层流还是湍流取决于雷诺数，层流的条件是雷诺数小于30，湍流的条件是雷诺数大于10 000。液体吸收功率与雷诺数的直接关系由式(3-13)表示：

$$N_P = BRe^z \tag{3-13}$$

式中,B 和 z 的值与雷诺数的大小有关。如果搅拌液体为水,在较低转速下,可获得较大的雷诺数。

对雷诺数小于 30 的搅拌桨,常数 B 为 110 且 z 为 -1,因此:

$$\frac{P}{\rho_w n^3 d^5} = \frac{B\mu}{\rho_w n d^2} \tag{3-14}$$

在这种情况下,搅拌桨扭矩与速度成比例并可用式(3-15)表示:

$$T_G = \frac{B\mu d^3}{4\pi^2}\omega \tag{3-15}$$

当雷诺数小于 10 000 时,搅拌桨的转速非常低,约为10^{-4} rad/s,这种速度对风力机来说,出现的时间非常短,因此,式(3-14)不能用来计算搅拌致热的扭矩速度特性。

当雷诺数大于 10 000 时,对 4 个叶片的搅拌桨,常数 $B=5$ 且 $z=0$。因此:

$$\frac{P}{\rho_w n^3 d^5} = B \tag{3-16}$$

在这种情况下功率不取决于雷诺数,搅拌桨负荷扭矩可由式(3-17)表示:

$$T_G = \frac{B\rho_w d^5}{8\pi^3}\omega^2 \tag{3-17}$$

联合式(3-7)和式(3-17),当搅拌桨与风力机相匹配时 $T_T = T_G$,即

$$\frac{\rho_a A C_{P\max} R^3}{2\lambda_E^3} = \frac{B\rho_w d^5}{8\pi^3} \tag{3-18}$$

因此,搅拌桨的直径就能确定为

$$d = \left(\frac{4\pi^3 \rho_a A C_{P\max} R^3}{B\rho_w \lambda_E^3}\right)^{0.2} \tag{3-19}$$

为减小搅拌桨和搅拌容器的直径,搅拌桨的叶片数可取 k,这时搅拌桨叶片的直径可表示为

$$d = \left(\frac{4\pi^3 \rho_a A C_{P\max} R^3}{kB\rho_w \lambda_E^3}\right)^{0.2} \tag{3-20}$$

3) 结构参数计算

现选用 NACA0024 作为风力机的叶片,风力机的叶片数 $n=4$,弦长 $c=0.15$m,风力机叶片的旋转半径 $R=0.4$m,叶片的高 $H=0.8$m,安装角度 $\theta=10°$,

垂直轴风力机相关参数如图 3-37 所示。

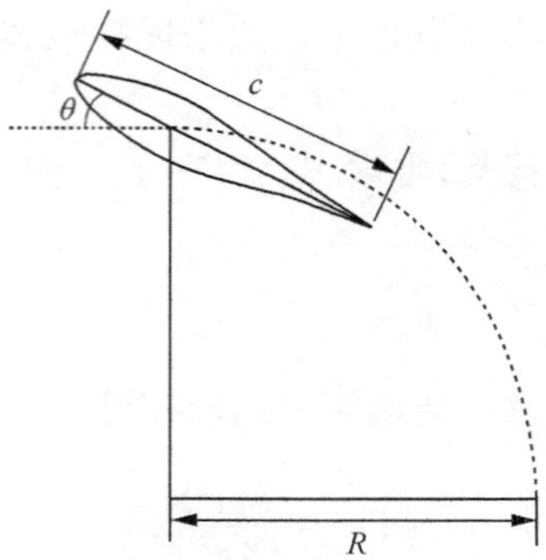

图 3-37　垂直轴风力机叶片参数

以垂直轴风力机为例，将下列参数 $A = 2HR = 2\times 0.8\times 0.4 = 0.64\text{m}^2$，$g = 9.8\text{m/s}^2$，$\rho_a = 1.225\text{kg/m}^3$，$C_{P\max} = 0.25$，$R = 0.4\text{m}$，$k = 4$，$B = 5$，$\rho_w = 1\,000\text{kg/m}^3$，$\lambda_E = 1.3$ 代入式(3-20)得到

$$d = \left(\frac{4\times 3.14^3\times 9.8\times 1.225\times 0.25\times 0.4^3}{4\times 5\times 1\,000\times 1.3^3}\right)^{0.2} = 0.221\text{m} \tag{3-21}$$

搅拌装置其他参数的确定如下。

搅拌桨叶片宽度 b 的取值范围：$0.1d\leqslant b\leqslant 0.4d$，即 $0.022\text{m}\leqslant b\leqslant 0.088\text{m}$。

搅拌桨桶的直径 D 的取值范围：$\dfrac{d}{0.8}\leqslant D\leqslant\dfrac{d}{0.35}$，即 $0.276\text{m}\leqslant D\leqslant 0.631\text{m}$。

液面的高度 h 的取值范围 $1.11d\leqslant h\leqslant 1.38d$，即 $0.245\text{m}\leqslant h\leqslant 0.305\text{m}$。

阻流板长度 l，根据经验一般为 $l = 1.2h_{\max}$，即 $h = 0.366\text{m}$。

3.4　风能资源的利用

风能是人类最早有意识利用的能源之一。早在两千多年前，人们就已经懂得通过建造风车来利用风能。利用“神力”来驱动风车、引水、灌田、碾米、磨面。

3.4.1　国外风能资源的利用

埃及被认为是最先利用风能的国家，约在两千多年前他们就开始用风帆来协助划桨，后用风车磨谷、提水等。在公元前 2 世纪，古波斯就利用垂直轴风车碾米。公元 1185 年，英国在北部的约克郡建造了一台风车，这是西欧出现的第一台风车。11 世纪风车在中东已获得广泛的应用，13 世纪风车传至欧洲，14 世纪已成为欧洲不可缺少的原动机。在此期间荷兰改进风车的结构，广泛地用来排除沼泽地的积水和灌溉莱茵河三角洲，以后又用于榨油和锯木。在19世纪末，丹麦拥有工业风力机2500台以上，提供2942×10^4W的动力，此外还有4600台以上的农用风力机。第一次世界大战后，随着战争发展起来的螺旋桨式飞机和近代气体动力学理论，为风力机叶片的设计提供了理论依据，出现了如苏联生产的高速螺旋桨式叶片风力机。

在19世纪以前的几个世纪，风力机作为一种替代人力的能源对生产力的发展起过一定的作用，如荷兰在18世纪中叶就有风车9000座。美国在19世纪中叶有名的"美国农场风车"有小型风车600万台以上，用于提水发电。蒸汽机出现以后，由于矿物燃料(如煤、石油、天然气)的大规模开采和廉价电力的获得，风力机使用大幅度减少。各种曾经被广泛使用的风力机，由于它成本过高，功率过低，无法与蒸汽机发电等竞争。例如，荷兰仅留下约900座，大多数是为招揽游客而开动的。美国仅在偏远地区还剩下15万台左右，风能的应用已经偃旗息鼓。数千年来，风能技术发展缓慢，也没有引起人们足够的重视。但自1973年世界石油危机以后，在常规能源告急和全球生态环境恶化的双重压力下，风能作为新能源的一部分才重新有了长足的发展。特别是在1992年里约热内卢国际环发大会以后，人们对环保问题越来越关注，风能作为无污染的洁净再生能源，受到世界各国的青睐[26]。

此外，世界上英国、法国、西德和美国还相继开展了风力发电机的试验研究，1891年丹麦建成了世界第一座风力发电站。由于能源需求量大，欧美几个国家开始研究大型风力发电机，如美国于1939年在佛蒙特州拉特兰的格兰德帕圆顶山上，建造了一座当时世界上容量最大的卧轴风力发电站，额定输出功率为1250kW的风力发电机，设计风速为13.4m/s，风叶直径为53.3m，塔架高45m。1941～1945年运转，1945年作为常规电站并入电网，后因风叶脱落停止工作。此后，英国建造了一台100kW的风力发电机，额定风速为13.4m/s，叶轮直径为24m。1957年，丹麦建造了300kW额定风速为15m/s的风力发电机。1958年，法国修建了一座800kW的风力发电机，成功运转至1961年。

美国、丹麦、荷兰、英国、德国、瑞典、加拿大等国家在风力发电的研究与应用方面投入了大量的人力与资金，制定了开发规划[27]。1994年全世界风力发电总装机容量为350万kW，2000年为1750万kW，2001年为2400万kW。近五年来，世界风力发电装机容量的年增长速度为35%～50%，已进入快速发展时期。据预测，在2001～2005年的5年期间全世界新增风力发电设备的发电能力约为3900万kW，到2010年全世界总装机容量超过1.4亿kW，预计2020年的世界风力发电量将占全世界总发电量的10%。德国风力发电装机容量居世界首位，以下依次是美国、西班牙、丹麦和印度。各国大力发展风力发电的原因可归纳为三点：第一，煤、石油、天然气等常规能源不久将枯竭，必须开发新能源；第二，风力发电运行费用低，不需任何燃料即可产生电力；第三，风力发电没有其他发电方式所伴生的温室气体排放和环境污染问题。

欧洲风力发电的发展势头仍将继续下去。2001 年德国风力发电占总电力生产的 3.5%,政府的目标是在 2025 年之前将这一比例提高到 25%以上。法国政府在 2000 年制定的一项计划中确定将本国的风力发电装机容量增加到 25 万～50 万 kW,也就是说,在 5 年间扩大 3～6 倍。欧洲风力资源丰富,在法国濒临大西洋的诺曼底和布列塔尼等沿海地区,60km/h 的大风司空见惯,风速大于 100km/h 亦不足为奇。在欧洲国家中,德国的风力发电最为发达。据德国风能利用联合会公布的数字,2002 年前 9 个月德国风力发电量增加到 1 888.8MW,比上年同期增加 35%,全年的风力发电量可以满足全国电力消费量的 4.1%。其次是西班牙,为 2 417MW;丹麦虽然在欧盟中是一个小国,但风力发电的装机容量达 2 147MW,居第三位。相反,作为西欧第二大国的法国要落后得多,尽管其风力资源甚丰,但装机容量只有 78MW[28]。

美国在风能发电方面虽然落后于欧洲,但近几年发展十分迅速,政府制定了许多政策来加快风电的开发。美国的大规模风能发电是 20 世纪 80 年代在西部地区开始兴起的。70 年代世界发生石油危机以后,美国政府为了鼓励开发风能发电,给予开发者多种优惠政策,不仅购买设备完全免税,而且投产后再给予生产税部分减免,从而使风能发电出现了一次高潮。除联邦政府继续实施购买设备免税和每发 1kW 电、减税 1.5 美分的优惠政策外,一些州和地方政府还有自己的鼓励政策。2001 年美国对风能发电的投资达到了 17 亿美元,新装机总容量为 1 700MW,装机总容量达到 4 258MW。2002 年新安装的风力发电设备可满足 47.5 万个家庭的用电需要,同时每年可减少 300 万吨 CO_2 和 2.7 万吨有害气体的排放。另据美国能源部的测算,美国风能每年可供发电 6 000 亿 kW · h,约占 20%的电力。从理论上说,仅北达科他一个州的风能就可满足美国 1/3 的电力供应。福特公司曾经宣布,投资 400 万英镑建造伦敦的首座风力发电站。该公司表示,此举不仅能提高公司的环保形象,还能给伦敦造就一个有特色的景点。计划建设的风力发电站有三座发电能力为 1.8MW 的涡轮风力发电机,准备在庆祝福特公司进入英国 100 周年之际投入使用。

非洲大陆第一个试验性风能发电站“南非风能农场”于 2002 年 3 月在南非首都开普敦建成。这一命名为“风能农场”的试验电站由三台风能涡轮发电机组组成,日总发电量为 3.2MW。其中最大的涡轮发电装置高达 60m,日发电量为 1.75MW,最小的涡轮装置也有 40m 高,每日可产生 0.6MW 的电量。建设资金由南非伊斯科姆电力公司提供,其风能发电装置分别来自丹麦和法国。这组试验性风能发电装置的运转将为风能发电技术、能量储存技术以及风能发电成本的评估提供依据,为未来建造更大规模的风能发电装置服务。

20 世纪以来欧洲风力发电的发展居世界领先地位,2000 年风力发展新增装机容量为350.7万kW,几乎为1993年的10倍。据欧洲风能协会统计,截至2001年底,欧洲已投入运行的风力发电设备的装机容量达1 731万kW,比2000年激增35%,占全球风力发电总装机容量的72%,年风力发电量为400亿kW·h。

3.4.2 我国的风能资源利用

我国利用风能历史也比较悠久,我国利用风力驱动的帆船,在《物原》上有所记载:“燧人以瓠济水,伏羲始乘桴,轩辕作舟……夏禹作舵加以篷碇帆樯”。若夏禹已有帆樯,至今已有3 000多年的历史了。在1800年前东汉刘熙所著的《释名》一书上,对帆字作了“随风张幔曰帆”的解释。此外明代宋应星的《天工开物》一书中载有:“扬郡以风帆数扇,俟风转车,风息则止”,这对水平风车是一个较完善的描述。以后,方以智著的《物理小识》载有“用风帆六幅,车水灌田”[29]。直接述及将水车轴风力应用于农业生产的情况,以后又发明了立帆式风车。我国江苏兴化、太湖等地利用风力提水灌溉,延续至20世纪50年代,仅在江苏沿海利用风力提水的设备就曾达20万台之多。这种篷车的六扇布篷分别装置在6根等分的竹竿上,上篷、落篷十分自如。清代中叶,周庆所著的《盐法通志》上有这种风车的记载:“风车者,借风力回转达以为用也,车帆高二丈余,直径二丈六尺许。上安帆八叶,以受八风。中贯木轴,附设平行齿轮。帆动轴转,激动平齿轮,与水车之立齿轮相搏,则水车腹而周旋,引水而上,此制始于安凤官滩,用之以起水也”。但非常遗憾的是,关于这种风车是谁发明的,在史书上还找不出相应的记载。

我国在20世纪50年代末使用各种木结构的布篷式风车,到60年代中期主要是发展风力提水机,70年代中期以后风能开发利用列入“六五”国家重点项目,得到迅速发展,至1990年底全国风力提水的灌溉面积已达2.58万亩。1977年我国首次尝试研制的中型风力发电机——FD13-18型风力发电机,风轮直径为15.6m,额定功率为18kW,采用了水平轴、三叶片的退役直升机桨叶和半导体励磁场恒压三相同步发电机,安装在浙江嵊泗岛茶园子镇的山上。但我国的中、大型风力发电机发展起步较晚,直到20世纪80年代才开始自行研制。由国内八家单位联合研制的中国首台200kW大型风力发电机在浙江苍南县鹤顶完成2 000h运转试验,1977年通过鉴定,表明中国从此已经能够自行研制、开发大型风力发电机。进入80年代中期以后,我国先后从丹麦、比利时、瑞典、美国、德国引进一批中、大型风力发电机组,在新疆、内蒙古风口及山东、浙江、福建、广东岛屿建立了八座示范性风力发电场,1992年装机容量已达8MW。新疆达坂城的风力发电场装机容量已达3 300kW,是全国目前最大的风力发电场。1996年国家计委实施“乘风计划”,先后在新疆达坂城,内蒙古的商都、朱日和、锡林浩特、辉腾锡勒,广东南澳,山东荣成、长岛,辽宁东岗、横山,福建甲潭,浙江测礁、鹤顶山,河北张北等风能资源丰富地区建设了九个风电场。到1998年底我国(除台湾省)风电总装机容量为

223.6MW,1999 年底为 262.35MW,到 2003 年达到了 567.02MW。虽然这些风电场的风力发电机大部分从国外购买,但促进了中国风力发电机事业的发展,加快了大型风力发电机国产化的进程。目前我国已研制出 100 多种不同形式、不同容量的风力发电机组,并初步形成了风力机产业。我国目前装机容量规模在 10MW 以上的风电场有新疆达坂城、广东南澳、辽宁东岗、内蒙古辉腾锡勒、吉林通榆、广东惠来、辽宁丹东和浙江括苍山等,乌鲁木齐达坂城风力发电厂的单机容量和总装机容量居全国第一,并成为亚洲最大的风力发电厂。

我国近代风能资源开发利用的历史,从 20 世纪 50 年代到现在大致可分为五个阶段:20 世纪 50 年代发展传统风车的同时,开始摸索研制风力发电机组;60 年代重点发展风力提水;70 年代末开始重点开发小型风力机组;80 年代中期开始,在推广小型风力机组的同时,重点科技攻关大中型风力发电机组;1983 年在山东荣成建立了我国第一个风电场;90 年代开始,风力发电开始进入一个前所未有的发展时期,风电场建设迅速发展。

近年来,我国大型并网风力发电发展迅速,2003 年我国新增风电机组 131 台,装机容量为 9.8 万 kW,增长率为 21%,新增 8 个风电场。到 2003 年年底全国累计风电机组 1 042 台,装机容量 56.7 万千瓦,共有 40 个风电场,分布在 14 个省(直辖市、自治区),使我国风力发电迈上了一个新台阶。全国累计安装使用小型风力发电机 19 万多台,为解决西部无电地区农牧民生产生活用电发挥了重要作用。我国自主研制开发的 200~300kW 级风电机组的国产化率已超过 90%;600kW、兆瓦型机组样机的国产化率也达到 80% 左右。相信在不远的将来,具有自主知识产权的国产风机就能生产出来,为我国风能资源的进一步开发利用奠定坚实基础。

3.4.3 海上风电场的发展

世界上最早的海上风电场于 1991 年在丹麦的 Vindeby 建成并投入使用,该风电场由 11 个功率为 450kW 的风电机组组成[30]。经过 20 多年的时间,世界海上风力发电有了巨大的发展。海上风电场的建造也成了各国竞相追逐的焦点。2012 年 2 月中旬,英国建造的世界上最大的海上风电场——Walney 风电场正式投入使用,该风电场拥有 102 台风力涡轮机,总容量达 367.2MW,可每年为 32 万户家庭提供可再生电力,这是风电行业的又一重大里程碑。与此同时,法国已投入近 8 000 万欧元发展海洋可再生能源,其中包括启动第一期海上风力发电项目。法国还将启动第二期海上风电项目,使 2020 年海上风电装机总量达到 600 万 kW,连同一期风电项目,法国沿海将建设 1 200 台风力发电站。

根据国外报道,海上风电的发展大致可以分为以下几个时期:1977~1988 年,国家级海上风能资源潜力和相关技术的研究,论证建设海上风电场的可能性;1990~1998 年,欧洲范围内海上风能资源潜力的评估,一些拥有中型风力机的近海风电场相继建成；1999～2005 年，大型海上风电示范工程的建设和大型海上风力发电机组的技术开发；2005 年以后为大型海上风电场的规模化发展时期。

海上风电最初的研究是在一些海港建立试验性的风电场，如比利时西部的 Zeebrugge 港、丹麦的 Ebeltoft 港和英格兰的 Blyth 港。这些风电场是由中型风电机组组成的，运行于海洋环境，但都是建在堤坝或已经存在的基础结构上。1990 年在瑞典 Nogersund 安装了世界上第一台海上风电机组，容量为 220kW，位于离岸 350m、水深 6m 处，轮毂高度为 37.5m，1998 年已停运。1991 年在丹麦波罗的海洛兰岛（Lolland）西北沿海 Vindeby 附近，由 Elkraft 公司建成世界上第一座海上风电场。随后，荷兰、丹麦、瑞典建立了第一批海上风电示范工程，安装的是中型风电机组，风电场规模相对较小，并且都位于浅水域或者带有保护设施的水域，后续建立的海上风电场单机容量都在兆瓦级以上，这些海上风电场的建成运行提供了很多在建造、安装、成本和能源生产等方面有价值的信息和经验。2001 年丹麦的两个部门 Elsam 和 Eltra 在北海日德兰半岛（Jutland）开始建设 Horns Rev 海上风电场，安装 80 台 Vestas 公司提供的海上风电机组，单机容量为 2MW，总装机容量为 160MW，2002 年 12 月 11 日所有风力机安装完毕投入试运行，如图 3-38 所示。Horns Rev 海上风电场离岸 14～20km，水深 6.5～13.5m，风电场占用面积约 $20km^2$。该风电场成为世界上第一座真正的大型海上风电场，每年的发电量约为 6 亿 kW·h。2003 年 5 月 Frederik-shavn 风电场 4 台风电机组安装完成，在一种特殊的桶形基础（bucket foundation）结构上安装了一台 Vestas 的 3MW 样机，另外 3 台安装在传统的基础结构上。许多国家正在推进更大的海上风能开发计划，比较突出的有丹麦、德国、荷兰、英国、瑞典、爱尔兰等国家。

图 3-38 海上风电场

丹麦:鉴于陆地上风机组总数增加的空间不大,丹麦把发展的重点转向了海上风电场。政府规划到2030年,海上风电装机容量达到4 000MW,已建成7个海上风电场。

德国:在风电业一直居世界领先地位,海上风能作为其新的发展方向,许多开发商已提出大量的海上风电建设计划。德国环境部门预期到2020年海上风电装机容量达到25 000MW。2001年德国海运和水文地理局批准在博尔库姆岛(Borkum)以北45km处的海面上建设海上风电场,2004年开始首批安装12台风电机组,装机容量约60MW ,2008～2012年再完成208台约1 000MW的装机容量,2002年12月批准的第二项海上风电建设计划是在Sylt岛以西的Butendiek安装80台3MW风力机组,2006年开始建设。

荷兰:由于陆地面积的限制,当局计划到2020年海上风电达到6 000MW。已批准两个120MW海上风电示范工程项目:北海Q7-WP距Egmond和Petten海岸23km,安装60台2MW的Vestas风电机组,首期建设于2004启动,北海Egmond aan Zee距海岸8～12km,水深15～20m的海上安装36台2.75MW的NEG-Micon风电机组,总装机容量为99MW,于2005年开始建设。

英国:根据英国沿海皇冠不动产公司(Crown Estate)2001年4月发表的声明,已有18个风电开发商被获准在其版图上开发13个海上风电场。若能如期建成,装机容量将在1 000～1 500MW。首批获得建设许可的两个风电场为:North Hoyle风电场(已于2003年11月建成)和Seroby Sands风电场(安装38台Vestas V80/2000风电机组,已于2004年开始建设),政府计划到2010实现海上风电目标2 600MW。

欧洲其他国家如瑞典、爱尔兰、比利时,芬兰、法国、波兰、西班牙、希腊、意大利等国也有海上风电的开发计划及其相关的研究。

美国:美国重新恢复对海上风电开发的兴趣,开始对新英格兰南部(Southern New England)、马萨诸塞州(Massachusetts)的楠塔基特湾(Nantucket Sound)、长岛(Long Island)等地的海上风能资源进行分析评估和现场测风,预选海上风电场址,已有一些风电开发商提出了海上风电的建设计划。马萨诸塞州科德角(Cape Cod)的一个能源公司Cape Wind计划在距离Cape Cod海岸5英里的Horseshoe Shoal建立美国第一个海上风电场(420MW),风力机由GE Wind Energy公司提供,装机台数130台。

近几年,我国也加快了建设海上风电场的步伐。东海大桥海上风电场是我国最早的真正意义上的海上风电场,总装机容量达10万kW,单机容量为2MW。预计发电量可达2.6亿kW·h,可供上海20多万户居民使用一年。2012年,全国规模最大的海上风电场——龙源海上风电场在南通建成,年上网电量约3.3亿kW·h,每年可节约标准煤9.7万吨,减排二氧化碳26.7万吨,减排二氧化硫1940吨,节约用水94万吨。

中国拥有世界上增长最快的风电市场，其风电装机容量自2005年以来每年翻一番。到2020年，中国国内风电厂运行的总装机容量有望达到15万MW。

参考文献

[1] 钟伟强.国内外风力发电简述[J].青海科技，2004，11(2)：25-27.

[2] 韩雅慧.青岛世园会的绿色建筑设计策略研究[D].青岛：青岛理工大学硕士学位论文，2011.

[3] 段柯利.风力发电技术的应用[J].内蒙古石油化工，2012，(4)：103-104.

[4] 贾振航.科普讲座 第五讲 取之不竭的风能[J].节能与环保，2004，(6)：54-55.

[5] 倪安华.风力发电简介[J].上海大中型电机，2005，(3)：1-8.

[6] 祁巍锋.长江三角洲地区风能资源开发与大规模非并网风电产业基地建设[J].资源科学，2008，(11)：1648-1657.

[7] 张蔷.东北地区风能资源开发与风电产业发展[J].资源科学，2008，30(6)：896-904.

[8] 赵建柱，毛恩荣，董生，等.风能利用与可持续发展[J].农机化研究，2004，(6)：40-42.

[9] 辛士红，汪建文.形形色色的风力机[J].能源技术，2004，(4)：161-164.

[10] 张新房，徐大平，柳亦兵，等.风力发电技术的发展及相关控制问题综述[J].华北电力技术，2005，(5)：42-45.

[11] 高育红.建在高楼中间的发电站[J].能源研究与利用，2009，(3)：16.

[12] 邓隐北.风力发电新技术[J].上海电力，2004，(5)：471-472.

[13] 周思刚.我国风力发电技术的现状及发展[J].电气技术，2005，(3)：8-14.

[14] 贺德馨.风能技术发展中的几个问题[J].世界科技研究与发展，2003，25(4)：44-48.

[15] 李晓燕，余志.海上风力发电进展[J].太阳能学报，2004，25(1)：78-84.

[16] 战培国，于虹，侯波.海上风力发电技术综述[J].电力设备，2005，6(12)：42-44.

[17] 宋正良.世界风力发电发展概况[J].上海大中型电机，2004，(2)：1-3.

[18] 赵建柱，李景春.山西省风能利用与可持续发展[J].科技信息，2011，(17)：26-27.

[19] 李华山，冯晓东，刘通.我国风力致热技术研究进展[J].太阳能，2008，(9)：37-40.

[20] 贲慧敏.浅谈建筑节能与实现途径[J].市场周刊·理论研究，2006，(9)：96-97.

[21] 王士荣.风力致热技术及其应用[J].农村能源，2002，(2)：28-29.

[22] 吴书远，范垂文，夏国惠.风力致热装置[J].可再生能源，1992，(1)：16-18.

[23] 胡以怀，韩中建，张华武.搅拌阻尼型风能致热的试验研究[J].能源工程，2012，(5)：22-24.

[24] 胡以怀，薛树业，刘洋，等.垂直轴风力机搅拌阻尼致热装置的试验研究[J].能源工程，2014，(3)：34-38.

[25] 刘洋，胡以怀.搅拌式风力致热装置的参数设计[J].太阳能学报，2014，(10)：1977-1980.

[26] 聂晶，阮强.风能及其利用——风力发电机[J].农村牧区机械化，2005，(1)：25-26.

[27] 姚兴佳，王士荣，董丽萍.风力发电技术讲座(一)风力发电技术的发展与现状[J].可再生能源，2006，(1)：86-88.

[28] 张刚翼.风能在国内外的应用[J].玻璃钢/复合材料，2003，(4)：41-44.

[29] 余秉全.大力发展清洁能源：风能[J].发明与创新：综合版，2005，(3)：16-17.

[30] 葛川，何炎平，叶宇，等.海上风电场的发展、构成和基础形式[J].中国海洋平台，2008，23(6)：31-35.

第4章 生物质能

4.1 生物质能资源

生物质是指通过光合作用而形成的各种有机体，包括所有的动植物和微生物。而所谓生物质能，就是以生物质为载体的能量，它直接或间接地来源于绿色植物的光合作用，可转化为常规的固态、液态和气态燃料，包括生物柴油、生物乙醇、生物颗粒燃料、生物基化工产品等。生物质资源十分丰富，据统计，全球每年水、陆生物质产量为目前全球总能耗量的6～10倍。从量的角度看，生物质能已经具备了替代化石燃料的条件，也是唯一一种可再生的碳源[1]。

生物质能是地球上最普遍的一种可再生能源，其生物量的来源非常广泛，包括传统的农林作物、能源作物、水生植物、城市垃圾和人畜粪便等[2]。全球生物质能的储量为18000亿吨，相当于640亿吨石油，我国生物质能至少有相当于7个大庆油田的能源产出量[3]。目前估计，生物质能在世界能源消耗中可占10%～14%。在生物质的循环利用中，不会造成CO_2等温室气体的增加。生物质燃料中的硫元素含量较低，造成酸雨的SO_2排放量极少。相对于煤等矿物质，生物质燃料品质好，燃烧产生的灰分较少，部分剩余灰分还可以用作农业肥料。生物质的应用也是相当广泛的，生物有机质可以直接作为燃料加以利用；可利用酶或者微生物进行发酵反应，得到发酵产物，如酒精等；也可将生物量通过热解等方法转为其他形式能源加以利用。

一般可简单地将生物质分为四大类：木本植物、草本植物、水生植物和肥料。生物质中可燃部分主要是纤维素、半纤维素和木质素。按质量计算，纤维素占生物质的40%～50%；半纤维素占生物质的20%～40%；木质素占生物质的10%～25%。目前，生物燃料主要有两大类：一类是用植物油代替柴油；另一类是用植物产生的乙醇代替汽油。这些方式生产出来的生物燃料叫做“第一代生物燃料”。很多植物果实和种子里都含有大量的油脂，如油橄榄、大豆、葵花、油菜、麻风树等。

生物质能源包括以下几个方面[4]。

(1) 农作物秸秆：农作物秸秆是农业生产的副产品，也是我国农村的传统燃料。秸秆资源与农业种植业的生产关系十分密切。

(2) 禽畜粪便：禽畜粪便也是一种重要的生物质能源。除在牧区有少量直接燃烧外，禽畜粪便主要是作为沼气的发酵原料。我国主要的禽畜是鸡、猪和牛。

(3) 能源植物：能源植物种类较多，如制糖作物、油料植物等。目前国内外正在研究和已经研究利用的植物主要有三角戟、三叶橡胶树、麻疯树、汉加树、白乳木、油桐、小桐子、光皮树、油楠、油橄榄等。

(4) 水生植物：一些水生藻类，主要包括海生的马尾藻、巨藻、海带等，淡水的布袋草、浮萍、小球藻等，水生植物转化成燃料，也是增加能源供应的方法之一。

(5) 生活垃圾：城镇生活垃圾主要是由居民生活垃圾、商业和服务业垃圾、少量建筑垃圾等废弃物所构成的混合物，成分比较复杂，其构成主要受居民生活水平、能源结构、城市建设、绿化面积以及季节变化影响。

(6) 森林能源：森林能源是森林生长和林业生产过程提供的生物质能源，主要是薪柴，也包括森林工业的一些残留物等。森林薪柴来源于树木生长过程中修剪的枝丫、木材加工的边角余料以及专门提供薪柴的薪炭林。

与化石燃料相比，生物质能源具有以下几个特点。

(1) 低污染，在提供能源的同时不增加 CO_2 的排放量，较低的硫化物、氮化物和粉尘的排放量，这是因为生物质自身的硫、氮、灰分含量较少。

(2) 较高的挥发分利于着火和燃烧。

(3) 含水量高影响火和燃烧的稳定性，同时造成大量的能量损失，并且可能引起生物质腐烂等问题。

(4) 热值低，分散且能量密度低，不利于收集运输。

(5) 具有可再生性，原料种类多，开发潜力大。

生物质能的转化利用技术如图 4-1 所示。

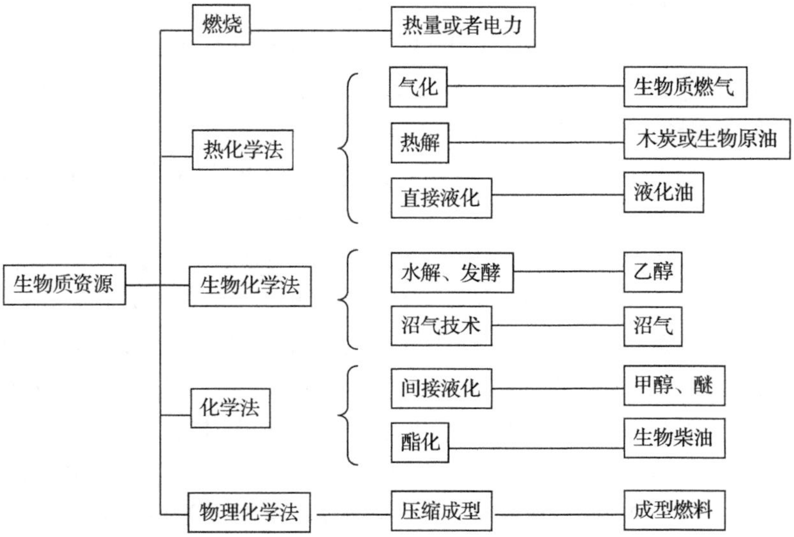

图 4-1 生物质能的转化利用技术

我国生物质资源十分丰富,每年生产约5亿吨粮食,同时产生7亿多吨秸秆,除去用于饲料、肥料和其他工业原料外,至少还有一半可用于生物能源。加上禽畜粪、森林加工剩余物等,我国现有可供开发用于生物能源的生物质资源至少达到4.5亿吨标准煤,约相当于我国2000年全部一次能源消费的40%。此外,我国还有约20亿亩宜农、宜林荒山荒地可用于发展能源农业和能源林业[5]。我国是世界上玉米的主要生产国之一,每年玉米的种植面积大约有2 000万公顷,除去食用、饲料、酿酒等需要外,每年有400万~600万吨玉米剩余,这些玉米卖不出去成了陈粮[6]。

我国现有耕地面积13 004万公顷,而荒地面积高达10 800万公顷,二者之比为1∶0.83,接近持平,目前还有未开发利用的大面积荒地存在。能源作物对环境的适应性强及其低投入、高产出的特点,尤其适合在我国这个国土面积大、荒山荒地多、水资源非常贫乏(特别是北方地区)的国家种植。我国的森林资源中蕴涵着丰富的燃料油植物,常见的木本燃料油植物有600多种。据统计,我国现有木本燃料油植物总面积超过600万公顷,年果实产量为200多万吨。但是,除了油茶等少量油料树种资源被广泛利用外,大多数资源尚未得到合理利用。将目前基本处于低效利用的木本燃料油资源中的1/3用于制取生物柴油,每年就有数百万吨原料可利用。此外,我国近年来十分重视能源植物的开发,已选育出多种含油量高、适应性强的木本燃料油植物新品种并进行了一定面积的示范推广,在木本燃料油转化成生物柴油方面也已具备良好技术基础。据测算,若将现有宜林荒山荒地的10%用于种植木本燃料油植物,每年可新增木本油料资源1 000万吨以上。

此外,我国杂交油菜品种处于世界领先水平,油菜的种植面积及总产量居世界第一,油菜籽资源丰富,用来开发生物柴油原料充足。同时,我国也是世界最大的棉花生产国,每年棉籽产量1 300多万吨,可用来生产生物柴油。我国目前每年陈化粮、饲料用粮约1亿吨左右,加工转化可获得相当于5 000万吨原油,同时还有30%继续成为饲料。我国目前研究出的甜玉米,每公顷产量可达70吨,可生产6吨以上乙醇。南方的木薯、甘蔗、生长广泛的菊芋、土豆、山芋等这些不属于主要粮食的植物,是转化为生物能源和材料的最佳原料。我国西南地区的麻疯树等木质油料发展迅速,籽含油率达50%,2010年发展到1 000万亩。另外,我国现在每年仅废弃的作物秸秆、林业弃置物达10亿吨,相当于1亿多吨的燃料汽油。

目前,可以作为能源利用的生物质主要包括秸秆、薪柴、禽畜粪便、生活垃圾和有机废渣废水等。据调查,目前我国秸秆资源量已超过7.2亿吨,约3.6亿吨标准煤,除约1.2亿吨作为饲料、造纸、纺织和建材等用途外,其余6亿吨可作为能源用途。薪柴的来源主要为林业采伐、育林修剪和薪炭林。一项调查表明,我国年均薪柴产量约为1.27亿吨,折合标准煤0.74亿吨;禽畜粪便资源量约1.3亿吨标准煤;城市垃圾量生产量约1.2亿吨,并以每年8%~10%的速度增加。据估算,我国可开发的生物质能资源总量约7亿吨标准煤。

4.2　沼 气 技 术

沼气是有机物在厌氧的环境中，在一定的温度、湿度、酸碱度的条件下，通过微生物的发酵作用产生的一种以 CH_4（50%～60%）和 CO_2（30%～40%）为主的可燃混合气体，还含有少量的硫化氢、氮、氧、氢、一氧化碳等气体，是一种优质的燃料，其生产流程如图 4-2 所示。由于这种气体通常产生于沼泽地和池沼中，因此称为沼气。沼气是一种具有较高热值的可燃气体，热值为 5 000～6 600kcal/m^3（1cal=4.184J），在 0℃时的密度为 1.19～1.22kg/m^3，比空气轻 6%～8%。与其他燃气相比，其抗爆性能较好，是一种很好的清洁燃料。

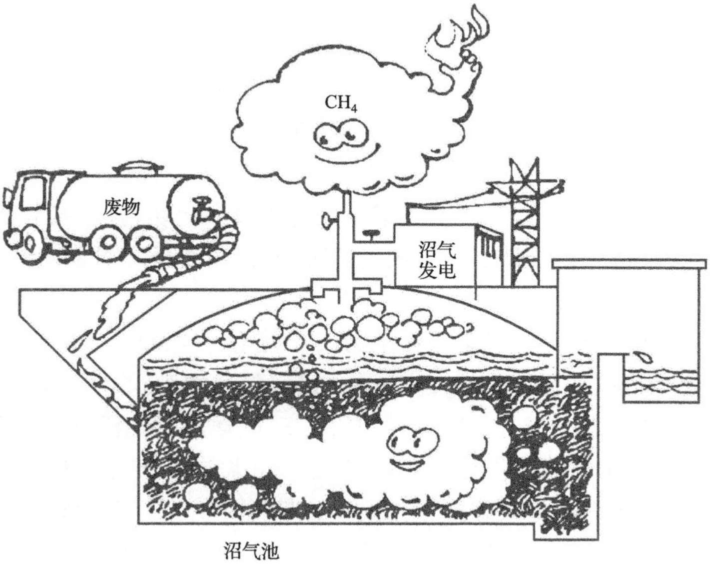

图 4-2　沼气生产流程图

能够产生沼气的原料来源极其广泛，包括各种工农业有机废水、生活废弃物甚至能源作物等。据统计，我国是世界上有机废弃物产生量最大的国家。现有废弃秸秆量约 7 亿吨/年，畜禽粪便排放量至少 21 亿吨/年，生活垃圾年产生量接近 2 亿吨。沼气的推广使之变废为宝，既改变了我国的能源结构，又有利于农民收入提高。据农业部测算，2010 年我国 4 000 万户用沼气可为农民年增收节支 200 亿元[7]。

4.2.1　沼气的来源

1. *沼气的发酵原理*

沼气技术即厌氧消化技术，主要用于处理人畜粪便和高浓度工业有机废水。

产生沼气必须具有以下几种物质和相应的条件：沼气菌种、发酵原料、水分、密闭容器、温度和酸碱度等。

沼气发酵的实质是微生物自身物质代谢和能量代谢的一个生化过程。沼气发酵过程中，微生物在厌氧情况下为了取得进行自身生活和繁殖所要的能量，而将一些高能量的有机物分解，有机物质在转变为简单的低能量成分的同时释放能量以供微生物代谢之用。

1）沼气的发酵过程

液化阶段：由微生物的包外酶（如纤维素酶、淀粉酶和蛋白酶等）对有机物质进行体外酶解，将多糖水解成单糖或二糖、蛋白质分解成多肽和氨基酸。通过体外酶解将固体物质转变成可溶于水的物质，这些物质进入微生物细胞，参与细胞内的生物化学反应。

产酸阶段：上述的水解产物可以进入微生物细胞，在胞内酶的作用下，进一步分解成小分子化合物，如低级挥发性脂肪酸、醇、醛、酮、脂类、中性化合物、氢气、二氧化碳、游离态氨。其中主要的挥发性乙酸最多，约占80%。参与这一阶段的细菌统称为产酸菌。

产甲烷阶段：在这一阶段中，产氨细菌大量繁殖和活动，氨态氮浓度增高，挥发酸浓度下降，为产甲烷菌创造了适宜的生活环境，产甲烷菌大量繁殖[8]。

2）发酵原料的选用

可做沼气发酵原料的有日常生活中的农作物秸秆、杂草、树叶等，猪、牛、羊、鸡等畜禽的粪便，农业、工业产品的废水废物（如豆制品的废水、酒糟）等。为了方便进料和出料，达到管理方便、产气率高的目的，需认真选择好沼气发酵原料。常用的沼气原料主要来源于两个方面，即农作物秸秆和城市有机垃圾及市政污泥。

农作物秸秆：随着我国农业经济发展及建设社会主义新农村的步伐，农作物秸秆作为一种可利用的再生能源，越来越受到人们的重视。在厌氧干发酵中，一般可采用水稻、玉米、小麦、花生等农作物秸秆为发酵原料。农作物秸秆在干发酵的过程中降解比较复杂，原料的产气率较低。国内一些学者通过秸秆的预处理及发酵工艺的控制来提高产气率。张望等以稻秸为原料，在中温生物反应器内进行厌氧干发酵，研究了稻秸发酵过程中的生物气产量、pH、渗滤液COD及甲烷含量的变化。焦静等以不同比例配制原料进行厌氧发酵试验，研究了草粪比对甘蔗叶干法厌氧发酵产气效果的影响。

城市有机垃圾及市政污泥：城市生活垃圾有多种处理技术，厌氧干发酵技术是其中一种经济、合理的处理方法。国外在20世纪90年代就将厌氧干发酵技术用于城市垃圾的处理，运用瑞士的Kompogas工艺，日本、瑞士等国已经建立了约18个高温干式厌氧垃圾处理工厂。国内早在1995年刘晓风就采用厌氧消化污泥作接种物对城市有机垃圾进行了处理。后来冷成保等提出了生活垃圾的暗河式干发酵处理研究及其工艺设想，这种处理方法具有垃圾处理量大、垃圾可以得到及时即地处理、占用土地少等优点[9]。

城市污水处理厂每天要产生大量的市政污泥，其处理技术一直未能很好地解决。谢震震以脱水污泥作为底物，模拟污水处理厂脱水污泥在填埋场中的生物降解过程，进行了脱水污泥干发酵的实验研究，为污泥的填埋稳定化提供了理论指导。

为了保证沼气池启动和发酵有充足而稳定的发酵原料，在投料前，需要选择有营养适合的牛粪、猪粪或马粪作启动的发酵原料。因为这些粪便原料颗粒较细，含有较多的低分子化合物，氮素的含量高，其 C∶N 都小于 25∶1，都在适宜发酵碳氮比之内。所以，选择以上粪便作发酵原料启动快，产气好。不要单独用鸡粪、人粪和红薯渣启动，因为这类原料在沼气菌少的情况下，料液容易酸化，使发酵不能正常进行。

3）沼气菌

沼气菌从有机物质里吸收碳素、氮素和无机盐等养料来生长和繁衍，进行新陈代谢并产生沼气。沼气菌分为两大类：一类叫做分解菌；另一类叫做产甲烷菌。它们的作用是，先由分解菌将有机物腐烂，分解成为结构比较简单的有机物质；后由产甲烷菌把这些结构比较简单的有机物质转变成甲烷和二氧化碳。在沼气发酵的过程中，这两类细菌的作用不是截然分开而是相辅相成的[10]。

4）发酵条件

温度是沼气发酵的重要外因条件，温度适宜则微生物繁殖旺盛，活动强，厌氧分解和生成甲烷的速度就快，产气就多。

一般来说，人们把在 55±3℃的发酵称为高温发酵；在 35±3℃的发酵称为中温发酵；在 21±9℃的发酵称为常温发酵；在 10℃以下的发酵称为低温发酵。高温发酵的有机物分解快，产气也最快。因此，如何保证发酵原料在高温发酵或中温发酵，是产业化利用城市污水的关键因素。

发酵原料干物质的浓度、酸碱度、严格的厌氧环境和适当的搅拌也是生产沼气的重要环节。

5）发酵物的预处理

当接种物用量小于 10%，或原料为风干粪、鲜人粪、鲜禽粪、羊粪时，在入池前必须进行堆沤预处理，使发酵细菌大量生长繁殖，减缓酸化作用，还能防止料液入池后干粪漂浮于上层而结壳，或产酸过多使发酵受阻。其方法是采用池外堆沤：将干粪、鲜鸡粪等加水或沼液、老沤塘水等拌匀，加水量以料堆下部不出水为宜，料堆上加盖塑料膜，以便聚集热量和菌种的繁殖。一般夏秋季堆沤 2～4 天，冬季堆沤 7 天以上。但不要在温室大棚内堆沤发酵原料，以免产生氨气，使农作物受害。

6）沼液和沼渣的利用

清除出料间的浮渣和杂物，并从出料间取中层沼液，经过滤后加入饲料中。添加沼液喂养前,应对猪进行驱虫、健胃和防疫,并把喂熟食改为喂生食。按生猪体重确定每餐投喂的沼液量,每天喂食3～4餐。观察生猪饲喂沼液后有无异常现象,以便及时处置。

沼渣是沼气发酵后残留在沼气池底部的半固体物质,含有丰富的有机质、腐质酸、粗蛋白、氮、磷、钾和多种微量元素等,是一种缓速兼备的优质有机肥。

2. 沼气的制取工艺

利用厌氧消化能产生沼气的现象早已为人们所知,其应用也已有100多年的历史。进入20世纪以来,科学家分离出产甲烷的厌氧细菌,进一步揭示出有机物厌氧消化产生沼气的微生物学机理。1896年,英国小城市Exeter建起了一座处理生活污水污泥的厌氧消化池,所产沼气用作一条街道的照明燃料;1906年印度Matunga建造了利用人粪生产沼气的沼气池。随着工艺的进步与发展,厌氧消化被应用于畜牧业和农产品加工废料的处理,并逐渐在高浓度有机废水的处理上得到广泛应用。但将其应用于固体废物的处理,尤其是有机生活垃圾的处理,则只有10多年的历史[11]。

厌氧消化处理有机废弃物对不同的发酵原料,采用的发酵工艺不同,常用工艺有完全混合型工艺、塞流折流工艺、两步厌氧消化工艺等。工业废水如糖加工废水、土豆加工废水、造纸废水、啤酒废水等原料,主要采用上流式污泥床(UASB)、膨胀颗粒床(EGSB)和内循环厌氧反应器(IC)等高效反应器。以污泥为原料的沼气工程主要采用完全混合式厌氧反应器(CSTR),农场主要采用完全混合式厌氧反应器和推流式反应器或组合工艺[12]。

1) 农业废弃物的厌氧消化技术

我国处理禽畜粪污的方法以好氧处理法和厌氧处理法为主。好氧处理方法处理禽畜粪污的过程中,微生物以有氧呼吸来氧化有机物,产生二氧化碳和水,同时获得能量使微生物本身进行生长繁殖。由于微生物从有机物的氧化中获得大量能量,微生物生长很快,并使大部分有机物转化成微生物的新细胞。这样就使得在好氧过程中产生大量的固体废物,人们又必须对这种固体废物再进行处理。因此,除了好氧处理过程中所需通气设备消耗大量能源外,对这种很快积累的生物固体废物的处理也是一个不容忽视的问题。相反,在厌氧处理系统中,没有空气参与,在这种条件下,微生物将有机物转化为甲烷和二氧化碳产生相当少的能量。所以这些微生物的生长率较低,而且只有少量的有机物转化成细菌新细胞,有机物主要部分被转化为甲烷。因此,与好氧处理相比,厌氧生物处理具有可减少固体积累、产生可利用的能源、保留营养成分、接种物可保存相当长时间而不失其活性等优点。

由表4-1可以看出,与其他处理方法相比,厌氧消化技术具有能量可回收、投资少、成本低、管理方便、处理效果好等优点。而且,利用厌氧消化处理系统,不仅可以处理废弃物、净化环境，同时还能得到燃气和有机肥料，并进一步由此制取化工产品，使生物资源得到综合利用。因此，从能源利用角度来讲，厌氧消化技术是生物质能源最有效、合理的转换方式[12]。农业废弃物制取沼气的过程包括以下几个。

表 4-1　禽畜粪污水的处理方式比较

处理方法	能耗	产能	生产环境	肥分损失	投资
堆沤	低	无	差	多	少
烘干	高	无	差	多	中
厌氧消化	低	多	好	极少	多
好氧处理	高	无	较好	较多	多

(1) 粪便发酵产沼气。

粪便作为一种碳氮比较低的发酵原料，只要其他发酵条件适宜，其发酵产气就能正常进行。例如，人粪、鸡粪是富氮原料，其碳氮比分别为 7.8∶1、2.5∶1。当以它们作为原料进行沼气发酵时，只要温度、浓度和启动时接种物的质量、数量合适，正常发酵完全没有问题。在单种原料沼气发酵的条件下，鲜猪粪可作沼气发酵物料碳氮比调节剂，不经碳氮比调节可迅速启动发酵产气。有对猪粪的研究表明，一头猪产生的粪便等废弃物能生产 150～250L 沼气，其中甲烷含量为 60%，其燃烧值达到 23 100J/m^3。由于粪便在一般情况下就能作为沼气发酵的原料，当前对粪便发酵产气的研究主要集中在粪便与其他发酵原料进行混合厌氧发酵上。粪便与其他农业废弃物混合发酵有两个作用：一是调节其他含氮较低的原料的碳氮比，使其能正常发酵产沼气；二是增强发酵原料的整体适应性，使发酵原料的产沼气能力明显提升。采用青草、干稻草或菜叶等含氮比较低的农业有机废弃物作沼气发酵原料时，用鲜猪粪或尿素等高含氮物质调节碳氮比作沼气发酵原材料是可行的。同时 Maritza 等研究表明，牛粪与城市固体垃圾单独发酵的产沼气的能力分别为 62、37m^3/(t·VS)，而它们混合发酵的产气能力却达到 172m^3/(t·VS)(VS：有机物含量)，混合发酵能取得更高的产气量[13]。当然粪便的沼气发酵与粪便种类也有很大关系，不同种类的粪便按相同比例与其他农业废弃物混合发酵取得的发酵效果不同。同时，粪便的质量跟沼气发酵也有直接关联，El-Mashad 和 Zhang 的研究显示，筛选后的优质粪便、劣质粪便和未经筛选的粪便的沼气产量分别是 302L/(kg·VS)、228L/(kg·VS)、241L/(kg·VS)。在这三种粪便中，分别有约 93%、87%和 90%的沼气在发酵 20 天后产生出来，平均沼气含量为 69%、57%和 66%。

(2) 蔬菜废弃物沼气发酵。

大部分水果和蔬菜废弃物的碳氮比约为 25∶1，不需要另加氮源就可以进行正常的沼气发酵。对于一些碳氮比不在适合沼气发酵碳氮比范围内的水果或蔬菜废弃物，有时把两种或两种以上的废弃物混合进行消化以保证营养平衡。在对蔬菜废弃物厌氧发酵的可行性及接种物浓度对发酵过程的影响进行研究后，发现蔬菜废弃物用厌氧发酵工艺处理是可行的，在试验采用的20%、30%、50%三个水平的接种物浓度中，接种物浓度为30%实验组的挥发酸含量、氨态氮含量以及pH都在正常范围内，总产气量和沼气中最高甲烷含量分别为7 790.81mL和42.814%，明显高于其他两组及空白组实验。而温度对蔬菜废弃物沼气发酵的影响，实验证明，中温条件[(35±1)℃]最适于蔬菜废弃物厌氧发酵产沼气。

(3) 农作物秸秆沼气发酵。

秸秆沼气是采用秸秆厌氧发酵原理，以秸秆为沼气发酵原料，不改变户用沼气结构并以此为载体，对秸秆进行预处理，并加入生物菌剂堆沤后填入沼气池中，像正常沼气池一样产气、出气的清洁能源技术。与传统畜禽粪便为发酵原理的沼气技术相比，具有产气率高、产气持续时间长、燃烧热值大、操作方便的优势，保护环境、生产优质肥的特点，其产气率比常规稻草或人畜粪便分别提高了30%以上和6.8%以上，正常产气时间分别提前了4～8天和1天以上，同时延长了产气周期，普遍为8～10个月换一次料，有的可维持正常产气12个月，实现了秸秆产沼气的高效、稳定和持续运行。

秸秆的预处理方法总结起来主要有物理预处理、化学预处理、生物预处理。物理预处理是利用机械加工预处理、高压预处理以及辐射预处理等来改变生物质秸秆特性，使其便于后续发酵的方法，主要有机械加工法和蒸汽爆破法，其中蒸汽爆破对多种农作物秸秆都具有很好的预处理效果，处理后原料的厌氧发酵产气效果明显提高[14]。蒸汽爆破主要是利用高温、高压水蒸气处理纤维原料，并通过瞬间释压过程实现原料的组分分离和结构变化。宋永民的研究表明，在最佳条件下，汽爆秸秆的甲烷产量提高至153mL/(g·TS)(TS:干物质含量)，是未汽爆的2.9倍，发酵后秸秆纤维素和半纤维素的降解率分别为59.86%和67.22%，蒸汽爆破预处理提高了秸秆的降解率和产气率。但由于需要高温高压，使得其对设备的要求较高，成本也相对较高，限制了其在实际工程中的应用。化学预处理，就是利用化学试剂对秸秆原料进行预处理。常用的秸秆化学预处理有臭氧预处理、酸处理、碱处理、氧化法处理及有机溶剂处理。在酸碱处理的研究上，与不经NaOH预处理相比，6% NaOH预处理后的稻草秸秆高温厌氧发酵最大日产气量提高了61.34%，总产气量提高了55.23%，COD去除率提高了48.72%，表明适宜浓度的酸碱处理可以提高稻草的厌氧消化效率和产气量。氨处理秸秆能去除秸秆中所含对发酵不利的乙酰基，用氨处理后的秸秆进行发酵试验，其利用率提高至17.9%，纤维素降解率提高至16.6%，产气量达到55.88mL/(g·TS)，且氨处理条件比较温和及试剂易于回收和循环利用，对纤维素及半纤维素破坏性较大，不会产生对后续发酵不利的副产物，因此一般认为氨处理要优于酸碱处理。但目前在沼气研究和生产中，运用较多的仅是酸处理和碱处理。生物法预处理是通过具有生物质降解能力的好氧微生物菌群，将秸秆类物质中的木质素分解，从而使得秸秆更利于厌氧发酵菌群的利用和分解的预处理方法。例如，通过混合菌剂降解油菜秸秆中的纤维素、木质素和半纤维素，可促进秸秆生物质转化为沼气等，秸秆的堆腐预处理是目前最为认可并且普遍应用的生物预处理方式。与化学法预处理和物理法预处理相比，生物法具有反应温和、能耗较小、设备简单，不会带来环境污染等诸多优点，因此也成为近年来研究的热点。

秸秆的理论产气量为 $0.53m^3/(kg \cdot VS)$，与粪便的产气量近似。有报道说，1g 棉花秸秆能产生 65mL 的沼气。秸秆的产气特点是分解速度慢、产气周期长，但单位原料产气量较高。通过一定的预处理可以有效地破坏秸秆中纤维素、半纤维素和木质素之间紧密的结构，提高纤维素对酶的敏感性。

2）城市生活垃圾的厌氧消化技术

城市垃圾沼气化技术就是利用垃圾厌氧消化制沼气。厌氧消化（anaerobic digestion）又称为厌氧发酵，是指在没有溶解氧和硝酸盐氮的条件下，微生物将有机物转化为甲烷、二氧化碳、无机营养物质和腐殖质的过程。在这个过程中有机物不断被几种微生物的组合体分解，最后将其中大部分的碳以甲烷和二氧化碳的形式释放出来。被分解的有机碳化物中的能量大部分储存在甲烷中，仅一小部分有机碳化物氧化成二氧化碳，释放的能量作为微生物生命活动的需要。厌氧发酵是一个复杂的生物学过程，在自然界内厌氧发酵过程也广泛存在着。有机物在有水的地方，在无氧条件下，很容易发生厌氧发酵，并产生厌氧发酵的代表性产物——甲烷和硫化氢。

我国城市生活垃圾的处理方式主要有填埋、焚烧和堆肥。在各种处理方法中，生物方法是处理分类收集有机废物的一种较好方式，它能最大限度地循环再用和富集废物中的有用成分。在生物处理方法中，厌氧消化法处理有机废物是最为理想的方法，因其具有：厌氧消化过程产生清洁能源——沼气；消化最终产物可作为高质量的有机肥料和土壤改良剂；与好氧过程相比，无需氧气，降低动力消耗，运行成本低；减少了温室气体的排放量等优点，能真正实现垃圾处理的“无害化、减量化和资源化”。

城市垃圾填埋和沼气化技术的关键问题是沼气的收集与导出和渗滤液的处理与防护，以防止爆炸和造成二次污染。对沼气收集采用布设集气管道的方式，在国内外已经有了一定的应用，技术上也基本成熟；而对沼气的导出通常采取的方法有：①通过石笼等形式将填埋沼气导排；②进石笼和收集罐将沼气导排并使其安全燃烧；③经管网系统收集净化作能源回收利用。对防止垃圾渗滤液的方法有：①设置防渗衬里；②设置导流渠或导流坝；③选择合适的覆盖材料。同时，对渗滤液收集之后采取专门的处理，再引入污水处理厂，最终达到达标排放[15]。

3）工业有机废水的厌氧消化技术

目前国内工业废水的污水处理工艺，都是以生物化学方法为中心的处理系统。20世纪80年代中前期，多数处理系统以好氧生化处理为主。由于受场地、气温、初次投资限制，除少数采用塔式生物滤池，生物转盘靠自然充氧外，多数采用机械曝气充氧，其电耗高及运行费用高制约了污水处理工程的发展并限制了已有工程的正常使用或运行。90年代初，完整的厌氧技术开始在国内啤酒、饮料行业得到应用。厌氧技术的引进与应用可使能耗节约70%以上。

4.2.2 沼气的应用途径

1. 农户、农副产品利用

沼气除用于点灯、做饭外，还可以储粮、保鲜水果等。沼渣、沼液、沼气具有广泛的利用价值，主要包括以下几种利用方式[16]。

(1) 沼液浸种。沼液中含有大量的腐殖酸铵、各种维生素、生长素及作物所需的氮、磷、钾和微量元素，以及微生物分泌的多种活性物质，有催芽和刺激生长作用，可以使种子发芽率提高18%～20%，早出苗1～2天，苗齐苗壮，抗病。操作方法：首先选用发酵时间长、腐熟较好、并已在空气中暴露数日、气体逸散的沼液，然后要加1～3倍的水稀释。用透水性好的塑料编织袋，装上选好的种子15～20kg（切记要留一点空间），扎紧袋口，放入出料间的中下部浸泡，水稻等有壳种子浸泡48～60h，玉米等无壳种子浸泡12～18h，然后取出冲洗干净、晾干、催芽后方可播种。

(2) 沼液叶面喷施。沼液是一种含有多种水溶性养分的速效性肥料，含有多种氨基酸的微生物分泌物质，很适合农作物的叶面喷施。不仅可以提高作物的产量和品质，而且能防治蚜虫、红蜘蛛、黄蜘蛛、纹枯病、葡萄白粉病等多种病虫害，尤其是在蔬菜、瓜果上使用效果更为明显。操作方法：提取正常产气3个月以上的沼气池中下部沼液，把沼液过滤后用清水稀释2～4倍，再用喷雾器喷施在叶片的背面，注意不要在中午高温时喷施。

(3) 沼液喂猪。选用产气良好沼气池的沼液与猪饲料按1∶1比例配合喂猪，可以使猪增重快、抗病、毛色好。每头猪可节省饲料100～150kg，既降低了养猪成本，又增加了农民收入。

(4) 沼渣栽种食用菌技术。与目前栽培平菇常用的棉子壳原料相比，沼渣有机质含量高达0.85%～0.95%，因此沼渣所含的物质成分完全可以满足平菇的生长发育，而且沼渣中含有更多的促进食用菌生长发育可利用的速效成分，使平菇发育更快，杂菌污染少，出菇时间早。一般采用60%沼渣、40%棉子壳并按棉子壳用量每50kg加水80kg，拌匀再与沼渣充分混合好，即可用于培养食用菌。

(5) 沼液、沼渣养鱼技术。因为沼液中氨态氮含量较高，含有各种养分，所以沼液施于鱼塘可促使塘内浮游生物的繁殖，增加鱼饵，也可直接供鱼食用。用沼液、沼渣养鱼，可以改善水环境，使鱼生长快、品质好。用沼渣拌和精料制成膨化饲料，可节约精料40%，降低养鱼成本。一般每亩水面施沼液、沼渣150～200kg，每次不能超过100kg。

(6) 沼气储粮技术和沼气保鲜技术。沼气中的甲烷、二氧化碳、氮气含量多，氧气含量很少，有利于杀灭粮食、水果、蔬菜中的害虫。用沼气储粮，可有效抑制微生物生长繁殖，杀死粮食中的害虫，保持粮食品质，避免粮食储存中的药剂污染。沼气储粮时，先把粮食装入缸中，边装边导入沼气，然后用塑料薄膜密封即可。利用沼气中的甲烷和二氧化碳含量高、含氧量低及甲烷无毒的特性储藏水果，储藏期长，好果率高，而且成本低，无药害，外观、硬度、甜度等可基本保持鲜果风味，起到保鲜作用。

(7) 沼渣施肥。用沼渣作底肥的农作物、蔬菜、水果等，既无公害，又无污染，品质好，是较好的绿色食品。

2. 发电利用

沼气燃烧发电是随着沼气综合利用不断发展而出现的一项沼气利用技术，它将沼气用于发动机上，并装有综合发电装置，以产生电能和热能，其综合热效率可达75%，是有效利用沼气的一种重要方式。沼气发电具有创效、节能、安全和环保等综合效益，可改善能源结构、缓解区域性电力短缺、提高沼气工程的综合效益，是一种分布广泛且价廉的分布式能源[17]。

目前沼气发电的主要设备为内燃机和汽轮机，德国、丹麦、奥地利、美国的纯燃气发电机组比较先进，气耗率≤0.5m^3/(kW·h)(沼气热值≥25MJ/m^3)。我国虽然研究沼气发电有30多年的历史，研制出20～600kW纯沼气发电机组，但气耗率为0.6～0.8m^3/(kW·h)(沼气热值≥21MJ/m^3)。另外，适合我国广大农村地区小型沼气发电技术的研究更少。沼气发动机的类型如图4-3所示。

沼气发动机一般是由柴油机或汽油机改制而成的，分为压燃式和点燃式两种。

压燃式发动机采用柴油-沼气双燃料，通过压燃少量的柴油以点燃沼气进行燃烧做功。这种发动机的特点是可调节柴油/沼气燃料比，当沼气不足甚至停气时，发动机仍能正常工作。缺点在于系统复杂，所以大型沼气发电工程往往不采用这种发动机，而多采用点燃式沼气发动机。

点燃式沼气发动机也称垒烧式沼气发动机，其特点是结构简单、操作方便，而且无需辅助燃料，适合在城市的大、中型沼气工程条件下工作。所以这种发动机已成为沼气发电技术实施中的主流机组。

根据沼气发动机的工作特点，在组建沼气发动机发电机组时，要着重考虑以下

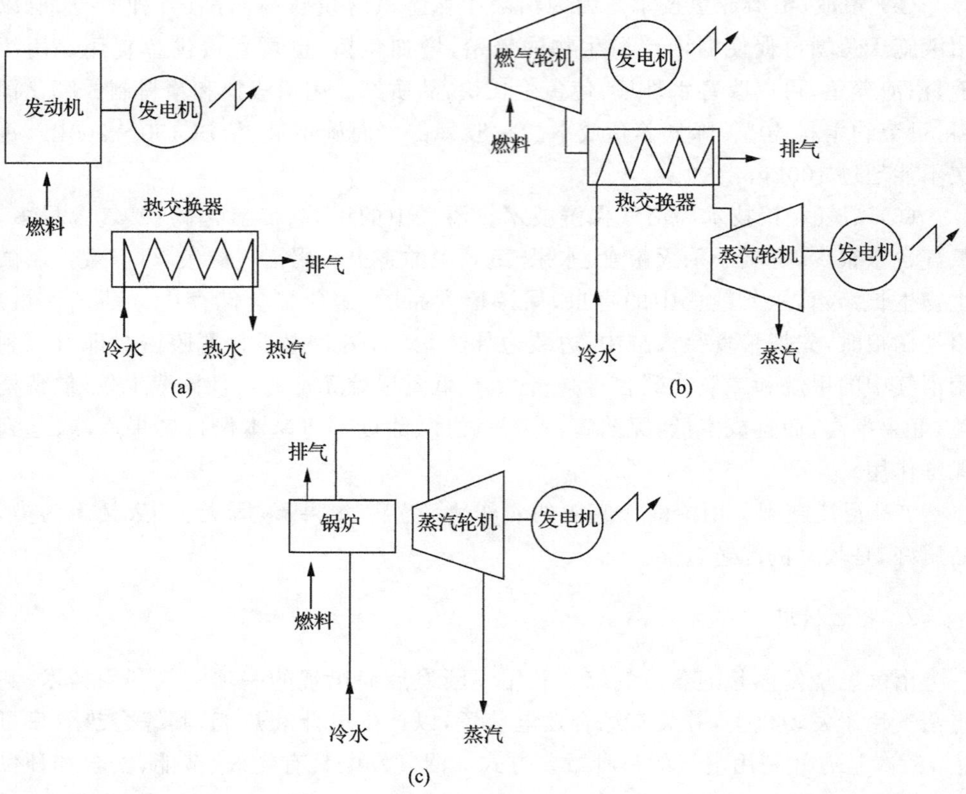

图 4-3　不同类型发电动力设备工作简图

几个方面。

(1) 沼气脱硫及稳压、防爆装置：沼气中含有少量的 H_2S，该气体对发动机有强烈的腐蚀作用，因此供发动机使用的沼气要先经过脱硫装置。沼气作为燃气，其流量调节是基于压力差。为了使调节准确，应确保进入发动机时的压力稳定，故需要在沼气进气管路上安装稳压装置。另外，为了防止进气管回火引起沼气管路发生爆炸，应在沼气供应管路上安置防回火与防爆装置。

(2) 进气系统：在进气总管上，需加装一套沼气-空气混合器，以调节空燃比和混合气进气量，混合器应调节精确、灵敏。

(3) 发动机：沼气的燃烧速度很慢，若发动机内的燃烧过程组织不力，会影响发动机运行寿命，所以对沼气发动机有较高的要求。

(4) 调速系统：沼气发动机的运行场合是与发电机一起以用电设备为负荷进行运转，用电设备的加载、卸载会使沼气发动机负荷产生波动，为了确保发电机正常发电，沼气发动机上的调速系统必不可少[18]。

我国的沼气发动机主要为两类，即双燃料式和全烧式。目前，对“沼气-柴油”

双燃料发动机的研究开发工作较多，如中国农机研究院与四川绵阳新华内燃机厂共同研制开发的5195-1型双燃料发动机、上海新中动力机厂研制的20/27G双燃料机等，成都科技大学等单位还对双燃料机的调速、供气系统以及提高热效率等方面进行过研究，潍坊柴油机厂研制出功率为120kW的6160A-3全烧式沼气发动机，贵州柴油机厂和四川农业机械研究所共同开发出60kW的6135AD(Q)型全烧式沼气发动机发电机组。此外，还有重庆、上海、南通等一些机构进行过这方面的研究、研制工作[19]。

国内的全烧式沼气发动机是将一台四冲程的液体燃料发动机改装成气体燃料发动机，比改装成双燃料沼气发动机复杂、困难。若将柴油机改烧沼气，需做如下几项工作：①确定为降低压缩比及燃烧室形状所必需的机器改装；②设计沼气的进气系统和沼气-空气混合器机构；③设计气体调节系统及其与调速器相配的联动机构；④设计点火系统。

全烧式沼气发动机一般存在燃烧速度慢、后燃严重、排气温度高和热负荷大等问题。为了加快混合气的燃烧速率，可以通过提高压缩比、加强混合气的气流扰动、提高点火能量等措施来实现。考虑到沼气与柴油不同的物理化学特性，针对沼气燃烧速度慢的特点，可以通过下面的措施来改善其性能以达到快速燃烧的目的。

(1) 采用紊流型燃烧室，使得燃烧室内产生强度很大的紊流和尺度很小的微涡团，以提高沼气-空气混合气的燃烧速度，缩短快速燃烧期。

(2) 为了防止排气管"放炮"，采用的气阀重叠角可以比原柴油机减少一定的曲轴转角。

(3) 为了适应沼气发动机热负荷高及高点火能量的要求，可以选用国外公司的高能点火系统，并在原机装喷油嘴的位置安装火花塞。

(4) 为了保证良好的调速性，采用电子调速器。

3. 燃料电池利用

沼气燃料电池是将沼气化学能转化为电能的一种装置，它所用的"燃料"并不燃烧，而是直接产生电能。沼气燃料电池一般由三个单元组成：燃料处理单元、发电单元和电流转换单元[20]。

(1) 燃料处理单元：该单元主要部件是改质器，它以镍为催化剂，将甲烷转化为氢气，反应如下(参与反应的水蒸气来自发电单元)：

$$2CH_4 + 3H_2O(气) \xrightarrow{Ni} 7H_2 + CO + CO_2 \tag{4-1}$$

为了降低CO浓度，在Cu和Zn的催化作用下，混合气体在改质器后得到进一步改良，反应如下：

$$7H_2 + CO + CO_2 + H_2O(气) \xrightarrow{Cu,Zn} 8H_2 + 2CO_2 \quad (4\text{-}2)$$

(2) 发电单元：发电单元的基本部件由两个电极和电解质组成，氢气和氧化剂(O_2)在两个电极上进行电化学反应，电解质则构成电池的内回路，其工作原理如图 4-4 所示。

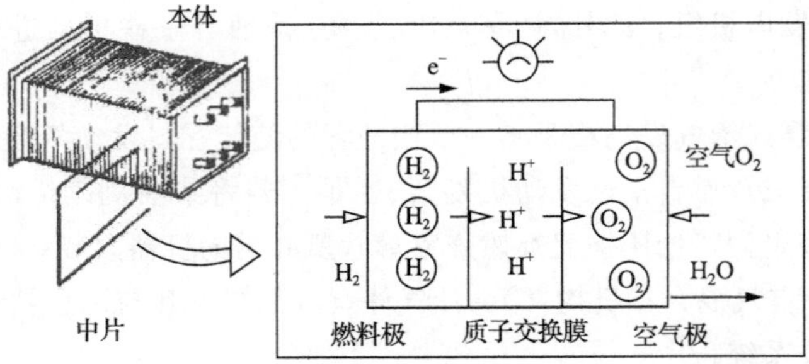

图 4-4　PEFC 燃料电池构造示意

电解质可采用磷酸，其发电效率虽较低，但温度低(约 200℃)。在磷酸电解质中，电池反应为如下。

阳极：

$$H_2 \longrightarrow 2H^+ + 2e^- \quad (4\text{-}3)$$

阴极：

$$\frac{1}{2}O_2 + 2H^+ + 2e^- \longrightarrow H_2O \quad (4\text{-}4)$$

电流通过导线时形成直流电，燃料电池由数百对这样的原电池构成。

(3) 电流转换系统：主要任务是把直流电转换为交流电。

燃料电池产生的水蒸气，热量可供消化池加热或采暖用。排出废气的热量也可用于加热消化池。

沼气燃料电池分为低温燃料电池和高温燃料电池。低温燃料电池需要非常清洁的氢气作为燃料，沼气不得不进行纯化，并需要将其转化成氢气。高温燃料电池，特别是固态氧化物燃料电池(SOFC)能直接利用净化的沼气，转化过程组合在电池中。由此来看，沼气燃料电池今后的发展趋势主要是高温燃料电池，它具有高效、甲烷纯度要求不高、沼气净化、转化系统简单、蒸汽需要量低等优点。

日本的东芝公司从 20 世纪 70 年代后半期开始，以分散型燃料电池为重点进行开发，将 200kW 机、11MW 机形成了系列化，11MW 机是世界上最大的燃料电池发电设备。安装在美国某公司和安装在日本大阪梅田中心大阪煤气公司的两台燃料电池，累计运行时间相继突破了 4 万小时。沼气燃料电池发电与沼气发电机发电相比，不仅出电效率和能量利用率高，而且振动和噪声小，排出的氮氧化物和硫化物浓度低[21]。在北美、日本和欧洲，燃料电池发电已进入快速发展阶段，将成为 21 世纪继火电、水电、核电后的第 4 代发电方式，它将在洁净煤燃料电站、电动汽车、移动电源、不间断电源、潜艇及空间电源等方面有着广泛的应用前景和巨大的潜在市场。

4. *户用沼气池*

户用沼气主要集中在亚洲，以中国水压式沼气池和印度浮罩式(哥巴士)沼气池为典型代表。发酵的主要原料为人畜粪便、污水等，应用技术有以下几个[22]。

1) 气动搅拌技术

根据厌氧发酵动力学原理，发酵原料所产生的沼气汇集于集气罩内。当沼气汇集到一定数量，罩内气压大于发酵池内气压，或者使用沼气使发酵池内气压降低时，集气罩内具有一定压力的沼气定向、集中从导流槽释放，形成旋转气流，冲动池内中上层料液，引动底层料液，从而使发酵池内的料液得到均匀搅拌。搅拌通过产气和用气自动进行，无需外部动力，搅拌频率和速度符合沼气发酵工艺要求，解决了沼气池静态发酵出现的结壳、沉淀和料液分层等技术难题，原料发酵充分，产气率提高 70%以上。

2) 菌种自动回流和固菌技术

由厌氧发酵动力学知，不再分解产气的固形物沉淀性能较好，流动性较差，而具有大量活性微生物的悬浮污泥流动性较好，因此可以利用发酵料液的这一特性将其大致分开。在运行产气时，沼气压力将池内悬浮料液压到水压池，用气时流动性能好的含大量微生物的悬浮污泥经单向阀重新回流进发酵池，而不产气的沉渣则滞留在池底，通过抽渣管，取出作为肥料。同时，空隙率较高的旋流布料墙表面成为微生物生长繁殖的载体，通过沼气微生物的富集增殖，在其表面形成厌氧生物膜，从而保留了高活性的微生物，减少了微生物的流失。

3) 自动破壳与清渣技术

水压式沼气池在产气和用气的过程中，其发酵间内的发酵料液表面随之上下运动，利用圆弧形旋流布料墙顶部的齿状自动破壳装置，使可能形成的结壳自动破除、浸润，充分发酵产气。池底沉渣通过清渣装置抽出，施入农田，从而实现轻松管理和永续利用的目标。

4) 两步发酵技术

根据沼气厌氧发酵过程分为水解、酸化和产甲烷三大步骤，将标准水压式沼气池的水压间拓展为具有水解酸化和调节气压双功能的水压酸化间，使原料在敞口酸化间里完成水解和酸化两个阶段，酸化液通过料液循环系统自动进入发酵间，剩余的以木质素为主体的残渣在酸化间内彻底分解后直接取出，从而解决了纤维性原料出料困难的技术难题。

5）太阳能增温技术

气动搅拌自动循环沼气池通过增设在酸化间上的太阳能增温装置对发酵料液自动加温，并通过料液循环系统，将加热后的料液自动循环进入发酵间内，从而提高了原料温度，并使原料和菌种充分混合，有效地提高了产气率。

6）克服料液“短路”的技术

在气动搅拌自动循环沼气池的球面池底上，用一圆弧形旋流布料墙将进出料通道隔断，使入池原料沿圆周旋转一圈后，才能从出料通道排出，从而增加了料液在池内的流程和滞留时间，克服了料液“短路”现象的发生。

5. 沼气工程

大中型沼气工程工艺流程可分为三个阶段，即预处理阶段、中间阶段和后处理阶段。料液进入消化器之前为原料的预处理阶段，主要是除去原料中的杂物和沙粒，并调解料液的浓度。如果是中温发酵，还需要对料液升温。原料经过预处理使之满足发酵条件，减少消化器内的浮渣和沉沙。料液进入消化器进行厌氧发酵，消化掉有机物生产沼气为中间阶段。从消化器排出的消化液要经过沉淀或固液分离，以便对沼渣进行综合利用，这为后处理阶段。由于原料不同，运行工艺不同，每个阶段所需要的构筑物和选用的通用设备也各有不同[23]。

大中型沼气工程主要用于处理农业废弃物、工业废水、城市有机垃圾、污泥等生物质并回收能源。我国沼气工程的发酵原料主要是畜禽粪便，猪粪最多，牛粪次之，鸡粪最少。随着近年来我国标准化规模畜禽养殖的迅速发展，对大中型沼气工程研究也越来越多，工程工艺技术已日趋成熟，配套设备已达到或接近国际先进水平。在沼气工程的配套技术方面，可根据猪粪、鸡粪、牛粪等原料特性的不同，对预处理系统、厌氧发酵系统、沼气输配系统、制肥系统、消化液后处理系统进行差异化的设计。在发酵工艺方面，生物厌氧发酵机理研究、不同粪便高效能发酵工艺的制定、沼气工程产气率、化学需氧量去除率已居国际领先水平。在配套设备方面，我国已研制出纯沼气发电机组，制罐、自动控制、脱硫脱水、固液分离等装置已形成标准化成熟产品。

近年来在国家的大力支持下，我国的沼气工程发展迅速。据农业部 2009 年统计，自 2003 年起，中央累计投入 190 亿元资金用于农村沼气建设，支持建设 1 406 万户农村户用沼气、1.3 万处养殖小区和联户沼气工程、1 776 处大中型养殖场沼气工程和 6.36 万个服务网点[24]。

4.2.3 沼气技术的发展

世界上许多国家（如美国、英国）早在 20 世纪 70 年代就开始了对垃圾填埋的填埋气进行研究，20 世纪 80 年代初便开始利用填埋气。随着近些年来环境变迁和温室效应的加剧、石油价格的上涨以及能源危机的加剧，采用填埋和沼气化技术处理城市垃圾更加得到重视[25]。

德国在沼气技术发展和应用方面一直处于全球领先地位，截至2010年，德国已建成6 000多处沼气工程，其所产沼气98%用于发电，总装机容量达2 700MW。其中装机容量2MW以上的沼气厂有40家，沼气发电每年达200亿kW·h以上，超过我国三峡工程的年发电量，占德国年平均用电量的4%。其发展有以下突出特点。

(1) 推广混合原料，突出能源作物。德国沼气工程处理的有机废弃物比较广泛，包括畜禽粪便、青贮饲料、厨余残渣、生活有机垃圾、动物屠宰废弃物、农副产品加工废弃物等。但近年来，由于德国政府按每公顷45欧元标准对种植能源作物(用于生产可再生能源的各类农作物)予以补助，青贮已成为主要原料。目前，德国年产秸秆约4 800万吨，其中主要为青贮玉米。

(2) 采用全混发酵，提高产气效率。德国沼气工程均以获取能源为主要目的，追求最大产气率是首要经济指标。德国沼气工程90%以上采用"沼气发电、余热升温、中温发酵"模式，发酵装置容积一般为800～1 500m^3，部分集中处理区域农业废弃物的沼气工程可达到2 000～5 000m^3，池容产气率一般为1.5～2.5m^3/(m^3·天)。

(3) 强化自动控制，降低管理成本。德国沼气工程配套设备和技术装备先进，进料设备、搅拌设备、脱硫设备、沼气存储设备、热电联产成套设备性能均处于世界领先地位。同时，德国沼气行业已发展成集设计、生产、运营、服务、设备制造及出口为一体的专业化全产业模式。较大的沼气工程均由公司独立运营管理，或由专业设计和技术服务公司为其托管经营。沼气工程自动化程度非常高，沼气工程无论规模大小全部只需一人管理即可稳定运行，运行成本很低。

(4) 鼓励热电联产，综合利用能源。德国制定了有效的热电联产激励政策，鼓励企业利用发电余热给沼气工程厌氧消化装置增温、保温。目前，德国98%的沼气工程均是热电联产，工程平均发电效率为38%，平均热能转换率为45%，其中约10%的沼气发电量和45%的余热用于工程自身运行，55%的发电余热用于公共建筑或农舍供暖、农作物干燥、沼渣烘干、农产品冷藏库制冷等。

(5) 推进并网供气，拓展应用范围。在推进沼气发电的同时，德国部分大型沼气工程已将提纯后的沼气(甲烷含量一般高于96%，沼气中的其他杂质气体成分被清除)并入天然气网络进行集中供气，或作为汽车燃料出售使用。目前，德国有近20处沼气工程成功地实现了沼气与天然气管网并网供气，提纯后的沼气已作为公共汽车燃料出售[26]。

德国的农场沼气工程普遍采用"沼气发电、余热升温、中温发酵、免储气柜，自动控制、加氧脱硫、沼液施肥"的模式，发电机组所产生的余热通过热交换管对沼气工程进行升温，一般在40℃左右，即使在冬季－30～20℃的情况下，发酵料液也能达到 35℃以上。由于发酵温度较高,所以产气速度快,料液基本不结壳。所产沼气通过严格控制的加氧脱硫(氧气添加量在 3%以下)后,直接发电,无需专门修建储气柜,仅在发酵罐的顶部罩储气袋(储气罐无需另行封顶)。发电机组、余热升温系统、加氧脱硫装置、进料与出料装置等全部自动控制。由于没有专门修建储气柜,大大减少了投资,减少的投资基本可以解决自动控制系统和发电装置所需的资金,其工程总造价并不比我国同等规模的带储气柜而无自动控制或发电设备的沼气工程造价高。最关键的是,这种模式的各个环节相互依存、相互促进,形成了德国沼气技术的特点。对于低浓度的食品加工废水,则采用厌氧与好氧相结合的办法进行处理。目前,沼气-柴油双燃料发动机和沼气发动机正在德国大量使用,所有沼气工程产生的沼气全部是用于发电上网,而没有一个用于其他方面的[27]。

德国沼气技术的最新进展如下。

(1) 沼气燃料电池的研制。德国 FEL 公司已初步研制开发出了沼气燃料电池的生产技术,但目前这种电池成本很高,3kW 的沼气燃料电池的研制成本达 45 万马克。为此,他们通过沼气的纯化、发电、整流、充电等一系列工艺技术路线来完成燃料电池的研制。

(2) 沼气液化。ECB 公司正在进行此项研究,已经开发出每小时处理 8L 的液化装置,并实验成功。

(3) 生物质干发酵制取沼气。Bekon 公司已经在有机垃圾干发酵方面取得成功,2001 年底建成示范工程。该公司正在积极寻求与中国合作推广干发酵技术,对于我国利用秸秆制取沼气将具有借鉴意义。

(4) 对甲烷的分解(reforrtlon)。FEL 公司正在研究将甲烷转换成水和二氧化碳等,这与我们进行的二氧化碳被氢还原的沼气生产过程刚好相反。尽管目前还没有实用价值,但是作为技术储备,FEL 公司正在抓紧研制。

美国对垃圾填埋的沼气利用发展较快,1982～1990 年利用填埋沼气的填埋场由 16 个发展到 244 个。美国对填埋沼气的利用主要集中在发电,也有部分将填埋沼气转化为管道天然气。据估算,美国全国天然气消费量的 1%可以被填埋气体中的甲烷所代替,全国约有 1 000 个填埋场适合开展填埋气体的利用,每年可产生 570 亿 m^3 的沼气,如果全部加以利用相当于 4 亿～5 亿美元的价值。

截至 1990 年,欧盟的垃圾填埋沼气利用项目就有 175 个。欧洲对填埋沼气的利用以将其转换为热能和发电为主。欧洲第一个完全使用垃圾填埋的沼气发电工厂建于 1987 年。1995 年底,英国共有 33 个商业性填埋气体利用项目,另有 20 个项目在规划和建设中,其发电总装机容量约为 190MW。据估计,英国可利用垃圾填埋沼气总能源价值相当于 500～600MW。德国垃圾填埋沼气的主要利用方式是通过内燃机发电和直接燃烧供热,到 1991 年,295 个正在运行的城市垃圾填埋场中有 32%的填埋场拥有气体利用设备。

从1996年起，荷兰填埋沼气的利用量为1.15亿m^3，其中约1 000万m^3用于直接燃烧以供热，约2 000万m^3经过加工处理用作燃料气，大部分（约8 000万m^3）用于25个发电机组进行发电，其发电量为150MW·h，可以满足约5万个荷兰家庭的用电量。此外，热电联产机组用沼气生产供热31MW·h。在荷兰，1吨垃圾20年中可产生200m^3沼气，发电成本为0.03～0.05美元/度，上网售价为0.05～0.07美元/度。拉丁美洲自1977年以来，已完成5个填埋沼气利用项目，使拉丁美洲在发展中国家中居于领先地位。填埋沼气经过净化后主要用于厨房、照明、机动车燃料和管道煤气，年利用量约为2.17亿m^3。

俄罗斯在第二次世界大战之前开始研究沼气厌氧消化技术，1941年开始实际应用。20世纪50年代初苏联科学院建成了两座日处理3 000吨酒精废液，并利用沼液、沼渣生产维生素的车间。世界性环保-能源危机之后，苏联建造了一批大型禽畜场沼气工程，解决了自身环境污染和增温问题。苏联解体后，俄罗斯农业实行私有化，调整了沼气发展战略，主要发展工厂化生产的小型、高效沼气发酵装置[28]。

菲律宾的沼气技术发展工作主要由国家能源石油公司的能源研究中心（PNOC-ERDC）和农业部畜牧工业局阿拉邦研究中心（Alabang Research Division，BAI）和国家科技研究所（NIST）负责。目前为止，菲律宾全国共有沼气池600个，1984年计划达到4 000个，产气率可达85%，利用率较高（全年产气）。建一个户用池一般需2 000比索（约合人民币4 000元），池容3～4m^3。但也有高达15万比索的，因池大小、质量而异。菲律宾的沼气池形式繁多，他们的特点是大力吸收世界各国沼气池的形式，建立试验池，进行分析研究，其中以中国台湾省式、印度哥巴（Gobar）式和菲律宾式为主，中国台湾省式占80%。沼气技术发展和综合利用搞得好的，以马尼拉的玛亚农场（Maya farms）比较突出。他们不仅修建了各种大小、各种类型的沼气池，而且在沼气的综合利用上、在维护农场的生态平衡方面都做了精心的安排[29]。

泰国的沼气工作主要由国家能源局（NEA）、卫生健康部和各研究所、大学配合共同研究、推广发展。泰国国家能源局在全国设立7个能源示范中心，其中有沼气池、太阳能集热器、风力抽水、太阳电池泵抽水、制甲醇等。泰国现有沼气池3 000个，其中中国水压式占2/3。沼气在泰国主要用于煮饭和点灯，也有少数用于抽水灌溉。其他还有泰国罐式沼气池、印度哥巴式、中国台湾省式等，其中以发展小型地上或半地上沼气池为主，也有中型沼气池，但为数不多。泰国曾计划1981～1986年发展2.5万个小型沼气池，500个中型沼气池（每池日产20～25m^3沼气）。

越南的沼气利用技术开始于1960年，20世纪70年代越南开始引进包括中国在内各种池型的沼气池，现在应用的主要沼气池型包括浮罩（浮筒）式沼气池（印度模式）、塑料薄膜隧道式沼气池（柬埔寨模式）、地下固定式圆拱形沼气池（中国模式）、VACVINA沼气池，应用最多的是塑料隧道式沼气池、地下固定式圆拱形沼气池(拱顶由复合材料制成)和 VACVINA 沼气池的改进型。由于 VACVINA 沼气池在建设成本、技术的复杂程度、操作维护的难易和耐久性、安全性等方面的优点,其推广速度很快。20 世纪 90 年代,随着有关沼气技术的交流、教育、信息传播以及观念的更新,越南的沼气应用技术推广应用很快。以越南的太原省为例,通过政府补贴提供部分资金补偿农户,使农户建池积极性得到提高。从 1998 年开始到现在,太原省就有超过 1 000 家农户修建了沼气池并且运行正常。尤其是养殖规模超过 10 头猪的农户更愿意修建沼气池,以利于改善庭院的卫生条件和保护生态环境[30]。

我国是研究开发沼气技术最早的国家,也是当今世界沼气技术比较先进的国家之一,19 世纪末广东沿海就出现了适合农村应用的制取沼气的简易发酵池。20 世纪初,中国台湾的罗国瑞先生在生产上采用排水储气及水压输气原理的人工沼气池。我国的第二次沼气推广高潮发展,形成了我国特色的农村水压式沼气池。自 20 世纪 80 年代以来,以沼气为纽带,建立了物质多层次利用、能量合理流动的高效农业生产模式,这也是我国农民利用沼气技术促进农业可持续发展的创举。现在我国北方推广的“四位一体”沼气生态农业模式已达 23 万户,并成为了当地农民脱贫致富的小康工程。在我国南方建立的以养殖业为龙头,以沼气为纽带,带动农作物和经济作物发展的现代农业技术“猪—沼—果”模式,对沼气、沼液、沼渣的多层次综合利用的生态农业模式,已成为南方农村经济的新增长点[31]。

我国利用和发展沼气的历史可分为三个时期的三次推广过程:民间自发的沼气利用和推广活动时期(1929～1942 年),这也是沼气的第一次推广;新中国成立后,“沼气化”运动时期(1957～1961 年和 1967～1979 年)和整顿时期(1980 年至今)。

1) 沼气的第一次推广(1929～1942 年)

沼气技术从萌芽到确立这一过程的工作(20 世纪初至 1929 年),现在所知最早是由罗国瑞在广东潮梅地区完成的。罗国瑞经过反复试验,大约在 1920 年前后将沼气池的结构设计、建造工艺、管理使用方法完善起来,创造了我国第一个比较完备、可以实际推广的水压式“中华国瑞天然瓦斯库”。在此基础上,罗国瑞“冀于民生最切要之燃料问题,获得相当之解决,……以期普益于社会者也”,于 1929 年创办了我国第一个沼气技术推广机构。接着,1932 年在上海成立了中华国瑞瓦斯全国总行,第一次面向全国开展了沼气技术推广利用工作。

这一次推广工作进行了十年,在全国大约推广了 200 多个沼气池。这些沼气池遍及全国 15 个省市,有的是由沼气推广机构(总行或分行)直接承建的,有的是由受过培训的学员单独建造的。据调查,20 世纪 30 年代全国有 12 个省、9 个市、7 个县曾成立了分行。这些分行分别负责所辖地区内的沼气示范培训和沼气池推广、建造工程,在业务上有一定的独立性,但在经济、物资材料上要受总行的控制。

2）沼气的第二次推广(1957～1961 年)

沼气的第二次推广活动与一个名叫姜子钢的人大有关系。姜子钢在 20 世纪 30 年代曾参加过沼气培训班，管理和使用过沼气。1957 年 1 月，中共中央发出了采用多种途径寻找新能源代替石油的号召，当时在中南工程总局试验所工作的姜子钢，不失时机地提出了沼气试验方案，这成为沼气第二次推广的起点。

1957 年 12 月 20 日《人民日报》在头版头条报道了“姜子钢、胡太山研究生物能利用试验成功”这条新闻，公开宣传了“利用粪便等污物制造沼气，能点灯，能烧饭，能抽水，能发电”。1958 年 4 月 11 日，毛泽东同志在武汉市参观了沼气展览，并讲了一句话：“这要好好地推广”，沼气由此获得了庄严的政治意义。1958 年实现全国初步沼气化的口号应运而生，于是乎，伴随着“大跃进”的浪潮，全国上下也掀起了一场声势浩大的“沼气化”运动。

这场运动来势迅猛，在 1958 年短短的 4 个月时间里，先后召开了两次全国性的沼气工作会议。为了实现全国沼气化，提出了“政治挂帅，书记动手，发动群众，土法上马，土洋结合，因陋就简”的口号。这样，在强烈的政治鼓动和主观愿望中，继湖北省武汉市沼气试验之后，广东省鹤山县响应得最快，发明了茅厕缸沼气池，并在全县范围内普及推广开来，安徽省阜阳县表现得最好，发明了“天然沼气池”和人工收集天然沼气的方法，“创造”了破冰取气以及用鸡肠、狗肠和芦苇等代替输气管的经验，从而使全阜阳县“沼气池”建得最多，利用沼气的人也最多，成为我国第一个实现“沼气化”的县。

3）沼气的第三次推广(1967 年至今)

沼气的第三次推广是以四川省为中心在全国开展起来的。1967 年四川省成都市、中江县个别人自发的试验、利用沼气活动，受到政府有关部门的重视。于是，“沼气化”运动死灰复燃，20 世纪 50 年代末推广沼气的历史“闹剧”又重现于 70 年代。

1972 年 11 月，第三次全国沼气工作会议在四川省中江县召开，1975 年 4 月和 1978 年 6 月，第四次和第五次全国沼气工作会议先后在四川省绵阳县召开。随着这三次会议的召开，“沼气化”运动在全国特别是在四川省高潮迭起。

四川省 1973 年 3 月就成立了省推广沼气领导小组和办事机构，以加强推广沼气工作的行政领导。在第四次全国沼气工作会议上，曾得出“沼气制取技术已经基本成熟”，可以“加快步伐，大力发展”的结论。作为上呼下应的产物，四川省立即提出了“三年大办，一年扫尾，四年实现全省农村沼气化”这一发展规划和 1975 年完成新建 300 万个沼气池的任务。在热情高涨的群众运动中，1975 年 9 月，我国“第二个沼气化县”在四川省绵阳县诞生，四川省被誉为我国的“沼气之乡”[32]。

根据农业部统计数据，2008 年我国已累计推广农村沼气用户近 3 049 万户，年产沼气达 113.9 亿 m^3。与此同时，国家大力支持秸秆沼气的发展，2009 年我国已建成并正常运行的大型秸秆沼气工程约 10 座，并在 12 个省份安排了 16 个试点工程。根据农业部的沼气工程规划，到2010年全国有4 000万农户使用沼气，达到适宜农户的30%左右，到2015年达到6 000万户。

我国大中型沼气工程的技术工艺日趋成熟，配套设备已达到或接近国际水平。在沼气工程的成套技术方面，可根据猪粪、鸡粪、牛粪等原料特殊性的差异，进行包括预处理、厌氧、沼气输配、制肥、消化液后处理的全部设计；在配套设备方面，我国已成功研制了纯沼气发电机组，制罐、自动控制、脱硫脱水、固-液分离等装置已形成系列化成熟产品[33]。

目前，我国大中型沼气发电工程普遍存在的问题是沼气发酵原料转化率低、产气率低、运行稳定性差、经济效益低、进料浓度低且量大、厌氧发酵后的深度处理、沼气内燃机发电效率低和余热利用率低等，这些问题都会导致热电联产机组的总热效率低。

发展沼气能源前景广阔，当然也存在很多问题，如对沼气发酵机理了解不透彻、缺乏有效的过程控制策略、发酵效率有待进一步提高、固体废物处理中高效的反应器和发酵工艺缺乏等，解决这些问题可以从以下方面着手。

(1) 沼气发酵微生物菌群相互作用研究。沼气发酵是一个多菌复杂系统，有效的过程控制需要对系统有更加深入的了解，研究的核心问题是不同细菌、不同菌群之间的代谢迁移机制和互营关系，通过高通量技术监控 mRNA 和 rDNA 的表达，构建多菌复杂代谢网络。

(2) 菌群监测和过程控制。通过分子技术如 FISH 和 Q. PCR 等获得的菌群，特别是产甲烷菌群的定量数据，将服务于模型验证和发酵过程优化，最终与传统的采用挥发性固体表征活性生物量相比，通过分子手段获得的目标菌群的丰度和变化的相关信息将能更准确反映反应器系统的真实情况，更有利于过程控制。

(3) 研究过程可控的高效沼气发酵系统。该系统是基于多尺度信息的调控系统，调控对象包括反应器内物料的温度、pH、压力、微观上产酸菌、产甲烷菌的种群和丰度的动态变化、细胞水平上甲烷产生途径的中心产物 VFAs 的代谢以及分子水平上 mRAN 和 rDAN 影响的蛋白和酶的表达。应用 VFAs 的 GC 在线检测设备、元基因组研究中的高通量技术、在线计算机控制与数据处理技术，将菌群在反应器中的各种表型数据与代谢调控有关的基因结构研究相关联，发展基于多尺度信息的过程控制方法。用物理化学或生物预处理技术破坏纤维结构，强化固体纤维废物的可消化性能，提高产气率。

(4) 研究高效沼气发酵外源添加物。沼气发酵外源添加物即指从产沼气发酵系统之外加入的以期提高沼气产量、甲烷含量的物质，如微生物、酶、营养物质、代谢促进物、吸附剂、螯合剂等。其研究方向可以是：外源添加物的作用机理；不同类型外源添加物的优化组合，发挥协同作用，提高各个阶段的处理效率，最大程度地提高沼气产气量。

(5) 研制新型高效太阳能沼气反应器。利用太阳能为沼气发酵保温系统提供热能,研制具有可移动、连续进料出料和产气的新一代沼气反应器[34]。

4.3 生物质发电技术

目前我国的垃圾产量居世界第一,历年来堆积的垃圾已经超过70亿吨,侵占300多万亩的土地,严重污染了地下水并对周边产生严重的环境污染甚至灾难。全国600多座城市有2/3被垃圾包围,“垃圾围城现象”已经刻不容缓。2012年全国城市生活垃圾清运量达到1.4亿吨,而且生活垃圾还在以每年2%左右的速度增加,如此巨大的垃圾压力,加快了固废处理行业的发展步伐。伴随着我国经济的快速发展,城市化程度的进一步提高,随之而来的是城市工业、生活垃圾和固体废弃物的数量和规模也以前所未有的速度在增加,正确地处置城市垃圾已经迫在眉睫。2007年全国655个较大城市的垃圾总量高达1.25亿吨,并且今后每年还将以8%~10%的速度增长。这说明随着城市化进程的加快,城市垃圾在今后一个时期如果不能及时处理,将成为影响环境的一个重要因素[35]。

4.3.1 垃圾焚烧发电

城市垃圾的主要成分有纸屑(40%)、纺织废料(20%)、废弃食物(20%),其中含有两种可再生能源:一是生物能,即垃圾在厌氧环境中产生的沼气;二是物理能,即垃圾在焚烧过程中产生的热能。废弃食品等亦可通过一定的程序加工成饲料和肥料。我国有70%的生活垃圾运用填埋的方式处理,填埋后垃圾中的有机物质会因发酵而产生大量的甲烷(俗称沼气)、二氧化碳、二氧化硫等气体。这些气体直接排入大气,会导致全球变暖的“温室效应”,对环境造成难以逆转的破坏。而将其收集后用于发电,年发电量可达260亿kW·h[36]。垃圾发电一般是指垃圾焚烧发电,通过特殊工艺对垃圾进行高温热化学处理,具体讲就是对垃圾进行发酵、脱水、干燥、气化后使垃圾能够焚烧,再利用焚烧产生高温气体的热能发电。其特点是减量性好、无害化程度高、防污染彻底。研究发现,通过焚烧处理,可使垃圾重量减少75%,体积缩小75%以上。垃圾焚烧发电是一种新型发电方式[37]。

焚烧是目前国际通用、也最有效的处理方式。经过焚烧,垃圾中的细菌、病毒比其他处理方式消灭得更彻底,各种恶臭气体被高温分解、烟气经过处理达标排放,对周边环境造成二次污染的概率很小。焚烧可减少垃圾量80%~90%。减量、无害处理的同时,焚烧垃圾还能带来电、热等清洁能源。目前的垃圾焚烧发电技术有两种,即垃圾直接焚烧发电和垃圾气化焚烧发电。

1. 垃圾直接焚烧发电技术

通常的垃圾直接焚烧发电是将垃圾投入焚烧炉中，垃圾燃烧产生的热蒸汽驱动蒸汽轮机发电。国内外垃圾焚烧技术主要有三大类：层状燃烧技术、流化床燃烧技术、旋转燃烧技术（也称回转窑式）。层状燃烧技术发展较为成熟，且层状燃烧锅炉体积小、操作方便，所以很多国家都采用这种燃烧技术。层状燃烧的关键是炉排。垃圾在炉排上燃烧通过三个区：预热干燥区、主燃区和燃尽区。把垃圾放在炉排上，形成均匀的、有一定厚度的料层。主气从炉排下送入，热量不仅来自上方的辐射和烟气的对流，还来自垃圾层内部燃烧的传热。在炉排上已着火的垃圾在炉排的特殊作用下，使垃圾层强烈的翻动和松动，不断地推动下落，引燃垃圾底部着火。连续的翻转和松动，使垃圾层透气性加强，有助于垃圾的着火和燃烧。

流化床燃烧技术由于其热强度高，更适宜燃烧发热值低、含水分高的燃料。从炉底装填砂粒并进行送气，在超过某个特定的流速后，砂粒形成流动浮游状态，从而形成流动层。流化床炉内蓄热量大，燃烧稳定，垃圾的干燥、着火、燃烧几乎同时进行，无需复杂的调整，燃烧控制容易，易于实现自动化和连续燃烧。

旋转焚烧炉燃烧设备主要是一个缓慢旋转的回转窑，其内壁可采用耐火砖砌筑，用以保护滚筒，也可采用管式水冷壁，水冷壁上开有许多小孔，热风通过小孔吹入燃烧室助燃，回转窑倾斜 1°～3°放置。垃圾送入后，热烟气对其进行干燥，在达到着火温度后燃烧。随着筒体滚动，垃圾翻滚并下滑，一直到筒体出口排出灰渣。回转窑是通过炉本体滚筒缓慢转动，利用内壁耐高温抄板将垃圾由筒体下部在筒体滚动时带到筒体上部，然后靠垃圾自重落下。由于垃圾在筒内翻滚，可与空气充分接触，进行较完全的燃烧[38]。

垃圾中含有大量的盐分和氯乙烯等物质，燃烧后会产生一种含有氯元素的气体。这种气体在温度达到 300℃时就会严重腐蚀管道，所以发电用蒸汽温度只能控制在 250℃左右。蒸汽温度越低，发电效率就越低。通常的垃圾焚烧发电效率只有 10%～15%，普通火力发电效率在 40%左右[39]。

日本已研究出一种抗腐蚀能力极强的特殊不锈钢，采用这种不锈钢材料制造的锅炉管道具有非常强的抗腐蚀能力，可以使蒸汽的温度提高到 500℃，发电效率上升到 30%以上。

2. 垃圾气化焚烧发电技术

垃圾填埋气发电是将垃圾填埋场中的有机物经降解后产生的填埋气（富含甲烷）作为燃料进行发电的技术，是一种将垃圾清洁化、资源化处理的利用方式。垃圾填埋气发电系统一般由气体收集系统、净化加压系统、燃气机发电及电气并网系统组成。填埋气被收集后经过气液分离器初步过滤，除去大液滴和细粒，然后经涡轮增压器增压,冷却器冷却后送入凝聚过滤器进一步过滤,除去较小的液滴和细粒,再进入燃气机,通过火花塞高压点火,燃烧膨胀推动活塞做功,带动曲轴转动,从而使发电机送出电能。燃气机产生的废气经排气管、换热装置、消音器、烟囱排到室外,整个过程采用可编程序控制器控制。利用计算机及网络技术对填埋气的处理过程和燃气发电机组进行实时控制,实现控制管理智能化,运营管理信息网络化。发电机组的控制采用一个标准的 Caterpillar E. I. S 控制模块,可控制机组的自动启动、停机和故障监测以及电子点火控制。

垃圾气化焚烧发电因为要建造垃圾卫生填埋场和发电厂,投资相当巨大,并且受填埋场地有限的影响,有很大的局限性。在我国,以前的垃圾填埋场大多采用一般填埋的方法,当时没有考虑到沼气利用,很多垃圾填埋场产生的沼气就地排放既污染了环境,又浪费了能源。因此,对我国一些条件适宜的垃圾填埋场进行改造,兴建垃圾气化发电厂,这样既解决了垃圾填埋场的污染问题,又利用了沼气能源,是我国垃圾气化焚烧发电的发展方向。

3. 垃圾焚烧发电的问题

1）民意问题

目前垃圾焚烧发电项目最大的风险为民意风险,对此政府方面既需要推广垃圾焚烧发电,又必须对民众的抗议做出一定让步,因此频频出现垃圾焚烧发电项目停建现象。

在垃圾焚烧过程中,会产生一类特征污染物,即二噁英,该物质会随着焚烧烟气排放进入大气。由于二噁英具有剧毒性和持久性两大特征,近年来,围绕垃圾焚烧过程中的二噁英控制问题争论不断,部分地区的垃圾焚烧项目遭到当地民众抗议[40]。

二噁英的生成主要有三种途径:①在对氯乙烯等含氯塑料的焚烧过程中,焚烧温度低于 800℃,含氯垃圾不完全燃烧,极易生成二噁英,燃烧后形成氯苯,后者成为二噁英合成的前体;②其他含氯、含碳物质(如纸张、木制品、食物残渣等)经过铜、钴等金属离子的催化作用不经氯苯生成二噁英;③在制造包括农药在内的化学物质,尤其是氯系化学物质,像杀虫剂、除草剂、木材防腐剂、落叶剂(美军用于越战)、多氯联苯等产品的过程中派生[41]。

针对二噁英的生成机理,在焚烧过程中,一般通过“3T 原则(temperature time and turbulence)”来控制二噁英的生成。即指保证足够温度(>850℃)和停留时间(>2s),同时给予充分搅动(二次风)使垃圾充分燃烧,二噁英分解效率超过 99.99%[42]。

此外,通过自动燃烧控制系统保持 CO 浓度在 50ppm(1ppm=1 125m/m^3)以下,在焚烧炉后高温区采用骤冷技术,使烟气在 300～400℃的停留时间小于 2s,从而抑制二噁英的再生成,并在尾气净化装置中喷洒活性炭进一步吸附去除二噁英。

2）生产成本

目前垃圾焚烧发电设备的技术主要包括两种:炉排炉工艺和流化床工艺[43]。如表 4-2 所示。

表 4-2 垃圾焚烧发电设备的技术对比

项目	炉排炉工艺	流化床工艺
工艺简介	垃圾通过进料斗进入倾斜向下的炉排(炉排分为干燥区、燃烧区、燃尽区),由于炉排之间的交错运动,将垃圾向下方推动,使垃圾依次通过炉排上的各个区域(垃圾由一个区进入另一区时,起到一个大翻身的作用),直至燃尽排出炉膛	在炉膛内加入大量的石英砂,将石英砂加热到 600℃以上,并在炉底鼓入 200℃以上的热风,使热砂沸腾起来,再投入垃圾,垃圾同热砂一起沸腾燃烧
垃圾热值要求	1 200kcal/kg(5 040kJ/kg)以上	800kcal/kg(3 360kJ/kg)以上
辅助燃料	油	煤
优点	技术成熟; 对垃圾成分和质量要求低; 预处理简单; 飞灰量少; 除渣系统稳定; 燃烧过程控制简单; 运营成本较小	设备较便宜,投资较小; 国产率高; 燃烧充分; 运行稳定; 使用寿命长; 热效率相对较高
缺点	价格昂贵; 维护成本高; 核心技术在国外; 对炉排耐热性要求高; 燃烧不如流化床充分; 体积大	必须进行预处理; 飞灰产生量大; 操作过程气流量大; 满负荷操作时间相对较低; 必须掺煤,收益受煤价波动影响大; 运营成本较高
适用范围	垃圾热值较高、政府财力充沛、国企运营	垃圾热值较低、政府财力有限

对于流化床焚烧炉,要考虑煤价波动对收益的影响,煤价大于 500 元时经济可行性较差。焚烧炉烟气处理收集的飞灰是危险废物,其处理成本受政策影响较大,具有政策风险。

4. 国外垃圾焚烧技术发展动态

1）减少污染排放总量——富氧燃烧技术

配备专门的制氧设备,将纯氧加入一次风,可大大减少一次风量;同时,与部分烟气回流相结合,可减少最终烟气排放量,从而降低污染物排放总量和烟气处理成本。富氧燃烧还可提高炉膛内的燃烧温度,保证垃圾的完全燃烧。

2）提高热量利用效率——燃气联合循环技术

针对垃圾焚烧烟气的高度腐蚀性问题，采用燃气联合循环的方式，用天然气加热锅炉过热器，以达到高温、高压状态，在提高发电效率的同时，避免了过热器的快速腐蚀。同时，采取一系列的节能技术，提高热量回收利用效率。

3）改善垃圾燃烧特性——机械生物处理技术

通过对生活垃圾的机械生物处理，使垃圾中的有机物初步降解，垃圾中的水分大大减少，热值大大提高，从而提高垃圾焚烧发电处理的效率。纵观各国垃圾发电的快速发展与其垃圾处理体制，都与政府政策密切相关。

将来的垃圾焚烧技术将会向以下几个方面发展[44]。

(1) 焚烧技术正向着自我完善方向发展。焚烧设备构造的不断改进，废气处理新技术的广泛应用，特别是许多高新技术在垃圾焚烧厂的应用，促使垃圾焚烧厂向高新技术方向发展。另外，先进的自控技术和新颖的外观设计，都使垃圾焚烧厂更加趋于完善。

(2) 焚烧技术正向着多功能方向发展。现代垃圾焚烧厂不仅具有焚烧垃圾的功能，还具有发电、供电、供热、供气、制冷以及区域性污水处理、附带娱乐设施等多种功能。

(3) 焚烧技术正向着资源化方向发展。如垃圾焚烧余热发电、焚烧残渣制砖等，使垃圾焚烧与能源回收有机地结合起来。利用焚烧垃圾产生的余热进行发电不仅可以解决垃圾焚烧厂内的用电需要，还可以外售盈利，促进了垃圾焚烧技术的迅速发展。另外，节能化也被国外垃圾焚烧厂所普遍重视。例如，提高焚烧炉燃烧效率及余热锅炉的热回收率，减小排烟等散热损失，均是节能化的有效措施。

(4) 焚烧技术正在向智能化方向发展。垃圾焚烧厂运行实现自动化后，为了保证较佳的运行状态，目前仍然必须依赖人的判断。将来会开发出更先进的软件，可以进行图像解析、模糊控制等，使其与熟练操作员的判断非常接近，从而实现真正意义上的自动化控制。另外，人工智能的发展、高效传感器的开发及机器人的研制，使垃圾焚烧厂设备及系统故障的自我诊断功能成为可能，从而实现低故障率和高运转率。

4.3.2 污泥焚烧发电[45]

污泥中含有近40%的有机生物质，具有可燃性，所以污泥既被视为废弃物，又被视为一种生物质资源。合理利用污泥发电已成为污泥有效利用的一个新的发展趋势。污泥发电不但可以实现污泥安全处理，同时还可以从污泥中抽取能量，替代部分化石燃料，既节约资源和能源，又保护环境，有利于促进我国向可持续的循环型社会的转变。

1. *污泥燃料燃烧发电*

污泥焚烧是在一定温度和氧气存在条件下，使污泥中的有机质发生燃烧反应，生成 CO_2、H_2O、N_2 等。焚烧处理的产物是灰渣和烟气。污泥的低位热值与其可燃分(挥发分)的含量、含水率和可燃分的热值有关，即

$$LCV = \left(1 - \frac{P}{100}\right) \times \frac{VS}{100} \times CV - 2.5 \times \frac{P}{100} \tag{4-5}$$

式中，LCV 为污泥的低位热值，MJ/kg；P 为污泥的含水率，%；VS 为污泥的干基挥发分含量，%；CV 为污泥挥发分的热值，MJ/kg。

直接以脱水污泥为燃烧处理对象的焚烧炉，大多需要使用辅助燃料。污泥燃料有多种形式，如将湿污泥与煤粉、重油等燃料一起混合形成的污泥燃料，污泥与城市有机垃圾混合形成的污泥燃料，湿污泥干化后形成的污泥燃料。污泥燃料燃烧所释放出的热能通过热回收系统和发电系统实现能量的转化，如图 4-5 所示。

图 4-5　能量形式的转化

以污泥燃料焚烧为核心的污泥发电是一种处理污泥很好的方法。污泥焚烧具有减容、减重率高，处理速度快，无害化较彻底，余热可用于发电，焚烧后产生的灰渣可以用于改良土壤、筑路、制砖瓦、陶瓷、混凝土填料等优点。

浆状污泥燃料可以通过管道用泵输送，美、日、英的污泥燃料多为固态颗粒状。美国近 200 家污水处理厂采用焚烧方式处理污泥，占全美处理总量的 20%。日本东京电力公司、东京政府和生物燃料公司用下水道污泥发电，2007 年正式投入运行，东京每年产生 130 万吨下水道污泥，其中 9 900 吨污泥制成燃料污泥送火力发电厂发电。1998 年，英国伦敦开始将污泥进行脱水、干燥、粉碎，然后利用污泥燃烧的热能作为能源进行发电。

2005 年，浙江绍兴采用具有我国自主知识产权的“煤助燃循环流化床”技术兴建了国内首座污泥焚烧发电大型示范项目，日处理污泥 1 500 吨以上，污泥处理价格为 80 元/吨，年上网电力 2.66×10^8 kW · h，供蒸汽 150 吨/h。1 天可节约原煤 450 吨，相当于每年节约原煤 13.5 万吨。2006 年，浙江省富阳市某污水处理厂将污泥(600 吨/天)焚烧发电，焚烧灰渣制成建材替代红砖。2007 年 1 月，宁波污泥处理一期工程已正式投运。该工程日处理污泥 400 吨，年发电量达 730 万 kW · h。2007 年 6 月在合肥投产运行的污泥发电供热项目，日处理污泥 300 吨，燃烧后灰渣用作修路。

可见，国外的污泥发电技术已基本成熟，国内污泥发电技术处于成长阶段，工

程方兴未艾。

2. 污泥厌氧消化发电

污泥消化可以抑制病菌，改善污泥的卫生状况，脱水后的消化污泥还可作为发电厂或水泥厂的辅助燃料。污水处理厂污泥厌氧消化产生的沼气，主要组分为 CH_4 和 CO_2，以及 H_2S、氨等微量有害气体。与其他燃气相比，沼气是一种性能优良的清洁燃料。

利用污泥消化产生的沼气发电，发电设备主要有两种：一种是燃气机-发电机系统；另一种是沼气燃料电池发电。

1）燃气机-发电机系统

消化气体发电设备的系统流程如图 4-6 所示。消化气经精制（脱硫、除湿、脱碳酸）后送入燃气机燃烧，带动发电机发电。同时，以水为热介质将燃气机所排出的高温尾气余热回收，加热消化池。消化气中硅氧烷在燃烧室内燃烧时会损害燃气机的零件和排气脱氮用触媒的耐久性，影响消化气体发电设备的经济性和可靠性。因此，沼气在进入发电机前，需进行净化处理，采用活性炭吸附技术可保证净化后沼气含 Si 有机物浓度小于 0.6mg/L。消化后污泥经脱气、浓缩、脱水后外运送往焚烧场或电厂和水泥厂作为辅助燃料焚烧，或农用堆肥。

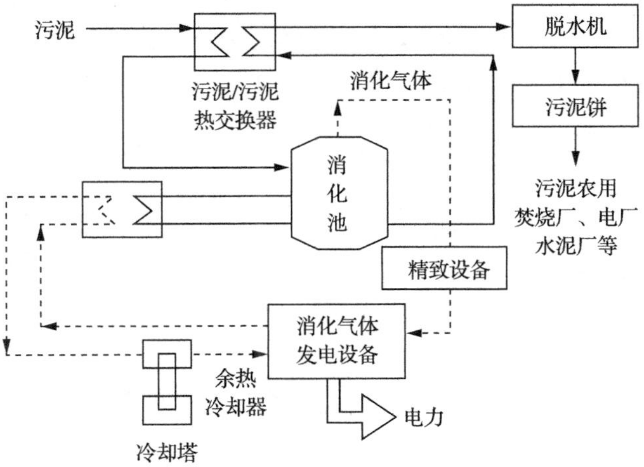

图 4-6　消化气体发电设备的系统流程

德国城市污水处理厂对污泥处理有 85.4%以上采取中温厌氧消化，利用产生的甲烷发电，基本保证了污水处理厂的供电要求，如德国 KA-helmsstedt(sewagen treatment plant helmsstedt)污水处理厂（处理污水 10×10^4 吨/天）污泥发电系统。污泥消化后产沼气 6 000m^3/天，其热值为 23MJ/m^3。年发电量为 120×10^4 kW · h，相当于污水处理厂全年运行耗电量的 90%～95%，同时还可满足处理工艺中的供暖及冬季全厂车间、办公室的供暖。

海口市白沙门污水处理厂借鉴了德国处理污泥的经验和技术。该厂消化池产气量为 4 800～6 000m^3/天。发电量相当于厂内平均用电量的 27%，每月节省电费 15 万～18 万元。沼气发动机产生的废热用于加热消化池中的污泥，在正常运行的 2～3 月产生的废热用于加热污泥后仍有剩余。

北京高碑店污水处理厂，日处理污水 100 万 m^3，日产污泥 4 000m^3，全部进行高温厌氧消化处理，沼气产量为 1.8 万 m^3/天。按沼气发电 1.7kW · h/m^3 计算，每天发电量为 3 万 kW · h，1 年节约电费 500 万元，年发电量近 1 000 万 kW · h，相当于 5 000 户家庭 1 年的用电量。

2006 年北京小红门污水处理厂污泥发电装置建设完成，2007 年开始利用污泥发电。小红门污水处理厂是北京第二个装备“污泥消化、沼气发电”系统的污水处理厂，每天可从约 2 000m^3 污泥中提出沼气，年最高发电量达 1.8 万 kW · h。

2) 沼气燃料电池发电

近年来，日本政府在推行“有机质资源高效能源转换技术开发”工程(high efficiency bioenergy conversion projeet)的基础上，通过将燃料电池与沼气发酵系统有机地结合在同一系统中的技术手法，实现了污泥高效发电。从 2002 年日本政府颁布新能源政策基本法以来，日本新能源产业技术综合开发机构(NEDO)先后在日本各地资助了多项以污泥为原料的生物质高效发电工程的建设。其中，颇具代表性的为山形市水道部净化中心以下水道污泥为原料，通过沼气发酵方式制取沼气，进而通过利用燃料电池，实现污泥高效发电，系统流程如图 4-7 所示。

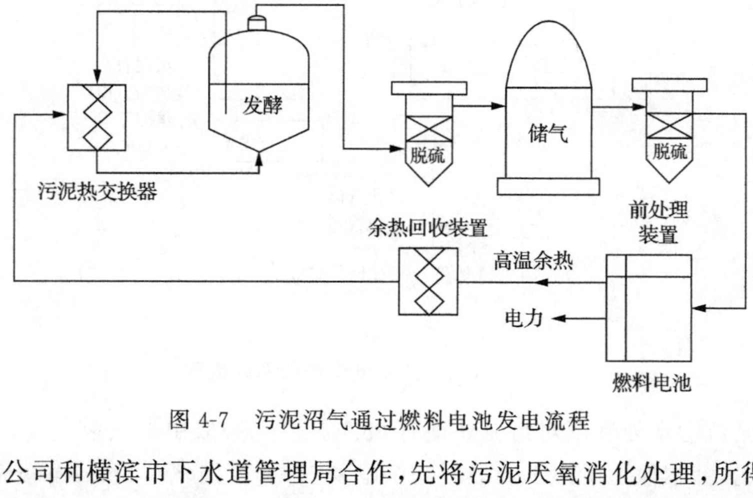

图 4-7　污泥沼气通过燃料电池发电流程

东芝公司和横滨市下水道管理局合作，先将污泥厌氧消化处理，所得沼气(含甲烷 60%～80%)经干式脱硫和活性炭吸附净化后，送往燃料电池系统的改质器。沼气产出量为 90m^3/h。磷酸型燃料电池 PC25TMC 功率为 200kW。此种燃料电池可用于含甲烷、CO_2 的低热值(22～25MJ/m^3)的沼气发电。

美国政府积极支持沼气燃料电池的商业应用，并给予政府补贴。目前，美国已有多家下水道污泥处理场引进燃料电池技术，并建成投产。纽约州 NYPA 电力公司沼气产出量为 3000m³/天。加州一项同类工程，沼气量为 4000m³/天，其燃料电池产生的热气体返回用于加热厌氧消化罐。在马萨诸塞州和俄勒冈州也有类似装置。

利用污泥进行发电的三种工艺各具优缺点，城市污水处理厂三种方案的基本性能指标如表 4-3 所示。

表 4-3 三种污泥发电工艺比较

项目	污泥燃料燃烧发电	污泥厌氧消化产生沼气发电	
		燃料电池	燃气发电
发电效率/%LHV	30(送电端)	38(送电端)	30(送电端)
排热回收效率/%LHV	20	40	36
热供应形态	100/℃蒸汽(或 80/℃热水)	标准 60/℃水	100/℃蒸汽(或 80/℃热水)
NO/(mg · m³)	—	<7	<122
SO_2/m³	—	微	<44
CO_2年排放比值	20	1	1.25
噪声/ dB(A)	95	65	95
启动时间	15s	3h	15s
维修检查	停机检修 1 次/月；大修 1 次/年	运行检修 1 次/3 月；停机检修 1 次/月；大修 1 次/5 年	停机检修 1 次/月；大修 1 次/年
优点	减容、减重率高，处理速度快，害化较彻底，节约原煤，降低发电燃料成本	回收能源；稳定污泥，抑制病菌，改善污泥的卫生状况；消化污泥可综合利用	回收能源；稳定污泥，抑制病菌，改善污泥的卫生状况；消化污泥可综合利用
缺点	需烟气处理；污泥燃料燃烧会产生含重金属的飞灰	对沼气纯度要求较高；工程应用实例较少；燃料电池提供的是直流电	对沼气纯度要求高，沼气需经过脱硫等净化处理；需烟气处理
技术条件	较高	高	相对较低
投资成本	高	较高	相对较低
环境效益	相对较低	高	较高
社会效益	相对较低	高	较高

注：LHV 为燃料低位热值。

4.3.3 垃圾发电的历史和现状

最早利用垃圾发电的国家是德国，1895 年第一个利用垃圾焚烧发电的设备在德国汉堡建成。1905 年美国在纽约建成了自己的第一个垃圾焚烧发电厂。但是由于当时生产力的限制，焚烧技术不够先进，一直到 1950 年，垃圾焚烧设备都是用包括耐火材料的焚烧炉和专门回收热量的锅炉组装而成的。1954 年，瑞士的柏尼尔建成第一座现代水墙式垃圾焚烧炉。从此，垃圾焚烧炉在世界各国的应用越来越广泛，各种焚烧技术纷纷涌现，如德国的 Martin 炉技术、美国 Foster Wheeler 公司的流化床技术、日本 IHI 公司及 KAWASAKI 公司的回转窑技术是比较有代表性的技术。发达国家城市垃圾处理的发展历程表明，垃圾焚烧处理具有占地面积小、选址较容易、处理快速、减量化显著、无害化较彻底以及可回收焚烧余热等优点，在世界各国得到越来越广泛的应用。全世界每年垃圾焚烧量约为 1.1 亿吨，绝大部分的垃圾焚烧处理厂分布于发达国家。

国外垃圾发电发展得最快的是美国、德国和日本。据 1995 年的数据，美国垃圾发电厂有 114 座，总容量达 2 650MW，居世界第一位。居第二位的是德国，1993 年已有垃圾发电厂 50 座，总容量为 1 000MW。日本的垃圾发电厂数量多达 149 座，但总容量仅有 557MW。美国垃圾发电的平均效率也居世界首位，达 22%，德国的达 17%，日本 9%。除了垃圾的成分、性质方面的原因，平均效率方面的差别也反映了建设垃圾发电厂的立足点的不同。迄今为止，日本的垃圾焚化占垃圾处理总量的 75%，但是，用于发电的焚化装置只占垃圾焚化装置总数的 8%；日本从 1965 年起就有垃圾发电厂投入使用，主要着眼于环境保护，通产省、环境厅、自治省和厚生省设立有补助金。大部分垃圾发电厂锅炉出口蒸汽参数比较低，一般为 250℃、20 个大气压左右。另一方面，美国和德国的垃圾处理以深埋为主(占 60%)，焚化在美国垃圾处理总量中只占 15%，德国稍高，占 30%，但焚化装置几乎全部用于发电(美国的垃圾发电厂占焚化装置总数的 78%，若按垃圾处理量计算，占 93%；德国则接近 100%)。因为政府不予财政补贴，他们在兼顾环保效果的同时，比较注重经济效益，多采用高温高压蒸汽运行条件(如 500℃、90 个大气压)，以期达到高效率[46]。

美国的生活垃圾主要是以卫生填埋的方式处理，这与美国的国土面积广大是分不开的，但垃圾焚烧仍有 10%的比例。那里的生活垃圾分类收集水平较高。生活垃圾被分为五类：①塑料制品及铝制品罐类；②纸类；③废金属类；④有害垃圾如电池、废家电等；⑤其他类(厨余等)。生活垃圾分类强制执行，不分类者将被罚款。生活垃圾的源头分流实施得比较彻底，这就为垃圾的焚烧奠定了一个很好的基础。分流后的垃圾比未分流的垃圾热值高，燃烧稳定，不易产生二噁英等有毒有害物，垃圾中所含重金属也比较少，炉渣和飞灰易于处理，这大大减少了生活垃圾焚烧场的运行费用。生活垃圾焚烧处理厂的建设与其他设施配套，如焚烧设备制造厂、垃圾分选厂、灰渣处理厂等，这些配套设施用以保证生活垃圾焚烧厂的稳定运行，并为形成垃圾处理市场打下基础。美国趋向于大型循环流化床技术。

日本国土面积狭小，填埋成本很高，因此日本的生活垃圾多采用焚烧的处理方式。日本现有焚烧厂约 1 900 座，每年焚烧处理量近 4 000 万吨，是世界上垃圾焚烧处理规模最大的国家。总体上来说，在需求的推动下，日本的垃圾焚烧厂建设处于世界领先地位，日本也养成了垃圾分类收集的习惯。近 20 年来，日本的流化床焚烧技术取得长足进展，处理规模为 25～450 吨/天不等，1995 年日本的 FBC 垃圾焚烧炉达 131 台之多。流化床焚烧炉的优点较多：可以添加煤为辅助燃料；垃圾可以不需要分类；对垃圾的热值要求不是很高(800kcal/kg)；层床料砂有很大的热容，启、停炉也很容易；能源供给稳定，废热可有计划地利用；灰渣燃烧彻底；炉内无可运动机械构件，维护较易；有些流化床处理垃圾不经前处理即可焚烧；炉体非常紧凑，占地小。而日本的年降雨量大于 1 000mm，垃圾水分含量较高，采用流化床焚烧炉有一定的优势。

欧洲特别是西欧是经济比较发达而环保意识比较强的地区，对垃圾焚烧持不同意见。曾发生过二噁英污染事件的意大利，对焚烧持十分谨慎的态度，但大部分的国家都支持生活垃圾焚烧的建设。在瑞士，焚烧生活垃圾占了整个生活垃圾的 80%，丹麦也占 70%。丹麦在 70 多年前就发明了当时效率最高的垃圾焚烧装置，全国有 40 多座垃圾焚烧厂，焚烧产热可供 13 万户居民在北欧漫长寒冷的冬季采暖之用，还在国外建设垃圾焚烧厂。世界上 22 个国家和地区有丹麦建的焚烧厂，总量超过 300 座，50 座在日本，28 座在法国，5 座在香港，1 座在菲律宾。

欧洲的国家大部分都对垃圾焚烧厂给予政策和财政支持。2001 年，各国的补贴分别为：比利时 100 美元/吨垃圾、德国 180 马克/吨垃圾、法国 870 法郎/吨垃圾，政府的财政补贴来自于居民的垃圾处理费。收取垃圾处理费不仅可以保证垃圾处理的资金来源，而且可以实现垃圾的源头减量。

我国每年产生的城市垃圾约相当于 3 000 万吨标准煤，约为目前全国标煤年产量的 2%。此外，垃圾焚烧能节约大量土地。一个占地 1 000 亩的某垃圾卫生填埋场 8 年就得报废，还得重新征地再建。现在结合焚烧，这个垃圾填埋场可以运行 40 年甚至更长时间。全国城市每年因垃圾造成的损失近 300 亿元(运输费、处理费等)，而将其综合利用却能创造 2 500 亿元以上的效益。1988 年，我国第一座工业化垃圾发电厂在深圳建成。如今，深圳建成和在建的垃圾发电厂总处理能力达到 3 250 吨/日，约占深圳市日生活垃圾产量的 40%。以 2005 年 10 月 23 日投入运行的广州市第一座生活垃圾焚烧发电厂——李坑生活垃圾焚烧发电厂为例，这座目前日处理能力达到 1 040 吨的现代化生活垃圾焚烧厂，除了集中处理市中心区生活垃圾外，还能利用垃圾焚烧产生热能，年产生上网电量为 1.3 亿 kW · h，可供约 10 万户家庭生活用电。目前,我国已有较多城市开始引进国外先进的焚烧工艺和设备处理城市生活垃圾,深圳、珠海、上海、温州、顺德、广州、杭州、天津已建成一批生活垃圾焚烧厂,北京等城市正在筹建生活垃圾焚烧处理设施,同时许多中小城市也把建设垃圾焚烧厂提到了议事日程。

"十五"期间我国共建设城市生活垃圾焚烧厂 51 座,其中建成 30 座,在建 21 座,我国在"十一五"期间还建设大约 75 座生活垃圾焚烧厂。我国目前 80% 的城市生活垃圾焚烧厂是在"十五"期间建设的,处于快速发展阶段,大致可分为引进设备焚烧厂、引进技术焚烧厂、国产炉排炉焚烧厂、国产流化床焚烧厂四类,占我国全部城市生活垃圾处理总量的比例接近 8%。

上海引进法国先进的焚烧工艺建造上海浦东垃圾焚烧厂,日处理生活垃圾 1 000 吨,工程总投资 6.7 亿元。上海浦东垃圾焚烧厂是我国目前水平较高的现代化垃圾焚烧厂,主要焚烧设备采用倾斜往复阶梯式机械炉,配置有 3 条生产线,2 套 8 500kW 的汽轮发电机组。此外,上海御桥垃圾焚烧厂(日处理 1 500 吨垃圾)也已经建成。

我国在引进国外先进焚烧工艺和焚烧设备的同时,也加紧焚烧设备和技术国产化的科技攻关。"八五"期间"城市生活垃圾焚烧处理技术"被列为国家科技攻关项目。目前我国的相关研发和制造单位在借鉴发达国家成功经验的基础上,正努力研制国产化的生活垃圾焚烧技术和设备。

4.4　生物燃料技术

4.4.1　生物质气化

生物质气化是在一定的热力学条件下,将组成生物质的碳氢化合物转化为含甲烷、一氧化碳和氢气等可燃气体的过程。它的主要优点是生物质转化为可燃气后,利用效率较高,而且用途广泛,如可以用作生活煤气,也可以用于烧锅炉或直接发电。将生物质原料如薪柴、锯末、麦秸、稻草等压制成型,在气化炉(或裂解炉)中进行气化或裂解反应可制得含氢燃料气。在林场等木材加工下脚料充足地区可发展直燃发电供应当地。生物质气化发电技术是生物质能利用中一个具有优势的新技术,与其他技术相比,气化发电技术具有较好的灵活性、洁净性和经济性[47]。

生物质在无空气等无氧情况下发生不完全热降解生成炭、可冷凝液体和气体产物的过程,其产物为炭、液体和气体。生物质热解发生的物理变化为热量传递,发生的化学变化为复杂的化学反应。生物质热解工艺流程:干燥—粉碎—热解—产物炭和灰的分离—气态生物油的冷却—生物油的收集等,生物质热解产物有生物油(用作燃料油)、不可凝气体和灰等。

生物质气化发电技术的基本原理是先把生物质转化为可燃气，再利用可燃气推动燃气发电设备进行发电。首先把经过处理的生物质原料通过进料系统送进气化炉内，在氧气不足的情况下进行不完全燃烧。与传统的燃烧技术相比，在气化过程中氧气含量通常是理论上完全燃烧所需要量的 1/3～1/5，产生的高温气化气一般要与物料进行换热以加热生物质原料。然后经过冷却系统及净化系统，除去气化气中的灰分、固体颗粒、焦油等杂质。净化后的气体主要包括一氧化碳和氢气，最后采用蒸汽轮机、燃气轮机或内燃机发电。通常生物质气化发电方式有三种。

（1）气化气作为蒸汽锅炉的燃料燃烧，生产蒸汽带动蒸汽轮机发电。

（2）气化气在燃气轮机内燃烧带动发电机发电，其特点是要求燃气压力在 0.098～2.92MPa，气化气也不需要冷却，但有灰尘、杂质等污染问题。

（3）气化气在内燃机内燃烧带动发电机发电，这种方式应用广泛，而且效率较高，但对气体要求严格，气化气必须经净化及冷却[48]。

国内外许多研究人员对该技术进行了大量的研究，近年来在欧洲国家已经形成了几套完整的生物质气化发电系统，主要有 TPS 的 IGCC 发电系统和 Battelle 生物质气化发电系统。

1. TPS 的 IGCC 发电系统

TPS 的 IGCC 发电系统是建立在低压气化基础上的，其工作流程包括：生物质的常压气化并经冷却、除尘、再热等进入燃气机前的一系列步骤。生物质首先经过预处理达到气化反应器的要求，主要包括物料尺寸和含水率 10%～20%，在 850～900℃的环境中进行生物质气化。在 TPS 系统中，采用了两个循环流化床，其第二个循环流化床反应器的主要作用是将焦油催化裂解为简单的化合物。从第一个循环流化床反应器出来的气化气进入焦油催化裂解器底部，与石灰石接触，出来的气体再冷却加压成高压气。清洁的气化气在燃气轮机的燃烧室中增压燃烧，从燃气轮机排放出来的燃气温度为 450～500℃。如果需要提高温度，可以在进入余热锅炉前采用附加的燃料进行补燃，在余热锅炉中产生的蒸汽进入蒸汽轮机发电，具体过程如图 4-8 所示。

IGCC 发电系统最大的特点是可燃气体在进入燃气透平燃烧前需要净化，要求气体净化设备紧凑，造价及运行成本低。该系统的整体效率较高，对于一个装机容量为 30～60MW 的机组，净效率为 40%～50%，得到的合成气也可用来生产 CH_4 和 H_2。在 CH_4 的生产中，间接氢化以及纯氧气化过程得到的合成气更好，低热值为 9～11MJ/m^3。

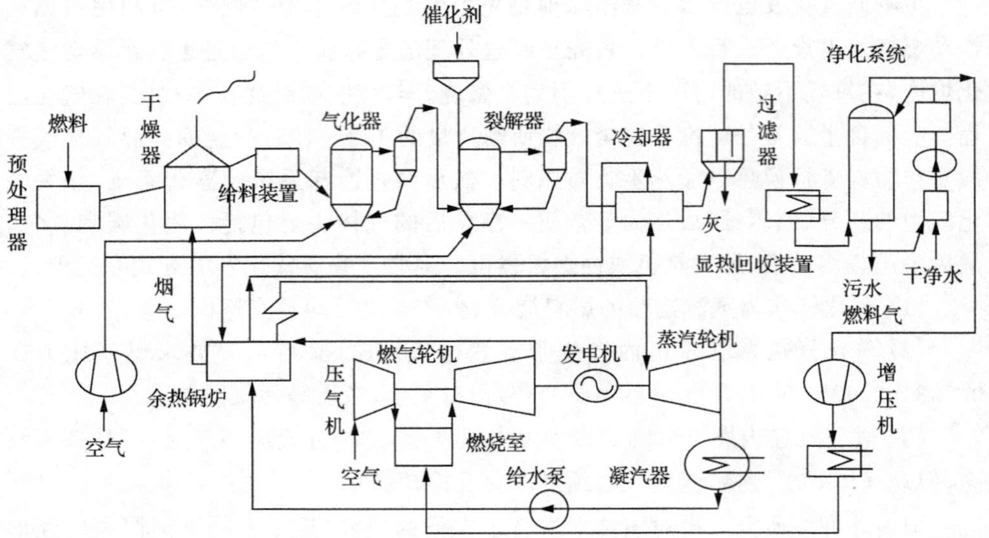

图 4-8　TPS 生物质的 IGCC 系统

2. Battelle 生物质气化发电系统

Battelle 系统的技术特点是采用间接加热的气化反应器，由两个反应器组成一个完整的气化反应器，如图 4-9 所示。一个是气化反应器，其作用是产生中热值可燃气；另一个是燃烧反应器，燃烧气化反应中剩余的炭，提供气化所需的热量。采用循环砂粒来进行两个反应器之间的热量传递。Battelle 生物质气化发电系统

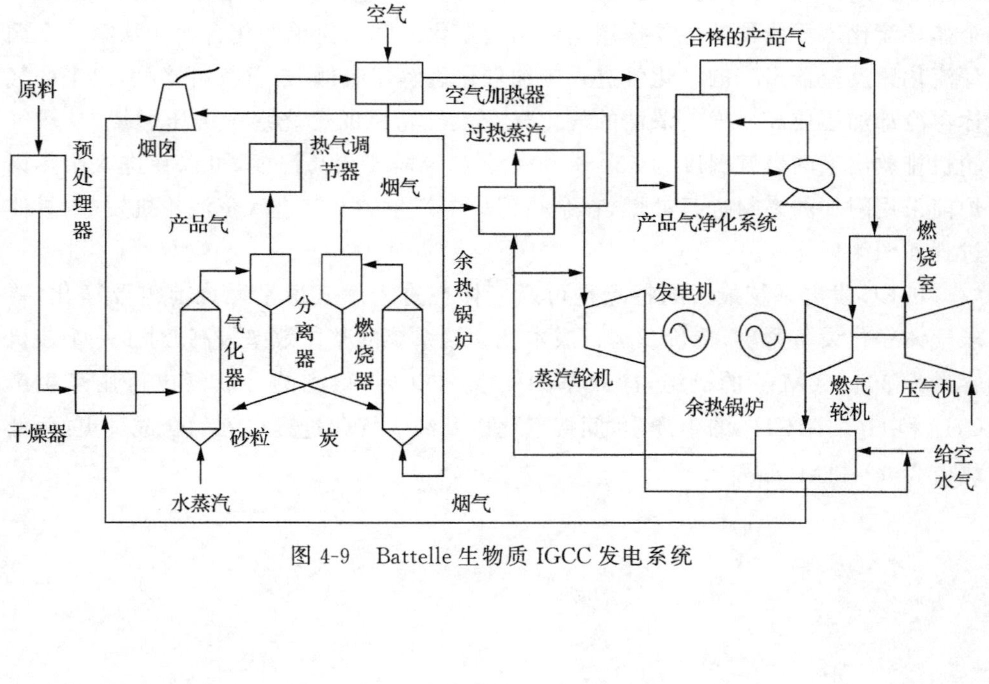

图 4-9　Battelle 生物质 IGCC 发电系统

具体过程:生物质原料经过预处理后,进入气化反应器气化。从气化器出来的高温燃气进入旋风分离器,其中的炭、灰粒和循环砂粒被分离后回送到燃烧器内燃烧,产品气经过空气加热器后进入净化系统,干净的产品气进入燃气轮机系统中发电。而从燃烧器出来的烟气进入余热回收利用装置中,产生的高温高压蒸汽带动蒸汽轮机发电。

早在20世纪70年代,一些发达国家如美国、日本、加拿大、欧共体诸国就开始了以生物质热裂解气化技术研究与开发,到80年代,美国就有19家公司和研究机构从事生物质热裂解气化技术的研究与开发。加拿大12个大学的实验室开展了生物质热裂解气化技术的研究;此外,菲律宾、马来西亚、印度、印尼等发展中国家也先后开展了这方面的研究。芬兰坦佩雷电力公司开始在瑞典建立一座废木材气化发电厂,装机容量为60MW,产热65MW,1996年运行。瑞典能源中心取得世界银行贷款,计划在巴西建一座装机容量为20～30MW的发电厂,利用生物质气化、联合循环发电等先进技术处理当地丰富的蔗渣资源。

瑞典、芬兰、美国等国家率先开始对生物质能气化发电进行了开发和研究,经过多年的努力,已研制出用于木屑、秸秆、谷壳等发电的锅炉、气化装置及附属设备。其中比较成熟的气化发电系统有TPS、Bioflow、VTT、Enviropower、Battelle、IGTRENUGAS。为了进一步推动生物质气化发电技术的商业化进程,美国和欧盟国家已经建造了许多生物质气化发电站和示范工程,包括瑞典的vrnamo电站、丹麦的BIOCYCLE工程、英国的ARBRE工程、意大利的Energy Farm示范工程、美国的夏威夷电站、Vermont生物质气化工程等。我国生物质气化技术的研究开发始于20世纪80年代,其发展得到了政府的大力支持。

4.4.2 秸秆气化

秸秆是一种很好的清洁可再生能源,每两吨秸秆的热值就相当于一吨煤,而且其平均含硫量只有3.8‰,而煤的平均含硫量约达1%。在我国目前农村现有的能源结构(液化气、沼气、太阳能、电、原煤、蜂窝煤,植物燃料)当中,秸秆气以其容易取得原料、操作方便等优势,完全可以取代传统柴灶,替代液化气,改变我国农村烟熏火燎的生活方式,具有较好的经济效益、生态效益和社会效益。秸秆气化集中供气技术为解决农田焚烧秸秆、缓解农村能源供应短缺问题开辟了一条很好的路子,同时对提高农民生活质量、改善农业生态环境、农业增产、农民增收和农村稳定发展作出贡献。秸秆气化后的草灰可以作为钾肥返还农田,生产的焦油可以成为化工原料,真正实现了“废物—资源—产品”的良性循环。秸秆气化技术的推广应用,还可以替代化石燃料,无疑减轻化石资源的供给压力,也一定程度减少了化石燃料大量使用所带来的污染问题。

秸秆气化是采用一种生物质热解气化技术,先将农作物秸秆等生物质原料切碎，在缺氧状态下使秸秆不充分燃烧，产生大量的氢气、甲烷和一氧化碳等可燃气体，再将燃气进行冷却、除杂、去焦处理，送进储气柜，然后经过管网输给农户供炊事用气。这种气化装置 1kg 农作物秸秆可产生近 $2m^3$ 的可燃气，一个四口之家每天需用气 $5m^3$ 左右，每立方米燃气 0.2 元，每户月燃气费 30.0 元。秸秆气化集中供气的价格明显低于使用液化气的价格，而且使用方便，清洁卫生，很受老百姓欢迎。

目前，将农作物秸秆分解气化，制成可燃气体用管道送到农户供炊事和取暖使用，是一种运输方便、操作简单、没有市场压力、不造成二次污染的好办法。利用秸秆气化集中供气的好处：一是可以有效地替代燃煤、燃油的使用，减少化石能源的消耗，符合我国的能源发展战略；二是可有效避免秸秆随地焚烧对空气的污染，有利于环保；三是有利于提高农民收入水平，平时丢弃或焚烧的秸秆成为商品能源，给农民带来直接收益。秸秆气化集中供气工程不但把随意抛弃的秸秆变为清洁的燃料，而且保护了环境，又满足了农民对清洁燃料的需求，集中供气的使用实现了"一人烧火，全村做饭"，大大提高了农户做饭的效率。农户自家生产的秸秆拿到气站换气，还可以增收节支，可谓一举多得。秸秆气化工程不但利用了大量废弃的秸秆资源，而且满足了农村居民生活对优质能源的需求，是农村能源供应的一种新趋势和秸秆资源利用的新方向[49]。

4.4.3　生物乙醇

以高糖分生物质为原料经发酵、蒸馏制成乙醇，进一步脱水使乙醇含量达 99.6%以上，再加上适量变性剂而制成。经适当加工，燃料乙醇可以制成乙醇汽油、乙醇柴油、乙醇润滑油等。燃料乙醇燃烧充分，节能环保，抗爆性能好，燃烧过程 CO_2 及含硫气体排放低于汽油燃料。加入 10%燃料乙醇的乙醇汽油混合燃烧，CO 排量下降 30.8%，碳氢化合物排量下降 13.4%，CO_2 排量下降 3.9%。同时，燃烧更充分、发动机运行更平稳、能够延长发动机寿命。

用含糖类、淀粉 $(C_6H_{10}O_5)_n$ 较多的农作物（如玉米、高粱）为原料，通过水解、发酵制乙醇，其反应式如下：

$$(C_6H_{10}O_5)_n + nH_2O \xrightarrow{\text{酶}} nC_6H_{12}O_6 \tag{4-6}$$

$$C_6H_{12}O_6 \xrightarrow{\text{酶}} 2C_2H_5OH + CO_2\uparrow \tag{4-7}$$

由中国科学院等离子体物理研究所科研人员经过多年技术攻关，成功掌握了餐厨废弃物生产乙醇和沼气的能源化处置技术，并形成两项发明专利。据介绍，该技术将餐厨废弃物变身为四件"宝贝"，即生物柴油、乙醇、沼气和生物肥料。餐厨废弃物中的油脂先经过分离精制变成生物柴油，然后碳水化合物和蛋白质等成分经过酶解、厌氧发酵等过程转化为燃料乙醇，将乙醇发酵残留物和其他有机成分通过发酵产生沼气，将沼气工程的沼渣沼液通过处理变成生物肥料。该技术最大的特点是其能源化思路有别于国内以饲料化为主的技术路线，避免餐厨废弃物再次进入人类食物链，产生同源性积累引发疾病风险[50]。

20 世纪 70 年代中期，全球为了摆脱对进口石油的过度依赖，实施了世界上规模最大的乙醇开发计划。到 1991 年，乙醇产量达到 130 亿升，在 980 万辆汽车中，近 400 万辆为纯乙醇汽车，其余大部分燃用 20%的乙醇-汽油混合燃料，也就是说乙醇燃料已占汽车燃料消费量的 50%以上。1996 年，美国可再生资源实验室已研究开发出利用纤维素废料生产乙醇的技术，由美国哈斯科尔工业集团公司建立了一个 1MW 稻壳发电示范工程，年处理稻壳 12 000 吨，年发电量 800 万 kW · h，年产酒精 2 500 吨，具有明显的经济效益[51]。

目前从全球看，乙醇汽油发展无疑已迎来“黄金期”，关键的推动力在于连创新高的国际油价，迫使许多国家相继出台应对之策。美国总统签署实施新的能源法案中提出，到 2012 年燃料乙醇达到 75 亿加仑；欧盟、加拿大、澳大利亚及一些亚洲国家也拟通过立法加快燃料乙醇的推广步伐。巴西是目前世界上唯一不使用纯汽油的国家，每年 3 000 万吨燃料乙醇的产量，不仅能够满足巴西国内需要，还在谋求向我国等地出口。

目前的问题在于用来分解纤维素的酶成本太高，用不可食用的纤维素生产乙醇也需要先把它们变成糖类。在生物界，反刍动物通过在瘤胃中的多种微生物帮助慢慢地把草秆变成糖类。科学家已经发现了 10 种可以完成这个过程的酶，后来又发现了 15 种新的酶，并且在用转基因的方法培养一种“超级酵母菌”完成这个任务。

燃料乙醇工程是我国“十五”十大重点工程之一。按照《燃料乙醇及车用乙醇汽油“十五”发展专项规划》，国家批准建设了吉林燃料乙醇、黑龙江华润酒精、河南天冠燃料乙醇和安徽丰原燃料酒精四家定点生产厂；黑龙江、吉林、辽宁、河南、安徽 5 省全境和江苏、山东、河北、湖北 4 省的 27 个地市，基本按期完成了车用乙醇汽油试点。

四家燃料乙醇定点厂总生产能力达到 102 万吨/年，已累计生产燃料乙醇 81 万吨。按照国家制定的 10%的调配标准，车用乙醇汽油产量达到 810 万吨，相当于我国每年汽油消耗总量(5 000 万吨)的 16%。作为能源替代的一种尝试，车用乙醇汽油试点推广工作有效地缓解了能源紧张。

生产 1 吨燃料乙醇，用红薯作原料大致需要 7 吨，用木薯、甜高粱和秸秆作原料分别需要 5 吨、4 吨和 10 吨。尽管我国目前 102 万吨/年燃料乙醇的生产规模，每年消耗粮食 340 万吨，只占我国粮食总产量的 0.7%，只及我国主要耗粮行业(如白酒每年 2 000 万吨耗粮量)的 17%。但由于我国人多地少，用粮安全一直是我国历届政府十分重视的问题。这几年风调雨顺，我国粮食产量已从2003年的8600亿斤增长到今年的9600亿斤，但这也仅与我国目前粮食年消费量大体持平。

四川、重庆盛产红薯，仅四川一个省每年红薯产量就达1700万吨。目前30%的红薯用作种子，30%用来喂猪，30%的烂掉，只有10%进入流通领域。从当地农民手中收购，现在售价是0.1元/斤(1斤=0.5公斤)，农民以此增收非常微薄。如果发展燃料乙醇产业，每斤卖到0.2元，无疑会增加当地农民收入。从产业定位看，发展燃料乙醇产业的目的主要是通过开辟新的粮食消费渠道，平衡农产品的生产与消费，稳定农产品价格，提高农民收入，促进农业生产的良性循环，使之成为调节粮食市场供求的有效手段。粮食过剩时，稳定的产业转化渠道提高粮食价格，避免谷贱伤农；粮食短缺时，产业转化会按市场规律减少对粮食的消耗，采用非粮作物替代。

“十一五”期间，发展燃料乙醇重点推进不与粮食争地的非粮食作物如薯类(木薯、红薯)、甜高粱、甘蔗及植物纤维的原料替代。同时结合我国农业种植结构的调整和国外的成功经验，因地制宜，专项发展能源作物，实现燃料乙醇原料供给多元化。

生物质能源研究一直没有停止，其中最有可能成功的是目前年产量达到7亿～8亿吨的秸秆。四家定点厂包括华东理工大学、山东大学、清华大学等在内的十几所高校都在着力破解秸秆转化为燃料乙醇的工艺技术路线。不过，即使转化技术有所突破，但由于秸秆廉价、体积大、运输成本高，权威人士指出“生产燃料乙醇也得因地制宜就近建厂”[52]。

目前基于粮食淀粉的生物乙醇已基本实现规模化生产。但从战略发展的视角看，世界各国都将各类植物纤维素(包括速生林木、林业采伐及加工剩余物、农作物秸秆等)作为可供使用生产燃料酒精丰富而廉价的原料来源，其中利用木质纤维素制取燃料酒精将是解决原料来源和降低成本的主要途径之一。我国自20世纪50年代起，先后开展了生物质化学酸水解、纤维素酶水解法的研究和实践。随着科学技术的发展和转化技术的突破，在不久的将来，利用木质纤维素生产生物酒精将有望实现大规模生产，林业在可再生能源开发和利用中发挥的作用将越来越重要[53]。

4.4.4 生物柴油

1. 生物柴油及特点

生物柴油又叫生物甲酯，是以大豆和油菜籽等油料作物、小桐子和黄连木等油料林木果实、工程微藻等油料水生植物以及动物油脂、废餐饮油为主原料，通过分解、酯化而得到的长链脂肪酸甲酯，具有原料来源广泛、可再生性强、污染性低等特点，是优质的石油、柴油代用品。生物柴油的油脂原料来自植物油脂(大豆油、玉米油、菜籽油、棕榈油等)、动物油脂(各种动物脂肪)、微藻脂肪酸以及废弃食用油(地沟油)等。

生物柴油的优点如下。

(1) 具有优良的环保特性。主要表现在由于生物柴油中硫含量低，使得二氧化硫和硫化物的排放低，可减少约30%(有催化剂时为70%)；生物柴油中不含对环境造成污染的芳香族烷烃，因而废气对人体的损害低于柴油。检测表明，与普通柴油相比，使用生物柴油可降低90%的空气毒性，降低94%的患癌率；由于生物柴油含氧量高，使其燃烧时排烟少，一氧化碳的排放与柴油相比减少约10%(有催化剂时为95%)；生物柴油的生物降解性高。

(2) 具有较好的低温发动机启动性能，无添加剂冷滤点达−20℃。

(3) 具有较好的润滑性能，使喷油泵、发动机缸体和连杆的磨损率低，使用寿命长。

(4) 具有较好的安全性能。由于闪点高，生物柴油不属于危险品。因此，在运输、储存、使用方面的安全性又是显而易见的。

(5) 具有良好的燃料性能。十六烷值高，其燃烧性好于柴油，燃烧残留物呈微酸性，使催化剂和发动机机油的使用寿命加长。

(6) 具有可再生性能。作为可再生能源，其通过农业和生物科学家的努力，可供应量不会枯竭。

(7) 无需改动柴油机，可直接添加使用，同时无需另添设加油设备、储存设备及人员的特殊技术训练。

(8) 生物柴油以一定比例与化石柴油调和使用，可以降低油耗、提高动力性，并降低尾气污染。

生物柴油的缺点如下。

(1) 黏度大：生物柴油的黏度约为柴油的3倍，给生物柴油在柴油机上的应用带来很多问题，如影响燃料的雾化质量、堵塞供油管路等。

(2) 易被氧化：生物柴油容易被氧化形成胶状物，堵塞供油管路，影响发动机的正常供油和生物柴油的储存。

(3) 倾点高：倾点高影响发动机低温状况下的运转，可能造成发动机转速波动较大，甚至熄火。

(4) 腐蚀性大：生物柴油中含有微量甲醇和甘油，并且自身也含有氧元素，会使与之接触的橡胶零件(如橡胶垫、密封圈、燃油管道等)逐渐降解。

(5) 含水率高：因含有微量甲醇，甲醇具有很强的吸水性，导致生物柴油含水率较高，水分有利于降低油的黏度、提高稳定性，但降低了油的热值，使发动机达不到规定的功率要求。

生物柴油的优良性能使得采用生物柴油的发动机废气排放指标不仅满足目前的欧洲Ⅱ号标准,甚至满足随后即将在欧洲颁布实施的更加严格的欧洲Ⅲ号排放标准。而且由于生物柴油燃烧时排放的二氧化碳远低于该植物生长过程中所吸收的二氧化碳,从而改善由于二氧化碳的排放而导致的全球变暖这一有害于人类的重大环境问题,因而生物柴油是一种真正的绿色柴油[54]。

总的来说,生物柴油对环境比较好,但是使用工况不如 0 号柴油好,所以市场上的价格偏低。生物柴油与常规柴油的性能比较如表 4-4 所示[55]。

表 4-4　生物柴油与常规柴油的性能

项目	生物柴油	柴油
冷滤点(CFPP)		
夏季产品/℃	−10	0
冬季产品/℃	−20	−20
20℃的密度/(g/mL)	0.88	0.83
40℃动力黏度/(mm^2/s)	4～6	2～4
闪点/℃	＞100	60
可燃性(十六烷值)	＞56	＞45
热值/(MJ/L)	32	35
燃烧功效(柴油＝100%)/%	104	100
硫含量/%	≤0.001	＜0.2
氧含量/%	10	0
芳烃含量/%	微量	≤25
燃烧 1kg 燃料按化学计算法的最小空气耗量/kg	12.5	14.5
水危害等级	1	2
三星期后的生物分解率/%	98	70

2. 生物柴油生产技术

生物柴油的生产方法主要有直接混合法、微乳化法、高温裂解法和酯交换法。前两种方法属于物理方法,虽简单易行,能降低动植物油的黏度,但十六烷值不高,燃烧中积炭及润滑油污染等问题难以解决。高温裂解法过程简单,没有污染物产生,缺点是在高温下进行,需催化剂,裂解设备昂贵,反应程度难控制,且高温裂解法主要产品是生物汽油,生物柴油产量不高。工业上生产生物柴油的主要方法是酯交换法,油料主要成分甘油三酯与各种短链醇在催化剂作用下发生酯交换反应得到脂肪酸甲酯和甘油,包括酸催化法、碱催化法、超临界酯交换法和酶催化法[56]。

第一代生物柴油主要以食用植物油为原料,如大豆油、菜籽油、向日葵油和棕桐油。然而用于生产商业生物柴油的植物油与食用植物油之间的“土地之争”一直是一个颇具争议的话题，许多公共组织和非政府组织对此提出了很多异议，由此促进了以非食用油为原料的第二代生物柴油的产生。

第二代生物柴油主要以麻风树为原料。尽管麻风树油与食用植物油性质相似，若以麻风树为原料制取生物柴油，可以不用对现有生物柴油厂进行设备和工艺流程的大幅修改，但是麻风树油需要额外的预处理才能获得更高浓度的游离脂肪酸(FFA)。另外，尽管麻风树可以很容易在非耕地或荒地处生长，但需要定期灌溉、大量施肥和良好的管理才能确保高产油量。因此，微藻因其能快速生长和能通过固定二氧化碳将太阳能转化为化学能的特点被视为极具潜力的第三代生物柴油原料。

第三代生物柴油主要从微藻中制取。

生物柴油的生产方法主要有酯化法、酯交换法、生物酶催化酯化法等。

1) 酯化法

酯化法是使脂肪酸与甲醇或乙醇在酸催化下，发生酯化反应制成脂酸甲(乙)酯。用油脂加工过程中产生的酸化油为原料，其中既含有脂肪酸，又含有脂肪酸甘油酯。反应过程中生成的甲酯很容易与水和硫酸分离。但由于不能使三脂肪酸甘油酯同时转化，还要继续进行酯交换反应。通常的化学酯化法生产生物柴油主要问题是成本高。据统计，生物柴油制备成本的75%是原料成本，因此采用廉价的原料及提高转化率、从而降低成本也是生物柴油是否能规模化、产业化的关键之一。

2) 酯交换(醇解)法

酯交换法是采用动植物油脂与醇(特别是甲醇)在无催化剂或在酸催化剂、碱催化剂或酶存在下进行酯交换反应，生产脂肪酸甲酯和甘油。其流程如图4-10所示。

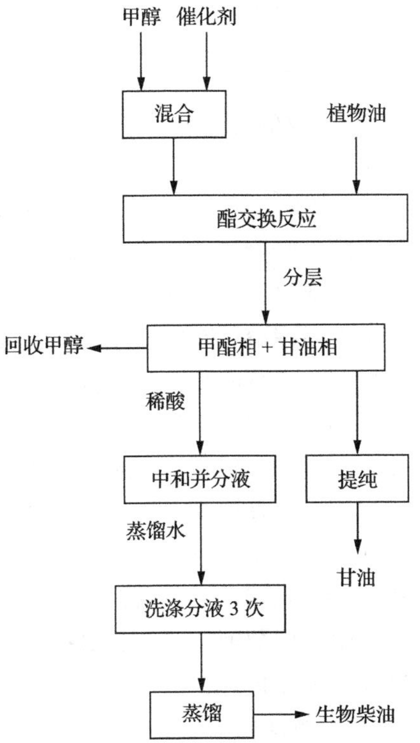

图4-10 酯交换法制取生物柴油流程图

整个酯交换反应可用以下反应式表示：

$$\text{甘油三酯} + \text{甲醇} \longrightarrow \text{甘油二酯} + \text{脂肪酸甲酯} \tag{4-8}$$

$$\text{甘油二酯} + \text{甲醇} \longrightarrow \text{单甘酯} + \text{脂肪酸甲酯} \tag{4-9}$$

$$\text{单甘酯} + \text{甲醇} \longrightarrow \text{甘油} + \text{脂肪酸甲酯} \tag{4-10}$$

从化学计量式看,整个反应过程中1mol甘油三酯需3mol醇。但在实际操作中为使反应平衡向右进行,甲醇应大大过量。虽然酯产物是整个反应所期望的,但同时也应考虑到甘油的回收。一般情况下,酯交换反应用的是短链的甲醇、乙醇、丙醇、丁醇,酯交换反应的转化率不取决于所用醇类型,但甲醇因价格低廉而得到广泛应用[57]。

碱催化反应:碱催化最为普遍,其主要缺点是甘油回收和催化剂脱除困难、反应不完全,以及当油中含有游离脂肪酸和/或水时会生成皂化产物,必须提前进行植物油预处理、催化剂干燥和甲醇脱水,工艺复杂、能耗高、要排放含碱废液易造成环境污染,此法为非均相反应,反应速度慢、反应时间较长。

酸催化反应:其反应时间比碱催化长,产率低,因而研究得较少。酸催化的优点是受游离脂肪酸和水分的影响较小,当使用废餐饮油时,可以免去油脂的预处理步骤。

生物酶催化酯化法:生物酶法工艺简单、反应条件温和、选择性高、醇用量小、副产物少、生成的甘油容易回收且无需进行废液处理。本法的关键是催化剂,具体使用如下。

(1) 游离脂肪酶作催化剂。脂肪酶能够高效催化醇与脂肪酸甘油酯进行酯交换反应,通过使用脂肪酶可以解决目前传统化学方法生产生物柴油使用的催化剂、存在难以分离以及所需能量太大等问题。但是缺点是:一般不使用有机溶剂就达不到酯交换效率,反应体系中甲醇达到一定量,会导致脂肪酶失活而失去催化能力;同时酶价格偏高,使用它作催化剂生产成本较高,限制了其在工业规模生产生物柴油中的应用,反应时间较长[58]。

(2) 固定脂肪酶作催化剂。提高酶的稳定性和重复使用率并降低成本。

(3) 全细胞酶作催化剂。使用全细胞酶作催化剂并将其吸附在一些多孔、可渗透生物质支撑物中,就可以省去复杂的酶纯化和固定化过程,会大大降低工业生产成本,还可通过基因工程技术提高脂肪酶的表达水平对甲醇的耐受性等,可以进一步提高全细胞酶的效率。在这些方法中,酯交换方法是最适宜的,因为甘油副产品有极高的商业价值。

3) 生物酶催化法

生物酶催化法生产生物柴油的原理为油脂与低碳醇在脂肪酶的作用下发生转酯化反应,生成相应的脂肪酸甲酯及乙酯。其中脂肪酶可以为酵母脂肪酶、根霉脂肪酶、毛霉脂肪酶等。为高效利用脂肪酶,降低成本,工艺上常采用脂肪酶固定化技术。

利用生物酶法合成生物柴油具有反应条件温和、醇用量小、无污染物排放等优点，具有环境友好性。

4）其他方法

（1）超临界法。

超临界状态下甲醇和油脂都为均相，反应速率常数大，反应时间短。甲醇具有疏水性，介电常数比较低，甘油酯完全溶解在甲醇中，形成单相反应体系，酯交换反应速度快，甲酯总收率提高。油脂在200℃以上会迅速发生水解，生产游离脂肪酸、单甘酯、甘油二酯等。而游离脂肪酸在水和甲醇共同形成微酸性体系中具有较高活性，故能与甲醇发生酯化反应，且不影响酯交换反应继续进行。另外，由于反应中不使用催化剂，所以后续工艺较简单，不排放废碱液，酯交换过程更加简单、安全和高效，与化学法相比，成本大幅度降低[59]。

（2）工程微藻法。

为了解决生物柴油原料成本高的问题，美国国家可再生能源实验室（NREL）通过基因工程技术构建了“工程微藻”，为生物柴油生产开辟了一条新的技术途径。

（3）催化反酯法。

采用碱催化反酯化（特定的反甲基化），使用共溶剂可形成富油单相系统，可在室温下进行。反酯化反应采用过量甲醇，过量甲醇用闪煮的形式除去，并循环至工艺过程，与新鲜甲醇相混合，10min内反应可完成95%。

目前生物柴油主要是用酯交换法生产，采用植物油与甲醇或乙醇在酸或碱性催化剂和230～250℃下进行酯化反应。即用动物和植物油脂与甲醇或乙醇等低碳醇在酸或碱性催化剂及高温（230～250℃）下进行转醇化反应，生成相应的脂肪酸甲醇或乙醇，再经洗涤干燥即得生物柴油。但酯交换法合成生物柴油有工艺复杂、能耗高、色泽深、成本高且生产过程有废碱液排放等缺点。为解决上述问题，利用生物酶法合成生物柴油的工艺正在研究当中。在此法中，用动物油脂和低碳醇通过脂肪酶进行转醇化反应，制备相应的脂肪酸甲醇及乙醇。与酯交换法相比，酶法合成生物柴油具有条件温和、醇用量小、无污染排放的优点，但甲醇及乙醇的转化率低，一般仅为40%～60%。

3. 微藻制柴油

微藻是地球上现存的最古老微生物之一，作为一种光能自养型单细胞生物，与第一、第二代生物柴油原料相比具有如下显著优点。

（1）生长速率快，生长周期短。微藻生长速率比陆生植物快100倍，生物量能在不到一天的时间里翻倍。

（2）单位面积产油率高，占用土地最少。在适宜的培养条件下，有的微藻每干重能积累50%～70%的油/脂。根据最新一项研究显示，微藻养殖的实际产量为

15～25 吨/(公顷·年)，假设微藻细胞内含有 30%的脂质(在不优化生长条件的情况下)，这就相当于 4.5～7.5 吨/(公顷·年)的脂质产量，比大豆油产量(0.4 吨/(公顷·年))、菜油产量(0.68 吨/公顷/年)、棕榈油产量(3.62 吨/(公顷·年))和麻风树产量(4.14 吨/(公顷·年))都要高。换句话说，制取相同数量的生物柴油，微藻占用土地最少。

(3) 光能利用率高。微藻细胞通常为丝状体或片状体，整个细胞都能进行光合作用，其太阳能利用率比陆地植物高 10～50 倍。

(4) 减缓温室效应，降低生产成本。微藻在光能自养生长过程中能主动吸收大量的 CO_2，有利于降低温室气体含量，符合全球"CO_2减排"新趋势。同时，无需人工额外添加纯净的 CO_2 而利用自然存在的 CO_2，可大大降低微藻生物燃料的生产成本。

(5) 净化废水。以废水培养微藻，微藻在生长过程中会消耗废水中的氮、磷等营养物质，从而取得降低水体富营养化和减少生产成本的双赢效果。

(6) 可在极端环境下生长，不占用农作物的优质土壤和水资源。荒漠和其地下水、滩涂和海水、盐碱地和盐碱水等土地和水源均可用于微藻规模培养。

基于以上原因，微藻被广泛认可为第三代生物柴油的优质原料。

微藻作为一类微观的单细胞群体，是低等植物中种类繁多、分布极其广泛的一个类群。微藻油脂组成与一般油料植物相似，以 C16、C18 系脂肪酸为主。高等植物种子脂肪酸含量为干重的 15%～20%，而微藻脂肪酸含量在氮元素缺乏时可达细胞干重的 80%。微藻特有的化学组成和结构注定了它是获得生物柴油的优良原料来源，主要化学成分是脂类、纤维素、木质素和蛋白质等。根据微藻细胞特有的化学成分，一方面，利用高温高压液化技术或超临界 CO 萃取技术可获得细胞中的油脂，再通过酯交换技术将其转变为脂肪酸甲酯；另一方面，利用微藻直接热解制备生物燃料，即在绝氧的条件下将微藻加热到 500℃左右，使其分解转化为其他液体、固体及气体，以生产高芳烃、高热值、高稳定性、高辛烷值的生物质油以及焦炭、合成气、氢气等多种燃料物质。

利用微藻制备生物柴油的关键是提高细胞生长量和胞内脂肪酸含量。脂肪酸合成可通过基因工程手段提高脂肪酸关键酶活性，从而实现构建高油工程微藻的目的。脂肪酸合成以乙酰辅酶 A 为底物，经乙酰辅酶 A 羧化酶(acetyl-coenzyme A carboxylase，ACCase)催化后进入脂肪酸合成途径，ACCase 是脂肪酸生物合成的限速酶。研究表明，高油黄豆从发育早期到中期，ACCase 活性要比低油黄豆高 2 倍，表明在早期种子发育过程中，ACC 基因表达量的增加与种子成熟时含油总量呈正相关。此外，Davis 等将大肠杆菌原核型 ACCase 的编码基因重新转化大肠杆菌，过量表达 ACC 基因提高了大肠杆菌 ACCase 的活性，同时脂肪酸含量增加了 6 倍，说明原核型 ACCase 过量表达也可提高脂肪酸合成[60]。

尽管利用微藻类作为生物柴油原料制备有很多优点，但在微藻的规模化培养及制备生物柴油过程中仍存在许多问题：①微藻生长速率相对较低，繁殖条件要求严格，因而前期投资较大；②培养时需要纯净CO_2和有机物（乙酸盐、葡萄糖等），并且要求用化合物作为矿物营养的来源，这些条件会增加投资；③微藻培养结束后，需特定的设备将其从水中分离出来，进一步增加投入；④需要甲醇或乙醇等低碳醇在酸性或者碱性催化剂作用下进行酯交换反应，生成相应的脂肪酸甲酯，再经洗涤干燥得生物柴油，因而成本相对昂贵。

原料成本是影响生物柴油发展和普及的主要因素。研究表明，微藻基因工程在我国有明显的优势，提出如下对策，将有利于微藻制备生物柴油的市场化。

(1) 通过加强对微藻的基因工程改良，采用微藻基因工程技术，如克隆与脂类代谢有关的基因、分析新的调节元件、构建新的受体转化系统，使脂类基因在微藻中的表达效率提高；通过海水培养驯化含油微藻，降低培养成本；控制培养液中C/N比例、延长细胞营养生长阶段等调控手段，提高转基因微藻细胞的总脂含量。

(2) 加强微藻养殖场与炼油厂的联系，双方合作交流，既要考虑到高油微藻的生长和收获连续性，又要与大炼油厂的常年生产进行协调。根据不同养殖地区的环境条件和炼制要求，提高工程微藻适应能力和产油率。培育海洋高油微藻，利用现有沿海湿地及滩涂地区规模养殖，有利于解决原料的长期供应问题，如在沿海滩涂电厂附近建设海洋高油微藻反应器，利用电厂排放的CO_2作为培养微藻所需碳源。

(3)微藻油脂的提取可采用流动反应器。甲酯化—酯交换反应—分离一体化新工艺，并回收高品质甘油。此外，常温常压下固定生物酶法制备生物柴油新工艺，消除甲醇及副产物甘油对酶反应活性及稳定性的影响，将副产物甘油进一步转化为高附加值产品丙二醇，从而提高微藻制备生物柴油的经济效益。

美国能源部1978年就立项利用藻类制备生物柴油的研发工作，从海洋和湖泊中分离了3000多种藻类，从中筛选出300多种生长快、含油高的硅藻、绿藻和蓝藻等藻种。经过驯化，其中一些藻类的光合生产率已经达到50g/(m^2·天)，含油率达到80%。

然而微藻的规模培养和成本问题，长期以来阻碍着该技术的发展。微藻的高密度大规模培养是提高微藻生长速率、降低生产成本、实现微藻生物柴油技术产业化发展的必经之路。目前微藻规模培养的方式有两种：开放式户外大池光自养培养和封闭式光生物反应器（发酵罐）自养或异养培养。

开放式户外大池培养是螺旋藻和小球藻等少数微藻进行商业化生产常用的方法，其结构和运转比较简单，生产成本低。但由于细胞密度低、易污染、生产不稳定、占地面积大等缺点，开放式户外大池培养发展受到很大限制。

对于大多数不适合开放培养或经济价值较高的微藻，可采用封闭式光生物反应器。封闭式光生物反应器操作简单，培养条件、参数易控制，条件稳定，成品质量高，可实现全年无菌纯种培养，能较大幅度地提高微藻细胞密度，其生长速率和生物量已接近大肠杆菌。但封闭式光生物反应器在规模培养过程中的生产成本相对较高，需要较好地解决微藻最佳的培养条件和最低的成本消耗，即选择合适的光照方式，提高光能利用率；选用合适的培养系统，达到最大培养数量。

对于水域生长的微藻细胞的转化，所主要关注的是细胞的含水率(包括细胞内含水率及细胞外含水率)、脂类和蛋白质含量、纤维素与木质素含量比率等。目前，主要采用的三种转化技术是生物化学转化、热化学转化和直接燃烧。

1）生物化学转化技术

生物化学转化包括两种主要的方法，即生物酶发酵和厌氧发酵。生物酶发酵被广泛应用于酒精工业中，由各种酶将富含糖类及淀粉作用转化为乙醇等，但用于木质纤维素还存在转化速度慢和废液需要二次处理等问题。厌氧发酵可直接将生物量转化为主要由甲烷和二氧化碳等组成的可燃气体，其中包括其他少量气体成分，如硫化氢等，主要适合于将工业有机废液和人畜粪便等非固体生物质分解为沼气。厌氧发酵目前广泛应用于有机废水的生物处理等方面。

2）热化学转化技术

热化学转化技术已发展得非常成熟，也是目前将生物量转化为生物质能的主要技术手段之一。根据最终产物的不同，可以将热化学转化技术分为热解、炭化和气化等几种不同的转化过程。

热解指在绝氧的条件下将生物量加热到 500℃左右，导致生物量分解转化为其他液体、固体及气体组分的过程。通过生物质热解及其相关技术，可生产焦炭、生物油、合成气及氢气等多种燃料物质。与生物质原料相比，热解产生的燃料具有能量密度高、易于储运和氮、硫含量低等优点。按照热解反应温度、升温速率、反应时间等实验条件，可以将热解过程分为快速热解和慢速热解两种方式。慢速热解的主要产物是焦炭，副产物为生物油；快速热解的产物主要是生物油和可燃气体，具有较高的转化效率。采用快速热解可将高达 80%左右的生物量转化为粗制生物质燃料。随着化石能源的不断减少，人们越来越重视对热解生产液态生物油的快速热解技术的研究和应用。

炭化又称干馏，是生物质在缺氧或贫氧条件下，以制备相应的固体燃料为目的的一种热解技术，其过程与生物质、木纤维、木质素的分解同步。将生物质等在隔绝空气下加热分解为气体(煤气)、液体(焦油)和固体(焦炭)产物。焦油蒸汽随煤气从焦炉逸出，可以回收利用，焦炭则由焦炉内推出。

气化是指在高温条件下，将生物量部分氧化生成可燃性气体的过程。通常所采用的气化温度为 800～900℃，所产生的低热值气体产物可直接用于燃气轮机等设备。

3）直接燃烧

直接燃烧的转化方法长期以来一直为人类所使用。通过燃烧，生物量所储存的化学能量可转化为800～1 000℃的高温气体，用于加热、发电等多种用途。理论上任何形式的生物量均可由燃烧的方法转化，但是实际上只有含水率小于50%的生物量才能通过燃烧法转化[61]。

直接燃烧包括炉灶燃烧、锅炉燃烧和成型燃料燃烧等方式。目前许多农村地区普遍采用炉灶燃烧，热效率低于15%；锅炉燃烧热效率较高，热电联产时可达90%以上；成型燃料燃烧是把生物质固化成型后再用于传统的燃烧设备，电耗较高。

微藻生物燃料存在如下问题。

(1) 成本过高。当前阻碍微藻生物燃料大规模生产的主要瓶颈之一是高昂的成本。由美国国家可再生能源实验室（NREL）最新统计数据可知，微藻生物柴油生产系统的营运成本为12 000美元/公顷（包括化工原料、人工、电力、固定资产折旧、维护保养及投资回报等所有经营成本），由此可推算出微藻生物柴油在美国的成本为134.4美元/桶，高于传统化石柴油平均100美元/桶的价格[62]。

在所有成本中，原料成本占总生产成本的70%～95%。换句话说，原料成本是导致生物燃料价格居高不下、制约微藻生物燃料社会化生产利用的最主要因素。导致原料成本过高的原因有很多，其中一个重要原因是培养成本过高。目前所有微藻养殖都需添加营养物质（乙酸盐、葡萄糖等）并供给纯净的CO_2，而微藻本身对光能、营养物质和CO_2等培养条件的利用效率并不高。因此，寻找廉价培养基、优化培养条件和提高微藻对培养条件的利用效率等途径将是突破微藻生物柴油瓶颈的关键。

(2) 原料利用问题。生长速率快的微藻含油量通常只有10%～20%，而含油量大于60%的藻种种类有限且生长速度较慢。此外，微藻细胞小、细胞壁大多坚硬，目前的技术无法有效进行藻体收获和细胞破壁。因此，如何提高高油微藻的生长速率或者寻找新的微藻原料，以及如何有效收集藻体和进行细胞破壁等问题都有待进一步研究。

(3) 工业化技术不成熟。现有的工业技术水平较低，无法实现微藻生物燃料的规模化生产。目前微藻生物燃料的研究大多局限在实验室和小规模基础，培养设备只有几百吨的规模，缺少适用于工业化培养的大型光生物反应器装置，缺乏适应阳光、温度和湿度等自然环境变化的大规模细胞高密度培养方法的原理研究和技术水平，培养过程存在多种渠道的敌害生物污染，并且在微藻热解过程中气液固收集与回收再利用不完全。因此如何实现规模放大、建立敌害生物污染综合防治将是未来微藻生物燃料研究的重点之一。

生物质能是一种可再生的能源，逐渐受到人们的重视，为人们所研究。在众多的生物质中，微藻具有含有较高的脂类物质、生物量大、生长周期短、易培养等优点，是制备生物质液体燃料的良好材料。并且以微藻为原料，经热解等方法制备的生物油具有热值高、易储运等优点。因此，微藻热解制备生物油具有广阔的开发利用前景。

4. 生物柴油的生产工艺[63,64]

下面介绍15种生物柴油生产工艺。

1）CN1382762A工艺（利用废动植物油生产生物柴油）

工艺：在酸性催化剂存在的条件下，将各种不同酸值的废动植物油脂进行醇解反应和酯化反应；分离多余的醇，得出粗酯；然后再分离出非产品部分的多余成分，如酸、甘油、水等，得到粗制的产品；在粗制的产品中加入含纯碱10%的饱和食盐水进行中和反应，得到水洗粗酯，最后，在水洗粗酯中加入工业纯碱后进行加热蒸馏，收集气相温度为220～320℃的馏分，得成品生物柴油。其配料为：废动植物油100%；醇类（甲醇或乙醇等）10%～20%；酸性催化剂（硫酸或苯磺酸）0.7%～1.1%；碱盐水4%～6%；纯碱0.4%～0.8%。

具体技术方案如下。

酯化：取棕黑色的，酸价AV等于152的玉米油3000kg，加入浓度为98%的工业甲醇450kg和浓度为98%的工业硫酸27kg。将上述的废油、甲醇和硫酸泵入5000L的酯化缸内，打开回流冷却水及热油加热阀门，进行升温加热。约1h后，甲醇回流视盅内出现甲醇回流，气相温度为70℃；在气相温度为70～73℃的条件下，甲醇回流5h；在气相温度为73～85℃的条件下，甲醇回流3h 15min；在气相温度为85～90℃的条件下，甲醇回流3h，抽验物料的酸值AV≤15，回流时间累计11h 15min，回流时间大于10h，回流时间以10～12h为较佳，得到合格的粗酯。

关闭回流阀门，打开甲醇蒸馏阀门，将剩余甲醇蒸出，在气相温度为98℃的条件下收集蒸出的甲醇。

将粗酯经粗酯冷凝器降温后，泵到储坛，经静置12h后，放出下层稀硫酸及甘油水。

中和：将粗酯泵入中和缸内，边搅拌边加入含苛性钠6%的饱和食盐水，将粗酯的pH由2～3中和至7～8，静置3h，分出下层饱和食盐水。该分离出的饱和食盐水经加碱片重新配成苛性钠饱和食盐水，供下一批中和使用。

常压蒸馏：将中性粗酯泵入蒸馏锅，并加入24公斤工业固体纯碱后，升温加热，分别收集220℃以下的馏分、220～320℃的馏分以及330℃以上的馏分。其中，220℃以下的馏分作为汽油与甲醇的互溶剂，呈淡黄色；220～320℃的馏分作为生物柴油，呈淡黄色；320℃以上的馏分为棕色，加入下一批蒸馏。

2) CN1473907A工艺

工艺如下。预处理阶段:经除去机械杂质后进入原料储罐,经加热后进入真空度为0.005～0.02MPa、温度为60～130℃的脱水器脱水后备用。

酯化阶段:经预处理的原料泵入反应器,加入其他配料,加热至60～80℃。反应时产生的水与配料甲醇以气相进入回收塔,分离出水分。纯甲醇又回到反应器中继续反应。反应达到终点时,除去催化剂,未参加反应的过量甲醇从甲醇回收塔加以纯化并回收。

生成的物料进入沉降罐,除去少量水分后进入蒸馏塔,减压连续蒸馏,馏出物经冷却后即为成品,泵送至成品储罐。

工艺特点如下。

(1) 采用了酯化反应器与甲醇回收塔连成一体的结构,可随时除去反应过程中生成的水,使反应始终朝着正反应方向发展,故反应彻底,酯转化率高,可达93%以上,且反应器可做20m^3以上,特别适于工业化大生产。也正是由于采用该结构,可回收并提纯未参加反应的过量甲醇,使甲醇的消耗大为降低。

(2) 采用连续真空脱水,脱水器采用特殊设计的板式结构或填料结构,真空形成设计为水环泵或水力喷射真空泵。

(3) 采用复合催化剂系统,不但可使脂肪酸转化成甲酯,也可使中性油醇解成甲酯,使产品得率高。由于酯化反应是一可逆的过程,在酯化达到要求后,必须先除去催化剂,再进行甲醇回收,否则,酸价会略有上升。

(4) 粗甲酯蒸馏采用减压后连续蒸馏。粗甲酯经过升膜式预热器预热至230℃左右,再进入蒸发塔,蒸发塔加热是采用降膜式换热器,以防物料受热过度而变质,真空要达到0.00008MPa,其设备为蒸汽喷射真空泵或蒸汽泵与水环泵串联。产品蒸出后需经冷却至35℃以下,以保证产品色泽良好。

3) CN1412278工艺(高酸值废动植物油生产生物柴油)

工艺:采用酸性催化法,在酸性催化剂的作用下与低碳醇进行反应,将高酸值废动植物油通过酯化、酯交等工艺过程生产脂肪酸甲酯,包括以下步骤。

(1) 脱水:在60～100℃的真空下进行。

(2) 酯化、酯交:在40～85℃下进行,所用的催化剂是甲醇和硫酸,反应时间为1.5～6.0h;甲醇和硫酸的用量分别为高酸值废动植物油重量的10%～15%和2%～6%。

(3) 分相:在40～80℃下进行,持续0.3～1.0h。

(4) 脱色:在90～125℃下进行的,脱色时活性白土的用量为3%～10%。

具体措施如下。

原料:变质高酸值废棉籽油30kg。

首先,将变质高酸值废棉籽油加入脱水器内,在70℃真空条件下对其进行脱水处理;经脱水后进入反应釜,加入 3.6kg 的甲醇及 1.2kg 的硫酸在 70℃下进行酯化、酯交反应,反应时间持续 3.0h;反应后的产物进入相分离器,加入 1.2kg 的活性白土,在 60℃的条件下进行分相处理,共持续 0.5h;最后,在 105℃下进行脱色处理,共持续 0.5h,即生成 28.5kg 脂肪酸甲酯,收率达 95%。

4) CN1374370A 工艺

在酯化锅内原料酸化油与过量含水量小于 5%的工业甲醇在浓硫酸的催化作用下,常压下用蒸汽加热并维持在 60~75℃,回流反应 4~8h,其加入量为:原料油脂∶甲醇∶浓硫酸=1000∶(400~800)∶10,回流反应结束后,蒸出多余的甲醇蒸汽送入吸收塔内回收,余料(粗甲酯)经静置 1.5h 后,排出酸水,在水洗后经脱水塔脱水,加入 1‰的添加剂硼酸,搅拌均匀后泵入蒸馏釜,蒸馏釜内液相温度控制在 220~280℃,真空度在 0.09MPa 的条件下蒸馏,馏出物约为 90%~97%,主要成分为混合脂肪酸甲酯和少量未反应脂肪酸;将馏出物在冷却塔内冷却到 0℃,在此温度下过滤去除所析出的固体,所得液体即为可替代 0# 柴油的生物柴油,生物柴油可与柴油以任意比例互溶,使用方便。

具体措施:将酸化植物油 1000kg、含水量小于 5%的工业甲醇 650kg、浓硫酸 10kg 加入酯化锅内,常压下用蒸汽加热并维持在 65~75℃,回流反应 4~8h。回流反应结束后,静置 1.5h,排出酸水,再水洗、经脱水塔脱水,甲醇蒸汽在甲醇吸收塔内进行回收,脱水后得到粗甲酯 971kg,加入 1kg 的硼酸,搅拌均匀后泵入蒸馏釜,蒸馏釜内液相温度控制在 220~280℃,真空度在 0.09MPa 的条件下蒸馏,得到馏出物 859kg;将馏出物在冷却塔内冷却到 0℃。在此温度下过滤去除所析出的固体,得到燃料甲酯(即生物柴油)848kg。

5) CN1560197A 工艺(利用潲水油制备生物柴油)

取 1000 份潲水油加至烧杯中,烧杯上置搅拌器,下面放置可调温的电炉。在不断搅拌的情况下加热至 75~90℃,优选温度为 80~85℃,然后加入温度为 85~90℃、浓度为 3.5%~4.5%的盐水 250~350 份,盐水的浓度一般为 4%,份量一般为 300 份,搅拌 25min 以上,一般搅拌 30min,停止加热和搅拌,静置 25min 以上,一般静置 30min 进行分层,分层可在分液漏斗中进行,放掉下层废水。按此步骤洗涤多次,一般 2~3 次即可;将用盐水洗涤过的潲水油升温至 105~110℃,搅拌脱水 1~2h,直至液面无水汽和气泡;脱过水的潲水油加入 30~40 份的活性白土,于 110~120℃下搅拌 0.8h 以上,一般为 1h,然后用中速定性滤纸过滤;将上述精制过的潲水油约 610 份、甲醇 105~210 份(一般为 105 份)、甲苯磺酸 5~20 份,一般为 10 份、顺次加入 1L 四口烧瓶中,四口烧瓶上装有可调速的搅拌机、200℃水银温度计、通有冷却水的球形冷凝器,下置 1000W 可调温电炉,在回流温度下反应 6h 以上,优选时间为 7~9h,一般为 8h。停止加热和搅拌,静置 1.5h 以上,优选时间为 2~2.5h,一般 2h;将上述反应产物用分液漏斗分去下层重组分(主要是过量甲醇和甘油),上层较轻组分置于蒸馏瓶中,首先于常压下脱除大部分溶解在物料中的甲醇,在抽真空条件下蒸除残留甲醇。瓶中余留物便是生物柴油;分离出来的下层重组分主要是甘油和过量甲醇,通过常压蒸馏将甲醇和甘油分离,甲醇可重新作为原料。

6) CN1654601A 工艺

原料油经蒸馏脱水,使水分含量降低到0.06%以下;脱水后的原料油与甲醇和催化剂的混合物一起进入超声酯交换反应器反应,保持甲醇和原料油的摩尔比为3∶1～20∶1,催化剂质量百分率为0.1%～1%,反应温度控制在20～64℃,超声波频率为18 000～4 000 000Hz,功率控制在30～1 000W;反应结束后,酯交换产物进入甲醇蒸馏器,蒸出的甲醇回流入反应器循环使用,蒸甲醇后的反应产物进入分离器,使甘油与生物柴油相分离。分离出来的生物柴油相再经中和、水洗、连续蒸馏除去催化剂、皂化物、水分和甲醇,然后进一步净化得到高纯度,即大于99.6wt%的生物柴油产品,甘油相经净化得到所需纯度的甘油副产品。

具体措施:粗原料经机械除杂后进入原料油储罐,再由泵打入闪蒸器脱水,温度为100～150℃,时间为30min;脱水后的原料油经换热器进入超声酯交换反应器,加入甲醇和催化剂,保持温度在20～64℃,开启超声波进行酯交换反应;反应后的酯交换产物进入甲醇蒸馏器,蒸出的甲醇回流入反应器循环使用,蒸甲醇后的反应产物进入连续分离器,使甘油与生物柴油相分离。分离所得的生物柴油相进入中和器,除去催化剂后进入水洗器,水洗后进入薄膜蒸发器,脱去甲醇和水,再经分离除杂后由泵送到产品储罐,分离出的甘油相经脱水、脱甲醇后得到所需纯度的甘油副产品;中和、水洗、蒸发产生的残液经收集后进入蒸馏塔回收甲醇循环使用。

7) CN1648208A 工艺(快速制备生物柴油)

将预处理(滤除杂质和水分)过的潲水油4 000kg泵入$7m^3$的密闭储罐中,再泵入由20kg十二烷基硫酸钠与140kg氢氧化钠混匀制成的催化剂和1 200kg甲醇混合配成的混合溶液,启动循环泵并加热物料至65～75℃,循环60min,离心分离除去密度较大部分的甘油和催化剂,剩余的轻液部分在55～90℃蒸馏,除去水分并回收这部分馏分中的甲醇供下一次使用,过滤加热产生的絮状物,即得生物柴油3600kg。潲水油做出的生物柴油颜色略红而透明,主要原因是潲水油中一般都含有少量的辣椒色素,致使产品中还残留微量辣椒色素。

8) CN1570029A 工艺(由天然油脂制备生物柴油)

将天然油脂与1～3碳分子量醇进行甲酯化反应,甲酯化产物脂肪酸甲酯与含两个或以上共轭双键的脂肪酸甲酯,在无机酸催化剂的作用下,加热到100～300℃,共混聚合反应1～8h。反应完毕,降温到100～240℃,抽真空保持真空度0.09999MPa以上进行减压蒸馏,蒸出物即为生物柴油。上述无机酸性催化剂包括硫酸氢盐、各种类型的活性白土,优选pH为3～5的活性白土,其加入量相当于天然油脂重量的0～5%，参与共混聚合反应的含两个或以上共轭双键的脂肪酸甲酯可为共轭化亚麻油、乌桕子油及桐油的甲酯化产物，优选桐油的甲酯化产物桐酸甲酯。将油脂加热至70～80℃，抽真空使真空度在0.09999MPa以上进行减压脱水4h，冷却至0～50℃温度，按油/醇摩尔比1∶3～1∶10加入1～3碳分子量醇及相对油脂重量百分数为0.1%～5%的无机催化剂，升温至50～100℃，回流反应1～8h。反应完毕，将未反应的醇蒸出，产物冷却至0～50℃，静置至反应液分层，分离出下层甘油，得脂肪酸酯。

具体措施：在带有真空脱水装置、温度计以及回流冷凝器的三颈烧瓶中，加入296g废弃油，加热至120℃，减压脱水1～2h，冷却至50℃，加入100g甲醇、2.4g 98%浓硫酸，回流反应4h，回收过量甲醇，冷却至50℃，静置1～2h，分离出下层甘油，得脂肪酸甲酯288g；将脂肪酸甲酯285g、桐酸甲酯140g加入一带温度计、搅拌器的三颈烧瓶中，加入少量活性白土及蒸馏水，加热到240℃，反应8h，并减压蒸馏，得二聚酸甲酯272g，淡黄色生物柴油163g；将二聚酸甲酯272g，曼尼希改性胺406g加入带温度计、搅拌器的三颈烧瓶中，加热至180℃，反应约6h至无甲醇流出，得棕黄色黏稠液体642g，即为环氧树脂柔韧性固化剂聚酰胺。

9) CN1580218A工艺(以动植物油脂为原料连续法制备脂肪酸短链酯)

(1) 连续预酯化：将加温至100～120℃的原料油脂用泵加压经喷嘴进入酯化槽，在喷嘴处加入为原料油脂重量20%～30%的加温至70±5℃的短链醇气及为原料油脂重量0.15%～0.3%的酸性催化剂，在喷嘴处及酯化槽中进行预酯化处理。在常压及物料自身温度下，油脂中的脂肪酸与短链醇反应，生成脂肪酸短链酯及水；酯化槽中的含脂肪酸短链酯、油脂、少量甘油及水的混合液不断经泵加压经喷嘴返回酯化槽形成循环；酯化槽中未反应的短链醇与反应生成的水从酯化槽的短链醇气排出口排出进入分馏器分离出水分，而短链醇气则不经冷凝即返回到喷嘴进入酯化槽中循环使用；当酯化槽内物料的酸度小于1(mgKOH/g)时，将部分酯化槽中的含脂肪酸短链酯、油脂、少量甘油及水的混合液由酯化槽液体出口泵入超重力旋转反应器，进入下一道工序；同时在酯化槽中补入与泵至超重力旋转反应器以进入下一道工序的混合液同等重量的油脂、短链醇及酸性催化剂，以保持平衡连续进行反应，所补短链醇为补入油脂重量的20%～30%，所补酸性催化剂为补入油脂重量的0.15%～0.3%。

(2) 两级超重力旋转醇解：将工序(1)中出酯化槽液体出口出来的酸度小于1(mgKOH/g)的含脂肪酸短链酯、油脂、少量甘油及水的混合液加入为原料油脂重量0.1%～0.5%的碱性催化剂，从超重力旋转反应器的液体喷嘴轴向进入转速为600～900r/min的转子内，在转子的作用下向离心方向高速运动，同时在超重力旋转反应器的壳体入口为原料油脂重量20%～30%的短链醇气，在常压及各参与反应物自身温度下，生成脂肪酸短链醇酯和甘油，由超重力旋转反应器的出口排出，进入碟式分离器。在碟式分离器的转速为 1 000～7 000r/min 的高速转子作用下，使脂肪酸短链醇及油脂与甘油分离，密度大的甘油从分离器底部排出。密度小的脂肪酸短链醇及油脂则从分离器上部排出，进入第二级超重力旋转反应器，并补加参与反应油脂重量相应的同等比例的短链醇气和碱性催化剂，进入第二级旋转醇解反应，反应后由超重力旋转反应器出口排出的脂肪酸短链醇和甘油混合液进入碟式分离器分离出甘油后，脂肪酸短链酯及尚含有其他成分的混合液进入下一道工序纯化。

(3) 纯化：将工序(2)中得到的含脂肪酸短链酯以及未反应的短链醇和微量油脂的混合液泵入蒸发器，在常压加温至 70～100℃，将其中的短链醇蒸发回收，将所得到的脂肪酸短链酯用为其重量 0.2～1 倍的食盐水洗涤；然后减压至 10～20kPa 脱水，得到符合质量要求的混合脂肪酸短链酯成品。

具体措施：将加温至 100～110℃、酸值为 20 的混合油脂 5.0kg 连同加温至 70±5℃的 1kg 甲醇的甲醇气以及 98%浓硫酸催化剂 0.01kg，经喷嘴泵入酯化槽进行预酯化，当酸度降至 1(mgKOH/g)后，将物料与含氢氧化钠 20%的甲醇溶液 0.125kg 以及 1kg 甲醇的甲醇气同时加入超重力机，进行醇解反应。经分离器分离出甘油，将所得的脂肪酸甲酯及油脂加含 20%氢氧化钠甲醇液 0.04kg，以及 0.5kg 甲醇的甲醇气进入第二道超重力机进行醇解反应，分离出甘油，脱出未反应的甲醇，经水洗、脱水，得混合脂肪酸甲酯 4.92kg，收率为 98.4%。得 80%粗甘油 0.56kg。

10) CN1556174A 工艺(利用高酸值动植物油脂生产生物柴油)

(1) 将高酸值动植物油脂与甘油在带有冷凝回流装置的反应设备中进行混合，高酸值动植物油脂的酸价在 10～150(mgKOH/g)油。根据酸价不同，甘油的加入量与油中的游离脂肪酸的摩尔比为 0.35～2.0，同时加入强酸作催化剂，再加入二元共沸蒸馏溶剂或三元共沸蒸馏溶剂，共沸蒸馏溶剂的加入量为高酸值动植物油脂重量的 15%～60%。

(2) 搅拌加热进行回流反应，反应生成的水分被共沸蒸馏溶剂带出，冷凝后水和溶剂自动分离，共沸蒸馏溶剂回流回反应设备中，而水则排出，直至无水分带出反应器而反应结束，蒸出共沸蒸馏溶剂，得酯化混合物。回流反应在常压下进行，回流反应温度在 60～120℃，取决于采用的共沸蒸馏溶剂。

(3) 将过程(2)得到的酯化混合物与催化剂分离后，采用脱色剂对酯化混合物脱色处理。

(4) 脱色后的酯化混合物，按重量计(对应酯化混合物的量)加入 15%～30%的甲醇、0.5%～1.2%的强碱催化剂，在温度 60～80℃进行转酯化反应。

(5) 转酯化反应得到的混合物采用离心分离出粗甘油，粗甘油经酸化分离后，部分含游离脂肪酸的甘油回酯化反应器参加过程(1)的酯化反应，大部分粗甘油进行甘油回收。

(6) 分离甘油后的脂肪酸甲酯用30%～45%热水洗涤脱除微量的游离甘油，过剩的未反应甲醇也溶入水中被带出，离心分离的水洗脂肪酸甲酯(粗酯)，分离出来的水相蒸馏出甲醇回甲醇储槽，热水洗涤温度控制在60～95℃。

(7) 对水洗脂肪酸甲酯在冬化机中进行冬化，冬化温度为－5～3℃。冬化后分离出高熔点物质，得到纯净的脂肪酸甲酯——生物柴油产品。

11) CN1151433A工艺(以棉油皂脚为原料合成脂肪酸甲酯)

混合脂肪酸甲酯是由棉油皂脚经酸化、酯化、脱酸、减压蒸馏制成，按重量计将棉油皂脚与浓硫酸按10∶(0.5～1.5)的比例投入反应釜中进行搅拌、升温。当温度升高至105℃时，取样检验下层溶液的pH，然后用棉油皂脚将pH调节在2～3。保温反应0.5h，停止加热和搅拌，静置0.5～1h，将下层酸液放入储存容器或回用，在上层的脂肪物中加入等体积的自来水洗涤，反复洗涤至放出水液的pH为4～5。然后搅拌加热，在真空度为0.07999MPa下加热至250℃维持0.5h，进行脱水处理，使含水量降至万分之三以下；在酯化反应中，按重量计将甲醇与脱水后的脂肪物按(1.5～2.5)∶1的比例投入到反应釜中，再将重量为甲醇与脱水后的脂肪物两者总重量的2%～5%的浓硫酸加入至反应釜中，在搅拌下加热至回流温度(65～70℃)，保温回流反应15h，然后将回流装置改为蒸馏装置加热升温，将过量的甲醇蒸出回用，当温度升到110℃时停止加热；在脱酸过程中，向酯化反应得到的粗酯中加入等体积的自来水反复洗涤至放出的水溶液的pH近于7，然后取样测定粗酯的酸值，依酸值加入过量5%的碳酸钠，在搅拌下快速升温至100～120℃后反应10min即可；在减压蒸馏过程中，将脱酸后的粗酯预热至200℃后用导管与蒸馏釜接通，导管上连接一阀门，加热蒸馏，控温在220～230℃，真空度为0.09999MPa。然后，慢慢开启导管阀门，投料进行减压蒸馏，馏出的物质即为混合脂肪酸甲酯。

在酯化过程中加入的硫酸主要是与棉油皂脚中的脂肪酸钠盐反应，生成不溶于水也不溶于稀硫酸的脂肪酸，它和不与稀硫酸反应的中性油、脂肪酸单甘酯、甘油二酯等脂肪物一起从溶液中离析出来。经静置后，整个溶液分为三层，上层为脂肪物，中间是胶质，下层为废酸水溶液。

由于酯化反应是可逆的，在完成酯化反应并经水洗后制备出的粗酯中仍混有少量游离的脂肪酸，它的存在直接影响粗酯减压蒸馏后精酯的酸值，因此必须把粗酯中存在的游离脂肪酸尽可能除去。试验表明碳酸钠效果最好。脱酸工艺的最适宜温度是100～120℃。以粗酯的酸值计，加入的碱量只要超过完全中和游离脂肪酸所需理论量的5%即可。此时，酯的损失量最小。

12) CN1073474工艺(脂肪酸甲酯制备)

连续化工艺流程：原油经过旋转薄膜蒸发器加热真空脱水，脱水油脂、低碳醇和酸性催化剂通过物料泵以一定比例进入管道混合器，在60～80℃条件下进行预酯化反应，使酸价降至1(mgKOH/g)以下。预酯化后的油脂和碱性催化剂按一定比例由泵打入管道混合器，在55～75℃条件下进行醇解反应，随时用分离机除去副产物甘油。用泵补加低碳醇、碱性催化剂和已部分醇解的油脂一同打入管道混合器，通过分离机除去甘油。生成的粗甲酯用蒸发器脱除过量低碳醇，冷凝器和醇受器用于低碳醇的回收。除去醇的粗甲酯和盐水进入水洗釜，洗涤甲酯中的皂和残留甘油。将洗涤后的甲酯和洗涤水一同放入分水罐，分去大部分洗涤水。两个分水器交替使用，保证操作连续进行，水洗后甲酯送入旋转薄膜蒸发器加热真空脱除残余水，获合格甲酯。

半连续化工艺流程：原油经旋转薄膜蒸发器脱水，放入配料罐，低碳醇和酸性催化剂亦放入配料罐。通过泵打入管道式混合器在60～80℃条件下进行预酯化反应，反应物进入配料罐循环反应，直至酸价降至1(mgKOH/g)以下。加入碱性催化剂，通过泵、管道式混合器，在55～75℃条件下进行醇解反应。随时用分离机除去副产物甘油，粗甘油流至甘油罐。反应后期补加低碳醇和碱性催化剂，以补充甘油带走的部分。醇解结束，蒸出过量低碳醇，由冷凝器和醇受器回收低碳醇，再向配料罐放入盐水洗涤粗甲酯，洗涤掉甲酯中的皂和残留甘油等杂质。脱水后即获得成品甲酯。

具体措施：在配有口径25mm，$L=30$m的管道式混合器的装置中，将酸价为8.57(mgKOH/g)的脱水椰子油100kg、无水甲醇20kg、含量95%以上的硫酸0.2kg通过管道混合器在65～70℃条件下进行预酯化反应，酸价降至0.67(mgKOH/g)。加含量大于27%的甲醇钠1.5kg，60～70℃条件下在管道混合器内进行醇解反应，同时用分离机除去副产物甘油，补加甲醇10kg、甲醇钠0.5kg。反应完毕后蒸出过量甲醇，水洗、脱水，获甲酯98.5kg，转化率为98.7%，色泽为APHA150，得含量为79.23%甘油16.9kg。

13) CN1594504A工艺(生物柴油超临界制备)

用动植物油、废食用油、地沟油、油料作物种子油等与超临界状态的低碳醇进行反应。通过酯化、酯交换等工艺过程生产脂肪酸甲酯，包括以下步骤：过滤，脱水，酯化，酯交换，过滤，蒸甲醇，分相。工艺条件是：①食用油、地沟油过滤是在10～40℃下进行的，持续20～50min；②废食用油、地沟油脱水是在50～100℃的真空条件下进行的；③酯化、酯交换是在220～400℃、8～25MPa下进行的，所用的催化剂是超强固体酸、超强固体碱和金属氧化物，反应时间为4～30min；④酯化、酯交换时低碳醇的用量为油脂物质量的6～60倍；⑤油料作物种子在10～40℃下过滤，持续30～60min；⑥蒸甲醇是在60～70℃下进行的，持续时间30～60min，甲醇可循环使用；⑦分相是在20～60℃下进行的，持续20～50min。

具体措施：将净化处理过的废食用油50g和甲醇120g混合，加热到300℃，此时压力表显示压力为13.5MPa，然后在此温度保持15min；高温高压反应釜被冷凝水冷至室温；将反应过程中的甲醇在60～70℃蒸净，甲醇可循环使用；在60℃的条件下进行分相处理，共持续30min，即生成44.8g脂肪酸甲酯——生物柴油，收率接近90%。

14）CN1626621A工艺（由植物油生产生物柴油）

以植物油和小分子醇类为反应物，加入共溶剂，在超临界条件下进行酯交换反应，把脂肪酸甘油酯转化为脂肪酸小分子醇酯（即生物柴油）。其中，小分子醇与植物油的摩尔比为(3～45)∶1，经4～30min反应后即生成生物柴油，其生产过程和工艺条件为：①反应原料和共溶剂置于可自动控温的高压反应釜内加热至200～350℃；②控制反应压力在10～30MPa；③控温反应4～30min后结束反应，将反应终产物进行分离可生产出成品生物柴油。

具体措施：将大豆油58.1g与70.5g甲醇装入高压反应釜，密封反应釜并用惰性气体置换反应釜内的空气，加入36g共溶剂CO_2。压力釜由外部加热器加热，釜内温度由热电偶监控。调节电压使30min内达到300℃，控制±5℃ 25min，酯交换反应在其间完成，最后移入水浴停止反应。

反应完排出气体，把压力釜内的混合物倒入收集器，用甲醇洗涤反应釜，待处理的产物沉降60min，分3层，最上层是甲醇相，分离。剩余两层分离并分别在60～80℃蒸馏30min，蒸出剩余的甲醇，称量剩余物的质量，分别用高效液相色谱分析（柱长25cm、直径4.6mm、40℃、1.0mL/min甲醇为走样溶剂，注入体积为20mL），鉴别产物分别为植物油甲酯（生物柴油）和甘油。测定产物质量：植物油甲酯57.2g、甘油6g，计算反应收率达98%。

15）植物油酶法

(1) 物理精炼：首先将油脂水化或磷酸处理，除去其中的磷脂、胶质等物质。再将油脂预热、脱水、脱气进入脱酸塔，维持残压，通入过量蒸汽。在蒸汽温度下，游离酸与蒸汽共同蒸出，经冷凝析出，除去游离脂肪酸以外的净损失，油脂中的游离酸可降到极低量，色素也能被分解，使颜色变浅。各种废动植物油在DYD催化剂作用下，采用酯化、醇解同时反应工艺生成粗脂肪酸甲酯。

(2) 甲醇预酯化：首先将油脂水化脱胶，用离心机除去磷脂和胶等水化时形成的絮状物，然后将油脂脱水。原料油脂加入过量甲醇，在酸性催化剂存在下，进行预酯化，使游离酸转变成甲酯。蒸出甲醇水，经分馏后，无游离酸分出C12～C16棕榈酸甲酯和C18油酸甲酯。

(3) 酯交换反应：经预处理的油脂与甲醇一起，加入少量NaOH作催化剂，在一定温度与常压下进行酯交换反应，即生成甲酯。采用二步反应，通过一个特殊设计的分离器连续地除去初反应中生成的甘油，使酯交换反应继续进行。

(4) 重力沉淀、水洗与分层。

(5) 甘油的分离与粗制甲酯的获得。

(6) 水分的脱出、甲醇的释出、催化剂的脱出与精制生物柴油的获得。

整个工艺流程实现闭路循环，原料全部综合利用，实现清洁生产。大致描述如下：原料预处理(脱水、脱臭、净化)—反应釜(醇＋催化剂＋70℃)—搅拌反应 1h—沉淀分离排杂—回收醇—过滤—成品。

借助酶法即脂酶进行酯交换反应，混在反应物中的游离脂肪酸和水对酶的催化效应无影响。反应液静置后，脂肪酸甲酯即可与甘油分离，从而可获取较为纯净的柴油。利用此种方法生产生物柴油有几点值得注意并有待研究解决：①不使用有机溶剂就达不到高酯交换率；②反应系统中的甲醇达到一定量时，脂酶就失活；③反应时间比较长；④一般来说，酶的价格较高。

为了提高柴油生产效率，采用酶固定化技术，并在反应过程中分段添加甲醇，更有利于提高柴油的生产效率。这种固定化酶(脂酶)是来自一种假丝酵母(Candidaantaretica)，由它与载体一起制成反应柱用于柴油生产，控制温度为 30℃，转化率达 95%，这种脂酶连续使用 100 天仍不失活。反应液经过几次反应柱后，将反应物静置，并把甘油分离出去，即可直接将其用作生物柴油。

5. 生物柴油的研究进展

生物柴油于 1988 年诞生，由德国聂尔公司发明。它是以菜籽油为原料提炼而成的洁净燃油。突出的环保性和可再生性引起了世界发达国家，尤其是资源贫乏国家的高度重视。西方国家为发展生物柴油，在行业规范和政策鼓励下采取了一系列积极措施。为了便于推广使用，美德意等国都制定了生物柴油技术标准，如美国权威机构 ASTM 相继在 1996 年和 2000 年发布标准，完善生物柴油的产业化条件，并且政府实行积极鼓励的方式，在生物柴油的价格上给予一定的补贴。德国农民种植以生物柴油作原料的油菜籽可获得 1 000 马克/公顷补贴，并对制造生物柴油予以免税。欧洲和北美利用过剩的菜籽油和豆油为原料生产生物柴油获得推广应用，美国杜邦、加吉等公司都在致力于这方面的研究，杜邦公司生物能源比例已占到 10%。美国 51 个州中有 46 个用粮食加工品替代汽油使用，粮食酒精的装置总量达 840 万吨，美国在 1999 年还建成一条用作物秸秆等纤维质原料加工转化乙醇的生产线。法国已开始用生物质能替代石油，到 2007 年，可减少石油进口约 1 100 万吨。欧盟目前生物柴油年产量已达 300 万吨。巴西是汽车大国，纯乙醇汽车达上百万辆。汽车改用乙醇技术成熟，没有污染，纯乙醇汽车发动机也不需要作大的改动。

西方国家生物柴油产业发展迅速。近年来，西方国家加大生物柴油商业化投资力度，使生物柴油的投资规模增大，开工项目增多。美国、加拿大、巴西、日本、澳大利亚、印度等国都在积极发展这项产业。目前，美国有 4 家生物柴油生产厂，总能力为 30 万吨/年。欧盟国家主要以油菜为原料，2001 年生物柴油产量已超过

100 万吨。2000 年德国的生物柴油已达 45 万吨，德国还于 2001 年在海德地区投资 5000 万马克，兴建年产 10 万吨的生物柴油装置。法国有 7 家生物柴油生产厂，总能力为 40 万吨/年，使用标准是在普通柴油中掺加 5%的生物柴油，对生物柴油的税率为零。意大利有 9 个生物柴油生产厂，总能力为 33 万吨/年，对生物柴油的税率为零。奥地利有 3 个生物柴油生产厂，总能力为 5.5 万吨/年，税率为石油柴油的 4.6%。比利时有 2 个生物柴油生产厂，总能力为 24 万吨/年。日本生物柴油生产能力也达到 40 万吨/年，美国、德国、日本、巴西，包括印度累计总产量已超过 1000 万吨，生物燃料已实现规模化生产和应用。2005 年，全世界生物燃料乙醇的总产量约为 3×10^7 吨，其中巴西和美国的产量均约为 1.2×10^7 吨；生物柴油总产量约为 2.2×10^6 吨，其中德国约为 1.5×10^6 吨[65]。

美国 20 世纪 80 年代初就对利用油脂转化成为脂肪酸甲酯生产生物柴油进行了研究。到 1990 年“空气清洁法”和 1992 年“能源政策法”颁布，美国加强了生物柴油商品化的推进步伐。美国可再生能源国家实验室对生物柴油的生产、燃料特性、行车试验、法律法规、商业化情况以及经济性和环境因素等进行广泛而深入的调查。2002 年正式发布了生物柴油标准 ASTMD6751-2002，该标准规定了用于调配 B20(表示燃料中所含生物柴油的体积为 20%)柴油和 B100 生物柴油的标准。2003 年，美国将 ASTMD6751-2002 标准修订为 ASTMD6751-2003 标准，主要变动是依据产品硫含量的不同，将生物柴油分为 S15 和 S500 两个产品牌号。美国生物柴油主要采用大豆油或脂肪酸为原料，酸或碱催化，进行酯交换工艺生产生物柴油，在普通柴油中掺入量为 10%～20%。此外，美国为生物柴油原料的生产开辟新途径，成功研制了高油含量的“工程微藻”，以此作为制备生物柴油原料的后备补充。2008 年美国仅向欧盟地区出口生物柴油就超过 150 万吨[66]。

目前，世界生物柴油生产国都依据本国种植业特色，如欧盟、美国主要以菜籽油、大豆油以及芥末籽油为原料制备生物柴油；日本则以煎炸废油及牛油脂为原料生产生物柴油；韩国、印度、马来西亚等东南亚国家以棕榈油为发展生物柴油的原料。我国食用植物油脂的缺口较大，因此食用植物油生产只能是满足人们生活需要，不可能出现足量剩余植物油来发展生物柴油。种植草本油料作物油菜、大豆等需要大量土地，我国不可能利用大量耕地来提供生物柴油原料。目前我国主要以野生油料木本植物种子和废弃动植物油脂为原料生产生物柴油，但这些油料植物的果实一年只收获一次，而且生产和存储的成本过高，以此为原料进行生物柴油生产会受到季节限制。

我国依据自己的自然条件和资源的特点着重开发植物油(以菜籽油为主)作为柴油的替代燃油，这在技术上是较成熟的，需在内燃机构件改装的材质与技术方面进行开发性研究。我国木本油料植物资源丰富，麻疯树、黄连木、乌桕、油桐等含油量可达 20%。因此，我国目前主要以野生油料木本植物种子和废弃动植物油脂为原料生产生物柴油和甘油。我国生物液体燃料目前主要以燃料乙醇和生物柴油为主，生物柴油原料的发展潜力巨大，麻疯树、黄连木等油料植物可满足500万吨/年生物柴油装置的原料需求，废弃动植物油回收每年可生产约200万吨生物柴油。主要的问题是因地制宜地扩种油料作物，扩大资源量。我国长江流域一季稻和二季稻地区适合种冬油菜，现在年种植仅1亿亩，还有9千万亩以上土地适合种植，包括利用农村边坡荒地种植蓖麻等高产油料植物。此外，各种动物油脂也是燃油油料来源。我国西藏、云南、贵州等省远离石油产地，但适合种植春油菜(比长江流域的冬油菜生育期长单产高)推行替代燃油在这些地区独具优势，可以节省大量运输耗能[67]。

近年来，我国相继建成了许多年产量过万吨的生物柴油厂。2010年，我国生物柴油需求量达2000万吨，年生产生物柴油100万吨；到2020年，年产生物柴油将达到900万吨。现在经济型轿车主要生产厂商如大众、雷诺、欧宝和福特的顾客中，几乎有一半需要柴油车。而柴油的供应缺口仍然较大。我国柴油产量预计到2015年市场需求量将会达到1300万吨[68]。

但生物柴油原料供应短缺和成本过高问题成为制约生物柴油产业化发展的瓶颈，同时增加耕地进行生物燃料生产，以大量消耗粮食和油料作物为代价的生物燃料开发，一定程度上引发了粮食等农产品价格的上涨，可能对全球粮食供应带来严重后果。另辟蹊径，培育出高产、适应性强的优良燃料油原料，是生物柴油产业化发展的必然趋势。

我国的生物柴油生产工作还处于初始阶段，“以非粮作物为主”为原料发展方针，原料来源多样，包括菜籽油、黄连木、麻风树和废弃动植物油脂等。由于木本油料植物资源非常丰富，现阶段我国主要以野生油料木本植物的种子辅以废弃的动植物油脂作为生物燃料的原料。我国是一个以种植业为支柱的发展中农业国家，全国畜牧和养殖业的比例很小，所以动物油脂不可能成为我国发展生物柴油的主要原料。我国人口多，耕地少，国内油料作物生产不能满足人们的食用消费。这种状况决定了我国不具备像欧美等国家那样专门种植大豆、油菜等油料作物来发展生物柴油的条件，生物柴油原料供应应走“非粮”路线，即利用各种废弃油脂和含油脚料制造生物柴油；通过木本油料植物的种子制造生物柴油；大规模种植经过选育的高产油原料作物。

以能够收集到的资源为基础统计，现有废弃油脂和下脚油料的资源量约为300万吨。我国目前需要造林的面积达9亿亩，如果适度种植黄连木、文冠果、麻风树等油料树木，则生物柴油的资源量可以达到2000万吨。如果以工程藻类为原料，则生物柴油的规模估计可以在3000万吨以上。

4.5 生物质能源利用

1. 发展历史

美国国会在2000年通过了《生物质研发法案》,2002年提出了《发展和推进生物质基产品和生物能源报告》以及《生物质技术线路图》,成立了“生物质项目办公室”和生物质技术咨询委员会。2008年,生物质能占美国能量供给的3%,成为国内最大的可再生能源来源[69]。在美国一次能源消费中,可再生能源占6%,其中生物质能占47%。发电能源消耗中,可再生能源约9.1%,其中生物质发电占67%。美国能源部提出了逐步提高绿色电力的发展计划。至2010年,美国新增约1 100万kW的生物质发电装机。美国可再生能源生产税为生物质发电提供了每千瓦时1.8美分的税收优惠。美国计划2020年使生物能源和生物质基产品比2000年增加20倍,达到能源总消费量的25%,2050年达到50%,每年减少碳排放量1亿吨和增加农民收入200亿美元。2030年生物质能占美国运输燃料消费总量的20%,来源于生物产品的化学制品和原料将占美国化学用品总量的25%。

德国政府多年来一直重视生物质的开发和利用,2001年,国会通过了《生物质能条例》。2002年底,生物质能利用已达到德国整个供热量的3.4%、供电量的0.8%和燃料使用量的0.8%。全国有约100个生物质能热力厂,总功率约达400MW[70]。德国2002年共生产约1 900套沼气设备,总功率约250MW。2005年,德国拥有140多个区域热电联产的生物质电厂,同时有近80个此类电厂在规划设计或建设阶段。法国政府2006年宣布,投资10亿欧元(12亿美元)建设10套生物燃料装置,旨在到2015年生物燃料占燃料消费的比例达到10%。2030年,可再生能源占欧盟能源消费总量的20%,生物燃料占欧盟运输燃料消费总量的10%。

从第一次世界石油危机起,巴西政府就做出了重大能源战略决策,选择有充足资源的甘蔗为原料,开发燃料乙醇。2003年7月2日,巴西政府重新启动了生物柴油计划,对生物柴油研究开发方面的投资也在逐步增加。巴西已建成完整的燃料乙醇产业链,是目前世界上唯一不供应纯汽油的国家,该国乙醇产量的97%都用于燃料。2005年巴西燃料乙醇消费量替代了当年汽油消费量的45%,燃料乙醇成为巴西的支柱产业,有利于巴西保证能源安全、促进经济发展和增加就业。2010年1月19日,全球首座乙醇发电站在巴西投入使用。巴西政府通过国际合作清洁发展机制(CDM)支持生物质发电[71]。

英荷皇家壳牌石油公司估计,21世纪的前50年,生物质将提供世界化学品和燃料的30%,世界市场份额达到1 500亿美元;英国石油公司/美国国际石油公司等也都开始了对生物质能源产品的投资。化工巨人巴斯福公司2003年宣布，将以可再生的生物质资源作为化学品生产的主要原料；杜邦公司剥离石油资产，购买了生物技术公司和组织农业综合企业，将2010年销售额的25%定位于生物质产品；美国的森林工业已开始与电力、石油、化工公司合作，利用林木废弃物生产能源及化工产品。

我国政府及有关部门对生物质能源利用极为重视，国家几位主要领导人曾多次批示和指示加强农作物秸秆的能源利用。国家科委已连续在三个国家五年计划中将生物质能技术的研究和应用列为重点研究项目，涌现出一大批优秀的科研成果和成功的应用范例，如户用沼气池、禽畜粪便沼气技术、生物质气化发电和集中供气、生物压块燃料等，取得了可观的社会效益和经济效益。同时，我国已形成一支高水平的科研队伍，包括国内有名的科研院所和大专院校，拥有一批热心从事生物质热裂解气化技术研究和开发的著名专家学者。

沼气技术是我国发展最早、曾普遍推广的生物质能源利用技术。20世纪70年代，我国为解决农村能源短缺的问题，曾大力开发和推广户用沼气池技术，全国已建成525万户用沼气池。在最近的连续三个五年计划中，国家都将发展新的沼气技术列为重点科技攻关项目，计划实施了一大批沼气及其利用的研究项目和示范工程。至今，我国已建设大中型沼气池3万多个，总容积超过137万m^3，年产沼气5 500万m^3，仅100m^3以上规模的沼气工程就达630多处，其中集中供气站583处，用户8.3万，年均用气量431m^3，主要用于处理禽畜粪便和有机废水。这些工程都取得了一定程度的环境效益和社会效益，对发展当地经济和我国厌氧技术起到了积极作用。在“九五”计划中，应用于处理高浓度有机废水和城市垃圾的高效厌氧技术被列为科技攻关重点项目，分别由中国科学院成都生物研究所和杭州能源环境研究所承担实施，现已取得预期的进展。

我国厌氧技术及工程中存在的主要问题：相关技术研究少、辅助设备配套性差、自动化程度低、非标设备加工粗糙、工程造价高、开放式前后处理的二次污染严重等。

我国的生物质气化技术近年有了长足的发展，气化炉的形式从传统上吸式、下吸式到最先进的流化床、快速流化床和双床系统等，在应用上除了传统的供热之外，最主要突破是农村家庭供气和气化发电上。“八五”期间，国家科委安排了“生物质热解气化及热利用技术”的科技攻关专题，取得了相当成果：采用氧气气化工艺，研制成功生物质中热值气化装置；以下吸式流化床工艺，研制成功100户生物质气化集中供气系统和装置；以下吸式固定床工艺，研制成功食品与经济作物生物质气化烘干系统和装置；以流化床干馏工艺，研制成功1 000户生物质气化集中供气系统和装置。“九五”期间，国家科委安排了“生物质热解气化及相关技术”的科技攻关专题，重点研究开发1MW大型生物质气化发电技术和农村秸秆气化集中供气技术。目前全国已建成农村气化站近200多个，谷壳气化发电100多台套，气化利用技术的影响正在逐渐扩大。

“八五”期间，我国开始了利用纤维素废弃物制取乙醇燃料技术的探索与研究，主要研究纤维素废弃物的稀酸水解及其发酵技术，并在“九五”期间进入中间试验阶段。我国已对植物油和生物质裂解油等代用燃料进行了初步研究，如植物油理化特性、酯化改性工艺和柴油机燃烧性能等方面进行了初步试验研究。“九五”期间，开展了野生油料植物分类调查及育种基地的建设。我国的生物质液化也有一定研究，但技术比较落后，主要开展高压液化和热解液化方面的研究。

此外，在“八五”期间，我国还重点对生物质压缩成型技术进行了科技攻关，引进国外先进机型，经消化、吸收研制出各种类型的适合我国国情的生物质压缩成型机，用以生产棒状、块状或颗粒生物质成型燃料。我国的生物质螺旋成型机螺杆使用寿命达500h以上，属国际先进水平[72]。

我国生物质能源的发展一直是在“改善农村能源”的观念和框架下运作，较早地起步于农村户用沼气，以后在秸秆气化上部署了试点。2005年年底，全国共建成3764座大中型沼气池，形成了每年约3.41亿m^3沼气的生产能力，年处理有机废弃物和污水1.2亿吨，沼气利用量达到80亿m^3。2006年年底，使用沼气池的农户达2260万户，占总农户的9.2%，占适宜农户的15.3%；生物质能源发电装机容量达到200万kW；全国燃料乙醇生产能力达到102万吨，已在河南等9个省的车用燃料中推广使用乙醇汽油。2020年，生物质发电总装机容量达到3000万kW，生物质固体成型燃料年利用量达到5000万吨，沼气年利用量达到440亿m^3，生物燃料乙醇年利用量达到1000万吨，生物柴油年利用量达到200万吨。目前海南正和生物能源有限公司在河北已开发了11万亩黄连木种植基地，每年可产果实2万～3万吨，可获得生物柴油原料8000～12000吨。该公司计划在此基础上建立年产生物柴油5万～20万吨的炼油化工厂。虽然我国在生物质能源开发方面取得了巨大成绩，技术水平却与发达国家相比仍存在一定差距，具体如下[73]。

(1) 新技术开发不力，利用技术单一。我国早期的生物质利用主要集中在沼气利用上，近年逐渐重视热解气化技术的开发应用，也取得了一定突破，但其他技术开展却非常缓慢，包括生产酒精、热解液化、直接燃烧的工业技术和速生林的培育等，都没有突破性的进展。

(2) 由于资源分散，收集手段落后，我国的生物质能利用工程的规模很小。为降低投资，大多数工程采用简单工艺和简陋设备，设备利用率低，转换效率低。所以，生物质能项目的投资回报率低，运行成本高，难以形成规模效益，不能发挥其应有的、重大的能源作用。

(3) 相对科研内容来说，投入过少，使得研究的技术含量低，多为低水平重复研究，最终未能解决一些关键技术，如厌氧消化产气率低，设备与管理自动化程度较差；气化利用中焦油问题没有彻底解决，给长期应用带来严重问题。沼气发电与气化发电效率较低，相应的二次污染问题没彻底解决，导致许多工程系统常处于维修或故障的状态，从而降低了系统运行强度和效率。

此外，在我国现实的社会经济环境中，还存在一些消极因素制约或阻碍着生物质能利用技术的发展、推广和应用，主要表现如下。

(1) 在现行能源价格条件下，生物质能源产品缺乏市场竞争能力，投资回报率低，挫伤了投资者的投资积极性，而销售价格高又挫伤了消费者的积极性。

(2) 技术标准未规范，市场管理混乱。在秸秆气化供气和沼气工程开发上，由于没有合适的技术标准和严格的技术监督，很多未具备技术力量的单位和个人参与了沼气工程承包和秸秆气化供气设备的生产，引起项目技术不过关，达不到预期目标，甚至带来安全问题，这给今后开展生物质利用工作带来很大的负面影响。

(3) 目前，有关扶持生物质能源发展的政策尚缺乏可操作性，各级政府应尽快制定出相关政策，如价格补贴和发电上网等特殊优惠政策。

(4) 民众对于生物质能源缺乏足够认识，应加强有关常识的宣传和普及工作。

(5) 政府应对生物质能源的战略地位予以足够重视，开发生物质能源是一项系统工程，应视作实现可持续发展的基本建设工程。

我国的生物质能资源丰富、价格便宜，经济环境和发展水平对生物质技术的发展处于比较有利的阶段。根据这些特点，我国生物质的发展既要学习国外先进经验，又要强调自己的特色，所以，今后的发展方向应朝着以下几方面。

(1) 进一步充分发挥生物质能作为农村补充能源的作用，为农村提供清洁的能源，改善农村生活环境及提高人民生活条件，包括沼气利用、秸秆供气和小型气化发电等实用技术。

(2) 加强生物质工业化应用，提高生物质能利用的比例，提高生物质能在能源领域的地位。从根本上扩大生物质能的影响，为生物质能今后的大规模应用创造条件，也是今后生物质能能否成为重要的替代能源的关键。

(3) 研究生物质向高品位能源产品转化的技术，提高生物质能的利用价值。这是重要的技术储备，是未来多途径利用生物质的基础，也是今后提高生物质能作用和地位的关键。

(4) 同时，利用山地、荒地和沙漠，发展新的生物质能资源，研究、培育、开发速生、高产的植物品种，在目前条件允许的地区发展能源农场、林场，建立生物质能源基地，提供规模化的木质或植物油等能源资源。

2. 发展对策

根据上述的主要发展方向，今后我国生物质利用技术能否得到迅速发展，主要取决于以下几个方面。

(1) 在产业化方面：加强生物质利用技术的商品化工作，制定严格的技术标准，加强技术监督和市场管理，规范市场活动，为生物质技术的推广创造良好的市场环境。

(2) 在工业化生产和规模化应用方面：加强生物质技术与工业生产的联系，在示范应用中解决关键的技术，在生产实践中提高并考验生物质能技术的可靠性和经济性，为大规模使用生物质创造条件。

(3) 在技术研究方面：既重点解决推广应用中出现的技术难题，如焦油处理、寒冷地区的沼气技术等，又要同时开展生物质利用新技术的探索，如生物质制油、生物质制氧等先进技术的研究。

(4) 制定一项生物质能源国家发展计划，引进新技术、新工艺，进行示范、开发和推广，充分而合理地利用生物质能资源。在21世纪，逐步以优质生物质能源产品（固体燃料、液体燃料、可燃气等形式）取代部分矿物燃料，解决我国能源短缺和环境污染等问题。

3. 优先领域

优先领域有秸秆能源利用、有机垃圾处理及能源化、工业有机废渣和废水处理及能源化、生物质液体燃料。

4. 重大关键技术

重大关键技术包括高效生物质气化发电技术、有机垃圾IGCC发电技术、高效厌氧处理及沼气回收技术、纤维素制取酒精技术、生物质裂解液化技术、能源植物培育及利用技术。

我国幅员辽阔，但化石能源资源有限，生物质资源丰富，发展生物质能源具有重要的战略意义和现实意义。采用高新技术将秸秆、禽畜粪便和有机废水等生物质转化为高品位能源，开发生物质能源将涉及农村发展、能源开发、环境保护、资源保护、国家安全和生态平衡等诸多利益，生物质能源在未来将成为可持续能源的重要部分[74]。

参考文献

[1] 葛新锋，张元敏，黄浩．生物质气化发电技术现状[J]．发电设备，2007，21(1)：71-74.

[2] 孙俊楠，张建安，杨明德，等．利用微藻热解生产生物燃料的研究进展[J]．科技导报，2006，24(6)：26-28.

[3] 徐飞，姜卓青．我国石油安全问题与对策[J]．合作经济与科技，2006，(8)：10-11.

[4] 生物质能[OL]．http://baike.baidu.com/view/40476.htm? func=retitle[2015-5-28].

[5] 王伟．我国发展生物燃料乙醇的意义、现状和对策[J]．经济师，2007，(11)：256-257.

[6] 京周．我国将发展生物能源推动农业和能源产业革命[J]．农村实用技术，2006，(4)：24-25.

[7] 沈越．沼气技术在生态农村建设中的作用[J]．安徽农业科学，2011，39(15)：9205-9206.

[8] 郭春晖,马万国,罗新义.沼气的技术与应用[J].中国畜禽种业,2010,(5):45-46.
[9] 李强,曲浩丽,承磊,等.沼气干发酵技术研究进展[J].中国沼气,2010,28(5):10-14.
[10] 陈玮佳,蔡秀萍.高浓度有机污水生产沼气技术[J].化学工程与装备,2011,(12):204-205.
[11] 孟宝峰.我国城市垃圾资源化处理技术的现状与发展趋势(续)[J].再生资源研究,2003,(6):28-30.
[12] 邓良伟,陈子爱.欧洲沼气工程发展现状[J].中国沼气,2007,25(5):23-31.
[13] 吴小武,刘荣厚.农业废弃物厌氧发酵制取沼气技术的研究进展[J].中国农学通报,2011,27(26):227-231.
[14] 焦翔翔,靳红燕,王明明.我国秸秆沼气预处理技术的研究及应用进展[J].中国沼气,2011,29(1):29-33.
[15] 安静,常军,朱宗强.城市垃圾填埋与沼气化技术的现状与发展[J].广西农学报,2008,23(5):60-63.
[16] 孟令建.农业废弃物回收利用项目管理研究[D].天津:天津大学硕士学位论文,2006.
[17] 刘振波,高林朝,王滨杰.沼气的综合利用技术和发展前景[J].农业工程技术(新能源产业),2008,(2):34-36.
[18] 陈泽智.生物质沼气发电技术[J].环境保护,2000,(10):41-42.
[19] 冉国伟,张汝坤,冯爱国.沼气发电技术现状分析及发展方向的探讨[J].农机化研究,2006,(3):189-191.
[20] 林荣忱,周伟丽,林文波,等.城市污水处理厂沼气发电的两种方式[J].城市环境与城市生态,1999,(3):59-61.
[21] 岳胜兵,张衍林,等.沼气发电技术的研究与应用[J].现代农业科学,2008,(1):47-48,52.
[22] 邱凌.户用沼气池应用技术[J].可再生能源,2002,(3):18-19.
[23] 田晓东,强健,陆军.大中型沼气工程技术讲座(四)——沼气工程的前处理与输配系统[J].可再生能源,2003,(2):53-56.
[24] 张东,徐甦,陈斌,等.畜禽粪便沼气工程处理技术[J].浙江农业科学,2012,(2):223-227.
[25] 李辉.垃圾填埋气体资源化利用的现状和途径[J].武汉工业学院学报,2007,26(2):67-70.
[26] 张莉敏.德国沼气产业发展现状及对我国的启示[J].中国农垦,2011,(12):40-42.
[27] 刘英,陈彦宾,王革华.德国沼气技术考察报告[J].中国沼气,2001,19(4):39-41.
[28] 王家俊,胡瑞,刘建红.俄罗斯沼气技术发展动向[J].中国沼气,1998,(1):49-50.
[29] 王孟杰,朱兆玲.菲律宾、泰国沼气见闻[J].世界农业,1984,(1):50-51.
[30] 王宇欣,崔令霞,林聪.越南的沼气生态技术研究[J].现代化农业,2003,(5):20-22.
[31] 陶朴良,张无敌,宋洪川,等.沼气发酵综合利用的现状与发展趋势[J].能源工程,2001,(5):9-11.
[32] 夏文彧.中国利用沼气的历史考察和思考[J].自然辩证法通讯,1988,(4):39-44.
[33] 赵立欣.中国大中型沼气工程发展现状及其展望[A]//2007 国际甲烷市场化大会暨展览会论文集[C].北京,2007.
[34] 李志文,陶文亮,李龙江.有机废弃物厌氧消化产沼气技术研究进展[J].贵州化工,2009,34(5):18-21.
[35] 常建国.垃圾焚烧发电项目投资控制研究[D].北京:华北电力大学(北京)硕士学位论文,2011.
[36] 鲁岩.全面提升生物能源开发利用水平[N].大连日报,2005-11-30.
[37] 陈海波.垃圾电厂投资分析研究[D].上海:上海交通大学硕士学位论文,2007.
[38] 金浩波.大有可为的城市生活垃圾焚烧技术[J].环境经济,2005,(3):54-57.
[39] 刘妙惠.垃圾发电产业化发展的探讨[J].电力技术经济,2002,(3):32-34.
[40] 城市垃圾焚烧的危害[OL].http://wenku.baidu.com/view/cb8f316858fafab069dc0292.html[2015-5-18].

[41] 垃圾焚烧厂的危害[OL]. http://wenku.baidu.com/view/749fca114431b90d6c85c783.html[2015-5-18].
[42] 彭献永,顾念祖.我国城市生活垃圾处理的现状和对策[J].工业锅炉,2006,(3):6-10.
[43] 王炜岚.有效降低垃圾焚烧炉渣可燃分分析[J].环境卫生工程,2012,20(5):15-17.
[44] 昌鹏.垃圾焚烧稳定性自适应控制研究[D].武汉:华中科技大学硕士学位论文,2004.
[45] 苏丹,王鑫,刘一威.三种典型的污泥发电工艺[J].环境保护科学,2009,35(1):54-57.
[46] 言惠.垃圾发电——保护环境,变害为宝[J].上海大中型电机,2005,(1):1-6.
[47] 张英珊.生物质能——能源的新出路[J].西部资源,2006,(2):20-21.
[48] 葛新锋,张元敏,黄浩.生物质气化发电技术现状[J].发电设备,2007,21(1):71-74.
[49] 秸秆气化[OL]. http://www.zhuliucyh.com/html/redianxinwen/guoneixinwen/6142.html[2015-5-20].
[50] 林菲.疯狂的地沟油[J].社会与公益,2011,(10):67-72.
[51] 周冬梅,孟凡亮.生物质能——未来持续能源[J].民营科技,2007,(1):73.
[52] 储兴华.乙醇汽油十一五产量将翻番[N].中国证券报,2005-12-12.
[53] 姜书,宋维明,李怒云.关于林木生物质能源产业化问题的思考[J].林业经济,2007,(1):16-18,22.
[54] 生物柴油[OL]. http://baike.haosou.com/doc/4385161-4591682.html[2015-6-10].
[55] 高庆,沈发治,秦建华.生物柴油及生产概述[J].当代石油石化,2007,36(4):17-21.
[56] 魏红明,赵华.生物柴油制备方法及应用现状[J].当代化工,2006,35(4):246-249.
[57] 白雯,张春波,张丽静.生物柴油的发展现状[J].广州化工,2008,36(1):4-7.
[58] 徐兆瑜.催化酯化技术与生物柴油产业化[J].甘肃石油和化工,2007,(2):8-15.
[59] 安文杰,许德平,杜显云.超临界甲醇法制备生物柴油工艺探讨[J].粮食与油脂,2005,(8):21-23.
[60] 宋东辉,侯李君,施定基.生物柴油原料资源高油脂微藻的开发利用[J].生物工程学报,2008,24(3):341-348.
[61] 孙俊楠,张建安,杨明德,等.利用微藻热解生产生物燃料的研究进展[J].科技导报,2006,24(6):26-28.
[62] 王蒙,李纯厚,戴明.以海洋微藻为原料提取生物燃料的研究进展与发展趋势[J].南方水产,2009,5(2):74-80.
[63] 中国生物柴油专利介绍[OL]. http://www.docin.com/p-475412366.html[2015-6-25].
[64] 专利检索与查询[OL]. http://www.sipo.gov.cn/zljsfl/[2015-6-25].
[65] 山东环境科学学会.资源与能源的可持续利用保障[A]//山东生态省建设技术对策研究研讨会论文集[C].济南,2005.
[66] 张宏伟,韩雪梅,王孝研,等.生物柴油的现状与发展趋势[J].黑龙江交通科技,2008,31(2):92-94.
[67] 匡廷云,白克智,卢从明,等.生物质能源技术前瞻[J].太阳能,2004,(4):7-9.
[68] 谭利伟,简保权.生物质能源的开发利用[J].农业工程技术(新能源产业),2007,(1):18-27.
[69] 石元春.发展生物质产业潜力无限[J].安徽科技,2005,(5):4-6.
[70] 辛欣.生物质能——未来全球能源的新亮点[J].节能与环保,2005,(10):15-17.
[71] 陈曦,韩志群,孔繁华,等.生物质能源的开发与利用[J].化学进展,2007,19(7):1091-1097.
[72] 王欧.中国生物质能源开发利用现状及发展政策与未来趋势[J].中国农村经济,2007,(7):10-15.
[73] 袁振宏,蔺国芬.我国的生物质能源[A]//中国太阳能学会2001年学术会议论文摘要集[C].青岛,2001.
[74] 胡以怀,张华武,杨少波.生物柴油在船用发动机上的应用探讨[J].中国航海,2010,33(3):39-41.

第5章 海 洋 能

5.1 海洋能资源及特点

太阳到达地球的能量，大部分落在海洋上空和海水中，部分转化为各种形式的海洋能。海洋占了全球表面积的70%，是名副其实的“蓝色煤海”。全球仅可利用的潮汐能就达30亿kW，年发电量约为26万亿kW·h，比目前世界上全部的水力发电量大一倍[1]。海洋能包括潮流、海流、波浪、温差和盐差等，更广义的海洋能源还包括海洋上空的风能、海洋表面的太阳能以及海洋生物质能等，它是一种可再生的巨大能源。海水温差能是热能，低纬度的海面水温较高，与深层冷水存在温度差，而储存着温差热能，其能量与温差的大小和水量成正比。潮汐能、潮流能、海流能、波浪能都是机械能，潮汐能是地球旋转所产生的能量通过太阳和月亮的引力作用而传递给海洋的，并由长周期波储存，潮汐的能量与潮差大小和潮量成正比；潮流、海流的能量与流速平方和通流量成正比；波浪能是一种在风的作用下产生的，并以位能和动能的形式由短周期波储存的机械能，波浪的能量与波高的平方和波动水域面积成正比；河口水域的海水盐度差能是化学能，入海径流的淡水与海洋盐水间有盐度差，若隔以半透膜，淡水向海水一侧渗透可产生渗透压力，其能量与压力差和渗透流量成正比。

根据联合国教科文组织1981年出版物的估计数字，五种海洋能理论上可再生的总量为766亿kW。其中，温差能为400亿kW，盐差能为300亿kW，潮汐能和波浪能各为30亿kW，海流能为6亿kW，如图5-1所示。但难以实现把上述全部能量取出，只能利用较强的海流、潮汐和波浪；利用大降雨量地域的盐度差，而温差利用则受热机卡诺效率的限制。因此，技术上允许利用功率为64亿kW，其中盐差能30亿kW，温差能20亿kW，波浪能10亿kW，海流能3亿kW，潮汐能1亿kW[2]。各类海洋能

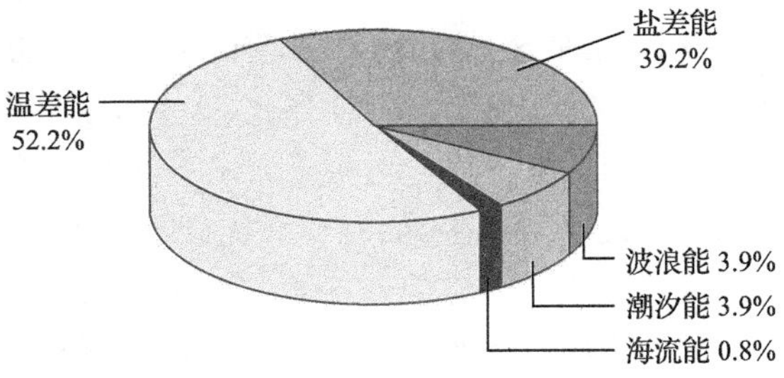

图5-1 各类海洋能的总量分布图

的特性如表 5-1 所示。

表 5-1　各类海洋能的特性[3]

种类	成因	富集区域	能量大小	时间变化
潮汐能	由作用在地球表面海水的月球和太阳的引潮力产生	45°～55°N 大陆沿岸	与潮差的平方以及港湾面积成正比	潮差和流速、流向以半日、半月为主周期变化，规律性很强
潮流能			与流速的平方以及流量成正比	
波浪能	由海面上风的作用产生	北半球两大洋东侧	与波高的平方以及波动水面面积成正比	随机的周期性变化，周期为 1～10s
海流能	由温度、盐度分布不均引起的海水密度、压力梯度或海面风的作用产生	北半球两大洋西侧	与流速的平方以及流量成正比	比较稳定
温差能	由海洋表层和深层吸收的太阳辐射热量不同和大洋环流径向热量输送而产生	低纬度大洋	与具有足够温差海区的暖水量以及温差成正比	相对稳定
盐差能	由淡水向海水渗透形成的渗透压产生	大江河入海口附近	与渗透压和入海淡水量成正比	随入海淡水量的季节和年度变化而变化

海洋能有如下特点。

(1) 总蕴藏量大：海洋能大部分来源于太阳。太阳热能约为 $1.4\text{kW}/(\text{h}\cdot\text{m}^2)$，海洋的面积约为地球总面积的 71%，因此，地球接收的太阳热能中的 2/3 以热的形式留在海中，其余则形成蒸发、对流和降雨等现象[4]，所以海洋能的总蕴藏量巨大。根据国外学者计算，全世界各种海洋能固有功率的数量以温度差能和盐度差能最大，为 10^{10}kW；波浪能和潮汐能居中，为 10^9kW，而目前世界能源消耗水平为数十亿 kW。另外，由于海洋永不间断地接收着太阳辐射和月亮、太阳的作用，所以海洋能又可再生，这是海洋能最为可贵的一个特点。当然，也必须指出，以上巨量的海洋能资源并不是全部可以开发利用的。据 1981 年联合国教科文组织出版的《海洋能开发》一书估计，全球海洋能理论可再生的功率为 766 亿 kW，技术上允许利用的功率仅为 64 亿 kW。但即使如此，这一数字也为目前全世界发电装机总量的 2 倍。

(2) 非耗竭、可再生：由于海水不间断地接收着太阳辐射和月亮、太阳的作用，所以海洋能又可再生，而且海洋能的再生不受人类开发活动的影响，因此没有耗竭之虞。

(3) 能量密度低：各种海洋能的能量密度一般较低。潮汐能的潮差较大值为 13～15m，我国最大值仅 8.9m；潮流能的流速较大值为 5m/s，我国最大值达 4m/s 以上；海流能的流速较大值为 1.5～2.0m/s，我国最大值为 1.5m/s；波浪能的年平均波高较大值为 3～5m，最大波高可达 24m 以上，我国沿岸年平均波高 1.6m，最大波高达 10m 以上；温差能的表、深层海水温差较大值为 24℃，我国最大值与此相当；盐度差能是海洋能中能量密度最大的一种，其渗透压一般为 2.51MPa，相当于 256m 水头，我国最大值与此接近，几种海洋能的能量密度比较如表 5-2 所示。

表 5-2 几种海洋能的能量密度比较

资源	功率/TW	能量密度/(W/m^2)
海流能	0.05	0.05
海浪能	2.7	1.5
潮汐能	0.03	10
温差能	2.0	210
盐差能	2.6	240

(4) 海洋能随时空存在一定变化：各种海洋能按各种规律变化。在地理位置上，海洋能既因地而异，又不能搬迁，各有各的富集海域。温度差能主要集中在低纬度大洋深水海域，我国主要在南海；潮汐能、潮流能主要集中在沿岸海域，我国东海岸最富集；海流能主要集中在北半球两大洋西侧，我国主要在东海的黑潮流域；波浪能近海、外海都有，但以北半球两大洋东侧中纬度(30°～40°N)和南极风暴带(40°～50°S)最富集，我国东海和南海北部较大；盐度差能主要在江河入海口附近沿岸，我国主要在长江和珠江等河口。在时间上，除温度差能和海流能较稳定外，其他均具有明显的日、月变化和年变化，所以海洋能发电多存在不稳定性。不过，各种海洋能能量密度的时间变化一般均具有规律性，可以预报，特别是潮汐和潮流变化，目前已能作出较准确的预报。

(5) 一次性投资大，单位装机造价高：不论在沿岸近海还是在外海，开发海洋能资源都存在风、浪、流等动力作用、海水腐蚀、海洋生物附着以及能量密度低等问题，致使转换装置设备庞大、要求材料强度高、防腐性能好、设计施工技术复杂、投资大、造价高。但是由于海洋能发电在沿岸和海上进行，所以不但不占用土地，不需迁移人口，还具有综合利用效益。

(6) 对环境无害：海洋能发电不消耗一次性化石燃料，所以既不付燃料费，也不受能源枯竭的威胁。另外，海洋能发电几乎不伴有氧化还原反应，并且不向大气排放有害气体和热，因此也不存在常规能源和原子能发电所存在的环境污染问题，这就避免了很多社会问题。

我国大陆海岸线长达 18 000 多公里，有大小岛屿 6 960 多个，海岛总面积 6 700km^2，有人居住的岛屿有 430 多个，海岛的岸线总长约 14 000 多公里，海域面积达 470 多万 km^2，海洋能源十分丰富，达 5 亿多 kW。其中，潮汐能资源约为 1.1 亿 kW，大部分分布在浙江、福建两省，约为全国总量的 81%；沿岸波浪能的总功率为0.7亿kW，主要分布在广东、福建、浙江、海南和台湾的附近海域；海流能的蕴藏量为0.5亿kW，主要分布在浙江、福建等省；海洋温差能约为1.5亿kW。另外，流经东海的黑潮估计约为0.2亿kW。

但是，海洋能的强度比常规能源低。海水温差小，海面与500～1000m深层水之间的较大温差仅为20℃左右；潮汐、波浪水位差小，较大潮差仅7～10m，较大波高仅3m；潮流、海流速度小，较大流速仅4～7节。即使这样，在可再生能源中，海洋能仍具有可观的能流密度。以波浪能为例，每米海岸线平均波功率在最丰富的海域是50kW，一般的有5～6kW，后者相当于太阳能流密度($1kW/m^2$)。又如潮流能，最高流速为3m/s的舟山群岛潮流，在一个潮流周期的平均能流密度达$4.5kW/m^2$。海洋是个庞大的蓄能库，将太阳能以及派生的风能等以热能、机械能等形式蓄在海水里，不像在陆地和空中那样容易散失。海水温差、盐度差和海流都是较稳定的，24小时不间断，昼夜波动小，只稍有季节性的变化。潮汐、潮流则作恒定的周期性变化，对大潮、小潮、涨潮、落潮、潮位、潮速、方向都可以准确预测。海浪是海洋中最不稳定的，有季节性、周期性，而且相邻周期也是变化的。但海浪是风浪和涌浪的总和，而涌浪源自辽阔海域持续时日的风能，不像当地太阳和风那样容易骤起骤止和受局部气象的影响[5]。

5.2 潮 汐 能

海水潮汐现象是指海水在天体（主要是月球和太阳）引潮力作用下所产生的周期性运动，习惯上把海面垂直方向涨落称为潮汐，而海水在水平方向的流动称为潮流，是沿海地区的一种自然现象。古代称白天的潮汐为“潮”，晚上的称为“汐”，合称为“潮汐”。

5.2.1 潮汐能发电模式

与水力发电相似，潮汐能是利用潮差位能将势能转化为机械能，再转化为电能。潮汐发电要建水库，形成水头并保持水位平稳，利用水位差来发电。潮汐发电有单库单程电站、单库双程电站和双库双程电站。

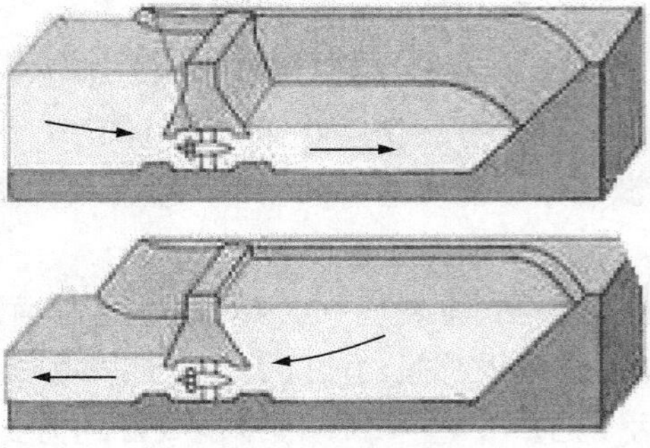

图 5-2　单库单程式潮汐能发电站原理图

(1) 单库单程式：仅有一个水库，水轮机是单向式的，如图5-2所示。单水库潮汐电站涨潮时使海水进入水库，落潮时利用水库与海面的潮差推动水轮发电机组。它不能连续发电，因此又称为单水库单程式潮汐电站。其工作过程为涨潮时进水,不发电,因为水位差不够和水轮机的单向性也无法发电。落潮时,先不发电,在落潮过程中,落到一定程度,与水库水位差足够时,才可以发电。整个过程是不连续的,但发电过程是稳定的,我国浙江省温岭县沙山潮汐电站就是这种类型[6]。

(2) 单库双程式:一个水库,用双向水轮机,涨潮落潮时都发电,如图 5-3 所示。其工作过程为涨潮时先不进水,由于是双向水轮机,等有一定水位差时再发电,同时也给水库充水。退潮时,水库水位差不够时停止发电,直到足够的水位差时,水轮机反向运转发电。

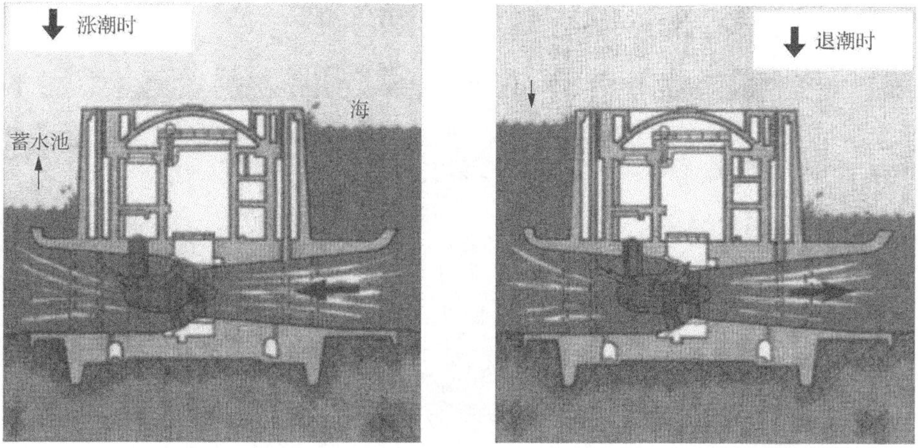

图 5-3 单库双程式潮汐能发电站原理图

(3) 双库式:双水库潮汐电站建有两个相邻的水库,水轮发电机组放在两个水库之间的隔坝内,如图 5-4 所示。一个水库(高水位库)只在涨潮时进水,一个水库(低水位库)只在落潮时泄水;两个水库之间始终保持有水位差,因此可以全日发电[7]。由于海水潮汐的水位差远低于一般水电站的水位差,所以潮汐电站应采用低水头、大流量的水轮发电机组。两个水库,涨落潮时都发电。其工作过程为一个高位水库,一个低位水库,增加了水位调节的能力,实现了不间断发电,水的流向永远是从高水位库流到低水位库,发电也是单向的。如果进水阀门与泄水阀门控制得当,可使水轮机水头保持稳定。

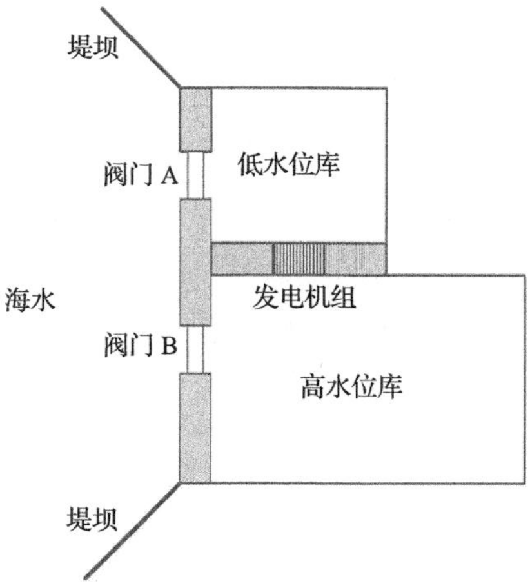

图 5-4 双库双程式潮汐能发电站原理图

利用潮汐发电必须具备两个物理条件:第一潮汐的幅度必须大,至少要有几米;第二海岸地形必须能储蓄大量海水,并可进行土建工程。潮汐发电的工作原理与一般水力发电的原理是相近的,即在河口或海湾筑一条大坝,以形成天然水库,水轮发电机组就装在拦海大坝里[8]。

5.2.2 水轮发电机组

(1) 轴流式水轮机组。水轮机轴是垂直的,又称立轴定桨式。水流从侧面的叶片方向流入,改变方向沿轴下部流出。立轴定桨式水轮机结构简单、运行可靠。但由于潮汐电站水头很低,立轴水轮机只适用于小型潮汐电站机组。这是老式发电机组,效率低,功率小,但寿命长。

(2) 贯流式水轮机组(图 5-5)。水轮机和发电机均沿水平方向安装,通过一个竖井的皮带连接,中间安装齿轮变速箱。水经闸门流道落下,改变方向沿水平方向经叶片流出。其特点是效率低,但简单,易安装与维修。

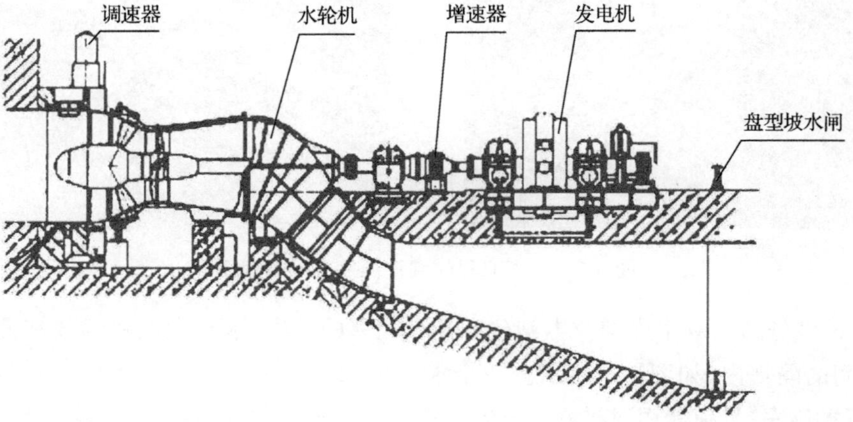

图 5-5 贯流式水轮机组总布置图

轴伸贯流式水轮发电机组的水轮机置于流道中,发电机置于陆地上,其间用长轴传动或采用齿轮增速器使发电机增速,具有可以合理选择发电机转速、检修方便、效率较高等特点。轴伸贯流式机组适用于潮差 5m 以下的中小型机组[9]。

(3) 流线型的灯泡式水轮机组。像一个光滑的灯泡或炸弹,全封闭,水平安装,大头装有发电机,小头装有水轮机,水流先经过大头密封的发电机,再流向水轮机。尽管机组占有不少体积,但由于采取紧凑同轴发电机和水轮机,其效率高。与立轴桨式机组相比,灯泡贯流式机组具有流道顺直、水头损失小、单位流量大、效率较高、体积较小及厂房空间较小等优点,适合用作低水头的大中型潮汐电站机组。较先进的国内外潮汐电站上采用这种形式,如法国郎斯潮汐电站、中国浙江江厦电站等。缺点是整个发电机在水下密封,维修不便,发电机在流道里使能量损失。

(4) 全贯流水轮机组(图 5-6)。水轮机和转子装在流道中,阻力小、效率高;定子装在流道外。国外大型万千瓦级机组就使用这种完美的机型,瑞典这方面技术比较领先。全贯流式水轮发电机组的典型特点是水轮机转轮的外轮缘构成了发电机转子的磁轭,发电机定子同心地布置在转子外面,并固定在基础上。全贯流式机组具有发电机转动惯量大(这对水头连续变化的潮汐电站十分有利)、发电机布置方便、机组紧凑、经济性较好等优点。

图 5-6 全贯流水轮机组

(5) 新型潮汐能涡轮发电机。如图 5-7 所示,这种名为“Sea Gen”的新型潮汐能涡轮发电机只要直接放在海湾时涨时退的潮汐中,就能产生可供 1 140 户居民使用的电力。这个新型潮汐能涡轮发电机被放置在斯特兰福德湾宽 500m 的海峡口处,该发电机的发电能力可以达到 1.2MW,是“世界上第一个利用海潮发电的工业规模的装置系统”[10]。

灯泡贯流式机组具有适用水头范围大、效率高、运行稳定等优点,电站建设土地淹没少、移民少,对降低工程造价、提高经济效益十分有利,具有广泛的市场前景。早在 20 世纪 80 年代,我国就成功地研制了 3 台 700kW 灯泡贯流式潮汐机组,安装在江厦潮汐试验电站。后又成功地把单机容量从 700kW 提高到 15 500kW,被国家有关部门指定为国家级重大新产品和替代进口产品。1995 年与日本合作生产 32 000kW 灯泡贯流式机组,前三台主要由富士电机株式会社制作,后三台由富春江水电设备总厂制作。引进设备不到几年,中国的水电设备制造技术就达到了国际水平。

图 5-7　“Sea Gen”潮汐能发电机组

水轮机关键技术如下。

(1) 潮汐电站利用水头低、潮差变化大、水头变动频繁，这些都给水轮机的水力设计带来一些困难。另外，许多潮汐电站运行工况复杂、转换频繁，如不仅要求正反向发电，还要求正反向抽水、正反向泄水，这更增大了水轮机水力设计的难度。因此，要根据电站实际情况和用户具体要求，权衡协调各种工况的要求和性能，设计出综合效率高、过流量大、空化性能好的转轮及流道。对多种工况运行的转轮而言，通常只要求正向发电和反向抽水运行的高效率，不追求反向发电和正向抽水运行时的效率。

(2) 大型全贯流式水电机组的特殊关键问题，如水密封技术、机组动态稳定性问题等。

(3) 海水腐蚀防止技术。潮汐电站水电机组部件长期浸泡在海水中或处于盐雾弥漫的空气中，这不但对结构中的金属产生严重的腐蚀作用，产生点蚀、缝隙腐蚀和应力腐蚀，而且对机组中的电气元器件及绝缘也要产生很大的影响。

5.2.3　潮汐能发电的特点[11]

1. 优点

(1) 潮汐能是一种清洁、不污染环境、不影响生态平衡的可再生能源。潮水每日涨落，周而复始，取之不尽，用之不竭。它完全可以发展成为沿海地区的重要补充能源。

(2) 它是一种相对稳定的可靠能源，很少受气候、水文等自然因素的影响，全年总发电量稳定，不存在丰、枯水年和丰、枯水期影响。

(3) 潮汐电站不需淹没大量农田构成水库，不存在人口迁移、淹没农田等复杂问题。而且可用拦海大坝，促淤围垦大片海涂地，把水产养殖、水利、海洋化工、交通运输结合起来，大搞综合利用。这对于人多地少、农田非常宝贵的沿海地区，更是个突出的优点。

(4) 潮汐电站不需筑高水坝，即使发生战争或地震等自然灾害，水坝受到破坏，也不至于对下游城市、农田、生命财产等造成严重灾害。

(5) 潮汐能开发一次能源和二次能源相结合，不用燃料，不受一次能源价格的影响，而且运行费用低，是一种经济能源。与河川水电站一样，存在一次投资大、发电成本低的特点。

(6) 机组台数多，不用设置备用机组。

2. 缺点

(1) 潮差和水头在一日内经常变化，在无特殊调节措施时，输出有间歇性，给用户带来不便。但可按潮汐预报提前制定运行计划，与大电网并网运行，以克服其间歇性。

(2) 潮汐存在半月变化，潮差可相差 2 倍，故保证输出、装机的年利用小时数也低。

(3) 潮汐电站建在港湾海口，通常水深坝长，施工、地基处理及防淤等问题较困难。故土建和机电投资大，造价较高。

(4) 潮汐电站是低水头、大流量的发电形式。涨落潮水流方向相反，故水轮机体积大，耗钢量多，进出水建筑物结构复杂。而且因浸泡在海水中，海水、海生物对金属结构物和海工建筑物有腐蚀和沾污作用，故需做特殊的防腐和防海生物黏附处理。

(5) 潮汐变化周期为太阴日(24h 50min)，月循环约为 14 天多，每天高潮落后约 50min，故与按太阳日给出的日需电负荷图配合较差。

5.2.4 潮汐能的利用

潮汐能就是潮汐运动时产生的能量，是人类利用最早的海洋动力资源。中国在唐朝沿海地区就出现了利用潮汐来推磨的小作坊。后来，到了 11～12 世纪，法、英等国也出现了潮汐磨坊。到了 20 世纪，潮汐能的魅力达到了高峰，人们开始懂得利用海水上涨下落的潮差能来发电[12]。

早在公元 787 年,西班牙、法国和英国就能使用潮汐能磨粮食,英国萨福尔克至今还保留着一个 12 世纪的潮汐磨。1600 年法国在加拿大东海岸建起美洲第一个潮汐磨。

19 世纪末,德国工程师克洛布洛赫提出在易北河下游筑坝,涨潮时蓄积海水,建立潮汐发电站的方案,但因当时各种技术条件的限制,该方案被束之高阁而未能实施。

1912 年,德国在石勒苏益格—荷尔斯太因州的胡苏姆(Hüsum)建成世界上第一座小型潮汐电站(5kW),第一次世界大战期间该电站遭破坏。

1913 年,法国科学家派恩(Pein)提出在法国诺德斯德兰德岛与大陆间筑一道 2.8km 的大坝,建设潮汐电站的方案。该电站在第一次世界大战期间成功发电(单向发电)。

1968 年,苏联在巴伦支海的基斯洛湾建成一座试验性潮汐电站,首台法国 Neyrpic 公司生产的 400kW 双向灯泡式机组投入运行(后苏联又仿制一台投入运行)。

1979 年,加拿大开始在芬地湾(BaY of Fundy)的安那波利斯(Annapolis)建设潮汐电站,1984 年 8 月该电站的 1 台 17.8MW 全贯流式机组投产发电。

美国在 20 世纪 80 年代也开展过芬地湾和阿拉斯加的潮汐电站的研究工作,澳大利亚对 Derby 潮汐电站进行了大量研究论证工作,1976 年韩国开始对几座大型潮汐电站进行研究、论证。

世界上规模最大的潮汐电站是法国的朗斯(Rance)电站,位于法国西北部、流入英法海峡的朗斯河口。该电站于 1961 年动工,在朗斯河口修建了一座长 750m 的大坝,形成面积 $22km^2$ 的水库。潮位差最大值为 13.5m,平均值为 8.5m,年发电量 5.44 亿 kW,调节库容 1.84 亿 m^3。1966 年 8 月首台机组发电,1967 年全部竣工。发电设备置于坝内,共有 24 台单机容量 10MW 的水车(4 叶片,横轴圆桶形卡卜兰式水轮机)和可逆式灯泡发电机组。朗斯电站已正常运行了 40 余年,迄今仍为世界最大的潮汐发电站,图 5-8 为朗斯电站的总体布置图,图 5-9 为其全貌图[13]。

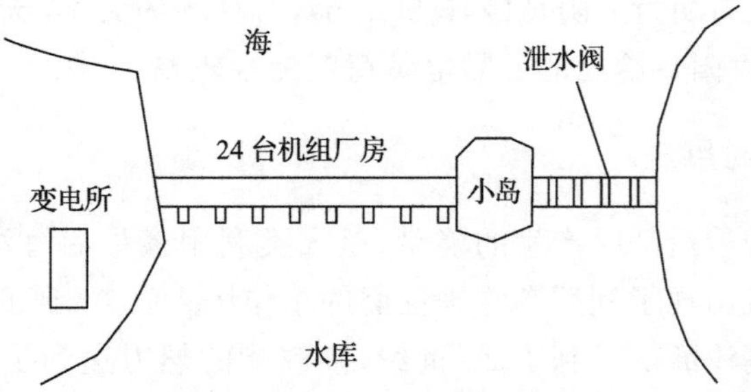

图 5-8 法国朗斯潮汐电站的布置图

图 5-9 法国朗斯潮汐电站概貌图

加拿大安纳波利斯潮汐试验电站建成于1984年,位于芬地湾的一个小河口处。该电站的创新点是采用全贯流水轮发电机组,单台机组最大输出20MW,转轮直径7.6m,是目前世界上单机最大的潮汐发电机组,也是技术上最先进的全贯流式水轮发电机组。多年运行证明,这种全贯流水轮机运行正常,效果很好[14]。据预测,加拿大芬地湾潮汐电站项目会使几百公里内的沿海潮差受影响。由于共振原因,美国波士顿地区的水面将上升15cm,海岸线内退6～8m,这是美国反对建潮汐电站的原因之一。此外还有泥沙淤积问题以及对沿海各种动植物、鱼类和鸟类栖息地等特殊生态环境的影响问题。在沿海筑坝建大型潮汐电站所导致的环境和生态问题可能比在河川筑坝还要严重。

一千多年前的唐朝,我国沿海居民就利用潮力碾谷子,在山东地区就发现早期的潮汐磨。早在900多年前,我国泉州在洛阳江上架桥,就利用潮汐能搬运石块;在15～18世纪法、英等国曾在大西洋沿岸利用潮汐推动水轮机。但只到20世纪50年代,才开始重视潮汐能发电技术的开发。其中,投入运行最早也是容量最大的潮汐电站是法国1966年建成的朗斯电站,装机容量24万kW。而后,1984年加拿大在安那波利斯建成装机容量为1.78万kW的世界第二大潮汐电站。近20多年来,美、英、印度、韩国、俄罗斯等也相继投入相当大的力量进行潮汐能开发。例如,英国于1997年在塞汶河口建一座装机容量为864万kW的潮汐电站,2003年开始发电,2005年全面开通运行;美国在阿拉斯加的库克湾建潮汐电站,装机容量为144万kW;韩国已提出在加罗林湾建造容量为48万kW的潮汐电站。印度已于1991年在古吉拉特海岸完成了第一座潮汐电站的选址,在那里修建一座90万kW的潮汐电站。苏联曾计划在白海的美晋湾建造一座世界上最大的潮汐电站,装机容量将达1 500万kW。据报道,目前世界上计划或拟议中建立的大型潮汐电站有20多座,其中装机容量百万千瓦级的就有9座。预计到2030年世界潮汐电站的年发电总量将达600亿kW·h。可以看出,潮汐电站的建设在经过一段缓慢发展以后,目前又出现了一种新的发展势头[15]。

中国是世界上建造潮汐电站最多的国家。我国第一座潮汐电站是浙江临海的汐桥村潮汐电站,早在1959年建成,总容量为60kW。位于浙江乐清湾的江厦潮汐电站首台500kW机组1980年开始发电,1985年全部竣工,总装机容量为

3 200kW，电站属于单库双向运行方式，是我国最大、世界第三的潮汐电站。我国还有福建幸福洋（1 280kW，1989 年投入运行）、山东乳山白沙口（640kW，1978 年投入运行）、浙江象山岳浦（150kW，1971 投入运行）、浙江鱼宦海山（150kW，1975 年投入运行）、江苏太仓浏河（150kW，1976 年投入运行）、广西钦州果子山（40kW，1977 年投入运行）等潮汐电站。

中国江厦潮汐实验电站位于我国浙江省乐清湾北端的江厦港，该电站是 1974 年在原“七一”塘围垦工程的基础上建造的，集发电、围垦造田、海水养殖和旅游业于一体的综合开发项目。该电站的特点是采用类似法国朗斯电站的双向发电灯泡贯流式水轮发电机组，总装机容量为 3 200kW，为世界第三大潮汐电站。多年来，电厂加高围堰，提高库区的水位，以增加发电量，提高发电的经济效益。可是，发电与当地农业生产和水产养殖的矛盾至今未能协调好。

中国潮汐电站共有 7 座，它们是经过长时间考验保留下来的。最大的考验是自然环境，如站址的泥沙淤积是否严重、发电与当地经济发展（围垦和水产养殖）以及交通的矛盾关系。能生存的潮汐电站都有较好的经济效益，特别是综合的经济效益。例如，江厦电站在乐清湾，泥沙淤积不明显，不会危及到发电；白沙口电站的泥沙淤积虽然严重，但是它的经济效益较好，加强管理，通过排沙和改造发电机组，保证了电厂继续发电。

我国利用潮汐能源发电大致经历了如下三个阶段。

20 世纪 50 年代是我国开发利用潮汐能发电的第一个阶段。1956 年，我国第一座小型潮汐电站在福州市建成。1958 年，中国掀起潮汐发电的高潮。这一时期建设的潮汐电站由于选址不当、施工粗糙、设备简陋、管理不善等原因，以后大部分相继废弃。

20 世纪 70 年代是我国开发利用潮汐能发电的第二个阶段。在这个阶段，人们总结、吸取了 50 年代潮汐发电的经验和教训，注重科学和施工质量，建成了一批较好的潮汐电站（有的至今仍在运行）。

1980 年至今是我国开发利用潮汐能发电的第三个阶段。

5.3 波浪能

波浪能主要是指海洋表面波浪所具有的动能和势能，由风的作用引起的海水沿水平方向周期性运动而产生的能量，这是一种以海水动能形态出现的海洋能。在波高 2m、周期 6s 的海浪里，每米长度的波浪可产生 24kW 的能量。无疑，海洋的波浪中蕴藏着巨大的能量，尤其在中高纬度和气流不稳定的海域，波能密度更高。

波浪能具有能量密度高、分布面广等优点，它是一种取之不竭的可再生清洁能源。尤其在能源消耗较大的冬季，可以利用的波浪能能量也最大。波浪的能量与波高的平方、波浪的运动周期以及迎波面的宽度成正比,是海洋能中最不稳定的一种能源,但其品味最高、分布最广且能流密度大。波浪能是巨大的,一个巨浪就可以把13吨重的岩石抛出20m高。一个波高5m、波长100m的海浪,在1m长的波峰片上就具有3120kW的能量,由此可以想象整个海洋的波浪所具有的能量该是多么惊人。据计算,全球海洋的波浪能达700亿kW,可供开发利用的为20亿～30亿kW,每年发电量可达90万亿kW·h。

我国拥有广阔的海洋资源,波浪能的理论存储量约为7000万kW,沿海波浪能能流密度为2～7kW/m。在能流密度高的地方,每1米海岸线外波浪的能流就足以为20个家庭提供照明。浙江、福建、广东和台湾沿海均为波能丰富的地区[16]。

南半球和北半球40°～60°纬度间的风力最强。信风区(赤道两侧30°之内)的低速风也会产生很有吸引力的波候,因为这里的低速风比较有规律。在盛风区和长风区的沿海,波浪能的密度一般都很高。例如,英国沿海、美国西部沿海和新西兰南部沿海等都是风区,有着特别好的波候。

由于大洋中的波浪能是难以提取的,所以可供利用的波浪能资源仅局限于靠近海岸线的地方。但即使是这样,在条件比较好的沿海区波浪能资源储量大概也超过2TW。据估计,全世界可开发利用的波浪能达2.5TW。我国沿海有效波高2～3m、周期为9s的波列,波浪功率密度可达17～39kW/m,渤海湾更高达42kW/m[17]。

我国有辽阔的海域,南北纵跨40个纬度,总面积为470多万km^2。海岸线曲折漫长,仅大陆岸线就有1万8千多公里。我国近海处于东亚季风气候带,冬季盛行偏北风,常有寒潮大风出现;夏季盛行偏南风,常有台风袭击,故波浪较大,波浪能资源较为丰富,为我们开发利用波浪能资源提供了良好的条件。目前,航标灯船用波浪发电技术基本成熟,已成功地研制了具有世界水平的导航浮标用波浪发电系统。我国小型波浪发电装置已经商品化,并正在研究试装更大的波浪发电装置。

根据调查和利用波浪观测资料计算统计,中国海岸大部分海域的年平均波浪功率密度为2～7kW/m,沿岸波浪能资源理论平均功率为1285.22万kW,这些资源在沿岸的分布很不均匀。以台湾省沿岸最多,为429万kW,占全国总量的1/3;其次是浙江、广东、福建和山东沿岸,均在160万～205万kW,四省蕴藏量总和约为706万kW,约占全国总量的55%,其他省市沿岸则很少,仅在43万～56万kW。广西沿岸最少,仅8.1万kW。

5.3.1 波浪能发电方法

1. 波浪能发电原理

波浪能发电即通过波浪的运动带动发电机发电,将水的动能和势能转变成电能。如图5-10所示,通常波浪能要经过三级转换:第一级为受波体,它将大海波浪能吸收进来;第二级为中间转换装置,它优化第一级转换,产生出足够稳定的能量;第三级为发电装置,与其他发电装置类似[18]。

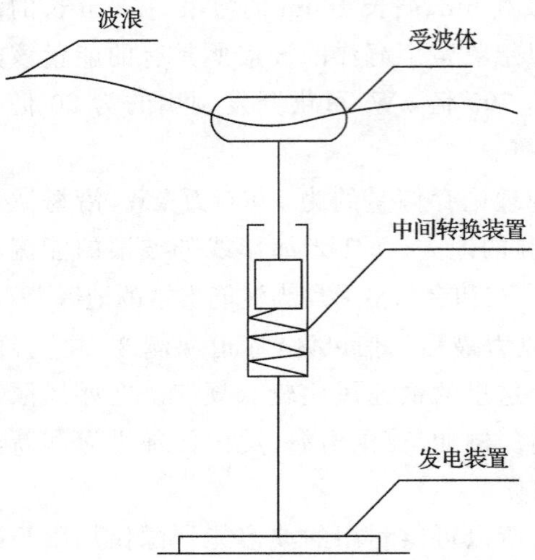

图 5-10　波浪能发电原理图

第一级受波体是将大海的波浪转换为装置实体持有的能量,通常为一对实体,即受能体和固定体。受能体直接与海浪接触,将波浪能转换为机械运动;固定体是相对固定,它与受能体形成相对运动。世界上现有第一级装置的形式很多,如点头鸭式、推板式、浪轮式和筏式等。

水体本身也可直接作为受能载体,而设置库室或流道容纳这些受能体,这样也能收集波能。例如,将波浪翻越海堤,堤内构成水库,然后用水的位能像水力发电一样。但是,通常波能利用多采用波力压迫水体,并使水体挤压空气,构成空腔内水柱作振荡运动。这种第一级波能转换多用于波力发电。

第二级中间转换是将第一级转换与最终转换沟通。因为波浪能经过第一级转换往往达不到最终推动机械运动的要求,不仅是因为其水头低、速度低,而且稳定性也较差。中间转换就要起到传输能量和稳定输出的作用。作为中间转换的形式,有机械式、水动式和气动式等。早期多采用齿轮、杠杆、离合器等机械部件,这往往要受海水腐蚀的影响,不太理想。水动式是采用液压系统,先用泵将机械能变为水能,经管道传输,至液压马达或水轮机,又把水能变为机械能,这样在增速、传输、调节上都比上述直接机械式方便。气动式是利用空气泵室,经整流气阀和管道,最终推动涡轮机旋转。气动式是以空气为介质,可以减少海水腐蚀,空气泵借助水体为活塞,结构简单。同时空气密度小,限流流速高,可使涡轮机有较高的转速,整个机组的体积可减小。现在气动式除采用常规的有阀整流涡轮机外,又出现了先进的无阀涡轮机,结构更为简化,如对称翼型转子、S 型转子和双盘式转子等。气动式是目前世界广泛采用的波能中间转换装置。

最终转换是适应用户的需要,若发电,则将中间转换的机械能变为电能,通过发电机发电。若直接利用机械能,可用于搅拌海水,作海水提铀或海水淡化等方面的应用。

2. 波浪能收集方式

(1) 运动型:收集一定方向的机械能。例如,一个轮子能在波浪里上下摇动,我们可以像整流似的选出一定方向可以利用的机械能，否则做的是无用功。

(2) 振荡型：把振动的水柱变成变化的气柱，有个振荡腔，如果能产生共振，效果就更佳，振动变为旋转也较容易。

(3) 水流型：改变水流形状，形成压差，就可作推动力。

(4) 压力型：比较直观，直接用波浪来压缩空气，作为动力。

然后再通过适当的转换，转换为推动水轮机的动力，转换方式有：①机械式的，用齿轮、杠杆；②水动式的，用液压系统；③气动式的，用空气泵；④其他方法的海洋能发电。

3. 波浪能发电装置

波浪能发电装置按能量传递方式划分，可以分成气动式、液压式和机械式的波浪能装置。

气动式波浪能装置的某一个环节通过气体传递能量。气动式波浪装置可以是固定的，也可以是漂浮式的，如为航标灯提供电能。气动式波浪能装置的优点是透平、发电系统等较为脆弱的部分不与海水接触，提高了抗冲击性能和抗腐蚀性能，有利于发电系统及控制系统的维护；缺点是效率较低，通常只有 10%～30%，主要原因是气流在一个波浪周期里要经历两次换向、两个速度为零的点，使得作为能量转换器的空气透平处于非常不利的变工况状态，因其导致转换效率低下。

液压式波浪能装置的某一个环节通过液体传递能量，浮子吸收波浪能之后通过液压装置将能量转换成液压能。

1) "点头鸭"式

"点头鸭"式波浪能发电装置的得名是由于该装置的形状和运行特性酷似鸭的运动，波浪入射波的运动使得动压力推动转动部分绕轴线旋转，流体静压力的改变使浮体部分作上升和下沉运动，动能和位能同时通过液压装置转化，再通过液力或电力系统把动能转换为电能。由于"点头鸭"式装置很多部件直接与海水接触，极易损坏，各国已经基本停止使用和研究。

鸭式装置是一种经过缜密推理设计出来的、具有特殊外形的波能装置，由英国爱丁堡大学 Salter 教授提出。该装置具有一垂直于来波方向安装的转动轴，如图 5-11 所示。装置的横截面轮廓呈鸭蛋形，其前端(迎浪面)较小，形状可根据需要随意设计；其后部(背浪面)较大，水下部分为圆弧形，圆心在转动轴心处。装置在波浪作用下绕转动轴往复转动时，装置的下部因为圆弧形，不造出向后行进的波；又由于鸭式装置吃水较深，海水靠近表面的波难以从装置下方越过，跑到装置的后面，所以鸭式装置的背后往往为无浪区——这使得鸭式装置可以将所有的短波拦截下来。如果设计得好，鸭式装置在短波时的一级转换效率接近于 100%。

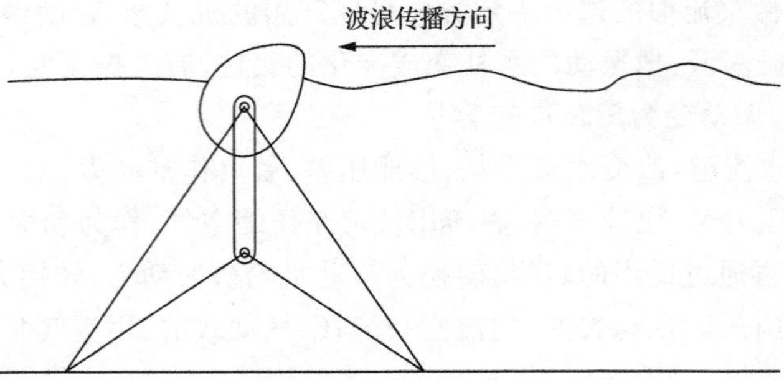

图 5-11 “点头鸭”式波浪能发电装置

装置的缺点在于抗浪能力弱，其固定支架需要复杂的海下施工技术，才能与海底有效连接。

2）振荡水柱式

振荡水柱技术通常指采用气室俘获波浪能。气室是一个下方开口的结构，当波浪作用在开口时，气室内的水柱就会上下运动（振荡水柱因此而得名），驱动水柱上方的空气，形成往复气流；该气流驱动安装在气室喷嘴上的空气透平，得到旋转机械能；旋转机械能再驱动发电机发电。振荡水柱波能装置的优点是转动机构不与海水接触，防腐性能好，安全可靠，维护方便；其缺点是空气透平能量转换效率较低[19]。

振荡水柱式波浪能发电装置内的水柱在波浪的作用下作上下往复运动，水柱的作用类似于活塞，水柱的不停运动导致水柱自由表面上部的空气柱产生振荡运动，空气在气室上方的出气孔流经一个往复透平，从而将高速空气的动能转换为电能。振荡水柱式波浪能装置与其他波浪能装置最大的区别就是具有气室。所谓气室就是指一个结构，其下部有一开口浸在海水里，使海水能够自由地进入气室内。

3）推摆式

推摆式波浪能发电装置是利用装置的运动部件，在波浪的推动下，通过摆体作前后或上下摆动，将波浪能转换成摆轴的动能，如图 5-12 所示。与摆轴相连的是液压装置，将摆轴的动能转换成液力泵的动能再带动发电机发电。在波浪的推动下，利用摆运动吸收波浪中的能量，转换成机械能，进而转换为电能。

图 5-12 推摆式波浪能发电装置

日本室兰工业大学于 1983 年在北海道室兰附近的内浦湾建造了一

座装机容量为 5kW 的推摆式波力电站。试验电站的摆宽为 2m，最大摆角为±30°。波高 1.5m，周期 4s 时的正常输出约为 5kW，总效率约为 40%，是日本电站中效率较高的一座。

4）聚波蓄能式

聚波蓄能式波浪能发电装置是利用狭道把广范围的波能聚集在很小的范围内，这是一种提高能量密度的方式。收缩波道式波能技术依靠逐渐收缩的波道俘获波浪能（绕射聚波），使波高在逐渐收缩的波道中放大，直到波浪越过波道顶进入高于海面的水库。进入水库的水的势能通过水轮发电机转换成电能。这种转换方法的优点在于波能的转换没有活动部件，可靠性好，维护费用低且输出稳定。

最早的收缩波道式波力装置是挪威波能公司（Norwave A. S.）于 1986 年建造的一座装机容量为 350kW 的收缩波道式电站，如图 5-13 所示。其收缩波道开口约 60m 宽，呈喇叭形逐渐变窄的楔形导槽，逐渐收缩通至高位水库，高位水库与外海间的水头落差达 3.5m，电站自建成以来一直工作正常。不足之处是，电站对地形要求严格，不易推广。

丹麦的 Wave Dragon 公司研建了漂浮式的收缩波道装置 Wave Dragon，如图 5-14 所示。该装置由钢结构组成，漂浮于海面上，通过锚链锚泊于海底，两侧具有导浪浮体，采用低水头的 Kaplan 水轮机组发电。该装置不受潮位影响，在大浪时可以稳定发电，导浪浮体具有较好的聚波能力，可根据波高调节装置的吃水高度，具有较好的水动力学性能。

图 5-13 挪威收缩波道式发电装置

图 5-14 丹麦收缩波道发电装置

5）振荡浮子式

振荡浮子式波浪能发电装置是在振荡水柱式装置的基础上发展起来的。装置通过振荡浮子将波浪能转换成驱动液压泵的往复机械能，再通过能量缓冲区将不稳定的液压能转换成稳定的液压能，通过液压马达将稳定的液压能转换成稳定的旋转机械能，再通过发电机发出稳定的电能，或通过其他设备制造淡水或冰。

英国 AWS Ocean Energy 有限公司研制的阿基米德波浪摆装置（Archimedes wave swing，AWS），如图 5-15 所示，由两个相嵌套的圆筒组成，上部圆筒为漂浮的，在波浪作用下上下运动，而下部圆筒固定不动。该公司准备在苏格兰海域建立第一个小型的阿基米德摇波浪摆装置实验电站。

美国的 OPT（Ocean Power Technologies）公司研制的 Power Buoy 波力装置通过控制浮力控制能量的吸收，如图 5-16 所示。2006 年 2 月，OPT 公司在英国北部 Cornwall 对该装置进行第六次试验。2007 年 2 月获得联邦能量结构委员会（FERC）批准，建立 50MW 示范装置场。2007 年 10 月 OPT 公司获得美国海军 190 万美元的资助，在夏威夷安装 Power Buoy 装置系统。

图 5-15　英国阿基米德波浪摆装置

图 5-16　美国 Power Buoy 波力装置

6）阀式

阀式波浪能发电装置是波面阀通过铰链相互铰接在一起，能量转换装置置于每一铰接处，波浪的运动使波面阀沿着铰接处弯曲，从而反复压缩液力活塞并输出机械能，再通过液压系统驱动发电机发电。当装置的固有频率与波浪的频率相一致或接近时，装置的输出效率最高。

最近建成的 McCabe Wave Pump（MWP）波力装置（图 5-17）由三个成直角的钢质浮筒构成，通过横梁铰接在一起，总长度 40m，具有自动朝向来波的功能。该装置可驱动海水淡化系统获得可饮用的纯净水，或驱动发电机发电。

英国 OPD 公司（Ocean Power Delivery Ltd）研究的 Pelamis 波力装置实际为改良的筏式装置，如图 5-18 所示。传统的筏式装置只允许一个方向的角位移，在斜浪作用下其铰受到弯曲力矩，容易遭到破坏。而 Pelamis 允许两个方向的角位移，抗浪能力大大提高。Pelamis 的能量采集系统为三个端部相铰接、直径 3.5m 的浮筒，利用相邻浮筒的角位移驱动活塞，将波浪能转换成液压能，装机容量为 750kW，总长为 150m，放置在水深为 50～60m 的海面上，它是世界上第一座进行商业示范运行的漂浮式波力电站。

图 5-17　MWP 波力装置

图 5-18　Pelamis 波力装置

筏式装置的长度方向顺浪布置，迎波面较小，与垂直于浪向的同等尺度的波能装置相比，其吸收波浪能的能力较为逊色，单位价值材料所获取的能量较小。但其优点是具有较好的整体性，抗波浪冲击能力较强，具有较好的能量传递效率，发电稳定性较好。

对于波浪发电，首先要确保装置在海上的生存能力，包括正确的结构设计和良好的保护措施；其次是选择最好的波能转换方式，使能量转换的各个环节都有较高的效率，避免出现某一环节的效率低下而导致系统效率低下的现象；最后是发电质量有待提高，由波浪运动特性所决定。在不加任何控制条件下，波能装置发电的峰值功率可达到其平均功率的 10 倍左右。收缩水道水库式波浪电站由于其蓄能环节容量大而使输出得以稳定。

4. 发电类型

波浪主要是风产生的，在全球海洋中分布非常不均匀。在暴风巨浪中，波浪能达 1000kW/m，而在平静海面，只有 0.001kW/m，纬度 40°～50°最大。一些科学家认为北大西洋的波浪能达 80～90kW/m，而封闭的地中海只有 3kW/m。波浪能是可再生能源中最不稳定的能源，波浪能的利用并不容易。波浪不能定期产生，各地区波高也不一样，由此造成波浪能利用上的困难。利用波浪能发电要依靠波浪发电装置，但是由于海浪具有力量强、速度慢和周期性变化的特点，100 多年来，世界各国科学家提出 300 多种设想，发明了各种各样的波浪能发电装置，但是普遍发电功率很小，而且效果差。

波浪能发电技术的类型分陆上型和海上型两种。

(1) 陆上型波浪能发电装置的发电机组安装在陆基，如图 5-19 和图 5-20 所示。

图 5-19　苏格兰海浪发电装置-陆上型海潮能源转换器

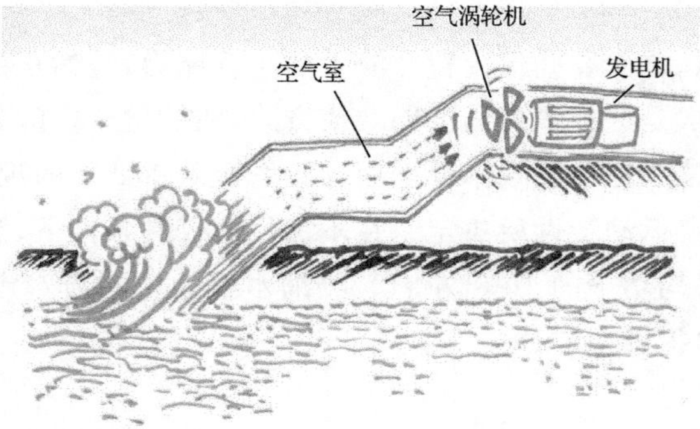

图 5-20　陆上海浪发电示意图

(2) 海上型波浪能发电装置的发电机组是安装在海上，如图 5-21 所示。

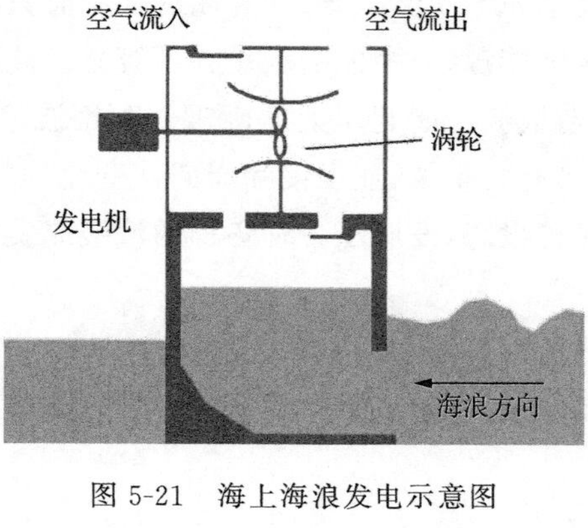

图 5-21　海上海浪发电示意图

5.3.2 波浪能发电技术的发展

想要充分地利用波浪能发电，有几项难题需要解决。一是独立发电问题。最早的波浪能发电装置需要与柴油机并联工作，这样会造成污染。后来则需要依靠电网，先把波浪能转化的电能供应到电网上，然后才可以利用，这样又会受到电网覆盖范围的限制，造成发电成本高昂、发电功率小、质量差等问题。二是稳定性问题。由于受技术限制，波浪能发电装置只能将吸收来的波浪能转化为不稳定的液压能，这样再转化的电能也是不稳定的。英国、葡萄牙等欧洲国家采用昂贵的发电设施，仍无法得到稳定的电能。三是控制问题。由于波浪的运动没有规律性和周期性，浪大时能量有剩余，浪小时能量供应不足，这就需要有一种设备在浪大时将多余的波浪能储存、再利用。

日本一直非常重视波浪能发电技术的研究和应用，在波浪能发电技术方面走在世界的前列。它的10多家研究与开发机构既有明确分工又有效协调，并重视技术向生产应用的转化研究，使日本在波浪能转换技术实用化方面走在世界前列。它从20世纪80年代中期至今已建成4座岸基固定式和防波堤式波力电站，单机容量为40～125kW。其中最有名的是80年代初建造的“海明”号波力发电船，安装10台单机功率为125kW的发电机，总装机容量达1 250kW，特别适合于“离岛的自给电源”，1988年完成容量为2 000kW的波力发电装置投入使用。此外，从1988年开始日本在酒井港建造一座20万kW的波力发电装置，用海底电缆向陆地供电。为克服“海明”号的缺陷，日本海洋科学技术中心(JAMSTEC)于1987年组织了一项耗资10亿日元、名为“巨鲸”(mighty whale)的波浪发电装置研究开发计划，经过理论研究和模型试验，该装置于1997年末在三重县五所湾离岸海域下水，进行了为期两年的实际海域试验。该装置不仅能吸收波力能发电，具有独立能源平台的功能，还可起到平稳波浪的作用，有利于海洋开发。同时日本山形大学和国立文理大学还在研制一种新型的波浪能转换系统，用于无风海岸地区供电和海水淡化，目前日本已建造1 500多座波浪能发电装置。

英国具有世界上最好的波浪能资源。从20世纪70年代开始，英国将波浪能发电研究放在新能源开发的重要位置。80年代，英国已成为世界波浪能研究的中心。90年代初，在苏格兰伊斯莱岛和奥斯普雷建成75kW和20MW振荡水柱式和岸基固定式波浪能发电站。2000年11月，世界上第一个波浪能发电厂在苏格兰伊斯莱岛附近建成并开始商业化运行，为当地400户居民供电。英国波浪能发电的开发目标是总容量为2GW的波浪能发电设备，正在致力于威尔斯气动透平的利用、原型波力发电机组、导航浮标的波力透平发电组及小型波能转换器等的研究，它的波浪发电技术仍居世界领先地位，并实现了商业化。世界上第一台商用波浪发电机已于1995年8月在英国克莱德河口海湾开始发电，装机容量为2 000kW，还援建毛里求斯一座 2 万 kW 容量的波力电站。

挪威于 1985～1986 年,利用多谐振荡水柱技术和减速槽道技术在托夫特斯塔琳建造了两座各为 500kW 和 350kW 容量的波力电站。在 20 世纪 90 年代初又建造了一座容量为 1 万 kW 的波力电站,均已达到商业应用程度。它先后与印尼和澳大利亚签订协议为这两个国家各建一座容量为 1 400kW 的波力电站。

瑞典在 1983～1984 年进行了 30kW 软管泵原型装置的现场试验,并在西班牙大西洋岸外建了一座 1 000kW 的波力示范电站。印度已宣布从 1990 年开始实施一项波能发展 6 年计划,包括在马德拉斯附近建一座容量为 5 000kW 的离岸波力电站,目前正在特里凡得琅港附近建一座使用威尔斯透平发电机的 150kW 示范波力电站。美国的波浪能研究涉及气动波能转换系统、平行盘波能模件、串联活板系统及随波筏链装置等。最近,由美国能源部技术研究所研制的岸上/离岸波力发电系统,将海水挤压到岸上蓄水池,再以水力发电,发电容量可达 414kW。

我国近代的波浪能研究始于 1968 年,研究波浪能发电最早兴起于上海。为了开发海洋资源、促进经济发展,我国将波浪能发电研究列入了国家重点科技攻关项目。目前从事波浪能发电研究与开发的单位共有十几家,因此波浪能发电技术获得了较快的发展。其中以中国科学院广州能源研究所拥有的水平和成果最为先进。1984 年研制成功航标灯小型波浪能发电装置,在我国沿海海域大面积推广和运用。“九五”期间完成重点科技攻关项目——汕尾 100kW 岸式波浪能发电电站(该电站属于振荡水柱式类型)。“十五”期间,2002 年在海洋波浪能发电关键技术上取得了重大突破,研制的装置可以将随机的波浪能转换成用户能够直接使用的稳定电源,从而为大规模地利用波浪能开辟了新的途径和思考方法。2008 年,中国科学院研制成功了液态金属磁流体波浪能直接发电的原理性演示装置,提出了一种工作原理与常规波浪能发电系统完全不同的新型波浪能发电技术。其实质是系统采用了磁流体发电机,提供了一个与波浪吻合很好的机械阻抗。因此,系统转换效率高、功率密度大、结构紧凑、成本低廉,而且移动性好。

中国从 1986 年开始在珠江口大万山岛建设 3kW 波浪电站,随后几年又将该电站上改造成 20kW 的电站。出于抗台风方面的考虑,该电站设计了一个带有破浪锥的过渡气室及气道,将机组提高到海面上约 16m 高处,大大减小了海浪对机组直接打击的可能性。发电装置采用变速恒频发电机与柴油发电机并联运行,发电比较平稳。1996 年 2 月试发电,初步试验的结果表明,20kW 波力发电机组平均输出功率为 3.5～5kW,峰值功率可达 14.5kW,总能量平均俘获宽度比在 20%～40%的范围,优于日本、英国和挪威的同类电站。

1996 年广州能源研究所在广东省汕尾市遮浪半岛建设了“100kW 岸式振荡水柱波力电站”第一期工程,被列为我国“九五”科技重点攻关项目,是一座与当地电网并网运行的岸式波浪发电站,2001 年 2 月进入试发电。该电站设有过压自动卸载保护、过流自动调控、水位限制、断电保护、超速保护等功能。所有保护功能均在计算机控制下自动执行，大大地减小了人工干预，使波浪能发电技术接近实用化。

据不完全统计，目前已有28个国家（地区）研究波浪能的开发，建设大小波力电站（装置、机组或船体）上千座（台），总装机容量超过80万kW，建站数和发电功率分别以每年25%和10%的速度上升。

中国科学院广州能源研究所提出一种全新的蓄能稳压方法，使所有液压传动的波能装置均可实现稳定的输出。2003年研制出第一个蓄能稳压系统，解决了波浪能独立稳定发电系统的关键技术。波浪能独立稳定发电系统第一次实海试验获得成功，这是世界首座波浪能独立稳定发电系统。这表明，波浪能独立稳定发电这一世界上至今未解决的难题已经有了突破性的进展，人类第一次实现了将波浪能转换为稳定的电能。这套波浪能独立稳定发电系统分为三个部分：一是波浪能采集系统，它将波浪能转化为不稳定的液压能；二是蓄能稳压系统，这是装置中的关键部分，它将不稳定的液压能转变为稳定的液压能，如果用这种稳定的液压能直接驱动电机就可产生稳定的电能，蓄能稳压系统在世界波浪能研究领域上是首创，它彻底解决了波浪能发电的稳定性问题；三是能量监控系统，它可以计算出有多少波浪能进入了装置系统、用户使用了多少能量，并发出指令将多余的电能或储存起来或用来制造淡水、制冰，实现了对波浪能的控制。这套系统使波浪能发电脱离了柴油机、电网等一切动力辅助系统，实现了波浪能的独立发电，发电功率为6kW，发电稳定度优于柴油机发电系统，达到用户直接使用的水平，可以用于照明、计算机、空调机、制淡机用电[20]。

振荡水柱式波浪发电系统的输出稳定性最难以解决，由于缺乏大容量的蓄能环节，振荡水柱式波能装置不能做到稳定输出，只能采用增加惯性或设计特殊的发电装置使输出稳定性得到改善。例如，英国500kW振荡水柱式波力电站通过对大滑差的电机控制，改善了输出的稳定性，在平均功率10kW时将峰值功率控制在150kW内。由于世界各国对波浪发电站研建工作的兴趣有增无减，随着一个个技术难关的突破，不久将像风力发电一样，成为新的能源产业。

目前的波浪能领域前沿技术有以下几个。

（1）将分散的、低密度的、不稳定的波浪能吸收起来，集中、经济、高效地转化为有用的电能。能承受海洋灾害性气候的破坏，实现安全运行，是当今波浪能开发的方向。

（2）目前，大部分波能装置从波能到电能的总转换效率只有10%～30%，且投资巨大。因此，研究的关键问题是提高转换效率和降低成本。

（3）防腐技术和防生物附着技术。

（4）抗浪技术，如合理的转换装置设计、锚泊系统设计及下潜避浪技术。

(5) 综合利用是波能发展的另一动向。除发电外，波能还可与环境和海洋资源利用相结合。例如，波浪能与风能、太阳能与海洋热能的综合利用；波浪能船舶推进；波浪能海水淡化、制氢、提取海洋中的贵重元素等[21]。

5.4 海　流　能

5.4.1 洋流的形成及分布

海流又叫洋流。根据洋流形成的主导因素，可将洋流分为风海流、密度流和补偿流三种类型。洋流的类型按流向可分为反气旋型洋流、气旋型洋流、西风漂流和季风洋流。洋流可以分为暖流和寒流。若洋流的水温比到达海区的水温高，则称为暖流；若洋流的水温比到达海区的水温低，则称为寒流。一般由低纬度流向高纬度的洋流为暖流，由高纬度流向低纬度的洋流为寒流。在盛行风吹拂下，表层海水沿着一定方向做大规模流动，这样形成的洋流称为风海流(世界上的洋流大多数是风海流)。不同的海域因海水的温度和盐度不同，导致海水密度分布不均，引起海水的流动，称为密度流。由风力和密度差异所形成的洋流，使海水流出的海区海平面降低，相邻海区的海水流过来进行补充，这样形成的洋流叫做补偿流。补偿流有水平的，也有垂直的。垂直补偿流又分为上升流和下降流，如秘鲁附近海区存在明显上升流，陆地形状和地转偏向力也会对洋流方向产生一定影响。全球海洋分布如图 5-22 所示。

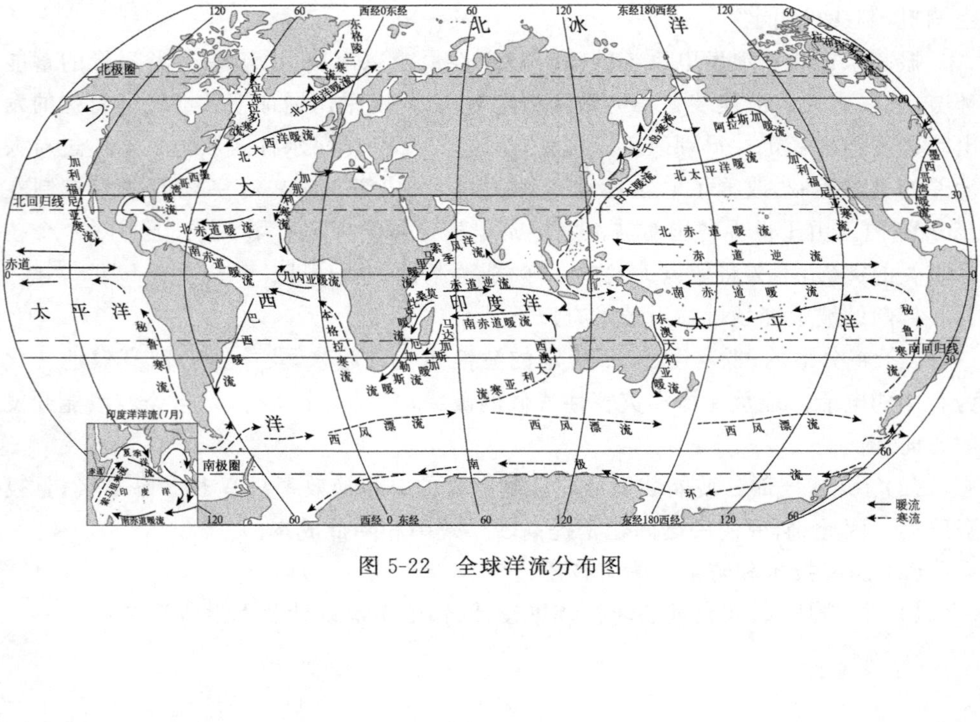

图 5-22　全球洋流分布图

黑潮是世界海洋中第二大暖流。北太平洋副热带总环流系统中的西部边界水流，因其水色深蓝，远看似黑色，因而得名。其实，它的本色清白如常。由于海的深沉，水分子对折光的散射以及藻类等水生物的作用等，外观上好似披上黑色的衣裳。

黑潮是由太平洋北赤道流在菲律宾群岛以东向北流动的一个分支延续而来，其源自中国台湾省东南和巴士海峡以东海域。它沿台湾东岸北上，通过苏澳和与那国岛之间的水道流入东海。主轴指向东北，在陆架外缘和陆坡之间流动。当它在奄美诸岛西北分出对马暖流分支后，转向东流通过吐噶喇海峡北部流出东海，进入日本以南的太平洋海域；再沿日本诸岛沿岸流向东北，在本州铫子附近离开陆坡向东流去，成为黑潮续流。约至东经165°处再延伸为北太平洋流。狭义的黑潮系指自台湾东南海域至铫子一段紧沿陆坡流动的高速带状水流，广义的黑潮流系则包括黑潮续流。黑潮由北赤道发源，经菲律宾，紧贴中国台湾东部进入东海，然后经琉球群岛，沿日本列岛的南部流去，于东经142°、北纬35°附近海域结束行程。其中在琉球群岛附近，黑潮分出一支来到中国的黄海和渤海。位于渤海的秦皇岛港冬季不封冻，就是受这股暖流的影响。黑潮的总行程有6 000km。

黑潮是一支强大的海流。夏季，它的表层水温达30℃，到了冬季，水温也不低于20℃。在我国台湾的东面，黑潮的流宽达280km，厚500m，流速为1～1.5节(1节＝1.852km/h)；入东海后，虽然流宽减少至150km，速度却加快到2.5节，厚度也增加到600m。黑潮流得最快的地方是在日本潮岬外海，一般流速可达到4节，不亚于人的步行速度，最大流速可达6～7节，比普通机帆船还快。整个黑潮的径流量等于1 000条长江[22]。

吕宋岛以东，北向最大流速为80～100cm/s。在巴士海峡和台湾岛南端及东岸最大流速约150cm/s或以上。台湾以东，黑潮流幅约125～170km，向北流幅逐渐变窄；离岸距离为60～100km。流轴上最大流速平均约为95cm/s。流量的年际变化很大，在$(19\sim42)\times10^6\,m^3/s$。东海中的黑潮是黄、东海流系的主干，其影响还远及南海。

黑潮在自西向东流动中，沿途还汇合了其他水体，到达日本以南时，流速增强，流量增大，途径变异也最复杂。熊野滩以南经向断面上的地转流速分布显示了黑潮的典型结构，表层最大流速可达190cm/s以上，流轴(流速＞50cm/s)宽约125km，深约600m，流量约为$71\times10^6\,m^3/s$。约在北纬35°处，黑潮离开日本海岸后分为两支，其一为续流主干，向正东流动，保持狭窄强流性质，直到东经160°附近。它在东经150°附近又分出一支，为黑潮逆流几乎沿椭圆形途径向琉球群岛和台湾岛方向流动。另一支为续流分支，流向东北，直到北纬40°处又转向东流。这一分支与其西、北两侧的亲潮形成了寒暖两流系十分显著的锋面，这里渔业资源很丰富。

在所有的洋流中，有一条规模十分巨大，堪称洋流中的“巨人”，这就是著名的美国墨西哥湾流。它宽 60～80km，厚 700m，总流量达到 7 400 万～9 300 万 m^3/s，比世界第二大洋流——北太平洋上的黑潮要大将近 1 倍，比陆地上所有河流的总量要超出 80 倍。若与我国的河流相比，它大约相当于长江流量的 2600 倍，或黄河的 57 000 倍。

我国拥有 1.8 万 km 海岸线，近海有稳定的洋流。根据我国 130 个水道的统计结果可知，我国沿海海流理论平均功率为 1.4×10^7 kW。我国洋流资源分布在全国沿海各地，浙江最多，有 37 个水道，理论平均功率为 7.09×10^6 kW，约占全国的 1/2 以上。台湾、福建、辽宁等省的海流能资源约占全国总量的 42%，其他省区较少。我国舟山海域诸水道海流能开发前景最好，如金堂水道（25.9kW/m^2）、龟山水道（23.9kW/m^2）、西候门水道（19.1kW/m^2）等，其次是渤海海峡和福建的三都澳，这些海区均有能量密度高、理论蕴藏量大的洋流[23]。

5.4.2 海流发电技术

海流能的主要利用方式是发电，其原理与风力发电相似，几乎任何一个风力发电装置都可以改造成海流能发电装置。

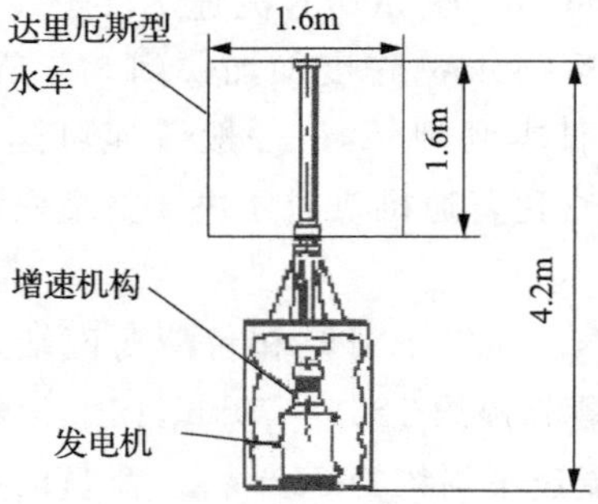

图 5-23　达里厄斯型水车

目前，有萨优纽斯（Savonius）型水车和达里厄斯（Darriews）型水车两种。潮流发电与潮汐发电不同，不需设置大坝或堤堰，是借自然的流动直接通过水车获取能量，故水车的效率是很重要的性能参数。日本大学在爱媛县今冶市的来岛海峡安装的实验装置为海底设置型，采用了效率更高的达里厄斯型水车，最大额定功率为 5kW（图 5-23）。

1973 年美国的莫顿教授提出了“科里奥利”方案，如图 5-24 所示。该方案的内容是将一组巨型涡轮发电机安装在一种能大量聚集海流能量的导管内。当海流通过导管时，就带动涡轮机像风车一样转动发电，通过水下电缆将电能输入佛罗里达电网。

2001 年意大利研制出世界上第一台海流发电机样机，并在墨西拿沿海地区进行发电试验获得成功，产电能容量达 40kW。

2006 年 4 月，加拿大第一台并网型海流能发电机成功并网发电。

2003 年，20 台 300kW 的海流发电装置在挪威 KVAL-SUNDET 建成。菲律宾于 2008 年 5 月中旬宣布，拟在意大利资助下开发海流能发电。韩国和日本的海流能发电计划均在积极地推进中。

图 5-24 海流能发电原理

海流发电站的主要形式有以下几种。

1）驳船式海流发电站

这种发电站实际上就是一艘船，在船舷两侧装着巨大的水轮，水轮在海流推动下不断地转动，进而带动发电机发电，电能通过海底电缆被输送到岸上。这种驳船式发电站的发电机机组长 110m，管道口直径 170m，安装在海面下 30m 处，发电能力约为 5 万 kW。由于发电站是建在船上，当有狂风巨浪袭击时，电站可以转移到附近港口躲避，以保证发电设备的安全。

2）“降落伞”的海流发电装置

1976 年，美国科学家斯蒂尔曼设计出了一种被称为“降落伞”的海流发电装置，如图 5-25 所示。这个发电装置很特别，是用 50 只直径为 0.6m 的“降落伞”串缚在一根 150m 长的绳子上，头尾相联，形成一个圆环，套在固定于船底的转轮上，而船则锚泊在海上，在海流的作用下，顺流运动的“降落伞”像被大风撑开的雨伞一样张开，而逆流运动的“降落伞”则被压缩，串缚“降落伞”的绳子像传动带一样，带动转轮不停地转动，通过多级传动增速齿轮系统改变转速，带动发电机发电。

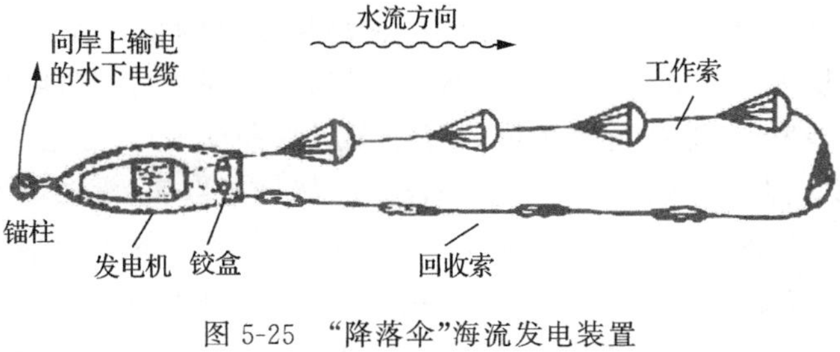

图 5-25 “降落伞”海流发电装置

3）“花环式”的海流发电站

这是用一串螺旋桨组成的，它的两端固定在浮筒上，浮筒里装有发电机，如

图 5-26 所示。整个电站迎着海流的方向漂浮在海面上,就像献给客人的花环一样。它的发电能力通常是比较小的,一般只能为灯塔和灯船提供电力,至多不过为潜水艇上的蓄电池充电而已[24]。

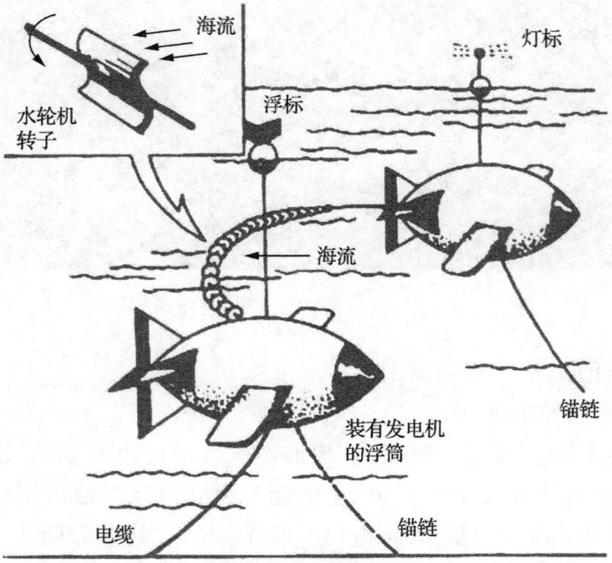

图 5-26 “花环式”的海流发电装置

5.4.3 洋流与航运

若能熟悉和掌握洋流规律,利用洋流还可以节约船舶航行时间、缩短运转周期,达到节约燃料和减少事故的目的。具体应用请见第 8 章 8.4.6 节。

5.5 温 差 能

5.5.1 海洋温差能资源

海洋是世界上最大的太阳能集热器,它每年吸收的太阳能总储量约 500 亿 kW,其中可转换为电能的约有 20 亿 kW。在如此巨大的海洋热能开发中,最有希望的是海洋温差发电,即利用被晒热的海洋表层水和深海(一般在 500m 以下)冷水的温差(至少应大于 18℃)来发电。海洋温差能是指以表、深层海水的温度差形式所储存的海洋热能,其能量的主要来源是蕴藏在海洋中的太阳辐射能。海洋温差能储量巨大,占地球表面积 71%的海洋是地球上最大的太阳能存储装置,体积为 $6.0\times10^7km^3$ 的热带海洋的海水每天吸收的能量相当于 2.45×10^{11} 桶原油的热量。由于海水是一种热容量很大的物质,海洋的体积又如此之大,所以海水容纳的热量是巨大的。这些热能主要来自太阳辐射,另外还有地球内部向海水放出的热量、海水中放射性物质的放热、海流摩擦产生的热，以及其他天体的辐射能，但99.99%来自太阳辐射。在多种海洋能资源中，温差能资源储量第一，能量密度仅次于盐差能，位于第二。

我国有18 000km的海岸线和逾300万km^2的管辖海域，沿海岛屿众多，海洋温差能资源丰富。黄海、东海和南海温差能的理论储量为$1.463\times10^{19}\sim1.519\times10^{19}$kJ，可开发装机容量为352.7～366.2GW；台湾岛以东海域温差能资源可开发利用量约为2.16×10^{12}kJ，可开发装机容量约6.8GW；合计我国海域温差能资源可开发装机容量为359.5～373GW，约占我国海洋能资源可开发装机容量的36%。我国的可开发海洋温差能资源主要分布在北回归线以南广大的南海海域。据卫星资料显示(图5-27)，我国南海海域海水表层温度平均值由北向南逐渐增高，海水等温线呈北东走向，与海水深度线走向趋势大体一致，近海大陆架海域的海水表层温度平均值在24～26℃，而传统海疆以内包括南沙群岛在内的南海南部海域的海水表层温度达到27～29℃。南海广大海域具有较高的海水表层温度，只要达到大于1 000m的水深，使海水表深层温差达到18℃，就有开发海洋温差能的潜力[25]。

从中国海南省南面经东沙群岛南段至台湾省东岸以北的区域，海水表层温度常年在24℃左右，但由于水深一般在200～500m，海水表深层温差在10℃左右，不具备可开发的温差能资源；而南面的海域水深陡然达到1 000m以上，海水表面温度常年在26℃左右，海水表深层温差约为20℃，具有非常优越的可开发海洋温差能资源，可以作为近期温差能开发的主要目标地区。例如，在距离我国海南岛东南部沿海地区(主要包括三亚市、陵水市和万宁市)100km以内的海域都存在水深超过1 000m的区域。这些地区非常适合建设温差能发电站为附近居民提供电力和综合利用。我国西沙、中沙和南沙群岛所在海域同样具备温差能开发的条件。西沙群岛附近水深1 500～2 000m，海水表深层温差22℃；中沙群岛附近水深4 000m，表深层海水温差22℃；位于我国南海最南端的南沙群岛附近水深在2 000～3 000m，表层水温接近30℃，表深层海水温差26℃。西沙群岛有较多常住人口，需要淡水和电力的供应，且距离大陆位置相对较近，适宜在近期开发温差能资源；而中沙、南沙以及南海其他地区可以作为温差能开发的远期规划目标。根据油气资源评价的结果，我国南海分布着若干个具有生烃潜力的沉积盆地，如琼东南盆地、台西南盆地、中建南盆地、礼乐盆地、仙宾盆地、曾母盆地、万安盆地等，是未来油气勘探有利的前景地区。在这些地区进行海洋温差能的开发利用，将有望为我国的海洋油气开发事业作出贡献。

海洋温差能发电主要利用表层温海水加热某些低沸点工质并使之汽化(或通过降压使海水汽化)，以驱动汽轮机发电；同时利用深层冷海水将做功后的乏汽冷凝重新变为液体，形成系统循环。目前设计建造规模为10MW的温差能发电装置

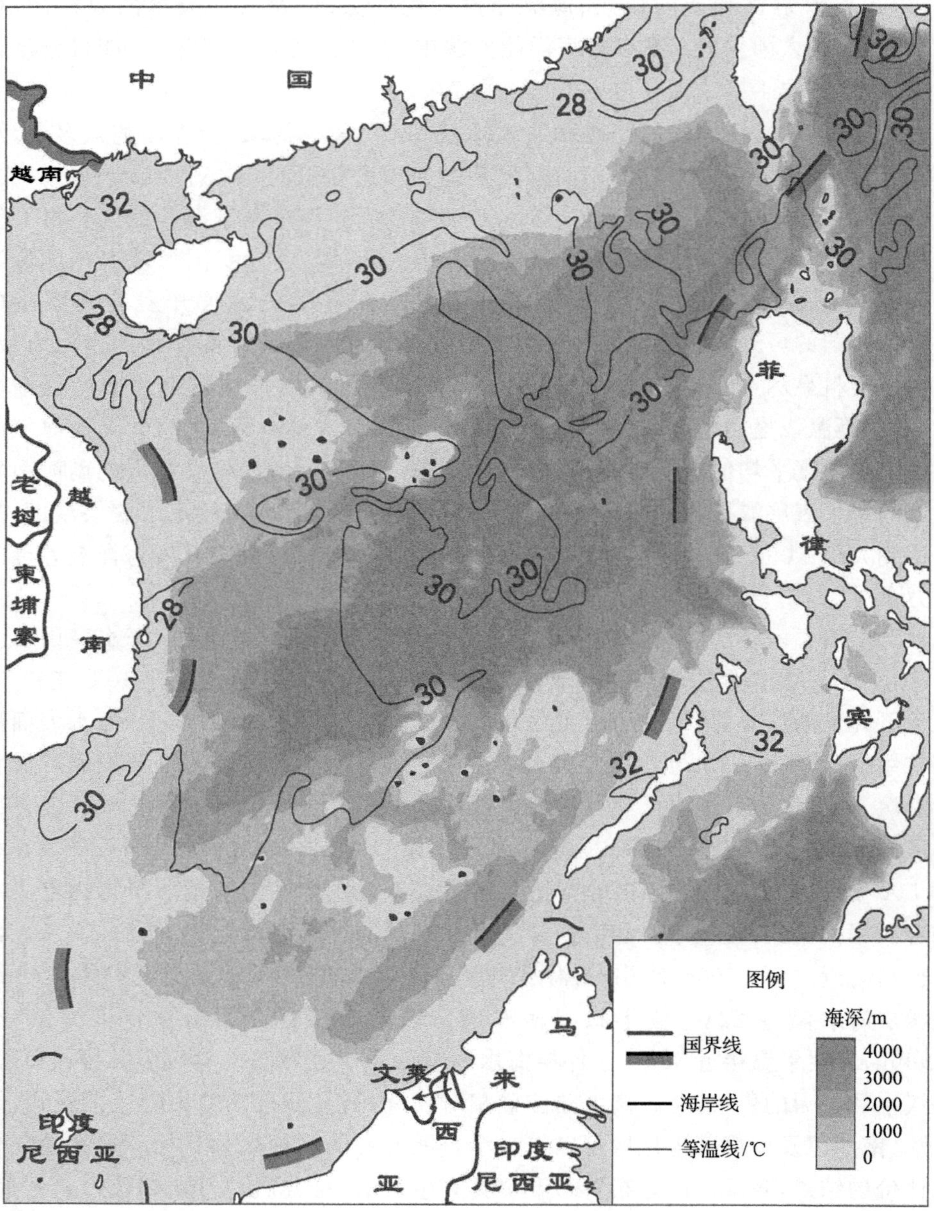

图 5-27 中国及周边海域海水表层温度平均值及海水等深线分布图

的相关技术已经成熟，并且在现有条件下与其他可再生能源相比已经具有了一定的经济性，而发电规模在 100MW 级别的装置在技术上还存在着较多瓶颈问题。

就海水温度梯度言，大约可明显地分成三层（图 5-28），由上而下分别为：表层，海面到海面下 200m，此为储藏日照热能的地方；固定温降层，位于表层之下，海

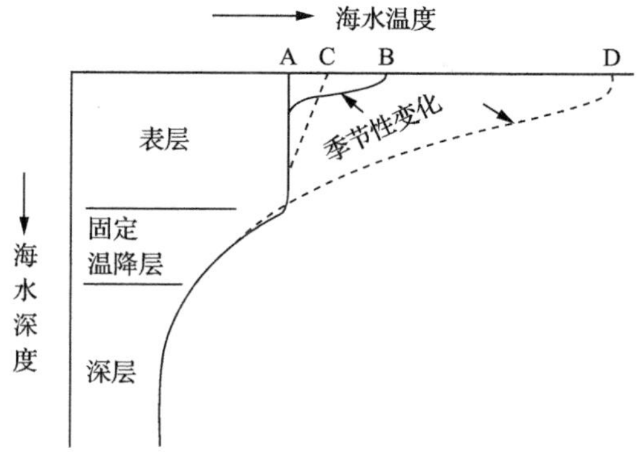

图 5-28 海水垂直温度分层图

A-冬季；B-春季；C-春季，但有强风；D-夏季

水温度随着深度而加速下降；深层，温度的下降趋于缓和。

图 5-29 是全球低纬度地区海洋海水温度分布图，其中深色部分是最适于发展海洋温差发电的区域，年平均的温差维持在 20℃以上。

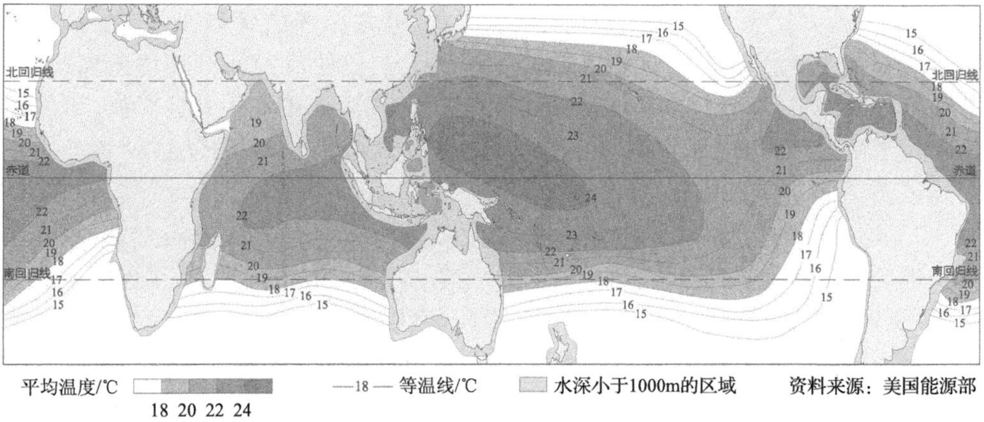

图 5-29 全球低纬度地区海洋海水温度分布图

5.5.2 海洋温差能转换技术

海洋温差能发电装置的热电转换主要依靠其循环系统完成，循环系统主要有三种形式，早期研究主要采用的是郎肯循环系统（包括开式循环系统、闭式循环系统和混合式循环系统）。郎肯循环的效率比较低，发电效率为 3%左右。美国的 Kalina 教授发明了使用氨及水混合物作为工质的 Kalina 循环，使发电效率有较大提高（4.5%～5.0%）。日本的上原教授进一步优化了系统，发明了上原循环，使发电效率提高到 4.97%。

1. 开式循环系统

开式循环系统采用朗肯循环，系统由闪蒸器、汽轮机、发电机、冷凝器、温水泵和冷水泵组成。由温水泵抽出的温海水在闪蒸器内低压沸腾成蒸汽，进入汽轮机并推动汽轮机做功。汽轮机带动发电机发电，从汽轮机排出的蒸汽在冷凝器内被深层冷海水冷凝。

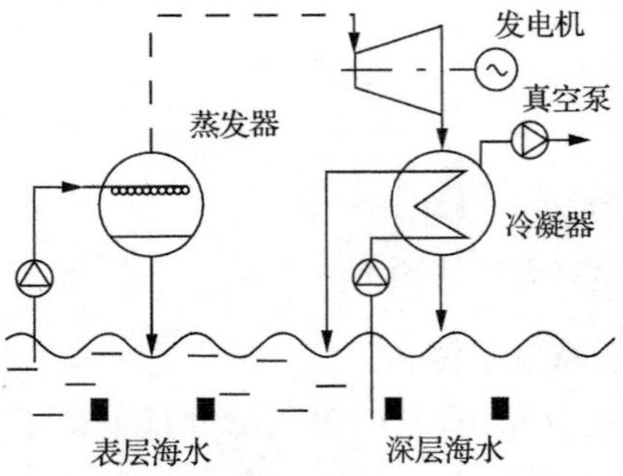

图 5-30　开式循环海水温差发电系统原理图

在图 5-30 所示的开式循环中，用真空泵将低压的表层海水送入蒸发器内，使其中一部分蒸发而大部分热海水返回到海中。在真空泵的作用下，蒸发的部分海水经涡轮机做功以后，进入凝结器内部冷却变成不含盐的淡水，可作为饮用水和工业用水。迄今为止，经认证的成套设备最大功率为 210kW。

开式循环的优点是：①以在真空下不断蒸发的温海水蒸汽为工作流体，不会因为工质的泄漏而对环境造成破坏；②如果冷凝器采用间壁式冷凝器，则可得到淡水；③由于不使用其他介质，不需要海水与工质的热交换，可以减少由于二次热交换而产生的热损；④结构相对比较简单。

开式循环的缺点是：①由于海水中含有氧、氮、二氧化碳等溶解性气体，当海水蒸汽进入闪蒸器之类的真空部件后，大部分溶解气体被释放出来，为了保持系统真空，必须连续除去这些气体；②系统处于负压，汽轮机压降较低，25℃时饱和蒸汽压力约为 3.3kPa，汽轮机效率低，尺寸大；③由于只有不到 0.5％的海水成为蒸汽，所以必须将大量的海水泵进发电机组以产生足够的蒸汽来推动这一大型、低压的汽轮机。这种局限性使得开放式循环系统产生的总电量不超过 3MW。进一步加大汽轮机的尺寸，增加汽轮机的重量会使支撑系统不堪重负[26]。

2. 闭式循环系统

闭式循环系统由蒸发器、汽轮机、发电机、冷凝器、工质泵、温水泵和冷水泵组成。与开式循环一样，也属于朗肯循环。通常采用低沸点工质（如丙烷、异丁烷、氟利昂、氨等）作为工作物质，吸收表层海水的热量而成为蒸汽，用来推动汽轮发电机组发电。做完功的低沸点工质再送进冷凝器，由深层的冷海水冷凝，通过工质泵把液态工质重新打入蒸发器，然后用表层海水使工质再次蒸发。

图 5-31 为闭路循环式发电的原理图。工作媒体（氨或氟利昂）在蒸发器中被

表层海水(13～25℃)的热量蒸发后进入涡轮机，并驱动发电机运转。在涡轮机中做了功的工作媒体在凝结器中被深层海水冷却又变成液体，由循环泵再次送入蒸发器，这与火电厂中的循环顺序是相同的。

闭式循环的优点是：①系统处于正压，汽轮机压降较大，采用低沸点工质可以提高压力差和压力水平，在同样温度下蒸汽压力比水高得多，如氨在25℃时，饱和压力是1 005.1kPa，是同温下水的饱和压力的304.6倍，因此可以极大地缩小汽轮机尺寸，减小温海水流量，实现装置的小型化，以及规模的大型化，易于取得到商业化发展；②由于工质在闭路中循环，海水内不凝性气体对系统的影响较小，海水不需要脱气。

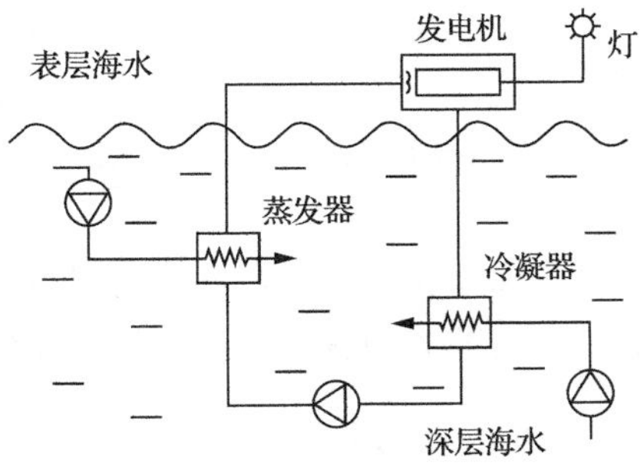

图 5-31 闭路循环海水温差发电系统原理图

闭式循环的缺点是：①海水与工质之间需要二次换热，减小了可利用的温差；②蒸发器和冷凝器体积较大，金属耗量大，维护困难；③由于温差较小，必须有性能优良的热交换器，才能大大降低建设费用；④只可发电，不能生产淡水；⑤工质的泄漏可能对环境造成影响。

3. 混合式循环系统

混合式循环系统是在闭式循环的基础上结合开式循环改造而成的。混合式循环系统有两种形式，如图5-32和图5-33所示。

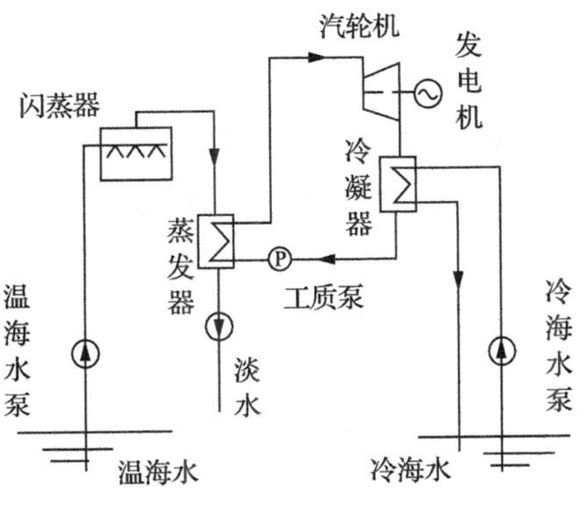

图 5-32 混合式循环系统(1)

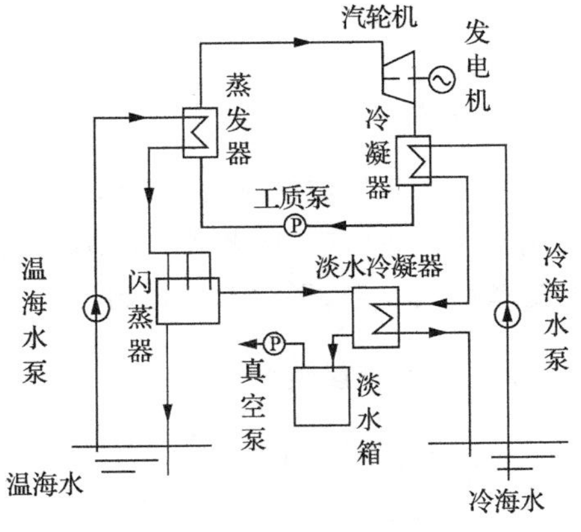

图 5-33 混合式循环系统(2)

图5-32所示系统是温海水先闪蒸，闪蒸出来的蒸汽在蒸发器内加热工质的同

时被冷凝为淡水。优点是蒸发器内工质采用蒸汽加热，换热系数较高，可使换热面积减小，且淡水产量较高；缺点是闪蒸系统需要脱气，且存在着二次换热，闭路系统有效利用温差降低。

图 5-33 所示系统是温海水通过蒸发器加热工质，然后在闪蒸器内闪蒸，闪蒸出来的蒸汽用从冷凝器出来的冷海水冷凝。优点是没有影响发电系统的有效温差，而且可以根据需要调节进入闪蒸器的海水流量，从而控制淡水产率；缺点是系统较复杂，需配备淡水冷凝器。

总的来说，混合式循环系统综合了开式循环和闭式循环的优点，并且既可发电，又可产生淡水，但是系统较复杂，系统初投资较大。

4. Kalina 循环系统

如图 5-34 所示，采用氨和水的混合物为工质，工质通过蒸发器一部分变为蒸汽，蒸汽通过气液分离器之后再进入汽轮机做功；从气液分离器中分离出来的液态氨水在回热器内放热，预热将要进入蒸发器内的氨水工质，然后进入冷凝器，与从汽轮机出来的氨水工质一起被深层海水冷却。冷却的工质再次被泵打入预热器，然后进入蒸发器进行下一次循环。相同条件下，Kalina 循环效率约是闭式循环的 2 倍。但系统较复杂，工程造价较高[27]。

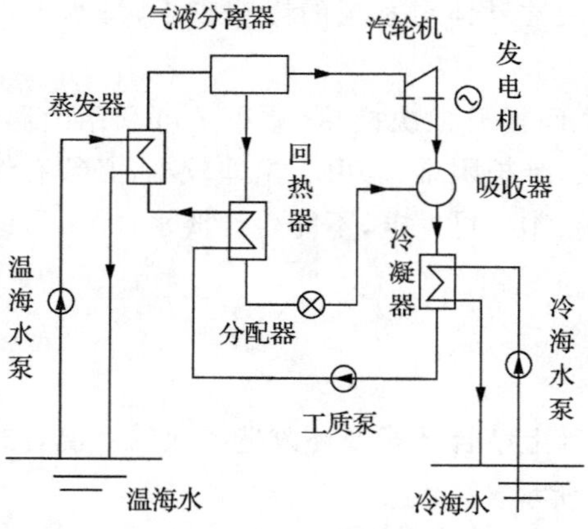

图 5-34 Kalina 循环系统

5. 上原循环系统

上原循环系统和 Kalina 循环原理类似，仍以氨和水的混合物为工质，采用板式热交换器，增加了吸收器、加热器、蓄热器。其结构更为紧凑，效率进一步提高。但是系统较复杂，工程造价较高。

5.5.3 发电装置类型

海洋温差能发电装置(OTEC)可以建在岸上，也可以建在海上。

岸式温差能发电系统(图 5-35)目前已有多个示范装置。岸式发电装置的优势是维护和修理简单，不受台风影响，长期使用经济性较好。如果抽取的海水可以用作其他用途，其经济性还可提高。其局限性是建厂位置条件苛刻，要求厂址附近有水深超过 800m 的热带海域以确保表深层海水间具有足够的温差，使用的冷水管包括水下竖直部分及陆上水平部分，长度较长，以及运转水泵需要较高能量。

图 5-35 美国夏威夷 210kW 开式循环岸式 OTEC 系统

海上装置垂直于水面吸水，水管长度减短，海水在输运过程中的热损失也相应减少。但海上装置需要用锚固定，需要具备抗风浪的能力，且需要电缆将电力输送出去，这就增加了工程的难度和造价。海上装置有船式设计(图 5-36)、半潜式设计(图 5-37)以及全潜式设计(图 5-38)。船式温差能发电装置的建造技术可参考造船技术，比较成熟，目前已经有示范工程，如图 5-39 所示。半潜式和全潜式海洋温差能装置目前还处于概念设计阶段。

图 5-36 美国船式 OTEC 系统

图 5-37 美国 Lockheed Martin 公司构想的半潜式 OTEC 系统

图 5-38　美国 Lockheed Martin 公司构想的全潜式海上温差能发电系统

图 5-39　美国 1979 年在夏威夷试验成功的第一座海洋温差发电厂

海上温差能发电装置的结构基本上可分为三个系统。

(1) 动力系统：蒸发器、冷凝器、工作流体、涡轮发电机和泵。

图 5-40　西门子蒸汽轮机

蒸发器与冷凝器(合称热交换器)：由于海水有腐蚀性，现在已研究使用铝合金，寿命可达15～20 年，优点是质轻而且价钱可以省 2/3。

工作流体：封闭式循环系统需考虑低沸点、密度大、蒸汽压力高与可反复循环使用的流体作为媒体，如氨、丁烷、氟氯烷。

涡轮发电机：流体在涡轮机内绝热膨胀，推动涡轮机的叶片(图 5-40)并带动发电机而发电。

(2) 海水管路系统：取水用的温水管和冷水管以及排水用的排水管，如图 5-41 和

图 5-42 所示。

图 5-41 海水管路系统

图 5-42 夏威夷温差发电冷水管的布置图

冷水管:可以说是 OTEC 的技术关键所在。冷水管材质要求高强度、防腐蚀、低生物附着及极佳的绝热能力,如图 5-43 所示。

图 5-43 20 世纪 30 年代发展的直径二公尺冷海水管

温水管:用来取表层海水,长度较短,布设问题较少。

排水管:布设需考虑不能与表层的温海水混合(因为排水温度比海面水温低),而且不能危害到海中的生态。

(3) 厂房基础结构系统:设于陆地上的称为陆上型;设于海上的称为海上型。

5.5.4 温差能发电技术的研究与应用

1881,法国物理学家阿松瓦尔提出 OTEC 发电的概念。

1926,他的弟子克劳德证实了他的构想。

1931,克劳德在哈瓦那海岸建立陆上型 OTEC 发电站,发出 322kW,不足以驱动所有的泵。当时结论是 OTEC 无法产出净电力。

1933,巴西外海建立海上型 OTEC 发电站,但因冷水管断裂而失败。

1979年8月美国在夏威夷海面的一艘驳船上建成了第一座50kW闭式循环海洋温差能发电装置Mini-OTEC。此后,夏威夷官方自然能源实验室于1993年4月在夏威夷沿海建成了210kW的首个开式循环岸式OTEC系统。装置连续运转8天,10%的蒸汽用以产生淡水,每天成功产出26.5m³淡水,这是海洋热能利用历史性的发展。随后,美国在夏威夷的大岛建了一个自然能源实验室,为在该岛建40MW大型海水温差发电站做准备,在热交换器、电力传输、抽取冷水(深水管道)、防腐和防污方面取得重大进展。计划采用开式循环发电系统,发电过程副产淡水。夏威夷大学积极参与这项计划,做了多年实验但至今未建电站,可能是工程浩大、成本太高的缘故(每kW投资约1万美元)。

1981年10月,日本在瑙鲁共和国建成一座100kW闭式循环温差电站。该电站建在岸上,将内径70cm、长940m的冷水管沿海床铺设到550m深海中,最大发电量为120kW,获得31.5kW的净输出。1982年9月,九洲电力公司等在鹿儿岛县的德之岛建成50kW的混合型试验电站,发电运行至1994年8月。电站的热源不是直接抽取海洋表层的温海水,而是利用岛上的柴油发电机的发动机余热将表层海水再加热后作为热源。此外,佐贺大学还于1985年建造了一座75kW的实验室装置,并得到35kW的净出功率。印度政府与日本佐贺大学海洋能源研究中心进行技术合作,于2001年建造了一艘1MW的漂浮闭式循环示范电站"SAGARSHAKTHI"。世界范围主要的OTEC装置风性能指标如表5-3所示。

表5-3 世界范围主要的海洋温差能发电示范装置及其性能指标

示范工程	Mini-OTEC	NELHA	Nauru Project	Tokunoshima Plant	SAGARSHAKTHI
建造完成时间	1979年8月	1993年4月	1981年10月	1982年9月	2001年
实施国家	美国	美国	日本、瑙鲁共和国	日本	印度,日本
建造地点	夏威夷 Kiaholepoint	夏威夷柯纳海岸	瑙鲁	鹿儿岛县的德之岛	蒂鲁琴杜尔港口海岸外35km处的海面
设备投资	300万美元	500万美元	11亿日元	10亿日元	7亿日元
建设方式	浮式	岸式	岸式	岸式	浮式
循环系统	闭式	开式	闭式	混合型	闭式
工质	氨	海水	氟利昂22	氨和海水	氨
热水平均温度/℃	27.27	26.00	29.80	40.50	29.00
冷水平均温度/℃	6.17	6.00	7.80	12.00	7.00

续表

示范工程	Mini-OTEC	NELHA	Nauru Project	Tokunoshima Plant	SAGARSHAKTHI
冷热水温差/℃	21.1	20.0	22.0	28.5	22.0
冷水管长度/m	655	2 040	945	2 300	1 100
冷水管直径/m	0.56	1.00	0.70	0.60	0.90
冷水管材料	HDPE	HDPE	HDPE	HDPE	HDPE
热交换器面积/m^2	408(蒸发) 408(冷却)	未找到发表数据	371(蒸发) 438(冷却)	未找到发表数据	3720(蒸发) 3410(冷却)
换热器材料	钛	水泥和铝	钛	钛	钛
换热器形式	板式	FEVDCC	壳管式	水平平滑管式	板式
电站平均输出功率/kW	50.0	255.0 (温差为最大值)	100.5	50.0	1 000.0
自身消耗功率/kW	冷水泵 14.0 热水泵 10.0 氨泵 6.0	152.0 (温差为最大值)	工质泵耗电量 14.9	18.0	冷水泵 297.0 热水泵 192.0 氨泵 18.0
向电网输出功率/kW	18.0	103.0 (温差为最大值)	31.5	32.0	493.0

我国对海洋资源的利用和研究滞后于发达国家，海洋温差能的研究开发目前仍处于实验室理论研究以及实验阶段。

1980 年台湾电力公司计划将第 3、第 4 号核电厂余热和海洋温差发电并用，经过三年的调查研究，认为台湾东岸及南部沿海有开发海洋温差能的自然条件，初步选择花莲县的和平溪口、石梯坪及台东县的樟原等三地作厂址，并与美国进行联合研究。1995 年，台湾曾经计划采用闭式循环设计建造一座岸式示范电站，后由于当局能源计划导向问题而搁置。2005 年后，在倡导环境保护和新能源开发的国际背景下，海洋大学在花莲县政府支持下与台肥公司在花莲海域布放海洋深层水管硬件建设，开展了新一轮的海洋温差发电开发研究。

1985 年，中国科学院广州能源研究所开始对温差利用中的一种“雾滴提升循环”方法进行研究。1991 年，广州能源研究所在实验室实现了将雾滴提升到 21m 高度的记录，同时该所还对开式循环过程进行了实验室研究，建造了两座容量分别为 10W 和 60W 的试验台。2004～2005 年，天津大学对混合式海洋温差能利用系统进行了研究，并就小型化试验用 200W 氨饱和蒸汽透平进行理论研究和计算。2006 年以来，我国海洋局第一海洋研究所在海洋温差能发电方面做了比较多的工作，重点开展了闭式海洋温差能发电循环系统的研究，其设计的“国海循环”方案的理论效率达到了5.1%。2008年，我国海洋局第一海洋研究所承担了“十一五”国家科技支撑计划重点项目“15kW海洋温差能关键技术与设备的研制”，建成了利用电厂蒸汽余热加热工质进行热循环的温差能发电装置用以进行模拟研究，设计功率为15kW，目前还未开机发电。

研究表明，不论是开式循环的小型OTEC系统还是发电量可达工业规模的闭式循环装置，全世界共有98个国家和地区受益于这项技术。

由于OTEC技术已取得上述实质性进展，而且部分技术已商业化。加之OTEC不受多变的海浪和潮汐影响，储存在海洋里的太阳热能随时可用；在应用OTEC发电技术的同时，展现了海水淡化、空调、海水养殖等综合利用的广阔前景，特别是在热带地区，利用OTEC技术可为海岛及沿岸地带提供足够的电力和淡水。因此，随着现代高新技术的发展，国外许多国家把海洋能利用的大部分研究经费正转向直接用于OTEC的研究和开发，OTEC被国际社会认为是最具潜力的海洋能源。预计新一代海洋能系统将转向外海漂浮式平台系统，并在若干地点建成一批有一定规模的OTEC电站。

为使OTEC技术达到大规模商业化应用的程度，目前各国正致力于下列技术难点的突破。

(1) 开发利用氟利昂、丙烷、氨等低沸点工质在冷热源温差较小条件下的发电技术。

(2) 海洋生物附着在热交换器表面影响热交换器的性能及其解决途径。

(3) 大量深层海水在海面的释放将维持深海浮游生物生长的营养物质带到海面，对海洋生态系统产生影响。

(4) 大面积海洋表层温度下降及表层海水蒸发率降低，影响局部气候及地区渔业的发展。

(5) OTEC电站的工质泄漏、发电事故等可能造成的海洋污染及其防治。

(6) 对热转换器材料的高强度、耐腐蚀和轻型化的要求及对低沸点工质的改进或替代。

(7) 由于对温差的要求(18～20℃)，温差能发电被限制在太阳辐射充足的低纬度海域，如何克服温差要求的限制，提高OTEC综合效率。

(8) OTEC发电技术的综合利用途径及经济可行性。

为发展和推广我国的海洋温差能技术，有如下建议。

(1) 利用海洋温差产生电力的理论研究和技术研究已有120多年的历史，特别是在20世纪70年代的全球能源危机时期尤其得到重视，近年来研究取得了实质性进展。在热带海洋地区大约有6 000万km^2适宜发展海洋温差发电，利用海洋温差发电将能产生目前世界能源需求几倍的发电量。目前，美、印、日等国都建有海洋温差发电站。但是，中国海洋温差等新能源的开发前景不容乐观。国家海洋技术中心研究员葛运国说:“与发达国家相比,中国在海洋温差发电的开发上还停留在实验室原理性验证阶段,还未建立试验电站。”[27]

(2) 海洋温差能资源广泛分布但能量密度小,必须形成规模才有经济性。人类对于温差能的研究虽然已有百年历史,但目前仍处在商业化开发前期的示范阶段。究其原因,温差能资源丰富的海域通常距离陆地较远,且分散不集中,因此对其开发利用比较困难。目前温差能发电装置核心技术的研究已取得了一定进展,规模小的示范装置也已经进行了示范运行,其中泵和涡轮机技术、换热器技术、平台技术以及平台固定技术研究已经有所突破,并可适应商业化装置的要求;而冷水管技术、水管平台接口技术、海底电缆技术以及整体装置集成技术研究尚存在一些关键技术问题有待研发以满足商业化装置的要求。通过几十年的努力,海洋温差能开发利用的可行性大大增加,但海洋温差能发电装置的工程造价和发电成本还相当高,距离商业化应用还有一定的距离。商业化的开发主要取决于示范装置的工业放大,以及关键技术问题的研发和投资成本的降低。因此,对温差能发电循环系统和依托装置的整体设计、安全可靠性、制造工艺、施工、维护等一系列关键技术进行研究是十分必要的,同时还需要进行环境评估以及经济可行性分析等。当海洋温差能装置的工程造价和发电成本降低到一定程度使其具备经济性时,海洋温差能开发利用才会有一个崭新的局面。

(3) 海洋温差能是海洋能重要的能种之一,资源量丰富,开发潜力巨大。我国的海洋温差能资源主要分布在东海、南海海域,储量巨大,可开发装机容量有3.73亿kW,仅次于同海域的波浪能资源,具有清洁、环保、无污染、能量稳定的特点,综合开发利用优势明显,可以作为补充能源缓解沿海地区能源紧缺的状况,有着潜在的开发前景。创建南海海洋温差能实验基地,遵循多能互补、综合利用的发展思路,是开发利用我国海洋温差能的重要途径。海洋能开发利用要遵循多能互补、综合利用的发展思路,在开发南海温差能的同时,要开发波浪能,充分利用绿色能源,带动海岛建设、海水淡化、制氢、盐化工和海岛旅游业,同时也要与建设我国“深水大庆”“深远海补给基地”相结合。创建南海海洋能实验基地是实现我国海洋能开发利用的重要途径,这将给南海温差能资源利用创出一条新路。

5.6 盐 差 能

5.6.1 盐差能资源

盐差能是海水和淡水之间或两种含盐浓度不同的海水之间的化学电位差能,通常海水(3.5%盐度)与河水之间的化学电位差相当于240m高的水位落差,是所有海洋可再生能源中功率密度最高的一种超密集能源资源,这些能源是吸引人的、没有被探索过的巨大能源。在江河入海口，淡水与海水之间存在着鲜为人知的盐度差能。据有关专家估计，世界各河流区域的浓度差能量约有 300 亿 kW，可供利用的大约有 26 亿 kW，其中中国可以开发利用的估计有 1 亿 kW，全世界盐差能分布如表 5-4 所示[29]。

表 5-4 世界海水盐度差能的主要分布情况

地点	流量/(万 m^3/s)	蕴藏功率/亿 kW
亚马逊河(巴西)	20.0	4.7
巴拉那河(阿根廷)	8.0	1.9
刚果河(刚果、扎伊尔、安哥拉)	5.7	1.3
长江(中国)	2.9	0.68
恒河(孟加拉国)	2.0	0.47
密西西比河(美国)	1.8	0.42

我国疆域辽阔，江河众多，江河入海径流量巨大，在沿岸各河口附近蕴藏着丰富的盐差能资源。我国沿海江河每年的入海径流量为 $1.7\times10^{12}\sim1.8\times10^{12}\,m^3$，其中主要江河的年入海径流量为 $1.5\times10^{12}\sim1.6\times10^{12}\,m^3$，沿海盐差能资源蕴藏量约为 3.9×10^{18} J，理论功率约为 1.25×10^{11} W。其中长江口及以南的大江河口沿海的资源量占全国总量的 92.5%，理论功率估计为 0.86×10^{11} kW。特别是长江入海口的流量为 $2.2\times10^4\,m^3/s$，可以发电 5.2×10^{10} W，其能量甚至比温差能还要大。我国沿岸盐差能资源具有以下特点。

(1) 资源分布不均。我国盐差能资源主要分布在长江口及其以南的大江河口沿岸，占全国盐差能资源总功率的 92.5%。就海区而言，东海沿岸最多，为 8 625 万 kW，占全国总量的 69%；南海沿岸其次，黄海沿岸最少。

(2) 沿海大城市附近资源丰富。我国的盐差能资源主要分布在经济发达、电能消耗大、能源紧缺的沿海大城市附近，如上海、广州、福州、杭州等。特别是上海和广州附近的长江和珠江河口盐差能理论功率分别为 7 393 万 kW 和 2 520 万 kW，分别占全国总量的 59.2%和 20.2%。

(3) 具有明显的季节变化和年际变化。盐差能的变化取决于江河径流的变化，长江以北江河的汛期为 6～9 月或 7～10 月，长江及其以南江河的汛期，福建中部以北多为 4～7 月，以南多为 5～9 月，海南岛则更晚。汛期的入海水量均占全年总水量的 60%以上，长江以北一般在 5～8 倍以上，注入渤海的江河的最大、最小入海水量之比更大，如黄河、海河、滦河等可达 10 倍甚至几十倍。长江及其以南相对较小，一般为 3～4 倍，最大为 5～6 倍。这些因素都制约盐差能的时间变化。山东半岛以北的江河冬季均有 1～3 个月的冰封期，对盐度差能资源开发不利。

我国盐差能资源的特点决定了我国要开发长江和珠江口的盐度差资源，特别是长江口和珠江口都靠近上海、广州等用电比较多的大城市，可以在一定程度上解决这些城市能源供给的短缺问题。

5.6.2 盐差能发电方式

当河水流入大海时，淡水和海水混合处就会释放出巨大的能量。与瀑布的猛烈激流和流动的热温泉不同的是：不同盐度的水混合处释放的能量在入海口岸上不容易被看到。然而那儿的确存在能量，每个尝试过从海水中分离盐的人都知道这个过程需要大量的能量。

利用盐差能进行发电，是将咸淡水交汇水域所拥有的巨大的盐度差能利用起来转换为有效电能，既不会破坏环境和海洋生态系统，也不用筑坝或在河床安置涡轮机，更不会妨碍船舶的正常运营管理。如果这一技术得以实现并广泛应用，将对全球的能源政策产生巨大的影响。

目前世界上很多国家都在积极探索研究，并提出了多种盐差发电方案，通过综合世界各国的研究成果，可将盐差能发电技术分为渗透压能法（PRO）、蒸汽压能法（VPO）和反电渗析法（RED）三种。

1. 渗透压能法

在咸淡水交汇水域，海水与淡水的盐度差很大，渗透压能法利用的是一种特别的半透膜（只能通过水分，而不能通过盐分）将海水与淡水隔开，此时膜的两边将会形成一种渗透压，水就通过这层膜从淡水一侧向海水一侧渗透，从而使海水一侧的压力升高产生压力势能，就可以利用形成的压力势能来驱动涡轮机达到发电的效果，其结构原理图如图 5-44 所示。

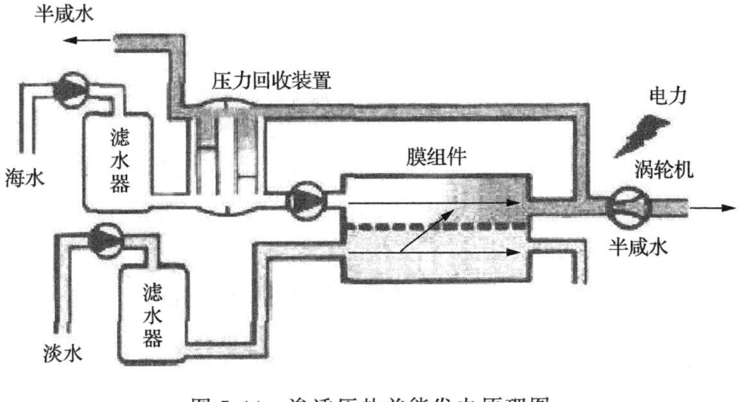

图 5-44 渗透压盐差能发电原理图

此装置中主要组件有膜、涡轮机、滤水器、压力回收装置。滤水器用来对海水和淡水进行前处理，以防水中的杂质进入膜组件中后吸附在膜表面阻碍水分的通过。膜组件中淡水室内的大部分淡水在渗透压的驱动下向海水室渗透，浓水室内液体体积增大，海水室内部压力迅速升高，从而得到压力势能。一部分升压后的海水用来驱动涡轮机发电，剩余的一部分通过压力回收装置排出。整个渗透过程中，应不断泵入海水使海水室中的液体浓度不被过大稀释，从而达到海水室与淡水室之间稳定的渗透压。

渗透压发电装置通常可分为强力渗压发电、水压塔渗压发电和压力延滞渗压发电几种类型。

1）强力渗压发电

强力渗压系统主要由水轮机、发电机、海水泵、半透膜等组成，如图 5-45 所示。在河水与海水之间建两座水坝，并在两水坝之间挖一低于海平面约 200m 的水库。前坝内安装水轮发电机组，使河水与水库相连；后坝底部则安装半透膜渗流器，使水库与海水相通。水库的水通过半透膜不断流入海水中，水位不断下降，河水则利用它与水库的水位差冲击水轮机旋转并带动发电机发电。通常海水的盐度为 3.5%，理论上这一水位差可以达到 240m。

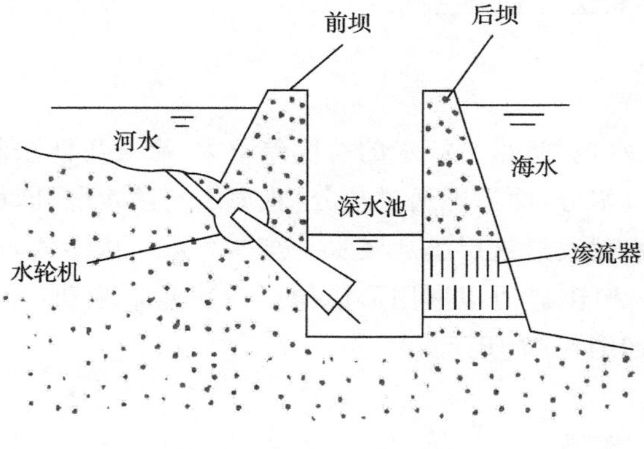

图 5-45　强力渗压系统

据 1976 年的估算，强力渗压发电系统的发电成本为 0.20 美元/(kW·h)。强力渗压发电系统不但投资成本比其他燃煤电站高，而且也存在技术上的难点，渗透法发电较早的设想就是利用渗透膜两侧的河水和海水之间的水位差驱动水轮机发电。但这一工程要在海上建造高达 200m 的拦水建筑，其中最大的困难是海面 200m 下海水的腐蚀性特别大，很难找到一种能够抵抗腐蚀的半透膜，特别是有大面积、长寿命而昂贵的渗透膜及其过流、防蚀、防垢、防砂等问题。因此强力渗透发电必然会被其他发电方法所取代。

2）水压塔渗压发电

水压塔渗压发电系统主要由水压塔、半透膜、海水泵、水轮机发电机组等组成，其中水压塔与淡水间由半透膜隔开，塔与海水之间通过水泵连通，如图 5-46 所示。

系统运行前先由海水泵向水压塔内充入海水，运行中淡水从半透膜向水压塔内渗透，使水压塔内海水水位不断上升，从塔顶的水槽溢出。溢出的海水冲击水轮机旋转，带动发电机发电。在运行过程中为了使水压塔内的海水保持一定的盐度，海水泵要不断向塔内打入海水。根据试验结果，扣除各种动力消耗后该装置的总效率约为20%。

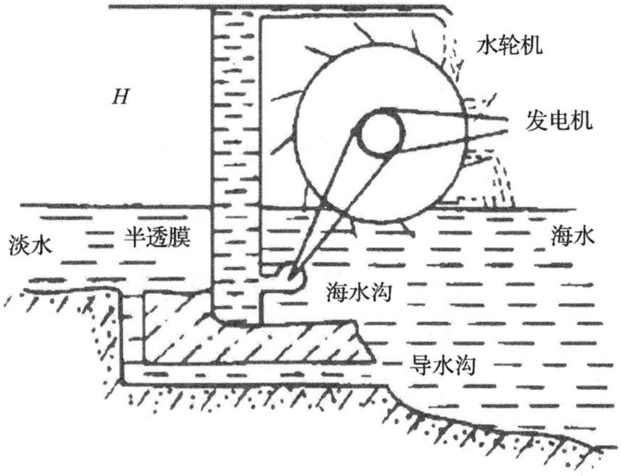

图 5-46 水压塔渗压系统

3) 压力延滞渗透发电

压力延滞渗透发电系统主要由压力泵、压力室、半透膜、涡轮机组成，如图5-47所示。运行前压力泵先把海水压缩到某一压力(小于海水和淡水的渗透压差)后进入压力室。运行时在渗透压作用下，淡水透过半透膜渗透到压力室同海水混合，渗入的淡水部分获得了附加的压力。混合后的海水和淡水与海水相比，具有较高的压力，可以在流入大海的过程中推动涡轮机做功。

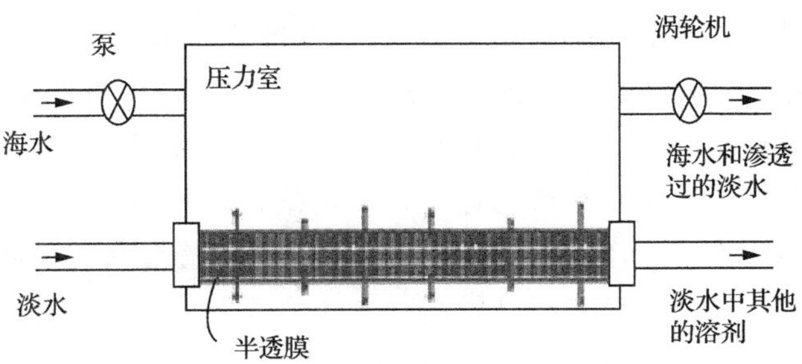

图 5-47 压力延滞渗压系统

压力延滞渗压系统是以色列科学家西德尼·洛布于1973年发明的。1978年洛布和美国太阳能公司在沃伦市维吉尼亚州做了大量的试验，他们估算压力延滞渗透装置的投资为0.3～0.4美元/(kW·h)，比当时的化学燃料电站投资高得多。

由于缺乏有效的半透膜，20 世纪 70 年代虽然做了一系列的研究，但是压力延滞渗透过程没有明显的进步。直到 1997 年欧洲的 Statkraft 公司开始从事压力延滞渗透发电的研究，2001 年 Statkraft 公司开展了世界上第一个重点发展压力延滞渗透技术的项目。由于膜技术的进步，膜寿命提高到原来的 4 倍，膜性能也由原来的 $0.1W/m^2$ 提高到 $2.0W/m^2$，最好的标准膜性能为 $5.0W/m^2$。Statkraft 公司计划 2015 年装置投资达到 0.03～0.04 美元/(kW・h)，渗透能发电即可投入商业，并且可以与其他可再生能源(如生物能、潮汐能)相竞争。

渗透压式盐差能发电系统的关键技术是半透膜技术和膜与海水界面间的流体交换技术，技术难点是制造有足够强度、性能优良、成本适宜的半透膜。

2. 蒸汽压能法

蒸汽压发电装置外表上看似一个筒状物，它由树脂玻璃、PVC 管、热交换器(铜片)、汽轮机、浓盐溶液和稀盐溶液组成，如图 5-48 和图 5-49 所示。

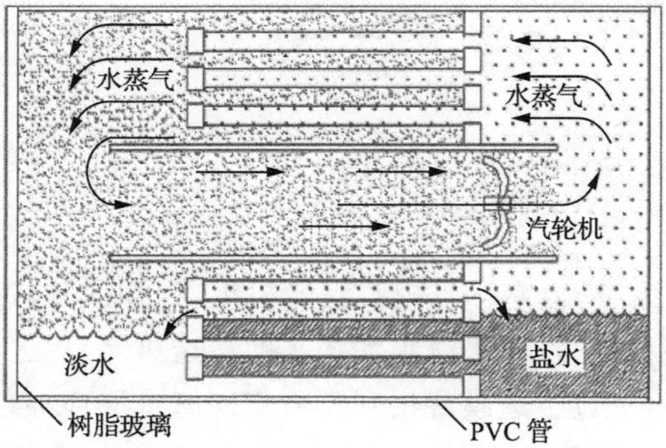

图 5-48 蒸汽压法示意图

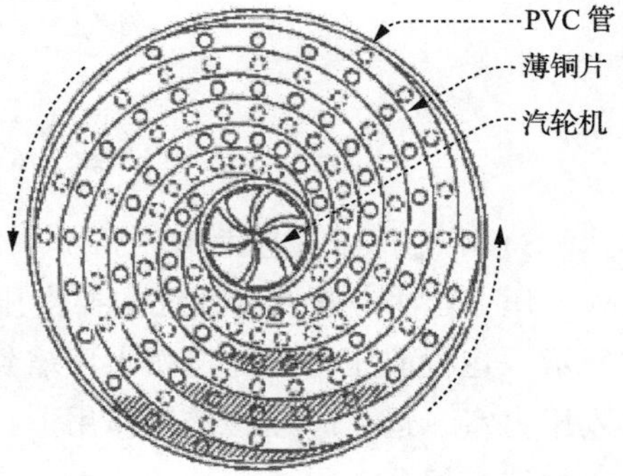

图 5-49 蒸汽压发电装置侧面图

在同样的温度下淡水比海水蒸发得快，因此海水一边的饱和蒸汽压力要比淡水一边低得多，蒸汽压法发电就是根据这个原理研究出来，如图 5-48 所示。在一个空室内蒸汽会很快从淡水上方流向海水上方并不断被海水吸收，这样只要装上汽轮机就可以发电了。由于水汽化时吸收的热量大于蒸汽运动时产生的热量，这种热量的转移会使系统工作过程减慢最终停止。所以旋转筒状物使盐水和淡水溶液分别浸湿热交换器(铜片)表面以传递水汽化所要吸收的潜热，这样蒸汽就会不断地从淡水一边向盐水一边流动以驱动汽轮机。

从图 5-48 和图 5-49 可以看出，蒸汽压能法是利用气流推动风扇涡轮发电，其发电装置主要由 PVC 管、树脂玻璃、汽轮机、薄铜片组成。海水和淡水在一定温度下蒸发，由于淡水蒸发速度比海水蒸发速度大很多，淡水上方的蒸汽压在瞬间会远大于海水上方蒸汽压，因此淡水上方的蒸汽将很快流向海水上方并将热量传递给海水蒸汽，这样的蒸汽压差就能驱动汽轮机发电。薄铜片在此处作为热交换器用，可以传递水汽化所要吸收的潜热，使淡水和盐水保持相同的温度，这样蒸汽就会恒定不断地从淡水一边向盐水一边流动以驱动汽轮机。试验表明这种装置模型的功率密度(热交换器表面积为 1m^{2}时产生的功率)为 10W/m^2，是反电渗析发电装置的 10 倍。

蒸汽压发电是通过利用相同温度下淡水比海水蒸发快而形成饱和蒸汽压力差，来驱动蒸汽机发电的，其最显著的优点是不需要半透膜，这样就不存在膜的腐蚀、高成本和水的预处理等问题。

此外，在 70℃下淡水与海水的饱和蒸汽压差为 800Pa，而与盐湖的饱和蒸汽压差为 8kPa，显然，这种方法更适用于盐湖的盐差能利用。

3. 反电渗析法

反电渗析电池法(亦称盐差电池法或浓差电池法)，是目前盐差能发电技术中最有研究前景和发展前景的技术，它由阴阳离子交换膜、阴阳电极、隔板、外壳、浓溶液和稀溶液等组成，如图 5-50 所示。

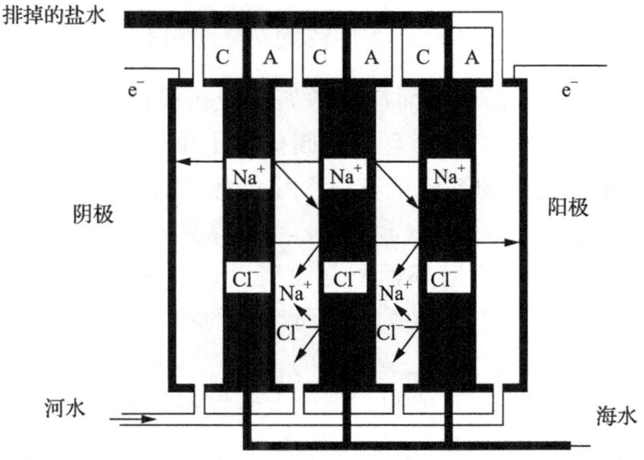

图 5-50 浓差电池示意图

这种电池利用的是由带电薄膜分隔的浓度不同的溶液间形成的电位差。阳离子渗透膜和阴离子渗透膜交替放置，中间的间隔交替充以淡水和盐水，Na^+ 透过阳离子交换膜向阳极流动，Cl^- 透过阴离子交换膜向阴极流动，阳极隔室的电中性溶液通过阳极表面的氧化作用维持；阴极隔室的电中性溶液通过阴极表面的还原反应维持。把多个电池串联起来，就可以得到串联电压。

浓差电池装置的原理如图 5-51 所示，它采用两种膜，即阴离子渗透膜和阳离子渗透膜。阳离子渗透膜允许阳离子(主要是 Na^+ 离子)透过，阴离子渗透膜允许阴离子(主要是 Cl^- 离子)通过。结果，电子通过外部电路从阳极传入阴极形成电流。当回路中接入外部负载时,这个电流和电压差可以产生电能。为了减少电极的腐蚀,采用把多个电池串联起来,可以形成更高的电压[30]。

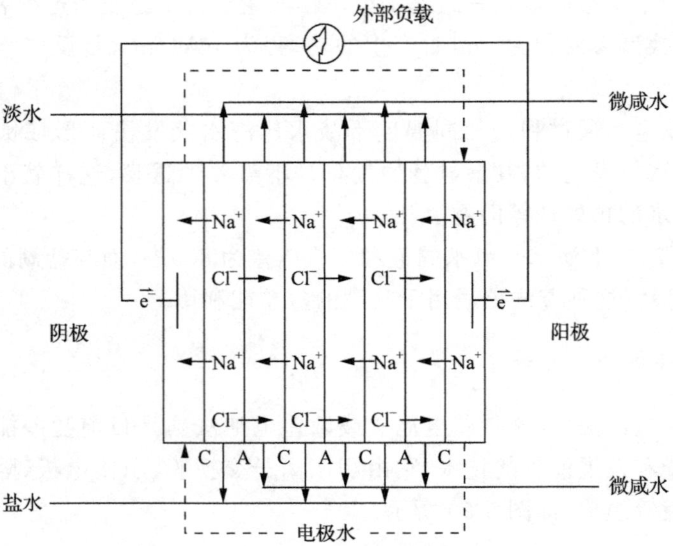

图 5-51　盐度差发电装置原理图

由于该系统需要采用面积大而昂贵的离子交换膜,所以发电成本很高。不过这种离子交换膜的使用寿命长,而且即使膜破裂了也不会给整个电池带来严重影响。例如,300 个隔室组成的系统中有一个膜损坏,输出电压仅减少 0.3%。这种电池在发电过程中电极上会产生 Cl_2 和 H_2,可以帮助补偿装置的成本。

研究表明,装置发电的有效膜面积是总膜面积的 80%,膜的寿命为 10 年,反电渗析发电的最大能量密度(单位面积膜所产生的功率)为 460mW/m^2,装置投资为 6.79 美元/(kW · h),这个投资是很高的。这意味着低电阻离子交换膜的价格降低 100 倍,反电渗析发电才可能与其他发电装置相竞争。研究还发现,反电渗析发电不能商业化的主要障碍不仅是膜的价格问题,还受许多未知因素的影响。这些因素包括生物淤塞、水动力学、电极反应、膜性能和对整个系统的操作。为了优化反电渗析发电装置的性能,这些因素都需要进行研究。

5.6.3　盐差能发电技术的发展

海洋盐差能利用研究历史较短,最早在 1939 年美国提出利用海水和河水靠渗透压或电位差发电的设想。1954 年建造并试验了一套根据电位差原理运行的装置,最大输出功率为 15mW。第一份关于利用渗透压差发电的报告发表于 1973 年,1975 年以色列建造并试验了一套渗透法装置,表明其利用的可行性。目前,日、美、以色列、瑞典等国均有人进行研究,总的来说,是处在初期原理和试验阶段。

1954年以来，世界上已经开始实验盐差能的发电装置，其功率是0.015W。1973年以色列科学家洛布(Loeb)和他的同事研制了一台盐差能实验发电装置。1974年美国康图狄格大学诺曼博士提出了利用盐差能的诺曼方案，1975年美国加利福尼亚大学海洋资源研究院与俄勒冈大学合作，在旧金山建立了一个盐差能发电装置。以色列科学家洛布不仅发明了人工半透膜，1976年还提出利用死海与约旦河之间盐差能发电的"压力延滞渗透能利用方案"，并建立了一个"压力延滞渗透能转换装置"，同年，美国特拉华大学能源研究所与开发管理部合建了一个盐差能发电装置。美国的温斯坦和莱兹1976年在美国离子公司的资助下，用渗析电池法取得了0.2W的功率密度的盐差能。1981年美国学者休梅克提出了强力式休梅克方案。以色列曾建立1座150kW盐差能发电试验装置，如图5-52所示。

图5-52 以色列的盐差能发电站

美国能源部资助由Ebasco服务公司和ITC/salar公司研究的"50kW渗透能发电装置"，所使用的半渗透膜为美国生产的内孔为80～60μm的中孔纤维膜，盐水是含固体盐50%的饱和盐水"盐浆"。美国的威克和伊萨克斯与他们的研究生奥尔森正在进行"蒸汽压差法"的研究。

瑞典哥德堡大学的阿伦姆伦和斯图、伯格斯特龙教授的研究小组进行着渗析电池的研究，已进行了小型试验，正在为瑞典西海岸建立大型的渗析盐差能电站而开展研究工作。

据路透社2005年12月15日报道，荷兰可持续用水技术研究中心(WETSUS)和挪威的独立研究机构SINTEF研究所已经成功研发出一种混合海水与淡水发电的新方式。荷兰方案采用反电渗析，挪威使用渗透作用。而两个方法不约而同的是依靠用于化学分离、由特殊材料制造的薄膜。荷兰和挪威的两种发电方式虽然已经在实验室中获得成功，但要进入商业应用仍需时日。荷兰的研究计划由一个荷兰商业协会资助，它还没有在试验工厂中进行测试。挪威的研究项目则更加先进，它的研发开始于20世纪90年代，它的发明者已经建造了两个小型发电站，但还没有建成发电量更大的发电站。海水与淡水间的渗透压平均为 240m 水柱高，而饱和盐水与淡水间的渗透压高达 3 000m 水柱以上，能量密度超过海水的 10 倍以上。海洋能专家指出，近期开发内陆地区高浓度盐湖盐差能对于边远缺电地区来说是切实可行的。

我国于 1979 年开始研究盐差能，1982 年西安冶金建筑学院盐差能研究小组发表了第一篇论文“浓差能”。1985 年我国第一台盐差能发电装置“干涸湖浓差能实验发电装置”在西安冶金建筑学院建成发电。该装置由渗透器、盐箱、上水箱、水轮发电机组、仪表盘以及各种连接管路组成。渗透器是提取盐差能的地方，主要由半透膜组成。采用国产式醋酸纤维素膜，有效长度为 148cm，共用 204 支膜管，运行膜的总面积为 $14.22m^2$。上海海事大学曾对盐差能电池的电动势、电池内阻和海淡水隔室进行了理论分析，设计了 5 种浓差电池试验槽，建立了一套反电渗析电池试验装置，对海水盐差能发电进行过试验研究，证明装置产生的电流与膜面积的大小和膜面电阻有很大关系。装置中离子交换膜的面积和隔室的长度越小，单位面积的离子交换膜产生的功率就越大，这为今后的应用开发提供了依据。

开发利用盐差能取决于盐差能理论的研究和发展，取决于邻近学科的发展(如海水淡化、膜科学、温差发电等学科，特别是膜科学的发展已成了渗透压法、浓差电池法发展的关键)，还取决于国家对盐差能开发利用的重视与支持。我国对盐差能的研究只着眼于盐湖，而针对入海口处的盐差能发电的研究还没有进行。

5.6.4 我国长江口盐差能发电技术的应用

我国的盐差能较为丰富，而我国对于盐差能的研究也只是停留在初期试验研究阶段。开展利用江河入海口进行盐差能发电的实用研究，对盐差能发电的应用具有重要的现实意义。

1. 河海交汇处

对于大多数河海交汇水域(如长江口、珠江口等)，淡水到盐水的盐度变化梯度线简图如图 5-53 所示。

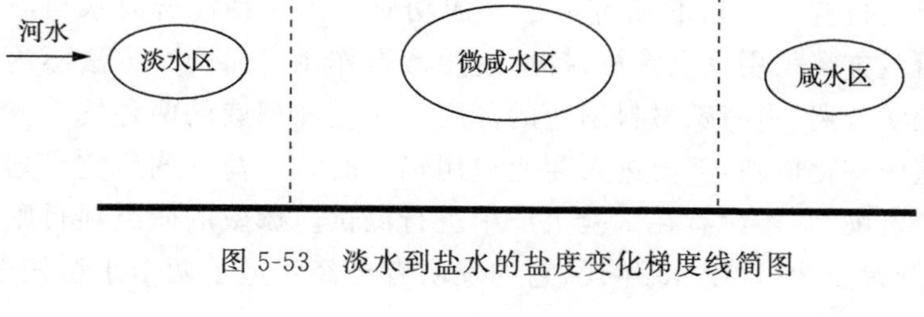

图 5-53 淡水到盐水的盐度变化梯度线简图

从图 5-53 可以看出，河水与海水之间的盐度变化并不是梯度很大，淡水是从淡水区慢慢地向咸水区运动，同时逐渐与海水混合，盐度逐渐增大，最后到达外部海域，盐度最终达到与外部海域海水一样。在这个过程中，淡水逐渐变为海水的这段区域叫做微咸水区。

为了不影响正常的交通运行，可以将反电渗析发电站安装在咸水区的河床，这里有丰富的海水资源，如果将河水不断地引至此处就可以得到不间断的发电。但是，微咸水区一般长达几海里至十几海里，甚至几十海里（各个水域的不同），所以如何经济有效地将河水引至发电站是有待进一步研究的课题。

长江是我国第一大河流，自徐六泾以下的河段即长江口河域，径流量丰富，多年月平均径流量最低值为 10 400m^3/s（1 月），约占全年的 3%，最高值为 49 500m^3/s（7 月），约占全年的 14%。长江口是复杂的潮汐河口，全长大约 181.8km，具有三级分汊、四口入海的格局。在徐六泾以下，由于崇明岛（31°40′N、121°30′E）的作用，长江口被分为北支、南支，这是第一级分汊；在吴淞口以下，由于长兴岛（31°25′N、121°40′E）、横沙岛（31°20′N、121°50′E）的作用，南支被分为北港、南港，这是第二级分汊；由于九段沙（31°10′N、122°00′E）的作用，南港被分为北槽、南槽，这是第三级分汊（图 5-54）[31]。

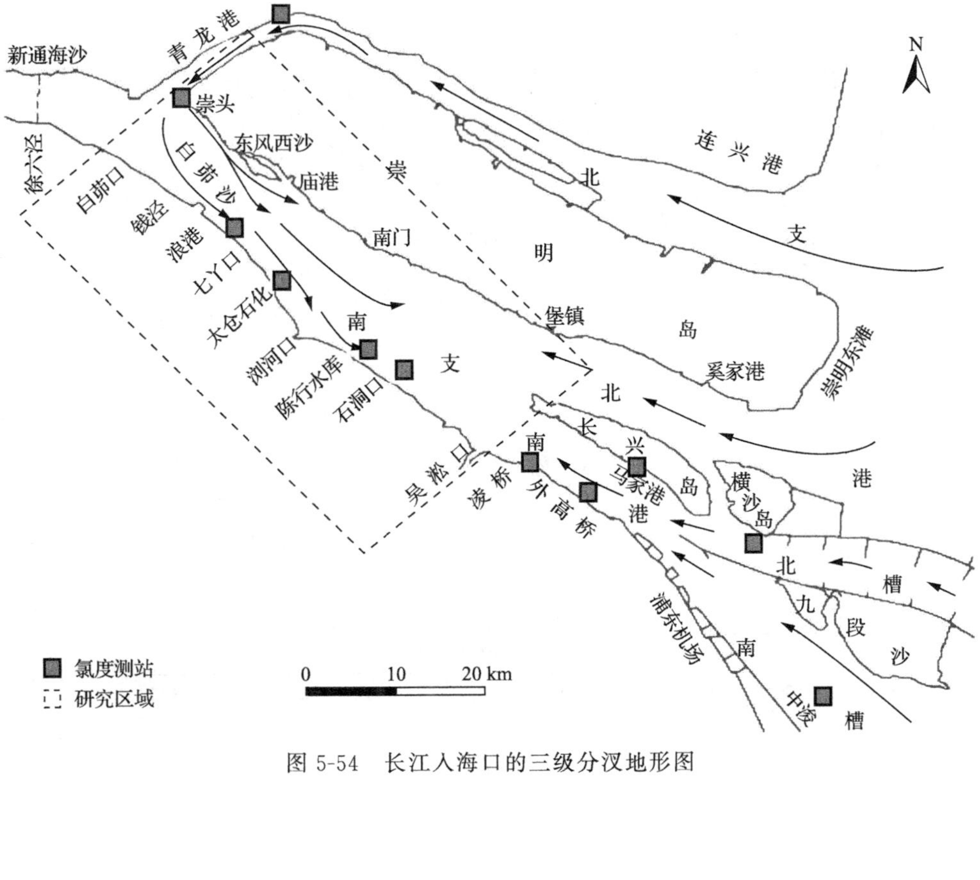

图 5-54　长江入海口的三级分汊地形图

长江口是长江向海洋过渡的河域，河水、海水的动力条件（上游径流、外海潮汐、风和波浪等）和水质情况各不一样。长江口的径流量大时，会明显冲淡附近海域海水，而海潮大时，会将含盐高的海水带进河口。在长江口，含盐高的海水与长江上游来的淡水会遇并逐渐混合，造成盐度由入海口向上游扩散，形成长江口盐水入侵现象。由于径流量随季节的明显变化，加之潮汐强弱的变化等因素作用，长江口洪季（5～10 月）与枯季（11 月～翌年 4 月）的盐水入侵程度有很大的不同。

徐六泾以上附近长江河段的盐度很低，即使在枯季，其盐度值也均在 0.2‰以下。而在徐六泾以下的长江口分汊河道，盐度的分布差异十分明显。盐水入侵主要有南槽、北槽、北港和北支四条途径，其中北支最为严重，洪季一般可达北支的中段，枯季可达北支上段，大潮时，甚至可以到达南北支分流口附近，形成盐水由北支向南支的倒灌现象。

图 5-55 为长江口各汊道盐度分布图。可以看出，2 月（枯季）北支青龙港以下河段盐度都在 5‰以上，沿青龙港附近的 0308 到三和港附近的 0314 观测点，再到圆陀角，盐度增加幅度甚为明显。0314 观测点的盐度最大值达到 20‰。与北支相比，南支的盐度分布值很小。从崇明岛西端的崇头到 0310 观测点，再到南港的 0303 和北港的 0311 观测点，盐度的分布值都小于北支 0314 观测点，更远远小于圆陀角处盐度值。由于北港、南港的盐水入侵的影响，0303、0311 以下汊道的盐度

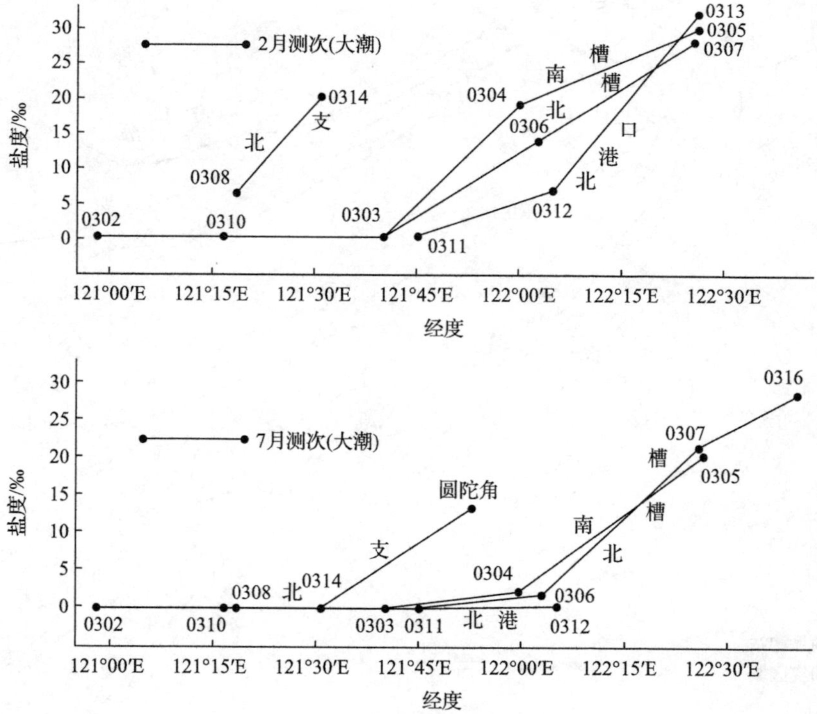

图 5-55　长江口各汊道盐度分布图

值渐渐增大。

7月(洪季)北支的径流量增大,盐水入侵程度减弱。就日平均盐度而言,三和港(近0314)以上河段均不超过0.3‰,从0314观测点到圆陀角,盐度增加变得明显,圆陀角处的盐度值最大达到将近14‰,相比枯季的盐度值要低很多。而北港、南港也几乎完全被河水所控制,盐度很低。到了北槽、南槽,盐度开始逐渐升高。这样的分布特点主要取决于各汊道的径流量。

由此可知,不论洪季(7月)还是枯季(2月),各汊道中水的盐度都不同,北港的盐度最低,南北槽次之,最高的是北支。而连兴港附近河段(圆陀角附近)的盐度在洪、枯季都是北支中最高的,北港在各汊道中盐度是最低的。因此,我们可以通过反电渗析发电技术来开发利用北港与圆陀角附近河段之间巨大的盐差能。

发电装置的安装位置可选在圆陀角与北港之间的崇明岛区域上(图5-56中框内),从南侧的北港引入河水,从北侧的北支水域引入海水(河水、海水进入膜腔室之前都要经过净化处理)。为了减小发电后排出的微咸水对发电站附近区域盐度的影响,可将其排至0319处甚至更接近口外的河底,这样还能减小北港的盐水入侵程度,保证了北港低盐度的环境。

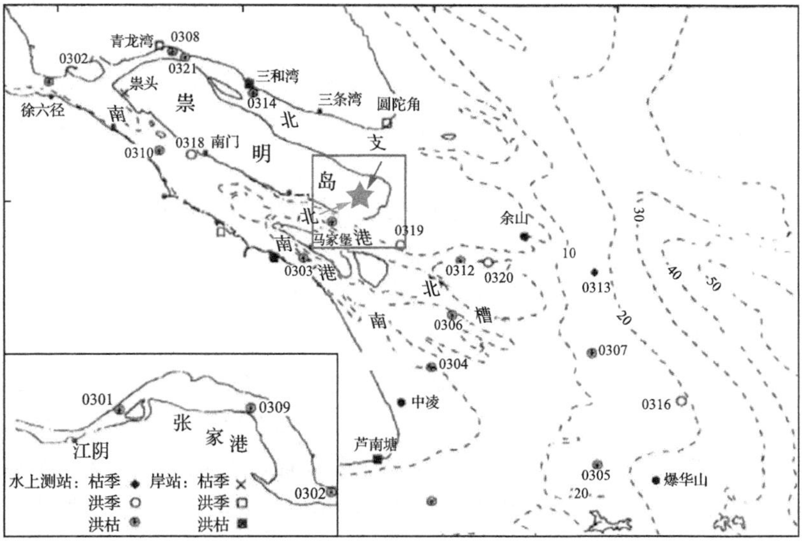

图5-56 发电站选址图

将盐差能发电站选址定在圆陀角与北港之间的崇明岛区域上,不仅拥有丰富的盐差能资源,而且便于从北支、北港取用海、河水,具有很高的经济性,更会对区域经济发展有推动作用。此发电站的建立,不仅将很大程度上解决江浙沪一带的用电问题,减轻汊道盐水入侵以及盐水倒灌程度,减小河域生态系统受高含量氯化物盐水的影响,同时还会减小北支、南支及北港汊道沿岸水库如宝钢水库、陈行水库和青草沙水域水库的取水制约以及河域两岸居民用水限制。

2. 淡水资源丰富的海港

像大连、青岛及宁波等这样的海港城市，有着优越的自然条件，淡水资源也很丰富，这使得反电渗析发电站的应用简单而又经济。

将盐差能发电站安置在这些城市的近岸海域海床上，淡水从陆上引至发电站，相对河海交汇处盐差能发电站的应用，近岸海域的微咸水区长度很小，有的海域甚至没有这个区域，这使得这类海港城市近岸海域的盐差能发电站的应用成本大大减少。这种发电站可以应用于全国很多的海港城市。

5.7 海洋能的开发利用

英国、日本、法国、美国、加拿大、荷兰、挪威、印度、印尼和苏联等国家都是海洋能资源十分丰富的国家，它们在20世纪70年代后，为保证社会所需能源得到稳定而持久的发展，而又不危及生态环境和后代人的生存，各国均对海洋能的开发，从摸清资源状况、制订发展计划、组织科技项目到实用技术的试验和商业化，均投入了大量人力物力。

英国从20世纪70年代以来，制定了强调多元能源的能源政策，鼓励发展包括海洋能在内的各种可再生能源。1992年联合国环发大会后，为实现对资源和环境的保护，又进一步加强了海洋能资源的开发利用，把波浪发电研究放在新能源开发的首位，投资1700多万英镑研究波浪能装置，使英国在波浪能发电技术方面处于世界领先地位。

日本在海洋能开发利用方面也十分活跃，于1974年制定了包括海洋能在内的发展新能源的“阳光计划”，1978年制定了有关节能的“月光计划”，1989年又推出“地球环境技术开发计划”，1993年将这三项计划全部纳入“新阳光计划”。在这项中长期综合性新能源技术开发计划中，从1993年至2020年研究经费总额预计为150亿美元。在海洋能开发利用方面，成立了海洋能转移委员会，仅从事波浪能技术研究的科技单位就有日本海洋科学技术中心等10多家，还成立了海洋温差发电研究所，并在海洋热能的发电系统和热交换器技术上领先于美国，取得了举世瞩目的成就。

美国把促进可再生能源的发展作为国家能源政策的一个基石，由政府加大投入，制定各种优惠政策，经长期发展，较大规模地利用了包括海洋能在内的可再生能源，成为世界上最大的可再生能源产国。1979年，美国在夏威夷岛西部沿岸海域建成一座称为MINI-OTCE温差发电装置，其额定功率达50kW，净输出达18.5kW，是世界上首次从海洋温差能获得具有实用意义的电力。

印度面对能源供应不足、电力短缺的困境，在海洋能等可再生能源的发展上加大投入，从减免所得税和关税，建立专门贷款机构，吸引外资以及加快折旧等多方面实施优惠政策，使它在短短的2～3年内一跃跨入世界可再生能源开发利用的先进行列。1994年花费5亿美元，在泰米尔纳德邦近海引进美国技术，建立了一座10万kW的OTEC电站。法国早在1966年就投巨资建造了世界上第一座至今仍然容量最大的潮汐发电站。印尼在挪威的帮助下，从1988年开始在巴厘岛建造了一座1 500kW的波力电站，并制定了建造数百座波力电站，实现联站并网的发电计划。

为了强调能源多元化的能源政策，鼓励发展包括海洋能在内的多种可再生能源。1992年联合国环发大会后，英国又进一步加强了对海洋能源的开发利用，把波浪发电研究放在新能源开发的首位，并曾因投资多、技术领先而著称，在苏格兰西海岸兴建了一座装机容量2万kW的固定式波力电站。在潮汐能开发利用方面，英国也进行了大规模的可行性研究和前期开发研究，1997年在塞汶河口建造一座装机容量为8.64MW、年发电量约为170亿kW·h的潮汐电站。目前，英国已具有建造各种规模潮汐电站的技术力量。

我国已有40多年海洋能的开发利用历史，是世界上建造潮汐能电站最多的国家之一。20世纪80年代以来，浙江、福建等地先后建造了近50座大中型潮汐电站。总之，我国的海洋发电技术已有较好的基础和丰富的经验，小型潮汐发电技术基本成熟，已具备开发中型潮汐电站的技术条件。但是现有潮汐电站整体规模和单位容量还很小，单位kW造价高于常规水电站，水工建筑物的施工还比较落后，水轮发电机组尚未定型标准化，这些均是我国潮汐能开发中存在的问题。其中，关键问题是中型潮汐电站水轮发电机组技术问题没有完全解决，电站造价亟待降低。

作为世界上主要的波能研究开发国家之一，我国从20世纪80年代初开始，主要对固定式和漂浮式振荡水柱波能装置以及摆式波能装置等进行了研究。1985年中国科学院广州能源研究所开发成功利用对称翼透平的航标灯用波浪发电装置。经过十多年的发展，我国已有60～450W的多种型号产品并多次改进，目前已累计生产600多台在我国沿海使用，并出口到日本等国家。“七五”期间，由中国科学院广州能源研究所牵头，在珠江口大万山岛上研建的岸边固定式波力电站，第一台装机容量3kW的装置，1990年已试发电成功。“八五”科技攻关项目总装机容量20kW的岸式波力试验电站和8kW摆式波力试验电站，均已试建成功。总之，我国波力发电虽起步较晚，但发展很快。微型波力发电技术已经成熟，小型岸式波力发电技术已进入世界先进行列。但我国波浪能开发的规模远小于挪威和英国，小型波浪发电距实用化尚有一定的距离。“八五”期间，在原国家科委的支持下，由中国科学院广州能源研究所和国家海洋局天津海洋技术所分别研建了20kW岸式电站、5kW后弯管漂浮式波力发电装置和8kW摆式波浪电站，均试发电成功。

“九五”期间，在科技部科技攻关计划支持下，广州能源研究所在广东汕尾市遮浪研建100kW岸式振荡水柱电站，2000年建成发电。同时，由天津国家海洋局海洋技术所研建的100kW摆式波力电站，已在青岛即墨大官岛试运行成功。

1985年，中国科学院广州能源研究所开始对温差能利用中的一种“雾滴提升循环”方法进行研究。20℃降到7℃时，海水所释放的热能可将海水提升至125m的高度，然后再利用水轮机发电。此方法可以大大减小系统的尺寸，并提高温差能量密度。1989年，中国科学院广州能源研究所在实验室实现了将雾滴提升到21m的高度记录，同时还对开式循环过程进行了实验室研究，建造了两座容量分别为10W和60W的试验台。

国际上潮流发电研究开始于20世纪70年代中期，主要有美国、日本和英国等进行潮流发电试验。我国潮流发电研究始于20世纪70年代末，首先在舟山海域进行了8kW潮流发电机组原理性试验。80年代一直进行立轴自调直叶水轮机潮流发电装置试验研究，目前正在采用此原理进行70kW潮流试验电站的研究工作，在舟山海域的站址已经选定。

主要的制约因素如下。

(1) 海洋能的特点决定了其开发的难度大，技术水平要求高。海洋能虽然储量巨大，但其能源是分散的，能源密度很低。例如，潮汐能可利用的水头只有数米，波浪的年平均能量只有300～500MW·h/m。海洋能大部分蕴藏在远离用电中心的大洋海域，难以利用。海洋能的能量变化大，稳定性差，如潮汐的周期变化、波浪能量和方向的随机变化等给开发利用增加了难度。此外，海洋环境严酷，对使用材料及设备的防腐蚀、防污染、防生物附着要求高，尤其是风浪有巨大的冲击破坏力，也是开发海洋能时必须考虑的。

(2) 海洋能的开发由于技术不成熟，一次性投资大，经济效益不高，影响了海洋能利用的推广。海洋能利用技术是海洋、蓄能、土工、水利、机械、材料、发电、输电、可靠性等技术的集成，其关键技术是能量转换技术。不同形式的海洋能，其转换技术原理和设备装置都不同。由于海洋能开发技术目前尚不成熟，致使海洋能开发的一次性投资过大，与利用常规能源相比，经济性欠佳，因而制约了它的应用推广[32]。

我国海洋能源的对策建议如下。

(1) 提高对开发海洋能重要性的认识。海洋能作为可再生资源具有持续开发价值，是解决我国目前能源危机的重要资源，更是未来能源的主要依托。开发海洋能可以缓解石化能源的不足，对于促进沿海经济的发展和优化能源结构，保证能源可持续利用，以及开发海岛、巩固国防和保护生态环境，保障我国能源安全，缓解我国能源环境压力，实现建设资源节约型和环境友好型社会的目标有十分深远的意义。据专家预测，21世纪大型潮汐电站的发展将实现产业化，海洋能发电系统将并入沿海地区甚至内陆电网,沿海地区用户将全部或部分由海洋能发电系统供给;获取海洋能的方式、能量的传送保存和能量综合利用等技术逐步成熟;有了依靠海洋能发电的海上电力自给系统后,海上远洋渔业基地、海洋牧场、水产加工流通中心、海上码头、石油储备基地有望陆续建成,海上城市和海上机场也将投入建设;陆上拥挤的人口将向海上迁移。

(2) 国家应高度重视海洋能的开发,并实施一系列激励政策予以促进。海洋能作为可再生资源具有持续开发价值,世界上许多沿海国家都十分重视海洋能的开发利用,我国也是走在海洋能开发前列的国家之一。海洋能的开发难度大、成本较高,需要有强大的技术和资金支持。目前的进展已表明了这种新能源潜在的商业价值,其发展前景十分广阔。目前虽然我国海洋能利用技术与国际先进水平差距不大,但投资和建设规模却较小。因此在起步阶段迫切需要国家制定相关的科技政策、环境政策、经济政策,保护和促进海洋能的开发利用。我们必须以科学发展观为指导,把海洋能的研究、勘探、开发、利用摆到国家远景发展战略的位置上来,及早制定阶段性实施计划和政策,以期能够早日将海洋能源纳入全面、协调、可持续发展的轨道上来。尽快出台有关鼓励海洋能利用的优惠政策,调动地方、企业、财团等各方面开发利用海洋能的积极性,加大对海洋能利用的投入,为海洋能利用技术的研究和产业化提供雄厚的资金支持,从而加快海洋能开发利用的步伐。

(3) 选准重点进行开发。目前各类海洋能开发技术的趋势是:潮汐能开发向巨型化发展,重点进行经济效益论证。波浪发电以海岛供电为目标,多采用振荡水柱气动式,并向多能互补开发、多用途(综合利用)、与海洋工程结合的方向发展。温差发电多采用闭式循环,既有大型(10 万 kW)开发研究,又有为海岛供电为目标的 1MW 标准化装置设计研究,深层海水综合利用的研究也异常活跃,方兴未艾。以上海洋能开发技术基本成熟,只要在不断完善技术的同时能够降低一次性投资成本,使海洋能发电的成本降到一定水平,提高经济效益,即可大大促进其推广应用,实现商业化运作。

(4) 建立海洋能开发利用示范工程或基地。选择技术比较成熟、具有推广应用价值的技术建立海洋能开发利用示范工程或基地。例如,研究建设万 kW 级潮汐电站、小型实用波浪能发电站,与其他可再生能源互补,建立海岛自然能源多能互补综合利用示范工程、南海岛屿温差能利用基地,解决海岛能源供应。通过海洋能开发利用示范工程的运行,以点带面,稳步推进,使海洋能开发利用向更广、更深的领域不断拓展。

我国海洋能源的主要发展途径如下。

(1) 潮汐发电。通常在海湾或河口地区围筑蓄水池,在围堤适当地点另筑可供海水流通的可控制闸门,并于闸门处设置水轮发电机,涨潮时海水经由闸门流进蓄水池并推动水轮机发电,退潮时海水亦经闸门流出并推动水轮机发电,如此双向流发电装置是目前潮汐发电的主要应用方式。开发潮差发电若以目前低水头水轮机应用技术而言，基本上只要有 1m 的潮差及可供围筑潮池的地形即可应用发电。潮汐发电是海洋能中技术最成熟和利用规模最大的一种，全世界潮汐电站的总装机容量为 265MW，我国为 5.64MW。专家介绍，潮汐发电的关键技术包括潮汐发电机组、水工建筑、电站运行和海洋环境等。我国 20 世纪 60 年代和 70 年代初建的潮汐电站技术水平相对较低，但江厦电站属技术上较成熟的电站。从总体上看，江厦电站是成功的，为我国潮汐电站的建造提供了较全面的技术，同时也为潮汐电站的运行、管理和多种经营等积累了丰富的经验，而我国仍需加大对潮汐发电领域的研究与投入。

(2) 波浪发电。虽然波浪发电具有无污染以及不必耗费燃料的优点，然而其波浪的不稳定性及发电设备需固定于海床上，承受海水之腐蚀、浪潮侵袭破坏，以及效率不够显著、施工及维修成本相对过高等问题，限制了目前波浪发电的发展，致使波能发电研究开发成长趋缓。针对开发利用波浪发电的难度，专家指出，今后我国新能源和可再生能源产业化发展的扶持方向，应根据需要和可能有选择地支持波浪发电企业，通过给予更多优惠政策和技术扶持，促进波浪发电产业的发展。

(3) 海洋温差发电。就技术可行性而言，建一座温差电厂的最大挑战包括大管径冷水管的设计、制造和建设，大型海上平台的设计和建造，以及高效率海底电力输送电缆三项关键技术，全世界尚无成功案例可循。而就经济可行性而言，即使将水产养殖副产品经济价值考量在内，温差发电成本尚难与燃煤、燃油及核能等传统发电方式竞争。

海洋能发电以外的综合利用途径主要有以下几方面。

(1) 海水淡化和冷水空调：在 OTEC 发电技术的热力循环系统中，25～30℃的海表热水在低压锅炉里沸腾产生蒸汽，一方面可带动蒸汽机发电，另一方面在深海冷水(5℃左右)的作用下重新凝结带来丰富的淡水，还可利用这种冷水制冷。美国太平洋高技术研究国际中心(PICHTR)设计了一个多产品的 1 000kW OTEC 系统(MP-OTEC)，除发电外，每天可产淡水 4 730m^3，足够 2 万人使用，还为一家有 300 个客房的宾馆提供空调，运行费仅为常规空调的 25%。由此使 1 000kW 的 OTEC 系统的电价降为 11～19 美分/(kW・h)，低于海岛上使用化石燃料的成本(16～44 美分/(kW・h))。

(2) 燃料生产：从海洋能中生产燃料的途径有两类，一是利用 OTEC 电站排放的大量深海冷水中富含的营养盐类来养殖深海巨藻，经厌氧消化产生中热值沼气，其转化率可达 80%以上；或经发酵生产酒精、丙酮、乙醛等；或使用超临界水，将高含水量的海藻气化产生氢。二是利用海洋能产生的大量电力，以海水和空气为原料生产氢、氨或甲醇，经液化后储存，供应市场。

(3) 发展养殖业和热带农业：由于深海水中氮、磷、硅等营养盐十分丰富，有利于海水养殖。据统计，一座4万kW的OTEC电站，其深海水流量约$800m^3/s$。这些深海水每年可输送约8000吨氮到海洋表层，能增产8万吨干海藻或800吨鱼。在夏威夷，由OTEC派生的海水养殖业已投入5000万美元，养殖龙虾、比目鱼、海胆和海藻。夏威夷大学的科学家还提出把深海水用于发展热带农业，即在耕地下埋一排冷水管，在热带地区创造一种冷气候环境，生产草莓和其他春季谷物、花卉等。另外，由于大气中水分在冷水管表面的凝结，还可产生滴灌效果。

(4) 观光旅游、垃圾填埋、围海造地：海洋能电站建设的沿海地带一般风景秀丽，可建旅游设施、海上乐园；对绵延几十公里的潮汐电站或海浪电站坝址所围成的海域可联合海岸线管理、环保、旅游等部门实施填海造地、掩埋垃圾、建高级住宅区和旅游区等进行综合开发。由此推动多元化新兴行业的发展，可获得数倍于海洋能发电的效益。例如，我国江厦潮汐电站在库区周围围垦了5600亩土地，其中耕地4500亩，种植水稻、大麦、油菜、棉花、柑橘等，获得初步成功，其垦殖收益约为电站发电收益的6倍。

各国的经验证明，海洋能资源的综合利用，不仅是降低海洋能发电综合成本的有效途径，还有利于改善自然、社会和经济环境，促进经济社会的发展和居民生活质量的提高。因此，海洋能开发的综合利用备受各国关注，并将获得更大发展。目前许多国家纷纷加快了对海洋能的开发利用研究，海洋能开发和综合利用已取得明显效益，其规模不断扩大，已达到或接近商业化应用阶段。有专家预计，在2020年后，全球海洋能源的利用率将是目前的数百倍。

近年来，我国高度重视海洋能开发利用。2013年12月国家海洋局印发了《海洋可再生能源发展纲要》明确将海洋能纳入可再生能源范畴。国务院印发的《“十二五”国家战略性新兴产业发展规划》明确了包括海洋能在内的新能源产业的发展目标和重点方向，提出积极推进技术基本成熟、开发潜力大的海洋能等可再生能源利用的产业化。财政部设立了海洋可再生能源专项资金，全面推进海洋能开发利用技术的研究、应用和示范工作，为海洋能产业化培育及发展奠定了坚实基础。《纲要》明确了我国海洋能发展的五项重点任务：一是突破关键技术，重点支持具有原始创新的潮汐能、波浪能、潮流能、温差能、盐差能利用的新技术、新方法以及综合开发利用技术研究与试验；二是提升装备水平，重点开展发电装置产品化设计与制造，优先支持较成熟的海洋能发电技术开展设计定型；三是建设海洋能电力系统示范工程和近岸万千瓦级潮汐能示范电站等示范项目；四是健全产业服务体系，制定海洋能资源勘察、评价、装备制造、检验评估、工程设计、施工、运行维护、接入电网等技术标准规范体系；五是在前期海洋能资源调查基础上，重点开展南海海域海洋能资源调查及选划[33]。

2013年我国发布《中国海洋可再生能源发展报告》，认为我国海洋能总体发展形势良好。其中，低水头、大容量、环境友好型技术已成为未来潮汐能技术发展方向；波浪能技术日趋多样化，部分技术已具备产品化能力；潮流能逐步向大型化发展，单机功率进一步扩大；温差能技术得到重视，盐差能技术启动研究。我国将在广东万山、浙江舟山地区分别完成具有公共测试功能的百千瓦级波浪能、兆瓦级潮流能示范工程设施建设、安装调试、运行维护等工作，并实现示范运行，为我国海洋能产业化发展奠定坚实的技术基础和支撑保障。海洋能技术发展也将纳入我国海洋科技创新总体规划，将继续完善国家海洋能综合支撑服务体系建设，积极推进海上试验场建设，开展潮汐能、波浪能、温差能等方面的新技术、新装置研究试验，研发我国自主技术装备[34]。

参考文献

[1] 叔权. 新能源[J]. 时事报告，2005，(3)：70-71.
[2] 张登霞. 双浮子海浪发电装置参数分析以及结构优化设计[D]. 秦皇岛：燕山大学硕士学位论文，2002.
[3] 王传崑. 海洋能知识讲座(2) 海洋能的特点[J]. 太阳能，2008，(10)：20-21.
[4] 周道良. 多节漂浮式波浪发电装置的实验研究[D]. 大连：大连海事大学硕士学位论文，2011.
[5] 海洋能[OL]. http://www. baike. com/wiki/[2015-6-20].
[6] 贾振航. 第八讲　广阔无尽的海洋能[J]. 节能与环保，2004，(9)：52-53.
[7] 韩晔. 潮汐能发电在福建电网的应用前景[J]. 湖南水利水电，2013，(6)：76-79.
[8] 郭红梅. 潮汐电站在福建沿海的应用前景[J]. 福建农机，2003，(2)：21-22.
[9] 戴庆忠. 潮汐发电站用水轮发电机组[J]. 东方电机，2007，(5)：26-48.
[10] 英国发明海洋潮汐能发电装置[J]. 企业技术开发，2008，(4)：121.
[11] 程振兴，张兆德. 潮汐能利用的现状与浙江潮汐能的发展前景[A]//第五届长三角地区船舶工业发展论坛论文集[C]. 靖江，2009.
[12] 鲁晟. 海洋能源用之不竭 众多国家盯紧开发[N]. 中国电力报，2005-12-20.
[13] 邓隐北，熊雯. 海洋能的开发与利用[J]. 可再生能源，2004，(3)：70-72.
[14] 高祥帆，游亚戈. 海洋能源利用进展[J]. 中国高校科技与产业化，2004，(6)：36-39.
[15] 刘全根. 世界海洋能开发利用状况及发展趋势[J]. 能源工程，1999，(2)：5-8.
[16] 高琳，唐晗. 我国海洋能源开发又有突破性进展[N]. 中国海洋报，2005-07-29.
[17] 波浪能[OL]. http://www. hnep. com. cn/news/html/32/n-24432. html[2015-6-20].
[18] 张丽珍，羊晓晟，王世明，等. 海洋波浪能发电装置的研究现状与发展前景[J]. 湖北农业科学，2011，50(1)：161-164.
[19] 游亚戈，吴必军，盛松伟，等. 我国海洋波浪能技术发展建议[A]//中国可再生能源学会海洋能专业委员会成立大会暨第一届学术讨论会论文集[C]. 杭州，2008.
[20] 高琳，唐晗. 波浪能发电 商用前景展现曙光[N]. 经济日报，2005-07-21.
[21] 刘美琴，郑源，赵振宙，等. 波浪能利用的发展与前景[J]. 海洋开发与管理，2010，27(3)：80-82.
[22] 地理教学常见问题[OL]. http://wenku. baidu. com/view/3d207818c5da50e2524d7f79. html[2015-6-21].
[23] 刘美琴，仲颖，郑源，等. 海流能利用技术研究进展与展望[J]. 可再生能源，2009，27(5)：78-81.
[24] 徐阳. 未来的海洋研究与开发[J]. 发明与创新，2003，(1)：24-25.
[25] 苏佳纯，曾恒一，肖钢，等. 海洋温差能发电技术研究现状及在我国的发展前景[J]. 中国海上油气，2012，24(4)：84-98.
[26] 刘奕晴. 混合式海洋温差能利用系统的理论研究[D]. 天津：天津大学硕士学位论文，2004.

[27] 李赫.两种混合式海水温差能发电系统的研究与对比分析[D].天津:天津大学硕士学位论文,2006.
[28] 高露,龚玲.专家建议我国应大力发展海洋温差发电[N].经济参考报,2006-09-07.
[29] 纪娟,胡以怀,贾靖.海水盐差发电技术的研究进展[J].能源技术,2007,28(6):336-338.
[30] 胡以怀,纪娟.海水盐差能发电技术的试验研究[J].能源工程,2009,(5):18-21.
[31] 杨捷,胡以怀.长江口盐差能发电站的选址[J].可再生能源,2013,31(1):114-116.
[32] 郝艳萍.加快海洋能源 开发利用的对策建议[N].中国海洋报,2006-11-14.
[33]《海洋与渔业》记者.海洋能源发展大有可为[J].海洋与渔业,2014,(3):34-36.
[34] 朱彧.我国海洋能总体发展形势良好[N].中国海洋报,2014-05-29.

第 6 章　地球非常规能源

6.1　小　水　电

6.1.1　小水电资源

所谓小水电，通常是指小水电站及与其相配套的小电网的统称。1980 年联合国召开的第二次国际小水电会议，确定了以下三种小水电容量范围：小型水电站(small)1 000～12 000kW；小小型水电站(mini)100～1 000kW；微型水电站(micro)100kW 以下。我国 20 世纪 70 年代以来，小水电一般是指单站容量在 1.2 万 kW 以下的小水电站及其配套小电网。但随着国民经济的发展，自 1996 年起，小水电的容量范围已提高到按单站 5 万 kW 计算。我国农村村级以下办的小水电，多数属于容量为 100kW 左右的微型水电站。适于建造容量达 10MW 小水电站的河流很多，开发小水电资源的地点一般都选在经济上最有吸引力的站址。高水头和靠近用电中心是小水电站站址必须具备的重要条件。因此，小水电的开发并不仅局限于资源丰富的地区。现已建成的水电站规模大小不等，小电站的装机容量有的还不足 1MW，大的则超过 10 000MW，水电发电的效率为同等规模热电站的 2 倍以上。当前，世界各地的农村和边远地区十分需要增加电力供应。在发展中国家，居住在这些地区的人，只有约 5%能用上电，但小水电站的发展速度一直很缓慢。

世界水电可开发资源在 22 亿～24 亿 kW，年电能 97 000 亿 kW·h，但世界小水电可开发资源(＜10MW)为 1.2 亿～1.44 亿 kW，目前已开发的仅约 20 900 万 kW。我国可开发小水电资源如以原统计数 7000 万 kW 计(＜25MW)，占世界一半左右。

中国河流众多，水系庞大而复杂。从北到南主要有黑龙江水系、松花江水系、鸭绿江水系、辽河水系、长江水系、珠江水系、东南沿海及岛屿水系等；西南有澜沧江、怒江、雅鲁藏布江等国际河流水系，西北有额尔齐斯河、伊犁河水系，还有塔里木河及新疆、甘肃、内蒙古、青海等内陆水系。水能资源丰富，但分布不均，西多东少，大部集中在西部和中部。在全国可开发水能资源中，东部的华东、东北、华北三大区仅占 6.8%，中南五地区占 15.5%，西北地区占 9.9%，西南地区占 67.8%。其中，除西藏外，川、云、贵三省占全国的 50.7%，所以应大力发展小水电，充分利用我国的水利资源[1]。

从全国来看，小水电资源的区域大致可划分为四个地区。

(1) 长江流域及以南的闽、浙、赣、两湖、两广和川、云、贵 10 个省份，都是河流陡峻、雨量充沛的多山地区，小水电资源蕴藏量十分丰富，可开发资源约为 4 000 万 kW，占全国小水电资源的 57%。十个省区的 932 个县中，有 749 个县的小水电资源超过 1 万 kW，占总县数的 80%以上，这些地区是发展小水电的重点地区。

(2) 长江与黄河之间的豫、鲁、皖、陕、甘、宁、青 7 个省区，因地处黄淮海平原和西北黄土高原，气候干旱，地势平缓，小水电资源少，可开发资源约为 650 万 kW，占小水电总资源的 10%。这一地区的资源主要集中在大电网边缘的皖南、陕南、甘南、青海南部及豫西的洛阳地区，共有 135 个县的小水电资源超过 1 万 kW。

(3) 西藏、新疆地域辽阔，分别处于喜马拉雅山和天山脚下，山高坡陡，常年积雪，漫无边际的大雪山相当于自然大水库，水源充沛，河流落差大，水力资源得天独厚，小水电可开发资源约 2 000 多万 kW，占全国总数的 28%。西藏所有的县和新疆的绝大部分县都可开发小水电 1 万 kW 以上。因此，这一地区也是我国发展小水电的重点。

(4) 黄河以北的华北、东北地区，因地处华北淮海和东北松辽两大平原，中小河流不多，水力资源只集中在个别山区，小水电可开发资源约为 356 万 kW，仅为全国总数的 5%。其资源虽少，但主要集中在大电网边缘少数山区，仍有开发价值，如太行山东西两麓，辽、吉两省的东部山区及黑龙江省大小兴安岭林区，有近 100 个县小水电资源丰富，每县都可发展小水电 1 万 kW 以上[2]。

我国小水电资源具有如下特点与优势。

(1) 小水电资源主要分布在边远山区、民族地区和革命老区。这些地区土地辽阔、人烟稀少、负荷分散，大电网难以覆盖，也不适宜大电网长距离输送供电。小水电具有分散开发、就地成网、就地供电、发供电成本低的特点，是大电网的有益补充，具有不可替代的优势。

(2) 小水电资源主要集中在长江上游、黄河中上游地区。这些地区大多是天然林保护区、退耕还林还草区、重要的生态保护区和主要的水土流失区。在这些地区开发小水电，实施小水电代柴工程是保护和改善生态系统的重要途径，具有显著的优势。

(3) 小水电资源主要集中在西部地区，从而使小水电在西部大开发中具有突出的区位优势和比较优势。

(4) 小水电是清洁可再生能源，得到国际上完全的肯定。开发小水电的同时，改善生态系统，有利于人口、资源、环境的协调发展。

(5) 小水电资源点多面广，总量很大，占水电资源总量的 23%，在电力结构调整和农村能源结构调整中具有重要的地位。

(6) 小水电规模适中、投资省、工期短、见效快，有利于调动多方面的积极性，适合国家、地方、集体、企业、个人开发[3]。

6.1.2 小水电技术

1. 主要原理

1) 水轮机

小水电技术主要以水轮机的能量转化实现,通过水轮机实现水能转化为机械能这一过程。水轮机的正常工作运转,能够带动发电机或其他系统设施、设备等实现能量转化。由此可以看出,水轮机是小水电技术赖以依靠的重要设备、设施之一。常规而言,性能强大的水轮机水利效率可以达到80%～90%,甚至有的工作效率能达到90%以上。当前,水轮机的型号、规模越小,其性能也就越不明显,工作效率也就越低。但是水轮机的工作效率也有着一定作业要求,如微型水轮机工作效率同样也能稳定维持在60%～70%。水轮机能够将水的位能转化为其在作业时转动的机械能,实现了机械能体现形式的水力原动机。值得指出的是,并不是同一地方、区域都适用同一型号、规模的水轮机,水轮机的选定主要取决于建站地址的条件及周围环境特性,这是决定其选择型号的外部因素,对于型号选择的内部因素主要是根据其自身的设定转速,其他因素相对来说也同样重要,如水轮机在水量减少的情况下是否能够充足发电,但最根本的直接因素还是建站选址特性和水轮机内部转速[4]。

水电站系统输出能量计算:

$$P = \eta \rho g Q H \tag{6-1}$$

式中,P为水轮机产生的机械能,W;η为水轮机的水力效率;ρ为水的密度,kg/m^3;g为重力加速度,m^2/s;Q为流经水轮机的流量,m^3/s;H为水轮机有效水头,m[5]。

2) 水轮机分类

结合水轮机的工作特性及原理,当前水轮机种类主要划分为反击式和冲击式。反击式水轮机主要指被水介质完全淹没状态下的水轮机,其转轮叶片是扭曲的,从而当水量经过水轮机时通过物理学力的作用实现不同强度的压力。简单地说,与飞行器的机翼飞行原理一样,只不过介质不同,都是通过压力形成的升力实现转子旋转过程。反之,冲击式水轮机设备的转轮是置身于空气介质中,主要靠喷嘴的水流势能驱动其工作。其原理体现的重点部分在于水介质作用到转轮前和转轮后的阶段,即这段时间内的水流作用是处于大气压下实现的。

2. 主机设备

1) 异步发电机

异步发电机在加拿大小水电中得到了广泛的应用。异步发电机具有结构简单、价格便宜、辅助设备简单、控制操作方便和运行维护简单等优点。异步发电机运行时励磁功率由电网供给或由并接在发电机端的电容器供给，不需要励磁设备也不需要同步装置，而且无滑环和碳刷，维护工作量少。据介绍，采用异步发电机比同容量的同步发电机可节约投资10%以上，厂房面积可以大大减小。由于控制流程简单，为电站无人值班创造了有利条件。

2）增速机构

低水头小水电站由于机组转速比较低，发电机体积大，造价高。安装了增速机构后，可采用高转速发电机，从而减小发电机体积，降低发电机成本。例如，加拿大EVSTIS水电站，设计水头为13.0m，流量为8.4m^3/s，输出为700kW，水轮机转速为143r/min。加了增速机构后可选用转速900r/min的发电机。

3）蓄能液压操作机构

该系统由油泵、集油箱、阀门和管路及高压氮气瓶组成，电子调节部分放在机组控制器内。用高压氮气瓶代替常规的油压补气系统可以减少造价和运行维护工作量，6MPa高油压使得油压装置体积大大减小。由于氮气不含水，所以不容易结露。而且氮气比空气不易外泄，可保持压力稳定。当气压下降到规定值时，可进行外部补气。补气时打开氮气瓶顶盖，用软管接到补气瓶上即可进行充气，瓶上装有压力表用来监视气压。油压装置通过各自接力器驱动水轮机导叶和主阀，同时还控制制动装置。接力器的尺寸和大小五花八门，小的像普通自行车打气筒，大的比医院里的氧气瓶还大，油压装置阀门管路、油泵和接力器可根据机组操作功大小进行设计[6]。

3. 自动控制设备

1）下位机

电站机组控制单元普遍采用微电脑控制器或可编程控制器(PLC)实现机组开停机、并网、调速、数据采集和处理、机组保护和经济运行等功能，控制器和发电机输出开关及CT、PT组装在1～2块屏内。

几百千瓦的低压机组一般采用1块屏。例如，加拿大Appleton水电站，装有3台425kW的机组，其控制设备是由加拿大小水电公司(CHC)研制开发的。1块控制屏内装有一次主开关、TCU15、ACM3720和同步检查继电器PRS250及运行时间记录表等。TCU15可完成机组开停机、转速调整、负荷控制、按水位运行等功能。ACM3720用来进行数据采集处理、显示、机组保护及远程通信。

容量1000kW以上的高压机组一般采用两块屏，一块为微机屏，另一块为手动操作屏。例如，加拿大Riviere-du-Loup水电站装有1台2.4kV、1650kVA的立式混流式机组和1台24kV、1000kVA的卧式混流式机组。机组控制系统由加拿大SCP公司提供，微机部分采用IGC2000装置。IGC2000是专用于水电站的高度集成发电控制设备,集控制、保护、同步、电子调速、经济运行等功能于一体,其中DK6876PID伺服阀控制器是调速器/同步装置的心脏,提供1个可编程的增益、调差、参数设定及反馈硬件控制环,频率、速度和位置3个闭环控制,使调速/同步很精确且灵敏。IGC2000还有6种不同的功率自动控制模式,实现机组优化运行。IGC2000带发电机差动、失磁、过电压、过电流、逆功率、负荷不平衡保护,并完成电量和非电量的采集处理及远程通信接口。手动操作屏内装有主开关等一次设备、数据采集装置、发电机过电压过电流保护、手动准同步表、控制操作按钮和报警装置等。DMS2可显示发电机电压、电流、有功、无功、功率因素、频率及电量等参数。当微机屏退出运行时,通过手动操作屏使机组运行在手动方式。

机组一般设两套保护系统。低压机组选用快速动作空气开关,以过流、失压脱扣线圈作为主保护,微电脑控制器所带保护作为后备保护。高压机组在手动屏上装有两只与CT、PT直连的过电压、过电流集成电路保护作为主保护,微机控制器所带保护作为后备保护。此外,机组采用蓄能液压操作机构在失电情况下,油压装置也能可靠地将导叶关死。

2) 上位机

由于小水电均实现无人值班和远程控制,所以上位机非常简单,一般只配置1台个人计算机、1只普通键盘、1台打印机和1台显示器。显示器上显示机组主接线、各种运行参数、开关位置信号及报警信号。在该界面上可进行机组控制方式选择、开停机操作、有功和无功调节及各种整定值修改,此外还有各种打印的报表格式。

3) 远程通信

远程监控通信网络可采用公用电话系统,节省了电站计算机监控设备投资,而且电话系统通信网络覆盖全国乃至世界各个国家,运行人员可以在任何地方通过计算机(如便携式计算机)经公用电话系统获得电站的运行参数,当密码正确时可进行远程操作控制。加拿大曾用计算机通过国际长途电话系统接通加拿大某一水电站计算机控制系统,显示该电站的运行参数。

4. 建站步骤

水轮机分为反击式和冲击式两大类,其中反击式包括轴流式、混流式、斜流式和贯流式,冲击式包括水斗式、斜击式和双击式。现在中小型水轮发电机组已经实现了系列化和标准化,形成了一个完整的体系,并不断有新转轮研制成功。励磁设备是水轮发电机组重要的组成部分,包括直流励磁、无刷励磁、可控硅励磁和双回路绕组电抗器等。中小型的水轮机调速器与大型的有较大区别,首先,中小型水电站一般是径流式的,在网内担任基荷,调速器的主要功能不是调节转速而是调节输出;其次,中小型电站的设计不像大电站那样正规,例如,在使用长输水管道时,在首部往往没有调压室。目前，我国调速器产品已按标准化生产，对机组也进行了系列化生产，与水轮机配套的发电机、控制器和闸门也进行了系列化设计。整装机组有安装方便、造价低廉、便于维护等有利因素，所以对大力发展小水电是非常有利的[7]。

不同类型的水轮机有着高、中、低三种不同的使用水头，如表 6-1 所示，这与机器型号有关系，对大型水轮机来说的高水头对小型水轮机可能是低水头。例如，水斗式水轮机可能在 50m 水头下应用于 10kW 的系统，但用于 1MW 的系统时需要最小 150m 的水头。

表 6-1　冲击式和反冲击式水轮机比较

水轮机类型	按水头分类		
	高水头（>50m）	中水头（10～50m）	低水头（<10m）
冲击式水轮机	水斗式（佩尔顿）水轮机 斜击式（勃尔金）水轮机 多喷嘴冲击式水轮机	双击式水轮机 斜击式（勃尔金）水轮机 多喷嘴冲击式水轮机	双击式水轮机
反击式水轮机		混流式（弗朗西斯） 水轮机（带蜗壳）	混流式（弗朗西斯）水轮机（明槽） 轴流定桨式水轮机 轴流转桨式（卡普兰）水轮机

（1）根据不同类型电站特点，选择合适的水轮机机型及电站装机台数。利用水力发电，水轮机是关键。如何根据不同的水力参数选择合适的水轮机，是一座电站建设成功与失败的关键所在。水轮机根据水力作用的不同，可分为混流式水轮机、轴流式水轮机、贯流式水轮机、水斗式水轮机、斜击式水轮机和冲击式水轮机六种形式。在这六种形式水轮机中，不同的形式有不同的适应水头、流量和高效率区域。

（2）梯级开发的电站修建旁通渠。在梯级开发的电站中修建旁通引水渠，以适应上级电站检修时，下级电站发电的需要，避免弃水损失。小型梯级电站中，下级电站一般都是直接引用上级电站的尾水发电。根据目前所了解的情况和本区的实际，小型梯级水电站兴建中，往往忽视了修建上下级电站之间检修时用的旁通渠。因此在上级电站进行常规性检修或临时性抢修时，上游来水就无法进入下级电站引水渠，下级电站不得不停止发电，从而造成发电损失。这种损失对于龙头电站没有调蓄水库调节的多级开发径流式梯级电站来说尤其明显。而修建一条旁通渠，一般距离都较短，技术上也不难解决，所需投资在整个电站的建设投资中所占比例也不是很大。因此，为充分利用宝贵的水力资源，发挥小流域梯级开发电站的整体效益，修建梯级电站旁通引水渠，是必须加以考虑和重视的问题。

（3）因地制宜，选择合适类型的电站压力水管。压力水管是水电站的重要输水设备，如果选择不当，容易引发电站重大事故。压力水管选择，除了满足承受水压的需要外，还必须考虑电站所在地的自然条件，选择合适的类型。例如，定型制造的钢丝网水泥管，因其连接后的伸缩调节范围小，只适应日夜温差不大的地区和水头在 100m 以下的电站。对高水头电站，宜采用钢制压力水管，而不宜选用钢丝网水泥管。

(4) 尽量扩大径流式电站的前池容量，增加小水电站的调蓄性能。为鼓励建设具有库容和调峰能力的电站，目前对小水电的上网电价实行峰谷电价，这无疑是对径流式电站发展的一种限制。因此，为充分开发当地的水力资源，并使所建电站有较好的经济效益，在不具备建造调蓄水库的地区建设径流式水电站，其前池容量应打破传统的设计规定，尽可能扩大，建成具有日调节或不完全日调节性能的前池，夜蓄日发，增加峰电电量。

(5) 装设电站自动并网装置，以提高并网速度，减少空载水耗。现在建设的小水电站，大部分都是与大电网或地区小电网联网运行的电站。电站的并网操作，除了事关电站和电网的安全外，其并网速度的快慢还直接关系到机组空载水耗的多少。而目前电站的运行人员，特别是新建电站的运行人员，操作水平还比较低，手动并网时间一般都在 15min 左右，有的甚至需半个小时才能并上，这就造成了水量无谓的浪费，影响了电站的发电效益。而对于径流电站，由于其来水的不稳定(特别是在枯水季节)，开停机也比较频繁，这种浪费就更加明显。例如，水电站在建设时就装设自动并网装置，投资增加极为有限，却能提高机组并网的速度，有效地减少机组并网的空载水耗。并网操作时间一般只需前者操作的 1/3，节水效果明显[8]。

5. 小水电自动化的特殊要求

(1) 设备简单。中国小水电自动化的发展经历了早期的继电器常规自动控制系统、中期的晶体管集成电路控制系统及目前的计算机数字控制系统三个阶段。由于继电器和晶体管集成电路控制都存在着元器件多、结构复杂、可靠性低、灵活性差的问题，相继被淘汰。在计算机数字控制系统应用于大中型水电站时，小水电自动化也随之得到发展。但是由于早期计算机芯片价格比较高，再加上设计理念基本上是仿照大水电的模式，使得整个控制系统既复杂价格又高，在小水电打不开市场。近几年，由于计算机芯片的大幅度降价，更主要的是小水电自动化理念跳出了大水电的框框，有了自己的特色，设备不断简化，价格也大大降低，小水电自动化得到大力发展和推广应用。

(2) 操作维护简单。由于小水电位于偏僻的农村，电站运行人员大多数是当地的农民，知识水平比较低。如果自动化系统操作维护复杂，就很难被他们所接受。20 世纪 80 年代初，小水电自动化刚刚起步，一些电站虽然安装了计算机控制系统，但运行人员仍在原控制台监控，微机闲置，仅在为参观人员表演时投入运行。询问原因，是电站熟悉微机的运行人员不多，担心误操作出事故，而且出了问题自己没法解决，要千里之外请专家来排除。可见，小水电自动化如果操作维护复杂，运行人员不敢用，它最后只能成为一种供人参观的摆设。对于小水电，运行人员希望使用的是一种“傻瓜”型高可靠性自动控制保护系统，只需简单培训就能完全掌握。

关于小水电自动化设备的可靠性，除了控制装置本身要求有较高的可靠性外，这里特别要强调的是电站自动化元件的可靠性。20 世纪 80 年代，中国小水电自动化普遍存在一个令人头疼的问题，就是“头脑发达，四肢不灵”。自动化元件的误动和拒动，影响了整个自动化系统的可靠性。90 年代，电站自动化元件大多数是依赖进口或合资企业的产品，价格比较高。但近几年，国产自动化元件技术水平提高非常快，而且价格也比较低，为小水电自动化发展提供了保障。

(3) 功能实用。小水电自动化不能搞花架子，要强调以实用为原则。过去，有的小水电站为了满足领导参观，测量参数不管有用没用，都往上采集，似乎采集量越多，显示界面越花哨，系统就越先进。有的电站盲目学大水电，系统配置很高，例如，一个装机容量 1000kW 的电站除了上位机，还设置了前置机、工程师工作站等，结果自动化投资很高，收到的效益甚微。因为小水电不比大中型水电，它在系统中的地位不十分重要，系统对它的可靠性和稳定性要求也相对较低，所以自动化功能和配置可以简化，只要满足运行要求即可。事实上，对一些容量只有几百千瓦的农村小水电站，在欧美国家也有采用“开机手动，停机自动”的自动化模式，平时无人值班，值班人员住在山下城镇，开机时骑摩托车来，开完机就走。事故自动停机，向值班员住处或传呼机发信号，再过来处理。根据小水电不同容量或等级，采用不同的自动化模式，一切从实用化出发，这也是近几年小水电自动化得到发展的原因之一。

(4) 运行优化。主要是指电站在实现自动化的同时，要考虑优化运行，提高经济效益。要以提高经济效益为中心推进自动化。随着计算机技术的发展，小水电自动化一般都采用微计算机或 PLC 来实现，因此增加优化运行的功能比较容易实现，也不增加多少费用。但对一个电站来说，有了优化运行，就可以给电站带来直接经济效益，意义是非常大的。例如，为提高经济效益，采用按水位运行的方法，机组间负荷最优分配方法，机组最优组合方法，水库的长、中、短最优调度计算方法，洪水预报和利用季节性电能的方法等[4]。

6. 与国外技术的对比

第一，小水电的技术进步体现在选址方面。小水电项目传统的选址、布置、评估过程既耗财力又耗时间，尤其是那些位于偏远山区难以到达的站址更是如此。

如果与小水电项目的预期收益进行比较，这些成本显然偏高。因此，许多发展中国家缺少小水电站址的具体数据资料，有些国家则根本没有。然而，近一二十年卫星成像、精密数据处理软件等现代技术大量应用于地理定位系统，这使得技术人员可以对任何区域的水电资源进行快速、精确的测量和评估。这些技术的应用不仅可以确定合适的小水电站址，同时也节约了大量的时间和成本[10]。

第二，小水电的技术进步体现在土建方面。土建方面的技术变化主要表现在进水口、导流渠、水库、前池等建筑。尽管进水口建筑的物理结构没有多大变化，但现代电子遥控系统可以通过安全的流量控制设备对现有水资源进行优化利用。以往导流渠的主要问题通常出现在小水电明渠的施工中，如地质上的不稳定、山体滑坡、堵塞等，而现在轻型掩埋式复纤管道的使用可以很大程度上避免这些问题，水库和前池等建筑物安装改进的设备和系统可以在一定程度上增加水头和蓄水容量。如橡胶坝，它也被称为橡胶堰或浮力堰，是在坝顶部固定一只橡胶袋，充气后水坝高度就会增加，这可以暂时储蓄额外水量。它的方便之处在于充气、排气过程完全可以自动控制。另外，还有在水坝上安装进水虹吸设备，虹吸管一般安装在低坝灌溉渠中，它可以在前水和尾水之间顺利引水，不影响原有灌溉功能，但安装在小水电站的水轮发电机组可以有效利用虹吸管形成的水头差发电。

第三，小水电的技术进步体现在压力管道方面。过去压力管道大多数采用钢管或者混凝土材料，价格昂贵且难以搬运，而新型轻质复纤材料的使用为压力管道的制造和安装提供了方便。这种材料制成的压力管道尤其适用于孤立、难以到达的小水电站址。因为轻质管材并不需要大型运输工具，也不需要高成本支架和重型安装工具。

第四，小水电的技术进步也体现在机电设备方面。首先，就水轮机来说，过去小水电站安装的水轮机与大水电站的属于同一类型，典型的有水斗式、混流式、卡普兰式等。如今，小水电水轮机制造商已经在原有型号上做了改进，并开发出新型高效的小水电专用水轮机。例如，双击式水轮机，这种型号的水轮机是在保留典型的转轮结构基础上，重新调整了水轮机的导流方向和控制系统，从而提高水轮机在额定负荷范围内的效率。双击式水轮机主要适用于装机 1 000kW 左右、水头 10～50m 的小水电站。另外，近年来轴流式水轮机在印度、中国等地的小水电站也得到了广泛应用。这种水轮机的主要适用范围为水头 2～50m，流量 $3\sim70m^3/s$。目前，有些国家还通过在水头流量较稳定的小水电站中安装离心泵作为水轮机使用。随着人们对水电开发过程中的生态和环境影响越来越关注，一些环境友好型设备也不断得到应用。其中，零水头水轮机省去了从势能转变成动能的过程，而是直接利用水流的动能发电。虽然其效率低下，但施工和安装简单，且不需土建工程。生态灯泡式水轮机也应用得很广泛，严格地说它并非是单独的一台水轮机，而是整装水轮发电机组。这种装置被安装在水库或者渠道内，主要适用于水头 2～15m、流量 3～100m^3/s 的范围。其次，在发电机方面特别有意义的是三相异步发电机的使用，因为其设备成本、工程和维修都可以大大节约。

第五，小水电的技术进步还体现在控制设备的更新上。基于先进通信系统和互联网平台的 PLC 现代监控系统是新时代小水电发展的一个重要里程碑，它不仅功能齐全、价格便宜，而且监控和操作方便，更重要的是节省运行和维护费用。

为了降低小水电造价，发达国家在设计上强调了简单、经济、适用的原则。例如，小水电站的机组台数一般要尽量少，多数为 2 台甚至 1 台，很少有 3～4 台多机组的电站，这就将造价降低很多。当然，采取少机组的电站，在技术上必须做到：①机组质量优良，故障极少，停机维修少，大修周期长；②机组运行范围大，可在 50%或更低负荷下运行，效率及稳定性无影响，才便于负荷分配的灵活性。尤其是混流式机组，做到这点不容易。我国制造的混流式机组一般只能在 50%以上的负荷运行，解决这些问题均需制造厂密切配合。在发达国家，小于 1 万 kW 的小水电站，常采用 1～2 台机组，厂房很小，自动化程度高，无人值班，关门运行，经济可靠。我国设计和运行单位对上述两点要求觉得麻烦，宁愿选择多机组，传统技术，心安理得[11]。

在厂房设计方面，发达国家的小水电站(25MW 以下)大多是无人值班或少人值守，副厂房一般很小，甚至没有。主厂房外表也简单、朴素，有的像个仓库，但厂房内非常整洁，外观强调与环境协调。而我国近年来虽然已有一些小电站适当简化了设计，但仍有不少地方套用大、中电站的规定，把它“小型化”而已，追求“美观”，不切实际，搞自动化后，副厂房不仅没有简化，反而越来越豪华，浪费较大。

在辅机设备方面，为了强调可靠性，我国基本上采用主、备两套配置，如空压机、油泵、滤水器等。但实际运行中，备用装置投入使用的机会非常小。而国外相当多小水电站，辅机设备非常简化，如油压装置，一台机的调速器、进水阀、制动系统共用一套，有的电站甚至两台机共用一套。实际上，对小水电来说，即使发生故障，停机检修也不需要很长时间，电站损失不大，更不会对电力系统有任何影响。例如，浙江有两座小水电站，装机容量分别为 3×1 600kW 和 4×1 500kW，引进加拿大控制设备，同步装置只有自动没有手动，而且也不符合设计规范。当时电站让人很不放心，但作为引进试点，勉强采用。电站运行 5 年多，还没发生过因同步问题造成不能发电的情况。

发达国家十分重视小水电环境保护，提出了建立与生态环境友好的小水电工程体系的开发原则。在科研方面要求小水电科研必须广泛涵盖生态工程，并与环境结合。例如，研究采用筑坝新材料、气垫式调压室技术、搭建简易快速厂房等，保护电站周围植被；采用生物可降解油代替润滑油，防止渗漏、污染下游水质；设计鱼类友好的生态型水轮机转轮，避免通过转轮的鱼类被绞死、绞伤等。在工程设计方面，合理考虑生态流量，减少截流及河流取水的环境影响。

7. 我国小水电制造技术的问题

(1) 品种尚欠齐全。我国现有中小水轮发电机组的品种虽能基本满足当前国内建设需要,但从提高性能和质量,扩大开发领域和参加国际竞争考虑,还有相当缺口。除特高水头和低水头水轮机尚不能生产外,还有不少机型制造也落后于发达国家。例如,转轮直径为2m以下的贯流转桨式水轮机国内不愿生产(只生产定桨式),小水电恰恰常需2m以下的转轮,像加拿大等国甚至能生产转轮直径为0.58m的贯流转桨式机组。其他如水头10m以上的转桨轴伸贯流式,我国也无法制造,只能以立轴定桨式代替。此外,对150kW以下常用的双击式机组,以及微型机组及其配套的PLC等,我国均不生产。

(2) 技术性能欠佳,指标不高。在水轮机效率、气蚀性能等方面,我们曾强调小水电不必苛求。但西方国家长期不改,发展中国家多数依靠西方专家、技术,采用西方标准,国际公开招标时,要求严格,我国在竞争中常处于劣势。过去,我们曾有过价格优势,近年也在滑坡。在国内市场供不应求的形势下,制造业对这些问题的改进不感兴趣。

(3) 机组整体质量不够稳定。不仅供国内使用的小厂制造的设备质量有所下降,有的大厂生产的或供出口的设备质量也不稳定,与发达国家比较差距较大。

(4) 技术单一,缺乏多样化的设计。例如,小水电常用的卧式发电机通风方式,我国几十年来沿用传统的轴端进风、径向出风并直接排入厂房;发达国家的设计花样较多,有方形发电机,改进通风的;有出风经排风管排到室外,降低厂房室温的等。在国外小水电站常见的这些形式,在我国从未尝试过。

再如,水轮机与发电机匹配,我国传统方式均用一台水轮机带动一台发电机(卧式),从未改变。而欧洲和大洋洲一些国家多有用两台水轮机带一台发电机的(在新西兰就广泛采用)。不仅发电机造价降低,而且负荷调节灵活,厂房尺寸缩小,保护开关及调整系统均有所节约,可比一水一电提高转速。根据新西兰经验,这种方式的电站厂房部分(土建+机电)的造价约为传统方式的70%。当然需要电站设计和制造厂密切配合,对调速系统、发电机转子轴心问题、水轮机迷宫冷却、推力轴承与安装步骤等做周密细致考虑。

(5) 关于系列化、标准化问题。国际学术机构虽提倡鼓励,但多数投资机构、西方设计咨询专家以及业主(包括发展中国家)在订货时总要求按"量体裁衣"(customized)方式,订购系列外的非标准产品。

(6) 生产厂不注意企业形象。许多生产厂家(特别是国营厂),生产车间设备堆放杂乱无章,工人不戴安全帽,厂房破烂不堪,不注意企业形象,以至外商到现场考察后,就逃之夭夭。我们参观过国外的设备小厂,有的厂房和设备也很陈旧,但摆放得整整齐齐,一尘不染。其实设备的新旧只能说明你的经济实力,并不代表你的管理水平。而外商更注重的是你的管理水平，好的管理才有好的质量。

8. 促进我国小水电技术的实施对策

(1) 提高水轮发电机组的运行效率。当前来看，我国已经出台了 50MW 以下的水轮机行业标准。因此，不管对水轮机行业还是小型电站而言，都应当高度重视水轮机的实际质量，积极研发相关技术，尤其是对于低水头电站，就应当全面推广灯泡贯流式机组及相关技术。也就是说，利用当前新型技术设备逐步替换以往常规机型设备，如灯泡贯流式机组的出现就替换了以往机组常用的轴流式机组，从而改进原先水轮发电机组尺寸、型号较小，作业效率并不高的特性。而当前的贯流式机组却具备型号、规模、尺寸较小，但是其作业效率高以及质量较轻的特性。另外，对于机组制造企业应当确保产品质量，确保机组流水线生产环节中的质量控制能够达到相应要求、标准，能够整体运输和吊装，从而实现保障机组质量的同时又确保了机组安装周期能够缩短；对于卧式机组应全面推行两点结构的新技术，这主要是由于其降低机组维护周期的同时却又能保障机组产品的使用年限，提高作业运行效率。除此之外，像调速器系统和励磁装置等其他形式的辅助设施、器件等，也要保证其技术含量与能够达到生产质量标准，以此保障小水电站机组的正常运作效率。

(2) 大力发展可分散与可集中发供电兼容的农村分布式电力系统。传统意义上的电力系统供发电方式都是以电站作为运作实施基础，凭借高压输电线路实现电力运输这一过程，从而才能将高压电运输到农村、县镇的低压配电系统中完成供电。也就是说，这一过程涵盖了集中发电、用电供需，以及限制电网连接小型机组设备数量等方法实现的供电过程，满足每个用户的用电需求。但是不可否认的是，当前生态环境已经逐步遭受破坏，如果对于能源用电开发建设这一块一直采取传统开发方式，势必也同样会制约我国工业化经济发展。但是小水电技术的研究与开发却为“分布式”系统提供了科学参考依据，即这种依据的具体表现形式是以发散式发电的小水电为实施基础的前提下构建的。通过对我国农村、县镇实行分布式发电，不仅缓解了国内偏远山区用电紧张这一状况，同时通过分散式发电方式的推行，在很大程度上稳定了农村、县镇电力市场，减轻了中国式地方小水电自给、自供的用电现状压力，从而促进地方经济发展。

6.1.3　小水电的发展

1. 小水电的开发利用

从全球来看，电力开发始于 19 世纪下半叶，当时人们主要通过建设小水电站为那些偏远、低负荷的地区提供电力服务。从 20 世纪初开始，人们通过建设高压输电线路和大型电站将负荷中心和发电中心相互并网。到20世纪中叶，工业化进程对能源的不断需求进一步加速了大型电站的开发建设。的确，大型电站（包括火电和水电）与小型电站相比具有规模经济效应，特别是它的发电成本和单位装机成本较低。另外，其剩余电量可以输送到以前由小型电站供电的中小城市，这也使得小型电站逐渐被淘汰，其中大部分小水电站不得不关停。这一时期，发电领域的研究和技术攻关主要集中在大型水坝、机电设备和超高压、大容量输电线路等方面。

20世纪80年代，正当所有的工业化国家几乎开发完潜在的大水电资源时，大坝和水库造成的环境影响问题越来越引起人们的关注。20世纪的最后20年见证了工业化国家大型水电站建设的尾声。

除此之外，在20世纪的最后10年里，由于化石燃料燃烧引起的全球气候变化以及能源价格的急剧变动，世界各国开始寻求更为清洁的可替代能源。在这一背景下，许多电力开发商开始对亚洲和拉美地区还未开发的大量小水电资源表示出强大的投资热情，甚至在最不发达的非洲地区也可以看到小水电开发正越来越热。

我国是世界上利用水力最早的国家之一，大约在公元前206年至公元8年的西汉后期，就有了利用水力舂米的记载，但利用水力发电比欧美和日本晚些。从1913年正式投产发电的我国第一座发电站——云南昆明滇池石龙坝水电站算起，已有100年的历史。新中国成立以后，随着我国社会主义建设事业的发展，小水电建设发展很快。特别是三中全会以来，小水电增加装机容量平均每年70万kW，到1982年年底，全国建成小水电8万多座，安装发电机组96600多台，总装机容量808万kW，相当于1949年全国发电设备总容量的3倍多。以县为单位看，全国有1500多个县开发了小水电资源，主要由小水电供电的有774个县，占全国总县数的1/3，靠小水电供电的人民公社近2万个，约占全国人民公社总数的40%。小水电装机容量超过1万kW的县有260个，超过2万kW的有38个。全国已有不少县、社形成了独立的地方小电网，有的还组成了农村区域性电网。

截至2007年年底，全国已建成小水电站48934座，总装机容量为53860MW，约为改革开放前的12.5倍。这一装机规模相当于两个半三峡工程，并超过了世界各国小水电装机容量的总和，占当年全国水电总装机的37.1%。小水电的发展不但保证了乡镇工业和农村家庭用电的持续增长，而且使得小水电供电区内乡、村、户的通电率从改革开放前1977年的不到50%提高到2007年的99.9%。除了西藏的少数乡村，全国农村基本上已实现了100%的通电，解决了全国农村约3亿人口的用电问题[12]。

通过多年实践，已经培养锻炼了一支能够从事小水电建设和管理的技术队伍。在小水电比较集中的县，一般都能依靠本县力量从事勘测、规划、设计、施工和运行管理，在规划上实行中小河流综合开发、防洪、发电、灌溉、航运相结合，充分利用了水资源；在工程上提倡因地制宜，利用当地土石料修筑水工建筑，推广预应力水泥压力管、水泥电杆，在设备上立足于当地制造成套设备，小型水轮发电机已研究制定了系列化、标准化；在管理上立足于地方管理小水电站和小电网，实行发电、供电和用电的统一经营，自负盈亏，发挥了小水电效益；在丰水期利用小水电季节电能，不用煤作原料，采用小电解法制造氮肥、电解铝、电石、铁合金等耗电量大的工业产品。有的省区还承担了国外小水电的建设任务。在设备方面，我们也拥有相当的制造能力，全国已有近百家国营小水电主机设备制造厂，每年可生产小水电机组 100 万 kW 以上。

2. 农村小水电自动化设备的问题

(1) 自动化设备选型中未充分考虑电站容量和单机容量。目前我国农村小水电站，其装机容量从 800～9 600kW 不等，单机容量从 400～3 200kW 不等，而自动化系统大都采用了分层分布式结构，机组单元大都采用 IPC＋PLC＋自动化装置的模式。主要原因是受设计方、产品较单一、资料不足等因素的影响，片面追求设备的先进性、可靠性，全面性，没有充分考虑电站和机组的具体要求及监控系统的功能，这就不可避免地造成设备资源与资金方面的浪费。

(2) 自动化装置和元件的选择与系统不匹配。有些农村小电站所选择的调速器、同步装置和励磁装置与微机自动化监控系统的通讯接口或接口协议矛盾，致使这些自动化设备不能正常接入微机监控系统。还有一些电站在进行自动化改造和微机自动化监控过程中，没有认真对原有设备进行分析，未按微机监控系统的自动化要求配备必要的传感器、仪表等元件；对一些传统的手动操作设备，也没有及时配备电动及气动、液压等自动化操作机构，致使底层设备必要的信号不能送入计算机监控系统，系统下达的操作指令也不能自动执行，特别是设置了公用 LCU，却不能实现对辅助系统的自动监控；有个别水电站在进行微机自动化监控系统设备选择时，同一系统选用了数家的自动化设备。各种设备之间的参数不匹配，通讯协议不一致或数据格式不统一，为设备之间的通讯带来很大困难，也不易调试。有的电站自动化设备安装多年，也无法实现设备的联网。同时，当某些设备出现问题后，需找不同的厂家维修，造成责任不明确，相互推诿，一个小的问题或局部故障，往往数月得不到维修，严重影响电站的正常运行。

(3) 自动化设备和元件运行可靠性不高。一个小水电站的自动化设备和元件数量是比较多的，各个自动化设备和元件是否能长期可靠运行对于整个电站稳定运行至关重要。有些自动化设备和元件产生故障将直接导致发电机组停机和无法开机。例如，温度巡检仪出现故障将有可能导致发电机组紧急事故停机，发电机组冷却系统电磁阀的故障导致无法开启发电机组等。而农村小水电站普遍位于边远地区，交通不便，更换故障自动化设备和元件或生产厂家提供售后服务的周期都比较长，有些长达半个月甚至几个月，这势必给电站带来较大的经济损失。

(4) 电站运行人员的技术力量严重不足。农村小水电站一般地处偏远山区，技术力量薄弱，运行维护人员基本上以本地人为主，大多没有受过正规的专业教育和足够的专业培训，文化素质和计算机水平较差，对微机自动化监控系统及自动化设备等技术要求理解不足，不能充分理解微机自动化监控系统及自动化设备的软、硬件的基本原理和操作方法，无法适应复杂、繁多的自动化装置和应付复杂的运行方式的要求。由于业务技术水平较低，容易造成运行操作失误或因事故处理不当而造成事故扩大的现象。并且，当自动化设备出现故障时，电站运行人员无能力解决，要么让电站带病运行，直至演变成更大的事故，要么只得请生产厂家进行售后服务，一方面造成不必要的发电生产损失，另一方面一些生产厂家售后服务迟迟不到位，或者漫天要价，甚至根本联系不到，这些都将进一步加大电站损失[13]。

3. 自动化设备的改进措施

(1) 正确把握自动化设备选型原则。小水电自动化是改善电站运行条件、提高电站综合经济效益的重要措施。但在我国这样一个人口众多、劳动力丰富、经济基础薄弱的发展中国家，农村小水电搞自动化要比发达国家难得多。它要求更多地考虑价格因素、适应运行人员的知识水平、经济效益等，这就要求小水电自动化设备选型时要遵循简单、可靠、实用的原则。

农村小水电的自动化设备重点不在于高性能，不能像大中型水电站那样追求功能的完善化，也不能照搬大、中型水电站自动化系统的模式和配置，而要根据小水电站的特点选择适合自身要求的自动化系统，重点是在实现基本的控制、操作和保护功能的基础上，提高系统的可靠性。就目前的技术发展和人们的认可情况，农村小水电也应采用微机自动化监控系统，但在监控系统的配置上根据实际情况进行适当的优化和简化。

(2) 选择自动化设备厂家要充分周全。目前，初步统计全国小水电自动化设备生产企业超过 400 家，其中大多数规模小，产值低。约 90%的企业人数不到 50 人，年产值不到 1000 万元。大多数自动化设备生产企业基本无研发投入和研发实力，简单仿造，造成农村水电自动化设备品质不高、运行不稳、档次较低。近几年，民营资本成为我国农村小水电投资主体。由于电站较小，加上投资者追求投资的快速回报，自动化设备一般都按从简和便宜的原则配置，一些业主看重眼前利益，未有长远打算，对产品质量及长期安全运行和售后服务不看重或未重视。因此，往往把价格认定为订货唯一条件或最重要因素。

为使小水电站能长期稳定可靠运行，达到长期经济效益最大化，选择自动化设备厂家时一定要考虑周全，充分重视厂家的产值和规模、用户业绩、售后服务。同一系统的自动化设备尽量只选择 1～2 个厂家，有利于简化调试和缩短调试时间，也有利于售后服务及时和责任明确。

(3) 加强对农村小水电投资人和运行人员的培训。农村小水电站是盈利指标和模式比较好的投资项目,所以吸引了许多投资人的眼光。同时农村小水电站也是专业性较强的投资项目,全面地利用资源,合理、合适地选用设备等诸多方面都需要专业的知识和经验。所以,应当加强对农村水电站的投资机构,特别是以自然人为投资主体的民营小水电站业主的专业知识和社会责任意识的培训。

为了提高农村水电站运行人员的技术业务水平和安全生产意识,杜绝人为事故的发生,设备生产厂家和社会技术专家有必要根据农村水电的特点,因地制宜,编写深入浅出、通俗易懂的教材和维护说明书,并在每年的枯水期集中举办培训班,逐步提高电站职工的理论知识。针对农村水电站运行人员素质较差的实际情况,加强技术业务培训和安全生产培训对确保电站安全运行至关重要[14]。

4. 我国小水电技术发展总体目标和重点

(1) 我国现有的 1 000kW 以下的小水电站还有 3.7 万多座,占小水电站总数的 86.5%。今后相当时间内,这类小水电站仍将有大量发展。它们属于典型的小水电,技术和设施简单,安全可靠性很低,多数为径流式,无坝或低坝引水。应当经过分区域调查、鉴定,通过总体规划、宏观调控和市场调节等措施,分别进行报废、改造、重建、扩建或新建。这类小水电站都要按无人值班或在家值守进行设计和建设。目前全国 1 000kW 以下的电站达到无人值班的仅几十座,因此任务十分艰巨。还应根据不同业主和服务对象(如农民自建、边远地区农场、山区用户等),引进、推广、吸收、研发自制一些采用先进技术的设备(如集装箱小型电站、微机控制的微型整装机组、效率较高的先进机型、电子负荷控制器、新型蓄能操作器等),以扩大开发和使用领域,简化土建工程,方便群众采用。

(2) 在小水电站的设计和施工技术发展中,要把环境和生态问题摆在重要的位置。改变传统的建设方针,即在安全、技术可行、经济合理的前提下,再考虑生态环境问题,今后要从规划、勘测、设计、施工、运行管理各个阶段的环节,把生态问题放在重要位置来考虑。树立生态设计的理念,即"与生态过程相协调,尽量使其对环境的破坏影响达到最小的设计",吸收、消化现代国际流行的"一体化设计"概念和方法,创立我国自己的小水电一体化设计模式。

(3) 对 1 000kW 以上,50 000kW 以下的小水电站及其地方电网、调度系统通信系统等,要分等级实施自动化设计和建设。目前,全国 1 000～50 000kW 的电站近 6 000 座,实现无人(少人)值班的不到 300 座,约占 5%,2010 年完成 50%以及 2015 年全面实现的目标也是十分艰巨的。在今后一段时间内都必须认真贯彻,并及时总结经验,不断修订、补充、完善。

(4) 发展小水电技术必须重视其实用性和经济效益,为提高小水电在市场经济中的竞争力服务。国际公认,小水电技术目前已经成熟,在科技进步方面很难有大的突破。但在发展中国家，由于技术底子薄，依靠技术进步提高小水电的水平和竞争力应当还有较大空间。在电力体制实行“厂网分开、竞价上网”的改革和建立现代企业制度的新形势下，垄断和管理的因素对小水电竞争力的影响将逐渐弱化，科技的因素将更加突出。从实用的角度出发，小水电科技进步的重要目标是：降低成本，提高效率和安全可靠性，增加输出，节约能源消耗（减少输电损失）以及扩大开发领域（如向高水头、低水头、潮汐电站发展）。

自动化技术的采用和推广是手段，不是目的。必须通过自动化技术，实现简化电站的厂房设计、减少运行人员、提高电能质量和可靠性、降低电能成本的目的。采用新材料、新设备、新工艺等，也是为同样目的服务，不能为新技术而新技术，不顾实际经济效益。

50 000kW 的水电站，其大坝和水工建筑物已接近中型电站水平，安全可靠性十分重要，保护措施应当完善，不能盲目简化。

(5) 加强小水电软科学研究。小水电科技发展中，属自然科学范畴的尖端问题不多，但在社会科学范畴中需待研究的课题却不少，有的难度还较大。如何使我国小水电持续健康发展应是我们亟须研究的大课题，一系列问题需要逐步深入，不断提高，并向经济学和社会科学的理论高度发展[14]。

按照正常的发展情况来进行预测，我国小水电的发展，2020 年能够在现有 5 000 万 kW 装机容量的基础上再增加 5 000 万 kW 左右。这样，在未来的 12 年中，平均每年的装机容量为 500 万～600 万 kW，相当于小水电设备制造业市场份额每年有 150 亿～200 亿元。

比较客观的发展趋势是我国的小水电会保持现在的发展势头。按每 20 年或 30 年实现小水电改造一次来计算，那么全国每年改造的小水电装机容量为 200 万～300 万 kW。即使每年新建小水电站的装机容量从现在的 500 万～600 万 kW 下降到 200 万～300 万 kW，加上改造的部分，全国每年所需设备的装机容量也能保持 500 万～600 万 kW 的水平。比较正常的情况，应该说现在的小水电行业进入了新建和改造并重的局面，这种情况估计会一直维持到 2020 年。

我国小水电发展战略措施如下。

(1) 实施水电农村电气化工程战略。充分发挥水电农村电气化县建设统筹发电、供电和用电，协调扶贫、资源、生态和水利建设，有效解决人口、资源、环境问题的机制和作用，调动国家、地方和社会多方面积极性，促进小水电开发。

(2) 实施小水电代柴工程战略。充分利用长江上游、黄河中上游地区丰富的小水电资源，解决这些地区居民生活所需燃料问题，改善农村能源结构，改进退耕还林还草和天然林保护，改善和保护生态系统，促进小水电大力发展。

(3) 实施立足西部、集约开发战略。我国的小水电资源主要集中在西部地区。国家实施西部大开发战略，给小水电发展带来了难得的发展机遇，要充分发挥区位优势和比较优势，大力开发西部地区丰富的小水电资源。选择一些中小河流进行梯级开发，充分发挥滚动效应。选择一些资源比较丰富的地区进行集中连片开发，建立小水电基地，发挥示范作用。加快结构调整，实施资产战略性重组，集约化经营，发挥规模效益，提高小水电市场竞争力。

(4) 实施创新工程战略。以体制创新、科技创新、管理创新、政策创新为动力，加快产权结构优化调整，建立现代企业制度，实现股份制和股份合作制，积极引导集体、企业、个人投资小水电，研究制定促进小水电发展的新政策，大力采用新技术、新工艺、新材料、新产品，提高科技含量，推进小水电持续、快速、健康发展。

6.2 地　热　能

6.2.1 地热能资源及特点

地球是一个蕴藏着巨大热能的储热体，所含的地热通过岩浆运动、构造运动、岩石热传导以及流体运移等方式传导至地表，表现为火山喷发、温泉、沸泉等。地热能是由地壳抽取的天然热能，这种能量来自地球内部的熔岩，并以热力形式存在，也是导致火山爆发及地震的能量。地壳中地温的分布大体可分为三个带：变温带、常温带和增温带。变温带指靠近地表的最上层部分，温度变化主要受太阳辐射的影响。因此，随太阳辐射量的变化而呈现出日变化、季度变化或年变化甚至更长周期的变化。一般来说，日变温带深度为 1～2m，年变温带深度为 15～20m。位于变温带以下很薄的一层，太阳辐射对其影响逐渐减弱至最低限，地温不再发生温差变化，即为常温带，此处的地球内部热能与其上变温带的影响处于相对平衡状态。增温带位于常温带以下，主要受地球内部热能影响。增温带的温度随深度增加而稳定递增，温度梯度为 2.5～3℃/100m。但延伸到一定深度后，温度增幅逐渐减缓，下地壳的地热梯度减为 0.8～2℃/100m。地壳表层的温度为 0～50℃，在距离地壳 1km、2km、3km 处的温度分别为 40～45℃、65～75℃、90～105℃。地壳下层的温度为 500～1 000℃，地幔的温度为 1 200～3 700℃，地核的温度为 3 700～6 000℃[16]。

地球内部的温度有高达 7 000℃，而在 80～100 公英里(128～161km)的深度处，温度会降至 650～1 200℃。透过地下水的流动和熔岩涌至离地面 1～5km 的地壳，热力得以被转送至较接近地面的地方。高温的熔岩将附近的地下水加热，加热了的水最终会渗出地面[17]。离地球表面 5 000m 深、15℃以上的岩石和液体的总含热量，据推算约为 14.5×10^{25}J，约相当于 4 948 万亿吨标准煤的热量。地热来源主要是地球内部长寿命放射性同位素热核反应产生的热能。

地壳中蕴藏的巨大热能大多数都储存于干热岩中。据估计，一块 160km^3 大的干热岩，温度从 290℃降至 200℃，释放出来的热能就相当于美国全年消耗的能量。保守估计地壳中干热岩所蕴含的能量相当于全球所有石油、天然气和煤炭所蕴藏能量的 30 倍。与其他可再生能源相比,地热能储存在地下,具有持续稳定、不受天气影响、可全天候供应等独特优点,已在部分资源优越的国家得到较为充分的开发。地热资源可分为高温、中温和低温三类,温度大于 150℃的地热以蒸汽形式存在,叫高温地热,中国最大的地热田——羊八井地热田就属于此类;90~150℃的地热以水和蒸汽的混合物等形式存在,叫中温地热;小于 90℃的叫低温地热,低温地热又可进一步划分为温水(25~40℃)、温热水(40~60℃)、热水(60~90℃)。按照储存方式可把地热能分为五种类型:热水型、蒸汽型、地压型、干热岩型、岩浆型。由于技术、成本等原因,目前人类开发利用的地热资源主要指前两种类型。

热水型地热资源是以热水形式存在的地热资源,主要存在于火山活动地区和沉积盆地。地热水有一定的压力,温度在 80~180℃,矿化度为 1~400 朗(g/L),常含有氯化钠、碳酸钠、硫酸钠、碳酸钙等盐分及二氧化碳、硫化氢等气体。蒸汽型地热资源是指以温度较高的湿蒸汽和过热蒸汽形式存在的地热资源,温度一般超过 200℃。形成蒸汽型地热田需要一定的地质结构,即蒸汽被不渗透的岩层包围。该类地热资源储量较少,约占 0.5%。地压型地热资源是指埋藏在地下 2~3km 深处沉积岩中有压力的高盐分热水,外面被不渗透的岩石包围密封,压力高达几十兆帕,温度在 150~260℃,常溶解有碳氢化合物。因此,其实际可开发的能源包括热能、压力能和化学能。热岩型地热资源是指无流体介质和流体通道的高温岩体所含的热能,温度一般为 200~650℃,深度为 2~12km。热岩型地热资源的开采需要在岩层中建立渗透通道,通过流体的循环将热能带至地面加以利用。岩浆型地热资源是指蕴藏在地层深处的呈塑性或熔融状态的高温岩浆中的热能,温度在 1 000℃以上,压力达几百兆帕,目前人类还无可行的技术对这类地热资源进行开发。

地热能集中分布在构造板块边缘一带,该区域也是火山和地震多发区。如果热量提取速度不超过补充速度,那么地热能便是可再生的。不过,地热能的分布相对来说比较分散,开发难度大。地热资源的分布包括环太平洋沿岸的地热带,从大西洋中脊向东横跨地中海、中东到我国滇、藏地热带,非洲大裂谷和红海大裂谷的地热带。世界地热资源主要分布于以下五个地热带。

(1) 太平洋地热带。世界最大的太平洋板块与美洲、欧亚、印度板块的碰撞边界,即从美国的阿拉斯加、加利福尼亚到墨西哥、智利,从新西兰、印度尼西亚、菲律宾到中国沿海和日本。世界许多地热田都位于这个地热带,如美国的盖瑟斯、墨西哥的普列托、新西兰的怀腊开、中国台湾的马槽和日本的松川、大岳等地热田。

(2) 地中海、喜马拉雅地热带。欧亚板块与非洲、印度板块的碰撞边界,从意大利直至中国的滇藏,如意大利的拉德瑞罗地热田和中国西藏的羊八井及云南的腾冲地热田均属这个地热带。

(3) 大西洋中脊地热带。大西洋板块的开裂部位,包括冰岛和亚速尔群岛的一些地热田。

(4) 红海、亚丁湾、东非大裂谷地热带。包括肯尼亚、乌干达、扎伊尔、埃塞俄比亚、吉布提等国的地热田。

(5) 其他地热区。除板块边界形成的地热带外，在板块内部靠近边界的部位，在一定的地质条件下也有高热流区，可以蕴藏一些中低温地热，如中亚、东欧地区的一些地热田和中国的胶东、辽东半岛及华北平原的地热田[18]。

我国地热资源主要有四种类型，即现代火山型：云南腾冲和台湾北投；隐伏高温岩浆型：西藏羊八井；断裂深循环型(分布广泛)：福州和辽林汤岗子；沉积断线盆地型：天津、北京。全国低温地热资源东高西低，南和西南高，西北和东北低。全国已发现地热异常 3 200 多处，中低温地热系统 2 900 多处，总计天然放热量约为 1.04×10^{14} kJ/年，相当于每年 360 万吨标准煤当量。主要分布在东南沿海诸省区和内陆盆地区，如松辽盆地、华北盆地、江汉盆地、渭河盆地以及众多山间盆地。这些地区 1 000～3 000m 深的地热井，可获 80～100℃的地热水，其中进行地热勘查评价的地热田有 50 多处。全国已打成地热井 2 000 多眼，发现高温地热系统 255 处，主要分布在西藏南部和云南、四川的西部。在西藏羊八井地热田 ZK4002 孔，孔深 2 006m，可探获 329.8℃的高温地热流体。

6.2.2　地热能利用技术

地热能的利用可分为地热发电和直接利用两种方式，可利用的地热能通常又分为三种热源，即用于发电的蒸汽或温度极高的热流体；可被直接利用的中低温的热流体；可利用地源热泵的地表浅层能源，为建筑物制冷/供暖。对于不同温度的地热流体可能利用的范围如下。

(1) 200～400℃：直接发电及综合利用。

(2) 150～200℃：双循环发电、制冷、工业干燥、工业热加工。

(3) 100～150℃：双循环发电、供暖、制冷、工业干燥、脱水加工、回收盐类、罐头食品。

(4) 50～100℃：供暖、温室、家庭用热水、工业干燥。

(5) 20～50℃：沐浴、水产养殖、饲养牲畜、土壤加温、脱水加工。

1. 地热能发电

地热发电和火力发电的原理是一样的，都是利用蒸汽的热能在汽轮机中转变为机械能，然后带动发电机发电。所不同的是，地热发电不像火力发电那样要装备庞大的锅炉，也不需要消耗燃料，它所用的能源就是地热能。地热发电的过程，就是把地下热能首先转变为机械能，然后再把机械能转变为电能的过程。要利用地下热能，首先需要有“载热体”把地下的热能带到地面上来。目前能够被地热电站利用的载热体主要是地下的天然蒸汽和热水。根据可利用地热资源的特点以及采用技术方案的不同,地热发电主要划分为地热蒸汽、地下热水、联合循环和干热岩四种发电形式[19]。

1）地热蒸汽发电

干蒸汽也叫过热蒸汽,是将达到饱和状态的蒸汽进一步升温得到的。因此,干蒸汽是含有极高能量的气态水,有背压式汽轮机发电和凝汽式汽轮机发电两种。

背压式汽轮机发电:把干蒸汽从蒸汽井中引出,先加以净化,经过分离器分离出所含的固体杂质,然后使蒸汽推动汽轮发电机组发电,排汽放空(或送热用户)。这是最简单的发电方式,大多用于地热蒸汽中不凝结气体含量很高的场合,或者综合利用于工农业生产和生活用水,如图 6-1 所示。

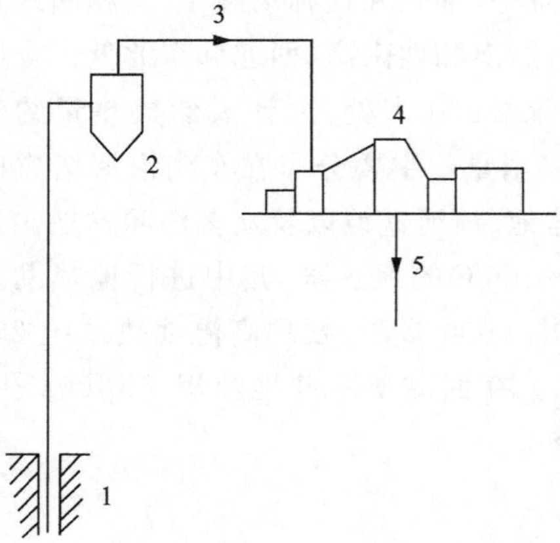

图 6-1 背压式汽轮机发电原理图

1-蒸汽井;2-净化分离器;3-干蒸汽;4-汽轮发电机组;5-排气

凝汽式汽轮机发电:为了提高地热电站的机组输出功率和发电效率,做功后的蒸汽通常排入混合式凝汽器,冷却后再排出。在该系统中,蒸汽在汽轮机中能膨胀到很低的压力,所以能做出更多的功,系统原理如图 6-2(a)所示。该系统适用于高温(160℃以上)地热田的发电,系统简单[20]。

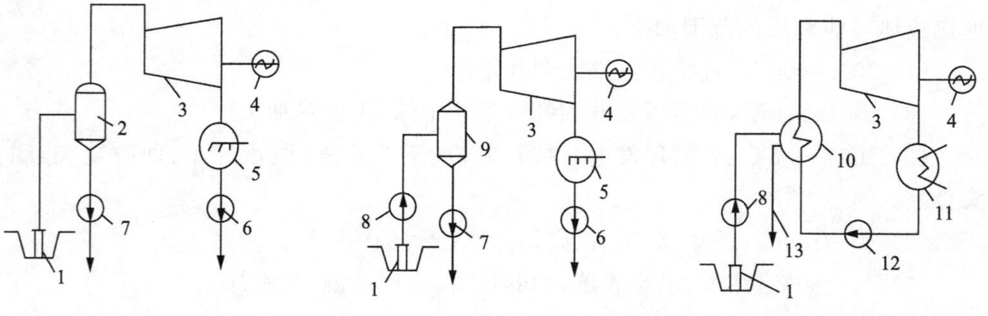

图 6-2 地热发电系统示意图

1-地热井;2-分离器;3-汽轮机;4-发电机;5-混合式凝汽器;6-排水泵;7-排污泵;8-热水泵;9-闪蒸器;10-蒸发器;11-表面式凝汽器;12-循环泵;13-排水管

2）地下热水发电

采用闪蒸地热发电方法,将地热井口来的地热水,先送到闪蒸器中进行降压闪蒸(或称扩容)使其产生部分蒸汽,再引到常规汽轮机做功发电。汽轮机排出的蒸汽在混合式凝汽器内冷凝成水,送往冷却塔。分离器中剩下的含盐水排入环境或打入地下,或引入作为第二级低压闪蒸分离器中,分离出低压蒸汽引入汽轮机的中部某一级膨胀做功。用这种方法产生蒸汽来发电就叫做闪蒸法地热发电,如图 6-2(b)所示。它又可以分为单级闪蒸法、两级闪蒸法(图 6-3)和全流法等。

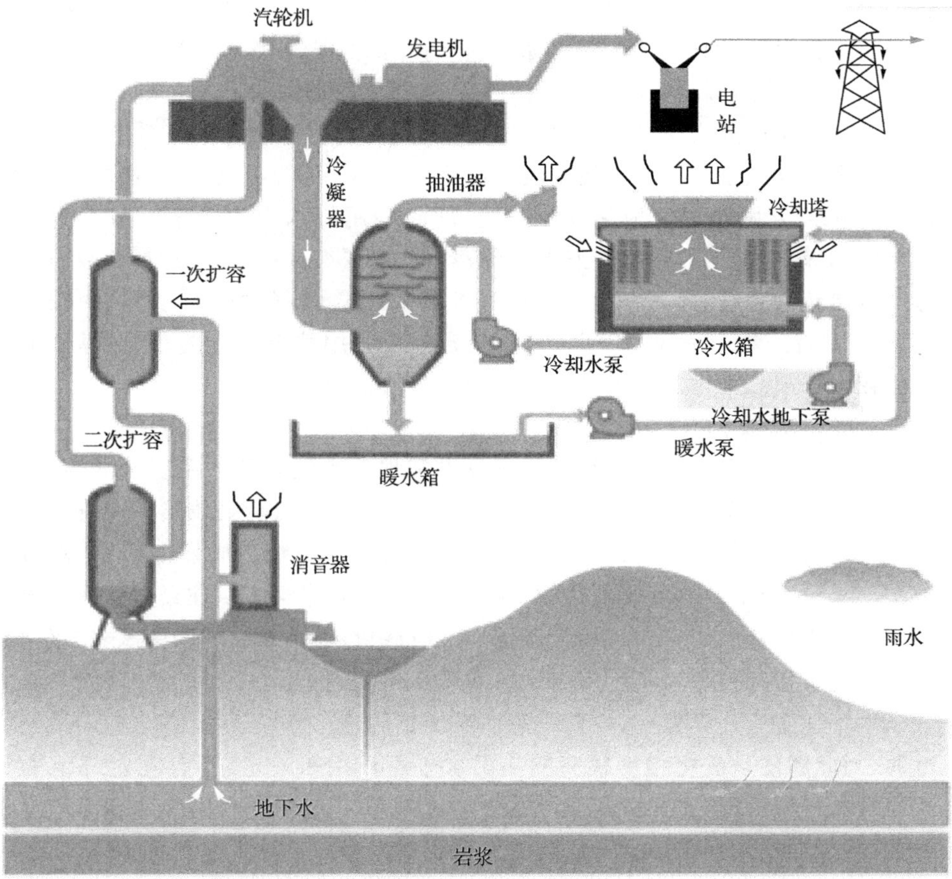

图 6-3　两级闪蒸发电系统

采用闪蒸法的地热电站,热水温度低于 100℃时,全热力系统处于负压状态。这种电站设备简单,易于制造,可以采用混合式热交换器。缺点是设备尺寸大,容易腐蚀结垢,热效率较低。由于是直接以地下热水蒸汽为工质,因而对于地下热水的温度、矿化度以及不凝气体含量等有较高的要求。

还有采用全流法,它比闪蒸地热发电系统中的单级闪蒸法和两级闪蒸法地热发电系统的单位净输出功率可分别提高 60%和 30%左右。全流发电系统就是试图将来自地热井的地热流体(不论是水或湿蒸汽)通过一台特殊设计的膨胀机,使其一边膨胀一边做功，最后以气体的形式从膨胀机的排气口排出。其特点是不像扩容法那样可以方便地使用混合式蒸发器和冷凝器；大部分低沸点工质传热性都比水差，采用此方式需有相当大的金属换热面积；低沸点工质价格较高，来源欠广，有些低沸点工质还有易燃、易爆、有毒、不稳定、对金属有腐蚀等特性。为了适应不同化学成分范围的地热水，特别是高温高盐的地热水，膨胀机的设计应该具备这种适应能力。为了获得全流系统的优越性能，膨胀机的效率必须达到70%以上，但目前的实验机组还没有达到这一指标。因此，虽然从这一概念的提出到现在已有20多年的时间，但全流地热发电系统仍未进入商业应用阶段。

此种系统又可分为单级双流地热发电系统、两级双流地热发电系统和闪蒸与双流两级串联发电系统等。单级双流发电系统发电后的热排水还有很高的温度，可达50～60℃。两级双流地热发电系统，就是利用排水中的热量再次发电的系统。采用两级利用方案，各级蒸发器中的蒸发压力要综合考虑，选择最佳数值。如果这些数值选择合理，那么在地下热水的水量和温度一定的情况下，一般可提高发电量20%左右。这一系统的优点是，能更充分地利用地下热水的热量，降低电的热水消耗率。缺点是增加了设备的投资和运行的复杂性。

3）联合循环发电

联合循环地热发电系统就是把蒸汽发电和地热水发电两种系统合二为一，这种地热发电系统一个最大的优点就是适用于大于150℃的高温地热流体发电。经过一次发电后的流体，在不低于120℃的工况下，再进入双工质发电系统，进行二次做功，充分利用了地热流体的热能，既提高了发电效率又将以往经过一次发电后的排放尾水进行再利用，大大节约了资源。该机组目前已经在一些国家安装运行，经济和环境效益都很好。

该系统从生产井到发电，再到最后回灌到热储，整个过程都是在全封闭系统中运行的，因此即使是矿化程度很高的热卤水也可以用来发电，不存在对环境的污染。同时，由于是全封闭的系统，在地热电站也没有刺鼻的硫化氢味道，所以是100%的环保型地热系统。这种地热发电系统进行100%的地热水回灌，从而延长了地热田的使用寿命。

4）干热岩发电

干热岩是埋藏于地面1km以下、温度大于200℃的、内部不存在流体或仅有少量地下流体的岩体。干热岩是一种没有水或蒸汽的热岩体，主要是各种变质岩或结晶岩类岩体，岩体的成分可以变化很大，绝大部分为中生代以来的中酸性侵入岩，但也可以是中新生代的变质岩，甚至是厚度巨大的块状沉积岩。普遍埋藏于距地表2 000m～6 000m的深处，其温度范围很广，在150～650℃。干热岩的热能赋存于岩石中，较常见的岩石有黑云母片麻岩、花岗岩、花岗闪长岩以及花岗岩小丘等。

干热岩发电原理是从地表往干热岩中打一眼井(注入井),从井底向上 10 多米的钻孔处套管,留下一段空窗;随后向井中高压注入温度较低的水,这些水在干热岩中受热成为超临界流体,并产生了非常高的压力。在岩体致密无裂隙的情况下,高压超临界水会使岩体大致垂直最小地应力的方向产生许多裂缝。若岩体中本来就有少量天然节理,这些高压水则会先向其中运移,使之扩充成更大的裂缝[21]。

现在人们把开发利用干热岩来抽取地下热能的技术称为干热岩技术。其随着低温水的不断注入,裂缝不断增加、扩大并相互通,最终形成一个大致呈面状的人工干热岩热储构造,而其外围仍然保持原来的状态。注入的水沿着裂隙运动并与周边的岩石发生热交换,产生了温度高达 200～300℃的高温高压超临界水或水汽混合物。从贯通人工热储构造的生产井中提取高温蒸汽,用于地热发电和综合利用。利用之后的温水又通过注入井回灌到干热岩中,从而达到循环利用的目的。

利用干热岩发电与传统的热电站发电的区别主要是采热方式不同,干热岩地热发电的流程为:注入井将低温水输入热储水库中,经过高温岩体加热后,在临界状态下以高温水、汽的形式通过生产井回收发电。发电后将冷却水排至注入井中,重新循环,反复利用。在此闭合回流系统中不排放废水、废物、废气,对环境没有影响。天然的干热岩没有热储水库,需在岩体内部形成网裂缝,以使注入的冷水能够被干热岩体加热形成一定容量的人工热储水库。

干热岩的热能是通过人工注水的方式加以利用,而且在利用的整个过程中处于封闭循环系统。因此,干热岩的利用不会出现像热泉等常规地热资源利用的麻烦,即没有硫化物等有毒、有害或阻塞管道的物质出现。不仅如此,干热岩发电既不像火电那样向大气排放大量的二氧化碳等温室气体、粉尘等气溶胶颗粒物,也不像水电那样,因水坝的修建而破坏局部乃至整个河流的生态系统以及在水电厂周围引起各种程度不一的环境地质灾害。此外,干热岩发电几乎完全摆脱了外界的干扰,干热岩发电不像水电那样受水坝所在河流流域降水量多寡的影响,而且也不像火电那样易受市场上燃煤或油气价格变化的影响[22]。

干热岩地热发电与传统能源发电相比,可大幅降低温室效应和酸雨对环境的影响;干热岩地热发电与核能、太阳能或其他可再生能源发电相比,尽管目前技术尚未成熟,但作为重要的潜在能源,已具备了一定的商业价值。在采用先进的钻井和人工热储水库技术条件下,干热岩地热发电比传统火力、水力发电更具有电价竞争力,届时干热岩地热资源将成为全球的主导能源之一[23]。

与那些只从火山活动频繁地区的温泉中提取热能的方法相比,热干岩过程法将不受地理限制,可以在任何地方进行热能开采。首先将水通过压力泵压入地下 4～6km 深处,在此处岩石层的温度在 200℃左右。水在高温岩石层被加热后通过管道加压被提取到地面并输入各热交换器中。热交换器推动汽轮发电机将热能转化成电能,而推动汽轮机工作的热水冷却后再重新输入地下供循环使用。这种地热发电成本与其他再生能源的发电成本相比是有竞争力的，而且这种方法在发电过程中不产生废水、废气等污染，所以它是一种未来的新能源。

由于在地热梯度和热流值较高的地方最有利于干热岩的开发利用，所以从宏观的大地构造角度来考虑，应选择那些板块碰撞地带，包括海洋板块和大陆板块的碰撞带，如日本群岛和美洲的安第斯陆缘弧。在大陆内部，大陆和大陆板块之间的碰撞带也是干热岩发育良好的部位，如印度板块和欧亚板块在喜马拉雅山和我国云南等地的碰撞部位。另外，大陆内部的断陷盆地地区也是很好的选址目标。

运用这种新方法发电的首座商用发电厂已在瑞士巴塞尔建成，该电站将能为周边的5000个家庭提供3万kW热能和0.3万kW电能。

在现在的地热发电中，地热储层中的热源是地下深部的融熔岩浆。所谓岩浆发电就是把井钻到岩浆，直接获取那里的热量。这一方式在技术上是否可行，是否能把井钻至高温岩浆，人们一直在研究中。目前为止，在夏威夷进行了钻井研究，想用喷水式钻头把井钻到岩浆温度为1020～1170℃的岩浆中，并深入岩浆29m，可就此也只是浅地表的个别情况。如果真正钻到地下几千米才钻到岩浆，采用现有技术也是很难实现的。另外，从岩浆中提取热量，只进行了理论研究。

5）地热发电的技术难题

目前有三个重大技术难题阻碍了地热发电的发展，即地热田的回灌、腐蚀和结垢。

回灌：地热水中含有大量的有毒矿物质。例如，我国羊八井的地热水中含有硫、汞、砷、氟等多种有害元素，地热发电后大量的热排水直接排放，会对环境产生恶劣影响。地热回灌是把经过利用的地热流体或其他水源，通过地热回灌井重新注回热储层段的方法。回灌不仅可以很好地解决地热废水问题，还可以改善或恢复热储的产热能力，保持热储的流体压力，维持地热田的开采条件。但回灌技术要求复杂，且成本高，至今未能大范围推广使用。如果不能有效解决回灌问题，将会影响地热电站的立项和发展。因此，地热回灌是亟须解决的关键问题。

腐蚀：地热流体中含有许多化学物质，其中主要的腐蚀介质有溶解氧（O_2）、H^+、Cl^-、H_2S、CO_2、NH_3和SO_2，再加上流体的温度、流速、压力等因素的影响，地热流体对各金属表面都会产生不同程度的影响，直接影响设备的使用寿命。地热电站腐蚀严重的部位多集中于负压系统，其次是汽封片、冷油器、阀门等。腐蚀速度最快的是射水泵叶轮、轴套和密封圈。

常见的防腐措施如下：①使用耐腐蚀的材料，采用不锈钢材质的设备及部件，但这种措施往往成本较高；②对腐蚀部件的金属表面涂敷防腐涂料，但涂层一旦划破，会加速金属材料的腐蚀；③采取相应的密封措施，防止空气中的氧进入系统；④针对不同类型的局部腐蚀采取相应的防腐措施，如选材时应尽量避免异种金属相互接触，以避免电偶腐蚀。

结垢：由于地热水资源中矿物质含量比较高，在抽到地面做功的过程中，温度和压力均会发生很大的变化，进而影响到各种矿物质的溶解度，结果导致矿物质从水中析出产生沉淀结垢。如果在井管内结垢，会影响地热流体的采量，加大管道内的流动阻力进而增加能耗；如果在换热表面结垢，则会增加传热阻力，垢层不完整处还会造成垢下腐蚀。常用的防止或清除结垢的措施如下。

(1) 用 HCl 和 HF 等溶解水垢，为了防止酸液对管材的腐蚀必须加入缓蚀剂。

(2) 采用间接利用地热水的方式，在生产井的出水与机组的循环水之间加 1 个钛板换热器，可以有效防止做功部件腐蚀和结垢，但造价很高。

(3) 采用深水泵或潜水泵输送井中的流体，使其在系统中保持足够的压力，在流体上升过程和输送过程中不发生汽化现象，从而防止碳酸钙沉积。

(4) 选择合适的材料涂衬在管壁内，以防止管壁上结垢。

2. 地热能供暖

1) 工作原理

浅层地热能开发是通过地源热泵系统实现的。地源热泵是利用地球表面浅层地热资源(通常小于 400m 深)作为冷热源，进行能量转换的供暖空调系统。地表浅层地热资源可以称为地能，地表浅层是一个巨大的太阳能集热器，收集了 47% 的太阳所散发到地球上的能量，比人类每年利用能量的 500 倍还多。它不受地域资源等限制，使得地能成为清洁的可再生能源的一种形式[23]。

过去，人们只重视对深层地热能的开采，而忽略了浅表层蕴藏的丰富低温地热能，地源热泵技术有效地利用低温地热水、地热尾水、地下水、地表水等低温地热能，通过热泵循环，向建筑物供暖。

热泵的工作原理与家用电冰箱相同，通过制冷剂(氟利昂)在蒸发器、压缩机、冷凝器和膨胀阀等部件中的气相变化(沸腾和凝结)的循环来将低温物体的热量传递到高温物体中去。只不过电冰箱实际上是单向输热泵，而地热热泵可双向输热。

冬季，它从地球提取热量，然后提供给住宅或大楼(供热模式)；夏季，它从住宅或大楼提取热量，然后又提供给地球蓄存起来(空调模式)。不管是哪一种循环，水都是加热并蓄存起来，发挥了一个独立热水加热器的全部或部分的功能[24]。电流只能用来传热，不能用来产生热，因此地热泵将可以提供比自身消耗的能量高 3～4 倍的能量，它可以在很宽的地球温度范围内使用。

地源热泵系统主要由三部分组成：地下换热系统、水源热泵机组、室内末端系统。

地源热泵是一种利用地下浅层地热资源(地下水、地表水或土壤)的既可供热又可供冷的高效节能空调系统，地源热泵通过输入少量的高品位能源，实现低位热能向高位转移。图 6-4 为地源热泵系统工作原理图，在制冷工况时，空调房间的冷负荷连同压缩机功耗所转化的热量被排入大地。室外埋管换热器 1 与换热器 2(此时在热泵机组中起冷凝器的作用)之间通过管道连接成一个封闭的回路,在水泵 7 的作用下,水在回路中往复循环,在换热(冷凝)器 2 中吸收制冷剂的热量,通过室外埋管换热器 1 传入大地;在供热工况时,从压缩机 5 出来的制冷剂经换向阀 8 作用换向,此时换热器 2 转换成热泵机组的蒸发器,循环水流经室外埋管换热器 1 时吸收大地中的热量,在换热器 2 中释放给制冷剂。在室内侧,同样既可以通过水的循环进行热量传递,也可以使制冷剂直接流经房间换热器 6 与空气进行热交换。生活热水循环是一个可选的循环,它使用安装在热泵压缩机排出处的过热蒸气冷却器来完成。在夏季制冷工况下,利用系统的“废热”产生生活热水,不需增加热泵的负荷。在冬季供热工况下,过热蒸气冷却器可以照常工作,但供热水的负荷应加到热泵的总供热负荷中[25]。

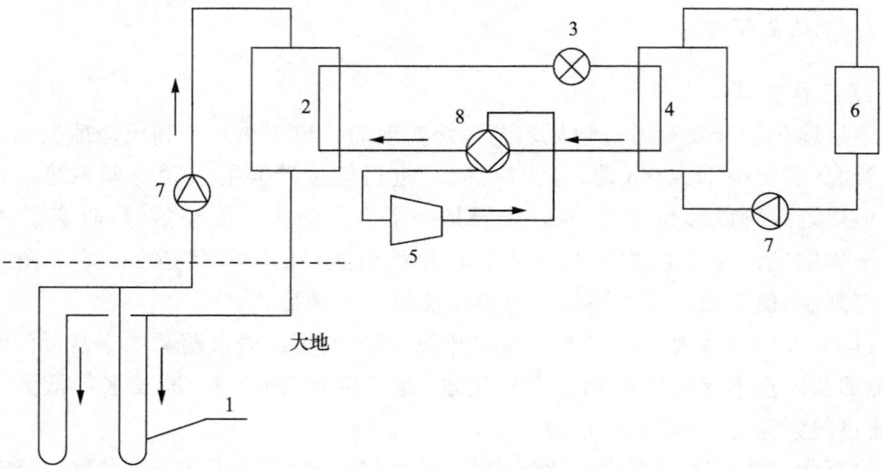

图 6-4　地源热泵系统工作原理图

1-地下换热器;2-换热器;3-节流装置;4-蒸发器;5-压缩机;6-换热器;7-循环水泵;8-换向阀

2) 系统形式

地源热泵系统包括三种不同的形式:以利用土壤作为冷热源的土壤源热泵,也称为地下耦合热泵系统或者地下热交换器热泵系统;以利用地下水为冷热源的地下水热泵系统;以利用地表水为冷热源的地表水热泵系统。

(1) 土壤热交换器热泵系统。

土壤热交换器地源热泵(图 6-5)是利用地下岩土中热量的闭路循环地源热泵系统。通常称之为“闭路地源热泵”,以区别于地下水热泵系统,或直接称为“地源热泵”。它通过循环液(水或以水为主要成分的防冻液)在封闭地下埋管中的流动,实现系统与大地之间的传热。地下耦合热泵系统在结构上的特点是有一个由地下埋管组成的地热换热器(geothermal heat exchanger 或 ground heat exchanger),

地热换热器的设置形式主要有水平埋管和垂直埋管两种。水平埋管形式是在地面开 1～2m 深的沟,每个沟中埋设 2、4 或 6 根塑料管[26]。

(a) 水平盘管埋设

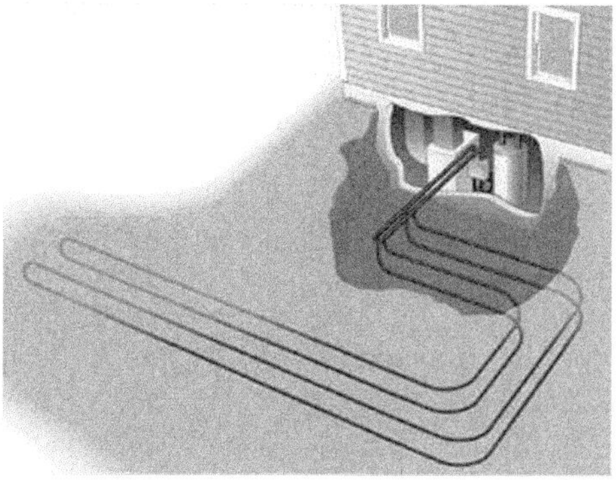

(b) 水平直管埋设

图 6-5　土壤热交换器地源热泵系统

垂直埋管形式(图 6-6)是在地层中钻直径为 0.1～0.15m 的钻孔,在钻孔中设置 1 组(2 根)或 2 组(4 根)U 型管并用灌井材料填实。钻孔的深度通常为 40～200m。现场可用的地表面积是选择地热换热器形式的决定性因素,竖直埋管的地热换热器可以比水平埋管节省很多土地面积,因此更适合中国地少人多的国情。管沟或竖井中的热交换器并联连接,再通过集管进入建筑中与建筑物内的水环路相连接。在液体温度较低时,系统中需加入防冻液,北方地区应用时应特别注意。

图 6-6　土壤垂直埋管

(2) 地下水地源热泵系统。

地下水地源热泵(图 6-7)的热源是从水井或废弃的矿井中抽取的地下水。经过换热的地下水可以排入地表水系统,但对于较大的应用项目通常要求通过回灌井把地下水回灌到原来的地下水层。水质良好的地下水可直接进入热泵换热,之后将井水回灌地下，这样的系统称为开式系统。由于可能导致管路阻塞，更重要的是可能导致腐蚀发生，通常不建议在地源热泵系统中直接应用地下水。开式系统在适当的地下水条件和建筑物参数下是一个有吸引力的选择方式，但必须谨慎使用。

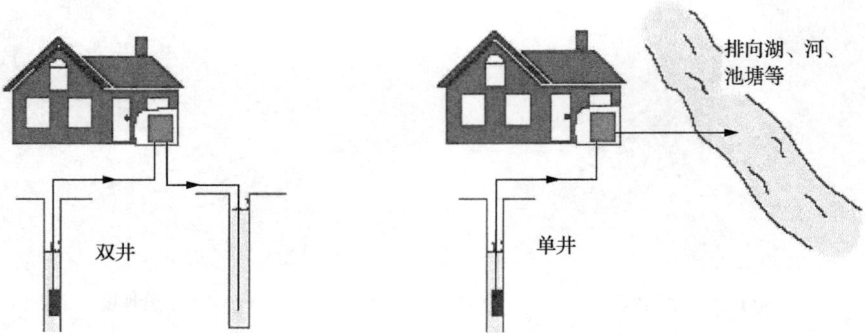

图 6-7 地下水地源热泵系统(开式系统)

实际工程中更多采用闭式环路的热泵循环水系统，即采用板式换热器把地下水和通过热泵的循环水分隔开，以防止地下水中的泥沙和腐蚀性杂质对热泵的影响。通常系统包括带潜水泵的取水井和回灌井。板式热交换器采取小温差换热的方式运行，根据温度和地下水深度的不同，可以在很大程度上抵消开式系统在性能上的优势。地下水温常年基本恒定，夏季比室外空气温度低，冬季比室外空气温度高，且具有较大的热容量，因此地下水热泵系统的效率比空气源热泵高，COP 值一般在 3～4.5，并且不存在结霜等问题。最近几年地下水源热泵系统在我国得到了迅速发展[27]。

无论深井水还是地下热水都是热泵的良好低位热源。地下水位于较深的地方，由于地层的隔热作用，其温度随季节气温的波动很小，特别是深井水的水温常年基本不变，对热泵的运行十分有利。

(3) 地表水地源热泵系统。

地表水地源热泵系统(图 6-8)由潜在水面以下的、多重并联的塑料管组成的热交换器取代了土壤热交换器，与土壤热交换地源热泵一样，它们被连接到建筑物中，并且在北方地区需要进行防冻处理。

地表水热泵系统的一个热源是池塘、湖泊或河溪中的地表水，在靠近江河湖海等大量自然水体的地方利用这些自然水体作为热泵的低温热源是值得考虑的一种空调热泵的形式。热泵与地表水的换热可采用开式循环或闭路循环的形式。开式循环是用水泵抽取地表水在换热器中与热泵的循环液换热后再排入水体。但水质较差时在换热器中会产生污垢，影响传热，甚至影响系统的正常运行。更常用的地表水热泵系统采用闭路循环，即把多组塑料盘管沉入水体中，热泵的循环液通过盘管与水体换热,可以避免水质不良引起的污垢和腐蚀问题。

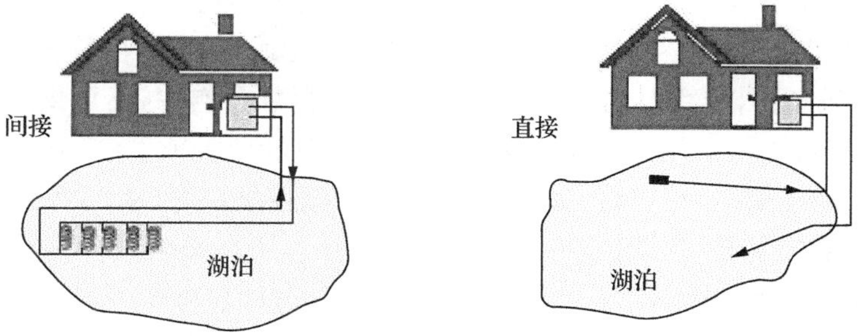

图 6-8 地表水地源热泵系统

在实际工程中,有大量的应用特性可以帮助我们决定以上系统中的哪一种形式最适宜选择,其中包括可用地下水含量、可用地表水面积、现场土地面积、潜在热回收能力、建筑物高度和规模、机房面积和当地规划要求等。

3) 地源热泵系统的特点

它具有以下优点。

(1) 可再生能源。地源热泵是利用地球表面浅层地热资源(通常小于 400m 深)作为冷热源,进行能量转换的供暖空调系统。地表浅层地热资源是指地表土壤、地下水或河流、湖泊中吸收太阳能、地热能而蕴藏的低品位热能。它不受地域、资源等限制,真正是量大面广、无处不在。这种储存于地表浅层并类似于一种无限的可再生能源,使得地能也成为清洁的可再生能源的一种形式。

(2) 经济有效。地能或地表浅层地热资源的温度一年四季相对稳定,冬季比环境空气温度高,夏季比环境空气温度低,是很好的热泵冷、热源,这种温度特性使得地源热泵比传统空调系统运行效率要高 40%,因此可节省运行费用 40%左右。另外,这种恒定的特性,使得热泵机组运行更可靠、稳定,也保证了系统的高效性和经济性。据美国环保署(EPA)估计,设计安装良好的地源热泵,平均来说可以节约用户 30%～40%的供热制冷空调的运行费用。

(3) 运行稳定可靠。正是由于地层温度一年四季相对稳定,其温度的范围远远小于空气的波动,是很好的冷热源;同时由于温度的恒定性,系统运行更加可靠、稳定,也保证了系统的高效性和经济性。

(4) 环境效益显著。与空气源热泵相比,地源热泵的污染物排放相当于减少 40%以上,与电供暖相比相当于减少 70%以上,如果结合其他节能措施,节能减排量会更明显。虽然也采用制冷剂,但比常规空调装置减少 25%的充灌量,属自含式系统。即该装置能在工厂车间内事先整装密封好,因此制冷剂泄漏概率大为减少。该装置的运行没有任何污染,可以建造在居民区内,没有燃烧,没有排烟,也没有废弃物,不需要堆放燃料废物的场地,且不用远距离输送热量,可以极大地改善

其他空调方式的 CO_2 的排放。

(5) 舒适程度高。由于地源热泵系统的供冷、供热更为平稳，降低了停、开机的频率和空气过热和过冷的峰值。这种系统更容易适应供冷、供热负荷的分区。

(6) 一机多用，应用范围广。地源热泵系统可供暖、空调，还可供生活热水，一机多用，一套系统可以替换原来的锅炉加空调的两套装置或系统；系统紧凑，省去了锅炉房和冷却塔，节省建筑空间；可应用于宾馆、商场、办公楼、学校等建筑，更适合于别墅住宅的采暖、空调。

(7) 自动运行。地源热泵机组由于工况稳定，所以可以设计简单系统，部件较少，机组运行简单可靠，维护费用低；自动控制程度高，可无人值守；机组使用寿命长，均在 20 年以上。

地源热泵与常规空调技术相比有着无可比拟的优势，如表 6-2 所示。

表 6-2　地源热泵与常规空调技术特点比较(1 万 m^2 建筑，负荷为 $100W/m^2$)

项目	地源热泵中央空调	溴化锂吸收式直燃机组	水冷机组＋燃油(气)热水锅炉	水冷机组＋电热锅炉
占地面积	机房占地面积小可设在地下室	机房占用建筑面积，冷却塔占用屋顶面积，储油设备需要占地面积	需冷冻站和锅炉房，冷却塔占用屋顶面积，储油设备需要占地面积	需冷冻站和锅炉房，冷却塔占用屋顶面积，需要较大的电负荷
设备寿命	20 年	10 年	冷水机组 20 年，燃油锅炉 10 年	冷水机组 20 年，电锅炉 15 年
水资源消耗量	只利用地下水的热量采用回灌技术，不消耗水资源	冷却水循环量的 2%，冬季供热的排污补水	冷却水循环量的 2%，冬季锅炉的排污补水	冷却水循环量的 2%，冬季锅炉的排污补水
驱动能源方式	电能能源利用系数为 3.8～4.5	燃油或燃气能源利用系数 80%	夏季：电能利用系数为 3.5～3.8，冬季：燃油或燃气 80%	夏季：电能利用系数为 3.5～3.8，冬季：90%
环境保护	无燃烧污染，水资源不和制冷剂接触，水没有污染	有燃烧污染，有一定的噪声和水霉菌污染(冷却塔)	有燃烧污染，有一定的噪声和水霉菌污染(冷却塔)	无燃烧污染，夏季有一定的噪声和水霉菌污染(冷却塔)
备注	需要一定量的水资源	机房需要设置自动安全报警系统	需要设置两套机组和人员，运行维护复杂锅炉房需要设置自动安全报警装置	需要设置两套机组和人员，运行维护复杂

如上所述，地源热泵系统的另一个显著特点是大大提高了一次能源的利用率，

地源热泵比传统空调系统运行效率要高 40%～60%，因此具有高效节能的优点。另外，地源温度较恒定的特性，使得热泵机组运行更可靠、稳定，整个系统的维护费用也比锅炉-制冷机系统大大减少，保证了系统的高效性和经济性。

地源热泵空调系统的经济性取决于多种因素，不同地区、不同地质条件、不同能源结构及价格等都将直接影响到其经济性。地下耦合热泵系统和地下埋管的初投资较高，但根据国外的经验，由于地源热泵运行费用低，增加的初投资可在3～7年内收回，地源热泵系统在整个服务周期内的平均费用将低于传统的空调系统。

影响地源热泵广泛应用的主要原因是对地源热泵核心技术问题的研究和认识还很有限，它的核心技术问题是地埋式换热器的传热强化、地源热泵系统最佳匹配参数的研究。另一个主要原因是地源热泵自身存在的缺点：地埋换热器受土壤性质影响较大；连续运行时，热泵的冷凝温度或蒸发温度受土壤温度变化的影响而发生波动；土壤导热系数小，使地埋换热器的面积较大等。

地源热泵空调系统缺点如下。

(1) 可利用的水源条件限制。水源热泵理论上可以利用一切水资源，其实在实际工程中，不同的水资源利用的成本差异是相当大的。所以在不同的地区是否有合适的水源成为水源热泵应用的一个关键。目前的水源热泵利用方式中，闭式系统一般成本较高，而开式系统能否寻找到合适的水源就成为使用水源热泵的限制条件。对于开式系统，水源要求必须满足一定的温度、水量和清洁度。

(2) 水层的地理结构的限制。对于从地下抽水回灌的使用，必须考虑到使用地的地质结构，确保可以在经济条件下打井找到合适的水源，同时还应当考虑当地的地质和土壤的条件，保证用后尾水的回灌可以实现。

(3) 投资的经济性。由于受到不同地区、不同用户及国家能源政策、燃料价格的影响，水源的基本条件的不同，一次性投资及运行费用会随着用户的不同而有所不同。虽然总体来说，地源热泵的运行效率较高、费用较低。但与传统的空调制冷取暖方式相比，在不同地区不同需求的条件下，地源热泵的投资经济性会有所不同。

(4) 整体系统的设计问题。地源热泵系统的节能作为一个系统，必须从各个方面考虑，如果地源热泵机组可以做到利用较小的水流量提供更多的能量，但系统设计对水泵等耗能设备选型不当或控制不当，也会降低系统的节能效果。同样，若机组提供了高的水温，但设计的空调系统的末端未加以相应的考虑，也可能会使整个系统的效果变差，或者使得整个系统的初投资增加。所以，地源热泵的推广应用，需要更多的各个专业各个领域的人来共同努力、共同配合，从政府政策、主机设计制造、系统的设计和运行管理等各方面共同参与。由于地源热泵系统具有经济实惠、节能、环保等多方面的优势，我们应该取长补短，合理规划，有效设计，尽力弥补我国传统的供暖制冷方式存在的问题。总体说来，地源热泵系统在我国势必具有良好的市场前景[28]。

目前,关于埋地盘管的数学模型和土壤热场特点的理论研究还不够深入,仍处于试验阶段。由于它涉及钻探工程,施工困难,系统投资比较大。我国有关地源热泵的现成技术资料不多,缺少这方面的设计、生产、安装和维护人员,而且生产相关设备的厂家少,也是影响地源热泵在我国推广发展的主要因素之一。

3. 地热能制冷

地热制冷是以足够高温的地热水制冷系统,主要由地热井、地热深井泵、热交换器、热水循环泵、制冷机、冷却水循环泵、冷冻塔、冷冻水循环泵、空调末端设备和控制器等组成,如图 6-9 所示。

广东五华汤湖地热制冷空调系统机组如图 6-10 所示,它是广东省重点科技攻关项目,采用 65～75℃的地热水驱动两级溴化锂吸收制冷技术,可提供 7～9℃的冷冻水,对度假村建筑物进行供冷空调。系统制冷量为 100kW,总耗电量仅为 18kW。因此,系统用于具有良好地热资源的地区节能效果显著。

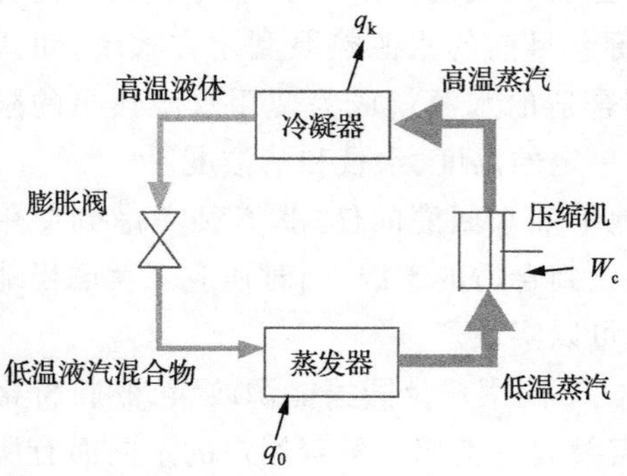

图 6-9　地热能制冷系统示意图

图 6-10　地热制冷空调系统机组

4. 地热温室

地热温室是利用地热蒸汽或热水作为热源,通过温度的调节,提供温室内的蔬菜或者花卉生长所需要的热量。这是地热的直接利用形式,如农业温室等,如图 6-11 所示。

5. 地热干燥技术

地热干燥是利用中低温热水中的高热焓部分,通过热交换器产生热风,对不同的物料进行脱水,使之干燥[29]。

图 6-11　地热利用场合

6. 其他技术

这些技术是低温地热利用的最基本形式，一般指温度在 150℃以下的地热流体的利用，广泛用于工业、农业以及其他各个方面。而世界地热资源的直接利用各具特色，日本主要用于洗浴；冰岛主要是供暖；匈牙利主要是农业温室；我国地热主要应用于取暖（面积近 800 万 m^2）、水产养殖（面积近 300 万 m^2）、浴疗（1 600 多处），也是最易应用、成本最小的地热利用方式。

6.2.3　地热能的开发利用

1. 开发历史

人类很早以前就开始利用地热能，如利用温泉沐浴、医疗，利用地下热水取暖、建造农作物温室、水产养殖及烘干谷物等。但真正认识地热资源，并进行较大规模的开发利用却是始于 20 世纪中叶。

1940 年，最早的地热发电实验室是意大利的拉德瑞罗。地热发电的发展速度并不慢，2005 年发电总装机比 2000 年增长 43%，我国排在第十三位。地热直接利用设施的排序是美国第一，中国第二，冰岛第三。目前世界上五大洲共有 55 个国家直接利用地热，按利用的能量排序是供暖、洗浴、热泵、温室、水产和工业。

地源热泵的概念最早出现在 1912 年瑞士的一份专利文献中，之后几十年，地源热泵基本处于实验研究阶段，并开始先后有地表水源热泵系统、地下水源热泵系统、土壤源热泵系统问世。20世纪20～30年代，热泵取得较快的发展，英、美、瑞士等国已经进入了热泵的研制开发阶段。1973年，石油危机把人们的注意力集中到节能、高效益用能时，地源热泵的研究进入又一次高潮。美国自1977年开始，重新开始了对土壤源热泵的大规模研究，最显著的特征就是政府积极支持和倡导。这一时期的工作主要集中在土壤的导热性能、地下埋管换热器的传热特性、不同地下埋管换热器形式对换热过程的影响及其模拟计算方法。地下埋管也已由早期使用的金属管改为塑料管，解决了金属管的腐蚀问题。据查1998年美国商业建筑中地源热泵系统已占空调总量的19%，其中新建筑占30%。据美国能源信息管理局预测，到2030年地源热泵将为供暖、散热和水加热提供高达6800万吨油当量的能量。据1999年的统计，在家用的供热装置中，地源热泵所占比例：瑞士为96%，奥地利为38%，丹麦为27%。国际能源机构和欧洲共同体都制定了大型热泵发展计划，预计在21世纪初世界发达国家中供冷、供热用热泵不少于空调系统总量的20%，而不少新技术试验和现有热泵技术在新领域中的推广应用工作正在进行或规划之中[30]。

1975年我国在西藏羊八井首次勘探出高温地热，并用于发电，总装机容量为24MW，如图6-12所示。20世纪90年代以来，我国地热开发逐步发展起来，地热井的深度越来越大，最深的已超过4 000m，范围也超出了地热异常带。国内最早的地源热泵系统的研究开始于1989年，当时山东青岛建筑工程学院在国内建立了第一台地源热泵系统的试验台，先后进行了水平平铺埋管土壤源热泵供冷供热的性能研究，以及垂直U型埋管土壤源热泵的供热供冷性能的实验研究。1999年实施国土资源大调查以来，国土资源部以北京、天津为试点城市，开展了浅层地温能调查评价，建立了监测体系，实施了开发利用示范工程。进入21世纪后，由于我国经济快速增长和城市化建设，拉动了空调市场的发展，热泵在我国的应用越来越广泛，热泵的发展十分迅速，热泵技术的研究不断创新。全国各省市几乎都有应用热泵技术的工程实例，热泵技术更加活跃，在短短几年内有三项创新性成果问世，即同井回灌热泵系统，土壤蓄冷与土壤耦合热泵集成系统，供寒冷地区应用的单/双级耦合热泵系统。预计其应用面积在我国将达到新建建筑面积的10%左右。

到2012年年底，全国浅层地温能供暖(制冷)面积达到1.4亿m^2，全国地热供暖面积达到3 500万m^2，全国高温地热发电总装机容量为24MW，洗浴和种植使用地热热量约合50万吨标准煤；各类地热能总贡献量合计500万吨标准煤。2010年，我国煤炭消耗接近30亿吨，全国能源消耗总量约相当于32.5亿吨标准煤。可见，我国地热能利用占能源消耗总量非常小，大力开发利用地热能，节约煤炭消耗的空间十分巨大[31]。

20世纪70年代初，世界面临第一次石油危机，世界各国普遍重视新能源的开发，中国也掀起了地热能开发的热潮，在全国建成了7个中低温地热发电厂，并先后都试验发电成功。它们是：广东丰顺县邓屋，92℃，300kW；湖南宁乡县灰汤，98℃，300kW；河北怀来县后郝窑，87℃，200kW；山东招远县汤东泉，98℃，300kW；辽宁盖县熊岳，90℃，200kW；广西象州市热水村，79℃，200kW；江西宜春县温汤，67℃，100kW。

图 6-12　羊八井地热电站

2. 地热能开发的主要困难

地热流体的循环要经历加热、运移、富集等过程，最后储藏在含水层中，周期少则几十年，多则成千上万年。与冷水循环相比，其形成、补给和径流情况要复杂得多，周期也长得多。虽然与化石能源相比，地热能的再生速度要快得多。但如果过量开采，超过了补给速度，也会造成地热资源的枯竭。从这个意义上讲，地热资源并不是取之不尽、用之不竭的。每年地热的新再生量只有 200 多亿吨油当量，远低于太阳能的 130 万亿吨油当量、风能的 1 400 亿吨油当量、生物质能的 640 亿吨油当量。与其他可再生能源相比，地热能的优势主要体现在热能的累积存量上。

地热资源基数很大，所蕴藏的能量远大于化石能源。只需要开采其中的极小一部分就能够满足人类对能源的全部需要。但目前地热能并没有像化石能源一样成为主流能源，这是因为对其开发受到了多方面因素的制约。

(1) 地热蒸汽和热水无法远距离输送。一般是就地利用，难以拓展消费市场。由于地热电站规模一般都不大且利用系数低，如果长距离输电，会增加输电成本，经济上不可行。

(2) 如果管理和保护不善，地热能的开采有时也会带来环境问题。由于地热水的成分复杂，开采过程中可能会有二氧化硫、二氧化碳、氡、砷、硼和其他有毒物质排放而污染水资源或大气环境。另外。地热开发也可能带来噪声污染、地热尾水污染及过量抽取而引发的地面沉降。

(3) 由于地下水矿化度较高、腐蚀性强,对设备尤其是对地下部分的埋管和抽水系统的设计、技术、材料等都提出了很高的要求。从目前来看,保证设备几十年的使用期还有较大难度,已完成的工程中就有很多失败的例子。

(4) 地热资源在地域分布非常不均衡。高温地热资源主要分布在板块边缘,面积有限,而且这些地区往往拥有丰富和优质的水能、风能、太阳能、生物质能资源,制约了地热资源的开发。低温地热资源分布区域广泛,却因存在初期投资大、成本高昂、后期设备维护困难等问题而难以在短时间内大规模普及。

(5) 地热的再生速度较慢,在开发过程中经常出现因提取速度超过补充速度而造成地热超采现象,地热产业不易迅速做大[32]。

3. 地热开采对环境的影响

1) 空气污染

在开发地热能的过程中,热流体中所含的各种气体和悬浮物将排入大气中,对周围环境造成影响。对环境影响较大的气体主要有 H_2S、CO_2。H_2S 气体对人体危害较大,浓度低时能麻痹人的嗅觉神经,浓度高时可使人窒息而死亡。CO_2 也有一定的窒息作用,最主要的是其对气候的温室效应。较高的 H_2S 含量一般发生在高温地热田中,中低温热田中的 H_2S 含量较少。在利用高温蒸汽发电时,有大量的 H_2S 气体逸出。H_2S 气体在通风条件较好的地方,一般不会造成事故,但在井口随意放喷时,使热流体中的 H_2S 气体散布于大气中,在较长的时间段,不但对人体有害,还对电气设备及其他设施造成腐蚀。含 H_2S 的地热尾水直接排入水体,鱼类和藻类的生存也将受到影响。现在一些国家,对新建的地热发电站,要求引入保护环境的表面接触式冷凝器,设置除 H_2S 的装置,并要求对污渣进行处理。

2) 化学污染

地热水的形成一般为大气降水经过地下深循环,与围岩进行化学物质交换,围岩中各种化学组分进入水体使地热水中含有对环境有益和有害的常量成分、微量成分及放射性成分。通过不同地区的地热开发,我们发现在这些成分中对环境和生态造成污染的主要有盐类的污染和有害元素的污染等。

(1) 盐类的污染。地热水大多数矿物质的溶解度随温度的升高而增大,因此在地热水中,一般含有较高的总固体、氟化物、氯化物等物质。这些高盐度的地热水和上述有关的环境标准相比,均超过标准中所规定的含量。如果地热能被利用后,弃水作为灌溉水来源,高盐度的水将引起土壤盐渍化和土地板结。高盐度的热水在回灌和供暖时,随着温度的降低,将产生化学结垢沉淀物,使管径缩小而被堵塞。

(2) 有害元素的污染。由于长期的水-岩作用，地热水中含有多种重金属元素和其他微量元素，其含量超过饮用水水质标准或其他一些标准。这些热水给环境和生态带来不利影响，如 F、B、As 等。如果未经处理进行灌溉和养殖，对粮作物及鱼类危害很大。即使排入河流中，对水体也将造成污染，还会由于水体、鱼类、粮作物中有毒物质的长期富集并通过食物链直接或间接地对人体和生物造成危害。

(3) 热污染。目前我国的地热资源大多以单一利用为主，当热能利用后，尾水温度仍很高。在我国西藏羊八井热田，由于弃水温度高达 70～80℃，自 1978 年开始开采到 1992 年，地热电站二分厂厂部附近约 2 000m^2 的地面温度升至 40～90℃。华北有些地区，如天津、河北雄县，废水温度达 40℃。这些尾水的排放，促使局部空气和水体的温度升高，改变生态平衡，影响环境和生物生长，造成热污染。

(4) 噪声污染。噪声污染一般是由钻探和地热井放喷造成的。在钻探过程中，各种机械噪声高达 90dB，干热田钻进的噪声可能达 80dB(相当于喷气式飞机起飞的水平)，这对居民区和钻工的身体造成影响。另外地热井放喷时其噪声值可达 120dB 以上。虽然时间较短，但其尖声也使人的耳朵受到伤害，使野生动物和家禽受到影响。

(5) 地面沉降。几乎从任何热储中长期抽出流体都有可能导致可以监测到的地面沉降，地热流体也是一样。当地热流体的抽出量超过天然补给量时，地面沉降发生，其实际沉降量取决于抽出的流体量和热储岩石的强度。具有最佳地面沉降记录材料的一例是新西兰的怀拉基地热区，这个地区在 1956 年井孔试验开展以后就开始了地面沉降的测量工作。1964～1974 年的地面沉降量最大，大约为 4.5m，影响范围达 65km^2，并且发生了水平运动，最大水平移动为 0.4m。在加利福尼亚盖瑟尔斯也观察到了向心沉降的相似背景，且局部水平运动的幅度与垂直下沉的幅度大体一样，这说明了热储由于内压力的降低在垂直和水平方向上都发生了收缩。

我国天津市根据市区沉降测量表明，开采 300m 深度以下地下水，对地面沉降影响占总沉降量的 35%～50%。长期的超量开采地热能及水位下降引起盐水入侵，造成热泉和喷气孔等地面自然现象消失，地面活动改变。我国羊八井著名的热泉消失是很好的一例。

(6) 地震活动。地热异常区多数是现代火山、近代岩浆活动地区或近代地壳构造运动活跃地区，这意味着地热资源开发一般发生在自然断裂通道和活断层上，即区域地震活动性强的地区。当抽取和注入流体时，一旦流体压力超过启动断层运动所需的临界值，就会诱发地震。现有的资料表明，由于地热流体的抽取或回灌而诱发的明显地震比较罕见。而且即使地震发生，一般也是轻微的，不会对地面设施产生影响。

针对地热开发利用中可能产生的环境问题，需要在开发之前进行环境评价，在开发和利用过程中要对地热尾水等进行必要的处理和合理的排放[33]。

6.3 可 燃 冰

常规天然气是相对于非常规天然气讲的,由常规油气藏开发出的天然气,即勘探实践发现的能够用传统的油气生成理论解释的天然气,称为常规天然气。除常规天然气之外的就是非常规天然气,主要有可燃冰、页岩气、煤层气、煤制气等,如图 6-13 所示。

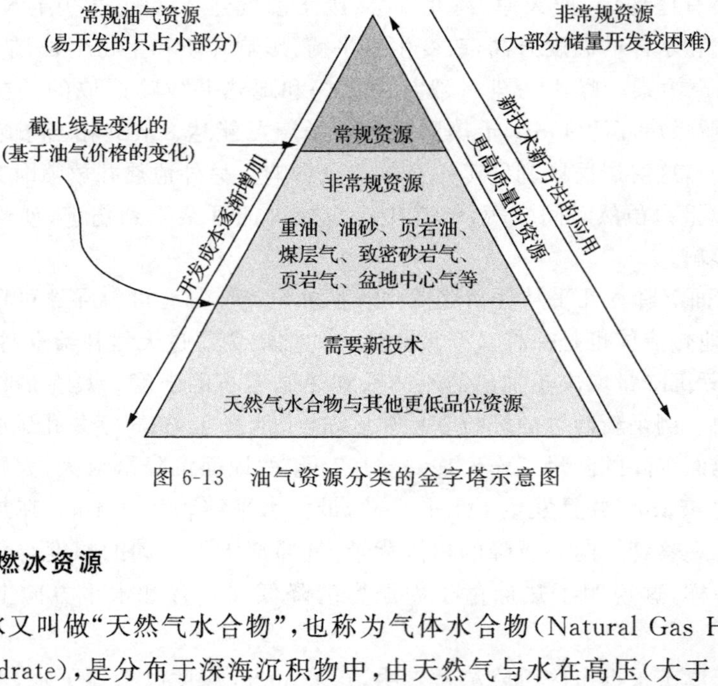

图 6-13　油气资源分类的金字塔示意图

6.3.1　可燃冰资源

可燃冰又叫做"天然气水合物",也称为气体水合物(Natural Gas Hydrate,简称 Gas Hydrate),是分布于深海沉积物中,由天然气与水在高压(大于 10MPa)和低温(0～10℃)条件下合成的一种固态类冰状结晶物质。天然气水合物是一种白色固体物质,因其外观像冰一样而且遇火即可燃烧,所以又被称为"可燃冰"或者"固体瓦斯"和"气冰"。因形成天然气水合物的主要气体为甲烷,所以可燃冰又称为固态甲烷,在一定温度下熔化可以生成甲烷和水。其资源量充足,据初步统计可达全球已知化石燃料总和的 2 倍,占地球全部有机碳总量的 1/2 以上,可供人类使用 1 000 年以上,能大大缓解全球能源危机。所以被认为是继石油之后的一种新型燃料,具有很高的研究价值[34]。

可燃冰实质上是一种水包气的笼状物,但其中的水不像普通冰呈六方晶体,而是构成了鸟笼状的立方体的笼架,如图 6-14 所示。在笼架的中心,有足够的空间,可容纳天然气的分子,在水合物中,水的分子呈三维鸟笼状网形结构。甲烷等烃类分子被捕集到网状水分子间形成气水合物，天然气水合物的水分子与烃类分子间无化合键或离子键连接，因此极易分解或分离。除甲烷外，生成天然气水合物的气体还有乙烷、丙烷、丁烷、二氧化碳、硫化氢等常见天然气组分。只有细小的分子才能形成水合物，大于丁烷分子的气体分子一般不会形成水合物[35]。

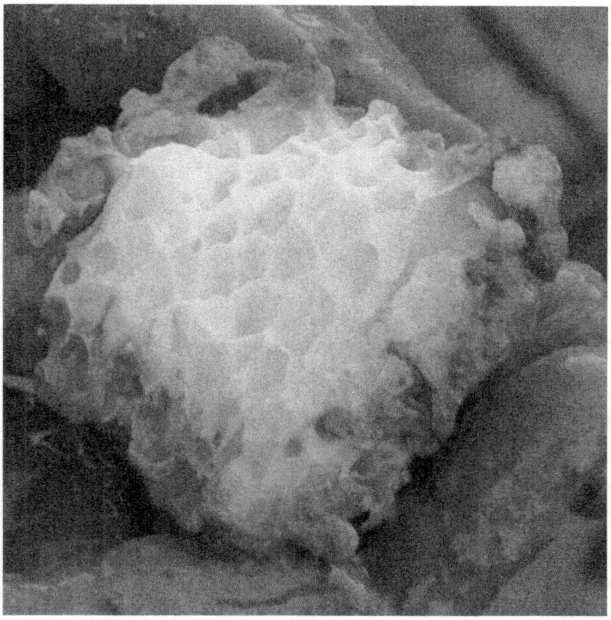

图 6-14　可燃冰实图

在自然界发现的天然气水合物多为白色、淡黄色、琥珀色等颜色，呈轴状、层状、小针状结晶体或分散状。它可存在于零度下，又可存在于零度以上低温高压环境。天然气水合物具有多孔性，硬度和剪切模量小于冰，密度与冰的密度大致相同，热导率和电阻率远小于冰，可在零度以上生成，超过 20℃就会分解。

由于可燃冰中以甲烷（大于 90%）为主，也称甲烷水合物。充填甲烷的可燃冰 $1m^3$ 可产出 $164m^3$ 气和 $0.8m^3$ 水，其能量密度是煤和黑色页岩的 10 倍左右，是一种能量密度高的能源，是公认的 21 世纪替代能源和清洁能源，开发利用潜力巨大。

可燃冰这种固态物质是在低温、高压环境下水和天然气混合而成的，外表貌似冰雪；只有在温度、压力、气源都具备的前提下，才会在海底、冻土带地层介质的间隙中生成天然气水合物晶体。

可燃冰的形成必须同时具备三个基本条件：①低温（0～10℃）；②高压（>10MPa 或水深 300m 及以上）；③充足的气源。在某些陆地永久冻土区具备形成条件和使之保持稳定的固体状态低温高压环境，在海洋深层 300～500m 的沉积物中都有具备这样的低温高压条件。因此，按成因和分布区域可将可燃冰划分为海洋型和冻土型两类。

陆地上的可燃冰分布于永久冻土带，其成矿机理为：煤层气向上逸散，遇到上面有冻土层的覆盖，煤层气和水在低温、高压的条件下形成可燃冰，其组分除了甲烷，还有少量乙烷、丙烷等气体。陆地上发现的可燃冰气藏与常规气藏赋存方式相同，都在沉积岩层中，气源是来自下地层中的常规气藏的热解气。

根据分析，世界海洋陆坡面积的90%具备埋藏可燃冰的条件，海底可燃冰分布范围约占海洋总面积的10%，相当于4 000万km^2，是迄今为止海底最具价值的矿产资源[36]。其矿层之厚、规模之大，是常规天然气田无法相比的。截至2007年，全球已在132个地区发现了可燃冰存在的证据，其中绝大部分在海底。

目前海洋中发现的可燃冰数量和规模比陆地上大，主要分布在东、西太平洋边缘和西大西洋边缘。此外，东大西洋边缘和印度洋也有少量发现，中北美洲沿岸发现最多，如图6-15所示[37]。

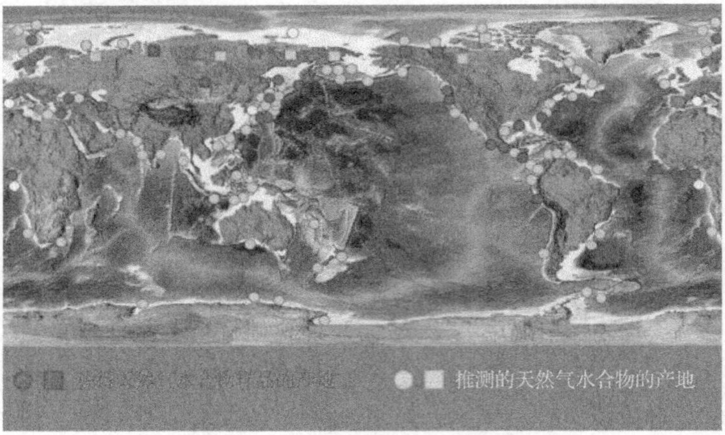

图 6-15　全球天然气水合物分布图

世界上海底天然气水合物已发现的主要分布区是大西洋海域的墨西哥湾、加勒比海、南美东部陆缘、非洲西部陆缘和美国东海岸外的布莱克海台等，西太平洋海域的白令海、鄂霍茨克海、千岛海沟、冲绳海槽、日本海、四国海槽、日本南海海槽、苏拉威西海和新西兰北部海域等，东太平洋海域的中美洲海槽、加利福尼亚滨外和秘鲁海槽等，印度洋的阿曼海湾、南极的罗斯海和威德尔海、北极的巴伦支海和波弗特海，以及大陆内的黑海与里海等[38]。

我国是世界上第三冻土大国，冻土面积达215万km^2，具备良好的天然气水合物赋存条件和资源前景，远景资源量至少有350亿吨当量油，而青海省的青海木里储量约占其中的1/4。一方面，由于青海省有着面积广、厚度较大的冻土带资源，为可燃冰的存在提供了地质条件；另一方面，青海木里有着丰富的煤炭资源，为可燃冰的形成提供了可能的资源条件。专家估计仅青藏高原地区的天然气水合物，其储量就有约 350 亿吨油当量，可供中国使用 90 年。

据粗略推算，我国可燃冰的总远景资源量约为 803.44 亿吨当量油，其中，海洋可燃冰（南海北部）探明储量 185 亿吨当量油，冻土可燃冰探明储量 350 亿吨当量油，是我国 21 世纪重要的战略资源。

6.3.2　可燃冰的开采技术

可燃冰开采主要围绕着“破坏”可燃冰的生成和生存条件来进行，包括以下几种。

1）热激发开采法

热激发开采法是直接对天然气水合物层进行加热，使天然气水合物层的温度超过其平衡温度，从而促使天然气水合物分解为水和天然气的开采方法。这种方法经历了直接向天然气水合物层中注入热流体加热、火驱法加热、井下电磁加热以及微波加热等发展历程。热激发开采法可实现循环注热，且作用方式较快。加热方式的不断改进，促进了热激发开采法的发展。但这种方法至今尚未很好地解决热利用效率较低的问题，而且只能进行局部加热，因此该方法尚有待进一步完善。

2）减压开采法

减压开采法是一种通过降低压力促使天然气水合物分解的开采方法。减压途径主要有两种：①采用低密度泥浆钻井达到减压目的；②当天然气水合物层下方存在游离气或其他流体时，通过泵出天然气水合物层下方的游离气或其他流体来降低天然气水合物层的压力。减压开采法不需要连续激发，成本较低，适合大面积开采，尤其适用于存在下伏游离气层的天然气水合物藏的开采，是天然气水合物传统开采方法中最有前景的一种技术。但它对天然气水合物藏的性质有特殊的要求，只有当天然气水合物藏位于温压平衡边界附近时，减压开采法才具有经济可行性。

3）化学试剂注入开采法

化学试剂注入开采法通过向天然气水合物层中注入某些化学试剂，如盐水、甲醇、乙醇、乙二醇、丙三醇等，破坏天然气水合物藏的相平衡条件，促使天然气水合物分解。这种方法虽然可降低初期能量输入，但缺陷很明显，它所需的化学试剂费用昂贵，对天然气水合物层的作用缓慢，而且还会带来一些环境问题。所以，目前对这种方法投入的研究相对较少。

4）CO_2 置换开采法

这种方法首先由日本研究者提出，其依据的仍然是天然气水合物稳定带的压力条件。在一定的温度条件下，天然气水合物保持稳定需要的压力比 CO_2 水合物更高。因此在某一特定的压力范围内，天然气水合物会分解，而 CO_2 水合物则易于形成并保持稳定。如果此时向天然气水合物藏内注入 CO_2 气体，CO_2 气体就可能与天然气水合物分解出的水生成 CO_2 水合物。这种作用释放出的热量可使天然气水合物的分解反应得以持续地进行下去。

5）固体开采法

固体开采法最初是直接采集海底固态天然气水合物，将天然气水合物拖至浅水区进行控制性分解。这种方法进而演化为混合开采法或称矿泥浆开采法。该方法的具体步骤是，首先促使天然气水合物在原地分解为气液混合相，采集混有气、液、固体水合物的混合泥浆，然后将这种混合泥浆导入海面作业船或生产平台进行处理，促使天然气水合物彻底分解，从而获取天然气[39]。

可燃冰在开采过程中极易发生泄漏，大量甲烷气体分解出来，经由海水进入大气层。因此，开采必须要受控，使释放出的甲烷气体能被有效收集起来。

开采可燃冰可能引发的环境与地质问题如下。

(1) 加剧温室效应。从技术层面上分析，实现可燃冰的商业开发，最大难点还不是开采成本过高的问题，更重要的是如何保证井底稳定、甲烷气体不泄漏、不引发温室效应、不破坏生态环境等一系列环境问题。二氧化碳是导致全球气候变暖的元凶，而甲烷气体在引起温室效应方面所起的作用要远远大于二氧化碳。据测算，一个单位重量的甲烷在 20 年期间，它在全球变暖方面的增温效应是同样重量的二氧化碳的 56 倍。科学家认为，这种矿藏哪怕有最小的破坏甚至是自然的破坏，就足以导致甲烷气的大量散失(可燃冰中甲烷的总量大致是大气中甲烷数量的 3000 倍)。如果天然气水合物中的 1%释放出去，将会与过去 100 年内认为释放的约 3.6G 吨的碳相当。因此一旦这种泄漏得不到控制，全球温室效应将迅速增大，导致海水温度、地层温度上升，这又会造成海底的“可燃冰”的自然分解，引起恶性循环，它所产生的后果将不堪设想。

(2) 造成地质灾害。从人类工程活动角度分析，每开采 $1m^3$ 的可燃冰，将释放 $164m^3$ 的天然气和 $0.8m^3$ 的水，所形成的压力空缺可能引发一系列的问题。例如，因海底压力的骤减会破坏海底环境，极有可能破坏地壳稳定和平衡，使“蛰伏”于大陆坡的天然气水合物分解，从而引发大陆坡的沉积物坍塌、滑动，引发海底塌方，甚至导致海啸。

(3) 海洋环境灾害。可燃冰仅在 0～10℃和 300m 以上水深压力下表现为稳定的固态。当环境变化时(如温度升高或者压力降低)极易导致可燃冰的失稳和分解，迅速由固态分解成水和膨胀的气体，甚至导致可燃冰中所含的甲烷气的大量释放，分解出的天然气呈气泡上升，使海水密度减小，又促使更多水合物分解，导致天然气大量从海底逸出，在海面上形成强大的涡流和天然气团，使在该海域行驶的船舶、飞机、钻井设备迅速沉入海底。有学者认为百慕大三角区海域发生的许多船只飞机失踪事件与可燃冰扰动有关[40]。

(4) 生态环境破坏。水合物分解所释放的甲烷进入海水后，有一部分可能被一些微生物或好氧细菌氧化，从而导致海水缺氧，引起大量生物死亡甚至灭绝，严重破坏生态环境。

6.3.3 可燃冰的开发利用

1778年，英国化学家普得斯特里首次发现了可燃冰——沉睡多年的未来能源，但当时他的发现并未引起足够的重视。直到156年以后，人们发现油气管道和加工设备中存在冰状固体堵塞现象，自此对于可燃冰这一新能源在世界上产生了广泛的关注。于是，继天然气水合物矿藏被苏联首次在西伯利亚发现之后，各国相继地发现了可燃冰的存在，并着手对它进行了深入的研究。自此，可燃冰的神秘面纱正被一步步地揭开。

1960年，苏联在西伯利亚发现了可燃冰，并于1969年投入开发。美国于1969年开始实施可燃冰调查。从20世纪80年代开始，美、英、德、加、日等发达国家纷纷投入巨资相继开展了本土和国际海底可燃冰的调查研究、评价工作。美、日、加、印度等国制定了勘查和开发可燃冰的国家计划，日本和印度在勘查和开发可燃冰的能力方面处于领先地位。2000年开始，可燃冰的研究和勘探进入高峰期，世界上至少有30多个国家和地区参与，其中以美国的计划最为完善，每年用于可燃冰研究的财政拨款达上千万美元。

日本能源缺乏，福岛核事故后，日本大多数核电站处于停运状态，致使火力发电所需液化天然气进口量大增，能源短缺十分突出。因此日本对可燃冰的开发十分热衷，开发试验步伐也比较快。据介绍，日本经济产业省曾于2001年7月发布了一个为期18年的“可燃冰开发计划”，第一阶段已于2008年结束，主要是确认相关海域蕴藏量。2009年至今正处于第二阶段，主要目标是进行开采试验，从而为2016～2018年第三阶段的商业化开采进行技术铺垫[41]。

日本是目前世界上可燃冰探明储量较多的国家之一，大约为$7.4\times10^{12}m^3$，以1999年日本国内天然气消费量计算，预计可以维持100年。日本的天然气水合物埋藏范围广泛，几乎遍及从北海道到冲绳的海域。日本经济产业省已从2000年开始着手开发海底天然气水合物，至2008年日本已耗资290亿日元(约2.93亿美元)用于开发技术。据日本经济产业省专家小组会议2008年8月18日在东京发表的一份文件所说，日本政府将在一个叫做Nankai海槽的深海沟中进行天然气水合物的试验性生产。另外，日本将与加拿大合作在北极圈进行天然气水合物的试验性生产，并计划在2012年在太平洋进行试验性钻井作业来开采埋在海床下面的可燃冰并检验这种资源是否是一种可行的下一代燃料，同时打算在2016年前完成将可燃冰用于商业化的必要技术开发。2013年3月，日本经济产业省宣布，从距日本海岸约80km处的海上，首次成功将天然气从可燃冰中提取出来。日本此次进行的是试开采，共采集到了超过1.3万m^3的气体[42]。

美国于 1981 年投入 800 万美元制定了可燃冰的 10 年研究计划；1998 年，美国参议院通过决议，把天然气水合物作为国家发展的战略能源，将“甲烷水合物研究与资源开发利用”列入国家发展长远计划，每年投入 2 000 万美元，由能源部和美国地质调查局组织有关部门实施，要求 2010 年达到计划目标，2015 年进行商业性试采。目前为止，美国已在天然气水合物的研究上耗资近 3 亿美元。韩国产业资源部 2008 年 1 月宣布，韩国在日本海(韩国称“东海”)海底发现大型可燃冰矿藏，其储量可能超过 6×10^8 吨。这是韩国继在日本海成功采集到可燃冰的再次发现。据韩国产业资源部制定的《可燃冰 10 年发展规划》，韩国政府在 2005～2014 年 10 月投入总计 2 257 亿韩元(2.45 亿美元)资金，用以研究开发深海勘探和商业生产技术。这个计划分三个阶段，目前韩国已成功完成第一阶段任务，确认韩国周边海域海底天然气水合物矿藏，并对储藏量进行初步估计；2008～2011 年，完成对周边海域的进一步勘探工作，收集和分析相关勘探资料；2012～2014 年，对周边海域发现的天然气水合物矿藏储量进行最终确认，并研发天然气水合物商业生产的相关技术。完成三阶段全部任务后，2015 年正式进入天然气水合物商业生产阶段。印度在 1995 年制定了五年期《全国气体水合物研究计划》，由国家投资 5 600 万美元对其周围海域的天然气水合物进行前期调查研究。

我国对可燃冰的研究和勘查已取得一定进展。2007 年，我国自主建设的第一艘“可燃冰”海洋调查船“海洋六号”(图 6-16)下水，标志着我国“可燃冰”调查全面展开。2007 年 5 月 1 日，我国在南海北部的首次采样成功，证实了我国南海北部蕴藏丰富的可燃冰资源，成为继美国、日本、印度之后第四个通过国家级研发计划采到水合物实物样品的国家。2009 年 9 月 25 日，国土资源部宣布我国在青海省祁连山南缘永久冻土带成功钻获可燃冰实物样品，成为世界上第一个在中低纬度冻土区发现可燃冰的国家，也是继加拿大、美国之后在陆域通过钻探获得可燃冰样品的国家。

图 6-16　海洋调查船“海洋六号”

与世界上已发现的可燃冰相比,我国发现的可燃冰纯度很高,燃烧后几乎没有污染。探测表明,仅南海北部的天然气水合物储量,就已达到我国陆上石油总量的1/2 左右。此外,在西沙海槽已初步圈出天然气水合物分布面积 5 242km^2,其资源估算达 $4.1\times10^{12}m^3$。在南海北部获取实物样品之后尽快发现具有开采价值的天然气水合物矿藏,已成为当前中国天然气水合物勘探研究的首要目标。为尽早在我国南海北部发现具有开采价值的可燃冰矿藏,南海可燃冰项目已纳入《国家重点基础研究发展规划》("973"计划)。项目于 2009 年 1 月正式启动,2013 年结束。这标志着中国对天然气水合物的重大基础研究全面展开。项目主要集中在五个研究方面,包括可燃冰成藏的基础条件,演化的动力学过程,成藏机制及富集规律,地球物理、地球化学异常机理,开发中的多相流动机理和相关理论。从 1999 年开始,中国对可燃冰已进行了 10 年海上勘查,截至 2008 年钻获天然气水合物实物样品,国土资源部已累计投入经费 5 亿元。

可燃冰是公认的 21 世纪替代能源和清洁能源,开发利用潜力巨大,我国已将其纳入科技重大项目 973 计划,并已成功获得了天然气水合物的岩心样品。减压法和综合法是现有水合物开采技术中经济前景比较好的开采技术。但是,对可燃冰的开采仍处于试验阶段,要实现工业规模开采和商业化开采还有很长一段时间。

6.4　页　岩　气

6.4.1　页岩气资源

页岩是一种渗透率极低的沉积岩,通常被认为是油气运移的天然遮挡。在含气页岩中,天然气产自其中,页岩既是气源岩,又是储层。天然气可以储存在页岩岩石颗粒之间的孔隙空间或裂缝中,也可以吸附在页岩中有机物的表面,如图 6-17 所示。

页岩气是从页岩层或泥岩层中开采出来的天然气,产自富含有机质的页岩中。因此,页岩气藏为典型的自生自储型天然气藏。一部分以游离相态存在于裂缝、孔隙及其他储集空间中,一部分呈吸附状态(20%~85%)存在于干酪根、黏土颗粒及孔隙表面,极少量以溶解状态储存于干酪根、沥青质及石油中。

从全球范围来看,页岩气拥有巨大的资源量。据统计,全世界的页岩气资源量约为 456.24 万亿 m^3,相当于致密砂岩气和煤层气资源量的总和,即占三种非常规天然气(煤层气、致密砂岩气、页岩气)总资源量的 50%左右,主要分布在北美、中亚和中国、中东和北非、拉丁美洲、苏联等地区,与常规天然气相当[43],如表 6-3 所示。

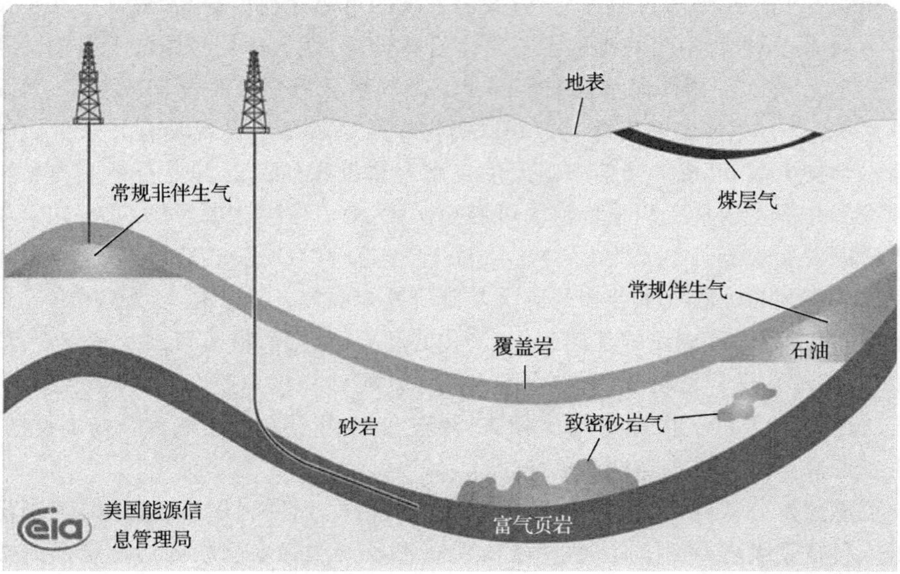

图 6-17　页岩气资源的地理分布图

表 6-3　全球页岩气资源分布表　　(单位：m^3)

地区	页岩气	煤层气	致密砂岩气	合计
北美	108.7×10^{12}	85.4×10^{12}	38.8×10^{12}	232.9×10^{12}
拉丁美洲	59.9×10^{12}	1.1×10^{12}	36.6×10^{12}	97.6×10^{12}
中欧、西欧	15.5×10^{12}	7.7×10^{12}	12.2×10^{12}	35.4×10^{12}
苏联	17.7×10^{12}	112.0×10^{12}	25.5×10^{12}	155.2×10^{12}
中东、非洲	79.9×10^{12}	1.1×10^{12}	45.5×10^{12}	126.5×10^{12}
中亚、中国	99.8×10^{12}	34.4×10^{12}	10.0×10^{12}	144.2×10^{12}
太平洋地区	65.5×10^{12}	13.3×10^{12}	20.0×10^{12}	98.8×10^{12}
其他亚太地区	8.9×10^{12}	1.1×10^{12}	21.0×10^{12}	31.0×10^{12}
全球	456.0×10^{12}	256.1×10^{12}	209.6×10^{12}	921.7×10^{12}

世界各地区非常规天然气资源量分布如图 6-18 所示。

我国各地地质历史时期，海相、陆相页岩分布广泛，元古界和古生界页岩分布面积广，演化程度高，具备页岩气成藏的地质条件，开发潜力巨大。我国沉积盆地的页岩气地质储量达到 45 万亿 m^3，可采约为 26 万亿 m^3，与美国 28.3 万亿 m^3 资源量相当，两国页岩气地质条件也非常相似，经济价值巨大。依据页岩发育地质基础、区域构造特点、页岩气富集背景以及地表开发条件，可将我国的页岩气区域划分为南方、北方、西北和青藏四个大区，各占我国页岩气可采资源总量的 46.8%、8.9%、43% 和 1.3%；古生界、中生界和新生界各占我国页岩气资源总量的 66.7%、26.7%和 6.6%[44]。我国页岩气资源分布如图 6-19 所示。

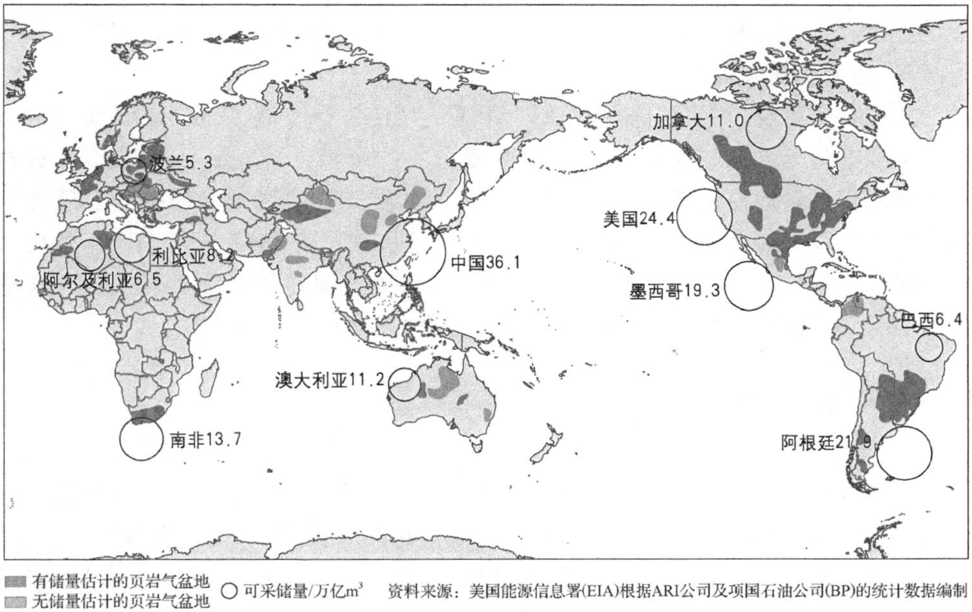

图 6-18　全球页岩气资源分布图

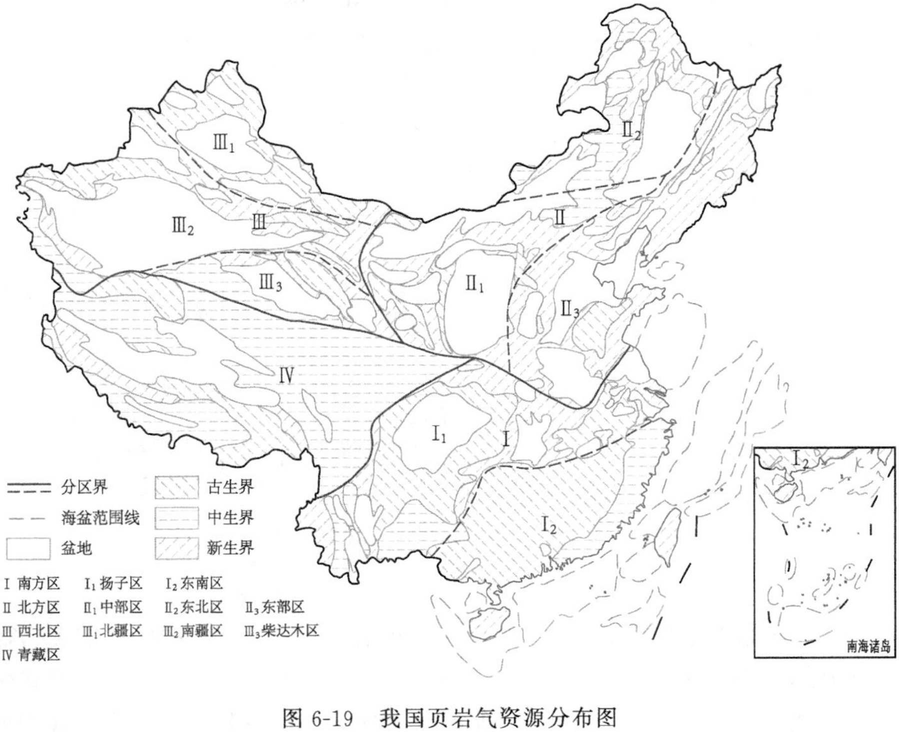

图 6-19　我国页岩气资源分布图

我国拥有的页岩气储量达 1 275 万亿立方英尺(1 英尺＝0.304 8m),居世界第一,美国排名第二,其储量为 862 万亿立方英尺。其他储量大国还有阿根廷、南非、墨西哥、澳大利亚和加拿大。

从现有资料看,页岩气除分布在四川、鄂尔多斯、渤海湾、松辽、江汉、吐哈、塔里木和准噶尔等含油气盆地外,在我国广泛分布的海相页岩地层、海陆交互相页岩地层及陆相煤系地层也都有分布。目前,我国页岩气资源调查和勘探开发还处于探索起步阶段。2014 年我国页岩气新增探明地质储量 1 067.50 亿 m^3,新增技术可采储量 266.88 亿 m^3,有超千亿 m^3 大型气田,为中国石化涪陵页岩气田。这是我国 2011 年设定页岩气新矿种"户籍"后,首次提交的探明储量[45]。

6.4.2 页岩气开采技术

1）勘探

勘探方面主要采用地震勘探技术。高分辨率三维地震技术有助于准确认识复杂构造、储层非均质性和裂缝发育带,主要是通过相干分析技术、地震属性分析、层间切片等预测页岩裂缝以提高探井(或开发井)成功率。微地震裂缝技术可用于预测裂缝生成方向,以及优化水力压裂设计和裂缝走向,改善水平井水力压裂评估。

资源评估方面主要考虑地质、技术的不确定性,不同勘探开发阶段适用的方法有所不同。Forspan 法可用于连续型页岩气藏,如美国阿帕拉契亚(Appalachian)盆地泥盆系页岩气藏。通过统计已有开发数据资料来预测剩余资源潜力,美国现已形成一套页岩气资源评价系统,如图 6-20 所示。

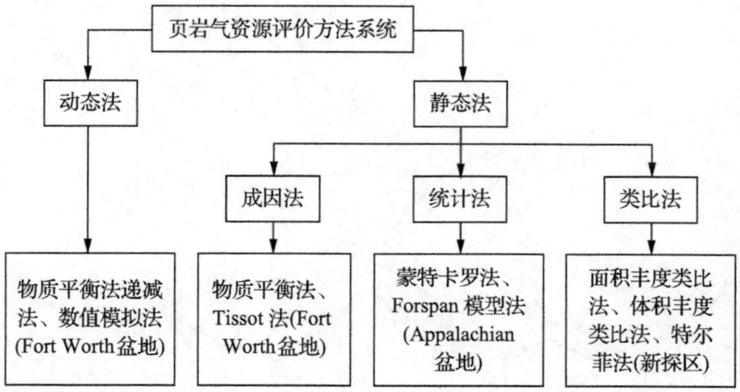

图 6-20 页岩气资源评价方法

2）钻井

国外页岩气藏主要有直井和水平井两种钻井方式。一般情况下,若页岩储层为水平裂缝,主要采用垂直井。若页岩储层为垂直裂缝,多采用水平井,形式包括单支、多分支和羽状水平井等,直井与垂直裂缝相交的机会较少。水平井在裂缝性气藏中得到应用，不仅钻遇更多的裂缝，还能明显改善储层流体的流动状况。与直井相比较，水平井中同一储层、相同压力下产气量有大幅提高。水平井应钻在裂缝带上，水平井井位和水平井眼方位的选择由岩层中裂缝的发育方向和密集程度确定。两种钻井方式选择如图 6-21 所示。

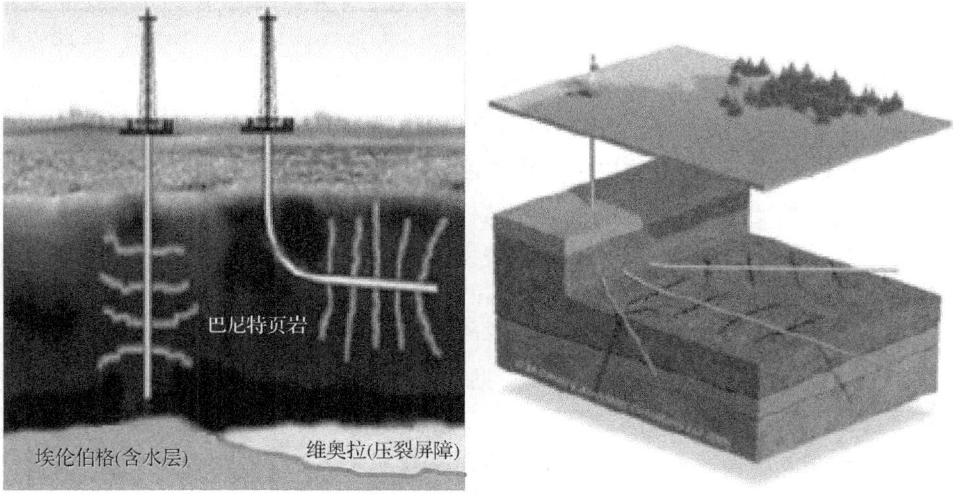

图 6-21　页岩气钻井方式

3）完井

裂缝储层中的水平井完井多采用裸眼、筛管、衬管、封隔器等完井方式。在短半径水平井或多底、分支水平井中，考虑到套管弯曲应力的限制和多根完井管柱的干扰，一般尽量采用裸眼或裸眼变种的完井方式。当地层不能满足裸眼完井的条件时，在裸眼内也会使用封隔器封堵薄弱层位，或打入不注水泥的筛管或衬管以支持薄弱地层。

由于页岩气大部分以吸附态赋存于页岩中，而其储层渗透率低，既要通过完井技术提高其渗透率，又要避免地层损害是施工的关键，直接关系到页岩气的采收率，因此在固井、完井方式、储层改造方面需要有特殊技术。由于泡沫水泥有良好的防窜效果，能解决低压易漏长封固段复杂井的固井问题，页岩气井通常采用泡沫水泥固井技术。页岩气井的完井方式主要有组合式桥塞完井、水力喷射射孔完井和机械式组合完井，其中组合式桥塞完井是页岩气水平井最常用的完井方法[46]。

4）储层改造

裂缝的发育程度是页岩气运移聚集、经济开采的主要控制因素之一。仅有少数天然裂缝页岩气井可直接投入生产，其余 90%以上的页岩气井需要采取压裂等增产措施沟通其天然裂缝，提高井筒附近储层导流能力。目前比较成熟的就是水力压裂技术。

水力压裂是页岩气开采中的一项关键技术。水力压裂就是泵入大量低黏度近纯水的稀砂液段塞到页岩层中，以诱发新裂缝以及扩大页岩层中的原始裂缝。水力压裂是提高产层渗透率的增产措施，可以克服流体流入井眼过程中的天然阻力。这些阻力包括页岩地层通常具有的低渗透率或者钻井活动中引起的井眼附近渗透率降低。水力压裂包括计算泵入地层压裂液的量、预测目的层中生成裂缝的成功率和压力。在页岩气开发过程中，压裂液主要由水基流体和添加剂组成，这些添加剂用于帮助水携带压裂支撑剂进入裂缝。当压裂泵不再泵入压裂液时，砂岩支撑剂需要支撑已打开的裂缝。一旦裂缝形成，添加液被泵入井眼而使得裂缝继续发育，并将支撑剂带入更深的地层中。添加液需要保持必要的井底压力，以适应地层中开放性裂缝长度的日益增长。

总体看，页岩气等非常规油气资源潜力巨大，但开发难度也很高，世界性大规模开发尚需时日，未来将面临环境、技术和资源价格等诸多挑战。

全球很多地区的页岩气资源地质条件很复杂，迄今对页岩气资源的了解和研究仍处于比较粗浅阶段。我国的页岩气勘探开发刚刚起步，各地矿床地质条件还是未知数。欧洲地质条件与美国差异较大，其页岩气勘探开发也处于试验阶段。要实现页岩气大规模商业开发，除成熟的开采技术外，还需要完善的储存、液化和传输等技术，以及完善的基础设施和成熟的市场。

作为非常规天然气，页岩气开发需更高精的技术和更先进的设备，以及更大的投资和成本，而目前阶段总体投入产出效益并不理想。页岩气渗透率低，采收率为10％～20％，开发技术要求高。

页岩气在使用过程中相对环保，但在生产过程中不仅大量消耗水，还会导致一系列环境问题，如水力压裂所用的碳氢化合物或化学品对地下水的潜在污染，地下爆破对地表的影响，空气、土壤和噪声污染，以及栖息地丧失等[47]。

页岩气开采应注意以下几点。

(1) 国外页岩气藏勘探开发过程中，主要采用水平井＋水力压裂模式进行勘探，结合了先进的技术和工具。水平井是现阶段钻井的主流选择，结合欠平衡钻井技术(气体钻井)，注重良好的储层保护。页岩储集层改造技术的应用始终不能脱离地质条件的约束，改善页岩的超低渗透率是增产改造的重点。

(2) 页岩气藏的勘探开发，地质和工程应该密切配合。针对页岩气而言，工程因素略大于地质因素，国内可学习国外先进的勘探开发技术和经验，结合国内储层情况加以优化，形成国内页岩气藏勘探开发的一套方法。

(3) 页岩气藏物性差，渗透率极低，开发技术要求高，难度大。我国页岩气普遍埋藏较深，进一步增加了开发难度，但储量大、开采寿命长、生产周期长，可采用独特的开采方式来发挥其潜力。

(4) 压裂增产技术是页岩气开采的另一种方式。如今发展起来的清水压裂、多层压裂、重复压裂及同步压裂技术结合室内实验和测井技术，使得页岩气具有更大的发展潜力。

(5) 就当今世界能源问题和技术进步来看，页岩气在未来有可能成为能源供应的一个重要来源[48]。

6.4.3　页岩气开发历史

美国是世界上最早从事页岩气勘探开发的国家，其历史可以追溯至 1821 年。当年美国第一口商业页岩气井在纽约州阿帕拉契亚盆地泥盆系诞生，这口井比北美的第一口油井足足早了 38 年。从地质构造上看，富含有机质的页岩一般具有面积大、分布连续的特点，传统意义上的油气田只是位于其中而且相对分散，因此勘探开发实践中钻遇富含有机质的页岩比发现油气田的概率要大。虽然发现页岩气的概率大，但页岩致密、低渗的特点决定了页岩气产量通常很低且开采成本较高，开采技术难度大。由于技术上一直没有突破，美国在 21 世纪以前页岩气的生产进展始终非常缓慢。

1976 年美国能源部正式启动东部页岩气项目，到 20 世纪 80 年代页岩气开采技术取得进展，典型特征就是水平井技术被运用于页岩气开发，这也可以说是美国乃至全球页岩气发展史上具有里程碑意义的事件。在该项技术的推动下，美国于 1982 年在 Fort Worth 盆地发现巴尼特页岩气田。进入 21 世纪，随着页岩气压裂技术的逐渐成熟，页岩气大规模开采的条件逐渐具备。2003 年美国第一口页岩气钻完井技术在巴尼特页岩气田诞生，由此拉开了页岩气产业快速发展的序幕。

美国页岩气勘探开发的快速发展是近几年的事情，受水平井技术及压裂技术的推动，自 2006 年以来发展迅猛。目前美国页岩气勘探开发的发展状况具有以下几方面特征。

(1) 工作量投入大幅增长。在水平井技术以及压裂技术相继取得突破的前提下，美国政府在财税政策方面的激励是美国页岩气开采大幅升温的重要推手。美国是能源消费大国，石油消费量居世界之首，石油对外依存度超过 50%。为减小石油对外依存度，降低经济运行风险，美国加大了国内天然气资源开采力度，出台了一系列对其国内非常规天然气资源的经济政策，包括财政补贴、税收优惠及减免。同时，美国能源勘探开发市场自由度高，具备能源市场准入资格的市场主体众多，资金来源广泛。在技术成熟、市场运作机制灵活以及政策激励等多种因素的共同推动下，美国投资页岩气的热情骤增。2006 年美国页岩气井的数量为 40 000 口，到了 2009 年，美国页岩气井数量增至 98 590 口，比 2006 年增长了 1 倍多。

(2) 页岩气产量快速攀升。勘探开发工作量投入的大幅增长，加快了美国页岩气产业化的步伐。与此同时，美国国内发达的天然气管网也为页岩气勘探开发提供了有力的支撑和保障。据美国能源信息署(EIA)数据显示，2000 年以来美国国内页岩气产量快速增长，2000 年为 $122\times10^8m^3$，2005 年为 $196\times10^8m^3$，年均增长率为 9.9%；2010 年达到 $1\,378\times10^8m^3$，为 2005 年的 7 倍，年均增长率为 47.7%。2006 年是美国页岩气产量的一个转折点，2006 年以前美国的页岩气产量基本来自 Antrim 页岩和 Barnett 页岩，2006 年后，Fayetteville、Woodford、Haynesville、Marcellus、Eagle Ford 等页岩相继得以开发，其中 Barnett 页岩开发尤为迅猛。

(3) 后续资源潜力大，证实储量增长迅猛。技术进步在快速提升美国国内页岩气产量的同时，也使美国国内页岩气储量进入快速增长期，储量、产量的双双增长在一定程度上说明当前美国正在进入页岩气勘探开发的黄金期。据 EIA 数据显示，2008 年美国页岩气证实储量为 $9\,768.6\times10^8m^3$，2009 年为 $17\,162.2\times10^8m^3$，2009 年比 2008 年增长了 $7\,393.6\times10^8m^3$，涨幅达 76%[49]。

加拿大页岩气资源也十分丰富，且资源分布面积广、涉及地质层位多，主要分布在西部地区的不列颠哥伦比亚省东北部的 Horn River 盆地泥盆系 Muskwa 页岩气聚集带和魁北克省奥陶系 Utica 页岩气聚集带。据世界能源委员会估计，加拿大西部两个主要盆地(Horn River 盆地和 Montney 深盆地)的页岩气资源量为 39.08 万亿 m^3，可采资源量约为 6.80 万亿 m^3。目前，已有多家油气生产商在加拿大西部地区进行页岩气的开采或开发试验。据加拿大非常规天然气协会(CSUG)资料，加拿大西部(包括不列颠哥伦比亚北部 Bowser 盆地)的 Colorado 页岩段、侏罗系及古生界页岩和东南部的泥盆系页岩具有开发的潜力。不列颠哥伦比亚能源矿产部 2004 年将页岩气区域资源评价列入能源发展目录。截至 2006 年，不列颠哥伦比亚油气委员会已核准的白垩系和泥盆系页岩气试验区块共计 22 个。

与美国相比，加拿大页岩气开发还处于初级阶段，大规模的商业性开采还尚未进行。但目前已有许多公司投入大量资金，应用先进技术在阿尔伯特、不列颠哥伦比亚、萨斯喀彻温省、魁北克、安大略、新斯科舍等地区开展页岩气资源勘探，页岩气将有望成为加拿大重要的天然气资源之一[50]。

中国石油于 2007 年与美国新田石油公司签署了《威远地区页岩气联合研究》；2008 年 11 月 26 日，由中石油实施的我国首口页岩气取心浅井在四川省宜宾市顺利完钻；2009 年，又与壳牌公司在重庆富顺—永川区块启动合作勘探开发项目。在非常规矿权区块拓宽方面，中国石化将 3 个合作区块和 4 个含煤常规油气区块划归华东分公司进行非常规勘探操作；2010 年 1 月，中石化宣布旗下华东分公司在页岩气领域正积极与 BP 开展合作；2010 年 5 月 6 日，由华东钻井公司承担的中石化皖南第一口页岩气探井——宣页 1 井在安徽省开钻；2010 年 5 月 7 日，中原油田井下特种作业处圆满完成中石化首口页岩气井方深 1 井的大型压裂，该井的压裂成功，标志着中石化页岩气勘探开发工作迈出了实质性的一步；胜利油田地质科学研究院于 2010 年将“胜利油田页岩气勘探的前瞻性研究”课题正式立项，将深入研究胜利油区的页岩气资源，济阳坳陷古近系沙一段、沙三段、沙四上亚段普遍发育页岩，与北美地区页岩具有较好的可比性，其间可能蕴含着巨大的天然气资源。2011 年 3 月，中国石油先在位于四川盆地威远构造的威 201-H1 井中完成了 2 823m 的垂直钻井以后再水平钻井 1 079m，从而钻成了国内第一个水平页岩气井。2011 年 4 月，延长石油位于甘泉县下寺湾地区的柳评 177 井压裂试气并成功点火，成为我国陆相页岩气第一口产气井，标志着我国的页岩气勘探开发取得了重大突破，创造了我国陆相页岩气发展的新历史，也拓宽了我国页岩气勘探开发的新领域[51]。

尽管我国页岩气储量丰富，但在页岩气相关技术和基础建设领域，我国远远落后于美国，而且要促进页岩气产业的发展，我国还需解决一系列商业和政策方面的问题[52]。位于美国华盛顿的战略和国际研究中心(Center for Strategic and International Studies，CSIS)高级研究员(前雪佛龙公司高管)Edward Chow 表示："北美的成功得益于很多无法在世界其他地方很快复制的因素，在中国也不行"。位于美国加州的劳伦斯·利弗摩尔国家实验室(Lawrence Livermore National Laboratory)首席能源科学家 Julio Friedmann 表示："页岩气产业看似一夜成功，但其实经过了二十年的努力"。最近的十年里，在原油价格攀升的背景下，真正促进液压破裂技术迅速发展的是美国国内一些富有创业精神的公司，如总部位于休斯敦的米切尔能源发展有限公司(Mitchell Energy & Development Corporation)，而不是大型的国际石油公司。

即使在地下资源方面，我国也面临很大的不确定性。美国对其石油、天然气的储藏岩层都有仔细的勘探研究，但是在中国，没人确切地知道其储量情况。根据美国能源信息署的说法，我国页岩气最佳开采区在四川省和新疆的塔里木盆地。其他五个地区，包括新疆的鄂尔多斯盆地和其他北方区域，可能页岩气储量没那么丰富。资深地质学家 Bruce Hill 指出，我国的页岩气岩层比美国的更深，而且多处在地质断层地带，这使得钻探更加困难和昂贵，但并非不可能。

另外，我国的水资源缺乏也是个问题。中国拥有全世界 20%的人口，但只拥有全球 6.5%的水资源。位于美国加州的劳伦斯伯克利国家实验室的科研人员 David Fridley 表示："当你在钻探页岩气岩层的时候，你必须往里灌 1 000 万到 1 200 万加仑的水，还有沙子及化学原料，以确保钻孔处于开合状态。在中国，钻一口或十口钻井在技术上是没问题的，但如果要钻几千口，那就是另外一回事了。" Bruce Hill 指出，目前科学家正在研究节水的破裂技术，如可以使用地表深处的苦咸水，但这些技术目前还未广泛使用。

与此同时，除了解决地下的问题，我国还需解决地上的问题。要促进页岩气产业的发展，我国还需解决商业关系、行业结构、监管框架等问题，当务之急是学习美国公司先进的钻井和液压破裂技术。专家称，目前中国公司同国外公司的关系正在发展当中,但彼此都牢牢看紧自己的核心技术。

与美国一样,对中国而言,页岩气将带来能源领域新的前景,即摆脱能源依赖。就现在而言,这种前景足以激励中国去努力克服任何自然的和人为的挑战。

6.5 核　　能

6.5.1 核能资源及特点

世界上有比较丰富的核资源,铀、钍、氘、锂、硼等都能成为核燃料,其中铀的储量约为417万吨,地球上可供开发的核燃料资源所提供的能量是化石燃料的10万倍以上[53]。核能应用作为缓和世界能源危机的一种经济有效的措施具有许多优点:核燃料体积小而能量大,核能比化学能大几百万倍;1kg铀释放的能量相当于2 400吨标准煤释放的能量;一座100万kW的大型煤电站,每年需原煤300万～400万吨,运这些煤需要2 760列火车,相当于每天8列火车,还要运走4 000万吨灰渣。同功率的压水堆核电站,一年耗铀含量仅为3%的低浓缩铀燃料28吨;每磅铀的成本约为20美元,换算成1kW发电经费是0.001美元左右,这与目前的传统发电成本相比较,便宜许多。而且,由于核燃料的运输量小,所以核电站就可建在最需要的工业区附近。核电站的基本建设投资一般是同等火电站的1.5～2倍,不过它的核燃料费用却要比煤便宜得多,运行维修费用也比火电站少。如果掌握了核聚变反应技术,使用海水作燃料,则更是取之不尽、用之方便。

可能有的人会对核电站的放射性污染和安全性产生怀疑,特别是切尔诺贝利事故发生以后。然而世界核电运行的实践表明,核电是一种清洁和安全的能源。

污染小:火电站不断向大气里排放二氧化硫和氧化氮等有害物质,同时煤里的少量铀、钛和镭等放射性物质,也会随着烟尘飘落到电站的周围而污染环境。而核电站设置了层层屏障,基本上不排放污染环境的物质,其放射性污染也比烧煤电站少得多。据统计,核电站正常运行时,一年给居民带来的放射性影响,还不到一次X光透视所受到的剂量[54]。

安全:核电厂主要由核岛(主要包括反应堆、蒸汽发生器)、常规岛(主要包括汽轮机、发电机)和配套设施组成。而核电厂与一般电厂的区别主要在于核岛里的反应堆,有人称它为"原子炉",其工艺技术复杂。为了防止放射性物质的泄漏,在设计核电厂时采用了多道屏障,层层封隔,纵深防御。例如,反应堆有三道屏障:第一道屏障为燃料元件包壳,能够把核燃料裂变产生的放射性物质密封起来;第二道屏障为压力容器(反应堆冷却剂压力边界),设计中有特殊措施防止回路水泄漏;第三道屏障为安全壳,能承受极限事故的内压、温度剧增和自然灾害等,如图6-22所示。通过这三道屏障,可保障放射性物质不会泄漏到周围环境中去。除此之外,反应堆还依托一系列技术保障措施，可靠地控制着反应堆，如图 6-23 和图 6-24 所示。一旦发生系统故障，计算机不仅会自动报警，还会显示排除故障的程序，负责人员只要按照计算机指令排除故障即可[55]。

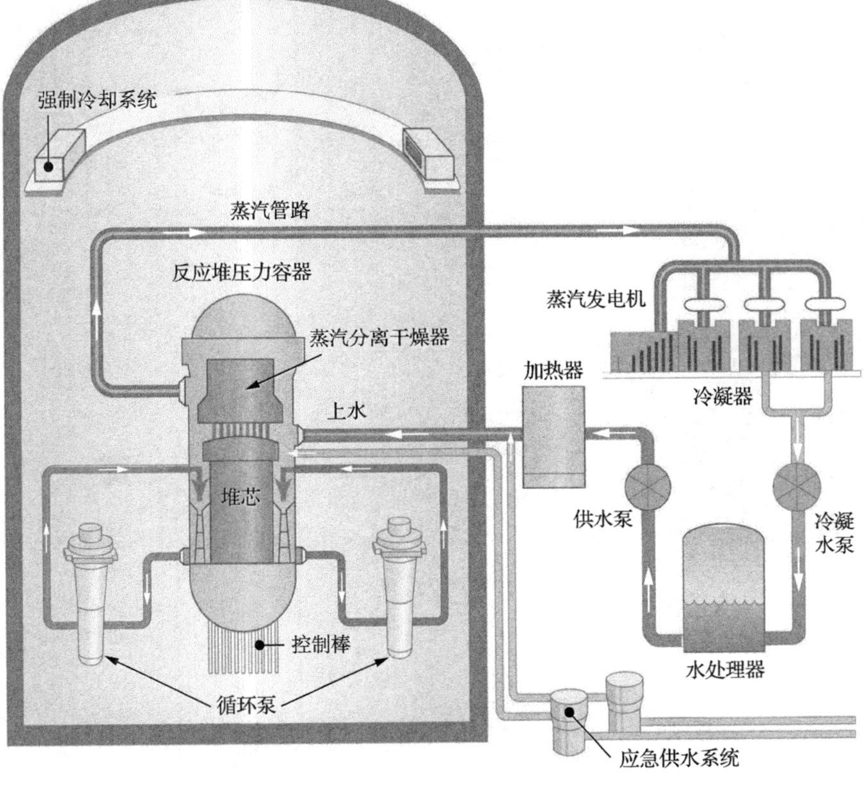

图 6-22　核反应堆原理图

根据核能署的数据，按照目前进行的核反应计算，世界范围内探明的铀可以再使用 100 年。然而科学家宣称海洋中潜藏的铀可能是这个数量的 1 000 倍。然而这些铀分散于海水中，如何将它们收集起来成了一个问题，已有的方法是采用塑料丝收集这种矿物。现在出现了一种更为有效的方法，就是利用甲壳素纳米纤维来捕捞铀。研究者从液化的虾壳中纺织出纤维，对纳米纤维进行化学修饰，使之可以键合铀，之后把这些纤维投入混有铀的水中。三天后，他们发现这些虾壳做的纤维上的确富集了溶液中的铀。目前还不确定这一方法的实际效果如何，不过研究者说纳米纤维巨大的比表面应该能够比现有的塑料丝收集到更多的能量物质[56]。

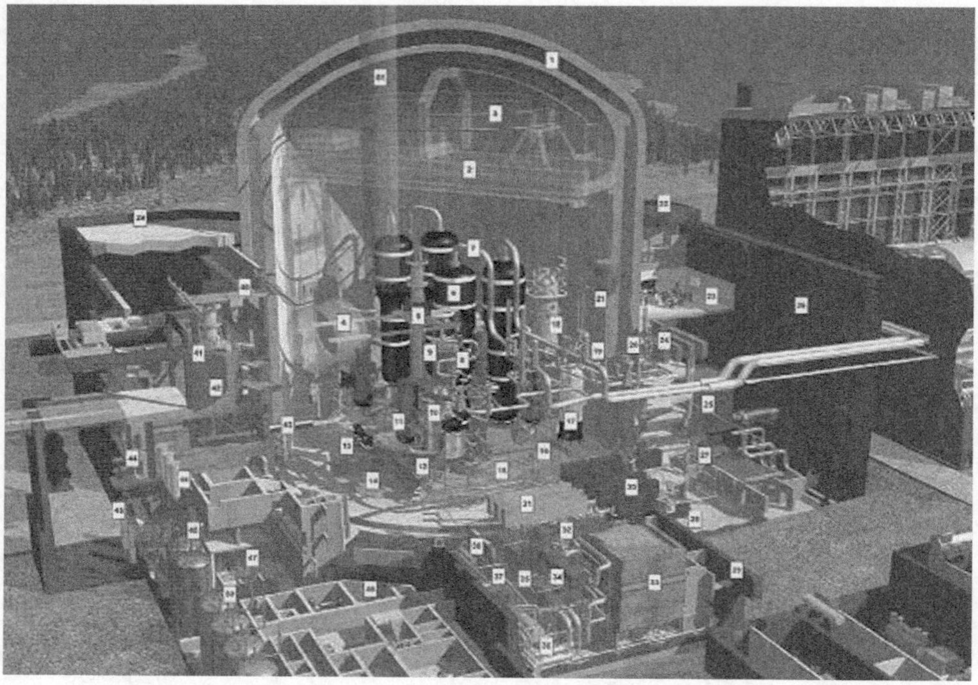

图 6-23　核反应堆结构图

图 6-24　核电站厂房示意图

6.5.2 核电技术

核电是利用核反应堆中核裂变所释放出的热能发电。当裂变材料(铀235)在受人为控制的条件下发生核裂变时,核能就会以热的形式被释放出来,这些热量会被用来驱动蒸汽机。蒸汽机可以直接提供动力,也可以连接发电机来产生电能,其原理与火力发电相似[57]。只是用核反应堆及蒸汽发生器来替代火力发电的锅炉,用核裂变能替代矿物燃料的化学能。核能发电所使用的铀235纯度为3%～4%,其余皆为无法产生核分裂的铀238。

纵观核电发展历史,核电站技术方案大致可以分为四代[58]。

第一代核电站:核电站的开发和建设开始于20世纪50年代。1954年,苏联建成发电功率为5MW的实验性核电站;1957年,美国建成发电功率为9万kW的希平港(Ship Ping Port)原型核电站;法国的舒兹(Chooz)核电站;德国的奥珀利海母(Obrigheim)核电站;日本的美浜1号核电站等。第一代核电厂属于原型堆核电厂,主要目的是通过试验示范形式来验证核电在工程实施上的可行性,这些成就证明了利用核能发电的技术可行性。国际上把上述实验性和原型核电机组称为第一代核电机组。

第二代核电站:20世纪60年代后期,因石油涨价引发的能源危机促进了核电发展,在实验性和原型核电机组基础上,陆续建成发电功率为30万kW的压水堆、沸水堆、重水堆、石墨水冷堆等核电机组,它们在进一步证明核能发电技术可行性的同时,使核电的经济性也得以证明。70年代,因石油涨价引发的能源危机促进了核电的大发展。目前,世界上商业运行的400多座核电机组绝大部分是在这一时期建成的,习惯上称为第二代核电机组。

第二代核电厂主要是实现商业化、标准化、系列化、批量化,以提高经济性。自20世纪60年代末至70年代世界上建造了大批单机容量在600～1 400MW的标准化和系列化核电站,以美国西屋公司为代表的Model 212(600MW,两环路压水堆,堆芯有121合组件,采用12英尺燃料组件)、Model 312(1 000MW,3环路压水堆,堆芯有157盒组件,采用12英尺燃料组件)、Model 314(1 040MW,3环路压水堆,堆芯有157盒组件,采用14英尺燃料组件)、Model 1412(1 200MW,4环路压水堆,堆芯有193盒组件,采用12英尺燃料组件)、Model 414(1 300MW,4环路压水堆,堆芯有193盒组件,采用14英尺燃料组件)、System80(1 050MW,2环路压水堆)以及一大批沸水堆(BWR)均可划入第二代核电站范畴。法国的CPY、P4也属于Model 312、Model 414一类标准核电站。日本、韩国也建造了一批Model 412、BWR、System80等标准核电站。

第二代核电站是世界正在运行的439座核电站(2007年9月统计数)主力机组,总装机容量为3.72亿kW。还有34台在建核电机组,总装机容量为0.278亿

kW。在三里岛核电站和切尔诺贝利核电站发生事故之后,各国对正在运行的核电站进行了不同程度的改进,安全性和经济性都有了不同程度的提高。

不过如今,从事核电的专家对第二代核电站进行了反思,当时认为发生堆芯熔化和放射性物质大量往环境释放这类严重事故的可能性很小,不必把预防和缓解严重事故的设施作为设计上必须的要求,因此,第二代核电站应对严重事故的措施比较薄弱。

第三代核电站:20 世纪 90 年代,为了消除三里岛和切尔诺贝利核电站事故的负面影响,世界核电业界集中力量对严重事故的预防和缓解进行了研究和攻关,美国和欧洲先后出台了《先进轻水堆用户要求文件》(即 URD(Utility Requirements Document)文件)和《欧洲用户对轻水堆核电站的要求》(即 EUR(European Utility Requirements Document)文件),进一步明确了预防和缓解严重事故、提高安全可靠性等方面的要求。国际上通常把满足 URD 文件或 EUR 文件的核电机组称为第三代核电机组,它包括了改革型的能动(安全系统)核电站和先进型的非能动(安全系统)核电站,并完成了全部工程论证和试验工作以及核电站的初步设计,它们将成为下一代(第三代)核电站的主力堆型。

第四代核电站:第四代核能系统概念(有别于核电技术或先进反应堆)最先由美国能源部的核能、科学与技术办公室提出。2000 年 1 月,在美国能源部的倡议下,美国、英国、瑞士、南非、日本、法国、加拿大、巴西、韩国和阿根廷共 10 个有意发展核能的国家,联合组成了“第四代国际核能论坛”,于 2001 年 7 月签署了合约,约定共同合作研究开发第四代核能技术。这项计划总的目标是在 2030 年左右,向市场推出能够解决核能经济性、安全性、废物处理和防止核扩散问题的第四代核能系统(Gen-Ⅳ)。根据设想,第四代核能方案的安全性和经济性将更加优越,废物量极少,无需厂外应急,并具备固有的防止核扩散的能力。第四代核电能系统包括三种快中子反应堆系统和三种热中子反应堆系统,如表 6-4 所示。

表 6-4 第四代核能系统

第四代核能系统	代号	中子能谱	燃料循环
钠冷快堆系统(sodium cooled fast reactor system)	SFR	快	闭式
铅合金冷却快堆系统(lead alloy-cooled fast reactor system)	LFR	快	闭式
气冷快堆系统(gas-cooled fast reactor system)	GFR	快	闭式
超高温堆系统(very high temperature reactor system)	VHTR	热	一次
超临界水冷堆系统(supercritical water cooled reactor system)	SCWR	热和快	一次/闭式
熔盐堆系统(molten salt reactor system)	MSR	热	闭式

第一代核电站为原型堆,其目的在于验证核电设计技术和商业开发前景;第二代核电站为技术成熟的商业堆;第三代核电站是符合 URD 或 EUR 要求的核电

站，其安全性和经济性均比第二代有所提高，属于未来发展的主要方向之一；第四代核电站强化了防止核扩散等方面的要求，目前处在原型堆技术研发阶段。

世界各国在回顾 30 余年第二代核电站的建造和运行经验，尤其总结了美国三里岛核电站和苏联切尔诺贝利核电站事故的经验教训之后，为使今后建造的核电站在安全性、经济性、安全审评稳定性以及保护核电业主投资等方面有大的改进，首先是美国电力公司发起建立先进轻水堆（ALWR）设计的技术基础，为设计美国下一代先进轻水堆，推行一项先进轻水堆计划，编制了一份美国核电用户要求（URD）文件，继而欧洲 10 家核电公司也编写了欧洲核电用户要求（EUR）文件。

URD 和 EUR 规范了第三代核电站的设计技术基础，其要点如下。

（1）ALWR 计划的目标：为未来的 ALWR 提供一整套设计的综合要求、稳定的审批基准、支持 ALWR 电厂的发展。

（2）ALWR 的 14 条政策：简单化、设计裕量、人因、安全、设计基准与安全裕量、管理稳定性、标准化、成熟技术、可维护性、可建造性、质量保证、经济性、预防人为破坏、睦邻友好。

（3）ALWR 高层安全设计要求，其要点如下。

抗事故能力：所有工况下都具有负的功率反应性系数、采用最好的材料及水质、改进的人机界面系统、采用成熟的诊断监测技术、需留给操纵员足够的时间（30min 或更长时间）来防止设备的损坏及防止导致较长停堆的电厂工况等。

防止堆芯损坏：防止堆芯损坏的专设安全系统应满足执照设计基准要求及安全裕量基准、堆芯损坏频率小于 1×10^{-5}/堆年等。

缓解事故能力：坚固而大容积的安全壳和相应的专设安全系统；采用现实源项分析；控制可燃氢气的浓度；在累积发生频率大于 10^{-6}/堆年的严重事故条件下，在厂址边界处（离开反应堆大约 0.5 英里），公众个人的全身剂量小于 0.25 希等要求。

（4）第三代压水堆核电站有两种类型：改进型电厂（如 EPR）和非能动型电厂（如 AP1000）。URD 对两种类型的核电厂又分别提出了专用要求，其要点如下。

改进型核电厂：更简化的专设安全系统；至少有两条隔离的和独立的交流电源与电网相连；至少 30min 内，不考虑操纵员的干预；在丧失全部给水，至少在 2h 内不应有燃料损坏；在丧失厂内外交流电源的 8h 内，燃料没有损坏等。

非能动型核电厂：不要求安全相关的交流电源；至少 72h 内，不需要操作员干预；严重事故条件下，安全壳有足够的设计裕量；不需要厂外应急计划等。

我国引进的美国 AP1000 核电站属于第三代核电站的非能动型核电厂，广东核电集团公司引进的法国 EPR 核电站属于第三代核电站的改进性核电厂。AP1000 和 EPR 基本上都满足了上述 URD 和 EUR 的相关要求。

AP1000 核电站：AP1000 是由美国西屋公司开发的非能动的压水堆（advanced passive PWR)。

2002 年 3 月,美国核管会已经完成 AP1000 设计的预认证审查(pre-certification review),AP600 有关的试验和分析程序可以用于 AP1000 设计。2004 年 12 月获得了美国核管会授予的最终设计批准。

AP1000 为单堆布置两环路机组,电功率为 1 250MW,设计寿命为 60 年,主要安全系统采用非能动设计,布置在安全壳内,安全壳为双层结构,外层为预应力混凝土,内层为钢板结构。

EP1000 核电站:1994 年,欧洲用户集团会同西屋公司及其工业合作伙伴 GENESI(一个意大利企业集团,包括 ANSALDO 和 FIAT),启动了一项名为 EPP(欧洲非能动型核电站)的计划,以评估西屋公司非能动核电站技术在欧洲的应用前景。已完成以下主要工作:①评估了欧洲用户要求(EUR)对西屋核岛设计的影响;②确定了满足 EUR 的 1 000MW 级非能动核电站的基准设计(EP1000),并期望在欧洲获得设计许可。对于安全系统和安全壳,基准电站设计基本上采用了西屋公司简化压水堆(SPWR)的设计,而在 EP1000 基准设计的辅助系统设计部分,则是根据 AP600 进行设计的。但是,EP1000 同样具有满足 EUR 和欧洲取证许可要求的特点。

第二代核电技术在安全上不满足国际原子能机构安全法规(第二版)对预防和缓解严重事故的要求,也不符合我国新颁布的安全法规对预防和缓解严重事故的要求,当然也不满足 URD 和 EUR 的要求,但第三代核电技术能满足这些要求。这是第二代核电站与第三代核电站在技术上的主要差异。

第二代核电站与第三代核电站技术上存在的差异还体现在:先进的燃料管理技术、先进的反应堆设计技术、先进的人因工程、先进的数字化仪表控制系统和控制室、宽裕的操作员可不干预时间以及模块化设计和建造技术等方面。

1) AP1000 和 EPR 的安全系统采用了两种完全不同的设计理念

AP1000 安全系统采用“非能动”的设计理念,更好地达到“简化”的设计方针。安全系统利用物质的自然特性:重力、自然循环、压缩气体的能量等简单的物理原理,不需要泵、交流电源、1E 级应急柴油机,以及相应的通风、冷却水等支持系统,大大简化了安全系统(它们只在发生事故时才动作),大大降低了人因错误。“非能动”安全系统的设计理念是压水堆核电技术中的一次重大革新。

EPR 安全系统在传统第二代压水堆核电技术的基础上,采用“加”的设计理念,即用增加冗余度来提高安全性。安全系统全部由两个系列增加到四个系列,EPR 在增加安全水平的同时,增加了安全系统的复杂性。核电站安全系统的设计基本上属于第二代压水堆核电技术,是一种改良性的变化。

2) AP1000 和 EPR 的安全性的比较

由于 AP1000 和 EPR 的安全系统采用了两种完全不同的设计理念,二者的安全性有较大的差别。

AP1000 在发生事故后的堆芯损坏频率为 5.0894×10^{-7}/堆年比 EPR 的 1.18×10^{-6}/堆年小 2.3 倍，大量放射性释放概率为 5.94×10^{-8}/堆年也比 EPR 的 9.6×10^{-8}/堆年小 1.6 倍(而且 AP1000 采用的设备可靠性数据均比较保守)。

核电站发生事故后，AP1000 操作员可不干预时间高达 72h，而 EPR 为半小时。

AP1000 在发生堆芯熔化事故时，能有效地防止反应堆压力容器(第二道屏障)熔穿，将堆芯放射性熔融物保持在反应堆压力容器内，使放射性向环境释放的概率降到最低；而 EPR 不防止反应堆压力容器熔穿，堆芯放射性熔融物暂时滞留在堆腔内，然后采取措施延缓熔融物和安全壳(第三道屏障)底板的混凝土相互作用，防止安全壳底板熔穿。

AP1000 的人因失误占堆熔频率的 7.74%，共因失效占堆熔频率的 57%，而 EPR 分别为 29%和 94%，AP1000 明显优于 EPR。

3) 成熟性

AP1000 的最大特点是安全系统采用了非能动技术，西屋公司为此做过大量试验、计算和验证工作，这些试验结果已全部被美国核管会接受，非能动安全系统已达到成熟性的要求。反应堆和反应堆冷却剂系统设计采用与第二代核电站相似的成熟技术。AP1000 的冷却剂屏蔽电机泵的功率比过去屏蔽电机泵产品都大，属于首次设计的大型泵。EMD 屏蔽电机泵制造厂 EMD 公司有丰富的制造经验，生产过大量(约 1 500 台)不同功率、不同尺寸的屏蔽泵用于军工、早期的核电站和其他工业部门，取得了很好的使用业绩，设计和制造技术是成熟、可信的。可以说，AP1000 屏蔽电机泵的主要问题是加快首台泵制造进度和进行工程性验证。

EPR 最大特点是加大反应堆的热功率以及增加安全系统的冗余度和多样性。设计理念是成熟的。EPR 加大了反应堆的热功率和尺寸，主要设备(反应堆压力容器、堆内构件、蒸汽发生器和主冷却剂泵等)都加大了容量和尺寸。但一些主要核设备(反应堆压力容器和堆内构件、蒸汽发生器、主冷却剂泵等)的试验还未完成，都有待在试验台架上和现场进行工程性试验和验证。

可见，两者的成熟性比较是不相上下的。

4) 经济性

AP1000 安全系统采用非能动的理念，安全系统配置简化、安全支持系统减少、安全级设备和抗震厂房减少、1E 级应急柴油机系统和很多能动设备被取消，以及大宗材料需求明显降低。AP1000 的安全系统及其设备数量得到大量的减少，例如，AP1000 的安全级泵和阀门分别为 6 台(包括 4 台主泵)和 599 台，EPR 则为 88 台和 7 000 台。再加上模块化设计和建造新技术的采用，由此派生出了设计简化、系统设置简化、工艺布置简化、施工量减少、工期缩短以及运行方便、维修简单等一系列效应。从长远观点来看，AP1000 不仅使安全性能得到显著提高，而且费用和长期的运行费用也得到明显降低，在经济上也具有较强的竞争力。这种优势在批量建造若干台(如 8～10 台)后，AP1000 核电机组将会越来越明显。

EPR 是通过增加安全系统冗余度和系统配置来提高安全性的，但由于单机容量大、厂址利用率高，提高了它的经济性。

5) 安全审评

AP1000 安全审评情况：西屋公司于 2002 年 3 月 28 日向美国核管会提交 AP1000 标准设计的"标准设计证书"申请，该申请包括 AP1000 设计控制文件、PSA 报告等。美国核管会于 2002 年 7 月 25 受理该申请，并据联邦法规 10CFR Part 52 及相关法规、严重事故政策等进行了审评，于 2004 年 9 月正式发布了"最终安全评价报告(FSER)"。9 月 23 日，西屋公司获得了 NRC 关于 AP1000 的最终设计批准书(FDA)。根据美国有关法律举行听证会后，NRC 于 2005 年 12 月 30 日向西屋公司颁发了 AP1000 标准设计的"标准设计证书"。

EPR 的安全审评情况：芬兰已从法国引进 EPR，在芬兰建造 OL3 核电厂。芬兰核安全当局已完成 EPR 初步安全分析报告的审评，并于 2005 年 2 月 17 日颁发"OL3 核电厂建造许可证"。据称芬兰核安全当局已把审评中未关闭的问题列入建造许可证条件。

根据掌握的资料，结合初步工程判断，AP1000 或 EPR 在核安全许可证申请和审评中，不会出现重大问题。

6.5.3　核电的利用

自世界上第一座核电站建成以来，全世界投入运行的核电站已有 400 多座，近 30 多年来基本上是安全正常的。虽然有 1979 年美国三里岛压水堆核电站事故、1986 年苏联切尔诺贝利石墨沸水堆核电站事故和 2011 年 3 月日本的福岛核电站事故的发生，但前面两次事故都是人为因素造成的。随着压水堆的进一步改进，核电站有可能变得更加安全。

长期的趋势主要取决于这两个对立的趋势是如何取得平衡的，在现存较大的核能使用者中也可能会存在新的设施正被建造，包括一些旧设施的更新，特别是俄罗斯提到对增加更多的核能设施非常感兴趣。

核电提供了占据世界电力生产的较大份额，并超过任何新的替代物，所以说要想从核电过渡到风能发电或太阳能 PV 是非常困难的。如果核电的使用被降低，最可能产生的结果是整体电力供应的下降，以及矿物燃料使用率的提高。核电是排在矿物燃料和水力发电之后的世界上最大的电力资源，占据了世界电力总量的 12%，风能发电约占据了世界电力供应的 2%，太阳能占据了 0.25%，其他可再生能源包括一系列发电的资源，如地热发电和木材燃烧发电，然而这些不能按比例进行扩大生产。即使可再生能源不断增加，矿物燃料的使用在近些年仍然会获得大量的增长，如果核电的使用被降低，那么矿物燃料使用的增长幅度就会更大。

美国核电目前占据了其电力生产的19%，并且是仅次于矿物燃料的电力资源。美国核电生产主要集中在东部地区，以至于核电占据了美国东海岸电力生产的30%～35%，这很难利用其他资源的发电来取代核电，除了矿物燃料以外。

目前，世界各国核电站总发电量的比例平均为16%，其中法国、日本、美国等国的比例更高，法国达到70%。福岛核事故促使德国政府宣誓要逐步淘汰核能的使用，并提高可再生能源所占的比例。目前，核电占我国发电总量的比例还不到2%，借鉴国际成功经验，我国核电发展潜力十分巨大。特别是在应对我国提出2020年实现单位GDP减少40%～45%的减碳任务，核能将成为我国唯一能够实现大规模减少碳排放的能源。总之，发展核能是减少大气污染和改善生态环境的有效途径，是减少温室气体排放量的有效手段，核能将与其他低碳技术一起作为低碳经济的组成部分，为推动世界经济的可持续发展作出更多的贡献。

世界上技术比较成熟、可以据以建造第三代核电机组的设计主要有美国的AP1000(压水堆)和ABWR(沸水堆)，以及欧洲的EPR(压水堆)等型号，它们发生严重事故的概率均比第二代核电机组小100倍以上。美国、法国等国家已公开宣布，今后不再建造第二代核电机组，只建设第三代核电机组。而我国有13台第二代核电机组正在运行发电，未来重点放在建设第三代核电机组上，并开发出具有我国自主知识产权的中国品牌的第三代先进核电机组。为此，国务院决定以浙江三门和山东海阳两个核电项目作为第三代核电自主化依托工程，建设4套第三代AP1000压水堆核电机组。国家中长期科技发展规划纲要已将“大型先进压水堆核电站”列为重大专项[59]。

我国发展核电技术，主要出于两方面的需要。

(1) 优化能源结构。作为稳定、绿色、高能量密度的能源，发展核电对保障电力供应，维护国家长期电力安全具有重要意义。目前，我国虽已成为核电大国，但核电在能源消费结构中所占的比例还远远低于全世界平均水平，“全世界核电占电能的比例大概是15%左右，我国目前核电占的比例还不到2%”[60]。图6-25是我国几座正在运行的核电厂。

(2) 可以有效带动国内高端装备制造业发展。核电是“大国重器”，发展核电有利于提升我国在整个世界上高端装备制造业的地位和水平。

官方数据显示，目前我国运行核电机组21台，装机容量1 902万kW；在建核电机组数以27台居世界之首，装机容量2 953万kW[61]。2014年11月，国家发展改革委会同有关部门推出了包括信息电网油气等重大网络工程、生态环保、清洁能源、交通、油气及矿产资源保障工程等在内的七个“重大工程包”。其中，启动沿海核电工程是清洁能源重大工程包的主要内容之一。

(a) 大亚湾核电厂

(b) 泰山核电厂

(c) 田湾核电厂

图 6-25　我国的几座核电站

我国政府从 2003 年起，就开始启动了第三代核电技术的招标工作。在诸多国际竞标者中，美国西屋联合体以最先进的第三代先进压水堆核电技术（AP1000）胜出。据称，与美国西屋联合体的一系列谈判都是由国家核电（筹）来进行的。

2006 年 12 月 16 日，中美签署两国政府《关于在中国合作建设先进压水堆核电项目及相关技术转让的谅解备忘录》，标志着我国正式决定引进 AP1000 作为我国第三代核电站的主力堆型。2007 年 7 月 24 日，三代核电自主化依托项目核岛合同在北京签署，全球首台 AP1000 核电机组落户浙江三门核电站。

我国购买美国 4 台先进的 AP1000 核电机组，美方同时转让 AP1000 设计技术、设备制造和成套技术、建造技术等先进的核电技术，中方将完全拥有在引进 AP1000 核电技术基础上改进和开发的、输出功率大于 135 万 kW 的、大型非能动核电站的知识产权。

我国自主创新的第三代核电项目正在浙江三门和山东海阳进行建设。与正在运行发电的第二代核电机组相比，预防和缓解堆芯熔化成为设计上的必须要求，而这一点也正是作为第二代核电站的福岛核电站事故中暴露出来的弱点。据悉，我国第三代核电站将装备有蓄水池，这样的“大水箱”在紧急情况下能释放出大量的水，从而达到降温等应急需求。

我国第三代核电自主化依托项目工程建设总体上进展顺利，安全、质量、进度都处于全面受控状态。在此过程中，我国引进消化吸收再创新和自主创新，在世界上率先掌握了第三代核电 AP1000 的五大核心关键技术，为推进我国核电产业技术水平的整体跨越，为实现我国第三代核电 AP1000 的自主化、批量化建设打下了坚实的基础。核岛筏基大体积混凝土一次性整体浇筑技术、核岛钢制安全壳底封头成套技术、模块设计和制造技术、主管道制造技术、核岛主设备大型锻件制造技术这几项关键技术标志着我国核电技术达到新的水平。在建的三门核电站和海阳核电站，其主管道均由我国烟台台海玛努尔核电设备股份有限公司提供，该公司是全球唯一具备二代和三代核电站主管道生产能力的企业[63]。

参考文献

[1] 朱志德，金鑫，杨志刚. 小水电及其机电新技术[J]. 水电站机电技术，2003，(4)：63-64.

[2] 白林. 积极发展小水电促进农村电气化[J]. 农业技术经济，1982，(1)：25-28.

[3] 程回洲. 我国小水电发展战略研究[J]. 中国水利，2001，(8)：49-50.

[4] 李元元. 小水电技术发展现状研究[J]. 中国电力教育，2012，(3)：152-153.

[5] 朱林，叶增明. 小水电技术与发展现状[J]. 农业科技与信息，2010，(8)：47-48.

[6] 程夏蕾. 加拿大的小水电设备及控制管理技术[J]. 小水电，1997，(6)：46-48.

[7] 朱志德，金鑫，杨志刚. 小水电及其机电新技术[J]. 水电站机电技术，2003，(4)：63-64.

[8] 阚喜森. 农村水电站设计建设中应注意的问题[J]. 农村电气化，2001，(7)：16.

[9] 程夏蕾，潘大庆，俞振凯. 经济实用的小水电自动化技术[J]. 小水电，2003，(4)：48-51.

[10] 卡洛斯. 维拉斯克斯，周章贵. 拉美小水电发展前景和水能资源优化配置[J]. 小水电，2009，(6)：1-3.

[11] 程夏蕾，朱效章，吕建平. 我国小水电技术水平与国际差异[J]. 小水电，2007，(2)：1-3.

[12] 童建栋. 小水电设备制造业现状及发展趋势[J]. 电力设备，2008，9(9)：110-111.

[13] 殷豪，楚清河，陈德新. 小型水电站计算机监控系统实施现状与分析[J]. 中国农村水利水电，2005，(9)：108-109.

[14] 刘利国. 我国农村小水电自动化设备运行现状及建议[J]. 中国农村水利水电，2007，(5)：111-113.

[15] 程夏蕾，朱效章. 我国小水电技术发展路线的探讨[J]. 小水电，2007，(1)：3-5.

[16] 闫强，于汶加，王安建，等. 全球地热资源述评[J]. 可再生能源，2009，27(6)：69-73.

[17] 王斌. 可再生能源与电力开发[J]. 中国电力教育，2008，(14)：12-15.

[18] 关斌. 黄河三角洲可再生能源开发利用研究[D]. 青岛：中国石油大学硕士学位论文，2009.

[19] 地热能[OL]. http://www.baike.com/wiki/[2015-6-25].

[20] 高学伟，李楠，康慧. 地热发电技术的发展现状[J]. 电力勘测设计，2008，(3)：59-62.

[21] 杨吉龙，胡克. 干热岩(HDR)资源研究与开发技术综述[J]. 世界地质，2001，20(1)：43-51.

[22] 徐巍. 世界干热岩发展现状及趋势[A]//中国地热资源开发与保护——全国地热资源开发利用与保护考察研讨会论文集[C]. 腾冲，2007.

[23] 庄迎春. 论绿色建筑与地源热泵系统[J]. 建筑学报，2004，(3)：48-50.

[24] 聂英君. 地热能的利用及发展[J]. 黑龙江科技信息，2012，(26)：92.

[25] 余红海，周亚素，雷鸣. 浅谈地源热泵空调系统的分类及其优越性[J]. 节能技术，2006，24(5)：441-445.

[26] 刁乃仁，方肇洪. 地源热泵——建筑节能新技术[J]. 建筑热能通风空调，2004，23(3)：18-23.

[27] 王俊波，霍亮，李四龙. 地源热泵技术探讨[J]. 中国新技术新产品，2009，(19)：110.

[28] 吴明华. 地表水源热泵在重庆地区的工程应用研究[D]. 重庆：重庆大学硕士学位论文，2007.

[29] 朱菲，李庆雷，明庆忠. 云南旅游循环经济发展中的地热能利用技术——以邦腊掌旅游区为例[J]. 资

源开发与市场,2008,24(1):10-12.
[30] 崔璐. 地源热泵系统经济性评价及地下换热器研究[D]. 南京:南京理工大学硕士学位论文,2008.
[31] 付毅飞. 国土资源部将启动地热能调查[N]. 科技日报,2011-04-23.
[32] 闫强,于汶加,王安建,等. 全球地热资源述评[J]. 可再生能源,2009,27(6):69-73.
[33] 申建梅,陈宗宇,张古彬. 地热开发利用过程中的环境效应及环境保护[J]. 地球学报,1998,(4):67-73.
[34] 马小娟,呼方涛,王锦华. 浅析可燃冰的研究现状与发展前景[J]. 科技信息,2011,(7):376,345.
[35] 叶爱杰,孙敬杰,贾宁,等. 天然气水合物及其勘探开发方法综述[J]. 中国海上油气,2005,17(2):138-144.
[36] 顾问君. 可燃冰:人类的福音还是禁果?[J]. 观察与思考,2009,(22):38-40.
[37] 刘勇健,李彰明,张丽娟,等. 未来新能源可燃冰的成因与环境岩土问题分析[J]. 广东工业大学学报,2010,27(3):83-87.
[38] 江怀友,乔卫杰,钟太贤,等. 世界天然气水合物资源勘探开发现状与展望[J]. 中外能源,2008,13(6):19-25.
[39] 吴传芝,赵克斌,孙长青,等. 天然气水合物开采研究现状[J]. 地质科技情报,2008,27(1):47-52.
[40] 吴学平. 可燃冰:21世纪的能源新宠[J]. 科学之友(A版),2009,(11):26-27.
[41] 王宁寰. 可燃冰开采尚无成熟方案[N]. 北京日报,2013-04-10.
[42] 冯丹,李选民. 新型能源——可燃冰的研发现状[J]. 能源技术与管理,2009,(6):113-115.
[43] 胡进科,李皋,陈文可,等. 国外页岩气勘探开发综述[J]. 重庆科技学院学报:自然科学版,2011,13(2):72-75.
[44] 吕选鹏,周承富,陈辉,等. 连续油管技术在页岩气勘探开发中应用前景[J]. 石油矿场机械,2012,41(2):67-70.
[45] 赵勇,杨海波. 页岩气开发现状及成功开发页岩气的关键因素[J]. 中外能源,2011,16(7):47-50.
[46] 刘洪林,王莉,王红岩,等. 中国页岩气勘探开发适用技术探讨[J]. 油气井测试,2009,18(4):68-71.
[47] 赵宏图. 世界页岩气开发现状及其影响[J]. 现代国际关系,2011,(12):44-49.
[48] 李武广,杨胜来,殷丹丹,等. 页岩气开发技术与策略综述[J]. 天然气与石油,2011,29(1):34-37.
[49] 罗佐县. 美国页岩气勘探开发现状及其影响[J]. 中外能源,2012,17(1):23-28.
[50] 郑军卫,孙德强,李小燕,等. 页岩气勘探开发技术进展[J]. 天然气地球科学,2011,22(3):511-517.
[51] 殷鹏飞,柳广弟,刘成林,等. 中美页岩气资源评价的现状及启示[J]. 当代石油石化,2011,(11):7-12.
[52] 秦伟. 页岩气迷雾[J]. 装备制造,2012,(10):84-88.
[53] 段雯娟. 世界能源博弈或再一次重新洗牌 访中国社科院研究生院院长、国际能源安全研究中心主任黄晓勇[J]. 地球,2014,(8):18-23.
[54] 张秋妙. 从资源角度看核电发展[J]. 现代物理知识,2009,(2):31-35.
[55] 谢满廷. 核能是安全清洁的能源[J]. 太原科技,2009,(2):15-16.
[56] 于欢. 纳米纤维海中取铀[N]. 中国能源报,2012-09-10.
[57] 核动力概述[J]. 能源与节能,2013,(7):125.
[58] 第三代核电站[OL]. http://www.baike.com/wiki/[2015-6-27].
[59] 欧阳予. 世界核电发展形势与核安全要求的提高[J]. 科学文化评论,2011,8(5):17-22.
[60] 任丽梅,何玲. 国家发展改革委再推出三个重大工程包[N]. 中国改革报,2014-12-05.
[61] 宋阳. 今明两年启动一批沿海核电工程[N]. 中国经济导报,2014-12-06.
[62] 国家电力监管委员会. 党的十六大以来核电技术取得重要突破[J]. 电力安全技术,2012,10:55.
[63] 中国机电网. 我国率先掌握第三代核电五大关键技术[J]. 电力勘测设计,2010,(2):72.

第7章　氢　　能

7.1　氢能的特点

氢是宇宙中最丰富的元素，氢在地球上无所不在，含量也非常丰富。氢是最活泼的元素，宇宙中所有元素都与氢有联系，可以说是宇宙中的一种基本物质，不少星球都起源于氢的变化，太阳中氢约占总体积的80%。地球上自然界的氢主要存在于化合物中，如水、化石燃料、生物质等碳氢化合物中。氢跟氧化合成水，大量储存在江、河、湖、海之中，水中含氢的重量为11.2%。氢在地壳中按元素重量占1/4。因此，在地球上氢无所不在，氢储量极为丰富[1]。

氢能被称为"永远的能源"，它有以下主要特点：①氢的放热效率高，燃烧1g氢可以放出14×10^4J的热量，约为燃烧1g汽油放热的3倍；②氢气在燃烧过程中，除释放出巨大的能量外，产生的废物只有水，不会造成环境污染，因而又被称为"清洁燃料"；③氢气的密度小、能够储藏，与难储存的电相比，具有显著的优越性；④氢的用途极为广泛，它不但能燃烧生热，而且还可以产生化学能，并作为吸热的介质等。此外，燃烧氢气产生水和热，并不像石油或煤炭会产生二氧化碳等有害物质。通过燃料电池可以将氢气转变成电，可提供驱动所有运输工具的电力，氢燃料电池的副产品是热和水。因此，使用氢气这种清洁能源最大的好处就是有利于环境保护，这对降低空气污染与大气的温室效应将产生革命性变革[2]。氢的诸多特性使其很适合充当未来理想的新能源，以及用作热能和电能的存储器，进而可以成为未来能源供应系统的能源媒介和载体。氢能的优势引起了世界各国的高度重视，被视为21世纪最具发展潜力的清洁能源。

总之，氢气作为一种清洁、高效和丰富的新能源已渐为世人所共识，它具有以下优点。

(1) 清洁。氢气燃烧过程中只产生水，对环境没有任何污染，实现真正的"零排放"。

(2) 储能高。燃烧1g氢可以放出14×10^4J的热量，约为燃烧1g汽油放热的3倍。

(3) 使用效率高。采用催化燃烧氢气燃烧产热，比常规化石燃料的热效率高10%～15%；用于内燃机产生动力，比汽油效率高15%～25%。

(4) 来源丰富。占地球表面71%的水中含有大量的氢，资源非常丰富。

(5) 便于运输。输氢成本最低,损失最少。一条直径 0.91m 的输氢管道,用于 950～1 600km 输氢,其所输送能量相当于 50 万伏高压输电线路所输能量的 10 倍以上。而建设这样的输送管道所需费用仅为建设高压输电线路的 1/2～1/4。

(6) 用途广泛。用氢代替煤和石油,不需对现有的技术装备作重大的改造,现在的内燃机稍加改装即可使用。还可用于燃料电池,或转换成固态氢用作结构材料[3]。

氢能技术的利用主要包括氢的规模制取、储存和运输、利用等环节。

7.2 氢能的制取

氢的规模制取技术已较为成熟,可通过天然气重整、石油催化裂解等技术实现。从长远看,它还可利用太阳能光解/电解水或生物制氢等技术来获取,如图 7-1所示。

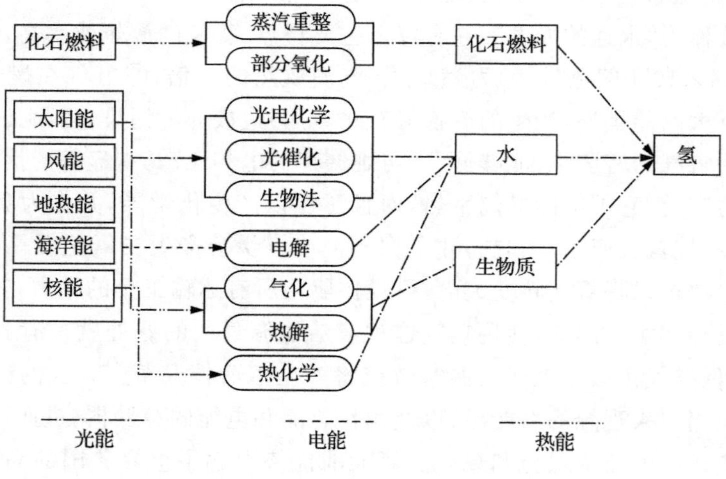

图 7-1 制氢系统图

传统制氢技术包括以下几个。

(1) 矿物原料制氢。以煤、石油及天然气为原料制取氢气是当今制取氢气的主要方法,该方法在我国已具有成熟的工艺,并建有工业生产装置。

(2) 以煤为原料制氢。在我国能源结构中,在今后相当长一段时间内,煤炭还将是主要能源。如何提高煤的利用效率及减少对环境的污染,这是需要不断研究的课题,将煤炭转化为氢是其途径之一。

(3) 以天然气或轻质油为原料制取氢气。该方法是在催化剂存在下与水蒸气反应转化制取氢气。用该法制得的气体组成中,氢气含量可达 74%(体积),其生产成本主要取决于原料价格。我国轻质油价格高,制气成本高,采用受到限制。大多数大型合成氨、合成甲醇工厂均采用天然气为原料，催化水蒸气转化制氢的工艺。我国在该领域进行了大量有成效的研究工作，并建有大批工业生产装置。以石油及天然气为原料制氢的工艺已十分成熟。

(4) 以重油为原料部分氧化法制取氢气。重油原料包括常压、减压渣油及石油深度加工后的燃料油，重油与水蒸气及氧气反应制取含有氢气的原料。部分重油燃烧提供转化吸热反应所需热量及一定的反应温度。我国已建有大型重油部分氧化法制氢装置，用于制取合成氢的原料。

(5) 生物质制氢。生物质资源丰富，是重要的可再生能源。生物质可通过气化和微生物制氢。生物质气化制氢是将生物质原料(如树枝、麦秸、稻草等)压制成型，在气化炉(或裂解炉)中进行气化或分解反应制取含氢燃料。我国在生物质气化技术领域的研究已取得一定成果，在国外，由于转化技术的提高，生物质气化已能大规模生产水煤气，其氢气含量大大提高。微生物制氢是利用微生物在常温常压下进行酶催化反应制得氢气，生物质产氢主要有化能营养微生物产氢和光合微生物产氢两种。目前已有利用碳水化合物发酵制氢的专利，并利用所产生的氢气作为发电的能源。光合微生物(如微型藻类)和光合作用细菌的产氢过程与光合作用相联系，称光合产氢[4]。

1. 电解水制氢

电解水制氢是目前应用较广且比较成熟的方法之一，只要提供一定形式的能量，就可使水分解。但消耗电量大[5]。不过，由于电能可由各种一次能源提供，如矿物燃料、核能、太阳能、水能、风能及海洋能等，所以，我国可以利用丰富的水力资源来发电，并加紧研发利用取之不尽的太阳能和丰富的核能及海洋能。这样，随着氢能应用的逐步扩大，电解水制氢方法必将得到发展。

电解水是由电能提供动力，将水分解为氢和氧的化学过程，总反应式为

$$2H_2O + \text{电能} \longrightarrow 2H_2 + O_2 \tag{7-1}$$

反应焓：

$$\Delta H^0_{298K} = +289\text{kJ/mol} \tag{7-2}$$

反应熵：

$$\Delta S^0_{298K} = +203\text{J/(mol·K)} \tag{7-3}$$

自由焓：

$$\Delta G^0_{298K} = +237\text{kJ/mol} \tag{7-4}$$

目前，已经发展了三种基于不同种类的电解槽，分别是碱性电解槽、聚合物薄

膜(PEM)电解槽和固体氧化物(solid oxide)电解槽,电解效率也由 70%提高到 90%。

1) 碱性电解槽[6]

碱性电解槽是最古老、技术最成熟,也最经济的电解槽,并且易于操作,目前广泛使用,但缺点是其效率是三种电解槽中最低的,其基本原理示意图如图 7-2 所示。

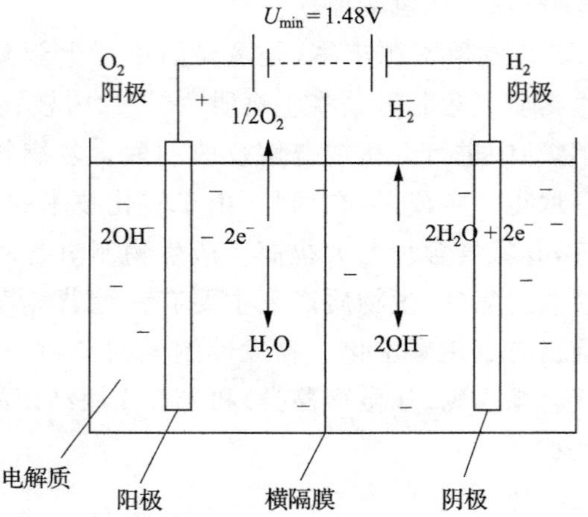

图 7-2　碱性电解槽原理示意图

碱性电解槽主要由电源、电解槽箱体、电解液、阴极、阳极和横隔膜组成。通常电解液都是氢氧化钾溶液(KOH),浓度为 20wt%～30wt%,横隔膜主要由石棉组成,主要起分离气体的作用。而两个电极则主要由金属合金组成,如 Ni—Mo 和 Ni—Cr—Fe,主要是分解水,产生氢和氧。电解槽工作温度为 70～100℃,压力为 100～3 000kPa。在阴极,两个水分子被分解为两个氢离子(H^+)和两个氢氧根离子(OH^-),氢离子得到电子生成氢原子,并进一步生成氢分子(H_2),而那两个氢氧根离子则在阴、阳极之间的电场力作用下穿过多孔的横隔膜,到达阳极,在阳极失去两个电子生成一个水分子和 1/2 个氧分子。阴、阳极的反应式分别如下。

阴极:

$$2H_2O+2e^- \longrightarrow H_2+2OH^- \tag{7-5}$$

阳极:

$$2OH^- \longrightarrow 1/2O_2+H_2O+2e^- \tag{7-6}$$

目前广泛使用的碱性电解槽结构主要有两种:单极式电解槽和双极式电解槽,这两种电解槽的示意图如图 7-3 所示。在单极式电解槽中电极是并联的,而在双极式电解槽中则是串联的。双极式电解槽结构紧凑,减小了因电解液的电阻而引起的损失，从而提高了电解槽的效率。但双极式电解槽在另一方面也因其紧凑的结构增大了设计的复杂性，从而导致制造成本高于单极式电解槽。鉴于目前更强调的是转换效率，现在工业用电解槽多为双极式电解槽。

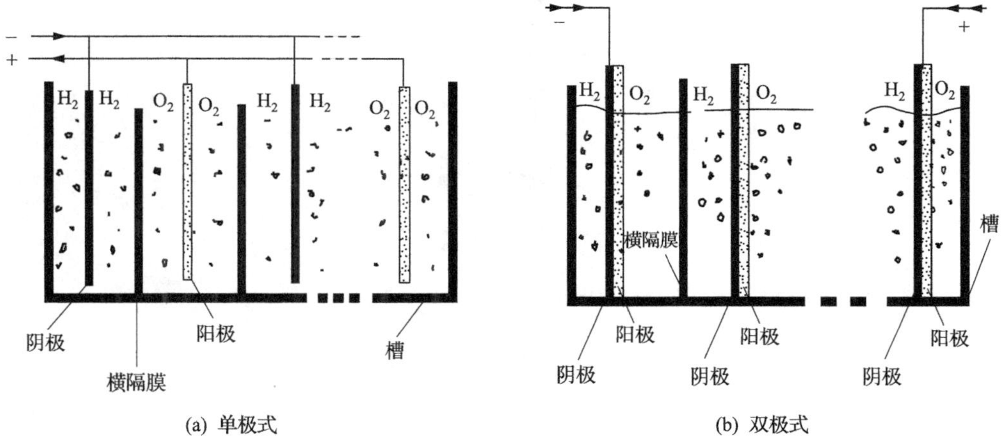

图 7-3　单极式和双极式电解槽示意图

为了进一步提高电解槽的转换效率，需要尽可能地减小供给电解槽的电压，增大通过电解槽的电流，减小电压可以通过发展新的电极材料、新的横隔膜材料，以及新的电解槽结构——零间距结构来实现。研究表明，Raney Nickel 和 Ni—Mo 等合金作为电极能有效加快水的分解，提高电解槽的效率。而由于聚合物良好的化学、机械的稳定性，以及气体不易穿透等特性，将取代石棉材料成为未来的横隔膜材料。同时提高电解槽的效率还以提高反应温度来实现，温度越高，电解液阻抗越小，效率越高。而零间距结构则是一种新的电解槽构造，由于电极与横隔膜之间的距离为零，有效降低了内部阻抗，减少了损失，从而增大了效率。零间距结构电解槽示意图如图 7-4 所示，多孔的电极直接贴在横隔膜的两侧，在阴极水分子被分解成 H^+ 和 OH^-，OH^- 直接通过横隔膜到达阳极生成氧气。因为没有了传统碱性电解槽中电解液的阻抗，有效增大了电解槽的效率，是未来比较有潜力的电解槽结构。

碱性电解槽结构简单、操作方便、价格较便宜，比较适用于大规模制氢，但缺点是效率不够高，为 70%～80%。为了进一步提高电解槽的效率，开发出了聚合物薄膜（PEM）电解槽和固体氧化物电解槽。

2）聚合物薄膜电解槽

PEM 电解槽是基于离子交换技术的高效电解槽，第一台 PEM 电解槽是由日本通用电气公司 1966 年研制出来，当时是用于空间技术。随后日本开展了 WE-NET 工程，进行了大量的研究。它的工作原理如图 7-5 所示。

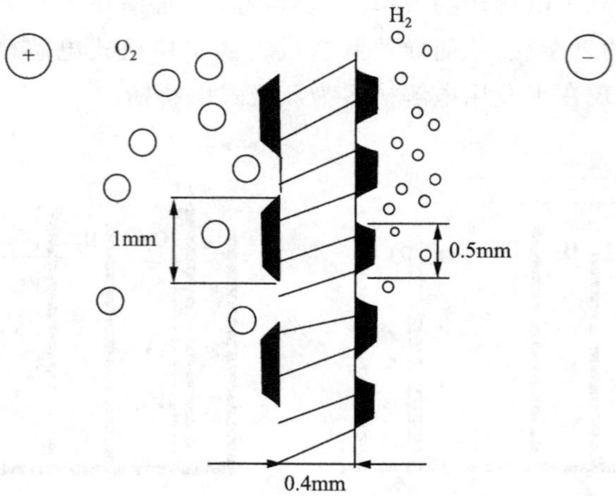

图 7-4　零间距电解槽示意图

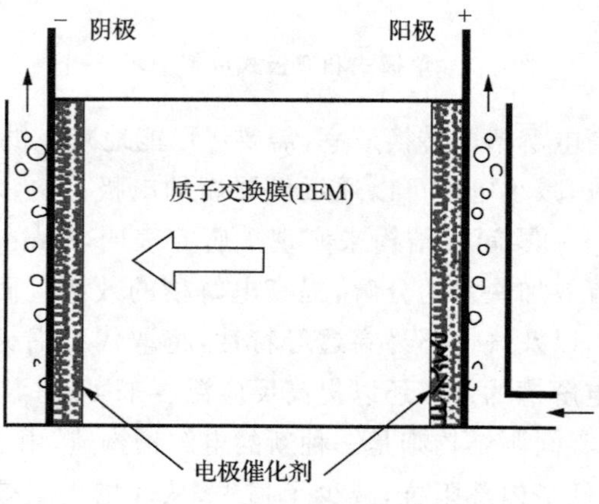

图 7-5　聚合物薄膜电解槽示意图

PEM 电解槽主要也是由两电极和聚合物薄膜组成，质子交换膜通常与电极催化剂成一体化结构（membrane electrode assembly，MEA）。在这种结构中，以多孔的铂材料作为催化剂结构的电极是紧贴在交换膜表面的。薄膜由全氟磺酸(nafion)组成，包含有 SO_3H，水分子在阳极被分解为氧和 H^+，而 SO_3H 很容易分解成 SO_3^- 和 H^+，H^+ 与水分子结合成 H_3O^+，在电场作用下穿过薄膜到达阴极，在阴极生成氢。PEM 电解槽不需电解液，只需纯水，比碱性电解槽安全、可靠。使用质子交换膜作为电解质具有化学稳定性、高的质子传导性、良好的气体分离性等优点。由于较高的质子传导性，PEM 电解槽可以工作在较高的电流下，从而增大了电解效率。并且由于质子交换膜较薄，减小了欧姆损失，也提高了系统的效率。目前 PEM 电解槽的效率可以达到 85%或以上，但由于在电极处使用铂等贵重金属，氟磺酸也是很昂贵的材料，所以PEM电解槽目前还难以投入大规模的使用。为了进一步降低成本，目前的研究主要集中在如何降低电极中贵重金属的使用量以及寻找其他的质子交换膜材料。有机材料（如Poly乙酸磷腈聚酯）和无机材料（如SPS间规聚苯乙酸）都已经经过实验证明具有与全氟磺酸很接近的特性，但成本却低，因此可以考虑作为PEM电解槽质子交换膜。随着研究的进一步深入，将可能找到更合适的质子交换膜，并且随着电极贵金属分量的减小，PEM电解槽的成本将会大大降低，成为主要的制氢装置之一。

3）固体氧化物（SOE）电解槽

固体氧化物电解槽从1972年开始发展起来，目前还处于早期发展阶段。由于工作在高温下，部分电能由热能代替，效率很高。并且成本也不高，其基本原理示于图7-6。高温水蒸气进入管状电解槽后，在内部的负电极处被分解为H^+和O^{2-}。H^+得到电子生成H_2，而O^{2-}则通过电解质ZrO_2到达外部的阳极，生成O_2。固体氧化物电解槽目前是三种电解槽中效率最高的，并且反应的废热可以通过汽轮机、制冷系统等利用起来，使得总效率达到90%。但由于工作在高温下（1000℃），也存在着材料和使用上的一些问题。适合用作固体氧化物电解槽的材料主要是YSZ（钇稳定氧化钙）。这种材料并不昂贵，但由于制造工艺比较贵，使得固体氧化物电解槽的成本也高于碱性电解槽。其他的比较便宜的制造技术如电化学气相沉淀（electrochemical vapor deposition，EVD）法和喷射气相沉淀（jet vapor deposition，JVD）法正在研究之中，有望成为以后固体氧化物电解槽的主要制造技术。各国的研究重点除了发展制造技术外，同时也在研究中温（300～500℃）固体氧化物电解槽以降低温度对材料的限制。随着研究的进一步深入，固体氧化物电解槽技术将和质子交换膜电解槽一起成为制氢的主要技术，架起一座从可再生能源到氢能源的桥梁。

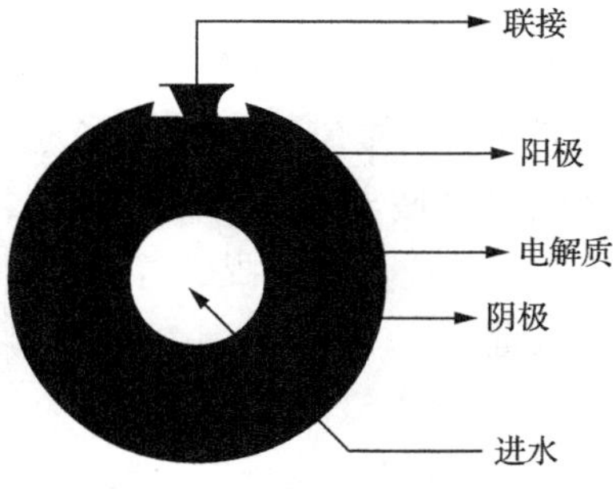

图7-6 固体氧化物电解槽端视图

4）海水电解

海水是世界上最为丰富的资源，也是通过电解水制氢的理想资源，尤其是在沙漠但又靠海的地区（如中东），纯净的水难以获得，利用太阳能制氢只能通过电解海水来实现。然而，海水中含有NaCl，使得在电解过程中氯气会在阳极析出，而抑制了氧气的产生。氯气的析出会严重影响人体健康，造成环境污染，因此需要绝对避免。在所有适合作电极的金属材料中，只有锰的氧化物可以在反应中在阳极主要产生氧气，只有少量的氯气析出，并且掺杂的电极对氧气的产生率更高。Ghany

等用 $Mn_{1-x}Mo_xO_{2+x}/IrO_2/Ti$ 作为电极，氧气的生成率达到了 100%，完全避免了氯气的产生，使得电解海水制氢变得可行。

电解水制氢是目前应用较广且比较成熟的方法之一，其中所用到的电解槽多为碱性电解槽。水为原料制氢工程是氢与氧燃烧生成水的逆过程，因此只要提供一定形式的能量，就可使水分解成氢气和氧气。提供电能使水分解制得氢气的效率一般在 75%～85%。其优点是工艺过程简单、无污染、转化率高，缺点是消耗电量大[5]。目前电解水的工艺、设备均在不断改进，但电解水制氢能耗仍然很高。

2. 化石原料制氢

以煤、石油及天然气为原料制取氢气是当今制取氢气最主要的方法，制得的氢气主要作为化工原料，如生产合成氨、合成甲醇等。有时某些含氢气体产物也作为气体燃料供城市煤气。用矿物燃料制氢的方法包括含氢气体的制造、气体中 CO 组分变换反应及氢气提纯等步骤。该方法在我国都具有成熟的工艺，并建有工业生产装置。

1）蒸汽重整法

目前最高效、经济的制氢工艺是蒸汽重整法，该过程一般需要镍基催化剂使用蒸汽对天然气及其他低碳烃类进行重整得到。以甲烷为例，其制氢工艺流程如图 7-7 所示。

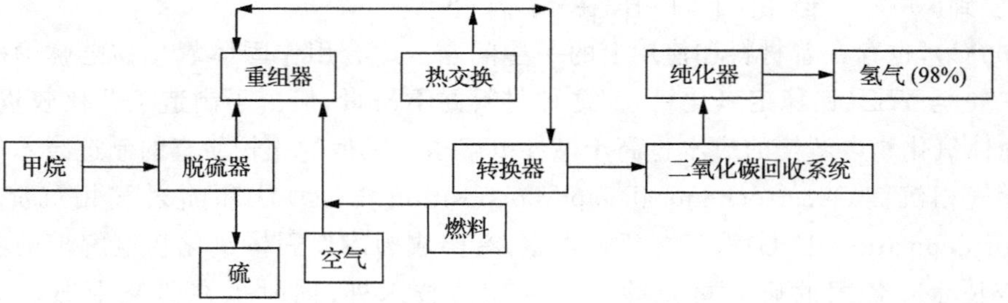

图 7-7　蒸汽重整法制氢示意图

因为此反应所使用的镍基催化剂易因硫中毒而失活，所以甲烷在进入重组器之前要先进入脱硫器脱硫，使硫含量降至 0.5×10^{-6} 以下，以免催化剂中毒。常用的脱硫法有活性炭法、碱洗法、胺洗法、酸洗法和加氢脱硫法等，其中活性炭法、碱洗法和胺洗法适用于气体原料，酸洗法、加氢脱硫法则适用于液体原料，此外还有氧化锌法和氧化铁法可除去硫化氢。此反应为高度吸热反应，因此重组器需要燃料燃烧加热，空气与燃料反应产生蒸汽和大量热量，使反应温度维持在 650～700℃。压力依操作条件不同可控制在 709～4 864kPa。由于是强吸热反应，所使用的催化剂也应有较好的传热能力，可以使用 Ni/Al_2O_3 催化剂。在重整器内甲烷与蒸汽在催化剂存在下反应，蒸汽与烷烃进料比为3.5∶4.5，重整器出口气体温度在870～885℃，压力为2 229～2 432kPa，甲烷转化率可达95%，产物组成为76%H_2、12%CO、10%CO_2、1.3%CH_4和少量水蒸气。重整器出口气体经由热交换器将一部分的热与蒸汽回流，再进入转化器内，在铝担载的铜锌催化剂存在下，在200～300℃进行水-气转化反应，生成86%H_2、22%CO_2、0.25%CO和1.3%CH_4。或用铬-氧化铁催化，在340～350℃，将一氧化碳转化成二氧化碳，以提高转化率。由转化器出来的气体进入二氧化碳回收系统。在此系统中将气体重新加热至315℃，在氧化镍催化下将二氧化碳转化成甲烷，并回收作为进料，脱除二氧化碳之后再进一步纯化得到所要的产品氢气(98%)，故此工艺过程无二氧化碳的排放问题[7]。

烃类水蒸气重整制氢原理为

$$C_nH_{2n+2} + nH_2O \longrightarrow nCO\uparrow + (2n+2)H_2\uparrow \tag{7-7}$$

缺点是烃类水蒸气重整制氢反应是强吸热反应，反应时需外部供热。热效率较低，反应温度较高，反应过程中水大量过量，能耗较高，造成资源的浪费。

重油氧化制氢重整法的缺点是反应温度较高，制得的氢纯度低，也不利于能源的综合利用[8]。

随着氢气用途的日益广泛，其需求量也迅速增加。传统的制氢方法均需消耗大量的不可再生能源，不适应社会的发展需求。

2) 水煤气法

第二次世界大战前几乎所有的合成气(氢气与一氧化碳混合气)均来自于焦炭，其制备工艺是将蒸汽与空气交替周期性通入高温下的焦炭床(1 000℃左右)，蒸汽即发生水煤气反应：

$$C + H_2O \longrightarrow CO + H_2 \tag{7-8}$$

利用煤和生物质等气化制氢则是将这些物质在高温下裂解成合成气后进行水气转换等过程，提高氢的成分，最后经过净化处理得到燃料氢的过程，其中煤的气化制氢是目前广泛使用的制氢技术。但由于原料含硫，制氢过程将会产生硫和碳的氧化物等温室气体，并且成本要比重整制氢高。

该工艺是将经过预热器预热过的氧气、水蒸气及碳氢化合物经充分混合后由喷嘴喷入密闭的燃烧器，反应条件为1 250～1 500℃、3～8MPa。如果使用液态烃为原料，则需另外通过水蒸气来补充热量。若使用固体进料，原料一般悬浮于水中，经预热器加热蒸发脱水后进入燃烧器进行反应。反应生成的气体含有CO、CO_2、H_2及其他物质，合成气的组成及其比例依用途而异，可通过不同的处理或精制步骤加以控制。若要得到纯氢气，可经由吸收塔去除杂质，再经转化器氧化成二氧化碳、碳酸钾或乙醇胺脱除二氧化碳，最后经由纯化器纯化可得到97%的氢气。

新式的水煤气法是将经粉碎处理的粒径约 90μm 的煤粒悬浮于水蒸气及氢气环境中快速氧化。常压下有 Koppers-Totzek 流程，高压下有 Texaco 和 Shell-Koppers流程。

以 Koppers-Totzek 程序为例，经由气化槽出来的气体先经过热交换器将热回收并脱出煤灰，再进入压缩器，在转化器中将一氧化碳氧化成二氧化碳，再经碳酸钾或乙醇胺将二氧化碳脱除，最后经由纯化器纯化可得到 97.5%的氢气。

3）部分氧化法

水煤气法与水蒸气法均需要由外界提供热量，需要消耗较多能量，研究如何由内部反应所产生的反应热提供所需的热量开发出部分氧化法。早期采用固体燃料通入氧气的部分氧化法，后来改用液体燃料法。但因为此法要使用催化剂，原料的选取受到限制。后来又有无需催化剂的高压法被开发出来，此法可使用气体燃料或液体燃料，亦可使用固体燃料，天然气和煤焦油甚至沥青均可使用。目前商业化的有 BASF 法、Texaco 法、Hydro-carbon 法及 Shell 法，使用的原料包括甲烷及重质油等。

部分氧化法是在无催化剂存在的情况下，将预热的原料与比理论用量少的氧气和水蒸气混合在燃烧器中反应，产生的热量可供转化器中蒸汽重整使用。通过控制烃、氧及蒸汽进料可得氢气及一氧化碳含量为 96%的混合气，其中氢气与一氧化碳的比例可以通过改变操作条件加以控制。以甲烷为例，其反应式如下：

$$CH_4 + 2O_2 \longrightarrow CO_2 + 2H_2O \tag{7-9}$$

$$CH_4 + CO_2 \longleftrightarrow 2CO + 2H_2 \tag{7-10}$$

$$CO + H_2O \longleftrightarrow CO_2 + H_2 \tag{7-11}$$

$$CH_4 + H_2O \longleftrightarrow CO + 3H_2 \tag{7-12}$$

甲烷重整制氢是目前运用最为广泛的制氢技术，具有成本低廉、可以大规模制氢的特点。但由于制氢过程中会有 CO 产生，被视为通向氢经济的过渡制氢技术。反应式为

$$CH_4 + H_2O \longrightarrow 3H_2 + CO \tag{7-13}$$

这个反应是吸热反应，需要外部输入热量，反应温度为 700～850℃，反应压力为 0.3～2.5MPa。反应产物合成气被输入下一级水气置换反应器，经过水气置换反应，将碳的能量转化到氢中，提高了氢的产量。反应式为

$$CO + H_2O \longrightarrow H_2 + CO_2 \tag{7-14}$$

重整制氢的能量转换效率可以达到 75%～80%，经济有效。如果将余热回收利用，效率可达 85%以上。

部分氧化制氢是利用碳氢化合物被部分氧化生成 CO 和氢的工艺。反应式为

$$2CH_4 + O_2 \longrightarrow 2H_2 + 2CO \tag{7-15}$$

该反应在高温下进行，是放热反应。如果加入催化剂，系统转化效率会大大增加。反应产物合成气也与重整制氢一样，需要进行水气置换反应，将碳的能量转化到氢中，以提高 H_2 的产量。最后再经过分离提纯，就得到了可以用于交通工具的燃料。但这个生产过程也有 CO 的排放，由于其经济性和有效性，也是通向环保制氢的过渡。

3. 微生物制氢

利用微生物在常温常压下进行酶催化反应可制得氢气，微生物制氢技术的研究与开发是未来发展洁净能源的一个重要途径。近些年研究比较成熟的技术主要有异养细菌发酵制氢、厌氧梭菌发酵制氢、光合细菌利用有机废水制氢等。产氢微生物作为一类生物资源很具有开发潜力，不仅从中获得洁净氢能源，而且从中可获取有价值的生理活性物质。然而，微生物在产氢过程中如何确保所使用微生物的有效性、持续稳定性和对不同生态条件的适应性仍然是需要深入探究的课题[9]。

近年来，已查明在常温常压下以含氢元素物质（包括植物淀粉、纤维素、糖等有机物及水）为底物进行生物酶催化反应来制得氢气的微生物可分为五个种类，即异养型厌氧菌、固氮菌、光合厌氧细菌、蓝细胞和真核藻类。其中蓝细胞和真核藻类产氢所利用的还原性含氢物质是水；异养型厌氧菌、固氮菌、光合厌氧细菌所利用的还原性含氢物质则是有机物。按氢能转化的能量来源，异养型厌氧菌、固氮菌依靠分解有机物产生三磷酸腺苷（ATP）来产氢；而真核藻类、蓝细胞、光合厌氧细菌则能通光合作用将太阳能转化为氢能[10]。

1）光合微生物产氢

（1）直接光解制氢。

直接光解制氢示意图如图 7-8 所示。其特点是直接利用光能产生氢气，但至今对细菌光合产氢的具体步骤没有定论。其反应机理以式(7-16)简单表示：

$$6CO_2 + 10H_2O \longrightarrow C_6H_{12}O_6 + 4H_2\uparrow + 8O_2\uparrow \tag{7-16}$$

图 7-8　直接光解制氢示意图

以绿藻为例。绿藻属于人类已知的最古老植物之一，通过进化形成了能生活在两个截然不同的环境中的本领。当绿藻生活在平常的空气和阳光中时，它像其他植物一样具有光合作用。光合作用利用阳光、水和二氧化碳生成氧气和植物维持生命所需要的化学物质。然而当绿藻缺少硫这种关键性的营养成分，并且被置于无氧和光照环境中时，绿藻就会回到另一种生存方式中以便存活下来，在这种情况下，绿藻就会产生氢气[11]。

(2) 间接光解制氢。

间接光解制氢示意图如图 7-9 所示。其特点是先利用光能生产有机物，再利用光能分解有机物而产生氢气，总反应式为

光合作用：

$$12H_2O + 6CO_2 \xrightarrow{\text{光能}} C_6H_{12}O_6 + 6O_2 + 6H_2O \tag{7-17}$$

产氢反应：

$$C_6H_{12}O_6 + 12H_2O \xrightarrow{\text{光能}} 12H_2 + 6CO_2 + 6H_2O \tag{7-18}$$

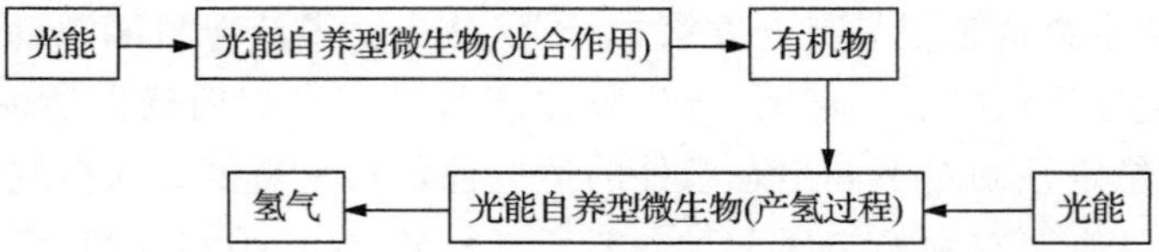

图 7-9 间接光解制氢示意图

以蓝细菌为例。蓝细菌主要分为蓝绿藻、蓝藻纲类、蓝藻类。当蓝细菌处于厌氧黑暗环境中一段时间后，开始合成产氢酶。当这种适应了厌氧条件的蓝细菌被放回光照且厌氧的环境中时，产氢速率可以大幅度提高。它的光合作用正常后，则停止产氢。

(3) 光发酵制氢。

光发酵制氢示意图如图 7-10 所示。其特点是利用光能分解有机物，并产生氢气。此类微生物无 PSII 光合系统，无法利用水来产生氢离子，而是利用光能将有机物分解，产生氢离子和高能电子。产氢酶再利用这些中间产物和 ATP 来产生氢气。目前研究比较多的光合产氢微生物还有颤藻属、深红红螺菌、球形红假单胞菌、深红红假单胞菌、球形红微菌、液泡外红螺菌等[12]。

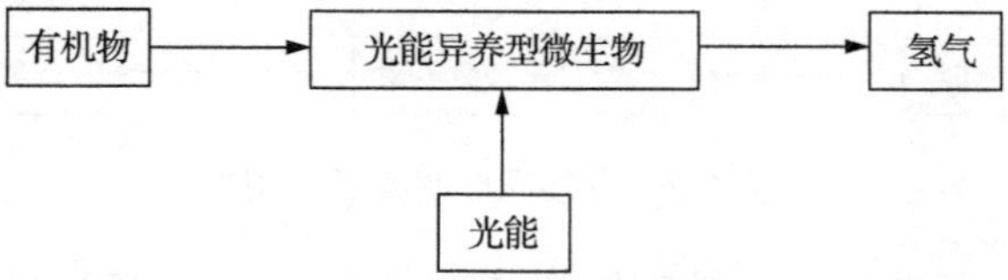

图 7-10 光发酵制氢示意图

这是制氢的一条重要途径。光合细菌不仅产氢，而且具有多种功能可以利用；它的产氢速率大大高于其他类型的微生物，每克菌体每小时可获得最大产氢量

(51mL/(h·g))。这类光合细菌是行使不放氧的光合作用,产生的氢没有氧的混合,纯度高。在我国,已有利用豆腐制品废水为原料,通过光合细菌固定化技术,可连续产气达260小时以上,平均产气率146.8～351.4mL/(L·d),气体中氢的含量在60%以上。若维持产气93小时,平均产气率为120.7～140mL/(L·d),而气体中含氢量在75%以上。这些光合细菌包括具有固氮作用的荚膜红假单胞菌,它能持续产氢10天以上(45mL/(L·h)),而其中有的光合细菌产氢量为260mL/(g·h),达到最大的产氢率。然而,光照对该菌的光合作用是必需的。光不是对其行固氮作用的,固氮酶活性是个限制因素。就深红红螺菌而言,一种突变株固氮酶活性不受氨存在的影响,也就是说,氨态氮存在下该菌照样继续固氮产氢。日本、美国等国研究人员用基因工程技术建构高效产氢光合细菌用于氢能生产,达到较高的产氢率,可用于实际氢能生产。另据报道,有的国家建立"光合细菌工厂",每天可生产10吨液态氢作为飞机燃料,试飞取得成功。日本教授发现了一种能与淀粉作用产生氢气的细菌,从而推出用生物工程制氢的新方法[13]。

由于它是以太阳能为能源、以水为原料,能量消耗小,生产过程清洁,受到各国生物制氢单位的关注。但目前光合微生物制氢离实用化还有相当距离,光能转化率低,要大量制氢,就需要很大的受光面积,还没有满意的产氢藻。

普遍认为,光合生物制氢很有发展前景。据美国太阳能研究中心估算,如果光能转化率能达到10%,就可以同其他能源竞争[14]。

2) 微生物水气转换制氢

水气转换是CO和H_2O转化为CO_2和H_2的反应。以甲烷或水煤气为起点的制氢工业均涉及CO的转换,因此水气转换是工业制氢的一个基础反应。水气转换属放热反应,高温不利于氢的生成,然而高温有利于动力学速率提高。过去是用化学的方法进行水气转化,现在出现了利用微生物进行水气转化的方法,如图7-11所示。

图7-11 微生物水气转换制氢示意图

由于穿质速率的限制,CO抑制及相对的动力学速率较低,使其在经济上还无法与工业上的水气转换过程竞争。

采用高细胞密度、更高压力的操作,且配备有CO_2的收集系统,有可能得到一定的应用。

3) 暗发酵制氢

许多厌氧微生物在氮化酶或氢化酶的作用下能将多种底物分解而得到氢气,如图7-12所示。这些底物包括甲酸、丙酮酸、CO和各种短链脂肪酸等有机物、硫化物、淀粉纤维素等糖类，原料广泛地存在于工农业生产的高浓度有机废水和人畜粪便中。利用这些废弃物制取氢气，在得到能源的同时还起到保护环境的作用。例如：

$$C_6H_{12}O_6 + 2H_2O \longrightarrow 2CH_3COOH + 4H_2 + 2CO_2 \tag{7-19}$$

$$C_6H_{12}O_6 + 2H_2O \longrightarrow CH_3CH_2COOH + 5H_2 + 3CO_2 \tag{7-20}$$

图 7-12　微生物暗发酵制氢示意图

当 H_2、CO_2 分压增加时，产氢速率明显降低，合成更多与产氢竞争的底物，厌氧发酵细菌生物制氢的产率一般较低，能量转化率一般只有 33%左右。但若考虑到将底物转化为 CH_4，能量转化率则可达 85%。

为提高氢气的产率，除选育优良的耐氧且受底物成分影响较小的菌种外，还需开发先进的培育技术。

相对于光合微生物制氢，暗发酵体系和 CO 水气转换系统具有较强的实际运用前景。目前以葡萄糖、污水、纤维素为底物并不断改进操作条件和工艺流程的研究较多，我国也在暗发酵制氢上取得了一定的成果。

采用细胞固定化技术，可以实现稳定的产氢和储氢，其系统如图 7-13 所示。但为保证较高的产氢速率，实现工业规模的生产，还必须进一步完善固定化培养技术，优化反应条件，如培养基的成分、浓度、pH 等[15]。

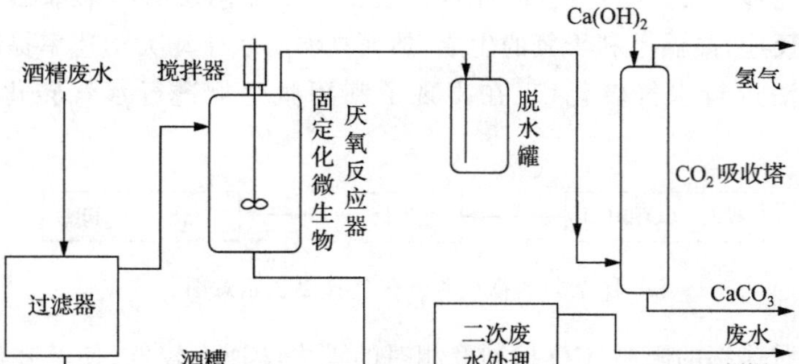

图 7-13　带搅拌的固定化微生物厌氧产氢系统

一种集发酵法生物制氢和高浓度有机废水处理为一体的综合工艺如图 7-14 所示。哈尔滨工业大学任南琪教授承担的国家"863"计划"有机废水发酵法生物制氢技术生产性示范工程"，已在哈尔滨国际科技城——日产 1 200m^3 氢气生产示范基地一次启动成功[16]。

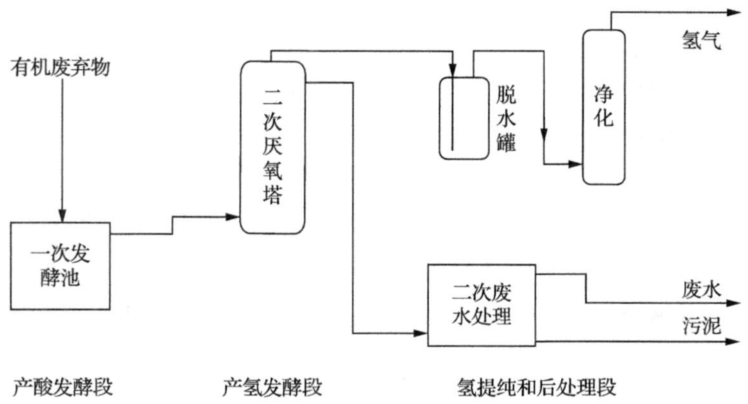

图 7-14　高浓度有机废水处理一体化综合工艺

微生物制氢的反应机理还没有得到很好的研究(包括各种遗传机制、能量代谢与物质代谢过程的研究),没有建立起完善的理论体系。现有的研究大多为实验室内进行的小型试验,采用批式培养的方法居多,利用连续流培养产氢的报道较少。试验数据亦为短期的试验结果,连续稳定运行期超过 40 天的研究实例少见报道。即使瞬时产氢率较高,长期连续运行能否获得较高产氢量尚待探讨。许多研究还都集中在细菌和酶固定化技术上,离工业化生产还有很大差距,各种生物制氢方法都还不是很成熟。此外,国内外有关研究机构还进行了其他一些发酵制氢的研究,具体如下。

(1) 异养细菌发酵制氢。

美国宾夕法尼亚州立大学研究人员利用源于土壤的产氢细菌(菌种不详),以制糖工业废水为原料发酵生产氢气,并采用细胞固定化技术保持该菌株产氢的连续性,提高产氢效率。其实,通过发酵途径生产氢气的异养细菌很多,如梭菌(clostridium)、肠杆菌(enterobacter)、埃希氏杆菌(escherichia)、柠檬杆菌(citrobacter)、芽孢杆菌(bacillus)、脱硫弧菌(desulfovibrio)和产甲烷菌(methanobacter)等,不论严格厌氧菌还是兼性厌氧菌,对同样有机底物的利用和产氢能力各不一样,各菌种不同,其功能各异。前者多用它的纯培物,后者多为混合培养的优势菌,但必须防止氢营养菌的入侵(污染),可采用降低 pH 来抑制或杀死氢营养菌。因此,选育合适的优势产氢菌种是研究产氢效能的基础,是一个关键。

(2) 厌氧梭菌发酵制氢。

日本北里大学研究人员以各种生活垃圾,如剩菜、肉骨等经处理后作为生产氢的原料,借助一种梭菌 AM21B 菌株,于 37℃ 发酵生产氢气,1kg 垃圾有效分解代谢,可获得 49mL 氢气,有望实现规模生产。也有采用固定化细胞(酶)技术用于梭菌生产氢气，如一种丁酸梭菌(clostridium butyricum)利用葡萄糖作为供氢体，包埋于聚丙烯酰胺载体中，在37℃条件下可连续产氢20天，最大产氢量达到1.8～3.2L/(L·d)。同时还必须优化产氢条件，如铁、磷无机营养的满足，铁是氢化酶的重要组成成分，而氢化酶的活性随铁的消耗而下降，铁也是氧化还原酶的重要组成部分。该菌以甘油发酵产氢，铁-磷不足会导致该菌代谢途径的改变。在我国，中国科学院微生物研究所研究人员从垃圾处理场污泥中获得一种新的产氢梭菌(clostridium defluvii)，在最适营养、温度、pH条件下有效产氢。因此，对产氢细胞不论是游离细胞或是固定化细胞，发酵生产氢所需要复杂的生态条件因素不可忽视。

(3) 混合微生物发酵制氢。

我国大连化物所研究人员利用三种微生物，如丁酸梭菌(clostridium butylicum)、产气肠杆菌(enterobact aerogenes)和麦芽糖假丝酵母(candida maltose)于36℃混合发酵废弃有机物48小时，产氢量达到每升22.2mL/h，平均产氢为15.45mL/(h·L)。这三种菌有协同产氢效应，即产气肠杆菌起主导作用，另两种菌同时协同作用，使代谢产物不易积累，为彼此之间创造生存环境，使三种菌株代谢活性充分发挥起来，从而提高产氢能力，增加产氢量。由此可见，选择混合菌制氢，利用其互补性创造互为有利的生态条件，是一条可取的微生物制氢途径。

(4) 活性污泥发酵制氢。

实质上也是一种混合菌制取氢的方法。在我国，哈尔滨建筑大学研究人员以有机废水(含糖类、纤维素等)为原料借助厌养发酵污泥(含厌氧菌等)接种在50m^3反应器中进行发酵，并产生氢气，每天可获取250～285m^3氢气，纯度可达99%以上，已完成了中试，有望实现工业化生产，并在哈尔滨建立小规模"生物制氢产业化基地"，生产氢气可达600m^3/d。但这项制氢技术涉及活性污泥接种剂，其所含微生物群落及其各自功能作用、优势菌群种类及其生态关系以及它们产氢的持续性、稳定性仍值得进一步探究。在国外，研究厌氧污泥用于产氢及其过程，涉及氢的纯度问题，研究从降低pH来抑制不相干细菌的生长和繁衍，如甲烷菌是不相干者，它所需最适pH为7，而在静态罐培养时pH降到4～5，从而可阻断该菌产生甲烷，这样为活性污泥含菌在降解有机物产生氢和有机酸方面创造良好条件，增加了发酵气体中氢的浓度。对比活性污泥法与纯菌种法，二者生产氢的能力确有不同之处，实验结果表明，前者可获得氢气66mL/(g·h)，而后者只有51mL/(g·h)，从此也可以看出，前者确实优于后者。这表明充分利用不同产氢菌及其互生菌的混合培养、发酵制取氢气的优势，从而可达到利用活性污泥或混合培养之间的协同作用，以达到最佳的产氢效果。

(5) 微型藻制氢。

海水中不少藻类如小球藻、固氮蓝藻、柱袍鱼腥藻及它们的共生植物红萍，在一定条件下经阳光照射也能将水分解成氢和氧。藻类如同光合细菌一样进行光合作用产氢，如蓝藻(又称蓝细菌)中的柱状鱼腥藻(anabaena cylindria)，属于异形胞种类，光水解产氢和氧，也是好氧固氮蓝细菌之一，可固氮放氢。聚球藻(synechococcus)、颤藻(oscillatoria)等这些微型蓝藻都具有产氢能力，每小时每克底物产氢20mL。有些藻类(原核生物)产氢量达30mL/(L·h)，氨氮对其产氢有抑制作用。除原核藻类之外，真核绿藻如莱因哈德衣藻(chlamydomonas reinhardtii)等均具有产氢能力，其产氢量只达到理论值的15%，它们均可实行大规模生产获得氢能。在德国建立了“藻类农场”，为未来开发无污染的洁净氢能源开辟一条重要途径。

4. 太阳能制氢[17]

太阳能制氢有多种途径，其主要包括以下几种。

1) 太阳能电解水制氢

电解水制氢是目前一种较为成熟的太阳能制氢方法。这种技术是利用太阳能发电，再用电能电解水来实现产生氢气的目的。它的太阳能转化效率可以达到70%～75%。但是，电解水过程中耗电量较大，成本也就较高。所以，只有当太阳能发电的成本大幅度下降后，这种太阳能制氢的方法才具有竞争力。

2) 太阳能光化学制氢

这一制氢过程与热化学循环制氢有许多相似之处，通过在水中添加某种光敏物质作催化剂，例如，现在常选用的碘，用它帮助水吸收阳光中的长波光能，增加对阳光中长波光能的吸收，从而达到连续高效利用太阳能制氢的目的。这种方法技术已经较为完善，但效率仅有4%～5%，要进入应用必须找到提高太阳能利用率的催化剂。

3) 太阳能光电化学池分解水制氢

光电化学池是利用半导体材料作为光阳极，受光激发产生电子，铂合金作为阴极，光阳极和阴极组成光电化学池。在电解质中，光阳极吸光后进入激发状态，释放出电子和空穴对，空穴扩散到阳极表面以后，与水发生作用生成氧气，而电子经由外电路流向阴极，水中的 H^+ 在阴极上接收电子产生氢气，这就是光电化学分解太阳池(PEC)进行制氢的原理。这个过程只能吸收太阳光中的紫外光，所以制氢效率很低，仅有0.4%，而且还存在光电极电化学腐蚀的问题，至今仍然没有找到合适的电极材料，所以尚未达到实用要求。

4) 生物制氢

如前所述，许多藻类，如球藻、蓝藻、蓝绿藻等，能利用太阳光和水作原料，在厌

氧条件下,利用氢作为电子供体用于释放氢气。下面为反应过程:

$$12H_2O + 6CO_2 \xrightarrow{\text{太阳能}} C_6H_{12}O_6 + 6O_2 + 6H_2O \tag{7-21}$$

$$C_6H_{12}O_6 + 12H_2O \xrightarrow{\text{太阳能}} 12H_2 + 6CO_2 + 6H_2O \tag{7-22}$$

但是目前由于对藻类放氢机理还不够了解,太阳能转化效率较低。因此,要实现大规模制氢还有许多需要进行研究的科学难题,不适用于工业制氢。

5) 太阳能热解水制氢

这种方法是将水或水蒸气加热到 2 500℃以上,使水分解成为氢气和氧气。其制氢效率较高,可以达到 50%以上。但是由于氢氧两种气体一起产生,要想将这两者彻底分离十分困难,而且氢氧混合在一起,在较大范围内会存在爆炸的危险。此外,还需要使用高倍聚光器才能获得反应所需要的高温,而这类聚光器的价格较高,所以制氢的成本自然也就高。由于这些问题的存在,太阳能热解水制氢在实际应用上还只是处于探索阶段。

6) 太阳能热化学反应循环制氢

热化学循环制氢方法又称间接热分解水制氢,即在水中加入一种或几种中间物,然后加热到较低温度,经历不同的反应阶段,最终将水分解成氢和氧,而中间物不消耗,可循环使用。热化学循环分解的温度大致为 900～1 200K,这是普通聚光器都容易达到的温度,其分解水的效率在 17.5%～75.5%。其存在的主要问题是实际过程中,中间物不能完全还原,将影响氢的价格,并造成污染。但可以通过控制反应过程,来提高中间物质的转化效率。

制氢过程中利用太阳能集热器将太阳能聚集产生反应所需的温度,在反应器中通过金属氧化物分解吸热,将太阳能转化为化学能。接着再进行金属水解,使水分解制得氢气,如图 7-15 所示。

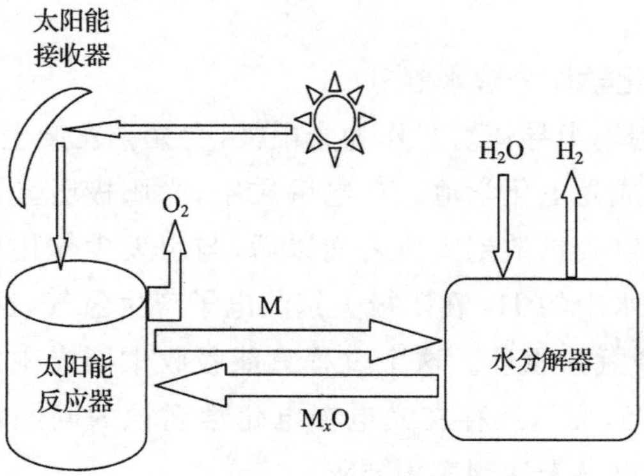

图 7-15　太阳能热化学反应循环

太阳能热化学反应循环制氢的反应化学方程式通式如下：

$$M_xO_y \longrightarrow xM + 0.5yO_2 \tag{7-23}$$

$$xM + yH_2O \longrightarrow M_xO_y + yH_2 \tag{7-24}$$

总的反应即为

$$H_2O \longrightarrow H_2 + 0.5O_2 \tag{7-25}$$

太阳能热化学循环制氢根据反应所需过程步数的不同可以分为两种：多步反应法和两步反应法。

(1) 多步反应法。

多步法，即反应多于两步。国内外在多步反应热化学分解水制氢的研究，反应温度一般在1 300K以下。研究的反应方式中有意大利联合实验中心的Mark循环、美国GA公司的GA过程、日本东京大学的UT-3循环以及美国西屋电器公司的Westinghouse过程。

① Mark循环。

$$CaBr_2 + 2H_2O \xrightarrow{1\,050K} Ca(OH)_2 + 2HBr \tag{7-26}$$

$$2HBr + Hg \xrightarrow{450K} 2HgBr_2 + H_2 \tag{7-27}$$

$$HgBr_2 + Ca(OH)_2 \xrightarrow{450K} CaBr_2 + HgO + H_2O \tag{7-28}$$

$$HgO \xrightarrow{900K} Hg + 0.5O_2 \tag{7-29}$$

Mark循环是在20世纪60年代提出的，在进行研究以后，发现过程复杂、对反应要求较高、制取费用高的缺点。同时，在反应过程中由于Hg的参与，对环境会造成较严重的污染。因此，并不适用于大规模生产。

② GA过程。

又称为IS循环，其循环制氢的过程如下(图7-16)：

$$SO_2 + I_2 + 2H_2O \xrightarrow{400K} H_2SO_4 + 2HI \tag{7-30}$$

$$H_2SO_4 \xrightarrow{400\sim1\,200K} H_2O + SO_2 + 0.5O_2 \tag{7-31}$$

$$2HI \xrightarrow{500\sim800K} I_2 + H_2 \tag{7-32}$$

IS循环过程的优点为：用较低的温度(1 200K)就可以将水分解产生氢气。该过程可以连续操作，闭路循环，只需要补充水，其他物料可以循环使用，几乎不产生中间产物，制氢效率可达60%。

在IS循环中，由于是可逆反应，反应时碘化氢分解生成氢气的效率主要受碘化氢的浓度影响。所以，第一步反应后制取的碘化氢的浓缩过程非常关键。但是以前的技术在这一过程中效果却并不理想。

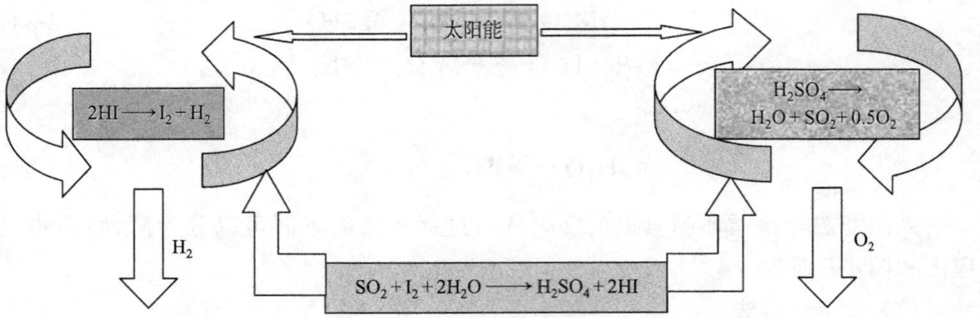

图 7-16　GA 过程示意图

一般反应中有这样几种摩尔比例关系：HI：H_2O：I_2＝1：6.0：0.5(I_2-0.5)、1：5.8：1(I_2-1)或1：6.4：2(I_2-2)。

最近韩国能源研究所找到一种有效浓缩碘化氢的方法，即电子通过薄膜进行渗析来实现这一步骤。这种方法的发现，使IS循环的工业应用有了更好的市场前景。

另外，影响制氢的因素就是反应过程中可能会有其他一些副反应发生。为尽量避免副反应的发生，各反应物的量之间的比例要尽量控制好。

③ UT-3 循环。

UT-3 循环是东京大学于1989年开发的，由四步组成，四步分别在不同反应条件下进行，其循环过程如下：

$$CaBr_2 + H_2O \xrightarrow{1033K} CaO + 2HBr \tag{7-33}$$

$$CaO + Br_2 \xrightarrow{845K} CaBr_2 + 0.5O_2 \tag{7-34}$$

$$Fe_3O_4 + 8HBr \xrightarrow{493K} 3FeBr_2 + 4H_2O + Br_2 \tag{7-35}$$

$$3FeBr_2 + 4H_2O \xrightarrow{833K} Fe_3O_4 + 6HBr + H_2 \tag{7-36}$$

该循环具有以下优点：反应过程热效率可以高达35%～40%，如果同时发电，效率还可以提高10%；两步关键反应都为气-固反应，从而简化了产物与反应物的分离；整个过程中所用的元素都廉价易得，没有用到贵重原材料，最高反应所需温度仅为1033K，可以与高温气冷反应堆相耦合。

反应中存在的难题是第一步水解反应速度较慢。为了提高反应速度，科学家近期提出在制备过程中，添加Ti元素，使CaO大粒子分散为更好的小粒子，从而有效地提高水解反应性，加快CaO的水解速率，进而使反应效率得到进一步提高。

④ Westinghouse 过程。

该过程又被称为西屋循环，其化学反应包括以下过程：

$$H_2SO_4 \xrightarrow{1100K} H_2O + SO_2 + 0.5O_2 \tag{7-37}$$

$$SO_2 + 2H_2O \xrightarrow{370K} H_2SO_4 + H_2 \tag{7-38}$$

Westinghouse 循环与 GA 循环相同的步骤都是硫酸的高温分解，但它采取了两个新步骤：①用 H_2O 吸收 SO_2，释放 O_2 形成电解液；②SO_2 水溶液电解，形成 H_2SO_4 并放出 H_2。该反应制氢效率与硫酸浓度成比例，一般效率可达 40%，而且如果采用多级电解，可以达到 46%。其缺点是硫酸的分解反应导致材料的腐蚀。Westinghouse 过程由于对材料的耐腐蚀性能要求很高，制取氢气费用也就比其他过程高出许多，因此实际应用的市场前景不被专家看好。

以上四个过程中，GA 过程和 UT-3 过程是目前为止最有前景的方式。但是多步热化学反应所涉及的反应阶段太多，导致整个工艺非常复杂。而且很多循环中会产生有强烈腐蚀性甚至有毒的物质，其直接后果就是投资和维护费用的增加。因此在现在制氢工业应用中并不受欢迎。

(2) 两步法。

近年来，随着太阳能集热器的发展，两步反应法随之兴起。这种方法的优点是概念和工艺简单，而且也不使用氢气分离装置。与此同时，两步法由于涉及的反应阶段少，所以中间过程能量损失少，更有利于原料和热力学的可逆循环。这样，它的总体效率也比较高。

顾名思义，两步热化学反应循环制氢就是用两步反应来制取氢气，两步法热化学循环研究包括铁氧化物、锌氧化物、锰氧化物以及各种铁酸盐，目前研究较多的是 ZnO/Zn 和 CeO_2/Ce_2O_3 体系。

在 ZnO/Zn 循环制氢中，其反应过程如下：

$$ZnO \xrightarrow{850K} Zn + 0.5O_2 \tag{7-39}$$

$$Zn + H_2O \xrightarrow{2\,350K} Zn + H_2 \tag{7-40}$$

H_2O 分解反应进行的温度在 850K，ZnO 的分解温度为 2 350K，利用 ZnO 微粒在太阳反应器中进行太阳光辐射吸收。该技术的主要难点在于反应第一步生成物的快速冷却。针对这个问题，Aldo Steinfeld 教授组织实验小组进行了 ZnO 的分解、Zn 的结晶及氧化试验，很大程度上解决了这个难题。同时根据反应动力学，要求第二步反应的温度高于 Zn 的熔点，而一旦反应温度过高，又会导致 Zn 被氧化形成 ZnO 层阻碍继续反应。这是该循环的另一个难点。实验中在氨气吹扫气中 ZnO 的转化率达到 75%，而在静态空气中转化率几乎为零。而且分解后的产物 Zn 蒸汽和 O_2 必须被分开或者将其快速冷却以防止它们再次结合。

对此过程的技术和经济性分析后显示，该过程的能源转换效率为 29%，而且经济性也比太阳能电解制氢更有竞争力，因此有充分的理由对其进一步研究并逐步向大型化发展。

图 7-17 是 CeO_2/Ce_2O_3 制氢过程示意图，CeO_2/Ce_2O_3 制氢体系由以下两个过程组成：

$$2CeO_2 \longrightarrow Ce_2O_3 + 0.5O_2 \tag{7-41}$$

$$Ce_2O_3 + H_2O \longrightarrow 2CeO_2 + H_2 \tag{7-42}$$

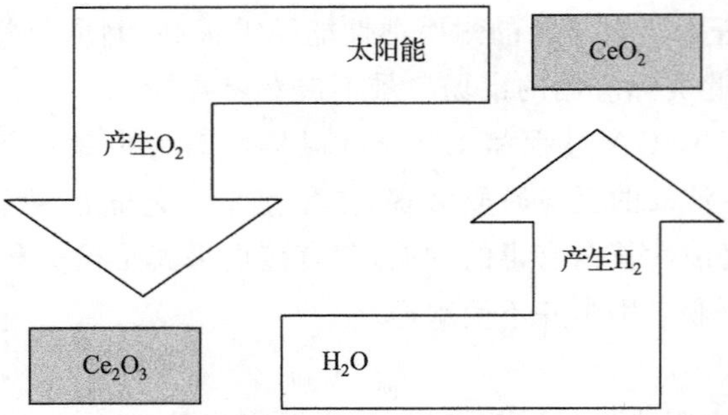

图 7-17　CeO_2/Ce_2O_3 制氢体系

对 CeO_2/Ce_2O_3 的制氢研究热是最近兴起的，其原因是 CeO_2/Ce_2O_3 系统没有使用任何脱氧剂。这样就减少了原料的使用，降低了成本，更为重要的一点是降低了对环境的污染。具体地说，其制取氢气的热化学过程包括以下两个步骤。

化合：

$$2CeO_2 \xrightarrow{2\,300K} Ce_2O_3 + 0.5O_2 \tag{7-43}$$

水解：

$$Ce_2O_3 + H_2O \xrightarrow{700K} 2CeO_2 + H_2 \tag{7-44}$$

第一步反应是在吸热条件下产生氧气(温度为 2 300K)，所需热量由太阳能供应。这一步反应装置被设置在太阳反应器垂直轴的焦点(1.5m 直径的集中器)，如图 7-18 所示。

第二步是放热反应(温度为 700K)，在固定的电热床上进行，如图 7-19 所示。

CeO_2/Ce_2O_3 与其他两步热化学反应相比，具有比较高的效率，以及污染较低的优点，所以将会受到越来越多的关注。

太阳能热化学反应循环制氢与热解水制氢相比，它克服了直接法所需温度太高，对设备材料的限制也减少很多，安全性大幅度提高。原来太阳能直接热分解水，H_2 和 O_2 分离较为困难，而且由于是可逆反应，高温下氢与氧可能会重新结合生成水，甚至发生爆炸。而热化学反应循环制氢(图 7-15)过程中 H_2 和 O_2 可以自

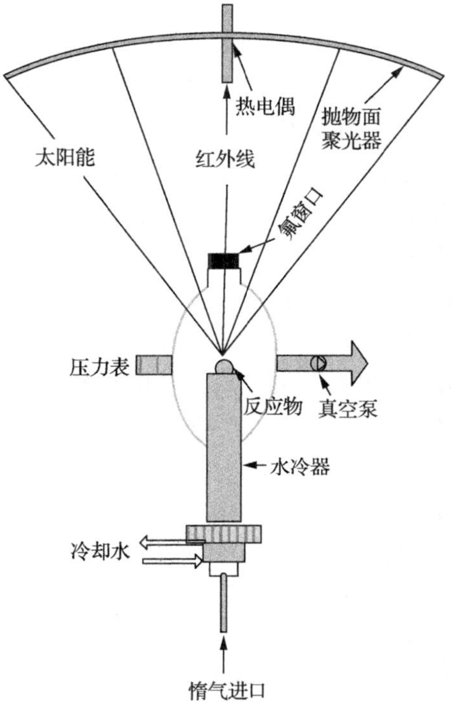

图 7-18　太阳能反应器

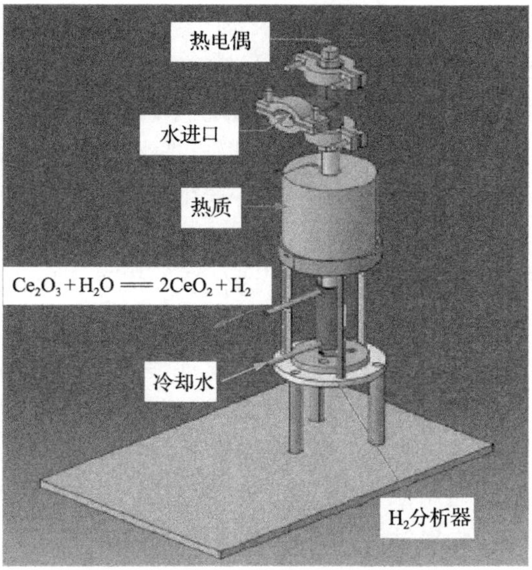

图 7-19　产氢装置

然分离，这一技术难题很好地得到了解决。相比前面几种制氢方法，太阳能热化学循环制氢具有高效率、低成本、技术完善的优点，具有较好市场发展潜力。

目前世界各国的制氢技术主要以石油、天然气的蒸汽重整和煤的部分氧化法为主。在美国和欧洲，石油和天然气的重整制氢占到 90％以上，而我国的能源结构比较特殊，主要以煤为主，所以煤的部分氧化法占了相当的比例。蒸汽重整法是目前最为经济的方法，被用于集中式大规模制氢，其研究的重点在于提高催化剂的寿命和热的优化利用。传统的电解水制氢也占一定的比例，其氢产量为总产量的1％～4％[18]。

以色列在有木炭的太阳能反应堆里，用聚焦的太阳光线将一种金属矿石（如氧化锌）加热到 1 200℃。在加热过程中，矿物质产生分解释放出氧和气态锌。不久，这种气态锌会浓缩成一种锌粉末，然后再让这种锌粉末与水发生反应，产生氢和氧化锌。前者可以作为能源输出使用，后者则被再次送还到太阳能反应堆里。在后来的试验中，研究人员利用一个 300kW 的装置，在一个小时的时间里从氧化锌中分解出了 45kg 的锌粉末，超过了预期目标。从试验效果看，这一技术离工业应用要求已经非常接近。

日本宇宙开发事业团和激光综合技术研究所开始共同研究开发这样一种新系

统:在宇宙空间建起巨大的集光装置,把太阳光变成激光,从而加以利用。在宇宙空间利用透镜和镜子一点一点地收集太阳光,并通过激光发生装置发出激光。因为宇宙不像地面那样受气候左右,所以能稳定地接收太阳光,并面向设置在海上的光催化剂装置发射激光。一旦对受到光照射的水添加光催化剂,水就有效地被分解为氢和氧。在光催化剂中,计划使用已在空气清洁器中实用化了的二氧化钛。由此而得到的氢将作为燃料电池的燃料来使用。另外,如果增加使氢同空气中的二氧化碳进行反应,从而生成甲醇作为储备,则将有助于去除二氧化碳[19]。

日本京都产业大学提出把太阳能电池板与水电解槽连在一起,为高效率制造氢气,电极部分的材料在产生氢气一侧使用钼氧化钴,产生氧气一侧则使用镍氧化物。实验时使用 $1m^2$ 太阳能电池板和 100mL 的电解溶液,每小时可制作氢气 20L,纯度为 99.9%。为使这一成果实用化,还需在提高水电解溶液性能和太阳能电池的连接技术上做进一步研究。

从更长远的角度看,发展使用核能的热化学循环分解水制氢和使用太阳光能的光催化、光电化学分解水制氢是未来的发展方向。核能热化学循环分解水制氢方法中以硫-碘循环最为著名。目前日本原子能研究所、美国橡树桥国家实验室、美国通用原子能公司、法国 CEA 都在进行这方面的研究。该技术的难点在于:强酸的强腐蚀性和强酸的分离技术,但是其高达 48%~59%的热效率使其非常具有竞争力。太阳能光催化和光电化学分解水制氢技术被认为是最有前途的制氢方法,它可以实现模块化的设计思想,既可以作便携式也可以作集中式,可以与燃料电池很好的组合使用。这两种方法的原理是一样的,区别在于:光催化没有明显的阳极和阴极,生成的氢气和氧气混合在一起。它们的研究难点是:提高半导体材料的有效光吸收范围、减少半导体表面的光腐蚀。

7.3 氢的储存

气态氢是不易储存的,液态氢只能低温储存。氢在 33K(-240℃)温度下为液态,制造这种低温要消耗相当于被储存氢的 30%的能量,其他储存方法的成本也很高。目前所用的储氢方法可以分为物理法和化学法。物理法主要有高压压缩储氢、深冷液化储氢、吸附储氢。化学法主要有无机化合物储氢、有机液态氢化物储氢、金属氢化物储氢、复合氢化物(也称络合物)储氢。

1. 高压压缩储存

气态氢可储存在地下库里,也可装入钢瓶中。为减小储存体积,必须先将氢气压缩,为此需消耗较多的压缩功。一般一个充气压力为 20MPa 的高压钢瓶储氢重量只占 1.6%;供太空用的钛瓶储氢重量也仅为 5%。为提高储氢量,目前正在研究一种微孔结构的储氢装置，它是一种微型球床，微型球系薄壁（1～10μm）中充满微孔（10～100μm），氢气储存在微孔中。微型球可用塑料、玻璃和陶瓷或金属制造[20]。

用于储存氢气的气瓶材料一般为钢材，耐高压，但比较重。由于氢密度小，其储氢效率很低，加压到15MPa时，质量储氢密度≤3%。过去10年来，在储氢容器方面的研究已取得重要的进展，储氢压力及储氢效率不断得到提高，目前容器耐压与质量储氢密度分别可达70MPa和7%～8%。所采用的储氢容器通常以锻压铝合金为内胆，外面包覆浸有树脂的碳纤维。这类容器具有自身质量轻、抗压强度高及不产生氢脆等优点[21]。

2. 深冷液化储氢

液化储氢技术是将纯氢冷却到－253℃使之液化，然后储存在真空瓶里。该方式的优点是氢的体积能量很高，体积较小，采用液氢储存的体积能量密度比压缩储氢高5倍以上。但氢气的深冷液化十分困难，成本高，能耗大[22]。在常温下液态氢很容易气化，液态储存器内的温度与环境温度的温差很大，对容器的绝热要求高，对液化罐的材质和结构以及操作条件都提出了苛刻的要求[23]。

目前最大的液化储氢罐是位于美国肯尼迪宇航中心（Kennedy Space Center）的储氢罐，储氢容积达12000L。氢气先经过压缩机压缩，再经过换热器进行冷却，低温高压的氢气最后经过节流阀进行膨胀和进一步冷却，生成液态氢，储存于液化罐中，这个过程被称为Linde或Joule-Thompson循环。在常温下，液态氢很容易气化，因此液化罐需要具有很好的热绝缘性。液化罐可以通过使用多层绝缘层来减小导热和热辐射，通过将绝缘层之间的空间抽成真空大大减少热对流，但液态氢与外界的热交换还是不可能完全避免。液态氢在储存罐中的气化率是每天0.1%，小的储存罐中甚至可以达到每天2%～3%[24]。液化储氢能力为40kg/m^3，为压缩储氢（压力为3.5×10^7Pa）能力的2倍，因此，这种方法在航天领域应用较广。液化储氢需要消耗大量的能量（约为10kW·h/kg），这意味着有30%的能量消耗在液化过程中。这种储氢方法的资金投入也很大，Amos等估计液化储氢设备的成本大约为44100美元/(kg·h)。如果要在1min内给以氢为燃料的汽车加满5kg的氢，则需要一个300kg/h的液化设备，这将需要投资1300万美元。液化储氢需要建造储氢罐和液化设备，这个过程将会对环境造成一定的负面影响。在储氢过程中，消耗的主要是能量，不会排放污染物。

液氢储存工艺首先用于宇航中，其储存成本较高，安全技术也比较复杂，高度绝热的储氢容器是目前研究的重点。现在一种间壁间充满中孔微珠的绝热容器已经问世，这种二氧化硅的微珠直径为30～150μm，中间是空心的，壁厚1～5μm，在部分微珠上镀上厚度为1μm的铝。由于这种微珠导热系数极小，其颗粒又非常细，可完全抑制颗粒间的对流换热；将部分镀铝微珠(一般3%～5%)混入不镀铝的微珠中可有效地切断辐射传热。这种新型的热绝缘容器不需抽真空，其绝热效果远优于普通高真空的绝热容器，是一种理想的液氢储存罐，美国宇航局已广泛采用这种新型的储氢容器。

3. 金属氢化物储氢

氢能与许多金属或合金发生反应生成金属氢化物并释放能量，金属氢化物受热后，又可放出氢气，利用这一可逆性实现氢的释放。当氢与储氢金属接触时，就能在其表面分解为H原子，然后H原子扩散进入金属内部直到与金属发生反应生成氢化物。此时，氢就以原子态进入金属晶格内形成固液体。当氢含量超过一定限度后，金属氢化物就开始结晶。由于以H原子方式储存，金属氢化物的体积储氢密度较高。但是由于金属氢化物自身质量大，其质量储氢密度低。用来储氢的氢化金属大多为由多种元素组成的合金。目前，世界上已研究成功多种储氢合金，它们大致可以分为四类：一是稀土镧镍等，每公斤镧镍合金可储氢153L；二是铁-钛系，它是目前使用最多的储氢材料，其储氢量大，是前者的4倍，且价格低、活性大，还可在常温常压下释放氢，给使用带来很大的方便；三是镁系，这是吸氢量最大的金属元素，但它需要在287℃下才能释放氢，且吸收氢十分缓慢，因而使用上受限制；四是钒、铌、锆等多元素系，这类金属本身属稀贵金属，因此只适用于某些特殊场合。

二元储氢合金(或金属间化合物)基本上是在1970年前后相继被发现的。这些二元储氢合金可分为AB_5型(稀土系合金，如形成$LaNi_5H_6$)、AB_2型(Laves相合金，如形成$ZrV_2H_{4.8}$)、AB型(钛系合金，如形成$TiFeH_{1.9}$)和A_2B型(镁基合金，如形成Mg_2NiH_4)。其中A为氢化物稳定性元素(发热型金属)，B为氢化物不稳定性元素(吸热型金属)，A原子半径大于B原子半径。氢在金属和合金中比液态氢的密度高，氢能够在相对温和的条件下可逆吸放，并且伴随热的释放与吸收。实验检测和模拟计算证明，氢主要以原子形式存在，部分带有负电荷。二元储氢合金(或金属间化合物)基本上是在晶格中，存在6配位的八面体间隙和4配位的四面体间隙。在吸氢时，氢原子进入晶格占据八面体间隙或(和)四面体间隙，氢原子在八面体和四面体中的分布取决于合金的种类和结构。氢的进入一般遵循填充不相容规则，即两个共面的四面体或(和)八面体间隙不能同时被氢原子占据。氢进入晶格间隙位置后，一般原合金晶型结构保持不变，但会造成晶格膨胀。储氢后合金体积膨胀率($\Delta V/V$)与氢浓度成正比，其比例系数因合金种类与结构而有所差异[25]。

金属氧化物储氢，储氢量相当于储氢材料体积的1 300倍，储氢材料在不同温度下可以吸收氢亦可以释放氢，成本低，使用安全。最初的储氢材料为镧镍$LaNi_5$

等。现在有镧系 $LaNi_5$(La 混合稀土),钛系 $TiCr_2$、$TiMn_2$,镁系 Mg_2Ni 等多种合金。

(1) 这些合金可以吸收氢生成氢化物合金并放出热量。

(2) 其反过程可以吸收热量放出氢并还原这些合金。

储氢合金主要有钛系储氢合金、锆系储氢合金、铁系储氢合金及稀土系储氢合金。

金属氢化物是氢和金属的化合物。氢原子进入金属价键结构,形成氢化物。金属氢化物在较低的压力(1×10^6Pa)下具有较高的储氢能力,可以达到 $100kg/m^3$ 以上。但由于金属密度很大,导致氢的质量百分比很小,只有 2%~7%。金属氢化物的生成和氢的释放过程可以用式(7-45)来描述:

$$aM + 0.5bH_2 \rightleftharpoons M_aH_b + \Delta H \tag{7-45}$$

其中,M 是金属或金属化合物;ΔH 为反应热。生成金属氢化物的过程是一个放热过程,释放氢则需要对氢化物加热。不同的金属材料所需反应压力为 1×10^6~1×10^7Pa,反应热为 9 300~23 250kJ/kg,氢化物释放氢的反应温度从室温到 500℃不等。用作金属氢化物的金属或金属化合物的热性能都要比较稳定,能够进行频繁地充放循环,并且不易被二氧化碳、二氧化硫、水蒸气腐蚀。此外,对氢的充放过程还要尽可能地快,符合这些条件的金属和金属化合物主要有 Mg_2Ti、Ti_2Ni、Mg_2Ni、MgN_2、NaAl 等。使用金属单质作为储氢材料一般可以获得较高的质量百分比,但释放氢时所需温度较高(300℃),而使用金属化合物只需要较低的释放氢的反应温度,但氢的质量百分比降低了。

金属氢化物储氢的成本投入主要包括储存材料、反应基底、处理充放反应热时的换热器、压缩机等部分,其中存储材料的成本投入占了绝大部分。Amos 估算金属氢化物储氢的总成本为 820~22 000 美元/kg。Heung 也分析了金属氢化物的成本,得到了与 Amos 比较一致的结果。当金属氢化物的生成反应热为 23 250kJ/kg 时,如果有 50%的反应热被回收利用,则金属氢化物的储存效率可以达到 88%左右。

金属氢化物储氢具有较高的容积效率,使用也比较安全,但质量效率较低。如果质量效率能够被有效提高,这种储氢方式将是很有希望的交通燃料的储存方式。该技术的发展方向主要是:①开发更轻、更便宜的金属材料;②加快金属氢化物对氢的充放过程;③减小由于频繁充放氢而对储存系统造成的损害;④可以考虑将金属氢化物和压缩储氢相结合,达到最佳的容积和质量储存效率。

储氢合金不光有储氢的本领,而且还有将储氢过程中的化学能转换成机械能或热能的能量转换功能。储氢合金在吸氢时放热,在放氢时吸热,利用这种放热-吸热循环,可进行热的储存和传输,制造制冷或采暖设备。

目前在金属氢化物储存方面存在的主要问题是:储氢量低、成本高及释氢温度高。因此进一步研究氢化金属本身的化学物理性质,包括平衡压力-温度曲线、转化反应速度、化学及机械稳定性等,寻求更好的储氢材料仍是氢能开发利用中值得注意的问题。带金属氢化物的储氢装置既有固定式也有移动式,它们既可作为氢燃料和氢物料的供应来源,也可用于吸收废热,储存太阳能,还可作氢泵或氢压缩机使用。

金属有机骨架(metal organic frameworks,MOF)化合物是一类具有超大比表面积的新型多孔结晶材料,一般由过渡金属离子与含氧氮等多齿有机配体自组装而成。自从 2003 年 Yaghi 小组第一次将金属有机物骨架合成出后,掀起了研究的狂潮,使储氢材料的研究备受鼓舞。它们是由金属离子中心和有机配体自组装形成的有机物,具有极高的比表面积、多样性的孔结构和孔径、多种吸附位、优异的热稳定性等优点。常用的金属离子主要有 Zn^{2+}、Cu^{2+}、Ni^{2+}、Pd^{2+}、Pt^{2+}、Ru^{2+} 和 Co^{2+} 等,配体主要有—Br、—NH_2、—OC_3H_7、—OC_5H_{11}、—C_2H_4、—C_4H_4 等。如此高的比表面积使得它们在低温下拥有非常高的储氢质量比,但是室温下的储氢量仍然很低,只有 1wt%左右。

4. 非金属氢化物储氢

氢气在碳基材料上的物理吸附是基于作用力弱得多的范德瓦尔斯力,没有联结原子的化学键的打开与生成过程,吸放氢条件较为温和,吸附热效应相对较小。作为储氢容量指标,国际能源机构认为必须超过 5wt%。除镁基合金外,其他储氢合金皆不能达到此容量。而碳基材料的储氢容量却不难超过这一指标。其中储氢容量最大的吸附材料是碳纳米管,已被证实的储氢容量是 10wt%。但是,批量生产碳纳米管的技术尚不成熟,其昂贵的价格使其目前不具备实际应用价值。用作大规模生产的碳基储氢材料是超级活性炭和活性炭纤维,二者的储氢容量相近,但后者成本约低 10 倍。因此,在高比表面积的超级活性炭上吸附储氢,具有吸放氢条件温和、储氢容量较大、成本低的基本素质,展现出解决规模储氢问题的希望[26]。

碳质吸附储氢技术是近年来根据吸附理论发展起来的物理储氢方法,该方式主要包括活性炭吸附储氢和碳纳米材料吸附储氢。Carpetis 是最早研究在活性炭中吸附储氢的学者,他在论文中第一次提到将低温吸附剂运用到大型储氢系统中,指出氢气在活性炭中吸附储存的容积密度与液态氢的容积密度相当。当温度为 78K 和 65K,压力为 4.2×10^5 Pa 时,氢气在活性炭上的吸附容量分别为 68s/kg 和 82s/kg。氢在碳纳米材料中的吸附机理是介于传统范德瓦尔斯力和化学键之间的一种形式。Chambers 等经过研究发现,石墨纳米纤维有较高的吸附储氢量,这项发现引起了各国学者对碳纳米材料吸附储氢的广泛兴趣。研究发现,涂抹了锂和钾的碳纳米材料在常温、常压下就能有比较好的吸附效果。Chen发现在常压、温度为300K时，氢的吸附储存质量百分比为14%，在200～400K时则可以达到20%。各国学者对碳纳米材料的吸附储氢研究都刚刚开始，在不同的条件下，得到了不同的结果，氢吸附量从1.8%到65%不等。这些差异的原因在于他们所采用的物理模型不同，模拟的工况不同，碳纳米管的类型不同，以及纳米管是否开口等。尽管如此，碳质吸附储氢已经显示出了显著的优越性，有望成为未来储氢的有效方法。

1999年Nutzenadel等率先报道了碳纳米管的电化学储氢研究结果，其放电容量为80mA·h/g，且高倍率放电效率十分优越。此后，各国研究人员也相继报道了单壁碳纳米管、多壁碳纳米管和表面修饰的碳纳米管的电化学储氢性能研究。单壁碳纳米管电化学储氢容量为300～800mA·h/g，多壁碳纳米管电化学储氢容量为180～300mA·h/g。2001年Chen报道了MoS_2纳米管的电化学储氢容量为260mA·h/g，且电极材料的循环稳定性能良好。在金属纳米管和纳米柱的电化学性能研究方面，Hermann研究发现少量金属Pd、Cu纳米管和Ni纳米柱(1wt%)添加到稀土镍系储氢电极材料中，可以明显改善储氢电极和AAA型MH-Ni电池的高倍率放电性能。在截止电位为1V时，放电容量高出原储氢合金22%～35%，其放电中值电位平均比原储氢合金电极高170～200mV。

从应用目的来看，非金属纳米管材料密度较低，而实际MH-Ni电池的容量取决于限定体积内电极材料活性物质的有效填充。因此，非金属纳米管难以单独作为电极材料应用，有效的途径是与储氢合金复合，利用其高比表面、吸附特性和与储氢合金的协同效应来部分改善储氢合金电极的性能。

碳纳米管储氢是20世纪末的研究热点，大量的碳纳米管储氢的文章都报道了非常高储氢量，并且发表在国际顶尖杂志上。但是后来更精确的实验结果表明，纯的碳纳米管在室温下储氢量非常低，只有0.2wt%左右，远远低于之前报道的10wt%甚至以上。进一步探索原因才发现，实验上得到的碳纳米管有很多杂质，大的储氢量很大程度上是杂质引起的。尽管纯的碳纳米管不能储氢，后来的研究表明，通过硼(B)与金属尤其是过渡金属掺杂的手段可以显著地提高碳纳米管的储氢量和储氢性能。但是金属掺杂在纳米管和富勒烯等纳米结构的表面存在团聚的问题。团聚的金属原子将失去活性，几乎不能吸附氢气[27]。

另外，至今尚无一种方法能有效地控制碳管的孔径尺寸、长度、排列以及其他微观结构的性质，给后继储氢性能的评价带来了许多不确定的因素。

目前研究的一大热点是石墨储氢，石墨材料通过掺杂等手段之后显示出了卓越的储氢性能。王璐等研究了过渡金属Ti掺杂的氧化石墨烯的储氢性能，通过羧基氧化把Ti原子固定在石墨烯的表面，有效地解决了过渡金属的团聚问题，并且固定后的Ti原子仍然具有活性，可以吸附氢气，氢气的平均吸附能能达到

30kJ/mol，最大储氢量能达到 5.1wt%，已经超过了最新的 2010 标准。

5. 有机液态氢化物储氢

液态有机储氢材料最早由 Sultan 等于 1975 年提出，主要是利用液态芳香族化合物作为储氢载体，如苯（理论储氢量 7.19%）、甲苯（理论储氢量 6.18%）、萘环等。这类材料通常利用分子自身的不饱和键与氢在一定条件下发生催化加氢反应，利用其逆过程实现催化脱氢。液态有机储氢材料储氢量较高、性能稳定、安全性高，原则上可同汽油一样在常温常压下储存和运输，具有直接利用现有汽油输送方式和加油站构架的优势。然而，目前研究最多的苯、甲苯等液态材料脱氢温度均在 300℃以上，远高于燃料电池的工作温度，催化脱氢过程有副反应发生，导致氢气不纯，且脱氢动力学速度也不能满足需要。

针对以上问题，Pez 等最早从理论计算上对有别于上述传统液态有机材料的新型液态有机分子进行了设计与预测。研究表明，在氢化多芳香族化合物中引入氮杂环可以有效降低脱氢反应热，因而脱氢温度相应地得到降低。例如，环己烷的脱氢温度为 318℃，完全氢化后的吡啶烷脱氢温度则降低至 262℃。文献提出了一种新的热力学计算方法来确定有机分子脱氢的温度，由此筛选出了一系列可能的新型储氢材料，并对之进行了相应的实验合成测试[28]。

利用有机液体氢化物储氢是目前人们研究储氢技术的一个重要方向，通过不饱和有机液体与氢的一对可逆反应（即加氢反应和脱氢反应）可实现氢的储存和释放。该技术相比传统的储氢技术，具有储氢量大、能量密度高、储氢设备简单，氢的储存、运输、保养安全方便，储氢反应高度可逆、储氢材料可循环使用的特点。环己烷和甲基环己烷是比较理想的有机液态储氢载体，利用甲基环己烷作氢载体储氢是有机液态储氢材料的研究热点。

6. 水合物储氢

氢气水合物是氢气在一定的温度和压力下与水作用生成的一种非固定计量的笼形晶体化合物。在氢气水合物中，水分子（主体分子）通过氢键作用形成一种空间点阵结构，氢分子（客体分子）则充填于点阵间的晶穴中，氢气与水之间没有固定的化学计量关系，两者之间的作用力为范德瓦尔斯力。决定是否能够形成水合物、形成何种结构气体水合物以及气体水合物组分和稳定性最重要的因素是客体分子尺寸。客体分子尺寸与晶穴尺寸越吻合，水合物越容易形成，且形成水合物的稳定性也越强。太大的客体分子无法进入晶穴，太小的客体分子与水分子之间的范德瓦尔斯力太弱，都无法形成稳定的水合物。

氢气水合物作为储氢材料，具有以下优点。

（1）存储材料是纯水。当氢气从水合物中释放出来时，唯一的副产品是良性、可重复利用的水。

(2) 水合物形成和分解时的动力学运动都非常快。

(3) 氢气以分子形式存储,在水合物释放氢气过程中没有发生化学反应。

(4) 水资源很富足而且很便宜。

(5) 吸收和释放氢气所需的温度基本在常温范围内。

但水合物储氢最明显的缺点是形成和储存氢气水合物的压力和温度条件比较苛刻,273K 时形成氢气水合物需要的压力为 5～200MPa[29]。

7. 复合氢化物(络合物)储氢[28]

复合化学氢化物材料主要由轻质的碱金属和碱土金属(如 Li、Na、K、Al 等)与 B、N 等非金属元素组成,如铝复合氢化物、硼氢化物、氨硼烷、氨基氢化物等。此类材料理论储氢量高,但材料储氢的可逆性较差,且常伴有副反应发生。

铝复合氢化物储氢材料主要包括钠铝氢化物、锂铝氢化物、钙铝氢化物等。1955 年,Finholt 等第一次合成了 $NaAlH_4$。在高温高压下,以钠、铝在氢气氛围下直接合成 $NaAlH_4$,方程式如下:

$$Na + Al + 2H_2 \longrightarrow NaAlH_4 \tag{7-46}$$

研究工作者将 Ti、Fe、Ce、Cr 等金属掺杂到 $NaAlH_4$ 中试图提高储氢的性能。Bogdanovic 等首次将钛掺杂到 $NaAlH_4$ 中,Kang 等采用两步法将 Ti 掺杂到 $NaAlH_4$ 中。首先将一定比例的 Ti 加入 NaH 中混合球磨,然后将 Al 的粉末加到上述材料中继续进行球磨。研究发现,由于 Ti 的掺杂,储氢量和脱氢速率都很稳定。尽管某些性质得到了改善,但仍存在材料储氢的可逆性等问题而无法得到应用。

Finholt 等于 1947 年采用下列方法第一次合成了 $LiAlH_4$:

$$4LiH + AlCl_3 \longrightarrow LiAlH_4 + 3LiCl \tag{7-47}$$

$Ca(AlH_4)_2$ 可采用下列方法合成:

$$4CaH_2 + 2AlCl_3 \longrightarrow Ca(AlH_4)_2 + 3CaCl_2 \tag{7-48}$$

$Ca(AlH_4)_2$ 经过下列两个步骤脱氢,完全脱氢时脱氢量为 5.9%:

$$Ca(AlH_4)_2 \longrightarrow CaAlH_5 + 3/2H_2 \tag{7-49}$$

$$CaAlH_5 \longrightarrow Al + 3/2H_2 + CaH_2 \tag{7-50}$$

在更高的温度下,CaH_2 会进行下列反应:

$$CaH_2 \longrightarrow Ca + H_2 \tag{7-51}$$

三步反应的脱附温度分别为100℃、210℃、230℃。

硼复合氢化合物主要以硼氢化钠和硼氢化镁为代表，硼氢化钠的合成方法如下：

$$4NaH + 2B_2O_3 \longrightarrow NaBH_4 + 3NaBO_2 \qquad (7\text{-}52)$$

$$NaBO_2 + 2Mg + Si + 2H_2 \longrightarrow NaBO_2 + Mg_2Si + 2H_2 \qquad (7\text{-}53)$$

$$NaBO_2 + Mg_2Si + 2H_2 \longrightarrow NaBH_4 + 2MgO + Si \qquad (7\text{-}54)$$

$NaBH_4$ 的理论储氢量为10.8%。Schlesinger 等首次报道了 $NaBH_4$ 水解生成氢气的反应机理，即

$$NaBH_4 + (2 + x)H_2O \longrightarrow 4H_2 + NaBO_2 \cdot xH_2O \qquad (7\text{-}55)$$

Konoplev 等报道了 $Mg(BH_4)_2$ 的合成方法：

$$MgCl_2 + 2NaBH_4 \longrightarrow Mg(BH_4)_2 + 2NaCl \qquad (7\text{-}56)$$

$Mg(BH_4)_2$ 中氢的含量高达14.9%，Chlopek 等提出了 $Mg(BH_4)_2$ 脱附氢的反应机理：

$$Mg(BH_4)_2 \longrightarrow MgH_2 + 2B + 3H_2 \qquad (7\text{-}57)$$

金属氨基氢化物 Li—N—H 体系是最早报道的氨基氢化物类储氢材料。Chen 等首次提出 Li_3N 可以在170～210℃下吸氢后通过两步生成 $LiNH_2$ 和 LiH，见式(7-58)，其理论储氢量为10.4%。结果表明，$LiNH_2$ 和 LiH 在约200℃时脱氢量为6.3%；当温度升至320℃以上后再次脱氢3%。此后，众多学者对 Li—N—H 体系作为储氢材料进行了研究，Li—N—H 体系的可逆吸放氢反应为

$$Li_3N + 2H_2 \longrightarrow Li_2NH + LiH + H_2 \rightarrow LiNH_2 + 2LiH \qquad (7\text{-}58)$$

目前关于 $LiNH_2$ 和 LiH 的脱氢机理的认识主要有两种。Hu 等认为 Li—N—H 的脱氢反应机理为氨中间体机理，$LiNH_2$ 随温度上升分解成 Li_2NH 并放出氨气，氨气与氢化锂反应，放出氢气，即

$$2LiNH_2 \longrightarrow Li_2NH + NH_3 \qquad (7\text{-}59)$$

$$NH_3 + LiH \longrightarrow LiNH_2 + H_2 \qquad (7\text{-}60)$$

Chen 等认为此反应为协同机理，即 $LiNH_2$ 中氢带部分正电，LiH 中氢带部分负电。这样带正电和带负电的两个氢原子容易结合为氢分子

$$H_2 + H^- \longrightarrow H_2, \quad \Delta H = -17.37\text{eV} \qquad (7\text{-}61)$$

氨基氢化物除 Li—N—H 体系外，还有 Mg—N—H 体系、Ca—N—H 体系、Li—Mg—N—H 等。

氨硼烷(NH_3BH_3,ammonia borane,AB)的理论储氢量(19.6%)远高于美国能源部 2015 年的技术指标(6.5%),是储氢量最高的化学氢化物储氢材料之一。室温下 AB 是一种无色分子晶体,具有四方晶系结构,密度为 0.78g/cm^3。少量的 AB 可以通过 B_2H_6(或 BH_3 · THF)直接与氨气反应制得。最近,Ramachandran 等以二恶烷作溶剂,以硼氢化钠和氨基甲酸为原料,在 40℃大量合成出较纯的 AB(98%),产率可达 95%。

目前 AB 的脱氢方法主要是热分解脱氢和溶解脱氢两类,其中比较简便的方法是直接热分解脱氢。由于 AB 之间的 B—N 键是较弱的配位键,在加热时容易先分解生成 BH_3 和 NH_3。Dixon 等研究发现 AB 分子内脱氢的活化能高达 32kcal/mol,超过了 B—N 键的解离能(25.9kcal/mol),因此,AB 会先分解成 BH_3 和 NH_3 而不是生成氢气。实际上,分解生成的 BH_3 能够作为 H 转移的桥梁而催化 AB 的分子内脱氢反应。AB 通过热分解脱氢的产物组成与反应条件有关,放氢程度和条件的差异导致产物具有多样性,使得 AB 的再生加氢十分困难。AB 热分解是一个复杂的过程,包含一系列连续反应:

$$NH_3BH_3 \longrightarrow NH_2BH_2 + H_2 \tag{7-62}$$

$$nNH_2BH_2 \longrightarrow (NH_2BH_2)_n \tag{7-63}$$

$$(NHBH)_n \longrightarrow (NHBH)_n + nH_2 \tag{7-64}$$

$$(NHBH)_n \longrightarrow nBN + nH_2 \tag{7-65}$$

式(7-62)中的反应是一个快速分解过程,放出的氢气约为 6.5%。约 125℃时,NH_2BH_2 可发生分子间聚合,形成$(NH_2BH_2)_n$,如式(7-63)所示。式(7-65)中的反应约在 155℃进行,当温度超过 500℃时,$(NHBH)_n$ 将剩余的氢释放,形成 BN 分子。

AB 还可发生水催化脱氢反应:

$$NH_3BH_3 + 2H_2O \longrightarrow NH_4^+ + BO_2^- + 3H_2 \tag{7-66}$$

此反应一般用贵金属催化剂进行可控的异相催化。但是用此方法脱氢后的产物无法再生为 AB,无法使 AB 成为氢能规模化利用的储氢载体。

对于 AB 的实际应用,最大的障碍是其再生技术。AB 脱氢反应因反应条件不同可形成不同的脱氢产物,如何寻找有效的再生加氢技术必将成为未来 AB 的研究重点。

7.4　氢能的利用

7.4.1　氢能的常规利用途径

氢能作为二次能源得到广泛的应用,其常规用途主要有以下几个方面。

在冶金业，用氢气作为还原剂将金属氧化物还原为金属，在金属高温加工过程中可以作为保护气。

在航天业，氢气是作为高能燃料使用，同时也可以使用于城市公共汽车，据报道世界上一些发达国家在1993年就已经开发出使用液氢燃料的城市公共汽车。

在炼油业，石脑油、燃料油、粗柴油、重油等加氢炼制得到质量更好的油产品。

在合成氨工业，氢气是重要的合成原料之一。

在食品工业，食用的色拉油就是对植物油进行加氢处理的产物，植物油加氢处理后性能稳定、易存放，且有抵抗细菌生长、易被人体吸收之功效。

氢气用作保护气应用于电子工业中，如在集成电路、电子管、显像管等制备过程中，都是用氢气作保护气体。

在分析测试中氢气可以作为标准气、在气相色谱中氢气可以作为载气。氢气已经被广泛应用，但氢能要得到大规模商业化的运用，必须在技术方面不断取得突破性的进步，这已经成为共识[30]。

早在第二次世界大战期间，氢即用作A-2火箭发动机的液体推进剂，1960年液氢首次用作航天动力燃料。1970年美国发射的"阿波罗"登月飞船使用的起飞火箭也是用液氢作燃料，现在氢已是火箭领域的常用燃料了。对现代航天飞机而言，减轻燃料自重、增加有效载荷变得更为重要。氢的能量密度很高，是普通汽油的3倍，这意味着燃料的自重可减轻2/3，这对航天飞机无疑是极为有利的。今天的航天飞机以氢作为发动机的推进剂，以纯氧作为氧化剂，液氢就装在外部推进剂桶内，每次发射需用1 450m^3，重约100吨。

现在科学家正在研究一种"固态氢"的宇宙飞船。固态氢既作为飞船的结构材料，又作为飞船的动力燃料。在飞行期间，飞船上所有的非重要零件都可以转化为能源而被"消耗掉"，这样飞船在宇宙中就能飞行更长的时间[31]。

氢能作为二次能源，其用途主要有以下几个方面：液氢作为一种高能燃料用于航天飞机、火箭及城市公共汽车中。近十几年发展起来的氢燃料电池可直接应用于航天航海和陆地交通运输，氢能作为未来最有前途的新能源地位已初见端倪。

7.4.2 直接燃烧方式

氢气能像汽油或天然气一样燃烧，氢气燃烧的释放物为水。该技术已相当成熟，美国国家航空和航天局（NASA）及国防部均采用氢气为航天飞机和无人火箭的主要动力。其他一些应用正处于研究阶段，如设计新型的燃料燃烧设备将氢能用于涡轮机和发动机，目前已经出现了氢能内燃机。2001年福特及宝马公司已研制出先进的氢能内燃机（H_2-ICE）汽车。同时，由于混合使用排放的污染物比单纯化石燃料更少，氢能混合燃烧也正在实施。一旦发动机技术成熟，100%的氢能燃料将成为现实。

氢用于交通、动力、热能的生产中,不仅燃烧后没有 CO、CO_2、SO_2、烟尘等各种有害物质,而且具有高效率和高效益。例如,超音速飞机使用氢燃料要比使用石油燃料的效率高 38%,氢内燃机效率约为汽油内燃机效率的 1.5 倍,氢燃料电池电站是目前所有发电方法效率最高的,而在加热催化器中的热效率几乎达 100%,尤其是固态金属氢用作火箭和弹药的推进剂,其推力相当于同质量液氢——液氧燃料的 5 倍,金属氢的爆炸威力相当于同质量 TNT 炸药的 25~35 倍,爆炸威力与核武器相当。

1. 氢气作为内燃机燃料的特性

(1) 氢气的密度很低,这使得氢气用作发动机燃料时易产生两个问题:首先,储存氢气需要很大的体积;其次,氢气-空气混合气的能量密度小,输出功率会降低,因此选用何种储氢方式很关键。

(2) 氢燃料着火界限很宽(4%~75%)。氢内燃机工作的空燃比范围很宽,其优点为:氢气着火界限宽,氢发动机的燃烧参数调节灵活性就大,氢发动机可以像柴油机那样质调节。质调节时,采用恒当量空燃比为宜,原因有二:首先,小负荷时能降低 NO_x 排放;其次,泵气损失减少,热效率提高。质调节的缺点是怠速时排气中会出现较多的未燃氢,造成安全隐患;或者像汽油机那样量调节,在怠速时对进气进行节流,其余工况保持节气门全开,可使排气中的未燃氢显著下降。

着火界限很宽有利于实现稀燃,燃烧稀混合气燃油经济性高且燃烧反应更完全。而且,燃烧温度一般也较低,NO_x 排放也较少。但混合气也不能过稀,否则会降低发动机的功率。

氢在常温下为气态,不需要汽油、柴油与空气混合时的雾化过程,且着火界限宽保证了氢内燃机优良的启动性。

(3) 点燃氢气所需的点火能量比汽油小得多(氢气的点火能量为 0.02MJ,汽油为 0.25MJ)。这意味着氢内燃机可以燃烧稀混合气且保证了快速点火,但点火能量低。气缸里局部温度高的点便可以成为着火点,引起早燃,目前已有多种方法消除早燃带来的不利影响。

(4) 氢气的自燃温度高。因为压缩过程中温度升高与压缩比有关,氢气的自燃温度高,所以氢内燃机可以采用较大的压缩比。

(5) 氢在理论空燃比时有很高的火焰传播速度。在理论空燃比时接近于定容燃烧,氢内燃机更接近理想发动机循环,使得发动机热效率比汽油机高。

(6) 氢的扩散能力强,比汽油大许多(氢气扩散系数为 $0.63cm^2/s$,汽油为 $0.08cm^2/s$)。扩散能力强有利于产生均质混合气。而且一旦发生泄漏,氢气可很快扩散,减少了不安全因素。

(7) 氢的燃烧产物是水和少量一氧化氮,属于低排放燃料。

(8) 氢气与其他燃料(天然气、汽油和柴油等)掺烧可以补偿由于能量密度低或采用稀燃带来的功率损失,并且可以提高燃油经济性。

可见,从经济性、动力性和排放性能来看,氢气是理想的内燃机燃料[32]。

2. 氢内燃机在汽车上的应用

氢气发动机集柴油机的高热效率和汽油机的高转速于一身,是个非常理想的系统。研究表明,在相同的测试条件下,氢气发动机的热效率比汽油机提高15%~50%。

(1) 纯氢内燃机。纯氢内燃机只产生 NO_x 排放,但中、高负荷时存在爆震和 NO_x 生成量远大于汽油机、发动机功率受限且氢气消耗量大、续驶里程短等问题。

(2) 氢/汽油双燃料内燃机。可根据燃料的存储状况灵活选择汽油和氢气进入纯汽油或纯氢气内燃机模式,但纯氢模式运行时,氢气消耗量很大,导致氢/汽油双燃料发动机相当部分时间使用纯汽油。

(3) 氢-汽油混合燃料内燃机。将少量氢气作为汽油添加剂混入空气中,氢气较大的扩散速率能够促进汽油的蒸发、雾化和与空气的混合,氢燃烧过程中产生的OH、H、O等活性自由基,能使汽油火焰传播速度明显加快,得到较大的热效率,并产生较低的排放,而且不会出现纯氢发动的早燃和回火问题。

根据我国的氢能基础设施和氢气供应情况,建议按两步走的策略在汽车上应用氢能。第一步(2015年之前):在加氢站数量有限、储氢技术没有重大突破、氢价格较高的情况下,在机动车上采用氢-燃油复合混烧技术,即冷启动采用纯氢气,中小负荷采用混氢燃烧,大负荷采用纯汽油燃烧;第二步(2015年之后):在加氢站数量有较大增加、储氢和氢气内燃机技术有重大进展、氢气和汽油价格相差不大的情况下,在机动车上采用纯氢燃烧技术[33]。

氢燃料内燃机基于传统的内燃机技术和生产、维修体系,具有良好的生产、使用基础,技术上也具有一定的成熟性。与氢燃料电池相比,氢燃料内燃机在造价上具有明显的优势。在车用燃料电池的成本能够与之相匹敌之前,氢燃料内燃机将具有很强的竞争力。在汽油机中掺烧氢气燃料、在天然气内燃机中掺烧氢气和采用氢气-汽油两用燃料或柔性燃料内燃机是近期在汽车内燃机中推广使用氢气燃料较现实的方法。从长远来看,由于氢燃料内燃机具有高效、环保的突出优点,势必将得到较快的发展;而缸内直喷式氢燃料内燃机所具有的较高的功率密度、良好的运转平稳性以及极低的NO排放,必将成为氢燃料内燃机的主要发展方向[34]。

氢燃料发动机中的特殊部件,包括以下几个[35]。

气阀和气阀座:采用特殊硬化的材料以补偿氢气润滑性能的下降。

火花塞:铱金材料,提高了火花塞寿命。

点火线圈:与火花塞整体式的高能线圈可以满足独特的点火特性要求。

喷油器与燃油轨：喷油器专为氢和高容量燃油轨设计。

曲轴减震器：针对氢燃料进行调谐确保平稳运行。

活塞、连杆与活塞环：高强度设计以适应氢燃烧较高的燃烧压力。

气缸垫：适应增大的燃烧室压力。

进气歧管：全新设计以适应双螺旋机械增压器和水-空气式中间冷却器。

双螺旋机械增压器和水-空气式中间冷却器：进一步改善功率输出，提供最佳效率。

发动机机油：全合成配方，针对氢燃烧特性进行优化。

3. 氢气作为内燃机燃料易出现的问题

由于氢具有宽广的着火范围和较小的点火能量，容易发生早燃；氢的火焰传播极快，对于外部形成混合气的氢燃料内燃机，当增加混合气浓度来提高发动机功率时就容易出现回火；由于氢的密度低，外部混合气方式的氢燃料发动机功率降低；氢和空气按化学当量比混合时，由于燃烧温度高，发动机热负荷高，而且排气中 NO_x 排量将迅速增加等[36]。

氢气在发动机内燃烧时最容易出现的问题是早燃和回火。早燃和回火严重制约了氢内燃机的发展，抑制早燃和回火对氢内燃机的发动机设计、混合气形成及负荷控制具有重要意义。

新鲜充量在未被火花塞点燃时与燃烧室内局部温度过高的一些热点(如火花塞、排气门和积炭)相接触引起燃烧的现象称为早燃。早燃导致发动机效率低，工作粗暴，增大了发动机的机械负荷和热负荷，排气温度增高。由于氢气点火能量低、着火界限宽、火焰淬熄距离小和火焰传播速度快，氢内燃机中的早燃问题比传统内燃机严重得多。目前解决早燃的措施主要有改进燃烧室结构、废气再循环、向氢气流中喷水、多气门技术、采用内混式供氢方式、采用水冷式或冷型火花塞以及精确的控制技术等。

回火是指混合气在进气管内燃烧的现象。抑制回火的措施如下。

(1) 早燃是引起回火的重要因素，抑制早燃是消除回火的最有效方式。

(2) 火花塞放电完毕后次级线圈中还有残余的能量，这些能量有可能引起不正常点火，若此时进气门处于开的状态，则发生回火。能否发生不正常点火取决于残余能量和火花塞间隙，因此合理地选择点火系统可以有效地防止回火的发生。

(3) 氢气的扩散能力强，若发动机气门叠开角过大，排气管中的废气可以窜入进气管，发生回火。因此，氢内燃机不能采用较大的气门叠开角。

根据氢气发动机自身存在的问题，可采用以下主要措施予以解除或缓解。

(1) 采用特殊的喷射技术，尽可能地减少进气行程期间在进气管中残留的氢气，以抑制回火。

(2) 各缸独立点火、降低点火能量并降低火花塞的热容值，以抑制早燃。

(3) 控制曲柄箱的压力，将含氢气体适时导出，以避免曲柄箱氧压过高导致爆炸。

(4) 采用高性能的电子控制系统对控制参数和运行参数进行优化控制。

4. 氢气作为内燃机燃料的排放问题

氢内燃机的燃烧产物除水外还有 NO_x。氢内燃机产生的 NO_x 中的 N 和 O 来自空气中的 N_2 和 O_2，空气中的 N_2 在燃烧室的高温条件下氧化成 NO_x。燃烧室温度越高、氧浓度越大、持续时间越长，NO_x 的排放量也越大。

当量空燃比对 NO_x 排放影响很大。过量空气系数越大，则预混合燃烧速度越大，燃烧过程中的最高速度越大，燃烧持续时间越短，因此燃烧稀混合气时热效率高，NO_x 排放低。

降低最高循环温度对降低氢内燃机 NO_x 排放起了至关重要的作用。降低最高循环温度的措施主要包括推迟喷油或点火时刻、喷水、废气再循环、将液氢直接喷入气缸、低温喷射等。

(1) 推迟点火可以降低燃烧最高温度。点火提前角的改变对燃烧持续时间无影响，只是始点和终点不同。若点火提前角取得过大，会使发动机燃烧不稳定，易发生爆震和敲缸。由于氢气易于点燃且火焰传播速度快，所以氢内燃机的点火提前角较小，大负荷时可在上止点后点火。

(2) 废气再循环(EGR)降低了压缩行程的终点温度，从而降低了 NO_x 排放。福特公司的实验表明，理论空燃比下采用 EGR 可使 NO_x 排放浓度小于 1ppm ($1ppm=1cm^3/m^3$)。进气管内喷水不仅可以降低最高循环温度，还可以防止回火，但这两种方法都以牺牲发动机的输出功率为代价，且使发动机结构复杂，实现起来有较大困难。

(3) 供氢方式对 NO_x 的排放也有较大的影响。在相同的工况下，当达到相同的 NO_x 排放时，全部进气管内预混方式供氢、缸内低压喷氢、低温全部进气管预混方式喷氢的平均有效压力是递增的，且随着平均有效压力的增加，NO_x 排放出现了骤升；而缸内高压喷氢的 NO_x 排放随平均有效压力的增加几乎呈线性增长，维持在较低水平。因此，缸内高压喷氢是最理想的供氢方式。

(4) 低温喷射降低了燃烧温度和燃烧速度，使 NO_x 排放降低。在压缩行程后期将高压氢气直接喷入气缸，混合气形成时间短，形成质量不高，燃烧最高温度比常温喷射低，抑制了 NO_x 生成。合理组织燃烧室的气流运动，有助于上止点附近的燃烧，而此时完全燃烧可以降低燃烧室中 O_2 的浓度，降低 NO_x 的排放。

7.4.3 燃料电池方式

1. 氢燃料电池发电

燃料电池是以氢气和氧气为原料，利用它们在高温下发生化学反应产生电能的原理制成的装置，燃料电池是将燃料氢的化学能直接转变为电能。电池包括燃料(氢)、氧化剂(氧)、电极和电解液。其工作原理与普通电池是一样的，但如果目的是发电，就要连续地通入氢和氧(这与电池不同)，结果就发出直流电，通过逆变器可变为交流电。

燃料电池的正极为“氧化极”，负极为“燃料电极”，通过电解质使燃料与氧化剂隔离，又可以使电池进行“氧化-还原反应”，在反应中放出电子，产生电流。

由于燃料与氧化剂的不同，还有其他类型的燃料电池，如金属氧化物-空气燃料电池、甲醇-氧化物燃料电池等。

燃料电池的优点如下。

(1) 转化率高(50%～70%)。

(2) 虽叫燃料电池，实际不燃烧(无明火)，无污染，无噪声。

(3) 可移动性好，可用于航天航空和汽车上。

燃料电池将氢的化学能转化为电能和热能，是一种无噪声的清洁能源，水是其释放的唯一副产物。由于电化学反应比燃烧产生能量的效率高，如果直接以氢为能源，燃料电池的效率远高于内燃机。目前燃料电池的效率为40%～50%，当用于混合热电装置时可达80%。

与普通电池相同，燃料电池也由正负极和一种电解质或隔膜组成，它们的区别仅在于燃料电池不需再充电和能量储存，燃料电池直接从氢或其他相似燃料中获得能量，因此不需要额外充电。

以质子交换膜燃料电池(PEMFC)为例，其工作原理如下。

(1) 氢气通过管道或导气板到达阳极。

(2) 在阳极催化剂的作用下，1个氢分子分解为2个氢质子，并释放出2个电子，阳极反应为

$$H_2 \longrightarrow 2H^+ + 2e$$

(3) 在电池的另一端，氧气(或空气)通过管道或导气板到达阴极，在阴极催化剂的作用下，氧分子和氢离子与通过外电路到达阴极的电子发生反应生成水，阴极反应为

$$1/2O_2 + 2H^+ + 2e \longrightarrow H_2O$$

总的化学反应为

$$H_2 + 1/2O_2 \longrightarrow H_2O$$

电子在外电路形成直流电。因此,只要源源不断地向燃料电池阳极和阴极供给氢气和氧气,就可以向外电路的负载连续地输出电能[37]。

根据电解质、操作温度及氢纯度水平,可将氢燃料电池分为几类,表 7-1 为不同类型燃料电池的特性。

表 7-1　不同类型燃料电池的特性

类别	电解质	操作温度/℃	灵敏度/氢纯度
质子交换膜电池	固体有机全氟磺酸	60～100	氢含有杂质时灵敏度仍很高,需 $CO<10\times10^{-6}$
碱性电池	一定基质中的氢氧化钾皂	90～100	对 CO_2 有极高的灵敏度
磷酸电池	一定基质中的液体磷酸皂	175～200	对 CO 灵敏度高
熔融碳酸盐电池	一定基质中的锂、钠或钾的碳酸盐	600～1 000	可以使用 H_2 和 CO 的混合物,必须有 CO_2 存在,对 CO 灵敏度低
固体氧化物电池	加有少量氧化镱的固体氧化锆	800～1 000	可以使用 H_2、CO_2 和 CH_4 的混合物

燃料电池是除水力发电、热能发电和核能发电之外的第四种发电技术,它不但具备高的能量转换效率,同时是一种清洁的能源。根据电池中所用的电解质不同,目前已发展出了五大类型:碱性燃料电池(AFC)、磷酸型燃料电池(PAFC)、熔融碳酸盐燃料电池(MCFC)、固体氧化物燃料电池(SOFC)、质子交换膜型燃料电池(PEMFC),如表 7-1 所示。前两种电池开发较早,也有一定范围的应用,但目前已经不是发展的重点。MCFC 工作温度约 600℃,可以使用脱硫煤气作燃料,具有较高的热效率,结构简单,是美、日、欧发展的重点。目前主要技术问题正在解决之中,进入了建立百千瓦级试验电站的阶段。SOFC 的工作温度为 800～1 000℃,能提供优质的余热,热电效率高(60%),利于煤气化联合运转。美国在管型 SOFC 研究上处于领先地位,德国 SIMENS 公司开展了平板型 SOFC 研究。SOFC 电池目前由于材料、结构、制造技术等问题,处于技术攻关阶段,它是以煤沼气为燃料的最理想的电池。PEMFC 的工作温度低,一般为 60～100℃,它以全氟化的磺酸型固体聚合物为电解质,铂作为电催化剂,纯氢为燃料,空气为氧化剂,可以室温启动。20 世纪 80 年代以来,PEMFC 取得了突破性的进展,降低了电催化剂铂的用量,解决了电池的寿命问题。美国已选定燃料电池作为国家的 22 项关键技术之一,将 PEMFC 作为重要的发展方向[38]。

氢能利用主要是通过燃料电池来实现的,燃料电池的燃料可以直接用氢,也可以用含有氢的化合物为原料,如天然气、沼气、甲醇等。今天,燃料电池应用领域已逐步拓展,在军事方面,德国、美国均已开发出了以燃料电池为动力系统的核潜艇。在超音速飞机和远程洲际客机上以氢作动力燃料的研究也已进行多年,目前已进入样机和试飞阶段。德国戴姆勒-奔驰航空航天公司以及俄罗斯航天公司从1996年开始试验,在配备有双发动机的喷气机中使用液态氢,其安全性有足够保证。目前,燃料电池发电系统也开发得如火如荼,目标是为家庭和工业提供电和热。此外,燃料电池很高的能量转换效率可以应用于小型精密设备,从而取代小型电器中的电池,如移动电话、手提电脑、手提摄像机等,以节省空间[39]。

燃料电池可以应用于工业及生活的各个方面,如燃料电池电站、电动汽车及民用电器等场合。国外20世纪70年代已将其用于航天技术,90年代开始用于潜艇,作为"不依赖空气的推进系统"——AIP的动力源(质子膜燃料电池——PEMFC)。使用燃料电池作为电动汽车电源一直是人类汽车发展目标之一。但是,在近5～10年中,将燃料电池大量应用于电动汽车是不现实的,因为存在以下困难:一是燃料电池中使用贵金属铂作为催化剂,这不但使电池的制作成本增加,同时铂在全球的储量及年开采量均不能满足大规模使用电动汽车燃料电池的需求;二是使用氢气作燃料,还存在一些技术难题尚未解决,如氢的来源、储存、运输等。

目前为止,氢能应用最具革命性意义的领域是氢燃料电池车。燃料电池车(fuel cell vehicles,FCV)是利用燃料电池发出的电力驱动电动机,带动汽车行驶。燃料由加气站补充,加气所需时间与加油时间大致相同,其续驶里程取决于车载燃料的容量。燃料电池的工作方式在本质上不同于内燃机,由于燃料电池汽车工作过程不涉及燃烧,所以无机械损耗及腐蚀,氢燃料电池所产生的电能可以直接被用在推动汽车的四轮上,从而省略了机械传动装置。燃料电池车与其他替代燃料车相比,具有洁净无污染、能源转换效率高(40%以上)、噪声低、续驶里程可与汽油车相当等明显的优越性。因此,以氢作燃料的汽车在经济性、适应性和安全性三方面均有良好的前景。

燃料电池与传统内燃机相比有着明显的优势:燃料电池的生成物是水,接近于零排放;不受卡诺循环效率的限制,能量转换效率高;燃料电池中没有运动部件,噪声明显低于传统内燃机;过载能力强,设计方便,但燃料电池的价格昂贵,基础设施及维护人员缺乏等问题制约了燃料电池的产业化。相对于燃料电池,氢内燃机更容易实现。传统的汽油机不做大的改动就可以燃烧氢气,且氢气各项性能优越,因此氢内燃机备受科学家的青睐。

2003年1月28日,美国总统布什宣布启动总额超过12亿美元氢燃料计划,从2003年上半年起就在国际上积极倡导发展氢经济。在美国的大力推动下,2003年11月20日由美国、澳大利亚、巴西、加拿大、中国、意大利、英国、冰岛、挪威、德国、法国、俄罗斯、日本、韩国、印度、欧盟委员会参加的《氢经济国际伙伴计划》在华盛顿宣告成立,这标志着国际社会在发展氢经济上已初步达成共识[40]。克莱斯勒公司在2002年已生产出燃料电池公共汽车，在欧洲十大城市运行；2006年采用氢燃料发动机的BMW氢能7系豪华轿车正式上市。

在国际上，日本在发展氢经济方面是最具影响力的国家之一。日本研究氢能比较早，目前燃料电池是日本氢能的主要发展方向，主要分为车载电池和固定装置电池两类。2005年的爱知世博会上，日本政府馆用的电源完全来自燃料电池，8辆燃料电池公共汽车在会场之间穿梭给参观者留下了深刻的印象。目前，许多大汽车厂商都有氢燃料电池项目，其中日本本田的氢燃料电池轿车已通过检测，成为商品车。记者在日本能源厅采访时了解到，目前在发达国家，发展氢能注重"两条腿走路"——既要大力发展燃料电池汽车，也要注意开发固定氢能发电装置。日本的燃料电池开发集中在四个种类：一是固体氧化物型燃料电池，其工作温度为1 000℃左右，电解质为稳定型氧化锆，发电量为1kW～数千kW，发电效率为47%～59%，主要供商务、工业和发电站使用，现在处于数kW的模型研究开发阶段；二是助溶剂碳酸盐型电池，工作温度为650℃左右，电解质为助溶剂碳酸盐，发电量为1万～10万kW，发电效率为41%～54%，主要用于工业和发电站，处于研究开发阶段，正在研制1MW装置；三是磷酸型燃料电池，工作温度在200℃左右，电解质为磷酸，发电量约1 000kW，发电效率为35%～42%，用于商务及工业，已进入开发普及阶段；四是固体高分子型燃料电池(PEFC)，工作温度为80～100℃，电解质为固体高分子，发电量为250kW，发电效率为30%～40%，用于燃料电池汽车、家庭、小型业务、便携式装置等，这种燃料电池正处于实用化开发阶段。目前日本燃料电池的开发主要集中在燃料电池车用电池和固定装置燃料电池方面。

日本政府为促进氢能实用化和普及、完善汽车燃料供给体制，已于2005年完成了燃料电池车公路行驶验证、氢气站验证、住宅用和业务用燃料电池验证。全国出现了不少"加氢站"，如图7-20所示[41]。

2003年11月我国加入了"氢经济国际合作伙伴计划"(IPHE)，成为其首批成员国之一。在我国新公布的《国家中长期科学和技术发展规划纲要(2006—2020)》和《国家"十一五"科学技术发展规划》中都列入了发展氢能和燃料电池的相关内容。中国科学院大连化学物理研究所在国家"九五"科技攻关项目"燃料电池技术"中，承担了燃料电池电动车用"甲醇重整制氢装置"的研制，目前已形成概念样机；石油大学承担的"九五"科技攻关项目"从H_2S制取氢气的扩大实验研究"，此方法制氢能耗低，约26kW·h/m^3，使低电耗制氢技术达到了世界先进水平；中国科学院理化技术研究所承担过"九五"科技攻关项目"烟气中SO_x制氢技术的中试研究"，在人工模拟光合作用分解水制氢及非常规资源制氢研究达到了世界先进水平[42]。

图 7-20 日本的加氢站

7.5 氢能的应用前景

近年来，美国、日本、欧盟等都纷纷制定了氢能发展规划和相应计划，投入大量经费支持氢能开发和应用示范活动。美国已制定了国家氢能发展路线图，并宣布今后5年政府拨款17亿美元支持氢能开发，计划在2040年以前至少使每天的石油消耗量减少1 100万桶。欧盟近年将分别拨出2 000万欧元和600万欧元的专款用于氢能的生产、存储、运输和燃料电池研究开发。日本实施“氢利用清洁能源计划”项目，计划到2020年投入30亿美元。我国政府研究制定的2020年能源战略，也将氢能列为重点发展方向之一。此外，这方面的国际合作也日益广泛，2003年11月，中国、美国等15个国家和欧盟共同签署了IPHE参考条款，目标是建立一种合作机制，有效地组织、评估和协调各成员国，为氢能技术研究开发、示范和商业化活动提供一个能推动和制定有关国际技术标准与规范的工作平台。

1）氢制备技术和成本

目前主要的制氢工艺有：采用矿物燃料、核能、太阳能、水能、风能及潮汐能等电解水制氢，这是目前的主要研究方向，其中以利用太阳能制氢的研究最多也最有前途；热化学循环分解水制氢方法是在水反应系统中加入中间物，经历不同的反应阶段，最终将水分解为氢和氧，且中间物不消耗；光化学制氢是在光照催化剂作用下，促使水分解制得氢气；生物质制氢是通过裂解或者气化提取生物体中的氢元素。另外，工业副产氢也是向燃料电池提供燃料的有效途径。从理论上说，电解水制氢方法是氢能规模制备的主要方法，目前电解水制氢已具备规模化生产能力。

但是，由于受到越来越高电费的制约，电解水技术的效率和成本不够理想。所以，在现有条件下，从可再生能源载体中获取氢在价格上还是缺乏竞争能力。专家预测，只有将生产氢气的成本降到目前的1/10以下，才能真正启动氢能经济。因此，目前乃至今后相当一段时间内，氢燃料还将主要从化石燃料，特别是从天然气中得到。这一制备方式虽然廉价，但是生态性不好。

2）氢储存和运输的安全

氢是一种极轻的气体，在正常压力下，3 000L 氢气的能量相当于 1L 汽油。为了有效地储存和运送氢气，它必须被高度浓缩，或处于高压下（压缩氢气），或被冷却到－253℃而变成液体（液态氢）。两种方法都要有很高的技术和安全条件，而且都要耗能，压缩氢储存对于储存罐的重量和空间要求也很高。因此，氢发展的一个重要技术挑战就是如何找到一种安全系数高、耗能又低的传输方法。其他储存氢的方式，如用化学方法使之成为铝氧化物和金属氢化物，或与纳米技术同出一源的石墨储存法，目前都还处在开发阶段，其功效与压缩或液化储存相比相差甚远。由于氢气无色无味，其火焰接近于无色，因此，安全性是氢储存和运输的另一大挑战。氢的密度比空气要小得多，它在空气中的扩散要比甲烷、丙烷和汽油等燃料快得多。从安全角度考虑，这些事实意味着泄漏的氢可以快速上升并扩散，在封闭的空间就很不安全。与甲烷、丙烷和汽油相比，氢在空气中易燃的浓度范围很宽，点燃的浓度低限是 20%，低于甲烷的极限，即在空气中混有较少的氢就能点燃。另外，点燃所需的最小能量比甲烷小 15 倍。另一个安全问题是，氢的火焰实际上是看不见的，需要用氢传感器来提供危险情况的警报。氢的爆炸极限也与甲烷、丙烷和汽油不同，氢的爆炸所含的能量相当低，而汽油蒸发爆炸所含的能量要比氢大 22 倍。

3）氢能基础设施的配套

这是燃料电池技术推广和氢能经济实现的必要条件。如何解决因氢的独特物理性质给氢基础设施建设带来的一系列技术问题，如何根据燃料电池技术的发展阶段来确定适当的氢基础设施规模，以至最终以氢基础设施代替现有的整个能源输配系统而实现氢能经济，这些都需要资金和人力的巨大投入。1999 年世界上第一个正式的氢加注站建在德国的慕尼黑机场，实践证明它是成功的。目前，一些发达国家已相继建成少量的氢气加注站，并已投入使用。

另外，由于氢分子质量轻，极易向空中扩散，预计将有 10%～20%的氢可能会从车辆或发电站的输送管道、存储设备、处理设备和燃料电池中泄漏，进入大气平流层。泄漏出的氢分子与自然环境中的氢分子加在一起，数量将是原来的 3 倍。它们升到平流层后会扰乱形成臭氧的化学过程，进而在北极和南极地区造成更大的、持续时间更长的臭氧空洞，损害面积迅速扩大，一旦平流层的氢浓度迅速增加，臭氧层的恢复进度将大为延缓。

总而言之，就目前来看，氢经济的前景是光明的，但困难和障碍还是不少，而且这些问题也不可能在短期内完全解决。氢经济所面临的每个环节——生产、储存、燃料电池、安全和基础设施本身都非常棘手。目前,氢能的发展主要遇到以下几个问题。

(1) 氢能的成本过高,每辆燃料电池车的成本高达8万美元。

(2) 氢能要求很高的安全性和有效性。

(3) 目前氢气的分离效率和储存密度较低。即使是液态氢,提供相同的能量,其体积也将大大高于汽油。

(4) 在目前化石燃料尚未枯竭的情况下,传统的石油、煤炭等工业仍然强势运行,不可能立即退居次席,仍会进行大规模的投入,这同样影响了氢能技术的研发投入和发展。

所以,对于那些对氢能经济过分乐观的言论,我们应该有清醒的认识。因为,一种新技术的选择和推广是环境性、经济性、技术成熟度、政府行为、社会心理等多种因素综合作用的结果。同时,从另一个角度来看,目前实现氢能经济的一系列障碍,恰好指明了氢能技术研究和发展的主要方向。迎接"氢经济"时代的到来,尽管还需要大量的科技攻关,但是电解水制氢技术及设备已被科学界所公认。国家应该加强扶植科研开发,提高以燃料电池为核心的氢能发动机性能,不断降低制氢、用氢成本,探索新的制氢、用氢途径,通过试点加速实现氢能源及燃料电池汽车商品化、产业化进程。进一步开展太阳能分解水制氢研究,使氢能源开发利用由一般性"可持续发展",建设成为"永续发展利用"的循环经济[43]。

参考文献

[1] 贾振航.科普讲座 第六讲 洁净的氢能[J].节能与环保,2004,(7):51-52.

[2] 卢大振.城市夜空:流光溢彩陷入生态尴尬[J].今日国土,2004,(Z2):28-33.

[3] 程满环.金属/三苯胺烯型共轭树枝分子纳米复合物的制备及其催化性能研究[D].苏州:苏州大学硕士学位论文,2009.

[4] 赵永丰,鲍德佑.制氢方法[J].太阳能,1999,(4):14-15.

[5] 许光磊,周冬莉.氢能将取代石油?——走向"氢经济"时代[J].科技潮,2004,(7):16-18.

[6] 倪萌,Leung M K H,Sumathy K.电解水制氢技术进展[J].能源环境保护,2004,18(5):5-9.

[7] 方明强.21世纪新能源——氢能[J].山西化工,2004,24(4):14-16.

[8] 朱曾坤.镍基低温氨分解催化剂及其载体的研究[D].天津:天津大学硕士学位论文,2007.

[9] 孙嘉明.氢作为内燃机替代燃料的应用分析[J].科技咨询导报,2007,(27):1.

[10] 穆亚玲,王香爱.氢能源研究现状[J].化工时刊,2008,(10):64-68.

[11] 用绿藻生产氢气[J].发明与革新,2000,(6):37.

[12] 微生物与能源[OL].http://wenku.baidu.com/view/591fe7dad15abe23482f4da4.html[2015-6-25]

[13] 罗明典.发展氢能的微生物途径及其他[J].高科技与产业化,2004,(10):51-53.

[14] 王素兰.光合产氢菌群生长动力学与系统温度场特性研究[D].郑州:河南农业大学博士学位论文,2007.

[15] 元英进,史春梅,韩金玉.生物法制氢[J].现代化工,1995,(7):8-11.
[16] 王铁滨.生物制氢-水处理生产示范工程自动化系统的研究[D].哈尔滨:东北林业大学硕士学位论文,2007.
[17] 胡以怀,贾靖,纪娟.太阳能热化学制氢技术研究进展[J].能源工程,2008,(1):19-23.
[18] 李鑫,李斌,臧春城,等.氢经济[J].太阳能,2004,(2):11-12.
[19] 曾敏.日本研究利用太阳光制氢[J].低温与特气,2001,(6):14.
[20] 黄亚继,张旭.氢能开发和利用的研究[J].能源工程,2003,(2):33-36.
[21] 任建伟,廖世军,刘军民.规模储氢技术及其研究进展[J].现代化工,2006,(3):15-18.
[22] 马东旭,陈宝忠,王兆强.现代储氢技术在天然气运输中的应用[J].绿色科技,2010,(10):176-179.
[23] 李冬燕.储氢技术研究进展[J].河北化工,2007,30(2):11-13.
[24] 倪萌,Leung M K H,Sumathy K.氢——未来的绿色燃料[J].现代车用动力,2004,(2):4-8.
[25] 高学平,卢志威,张欢,等.储氢材料与金属氢化物-镍电池[J].物理,2004,33(3):170-176.
[26] 周理.氢能利用与高表面活性炭吸附储氢技术[J].科技导报,1999,(12):10-11.
[27] 李芬.合金储氢机理与新型储氢材料设计的理论研究[D].大连:大连理工大学硕士学位论文,2009.
[28] 杨明,王圣平,张运丰,等.储氢材料的研究现状与发展趋势[J].硅酸盐学报,2011,39(7):1053-1060.
[29] 常心洁,杨鲁伟,梁惊涛.水合物储氢技术的研究进展[J].材料导报,2009,23(19):83-86.
[30] 蔡炽柳.氢能及其应用前景分析[J].能源与环境,2008,(5):39-41.
[31] 曹祎舟.氢能简介及制氢工艺现状和氢能应用展望[A]//第二届国际氢能论坛青年氢能论坛论文集[C].北京,2003.
[32] 王存磊,朱磊,袁银南,等.氢气在内燃机上的应用及特点[J].拖拉机与农用运输车,2007,34(3):1-3.
[33] 纪常伟.氢内燃机在汽车上的应用[J].商用汽车,2008,(7):124-125.
[34]刘福水,郝利君,Berg H P.氢燃料内燃机技术现状与发展展望[J].汽车工程,2006,28(7):621-625.
[35] 欧阳明高,张育华,辛军,等.氢内燃机的改装设计与控制研究[J].内燃机工程,2006,27(6):1-5.
[36] 王丽君,杨振中,司爱国,等.氢燃料内燃机的发展与前景[J].小型内燃机与摩托车,2009,38(4):89-92.
[37] 陈海清,王金全,薛洪熙,等.氢能与质子交换膜燃料电池[J].兵工自动化,2005,24(1):81-83.
[38] 材料科学和技术综合专题组.2020年中国材料科学和技术发展研究[A]//2020年中国科学和技术发展研究(上)[C].北京,2004.
[39] 张新华,蔡文之,戈特瓦尔德.世界能源革命的前沿和趋势[J].社会观察,2004,(9):12-15.
[40] 马涛.国外氢能源经济发展现状及对我国的启示[J].节能技术,2008,26(4):324-327.
[41] 陈超.氢能源:日本未来的产业支柱[J].太阳能,2004,(5):51-52.
[42] 张志强,郑军卫.国际氢经济竞争发展态势及我国的对策[J].中国科学院院刊,2006,21(5):418-422.
[43] "氢能源"取代"石油"?[J].中国科技信息,2004,(12):31.

第 8 章　船舶节能技术

8.1　概　　述

据国际海事组织(IMO)2009 年发布的第二次温室气体研究报告,2007 年全球海运业排放的二氧化碳达到 10.4 亿吨,占当年全球二氧化碳排放总量的 3.3%。其中,国际海运业的碳排放量达到 8.7 亿吨,占全球排放总量的 2.7%。报告预测,随着海运贸易的增长,如果不采取措施,船舶温室气体的排放量到 2050 年将比 2007 年增加 150%~250%。如果采取有效的控制措施,提高船舶能源效率,那么能够实现排放量减少 25%~75%。由此可见,研究海运业减排二氧化碳的措施和方法势在必行[1]。

2009 年 7 月 13 日国际海事组织召开的 59 次环保会(MEPC59)上,通过了关于新船能效设计指数(EEDI),要求各国政府、船级社、航运公司采取相应的行动。能效设计指数是 CO_2 排放量与货运能力的比值,即根据船舶在设计最大载货状态下以一定航速航行所需推进动力,以及相关辅助功率所消耗的燃油计算出的 CO_2 排放量,以衡量新船的 CO_2 排放。新造船能效设计指数可表示为

$$\mathrm{EEDI}=\frac{\text{二氧化碳排放量}}{\text{船舶最大载货量}}=\frac{\sum P\times C_{\mathrm{F}}\times \mathrm{SFC}}{\text{船舶载重吨(DWT)}\times\text{航速(kn)}}(\mathrm{g/t\cdot mile})\tag{8-1}$$

式中,P 为主副机功率,kW;C_F 为燃料的消耗量转化为 CO_2 的排放量碳转换系数;SFC 为在机器输出功率时的单位油耗值,g/(kW·h)[2]。此外,有些国家还出台了一些区域性立法,如欧盟区域性立法,到 2050 年海运二氧化碳排放降低 40%(如可行 50%);到 2030 年在欧盟建成全功能多式联运(TEN-T)的核心网络,30%的运输距离 300 公里以上的道路货运应转用铁路或水运(到 2050 年应超过 50%)。鼓励 LNG 作为航运替代燃料(所有 TEN-T 的核心港口在 2020 年必须具备提供 LNG 加注服务的能力)。

其他国家区域性立法还有:美国加州岸电法令,适用于洛杉矶、长滩、圣地亚哥、奥克兰、威内米、旧金山,至 2020 年减少到港集装箱船、客船和冷藏船 80%的排放量;挪威 NO_x 排放税收政策的税收标准为 16.69 克朗/kg,建立基金用于投资船舶动力设备改造和升级,每减少 1kg 可返还 4 克朗;新加坡的绿色港口计划——

通过减免港口费鼓励船舶在新加坡港口使用清洁燃料，绿色船舶计划——向采取低燃油消耗设计的挂新加坡国旗船只减免税费，绿色科技计划——向航运公司提供资金支持，助其开发并采用环保技术，对靠泊新加坡港口、使用清洁能源或使用已经批准的减排技术船舶将减少25%的港口税。

我国在“十二五”规划中提出了《加快推进绿色循环低碳交通运输发展指导意见》的落实及实施工作方案的制订、营运船舶节能减排准入与退出管理办法、船舶运输节能减排指导意见，要求营运船舶单位运输周转量能耗及单位运输周转量CO_2排放分别下降15%和16%以上；已颁布的海洋船舶、内河船舶能耗标准（到2015年分别下降16%和14%）；营运船舶CO_2排放限值及验证方法CO_2。工信部制订了节能型船舶的免税或退税计划，并结合IMO能效相关要求制订相应的国标加快推出节能船型的认定标准；制定了新造船舶标准、节能型船舶能效设计指数基准线值、船舶能效设计指数计算方法、船舶能效设计指数验证方法、船舶新能源使用比例测定方法、速度和功率性能的评估导则。

以船舶推进的能源消耗为例，假设主机燃油消耗所发出的能量为100%，其能源的各部分消耗比例如图8-1所示。可见，从系统工程的角度来看，船舶动力装置的节能技术涉及各工作系统之间的相互关系，并且要考虑到结构、材料、使用维护和技术管理等有关因素。所以，船舶节能的措施是综合性的技术措施，包括以下几个。

(1) 低船舶阻力：通过研发设计，将设计线型的阻力较低，降低风浪冲击阻力；减少船舶上层建筑，降低阻力；降低船体表面粗糙度，从而降低船舶运行所受阻力。

(2) 提高船舶动力系统推进效率：对船舶动力系统主机进行优化配置；对船舶尾部线型进行优化设计，并加装尾部整流装置；采用高效桨，并引进新技术开发新型桨。

(3) 加强对船舶系统配置优化：船、机、桨实现最佳匹配；进行机电配置优化并实现智能管理；对船舶动力性能进行优化管理并降低传输能量损耗，同时开发余热应用技术。

(4) 加强船舶节能设备的研究：进行高效的船舶主机、辅机研究，提高动能；提高主副动能利用率，实现机舱智能化；开发油电混合动力以及变频技术在船舶上的应用。

(5) 新型能源的开发利用：将风能、核能、太阳能、燃料电池等新能源应用于船舶动力能源。

(6) 从船舶总体设计角度出发：采取最低压载水总体设计，并研发新型环保材料应用于造船业。

(7) 从设备配置角度进行提升：运用新型发动机，对废气进行处理[3]。

目前，船舶的节能技术包括船体结构的设计改进、船舶动力装置的节能和船舶

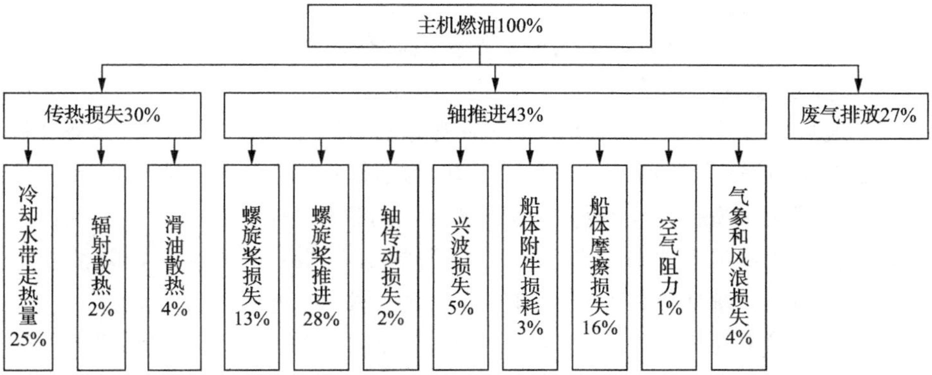

图 8-1　船舶推进的能源消耗比例图

营运管理节能三个部分。各种节能技术的效果及投资规模大致比较如表 8-1 所示。

表 8-1　各种节能技术的效果及投资规模比较

节能方法	节能效率	节能效果/%	投资成本
船型优化	较好	5～10	较高
材料轻量化	一般	3～5	高
气膜减阻	较好	5～10	较高
节能装置	较好	5～10	较高
代用燃料	一般	3～5	较高
余热利用	很好	8～12	高
可再生能源	好	10～15	较高
经济航速	好	10～12	低
船舶姿态优化	一般	3～5	较高
航线优化	一般	3～5	低

以船舶柴油机动力装置为例，其节能措施包括以下几个。

(1) 完善柴油机的工作过程、提高热效率。提高增压器效率，可显著降低柴油机的燃油消耗率。MAN 和 Wartsila 公司都成功开发出新型的涡轮增压技术，主要有两级涡轮增压和 VTA 可变截面涡轮增压技术。两级涡轮增压使空气经过两次压缩，大大提高增压压力，从而增加进入气缸的空气量，使柴油机气缸中的燃料燃烧更充分。该技术能大幅提高柴油机的效率，同时降低燃油消耗和 CO_2 排放量。另外，MAN 公司 2008 年开发的带 VTA 技术的 TCA 涡轮增压器，使得柴油机在低负荷和低转速运行时，能根据燃油的喷油量自动、持续、精确地减小涡轮喷嘴面积，提高增压压力，保证低负荷低转速时的良好运行，使燃料燃烧的热效率大大增加,既节约了燃油,也减少了 CO_2 排放。据测算,采用 VTA 技术可节省燃油 4g/(kW·h)左右。如果全世界的船用柴油机都使用 VTA 技术,每年可减少 790 万吨 CO_2 排放,是未来有发展潜力的一种增压技术。

(2) 提高整个动力装置的效率。燃油喷射系统的性能对柴油机的燃烧过程有着重要的影响,改进燃油喷射系统是提高柴油机效率、节约燃油和降低排放的有效办法。目前船用大型低速柴油机使用的燃油喷射系统,有 MAN 公司的 ME 型柴油机电控高压燃油喷射系统和 Wartsila 公司的 RT-Flex 型高压共轨燃油喷射系统。这两种喷射系统能够针对柴油机实际运转条件,精确、柔性地控制柴油机喷油量、喷油定时、喷射压力和多次喷射(预喷射、主喷射和后喷射),对发动机进行闭环控制,使燃烧更加精确,有效地实现柴油机在全工况范围的性能最优化,即在满足排放要求的条件下,具有较高的燃油经济性,全面提高了柴油机的技术性能。

(3) 采用减磨技术,提高机械效率。降低柴油机燃油消耗最直接的方法就是提高机械效率,降低各部件的摩擦损耗。目前正在研究采用新型耐磨材料和先进的摩擦学概念来降低机械摩擦,如减少活塞环的数目、电子控制气缸注油润滑、使用低摩擦的非金属轴承材料等都可使柴油机的摩擦损失降低 10%左右,达到降低柴油机燃油消耗的目的。

(4) 余热回收。船用柴油机燃油燃烧产生的热量中有 40%～55%转化为有效的输出功,其余热量通过排气、冷却水和摩擦等损失掉。充分利用余热,是提高柴油机经济性的主要措施。目前柴油机冷却水的余热主要是作为海水淡化装置制淡的热源,而排出的废气能量主要用于驱动涡轮增压器使进入气缸的空气压力提高,从而提高柴油机的功率和效率。而从涡轮增压器出来的废气再去加热废气锅炉产生饱和蒸汽,用于油舱的加热保温和满足船员的日常杂用及驱动透平发电机进行余热发电等。如 MAN 公司的 WHR 系统利用原先排放到大气中的废热对船舶的涡轮发电机所需的蒸汽进行加热发电,研究表明这项技术减少了柴油机的燃油消耗,使船舶的 CO_2 排放量减少 20%左右。

(5) 降速航行。当主机直接带动定距桨航行时,其转速和功率之间的关系为 $P_e \propto n^3$。即转速下降 20%,推进功率将下降 50%左右,燃油消耗量 $G = P_e \times g_e$ 也将减少 50%左右。减速航行就是利用这种原理,用稍微降低航速来取得推进功率大幅度地下降,从而节约燃油。如某轮为多用途杂货船,33 030 吨载重,主机型号为 WARTSILA 7RT-Flex60C,最大持续功率(MCR)为 14 868kW,额定转速为 114r/min。以往返欧亚航次 25 000 海里计,不同转速下的总耗油量(包括因航速降低而增加航行时间主副机消耗的燃油量,以及主机在 80r/min 运行时辅助鼓风机的燃油消耗),主机在 80r/min 运行时比在 100r/min 运行时可节省燃油 696.3 吨。若以完全燃烧 1kg 燃油将产生 3.15kg 的 CO_2 计算,可减少 2 913.3 吨的 CO_2 排放。

(6) 采用双燃料发动机。双燃料发动机是既能以 LNG 作为燃料，又能以轻质燃油和重油为燃料，且可在工作过程中实现不同燃料之间转换的一种发动机。由于 LNG 中 90%以上的含量为甲烷，甲烷的碳氢元素比为 1∶4，是碳氢比最低的碳氢化合物，也就是说甲烷是放出同样热量的燃料中 CO_2 排放最少的碳氢化合物。研究表明，使用 LNG 与燃用燃料油相比，其 CO_2 排放可降低 25%～30%。

8.2　船体结构节能技术

8.2.1　船型优化[4-6]

在船舶满载要求下，船体最佳外形(线型)的确定是船舶设计过程中非常繁复而又非常关键的设计技术，因为它直接影响到船舶的快速性(阻力和推进)、操纵性和耐波性等重要性能，而阻力最小的船体外形又是船型设计首先要追求的目标。由于有很多因素都会使船舶阻力受到影响，在减少船舶阻力方面可以通过优化船舶的船型和线型、使船体粗糙度减少、优化船舶附体等方法来减少船舶阻力达到节能作用。船型优化包括优化船舶主尺度、优化船体线型、优化船首和船尾形状等，通过这些措施降低船体阻力，提升船舶水动力性能，从而达到提高能效的目的。

目前，对船体线型的改进主要体现在船尾线型的研究上。20 世纪 60 年代世界各国对球鼻艏进行了深入的研究，70 年代以后则逐渐转到了对船尾线型的研究上。除了常规的 V 型和 U 型尾部剖面形状外，节能船体型线主要有不对称艉、球首船型、纵流船型、双体船型、小水线面双体船、浅吃水肥大船型。另一方面，对船舶尾部线型进行优化以求改善船-桨配合，出现了不对称船尾船型、双尾鳍船型、涡尾船型、球尾船型等，均收到显著的节能效果。

1. 隧道型船型

为了达到既能增大伴流收益，又能减小空泡及螺旋桨激振力的不良影响，必须把伴流引向螺旋桨盘面并使之分布均匀。为此，国内外造船界都致力于研究适用于大直径低转速螺旋桨的船尾形状，提出 T 型、P-T 型、BV 型、TBV-T 型船尾形状，如图 8-2 所示。

1) T 型(宽隧道型)船尾

这种船尾形状自船中部开始向船尾形成一个隧道，适宜于安装大直径的螺旋桨，它既能保证大直径螺旋桨有充分的空间，又有在压载状态时也使水流沿着隧道上升，螺旋桨完全沉浸在水中，从而使螺旋桨具有较高的效率。根据载货量 7 400 吨散装货船的推进性能计算，采用这种船型将使螺旋桨的转速由 114r/min 降到 70r/min，若保持设计航速 16.6kn 不变，则主机功率可减小 10%左右。

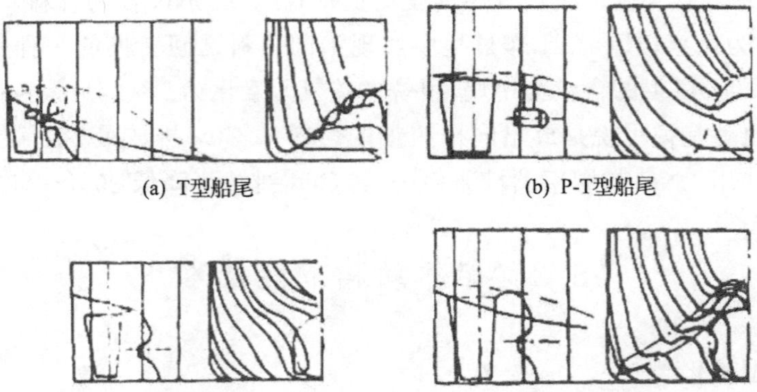

(a) T型船尾 (b) P-T型船尾

(c) BV型船尾 (d) TBV-T型船尾

图 8-2 采用大直径螺旋桨的船尾线型图

2）P-T 型（平底隧道组合型）船尾

P-T 型船尾的流态较单纯，其伴流虽小但阻力也小，而且空泡和螺旋桨激振力情况是四种隧道船型中最好的一种。

3）BV 型（船涡型）船尾

BV 型船尾利用流向螺旋桨盘面的伴流集中来提高螺旋桨效率，但由于舭涡过强使阻力也增加，效果有时并不十分理想。

4）TBV-T 型（船逆涡组合型）船尾

TBV-T 型船尾利用进入螺旋桨盘面的船侧舭涡和纵涡提高螺旋桨的效率，其阻力居四种隧道船型的中间，试验结果并不十分理想。因此，在一般情况下采用 T 型和 P-T 型比较适宜。

2. 不对称尾船型

试验证明，在螺旋桨的前上方存在着流动分离现象。当螺旋桨顺时针旋转时，最显著的分离发生在桨轴的左上方，解决的办法是使该区域的水流偏离中心以减小去流角，也就是将尾部线型做成不对称的，如图 8-3 所示。

使船体形状不对称以改善其推进性能的想法不是近几年提出的。在著名的威尼斯城运河中，有一种狭长的平底小船被称为“冈朵拉”，作为旅游者的交通工具。由于船后的桨手采用一种特别的单侧荡桨技术，所以为了弥补受力的不对称性而保持船的稳定，该船的右舷比左舷窄 250mm，这种相对于中心线不对称的船型改进了其性能，这就是不对称船尾型节能的雏形。

1）不对称尾船型节能原理

流线试验表明，对于一艘常规对称单桨船，螺旋桨叶向上转动的一侧前方有明显的水流分离现象。分离区域产生大量的漩涡使能量消耗显著增加，而且分离还

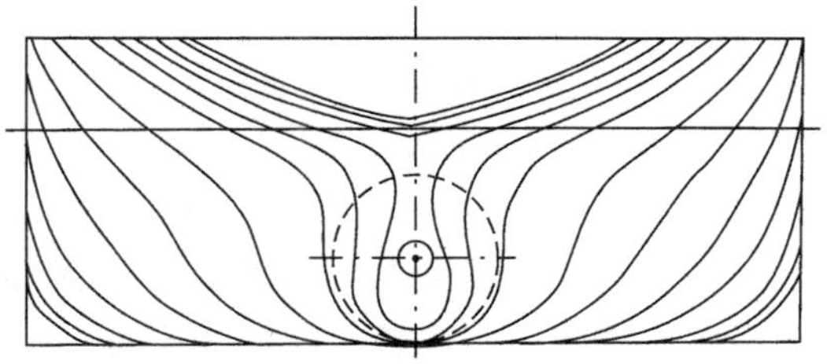

(a) 对称尾

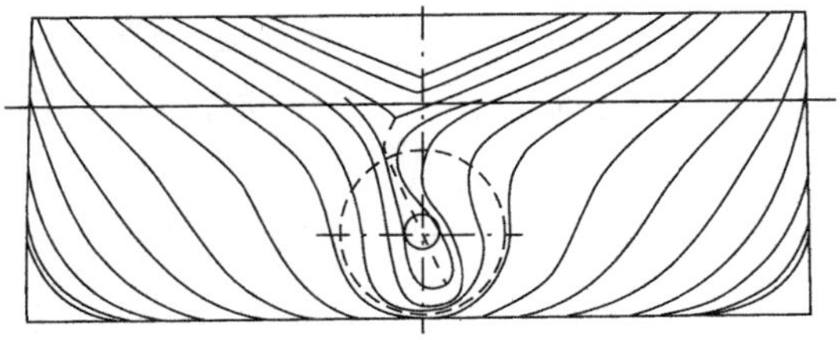

(b) 不对称尾

图 8-3　不对称尾横剖面图

使流动变得更不均匀,使螺旋桨效率下降。不对称尾船型的尾部扭曲使桨轴上方进流叠加了一个向左的切向分量,为了进一步使来流预旋,再把桨轴下方船尾舯线向右扭曲以使来流叠加一个向右的切向分量,上下同时扭曲使进流产生了一个与螺旋桨旋转方向相反的预旋。不对称性尾船型的节能主要是通过改善船后伴流场使其更均匀,并且使螺旋桨进流预旋来提高推进效率。

由伴流测量可以看出,不对称尾可使螺旋桨的来流产生与螺旋桨旋向相反的预旋流,这种预旋流可减少螺旋桨尾流的旋转损失,从而改善了伴流,提高了推进效率。不对称尾之所以能提高推进效率,除了减少旋转的能量损失外,还有其他因素,其中最明显的是由于船尾水线去留角较小的一侧边界较薄,故流动分离较小。

2）不对称尾船型的应用

世界上第一艘采用不对称船尾的实船是 1982 年在德国奥登堡的汉立许白兰特船厂下水的集装箱船“特亚斯”号。在之前的模型试验已经证明不对称尾与对称尾比较,在设计吃水时阻力降低 8%,满载吃水时阻力降低 6%,试航时证明了实船速度高于船模试验预报值。

目前,共有 60 多艘不对称尾船型在世界各地运营,包括第一艘不对称尾船“特亚斯”号、哈帕格-劳埃德公司的“柏林快航”号、GM 公司的“拉佩鲁贾”号集装箱船、德国海洋调查船“流星”号、达尔公司的化学品船“海因利希”号以及“埃贝哈格·埃斯贝格尔”号等。

我国七〇八研究所对不对称船尾线型技术进行了研究,其主要工作是对 2 000 箱集装箱船、3 000m^3 液化气船、19.9m 拖船及 2 000 吨多用途船等设计了 10 个不对称尾模型,并与对称尾模型进行了阻力、自航对比试验,证明采用不对称尾技术后在相同航速下,满载和压载工况可分别节能 4.5%～10.1%、4.5%～9.4%,或在同油耗条件下使航速提高 0.4～0.5kn。

以一艘功率为 10 000kW、耗油率为 170g/(kW·h)的集装箱船为例,假设燃油价格为每吨 100 美元,能耗节约 6%,该船每年营运 300 天,经计算表明,成本回收不到一年,这种额外投资是值得的。广泛的船模试验和计算表明,对不对称尾的操纵性、螺旋桨空化、空泡和船体振动的担心都是不必要的。

采用不对称船尾的问题是初投资较大,一艘大型的集装箱船安装不对称尾需要 1 000～3 000 工时,资金回收时间大约需要半年,这从经济效益来看还是可取的。不对称船尾虽然在船模试验和实船应用上均取得了一定的效果,但目前为止还是根据船模试验积累起来的经验。因此,今后必须进一步开展试验和理论研究,总结出完善的设计方法。

3. *双尾鳍船型*

双尾鳍船型是 20 世纪 80 年代初开发的一种新船型,日本对双尾滚装船和肥大型货船进行了理论研究和模型试验,认为双尾滚装船与常规单桨船相比,可节省功率 5%～6%,与常规双桨船相比,可节省功率 10%～15%。

由于艉片细长,利于避免船舶受到波形干扰。同时,通过加长船舶压浪长度使尾部的尾流分离状况降低,减少了各方面带来的阻力,并且通过片体螺旋桨轴的伸出,使桨轴间距加大 0.5*B* 左右,流场状态得到改善等,如图 8-4 所示。该船型不仅航行好、速度快、阻力小,而且操作灵活方便。双尾船型不仅可以节省功率,而且可以增加装载车辆的面积,提高装卸效率。

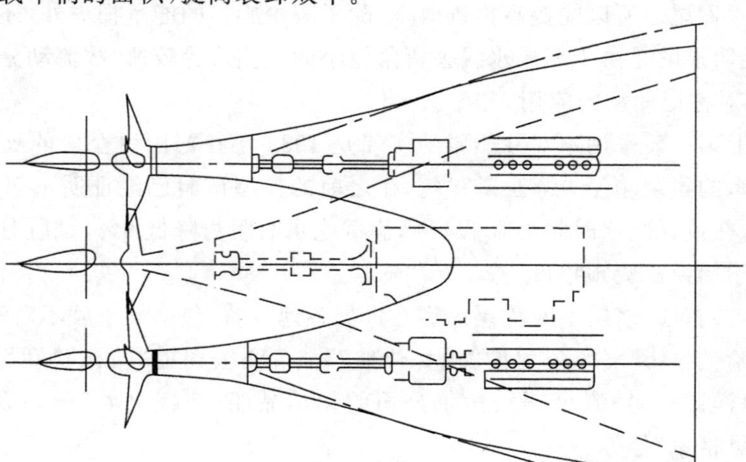

图 8-4　双尾鳍大型货船机舱布置示意图

双尾鳍船型的原理是短而宽的船舶在尾部往往容易产生水流的分离，使得推进器周围的流场难以达到比较理想的状态。双桨船尽管在线型设计时可使来流光顺使其裸体阻力小，但由于其带有轴支架等轴系附件使总阻力增大。双尾鳍船型利用两个尾鳍支撑推进轴，它的后体就像两艘并列的单桨船尾，使得伴流大大增加，船身效率随之提高，接近甚至超过了单桨船的船身效率，降低了主机功率。

当费劳德数 $Fr>0.2$ 时，双尾鳍船型的阻力比常规单尾船型低，这是因为双尾之间形成的中央隧道为纵流线型，对减小阻力有利。双尾鳍船型的两个尾体，可分别看成是一个细长体，若两桨尾轴的间距为船宽的一半，则细长体可看成是细长船的尾部，细长船的长宽比为原船的 2 倍，而宽度吃水比为原船的一半，因而具有良好的阻力性能。另外，由于尾部线型的纵向梯度较小，可避免界层分离，从而降低黏压阻力，所以总阻力比常规单尾船型小。当 $Fr<0.2$ 时，由于船的总阻力中绝大部分是摩擦阻力，该阻力与船体湿表面积大小成正比，而双尾鳍船型的湿表面积较大，所以摩擦阻力也大。

20 世纪 40 年代，瑞典船模水池试验了第一艘双尾鳍后体船型(长 140m，排水量为 1.75 万吨的油船)。1965 年美国泰勒水池的海特勒和陈梅生在美国发表的《单桨船和双桨船模螺旋桨盘面处的伴流试验资料》中就有几艘客货船采用了双尾鳍船型。

20 世纪 70 年代初，瑞典国立船模研究所发表了大约 100 种双尾鳍船型模型试验结果。1976 年法国在大西洋船厂建造了 1 艘 55 万吨油轮“巴梯勒斯”号就采用了双尾鳍船型。1978 年西班牙在国际滚装船会议上提出了一种尾鳍相互平行的双尾鳍船型，据称可提高 16％的推进效率。荷兰瓦格宁水池除了进行尾鳍平行，尾鳍向内倾斜的试验，还进行了尾鳍向外倾斜的方案比较，表明内斜轴布置所需功率比双轴平行布置方案节省 16％。80 年代，日本造船研究中心对某滚装船及散货船单桨、双尾鳍、三尾鳍方案进行船模试验研究，结果表明，滚装船的双尾鳍型主机功率比常规双桨船、散货船的分别降低 20％和 5％。1982 年，川崎重工神户造船厂建造的“海上桥梁”号超宽超浅吃水重货运输船采用了双尾鳍型，比常规单桨方案节省主机功率 12％以上。

上海船舶设计院较早对双尾鳍船型进行了研究，1978 年设计的 3 800 吨煤船是我国最早的双尾鳍船型。此后又进行了 10 多型双尾鳍船舶的研究设计，建成并投入营运的已有 3 型。1981 年，该院为上海海运管理局设计的一艘客货船也采用了双尾鳍船型。后来大量试验证明，该船在设计航速时可降低阻力 4.5％，主机功率降低 12.8％，流体动力性能良好。

我国长江航运设计院设计的 820 客位沪-逾双尾客船“江汉 57 号”，根据模型试验和两年多的实际营运证明，它具有航速快、兴波小、吃水浅、稳性好等优点，船体阻力比长江第二代船型“东方红”号下降 8％～12％，推进效率提高 20％～25％。

由此可见，双尾鳍船型是一种十分有前途的船型，尤其适宜于船宽大、吃水浅、后体丰满的高速滚装船、渡轮、客船等，而且也适合滚装船、渡船等细瘠船型。下列情况下采用双尾鳍后体是有利的：①小长宽比船舶；②大宽吃水比船舶；③浮心纵向位置在舯部后的船舶；④后体丰满的船舶。

4. 球尾船型

该船型的特征是在船体满载吃水线的尾部区设有一个长 1%～2%船长、宽度极小的尾端形体。它是根据流体力学原理，利用球尾产生与船尾尾波相反的等幅波，以降低兴波高度。其主要作用有：①消波压浪，使船尾波的起波点后移，导致尾波扩散面大大减小，从而减少能量损失，以降低船舶阻力；②起整流作用，改善尾流，以提高船舶的推进效率。设计球尾的主要参数是球尾体长度、横剖面的大小和形状以及球心的位置等。一般宜选择在桨轴中心线上，可根据船模试验考虑其球尾尺度和形状，该船型一般可以节省主机功率 7%～9%。

早在 20 世纪 70 年代，瑞典和日本等国就开展了球尾的研究和应用。瑞典国家船模实验池曾对一艘大型油船用相同的首部线型配以三种典型的尾部线型（V 型、U 型和球尾）进行了阻力、推力和伴流测量等试验，如图 8-5 所示。结果表明，三种船尾相比较，在相同速度时，球尾的主机功率最小。

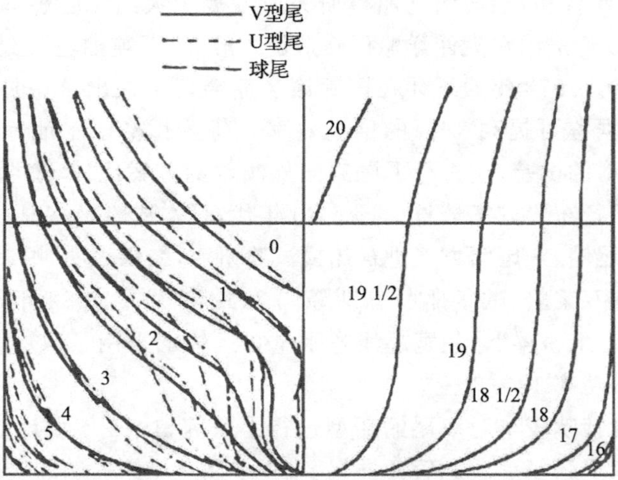

图 8-5　三种不同的船尾型线

球尾设计参数的选择方法如下。

(1) 影响球尾效果的主要参数是球体体积、球体横剖面面积、球体长度、球心位置及包括球体在内的横剖面面积曲线。

(2) 对于 $Fr=0.31$ 左右的船舶，球尾线型的范围应控制在满载水线以下从船尾至第 5 理论站区内(20 等分站)。

(3) 第 2 理论站区(20 等分站)的球体横剖面面积,宜取为最大横剖面水下面积的 6%～10%。

(4) 为保证线型光顺、伴流均匀,球心位置宜在螺旋桨轴中心线上。

(5) 球尾线型的横剖面面积曲线,可以利用波阻理论预报结果或参考国内外优良船型的横剖面面积曲线选取,设计时可对局部地方做些调整,以保证整个球尾线型光顺。

5. 球鼻艏船型

球鼻艏的形状能使排水量沿船长方向均匀分布,并与船体线型很好地配合。为了减少球鼻艏在波浪中的冲击现象,球体底部宜倾斜 20°左右。另外,在应用于肥大型船舶时,还可以起到防止水流在船舶舭部分离和减少碎波的作用,从而可减少肥大型船舶的阻力。实践表明,丰满船型上安装球鼻艏,在大多数情况下特别是在压载状态下有明显的提高,当 $Fr=0.25\sim0.35$ 时,安装适宜的球鼻艏可减少剩余阻力 10%～14%。几种常用的球鼻艏形状如图 8-6 所示。

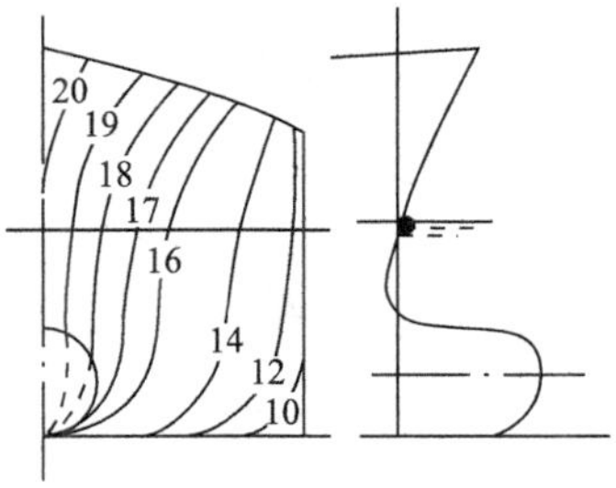

(a) 摆角型

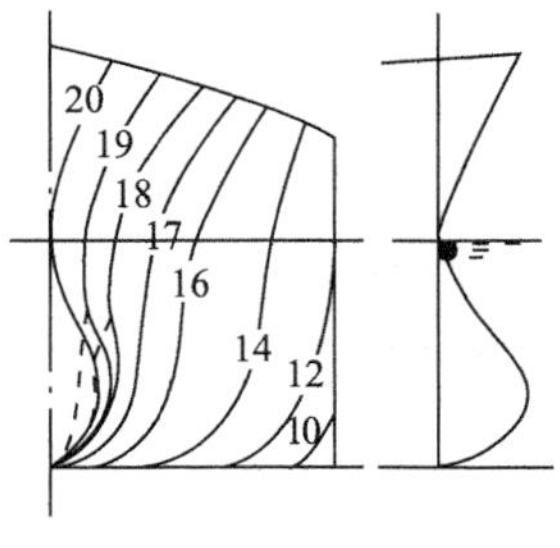

(b) 水滴型

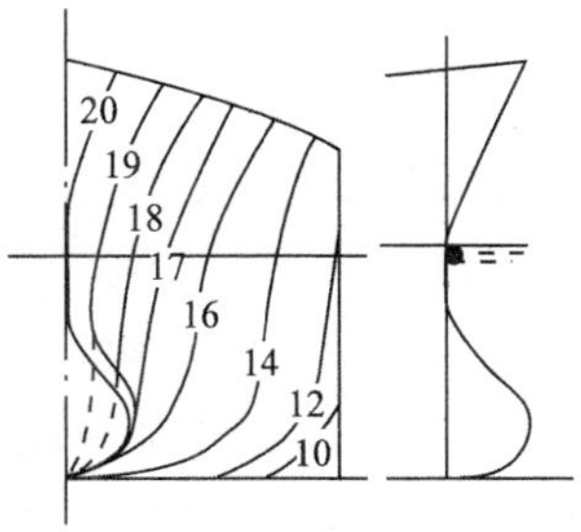

(c) 梨型

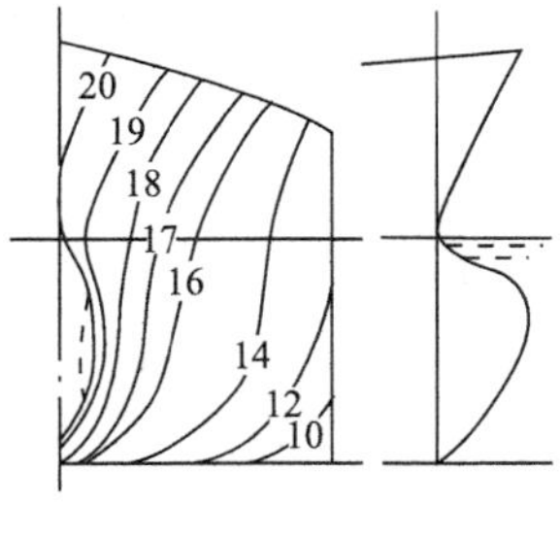

(d) SV型

图 8-6　几种常用的球鼻艏形状

20 世纪 60 年代以来,国内外对球鼻艏在理论研究和试验方面都做了大量的工作,使人们对球鼻艏的作用有了深刻的认识。球鼻艏不仅适用于方形系数较小的中、高速船舶，也适用于方形系数大于0.76的大型油船、集装箱船及矿砂船。据统计，1965年日本各船厂建造的250艘船舶中，有半数是油船、散装货船等肥大船型，这些船几乎全部采用了球鼻艏船型。

典型的球鼻艏形状主要有水滴型、圆筒型和SV型三种，其节约功率的情况如表8-2所示。

表8-2　球鼻艏形状及其节能情况

球鼻艏类型	节约功率/%	
	满载	压载
水滴型	0～6	15～25
圆筒型	0～7	10～20
SV型	5～23	7～20

1）水滴型球鼻艏

球鼻突出于首柱之前，呈水滴型，故又称为水滴型球鼻。这种球鼻艏适用于速度较高的瘦型船。

2）圆筒型球鼻艏

球鼻突出于首柱之前，截面具有圆筒形，故又称为圆筒型球鼻。圆筒型球鼻艏适用于速度较低的肥大型船型。

3）SV型球鼻艏

在压载水线以上具有导弹形截面，故又称为SV型球鼻。这种球鼻艏的适用范围较广。

可见，水滴型和圆筒型球鼻艏在压载时效果好，满载时效果较差。因此，对于要求在压载状态下获得理想节能效果的船舶(如渔船、拖船等)，最好选用水滴型和圆筒型球鼻艏。反之，若要求兼顾压载和满载两种工况的节能效果，则宜选用SV型球鼻艏。

对于低速船舶，由于船体兴波阻力占总阻力的比例不大，而球体本身的阻力却显著增加，因而往往达不到良好的效果，甚至适得其反。因此，存在着应用球鼻艏的临界速度问题，称为临界航速。试验表明，当$Fr=0.25\sim0.35$时，采用球鼻艏可获得较好的收益。在$Fr=0.30$时效果最为显著。不过，安装球鼻艏也会带来一些不便，如停靠码头和抛锚时容易撞击球鼻艏，同时球鼻艏增加水下侧面积，影响船舶的回转性能等。

6. 尾端球船型

尾端球船型是在船尾水线处安装一个球形附体，通常简称为SEB(stern end bulb)，是日本乾崇夫、官田秀明最早提出的，其外形轮廓示意图如图8-7所示。在船尾部安装与主船体线型光顺连接的尾端球,可使黏性阻力大大减小。但由于湿表面积有所增加,在低速时其总阻力仍有微小增加。当航速增加到某一临界值时,尾端球附近出现与超音速流场相似的正交冲击波,从正交冲击波过渡到斜冲击波时,波阵面两条斜线所围的气泡区域缩小,兴波阻力出现阶跃式下降。由于尾端球的波与主船体的波发生有利干扰,使尾波的横向尺度和波高均显著减小,从而使船舶的总阻力有较大降低。斜冲击波的倾斜角、冲击波的波阵面与纵中剖面间的以及波阵面的陡峭斜度均随航速增加而减小,从而使兴波阻力减小。由此可知,尾端球较适合于中、高速船舶。

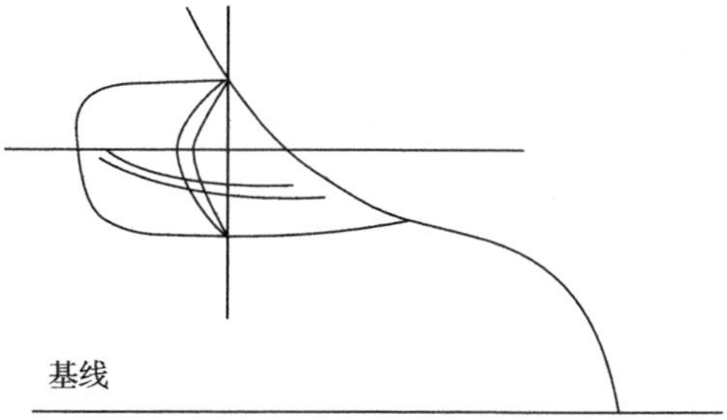

图 8-7　尾端球外形轮廓示意图

尾端球一方面可缓和船尾部的自由表面冲击波和线性散波,这是因为加装尾端球后尾部凯尔文散波的夹角减小,使散波系的范围和宽度收缩,从而降低散波的波阻。另一方面,尾端球可减小冲击波前沿处的漩涡,使尾涡向纵中剖面移动,这对减小漩涡阻力有一定作用。

在实际设计尾端球时,首先必须根据尾部自由表面冲击波的位置,初步确定尾端球的大致尺度和安装位置。同时考虑尾端球与主船体的光顺配合以及结构强度等。在此基础上,应用线性兴波阻力理论计算尾端球宽度变化的影响,并优选出2～3 个方案进行模型试验,最后选出最佳的方案。设计程序一般如下。

(1) 研究分析原船型的尾波。通常,首部有强烈冲击波的船,其尾波较小,加装尾端球效果不显著;对尾波较大的船,加装尾端球可收到较好的效果。

(2) 根据原船体尾部自由表面冲击波的波形和位置,初步确定尾端球的剖面形状和安装位置。

(3) 改变尾端球宽度,并作线性兴波阻力计算。

(4) 重复进行(2)、(3)阶段的工作,选出 2～3 个减阻效果较好的方案。

(5) 将所选出的方案进行模型试验,从中得出最佳的方案。

研究结果表明,尾端球对高速船舶能减小兴波阻力约 20%,节省主机功率4%～8%。由于尾端球体积小、结构简单、造价低,并且无论新造船舶还是营运中的船舶都可以加装,所以引起了人们的极大兴趣。

7. 小水线面双体船型

双体船在 20 世纪初已出现,但直到 50 年代末 60 年代初才被人们重视,有了较大的发展。由于排水在水下,受到兴波阻力的影响要小于其他小船,但是增加了摩擦阻力。因此,通过将大直径、低转速的螺旋桨安装到该型船中,可以更有利于水下水流工作,使推进效率得到加强,从而达到节能效果。

双体船的主要优点如下。

(1) 甲板面积大。在同样排水量下,双体船的有效甲板面积一般要比单体船大 50%～60%。反之,在相同甲板面积下,双体船的长度一般可比单体船短 25%～30%,并可适当减小排水量。

(2) 稳性好。双体船复原力矩大,抗风能力强。由于双体船初稳心高很大,所以横摇周期短,在大风浪中不易遇到共振波浪。

(3) 操纵性好。双体船在舵角 35°双机正车运转时,回转直径为 1.5～2 倍船长。在双机正倒车运转时,船可在原地回转。双体船还具有良好的航向稳定性。

(4) 抗漂性能好。双体船由于有两个水下片体,在相同的受风面积时,侧漂的性能要比单体船好得多。

(5) 双体船在一定的航速范围内,由于两个片体的波系产生有利干扰,可减小兴波阻力。试验结果表明,对于航速较低的双体船,由于船体湿表面积大,阻力比常规船高。但当 $Fr > 0.34$ 时,两片体间的有利波系干扰可降低总阻力 10%～15%。

双体船的主要缺点如下。

(1) 载重能力低。双体船由于自重较大,载重量不及单体船,所以一般双体船型不宜用于载重型船舶。

(2) 中、低速时阻力较大。在中、低速范围内,由于湿表面积比单体船大,而且存在两片体间的不利波系干扰,所以阻力较大。

(3) 结构较复杂。双体船结构比单体船复杂,主要是连接桥的强度问题。

(4) 操作管理不便,维修保养工作量大。由于双体船的机舱分成两个,增加了操作管理上的困难。此外,双体船的甲板面积较大,也增加了维修保养的工作量。

综上所述,双体船有其有利的一面,也有其不利的一面。从实用观点来看,双体船具有较大的甲板面积,可以增加上层建筑,且稳性较好,因此对于甲板面积居重要地位的船舶,如客船、游览船、渡船、集装箱船、海洋调查船等,采用双体船能获得满意的结果。除此以外,新型纵流槽和浅吃水肥大型船型也是目前国内外船舶节能船型的最佳选择。

在具体设计船尾线型时,应根据不同船型的特点和其他因素进行综合考虑。在单桨推进的情况下,宜采用球型艉或隧道型艉,在双桨船则可采用常规艉或双尾鳍。对于船宽吃水比较大的船舶,采用双鳍艉有突出的优点,它不仅可以节省主机功率,而且可使货物装卸空间增大,稳性改善。

8.2.2 气膜减阻

1876 年，弗劳德曾验证过一个固态物体在空气中的摩擦阻力要比在水中小 600 多倍，他建议用一层空气膜把船体和水隔开，以减小黏性阻力。后来，日本海上技术安全研究所在日本东海运输公司的“太平洋海鸥”号水泥运输船上进行了微泡沫船舶节能新技术试验，这是世界上首次在船上做这种试验[7]。这种节能微泡沫新技术就是在船首两侧面安装长 10m 的微缝板，通过喷出的空气，向船底注入一层薄薄的微小气泡(直径为 0.51mm)。由于水泥运输船的船底既平又宽，航行速度也慢，可有效地保持气泡，减少船舶与水的摩擦阻力，可降低阻力 12%，节约油料 8.5%，每年可节约几百万日元。到 2005 年 3 月底确认实船试验节能效果后，2005 年 10 月在同型船的“太平洋猎鹰”号水泥运输船上采用了此项技术[8]。

空气润滑系统的原理是使用鼓风机向船底输送空气泡，以降低船底摩擦阻力，船底安装空气润滑系统可减少 7%的燃油消耗，减少 10%的 CO_2 排放量。2010 年 4 月，三菱重工和日本邮船共同开发的空气润滑系统首次安装在 14 538GT 的“邪马台”号重载运输船上并进行测试，海试结果表明最多可以降低 12%的能耗。

8.2.3 节能装置

螺旋桨能够将 70%左右的机械动力转化为推进力，虽然已经处于合理范围，但仍有大量能量损失。螺旋桨的实际效率受限于船舶航行条件和船体性能。例如，螺旋桨直径不仅受船舶航行吃水限制，还要顾及船体与螺旋桨间隙(与螺旋桨直径的比例通常固定在 20%～25%)，以保证船尾的振动处于可接受范围内。这同时还制约了螺旋桨的径向负载分布，影响推进效率。另外为防止出现气蚀，要求保证一定的叶片面积，这将增加螺旋桨摩擦损失。如果将螺旋桨整体优化，提高其气蚀余量利用率，对传统螺旋桨驱动的船舶，整体推进效率可以提高 5%～10%[9]。另外，通过安装导流鳍、前置导管、补偿导管、桨后叶轮、推力鳍、桨前整流鳍舵球、舵附推力鳍等节能装置来改善桨盘面处的伴流分布，对于螺旋桨的减振降噪、螺旋桨推进效率的提高是一种有效的措施[10]。安装在螺旋桨和舵前、后方的节能装置，如预旋定子、螺旋桨毂帽鳍、低黏性阻力鳍、伴流平衡导管、舵鳍等优化水动力性能，也可提高能效。

船舶推进系统节能装置大体可分成三类：第一类是提升螺旋桨效率的装置；第二类是回收桨毂涡流能量的装置；第三类是回收螺旋桨旋流能量的装置。三类装置回收能量的侧重点不同，很大程度上决定了节能装置是否适合组合使用，如表 8-3 所示[11]。

表 8-3 节能装置组合表

	预旋定子	舵球/舵鳍	消涡鳍	Mewis 导管	高效桨
节能装置				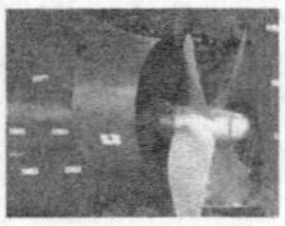	
预旋定子	3%～5%	○	○	×	√
舵球/舵鳍	○	2%～5%	○	○	√
消涡鳍	○	×	2%～5%	○	√
Mewis 导管	×	○	○	3%～8%	√
高效桨	√	√	√	√	3%～6%

注：√可以组合；○根据情况选择组合；×不可以组合。

1. 节能螺旋桨

节能螺旋桨有减小螺旋桨的负荷系数和选择合理的螺旋桨转速方面，具体有低转速、大直径螺旋桨、导管螺旋桨、可调螺距螺旋桨、大侧斜螺旋桨、串列螺旋桨、对转螺旋桨、无梢涡螺旋桨。

1）低转速、大直径螺旋桨

通常，螺旋桨的直径越大、转速越低，推进效率越高，但螺旋桨的直径受到船体线型和吃水的限制，螺旋桨最大直径在下列范围。

单螺旋桨：

$$D = (0.7 \sim 0.8)T$$

双螺旋桨：

$$D = (0.6 \sim 0.7)T$$

式中，T 为满载时的船尾吃水。

双螺旋桨船，叶梢最低位置约在基线以上 15cm，不得已时才容许叶梢超出基线。

当前的大型远洋节能运输船的螺旋桨转速为 60～90r/min，有的已降低到 50r/min 左右。近海船舶螺旋桨的转速在 190～300r/min，内河船舶螺旋桨的转速在 200～500r/min。一般在航速确定后，如螺旋桨转速降低 10%，其效率约可提高 5%；转速降低 20%，效率约可提高 17%。表 8-4 列出了优化直径对效率的影响。

表 8-4　优化直径的影响

直径/mm	相对推进效率/%
5000	100.0
5800	108.7

可见,增大直径为 5 800mm 时推进效率差不多提高 9%,即燃油消耗率降低 9%。当然,增大直径可能不适合现有的船尾构架或超出船舶基线,而且必须注意到梢-壳间隙减小会导致螺旋桨脉动压力水平升高。然而,当直径增大 400mm 时,效率仍可提高 6.6%。本例中假设桨叶盘面比不变,因此增大直径使功率密度降低。若调整桨叶盘面比使功率密度保持不变,可进一步提高效率,降低油耗率[12]。

丹麦 B&W 公司在 6 万载重吨级的散货船上,将螺旋桨的转速从 145r/min 降低到 50r/min,其直径相应地从 6.5m 增加到 9.0m,对船体也做了一些改进措施。结果,在保持原有航速 16kn 时,主机功率从原来的 13 613kW 降低到 9 639kW。在满载状态下,主机功率和油耗量降低了 30%左右。

日本对满载排水量 90 300 吨隧道型船尾的散货船采用低速大直径螺旋桨,螺旋桨直径从 6.6m 增加到 8.6m,转速从 114r/min 降到 70r/min,主机功率减少 12.3%。

采用低转速大直径螺旋桨存在的主要问题:①螺旋桨叶片的剥蚀问题;②螺旋桨所造成的激振力问题;③紧急状态下的停车性能问题。

2) 导管螺旋桨

加设导管可改善螺旋桨周围的流场,提高推进效率,原因如下。

(1) 安装导管后,螺旋桨叶梢部分的自由涡旋将转化为导管内壁的附着涡旋,而螺旋桨又处于导管内截面最小的位置,这样就加大了桨盘处的水流速度。但在桨盘后面,水流速度增加很小,因而又减少了螺旋桨尾流的收缩,这就提高了螺旋桨的敞水理想推进效率。

(2) 由于导管内壁与桨叶叶梢之间的间隙很小(一般只有螺旋桨直径的 0.5%～1%),所以限制了桨叶叶梢的绕流损失。

(3) 导管在流场中本身也能形成一定的推力。

采用导管螺旋桨,还有以下优点。

(1) 导管的存在减轻了斜流的影响,使螺旋桨的入流均匀平直,从而可以减轻由螺旋桨的入流不均匀所造成的激振力。

(2) 当船舶在波浪中航行而处于剧烈的纵摇状态时,导管可以消除水流的倾斜作用并减轻螺旋桨的出水程度。

(3) 由于导管螺旋桨的尾流较平稳,所以在浅水和狭窄航道中航行时,可以减轻尾流对河岸的冲刷作用。

(4) 导管对桨叶起着一种“防护”作用，可以有效地防止桨叶碰损。

螺旋桨负荷大的船舶如拖船、拖网渔船及大型油轮等，其尾流截面收缩大，尾流能量损失也大。加装导管后减少的能量损失在数量上可以超过导管本身的阻力损失，这时采用导管螺旋桨的效果比较明显。一般认为，当功率系数 $B_P>40$ 时，采用导管螺旋桨有利。据统计，在大型油轮上采用导管螺旋桨后，可增加航速 0.3～0.4kn。对于某些具有中等螺旋桨负荷的船舶，导管设计恰当，也可获得一定的收益。对于一般的客、货船，由于其航速较快，尾流收缩较小，尾流能量损失不大，此时如果采用导管螺旋桨，导管本身的阻力增量就可能超过其形成的推力增量。图 8-8 是日本三井公司安装的整体式前置导管螺旋桨。图 8-9 是几种不同形式的导管螺旋桨。

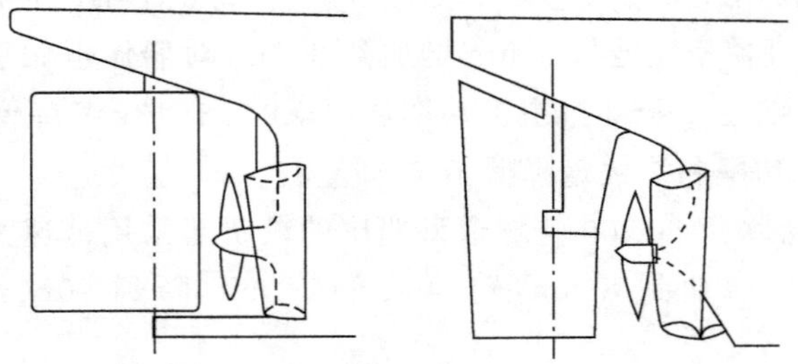

(a) 安装于封闭式船尾　　(b) 安装于敞开式船尾

图 8-8　三井整体式前置导管螺旋桨

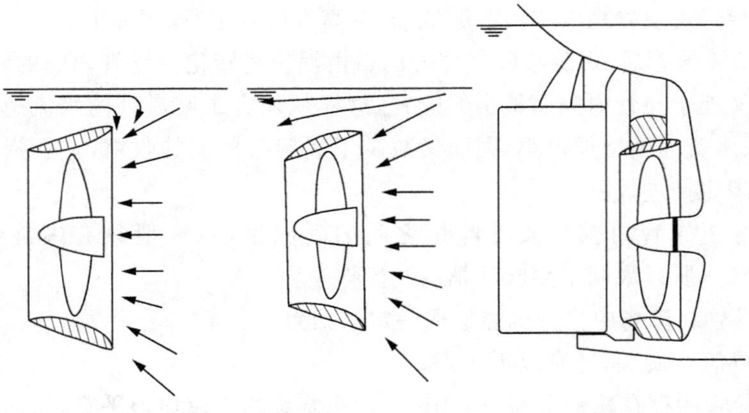

(a) 常规型导管螺旋桨　　(b) 新型导管螺旋桨

图 8-9　上下不对称的导管螺旋桨

青远公司 1988 年 5 月接船营运后，安装过双侧导管。该轮属肥大型船，吃水方型系数达 0.8309。艉部肥胖，导致尾流不均，涡流增大，推进效率降低。通过船模试验，安装双侧导管，有效地改善了艉部流场，理顺了螺旋桨进流，使滑失率明显降低，从而提高了推进效率。在航速不变的情况下(12.78kn)每天油耗下降 1 吨多。

3）可调螺距螺旋桨

采用可调螺距螺旋桨可使机桨得到最佳的配合，从而可以节约燃油 15%～20%。可调螺距螺旋桨适用的范围如下。

(1) 需要经常灵活地前进、停车或倒退的船舶，如短途客货船、港作船、轮渡、扫雷舰、破冰船及救生船等。

(2) 途中需要经常改变航态及航速的船舶，如潜艇及捕鲸船等。

(3) 要经常通过运河、港湾和船闸的船舶。

(4) 要经常改变负载状况的船舶，如拖船、渔船等。

4）大侧斜螺旋桨

大侧斜螺旋桨可缓和螺旋桨与船体伴流之间的相互作用、减小螺旋桨激振力，大侧斜螺旋桨桨叶的侧斜角应大于两相邻桨叶之间夹角的一半，如图 8-10 所示。大侧斜叶型的主要优点如下。

(1) 与常规对称叶型相比，大侧斜螺旋桨叶片与叶片支撑上的动态应力小。

(2) 空泡起始性能比常规螺旋桨有改善，增加了空泡分离速度，可以用更高的航速航行而不产生空泡，这对某些舰艇是极为重要的。

(3) 推力脉动力比常规螺旋桨的小，对消减轴系振动和减少船体振动有一定的效果。

(4) 适合于采用低转速、大直径螺旋桨，螺旋桨直径可增加 10%，转速可降低 15%，螺旋桨敞水效率提高 4%～5%。

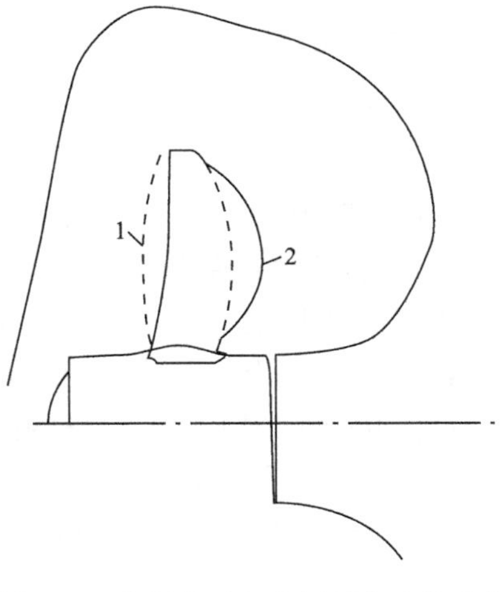

图 8-10　常规桨叶与大侧斜桨叶的型式

1-常规叶型；2-大侧斜叶型

大侧斜叶型的缺点是设计工作特别是在水动力计算方面比常规叶型复杂，制造困难，造价较高。叶片侧斜导致梢部的弯曲刚度降低，并使最大应力由壳部向梢部后绕迁移，在设计时必须特别注意。

2. 节能附加装置

各种水动力节能附加装置的作用主要有：①改善螺旋桨进流，使之更加均匀；②减少船尾的水流分离现象；③使桨前流预旋，把原来尾流中损失的旋转能转化为推力功；④产生附加推力。这些装置中取得较显著节能效果的有补偿导管、前置导管、桨前整流鳍、舵附推力鳍、桨后固定叶轮、自由旋转叶轮等。

1）桨后自由旋转助推叶轮（导轮推进装置）

桨后自旋助推叶轮是一种回收螺旋桨旋转尾流能量的一种装置，它可将一部分尾流能量转换为船舶前进的附加推力。此装置采用滚柱轴承支撑安装在螺旋桨轴的末端，在螺旋桨尾流的作用下，可自由地在桨轴上转动，以产生附加推力，从而提高船舶推进效率。

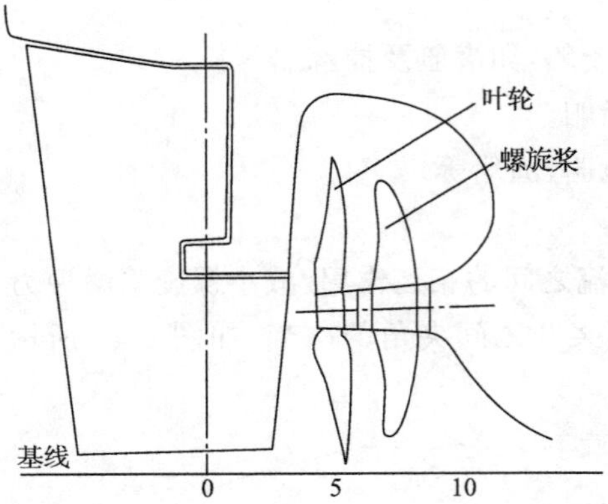

图 8-11　导轮推进装置

叶轮安装在螺旋桨后面的桨轴上，并可自由转动，如图 8-11 所示。叶轮直径大于叶轮螺旋桨直径，叶片数为 3～12，并与叶轮螺旋桨同轴。叶轮由两部分组成，即由一个处于叶轮螺旋桨尾流区的内圈面积和处于叶轮螺旋桨尾流区之外的环状面积组成。叶轮的内圈做成水轮机翼片，用以吸收叶轮螺旋桨尾流的能量并使叶轮旋转；叶轮的外圈做成普通螺旋桨机翼，用以产生附加推力，该推力通过叶轮螺旋桨轴的推力轴承传递到船体上。

叶轮推进装置的节能原理，是因为叶轮的内圈能起到涡轮机的作用，可以吸收叶轮螺旋桨尾流中的能量，使叶轮转动。它既产生转矩，也存在阻力。而叶轮的外圈起到普通螺旋桨的作用，产生推力，也存在转矩。由于这部分推力比涡轮的阻力大，而且叶轮在尾流冲击下自由转动，无需消耗主机功率，从而获得节能效果。

助推叶轮作为回收螺旋桨尾流动能的水动力附加节能装置，具有以下特点。

(1) 节能效果显著。模型和实船加装助推叶轮的结果表明，该装置节能效果一般在 5%～10%。一艘不对称尾的集装箱船加装了助推叶轮后节能效果达 12.5%，大型油轮“SKRIM”号加装了直径为 9.7m 的助推叶轮后节能 13%，效果明显高于其他水动力附加节能装置（反作用鳍、尾波补偿导管、固定叶轮，毂帽鳍等的节能效果一般在 4%～8%）。

(2) 安装方便。除在新船建造时可直接安装助推叶轮外，旧船也可以改装加设助推叶轮。安装一次一般只需要 2h 左右，连进出船坞在内只需一天的时间。

(3) 结构可靠。由于在轴承盖内充以锂皂脂（黄油）润滑，在含有 15%的海水中仍可很好地起到润滑防腐作用，轴承结构可保证两年之内不必检修而安全运行。

(4) 有利于减少振动。安装自由旋转助推叶轮后，叶轮所在位置平面处船体表面压力的幅值没有增加，而前置螺旋桨的前方船体表面压力幅值减少 40%～50%，脉动压力的降低对减少振动有利。据日本“幸盛丸”的实船测试，加装自由旋转助推叶轮前后轴系的扭转振动几乎没有变化。在汉堡水池进行的广泛试验表明，6 个方案的几乎所有试验结果 5 阶主压力脉动都有明显降低（6 叶助推叶轮使之降低到 45%，9 叶助推叶轮使之降低到 40%），10 阶压力幅值也有所降低。

自 20 世纪 60 年代以来，德国格里姆（Grim）博士等开始研究导轮推进装置，80 年代初开始应用于实船上，至 1984 年 3 月已有 10 多艘船安装了导轮推进装置。模型和实船试验表明，安装导轮推进装置后可节能 5%～10%，叶轮使螺旋桨前的脉动压力幅值降低 40%～50%。虽然安装叶轮后会使螺旋桨轴挠度增加，但叶轮对轴系的扭转振动没有多大的影响。由于叶轮圆盘产生附加阻尼，螺旋桨轴弯曲振动不大。此外，叶轮对船舶的操纵性、主机的功率与转速关系特性也几乎没有影响，因此叶轮不仅适用于新船，而且对大多数已营运的旧船亦可加装使用，加装时不必拆除原来的螺旋桨，安装方便，费用的回收期也不长。

助推叶轮主要适用于载荷较重的单螺旋桨船，如散装货船、油船、拖轮、干货船和海事工程船等。一般来说，对于双桨船，由于负荷较小，效果并不太明显。大量的计算和试验表明，前置螺旋桨的推力负荷系数在某个范围以下（2.5～3.0）时，该装置效益比导管桨要好，当推力负荷系数增加时，导管推进装置的效率更高。由于目前所建造的大多数运输船舶推力负荷系数≤（2.5～3.0），因此助推叶轮的适用范围比较广。

对旧船改装时加装自由旋转助推叶轮需要满足一定的条件，如在舵、船体、螺旋桨之间要留有一定的空间，螺旋桨桨轴要能承受加装自由旋转叶轮后所增加的载荷，它比一般的单螺旋桨船增加到 2 倍载荷的量级。以上条件对一般的船舶均可满足。

曾对 24 000 吨油轮模型设计一固定叶轮装置，实船航速为 15.7kn，考虑到船体伴流影响，试验状态为满载正浮状态，分别进行了螺旋桨和叶轮的敞水试验和船模自航试验。试验表明，安装固定叶轮装置的船模能提高船的推进效率。若保持航速不变，螺旋桨所需要的马力可减小 11.0%。1983～1985 年共有九艘 1 300 箱集装箱船加装了助推叶轮，节能效果达 11%。

2）舵附推力鳍

舵附推力鳍也是一种回收螺旋桨尾流能量的节能装置，它吸收螺旋桨尾流的旋转能量起到助推节能的作用。舵附推力鳍的外形如图 8-12 所示，它是固定在半平衡半悬挂舵臂上的，也可将推力鳍安装在舵上。其作用原理是使水流经过具有一定攻角的固定鳍后

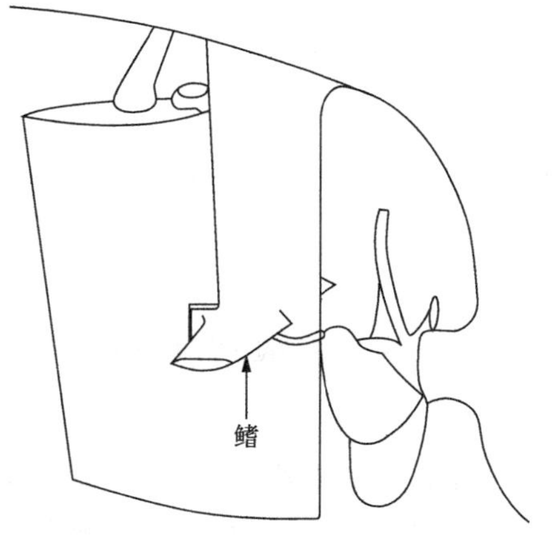

图 8-12　舵附推力鳍

改变原来的方向以增加推力。计算结果表明，舵附推力鳍回收尾流场的部分旋转能量产生附加推力，其助推效率可达 3%～4%，是一种较好的推进节能装置。

舵附推力鳍的形状和机翼形状相似，在设计舵附推力鳍时，很重要的一点是确定攻角。如果偏离最佳攻角，会导致阻力增加。确定最佳攻角时，舵附推力鳍应避开螺旋桨诱导速度小而船体伴流大的桨前流场，而应位于螺旋桨诱导速度大、船体伴流相对较小的桨后流场。

螺旋桨运转时产生的尾流动能并不能由舵全部回收，还有一半左右的能量损失在尾流中。

图 8-13 为不同进程比系数时助推鳍助推效率随着安装角的变化曲线。从图中可以看出存在一最佳安装角，大约为 5°，原因在于鳍的阻力一般包括由有限翼展引起的诱导阻力和跟黏性有关的摩擦阻力。这两部分阻力各自存在使阻力最小的攻角，助推鳍的安装角 β 越大，其有效攻角亦越大，其升力及阻力在其有效攻角较小时亦随之增大，但两者在轴向的合力并非随之增大，它存在最佳值。

图 8-14 为助推效率随着推力鳍展长 S/R 的变化曲线。可以看出，当 $S/R=0.9$ 左右时，推力鳍的助推效率最高(其中 R 表示螺旋桨的半径)。对于推力鳍，当其他参数不变时，展长越大，展弦比越大，升力越大，其摩擦阻力亦越大。当整个推力鳍都在尾流场之内场时，推力鳍表面的速度值较大，其附加推力亦较大。而当推力鳍伸出内场时，伸出部分鳍表面速度值明显下降，其附加推力亦明显下降。所以考虑到螺旋桨尾涡的变形，推力鳍展长在实际操作中可以取螺旋桨半径的 95% 左右[13]。

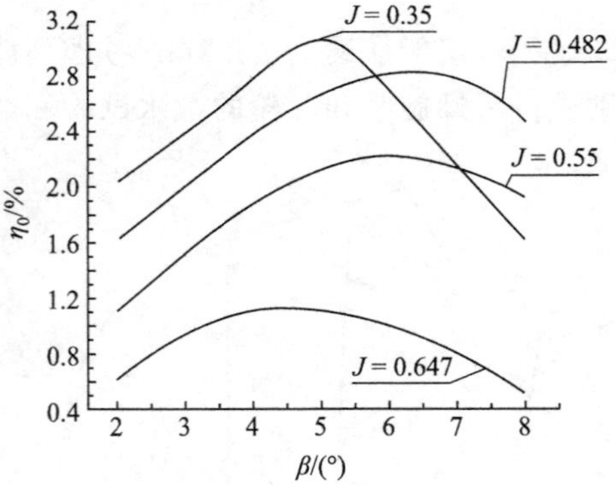

图 8-13　助推效率随安装角 β 的变化曲线

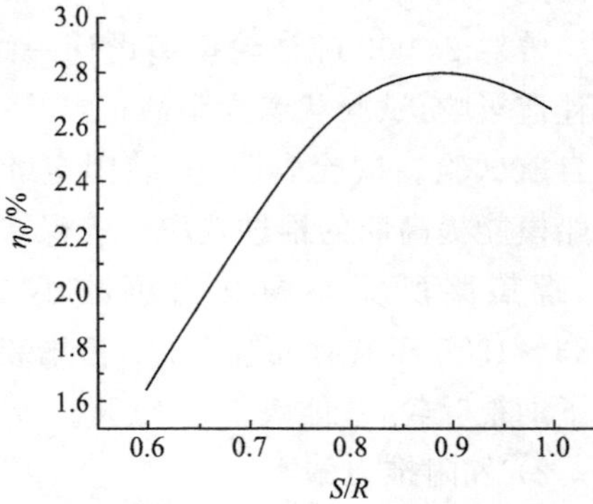

图 8-14　助推效率随助推鳍展长 S/R 的变化曲线

日本石川岛播磨重工业公司较早开展了对舵附推力鳍的研究，第一艘安装舵附推力鳍的船舶是 238 400t 的油船，其主机功率为 17 640kW，安装推力鳍后，可节省主机功率 4%～5%。国内也开展了对舵附推力鳍的研究，如上海交通大学在一艘拖船上安装了推力鳍后，系柱拖力增加 7%～12%，自航时推进效率提高 9%左右。

3）桨前导流鳍

由于单桨货船大都采用 U 型尾部，船尾的丰满度较大，长宽比较小。根据观察，这种船舶尾部的两舷形成了向内旋转的纵向涡流，其消耗的能量相当可观。这种纵向涡流（也称舭涡）的形成过程是：船舶上部水线区域的减速边界层流，在 U 型船尾附近出现的压力降作用下猛烈地向下转入舭部，当边界层流受到围绕舭部流动的底流冲击时便出现旋转，并沿着分离线分解为纵向涡流，这种流态对船舶推进是极为不利的，其原理如下。

（1）舭涡的形成要消耗大量能量，这就损失了一部分船舶推力。

（2）由于横向水流的压力降和舭涡引起的旋转使螺旋桨前的水流从上向下斜流至螺旋桨（即轴向斜流），这势必降低推进效率。

（3）在螺旋桨叶片附近，由于左右两舷向下斜流的水流使进流角不断变化，产生了推力和转矩的波动。

为了改善桨前水流对螺旋桨的不利影响，德国、日本等相继研究了桨前导流鳍来减少舭涡和斜流造成的螺旋桨推力和力矩的脉动变化。螺旋桨前导流鳍由与水流成一定攻角的鳍叶组成，通过改变水流的方向改善船舶伴流或在桨前形成一个与螺旋桨旋转方向相反的预旋流，提高螺旋桨的效率，减小振动，可提高航速或节省主机功率 5%左右。

导流鳍是由若干片安装在螺旋桨前方船尾两侧船体上的导流叶片组成的，各个导流叶片将船壳附近不同流向的水流平缓地截住，并水平导向螺旋桨，如图 8-15 所示。由于尾导流鳍对水流的导向作用，使流向螺旋桨的轴向斜流得到改善，从而提高了推进效率。同时，因为水流被导向水平方向后，舭涡减少，舭涡消耗的能量也减小，因而所消耗的螺旋桨推力和轴功率也减小。

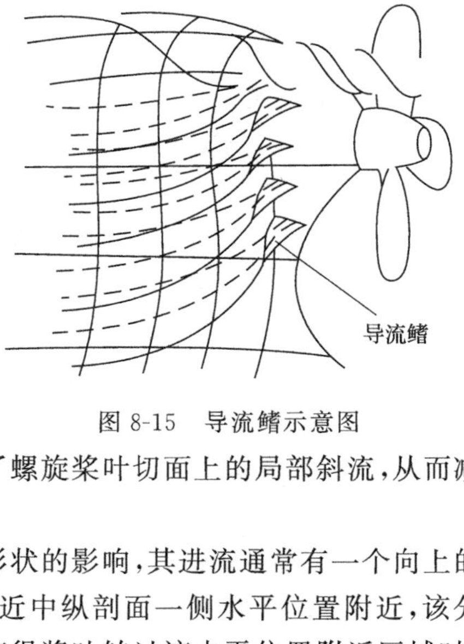

图 8-15　导流鳍示意图

导流鳍除了上述优点外，还因为它减小了螺旋桨叶切面上的局部斜流，从而减小了推力和转矩的脉动。

工作于船尾流场中的螺旋桨，由于船尾形状的影响，其进流通常有一个向上的速度分量 V_m。对于外旋双桨船，螺旋桨盘面近中纵剖面一侧水平位置附近，该分量与螺旋桨叶片转动的线速度同方向，结果使得桨叶转过该水平位置附近区域时，与在敞水条件下的桨叶切面来流攻角相比，其切面的来流攻角明显减小，于是它们的升力亦减小。也由于桨叶切面来流攻角减小,使升力与桨轴间的夹角加大,减小了升力在船前进方向上的分量。桨推力如果大到使来流攻角小于零升力角,叶元体的升力反向,叶元体产生负推力。此外,与旋向一致的来流加速了螺旋桨进流的旋转,使桨叶的旋转能量损失增加。由此可见,外旋桨内侧水平位置的来流对螺旋桨工作产生不利影响。

另一方面,桨盘面外侧水平位置附近,上述速度分量与桨转动时的线速度相反,与敞水工况相比,该区域叶切面的来流攻角增大,通常会使叶切面升力增加,推力也增加。但桨设计时所取的叶切面来流攻角若比较大,V_m的加入也会使桨叶某些半径上的来流攻角大于叶切面的失速角,叶切面的升力骤然下降,推力会突然减小。有些情况下,外旋桨外侧水平位置附近的来流对桨也不利。设计螺旋桨时,较难兼顾桨盘面左右侧水平位置处的进流情况,V_m 量值越大,越难两全[14]。

为了改善上述螺旋桨的进流,采用桨前扇形整流鳍,用来调整船体、轴支架、螺旋桨之间的相互作用。只要鳍翼的量度和安装角选择适当,可使桨盘面左右两侧进流与螺旋桨配合最佳,从而提高推进效率。本装置安装于桨前,由 2～3 片切面形状为机翼形的鳍翼沿周向呈扇形分布,其一端固定于桨轴支架轴套上,另一端可加装扇形环与船体连接或与原有导管导缘相连,以保证装置的强度和刚度。

桨前扇形整流鳍是一种结构简单、易于施工、安装方便、费用低廉、节能效果明显的船舶水动力装置。在船舶营运中不需要特别维修保养,适用于在建和在航船舶(正常坞修期内加装),特别适合重负荷、低转速双桨或单桨内河运输船。一艘 1 942kW 推船船模和实船试航结果证实,桨前扇形整流鳍有明显的节能效果。一艘推船采用后年节油 60～70 吨,一次性初投资不到半年即可通过节油回收。我国长航系统拥有该类推船 100 多艘,若利用坞修之际全部加装本装置,则年节油量十分可观,经济和社会效益非常明显。

4) 前置导管

21 世纪初,为了改善船舶推进性能,在某些船舶上采用了常规导管螺旋桨,即螺旋桨被导管遮蔽。常规导管螺旋桨常用于螺旋桨负荷较重的船舶上,如油船、散货船、拖船、拖网渔船等。实践证明,此类船舶采用导管螺旋桨不仅可提高推进效率,达到节能目的,而且有利于减小振动[15]。但是,导管螺旋桨亦存在一个较大的缺点,即在导管内壁存在严重的空泡剥蚀问题,维修费用昂贵,在一些港口水深较浅的地区,导管容易变形,影响使用效果。此外,水草、杂物及渔网等卷进导管内不易清理出来,给船舶航行带来不便。因此,常规导管螺旋桨的应用受到了限制,一些原来装有常规导管螺旋桨的船舶也因使用中碰到上述问题而将导管拆除。

近几年来,日本三井公司研究的整体式前置导管螺旋桨和日立公司研究的"HZ"前置导管螺旋桨是解决上述问题较成功的例子。这两种前置导管螺旋桨都是将整个导管置于螺旋桨的前方与船尾连成一体,有效地克服了空泡剥蚀等问题,

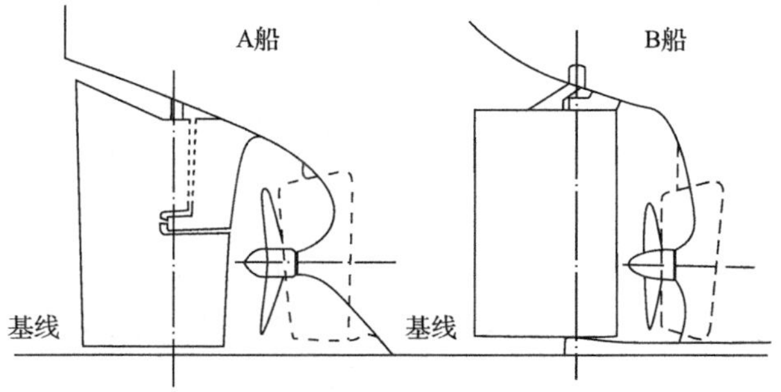

图 8-16　前置导管布置图

如图 8-16 所示。三井公司首先在 28 万吨油船上安装了前置导管螺旋桨，实船试航证明，前置导管的节能效果可达 5%左右，而且前置导管对减小螺旋桨空泡、船体振动及改善操纵性等都是有利的，导管和支架的结构强度也是可以保证的。随后，爱逊国际航空公司在其所属的近百艘大型和超大型油船、散装货船上也安装了前置导管。

试验结果表明，带前置导管的船舶，其伴流分布是比较均匀的，且螺旋桨顶部高伴流区的伴流分数比无前置导管的要大大减小，即高伴流区域流速增大了。由于伴流分布的改善，螺旋桨的空泡现象及脉动压力减小，螺旋桨的激振力也减小。前置导管使伴流分数减小意味着绕前置导管有一环量存在，该环量对船尾边界层产生有利的影响。

由此可见，前置导管是通过两个途径使水流均匀化的，其一是减小轴向伴流并使其均匀化；其二是减小螺旋桨盘面上不利的横向水流速度和旋涡强度。

前置导管还可以减小螺旋桨的推力和转矩的脉动幅度，因为螺旋桨前来流的不均匀度是造成推力和转矩脉动的主要原因。由于前置导管能使桨前的来流均匀化，所以螺旋桨的推力及转矩的脉动自然就减小了。

前置导管的优点如下：

(1) 前置导管使流入螺旋桨的船尾周围的流动更均匀化和稳定化，从而使船体阻力减小。

(2) 由于船尾部周围存在着向内的径向流动，使导管推力明显增大，螺旋桨的负荷相对减小，从而使推进效率提高。

(3) 前置导管使螺旋桨片空泡的面积减小 20%～60%，云状空泡完全消失，这样可使前置导管螺旋桨采用比常规螺旋桨更小的盘面比，因而可获得较高的螺旋桨效率。

(4) 前置导管降低了螺旋桨上方船体表面的脉动压力，减小了船体振动。

(5) 前置导管可改善满载时的船舶操纵性。

(6) 用前置导管改装旧船时，可以利用原来的螺旋桨，且安装前置导管比常规导管便宜。

综上所述，前置导管螺旋桨具有许多优点，特别是其节能效果显著，投资少。为了进一步提高前置导管的节能效果，还应对船体、前置导管与螺旋桨之间的水动力干扰进行深入研究，使前置导管螺旋桨最优化。

日本明石船池对某油船进行了三种导管的模型试验，三种导管的倾角分别为16°、13°和0°。试验结果表明，三种导管分别使船舶的有效功率减小0.2%、0.5%和2.0%，而接收功率则分别减小5.4%、4.3%和2.5%。由此可见，导管的倾角大些效果会较好。如果在螺旋桨桨毂上再安装几个鳍装置，则节能效果更好(图8-17)。

(a) 无鳍螺旋桨　(b) 有鳍螺旋桨

图 8-17　桨鳍三维模型示意图

5) 伴流补偿导管

伴流节能补偿导管(图8-18)是一个前端直径大、后端直径小的喇叭型的半圆导管，安装在紧靠螺旋桨前方的上方，下端固定在螺旋桨轴轴线附近，上端固定在轴线上方高度等于螺旋桨半径的船体上，其剖面形状为机翼型。加装伴流补偿导管后，由于导管入口的吸入作用，促使导管前缘的水流加速，从而影响到船尾水流的分离，并使分离点后移，部分地减少或消除船尾水流的分离，最终致使船体阻力减小。当它安装于螺旋桨前上方的船体左、右两侧时，可使进入螺旋桨盘面处的水流加速，并对船体尾部伴流进行整流，使尾部伴流场均匀化、稳定化。同时，由于导管的剖面形状是机翼型，水流流过后还可以产生一向前的附加推力，减小了由螺旋桨激振力引起的船体尾部振动，因而可提高螺旋桨总的推进效率。

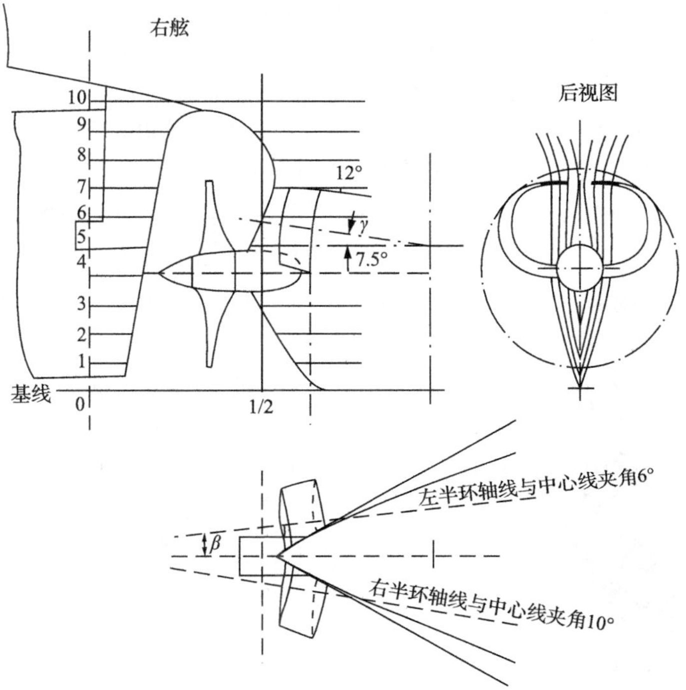

图 8-18　伴流补偿导管布置图

其作用可归结为：①伴流补偿导管偏置于桨轴上方，用于加速螺旋桨盘面上部的流场，并使整个桨盘面的流动趋于均匀，减小了桨的激振力和船体振动；②采用左右不对称的安装方式，增加螺旋桨进流的预旋，减少了尾流中的旋转能量损失；③导管切面形状为机翼型，在尾流作用下自身可产生推力，降低了船体的推力减额；④整流以改善船体尾部流动，减少分离，降低了旋涡阻力[16]。

其安装应用有如下特点。

(1) 在肥大型油船尾部安装补偿导流管能够起到整流作用，改善尾部流场，提高了船舶的相对旋转效率和船身效率。同时，补偿导流管的机翼型剖面给船舶提供了附加推力，节能效果显著。

(2) 能起到减少船体尾部由螺旋桨不均匀进流引起的激振，避免螺旋桨产生空泡现象。桨叶的穴蚀减少，提高了桨叶的耐用性，改善了船员的工作和生活环境。

(3) 补偿导流管结构简单，加工、安装容易，成本低，回收快，极适合于旧船改造。

(4) 减少海上渔网缠桨叶现象，降低尾轴润滑油漏入海的风险。

(5) 船舶航速提高，营运周转快。

(6) 提高舵效，在常用操纵范围内，回转性能提高[17]。

对于方形系数为 0.65～0.85 的船舶，补偿导管的节能效果可达 6%～11%，方形系数越大，节能效果越好。上海七〇八研究所也较早开展了进流补偿导管的研究，做了大量船模试验，并已应用到实船上，取得了较好的节能效果，该所曾为 1 000 吨的沿海货船安装了进流补偿导管，节能效果为 5.4%。

这种补偿导管曾安装在一艘 3 000 吨级成品油轮上，使用表明，在主机转速保持不变的前提下，安装补偿导管后航速平均提高 1.25km/h(0.67kn)。如果按航行技术指标 380kg/h 推算，可节约燃油 34.884 吨，占海上总耗油量的 5.5%。

图 8-19　螺旋桨毂帽鳍

6) 螺旋桨毂帽鳍

它是一种在毂帽处加装鳍状形板材的节能装置(图 8-19)，该装置与其他船尾附体节能装置(补偿导管、前置导管、反应鳍和格里姆导轮等)相比，具有结构简单、安装方便、故障率低、造价低廉、适合安装于各种新旧螺旋桨推进的船舶等优点。

由尾流场的分析得出，安装鳍叶后，尾流在流经鳍叶时因鳍叶对其有分割阻碍的作用，阻碍了尾流向后方顺流的趋势，这在一定程度上使得尾流的速度比未安装鳍叶时有所降低，有效削弱了毂涡的产生，提高了其效率。鳍叶的安装与否对桨叶表面压力未产生明显影响，不过安装鳍叶后，产生了与桨叶旋转方向相同的扭矩，减少了螺旋桨所需接收的扭矩，从而提高了螺旋桨的整体推进效率[18]。

还有一种节能毂帽是带有几个鳍叶的螺旋桨桨毂帽。螺旋桨的尾流有轴向、周向和径向诱导速度，这部分尾流的能量特别是尾流的旋转能量通常被白白地流失掉。在螺旋桨后面，再安装一个固定桨叶，该固定桨叶吸收螺旋桨尾流的能量，产生推力，从而达到提高推进效率的目的。实船测试表明，带固定桨叶的推进装置有比较显著的节能效果。以泰州 16 号拖轮为例，全年可节油 4 150kg。由于安装固定叶轮成本较低，安装方便，一次性投资，三个月可以收回成本，具有较好的推广应用价值。

7) 导流罩推力鳍

导流罩推力鳍组合装置中的导流罩也可对螺旋桨的尾流进行整流，以使推力鳍发挥更大的作用。在某速度范围内，导流罩推力鳍与螺旋桨匹配良好可明显提高推进效率。

节能鳍装置的工作原理是通过节能鳍上的鳍叶对桨伴流场的干涉作用，使得原先围绕桨毂随螺旋桨旋转的水流方向发生变化，使螺旋桨毂涡消失，消除了毂涡所引起的诱导阻力，对螺旋桨有整流作用，使尾流旋转速度减小、桨后轴向加速度增大；消涡鳍小叶产生扭力降低螺旋桨扭矩并产生推力，螺旋桨推进效率可以提高 2.0%～3.0%。在原有功率转速不变的情况下，船舶航速可提高 0.1～0.15kn。以 1 艘 2.5 万吨载重船舶为例，采用这一装置后，其每航行 100 海里便可节省燃油 200～300kg。

专家建议，该节能鳍安装在中低速船，特别是船体尾部肥大、伴流不均的船舶，以及螺旋桨毂涡较大、螺距较大的船舶上，节能效果更为明显。也可以在旧船上安装，仅需在船舶进坞保养时将原来的导流帽换为节能鳍即可。

8）桨后助推节能扭曲舵

扭曲舵的基本思想是充分利用螺旋桨尾流的能量，把舵的形状设计成在未打舵角时阻力尽可能小，却能提供足够大的附加推力，而在打舵角时又不影响舵效。

舵在螺旋桨轴中心线上方和下方的来流方向并不相同，扭曲舵是分别在增大桨轴中心线上、下方舵剖面的入流角从而增大附加推力以节能。哈尔滨工程大学开发研究的两组不同形状的助推节能扭曲舵，在设计状态时，一个使整个推进系统的推力系数有明显的提高，一个使螺旋桨的扭矩系数显著下降，最终都提高了推进效率，其助推力的试验结果如图 8-20 所示。

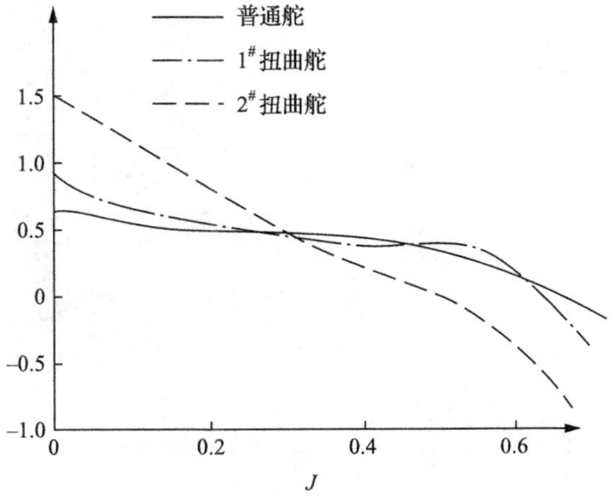

图 8-20　桨后助推节能舵试验结果

七〇八所开展了带有导流罩推力鳍的扭曲舵研究，在 500 吨沿海货船上加装时得到了满载航行时节能 8.9%的实效。

9）舵球

螺旋桨后的环绕流有两种，较大的一种是由桨叶产生的，较小的一种是由涡流产生的，这种涡流源于各桨叶的根部，并在桨毂后实际上汇合为一。下面是两种用于补偿由这些环绕流产生的能量损耗的方法：一是在螺旋桨后安装导流鳍，以便把环绕流变成一种纵向流；二是在紧靠桨毂后装一回转体，以便阻止源于各桨叶叶根的涡流汇合为一，使之各自独立地分布在回转体上，并通过涡流之间的相互干扰来减弱环绕流。舵球节能装置就是一种装设在船体水线以下、舵叶上的一个水平安置的水滴形回转几何体，可以较大程度地缓和螺旋桨后局部区域的低压，改善桨后水流分布，回收部分桨后涡流造成的推进功率损失。其主要作用是：①减少螺旋桨后方尾流的旋转，起整流作用；②消除毂涡，即阻止毂涡形成，减少部分推力损失；③减少尾流收缩。由推进器理论可知，增大螺旋桨尾流截面积可使螺旋桨的理想效率提高。而螺旋桨在水中工作时，由于径向诱导速度的影响使桨后尾流收缩，设置舵球后，舵球将尾流向外半径排挤，从而减少了尾流收缩，使理想效率得以提高[19]。

由上述导流鳍和舵上旋转体(舵球)两部分组成一种 RBS-F 装置。图 8-21 为 RBS-F 在一艘 150 000DWT 散货船上安装的实例。舵球装在舵的可转动部分，其中心线位于延长的桨轴中心线上，而其球端则紧靠桨毂端部，导流鳍由同一条线的中点呈放射状安装在舵球上。

图 8-21　RBS-F 装置的实船安装图

舵球是由于填充了螺旋桨毂帽后的低压区空间，对螺旋桨后的水流有良好的整流作用，从而减少了紊流涡流引起的能量损失。舵球安装在螺旋桨后面舵叶的导边，螺旋桨轴线处与螺旋桨帽相对，端部为球体，向后延伸部分为锥体，并使球体与舵叶流线型过渡为主，图 8-22 为一舵球示意图。试验表明，在螺旋桨后面，存在一个低压区，当舵球尺度、安装位置选择合适时，正好填补了这个低压区，使桨叶前后的压力差减小，从而提高螺旋桨的效率。舵球尺度选配得当，节能效果可达 2%～3%[20]。

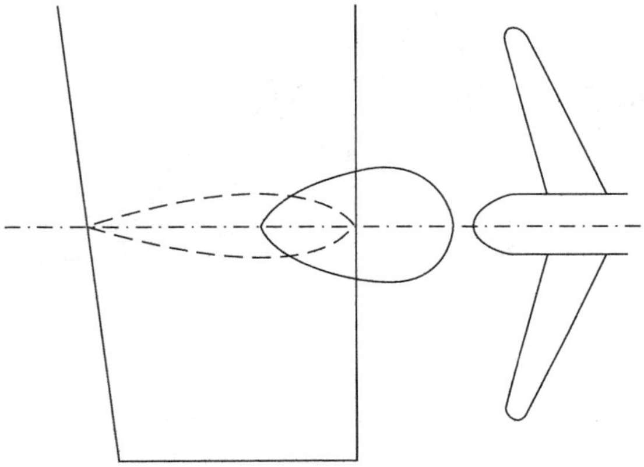

图 8-22　舵球示意图

一些同样肥大或比较肥大的船舶，如 LPG 和 LNG 运输船，应用 RBS-F 效果显著，船舶节省功率达 2%～6%。安装舵球使舵面积增大、舵效降低，因而两者互相抵消。而距舵叶较远的导流鳍对舵上压力分布的影响很小，对船舶操纵性几乎没有影响。适用于现有船舶，新建船舶更佳，对范围广泛的船型和所有从满载状态到压载状态的吃水均有效。

以某 64 000DWT 散货船为对象，装舵球后在设计航速为 14.5kn、吃水 12.5m 时，可获得 4.66%的功率收益；在吃水 13.1m、航速为 14.5kn 时，可获得 4.42%的功率收益。

10）翼型推进器

利用波能推进船舶是能量守恒的一种新应用，翼型推进器就是利用波浪能来推进船舶的一种装置，如图 8-23 所示。据挪威波浪控制公司声称，他们研究的翼型推进器效率可达到 90%。图 8-23 为一艘供应船首部安装的翼型推进器的外形轮廓。翼型推进器实质上是一个流线型的水平放置的水翼，它可以绕一水平轴转动，并且与支持结构相连接。

翼型推进器提取波浪能的大小取决于水翼与其周围水之间的相对垂向运动。显然，它可以通过水翼的运动来获得，也可以让水通过固定的水翼从往返的波浪中来提取。不管是哪一种方法，其原理都是相同的。如图 8-24(a)所示，当连接水翼的杆和轴向下运动时，水翼的随边向上偏转，水翼的位置受到机械力(复原力)的约束而力图保持水平位置。当翼相对水运动时，上述复原力将迫使水翼相对水流保

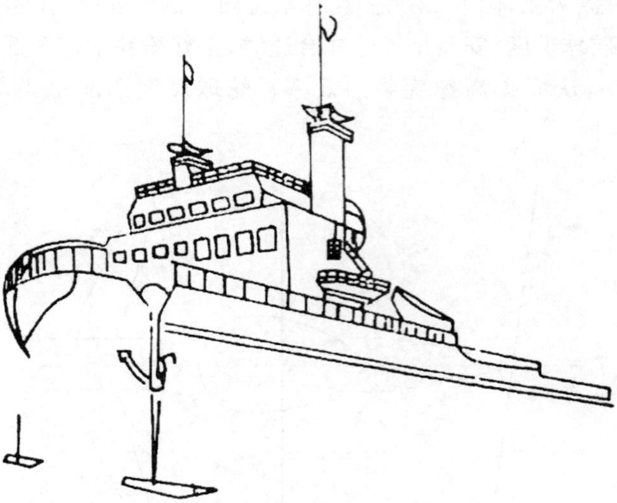

图 8-23　实船安装的翼型推进器

持一定的攻角，从而产生升力，升力的水平分力即为推船前进的推力。

当水翼向下运动达到端点时，水翼被水流和复原力驱回到水平位置而向上运动，如图 8-24(b)所示。水翼将偏向另一方，并且再次产生一个攻角，由此产生的外力及向前的推力跟前面所述的相同。它与滑翔飞机有些相似，但滑翔飞机只在一个方向下滑，而翼型推进器可以在向上和向下两个方向工作，且效率很高。

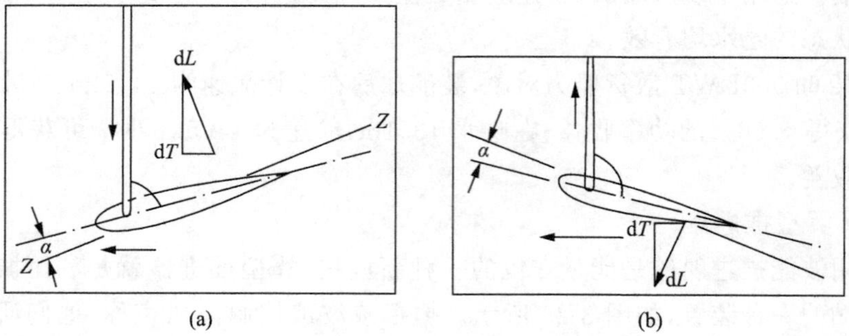

图 8-24　水翼工作原理图

水翼装置的效果在很大程度上取决于水流与水翼之间能否保持一个最佳的攻角，为此可以通过气压或液压系统来控制。同时必须使水翼的垂向运动比水翼随边的偏转要大，以便使水翼攻角保持一段时间。

水翼的垂向运动是水翼作为推进装置的必要前提，当然也可以是水翼周围的水相对于固定在轴上的水翼作垂向运动，这种情况就好像水翼被安置在波浪中作向上或向下运动。水翼相对于水流作垂向运动，有如下三个途径(图 8-25)。其一是水翼作为固定的(即被动的),而水是波动的,此时船舶由后面的波浪抬起,并驱动连接杆和水翼向上运动。此时,水翼位于向下运动的波浪中,于是水翼相对于被卷起的水作垂向运动。这种方法适用于波浪较大的情况,水翼不必通过主机驱动,而完全由波浪驱驱动,故可节省主机功率。其二是利用主机来驱动水翼,此时由活塞-气缸系统驱动水翼向上和向下运动。这种系统可以用来增大波浪的振幅,或者当没有波浪时用作推进系统,但需要消耗一定的主机功率。其三是用人力来驱动水翼,这主要用在某些小艇上。

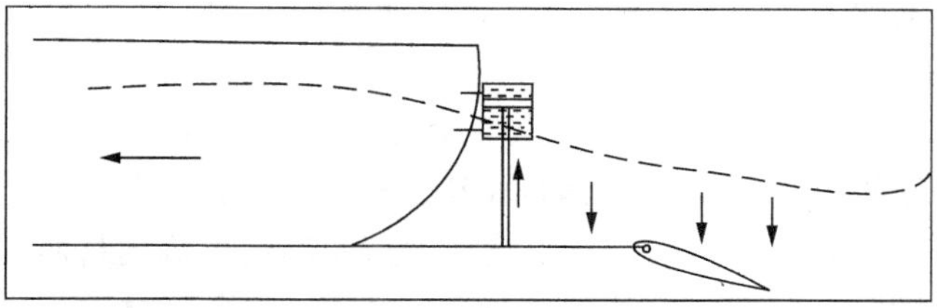

图 8-25　水翼的垂向运动

水翼所产生的能量是相当可观的。假定水翼在波浪中产生的升力系数为 0.7,则 1m² 的水翼在 9kn 航速下将能产生 7 700N 的升力,在 12kn 航速下则能产生 13 700N 的升力,这个力的水平方向分力(即推力)是攻角的正弦函数。假定攻角为 20°,则产生的向前推力分别为 2 630N 和 4 690N,即相当于 12.2kW 和 29.0kW 的功率。

用波浪能驱动船模的试验始于 1978 年,1980 年挪威特龙黑姆测量的 1m 长船模的平均速度为 1.76kn,而且是顶浪时的速度。对于 45m 长的实船,这一速度相当于 15kn,与常规推进船舶的速度大体相同。另一项 7.5m 船模试验,仅在波浪能作用下航速就达到了 6kn,装上动力装置后,该推进系统消耗的燃油比常规螺旋桨减少 30%。

瑞典查默斯大学的约翰尼斯伦德教授对不定常水翼推进的水动力学问题进行了理论研究,仔细探讨了水翼作用的数学模型,并认为翼型推进器作为海洋船舶的推进装置是很有前途的。此外,他还认为各种水翼形状都各有其优缺点,但是导边和随边弯曲水翼的性能比矩形水翼更佳。

波浪能应用有着广阔的前景,因为波浪能比风能更为集中,且其应用与船的航向无关。翼型推进器的造价也较便宜,成本回收时间不长。

翼型推进器已在英国和其他一些国家中取得了实质性应用,日本也正在大力研究,目前国内对这方面的研究还不多,有待今后进行更多的探索和研究。

8.2.4　船舶轻量化

通常降低空船重量的方法有两种:一是优化主船体结构,通过减少肋骨和纵骨间距，在厚度不同处分别使用不同厚度的钢板等做法以优化主船体结构，降低空船重量；二是使用轻质复合材料。轻质复合材料在航空工业上已得到广泛应用，在船舶上目前多用于军船的次级结构以及游艇、渔船等小型商船。复合材料由多层金属薄板叠加或多层聚合体碾压复合而成。其中金属板可以是铝或钢板，聚合体核心由碳或玻璃纤维进行加强，具备抗冲击、耐用、容易加工、质量轻、耐疲劳、耐腐蚀等优点[21]。

瑞典 KockumsAB 公司曾以一艘长 128m、航速 42kn 的渡船作为目标船型，对碳纤维增强塑料、钢材、铝分别作为建造材料在重量、成本、拆解上进行过全面的比较，得出如下结论。

(1) 使用复合材料替代钢材最大的优点是可以明显减少结构重量。采用碳纤维增强塑料和铝均可减轻重量，与钢材相比，整船重量可减轻 50%左右。

(2) 从纯建造的观点来看，钢材是建造大型船舶最经济的材料，但如果将后期的营运和维护考虑在内，进行全生命周期的成本比较，则钢材的成本最高，复合材料成本最低。

(3) 目前的状况下，回收困难是复合材料难以推广的障碍之一。

(4) 由于复合材料的易燃性，很长时间以来在 SOLAS 的规定中复合材料不能被用于上层建筑、结构性舱壁、甲板和甲板室。但实际上，之前在军船以及适用于 HSC 规则的小艇上，复合材料已经有超过 30 年的使用历史。2002 年，SOLAS 规定只要具备与钢材相同的阻燃性，其他材料也可用于船舶建造。这项规定开启了轻质复合材料在军船、小艇以外的船舶上应用的可能性。因此现阶段在“轻质材料在船舶上应用”的项目中，防火安全性是中心议题。

(5) 综合而言，高速船上使用复合材料优势明显，可以极大地减少燃油耗量。但在大型低速船上，完全使用复合材料的优势并不明显，通常的做法是钢材和复合材料混合使用。

低成本铝合金是车辆船舶首选的轻量化材料，适合于运输工具的轻质材料主要有铝、镁、钛和金属基复合材料。但由于铝、镁、钛和金属基复合材料成本都比目前钢铁高 3～10 倍。面对这种情况，美国政府十分重视，并组织由各有关方面组成合作研究和开发，能源部(DOE)主持，由国家实验室以及北美运输工业联盟(NATR)批准的卡车制造厂、卡车零件供应商、电解铝生产厂和大学组成合作研究与开发协议，共同努力工作，推进运输工具的轻量化。其推荐的材料是铝和镁，其次是钛和金属基复合材料。

就铝镁的轻量化目标来说，有下面几个问题需要解决。

(1) 超大型结构铸件的铸造工艺研制，面临的挑战是：低成本的铸造方法；限定尺寸公差的高质量零件的铸造。

(2) 铝特制焊接毛坯。用铝合金代替钢制作镦型汽车门(minivan door)，其构件重量可减轻15磅以上。

(3) 金属基复合材料(MM)。这是降低汽车和船舶成本的一种有效的铸造构件方法,它包括搅拌方法(可以省去大量的生产时间)及批量生产的降低成本的全套设备和方法。

(4) 触变浇铸技术。这是一种具有比高压铸造方法得到的零件孔洞率低且零件尺寸偏差又很小的近净形零件铸造生产方法,其自抑制浇铸过程可以延长模具的寿命。美国Ormet公司采用半固体金属铸造方法为汽车工业提供了低成本的铝合金材料(坯料),这种用半固体成形的合金成分如表8-5所示。目前该公司采用这种方法已能生产48种圆形坯料,其最大长度为7.62m,合金熔体采用电磁搅拌方法实现合金成分均匀性,其操作过程是:①合金原料装入熔炉熔化;②将完成熔炼的熔体转移到可倾斜的浇包炉;③将浇包炉转移至浇铸平台上;④除氢处理;⑤铸入金属模中。Φ100mm坯料铸入速度为280mm/min,Φ76mm坯料铸入速度为355mm/min。该公司年生产这种坯料的能力为$6.8\sim20\times10^3$吨。该公司检验坯料的化学成分,用超声方法检验坯料的夹杂和孔洞率,并采用塑变试验方法确定在半固体温度下的穿透力F。F必须满足触变特性要求,即F/F_s比率是已知的流变倍数,以保证统计监视和坯料生产的控制。在半固体金属操作过程中,为获得要求的细晶粒组织,采用电磁搅拌方法实现晶粒细化,而不采用添加钛的细化方法,因为钛降低了坯料的电导率,同时用这种方法获得了表面质量良好的坯料。表8-6列出了半固体金属的触变铸造优点。由此可见,采用半固体金属铸件的优点是具有高的完整性,有良好的力学性能、极好的尺寸精度、薄壁低孔洞率、可热处理(T5和T6)及可焊性。所以用这种方法生产具有薄壁的复杂形状的近净成品零件,可节约大量切削成本。其Velvet Flow合金的准静态力学性能详见表8-7[22]。

表8-5 半固体成形坯料的化学成分

合金	Si	Fe	Cu	Mn	Mg	Zn	Ni	Pb+Sn	Ti	Sr	其他杂质/%
A356	65～75	0.15	0.03	0.03	0.30～0.40	0.03	0.03	0.03	0.20	0.01～0.05	0.03～0.16
357	6.5～7.5	0.15	0.03	0.03	0.50～0.60	0.03	0.03	0.03	0.20	0.01～0.05	0.03～0.10
3198	5.5～6.5	0.15	2.5～3.5	0.03	0.30～0.40	0.03	0.03	0.03	0.20	0.01～0.05	0.03～0.10
A390	16.0～18.0	0.40	4.0～5.0	0.10	0.54～0.65	0.05	0.10	0.03	0.20	—	0.10～0.20

表8-6 触变铸造的优点

较高的精度,允许以高速薄片状流体铸入和生产薄壁零件;
低夹杂合金,良好的可焊性,可热处理到高强度和高延性;
降低热焓量(因为一半材料已经是固体),给予高的生产率和延长模具寿命;
减小凝固时的收缩和孔洞的来源;
均匀的各向同性凝固,这种结构与铸件厚度无关,使零件的力学性能波动很小

表 8-7 Velvet Flow 合金的准静态力学性能

Velvet Flow	合金	热处理	σ_{a2}/MPa	σ_b/MPa	δ/%
VF356A	356	T6	224～245	294～322	13～19
	T6	41～44	343～357	63～77	—
VF357A	357	T5	203～210	273～287	9～11
VF319A	3193	T6	315～336	406～413	3～7

就这些含硅的铸造合金的熔化加热温度来说，必须掌握两个基本参数：①如果熔化温度太低，硅粒子就不会熔化，这将导致低的力学性能的出现，尤其是低延性；②过高的熔化温度，也会由于重力的作用失去液态的共晶相而得到较多的固体。因此溶化温度应控制在±5℃共晶温度范围内，最好是控制在共晶温度以上 1.5～3℃范围内。同时，熔化后的加热时间不宜过长，如果延长可能导致晶粒长大和出现共晶陷阱，从而减少有利于成形的液体相总量，在浇铸零件生产时应防止半固体金属加热时表面生成的氧化物进入铸件。所以在浇铸时应采取保护方法（如吸气剂的使用），同时控制金属前缘的浇铸速度，一般不超过 5m/s，致密压力在 200MPa 左右。所得冷钢铁模铸造的显微组织为细结晶组织。如果重新加热，则变为球状组织。

半固体金属成形是一种低切削加工量的近净成形技术，其特点是金属收缩量很小，并能充满复杂的模腔。由于在试验阶段，其铸件废料率在 50%左右，所以铸件成本比普通压铸件高 20%以上。但成品零件的价格由于减少切削加工，其最终价格还是低一些，力学性能更好些，因此，其市场前景看好。Ormet 公司已用 356、357 合金生产了 Φ75mm、Φ88mm 和 Φ101mm 铸件毛坯，目前正在开发耐磨 390 合金，并且计划生产 Φ126～Φ152mm 坯料，主要用于汽车轮毂和大型构件。

由上可以预测，深入开展 A1-Si(6%～28%)系合金及其半固体金属铸造近净成形铸件毛坯技术研究和开发，是用低成本铝合金材料推进船舶轻量化，扩大铝材料市场的重要方向和途径[22]。

8.3 动力装置节能技术

8.3.1 余热回收及利用

1. 余热的组成及利用模式

船舶柴油机动力装置余热包括低品质余热和高品质余热，如图 8-26 和图 8-27 所示。柴油机空冷器和缸套冷却水出口温度较低，可采用船用溴化锂吸收式制冷系统，以充分利用柴油机废气余热和冷却水余热；采用固体吸附式制冷系统，以利用船舶低品热源;采用水源热泵空调系统,以充分利用余热取暖;利用余热的热交换与热水锅炉并联使用,既可做热水锅炉备用,冬季又可取暖;降低蒸汽压力、采用多回路余热锅炉等措施,提高废气热量的回收能力,以产生更多的蒸汽。柴油机废气排气的温度较高,可先作动力利用,再作热利用,也可以直接进行热利用,最为普遍的方法是废气锅炉及燃气透平对排气余热的利用。可以采用多级混压式汽轮发电机,在 6 000 马力(1 马力=745.7W)以上的柴油机船上,普遍采用余热发电。在主机功率大和供电有余的情况下,将余热转换为推进动力[23]。

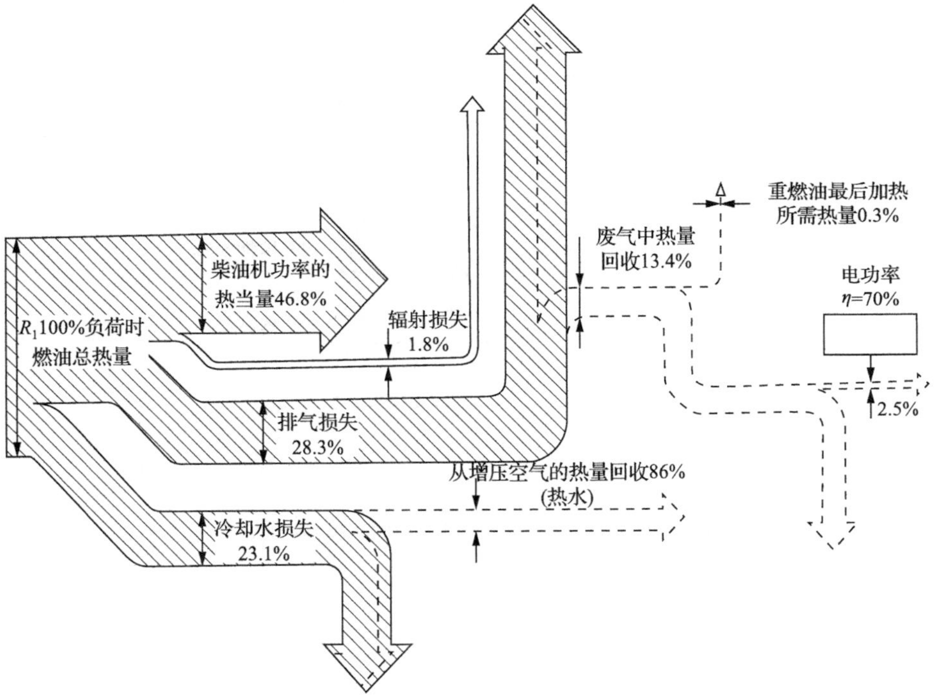

图 8-26　Sulzer RTA58 柴油机 100%负荷的热平衡图

余热回收系统的工作模式包括以下几个(图 8-28 和图 8-29)[24]。

1）电动机模式

当热能回收系统提供的电能大于船舶辅助设备所需要的电能时,多余的电能可以提供给轴带电动机,增加螺旋桨的输出功率(轴带电机运行在电动机工况)。

2）发电机模式

当热能回收系统提供的电能低于船舶辅助设备所需要的电能时,缺少的电能可以通过轴带发电机补充(轴带电机运行在发电机工况)。

3）助推模式

当需要的推进功率大于主柴油机可以提供的功率时,可以用热能回收系统产生的电能和副机产生的电能驱动轴带电动机，增加螺旋桨的输出功率(轴带电机运行在电动机工况)。

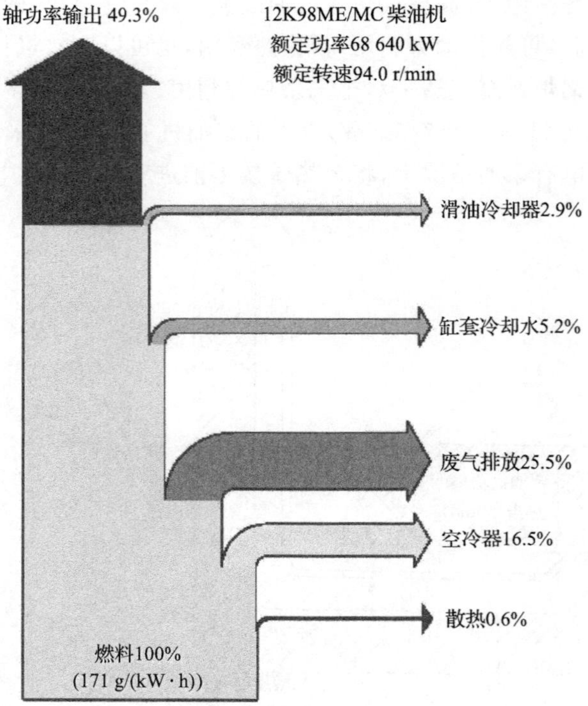

图 8-27　MAN B&W 12K98MC/ME 柴油机 100%负荷的热平衡图

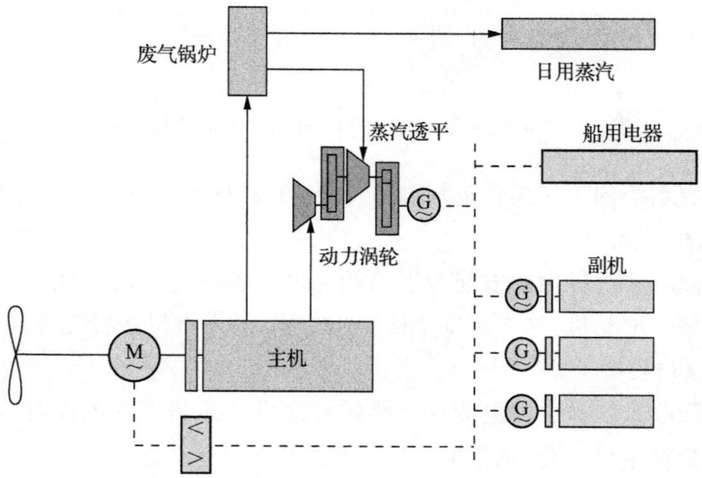

图 8-28　余热回收系统原理图

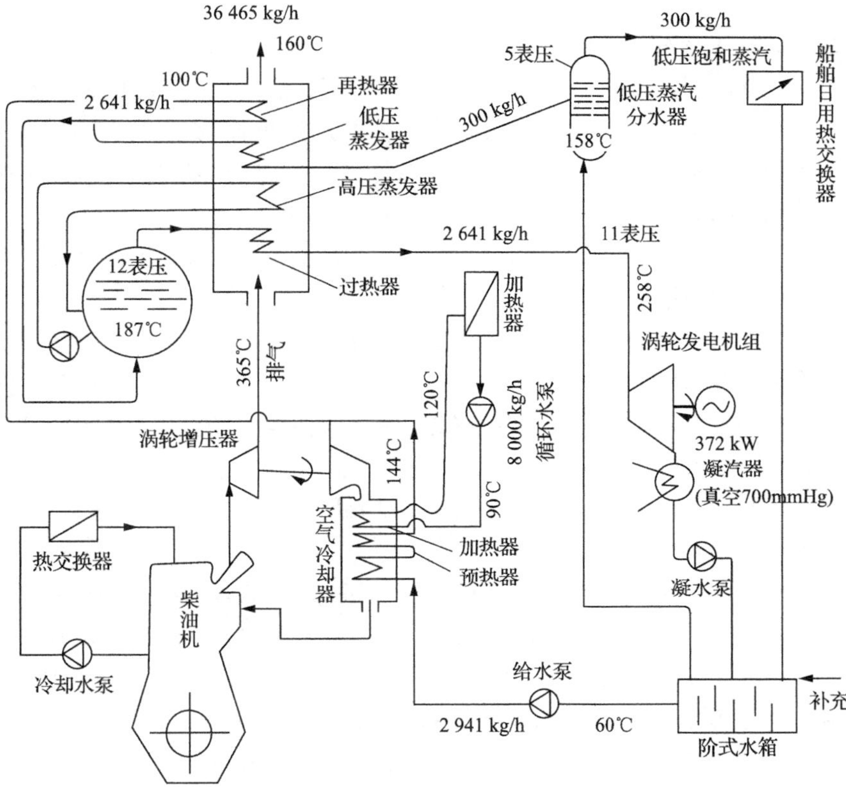

图 8-29　12PC2-5 型柴油机的余热回收系统

4）可选模式-应急推进

当主柴油机的离合器处于脱开状态时，由副机向轴带电动机提供电能，船舶将由轴带电动机直接驱动返航。

2. 余热蒸汽涡轮发电系统

船舶柴油机一般在 50%负荷以上时，排气的能量除供应废气涡轮增压器外，还可用来发电，即采用余热蒸汽发电机组（T/G 装置）以解决航行中所需的电能，剩余的低质余热再回收满足供热的需要。目前使用 5 800～7 350kW 的船用柴油机，其余热发电已能满足全船航行中的用电需要。

采用二级循环废气锅炉的蒸汽涡轮发电系统。柴油机废气先引入涡轮增压器做功，从此排出的废气温度为 365℃，再顺次作为蒸汽过热器、高压蒸发器、低压蒸发器和再热器的热源。废气锅炉采用二级循环，第一级低压（4～6 表压）产生供热蒸汽，第二级高压（7～16 表压）产生供汽轮机发电的蒸汽。这种二级压力式废气锅炉的过热器，高、低压蒸发部及预热部各自的受热流体分别为蒸汽、汽水混合物及高温给水。

本系统的给水系统与单级压力式不同，给水离开预热部之后，一部分经低压蒸发部回到阶式水柜，控制流入蒸发部的给水量，使预热部的给水温度保持在 90℃左右。低压汽水分离器的水位由流向阶式水柜的水量来控制，低压汽水分离器的压力由减压阀和放泄阀控制。即蒸汽压力降低时，由高压蒸发部通过减压阀补给蒸汽；压力过高时，将剩余蒸汽通过放泄阀放回冷凝器。

这种双压锅炉，较常规的一级锅炉可多发电 20%～30%，甚至多达 35%。如果发电量相同，则传热面积可减少 55%。

采用废热回收系统是将发动机排放废气中的热量和压力收集起来，用于驱动涡轮机产生机械能，从而驱动发电机运转，这种节能装置目前在实船上应用较多。马士基公司的“3E”级集装箱船上就配有先进的废热回收系统，根据主机功率的不同，废热回收系统大小、价格会有不同。“3E”级船舶上配置的废热回收系统的费用每套高达 1 000 万美元。据估算，5～10 年可收回投资成本，如果油价上涨，投资回收期将进一步缩短。

近年来已经有很多低温差模型斯特林发动机问世，最著名的当属美国威斯康辛大学 Senft 教授研制的 Ringbom 斯特林发动机，只需 0.5℃的温差就能以 60r/min 的速度运转。日本研制出 150W 低温差斯特林发动机，工作温差为 100℃，指示效率为 50%。斯特林发动机由于工作参数低、结构简单、造价便宜、寿命长，一般 100～300℃的废热均可用来发电，适合于作废热回收发电动力。目前低温差斯特林发动机多用于陆地上的设备，在船上的应用还需要进一步做大量研究工作，但应用前景是很光明的。

3. 动力涡轮功率输出

瑞士 Sulzer 公司等所开发的一种称之为“效率增强器”(q-Booster)的动力涡轮装置，把废气的剩余能量转变为动力再供应于柴油机的功率输出轴，连接方式如图 8-30 所示。当柴油机负荷低于 50%时，无论正车还是倒车，排气通至动力涡轮的截止阀关闭。当正车负荷超过 50%时，截止阀开启而旁通阀关闭。当倒车负荷超过 59%或发生故障时，截止阀关闭而旁通阀开启，同时，效率增强器可通过一个适当的操作选择器来调至“停止位置”，这时截止阀将永久地保持关闭状态。

法国 SEMT 用于 PC30 和 PC40 柴油机的动力涡轮余热回收系统，称为 RPT 装置，基本情况与前者类似。这类动力涡轮输出功率的余热回收系统，可以使柴油机的耗油率降低 2%～5%(四冲程机)和 1%～3%(二冲程机)。

4. 废气涡轮轴带联合发电

联邦德国、日本和瑞典等国发展了一种废气涡轮发电机和轴带发电机联合系

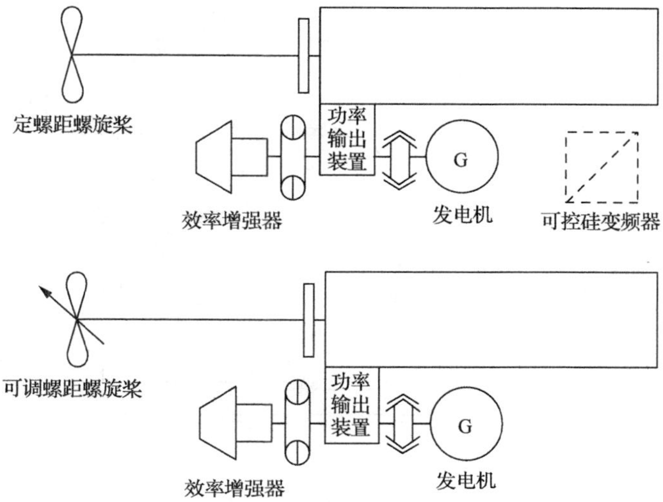

图 8-30　Sulzer 效率增强器与柴油机的连接图

统，利用它的可逆特性，将废气涡轮发电机的多余电力作为推进轴的辅助动力，即将轴带发电机作为电动机运行，而只在其输出电力不足以供船上设备使用时，才由轴带发电机补充，从而进一步减少燃油消耗[25]。

显然，按照这种工作原理，也可以使用余热蒸汽涡轮发电机与轴带发电机的组合系统。

5. 余热供热

对于较小型的船舶，由于柴油机功率小，利用余热发电或输出动力是不现实的。一般多将排气用作废气锅炉或热水器的热源，产生的蒸汽或热水供全船生活、取暖和加热重柴油之用，如图 8-31 所示。

较小型的船舶装设废气锅炉，可以提高经济性 6%～10%，如长江、汉—申线客班轮，充分利用废气锅炉而不烧辅助锅炉，每天可节省燃油 630kg 左右。

6. 余热制淡

利用柴油机余热制取淡水（简称制淡）是回收余热的一种方法。图 8-32 为一种按多级闪蒸效应进行制淡的装置。从柴油机废气及缸套冷却水中吸取余热以加热海水，并进行多级闪蒸，从而取得淡水。这种制淡装置与船上常用的单级蒸馏器相比，同样的热量可以多生产 1～2 倍的淡水。由于它是采用一种专门的逐级蒸馏系统，所产生的淡水清洁、无菌。

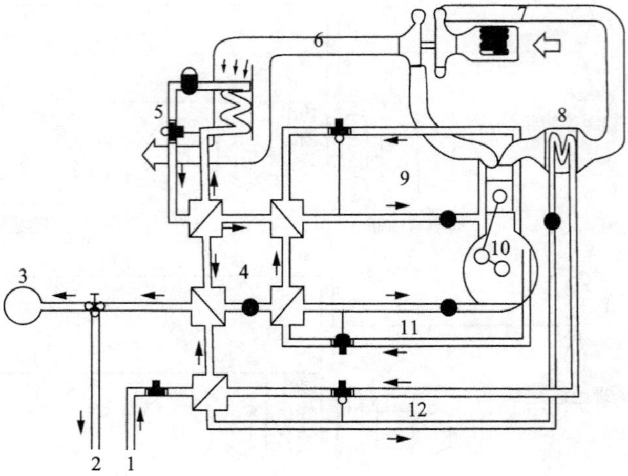

图 8-31　利用余热提供热水的动力装置

1-冷却水；2-供应热水；3-蓄热器；4-中间循环系统；5-高温热油转换系统；6-废气；7-进气空气；8-中冷器；9-缸套冷却系统；10-柴油机；11-滑油冷却系统；12-进气冷却系统

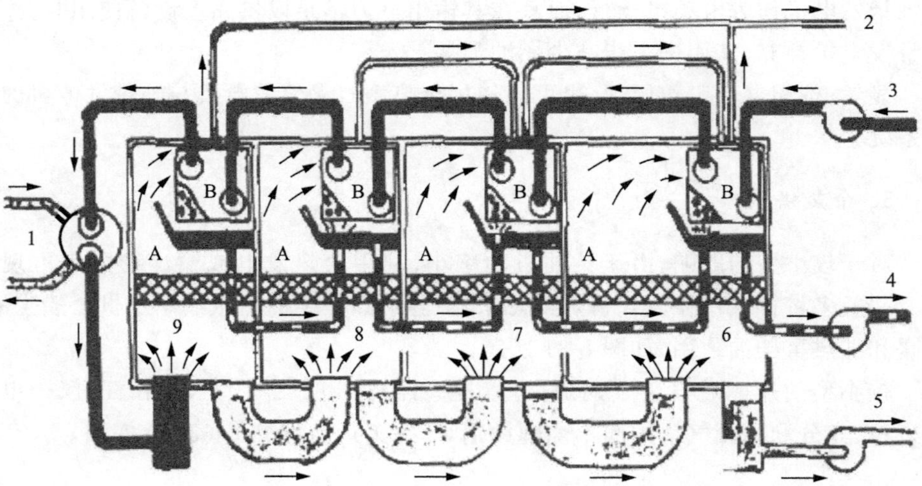

图 8-32　多级闪蒸制淡装置原理图

A-汽水分离器；B-蒸汽冷凝器

1-供热循环；2-空气喷射器；3-给水；4-蒸馏水；5-咸水；6-第四级闪蒸；7-第三级闪蒸；8-第二级闪蒸；9-第一级闪蒸

7. 余热制冷

溴化锂水溶液(或氨-水溶液)的吸收式制冷装置是利用低温热源(柴油机冷却水)的一种余热回收系统。溴化锂具有强烈的吸收性，易溶于水。溴化锂溶液的浓度越大或温度越低，其吸收能力越强。

吸收式制冷装置是一种不用压缩机，而将制冷剂和吸收剂组成混合介质，利用其热力学性质的不同而构成的制冷系统。制冷剂为 H_2O，吸收剂为溴化锂（LiBr）生产的冷水，通常用于空调[26]。

吸收式制冷的优点是可以利用柴油机冷却水作热源，以回收低品位的余热，而其总效率可达 60%～70%。同时，它无压缩机，耗能少、振动小、噪声低和可靠性高，其应用特点如下[27,28]。

(1) 溴化锂吸收式空调系统对能源要求低，可以利用低势热能，凡温度超过 75℃的载热体都可用作热源，如废蒸汽、内燃机排气、高温冷却水等。船舶航行期间，船舶柴油发动机（以下简称主机）及至少两台发电柴油机处于运行状态；停泊作业期间，一般也至少有两台发电柴油机处于运行状态。柴油机排出废气的温度均超过 350℃，柴油机缸套水的温度为 65～80℃，润滑油温度为 50～80℃。因此，柴油机排气及冷却水中的余热通过溴化锂吸收式空调系统加以利用，既可以保证船舶航行及停航期间船员、旅客良好的生活、工作环境，又可节约能源。

(2) 除屏蔽泵外，溴化锂吸收式空调系统整个机组没有运转部件，振动、噪声小。

(3) 整个装置是在真空状态下工作，运转安全，没有爆炸的危险。

(4) 以水为制冷剂，无毒、无刺激性、不燃烧。当制冷剂管路发生泄漏时，对人无害。由于以水作为制冷剂，所以只能制取高于 0℃的冷气。

(5) 操作简单、维护保养方便，便于实现自动化运转。适当添加自控装置，就能在 10%～100%范围内进行冷量的无级调节。而且在部分负荷时，机组的热力系数并不明显下降。

(6) 对冷却水温度不像其他型式的制冷机那样敏感，当冷却水进口温度达 37～38℃时，机器仍能运转。

(7) 不需要对原有空调系统进行改造，只简单地将溴化锂吸收式制冷装置产生的冷媒水管直接与中央空调处理器的空气冷却器进出管连接，热水管与中央空调处理器的空气加热器进出管连接即可。

8. 热泵技术

热泵是一种将热量由低温热源输送到高温热源，从而实现对指定空间制冷和供热功能的能量综合利用系统，是一项节能的装置。热泵有两种形式，即压缩式热泵和吸收式热泵。

1) 压缩式热泵

闭路循环压缩式热泵系统，如图 8-33 所示。它用冷却水的余热作为蒸发器的热源，介质在蒸发器内蒸发成气体，经压缩机压缩，提高其压力和温度，再到冷凝器中冷凝。其放出的热量被热流体带走，此热流体就是供暖用的热水。冷凝后的介质经膨胀阀节流，介质的温度和压力降低，然后再送入蒸发器，构成一闭路循环系统。

2）吸收式热泵

吸收式热泵实质上可以认为是以在热源（T_H）与冷源（T_0）间工作的热机提供高质能量（W）的压缩式热泵。如图 8-34 所示，热机 RJ 从热源（T_H）取得热量（Q_H），其中的一部分转变为功（W），带动热泵 RB，吸取低温热量（Q_0），并送热 Q_1^B（T_1）至用地，同时热机也排出热量 Q_1^J（T_1）给用地。

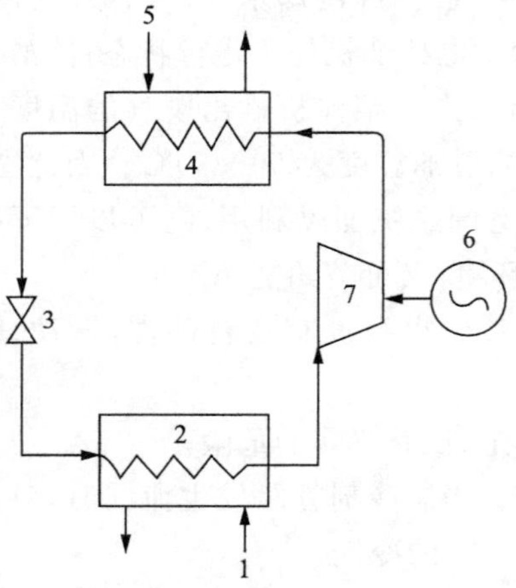

图 8-33 闭路循环压缩式热泵系统

1-冷流体；2-蒸发器；3-膨胀阀；4-冷凝器；5-热流体；6-电动机；7-压缩机

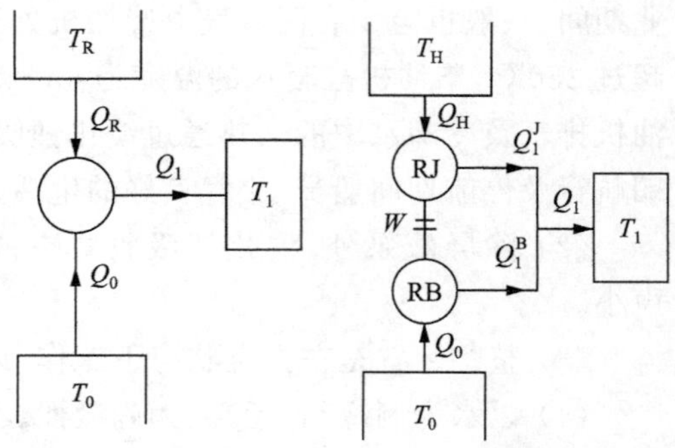

(a) 简图 (b) 原理图

图 8-34 吸收式热泵

热泵优于其他供暖装置之处在于消耗同样多的能量（如功量 W）来对舱室供热，能比其他供热方法得到更多的热量。这是因为热泵利用同样数量的功将取自冷源的热量连同功量转变为热一起输送到供暖室，实现了热从低温位向高温位的输送。

目前船上广泛采用水冷式冷水机组为船舶提供冷量，热量则通过锅炉提供的蒸汽来实现，冷热量供应为两套系统。水冷式冷水机组即为水源热泵技术的一种特殊应用形式，只是现有船用水源热泵系统只能实现制冷功能。经估算，应用水源热泵技术可使游船年节约燃油费近 200 万元，减排 CO_2 近千吨，实船节能效果良好。

9. 热管技术

热管是一种高效传热元件，运用传热学中相变传热有较大的对流传热系数这一重要性质，将沸腾传热和凝结传热巧妙地封闭在一个压力很小的管道中，即可传递大量的热量。热管不仅热效率极高，同时还具有体积小、质量轻、无噪声、无活动部件的特点。

1）工作原理

热管一般由密封的壳体、紧贴于壳体内表面的吸液芯（由毛细多孔材料构成）和壳体抽真空后封装在壳体内的工作液（沸点低、易挥发）组成。其工作原理如图 8-35 所示。

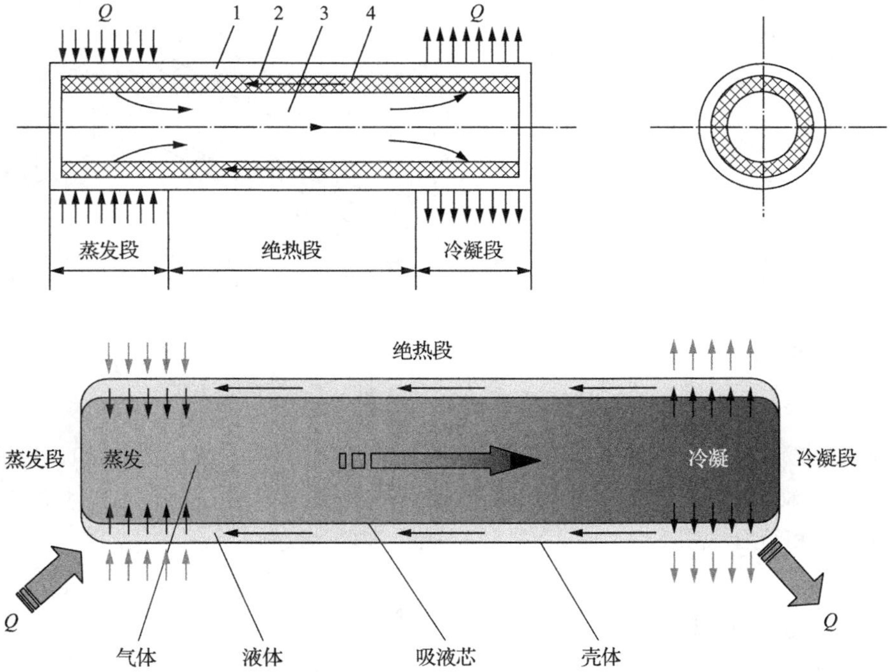

图 8-35　热管工作原理图

1-壳体；2-毛细吸液芯；3-工作蒸汽；4-工作液体

当热管蒸发段受热时，工作液吸热而蒸发，蒸汽在压差的作用下流向热管另一端（冷凝段），蒸汽在冷凝段凝结放出潜热，热量通过冷凝段浸满工作液的吸液芯和管壁传出，完成热量从高温向低温的传递，凝结液在吸液芯毛细抽吸力的作用下流回蒸发段。如此反复循环，就能不断把热量从高温向低温传递[29]。

2）重力热管

重力热管（图 8-36）是利用工质的蒸发和冷凝来传递热量，且不需要外加动力而工质自行循环。

重力热管与普通热管的不同点在于管内没有吸液芯，冷凝液从冷凝段返回蒸发段不是靠吸液芯所产生的毛细力，而是靠冷凝液自身的重力。因此重力热管具有方向性,蒸发段必须置于冷凝段的下方。由于重力热管没有吸液芯,所以不仅结构简单、成本低廉,而且传热性能优良,工作可靠[30]。

3) 热管换热器

热管换热器是利用热管导热能力强、传热量大的特点,以多根热管作为中间传热元件,实现冷、热流体之间换热的设备,如图 8-37 所示。

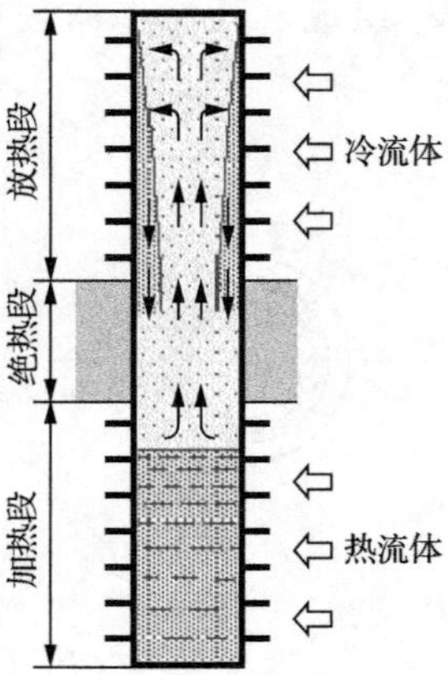

图 8-36　重力热管示意图

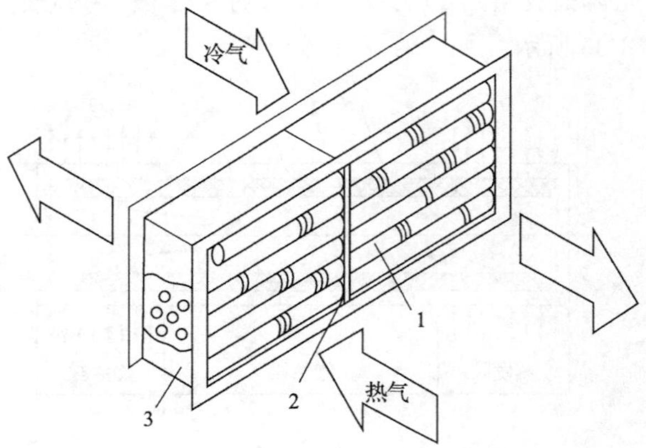

图 8-37　热管换热器示意图

1-热管;2-中间隔板;3-外壳

按照热流体和冷流体的状态,热管换热器可分为气-气式(图 8-38)、气-液式(图 8-39)、液-液式、液-气式等。按照热管换热器结构形式,可分为整体式、分离式、回转式和组合式等。

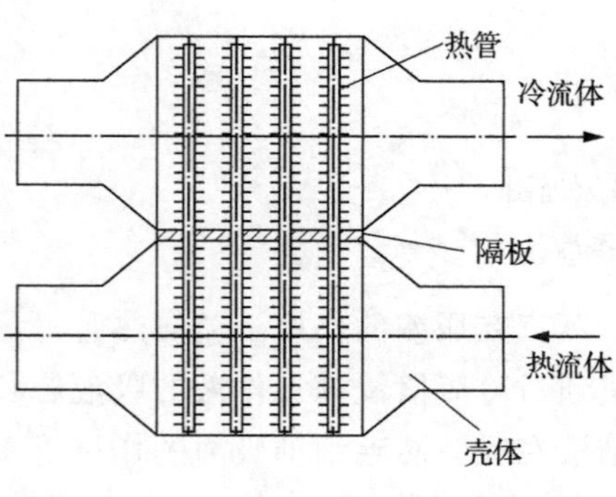

图 8-38　气-气热管换热器示意图

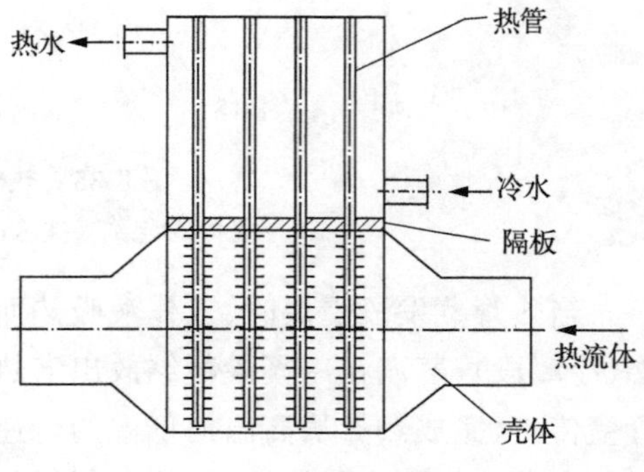

图 8-39　气-液热管换热器示意图

热管换热器的特点如下[31]。

(1) 结构简单,换热效率高,在传递相同热量的条件下,热管换热器的金属耗量少于其他类型的换热器。

(2) 换热流体通过换热器时的压力损失比其他换热器小,因而动力消耗也小。

(3) 由于冷、热流体是通过热管换热器不同部位换热的，而热管元件相互又是独立的，所以即使有某根热管失效、穿孔，也不会对冷、热流体间的隔离和换热有多少影响。

(4) 热管换热器可以方便地调整冷热侧换热面积比，从而可有效地避免有腐蚀性气体的露点腐蚀。

4) 热管的特点

(1) 热阻小、传热能力强。热管将沸腾和凝结两种相变换热过程巧妙地结合在一起，热管内部主要靠工作液体的气、液相变传热，热阻很小，因此具有很高的导热能力。计算表明，一根内、外径分别为21mm和25mm，加热段、冷凝段长度都为1m的钢-水重力热管的热阻(管外对流换热热阻除外)是直径相同、长度为2m的紫铜棒导热热阻的1/1 500，即这种热管的传热能力是紫铜棒的1 500倍。

(2) 两端温差小。蒸发段与冷凝段的压力差非常小，所以蒸发和凝结几乎是在相同的温度下进行的，这为微小温差下的热量传递创造了条件。

(3) 适应温度范围广，工作温度可调。通过选择不同的热管工质和相容的管壳材料，可以使热管适应在−200～2 000℃温度范围内工作。

(4) 热流方向可变。热管的蒸发段与冷凝段的内部结构相同，热管水平布置时，任一受热端即成为蒸发段，另一端就成为冷凝段。例如，热管式空调器在冬天换气时，热管利用排出室外的热空气加热从室外吸入的新鲜冷空气；而在夏天吸入的新鲜热空气又被排往室外的冷空气冷却。

(5) 热流密度可调。热管蒸发段和冷凝段的热流密度可以通过改变蒸发段和冷凝段的长度或管外传热面积(如加装肋片)来分别进行调节。热管可以单独改变蒸发段或冷凝段的加热面积，即以较小的加热面积输入热量，而以较大的冷却面积输出热量，或者热管可以较大的传热面积输入热量，而以较小的冷却面积输出热量，这样就可以改变热流密度，解决一些其他方法难以解决的传热难题。

(6) 热二极管与热开关性能。热管可做成热二极管或热开关。所谓热二极管就是只允许热流向一个方向流动，而不允许向相反的方向流动；热开关则是当热源温度高于某一温度时，热管开始工作，当热源温度低于这一温度时，热管就不传热。

5) 热管的应用

(1) 余热回收器。

柴油机排气余热约占燃烧所产生热量的30%，排气温度在300～500℃。回收这部分热量，将会大大提高柴油机的经济性。

余热回收器可以安装在柴油机的排气管道中，利用柴油机排气余热加热流经余热回收器的水，以产生蒸汽或热水供采暖空调使用，如图8-40所示。

(2) 热管余热锅炉。

传统的余热锅炉有火管式和水管式两种，火管式传热系数较低，水管式存在管内沸腾的不稳定性,而且二者都有清灰困难的问题。

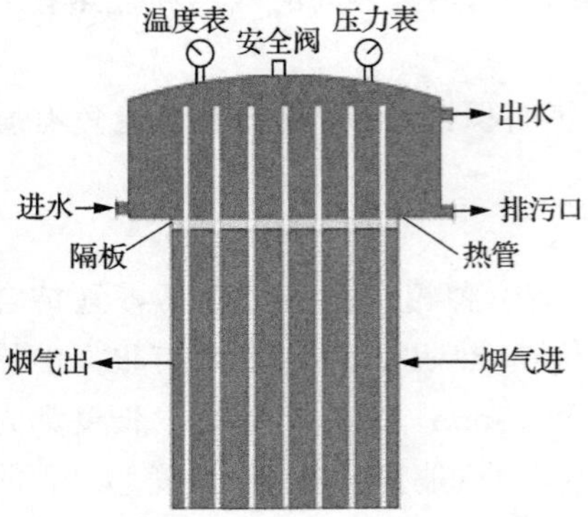

图 8-40 RYRHS-A 型热管余热回收器

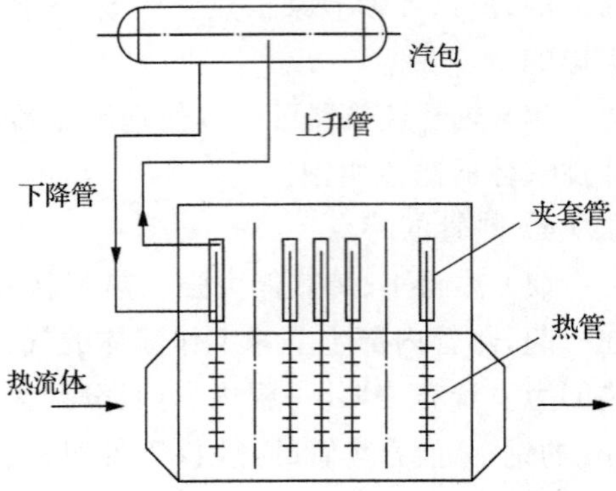

图 8-41 高温热管蒸汽发生器

热管余热锅炉则是把热管作为传热元件,排气在热管蒸发段外侧,传热表面可以充分扩展;水在热管冷凝段外侧,沸腾传热比较稳定。因此,热管余热锅炉是兼具火管和水管锅炉优点的一种新型锅炉。

竖直锅筒筒体下端封闭,上端开口与汽包相连,上下排列在筒体一侧的热管穿过锅筒壁并固定于其上,这些热管的放热端置于内部充有水的锅炉内,受热端则置于烟道内,如图 8-41 和图 8-42 所示。

热管余热锅炉具备以下优点[32]:①具有烟气和蒸汽的双重隔离效果,热管个别元件的损坏,不会引起蒸汽泄漏事故,确保安全连续运行;②质量显著减轻,是烟管锅炉的 1/3,是水管锅炉的 1/2,尺寸显著缩小;③烟气压力损失小,仅为烟管锅炉的一半左右;④热力方面得到了显著改善;⑤积灰容易清除,不影响整机运行。

(3) 热管冷却器。

利用热管作为热交换器,结构简单、工作可靠、体积小、质量轻。如果将热管的冷凝段接于舷外,用海水直接冷却,就可以省去海水泵,减少功率消耗。

目前船用柴油机的空冷器体积较大,不利于机舱布置,管理维修也不方便,造价也高。利用热管制成的空冷器,可以有效地解决上述问题,且可以增强冷却效果。

(4) 热管加热器。

使用热管加热装置,可利用船上主、副机淡水余热或排气余热来加热油舱及日用油柜的重油。这既能增强油舱的加温效果,简化装置的结构和管路系统,又不需要增加能源消耗。

10. 余热的储存

蓄热器是一种热能储存系统,它可以把一个时期内暂时用不完的余热通过某

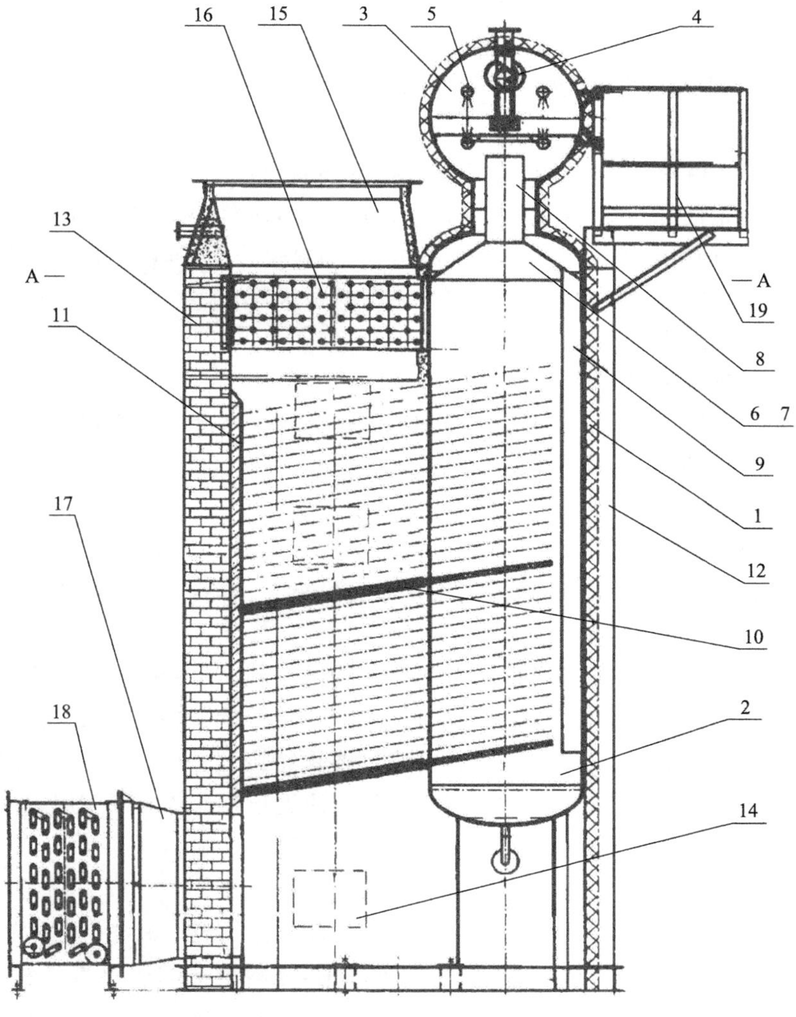

图 8-42　一种分体式热管余热锅炉

1-保温材料层；2-竖直锅筒；3-汽包；4-蜗壳式汽水分离器；5-液位计；6-导流罩；7-截锥形壳体；8-竖直圆筒；9-槽钢；10-热管；11-孔板式支撑件；12-型钢框架；13-砖墙；14-带门清灰孔；15-烟气进口接管；16-过热器；17-烟气出口接管；18-省煤器；19-操作平台

种方式收集储藏起来。等到需要时，再放出热量，以补充余热之不足。

热能储存的方法，一般可分为显热储存、潜热储存及化学能储存三类。

1）显热储存

这是通过使储热物料升高温度来达到储存热量的一种方法。所以蓄热物料的比热要高、重度要大，而且容易大量取得和价格便宜。常用的蓄热物料有水和熔盐等。

2）潜热储存

这是利用物料从固体转化为液体或从液体转化为气体的相变时吸收热量而加以蓄热。但提取热量时，必须进行相反的相变过程，而且正、反相变过程中的温度是不改变的。

固体-液体相变蓄热的物料应具有熔化潜热高、熔点在适用范围、冷却时结晶率高、化学稳定性好、热导率高、对容器腐蚀性小、不易燃、无毒、易于取得且价格低廉等特点。目前可供使用的物料有无机盐类，如氟化物等，也可用石蜡等有机物。

液体-气体相变蓄热的物料，最广泛采用的是水，但水在气化时有很大的体积变化，所以要有较大的蓄热器。

3）化学能储存

这是利用某些物质在可逆化学反应中的吸热和放热过程来达到热的储存和释放，如还原过程的吸热和氧化过程的放热。这是一种高能量密度的储存方法，但当前还有不少技术上的困难。

在柴油机余热的回收系统中，可以采用蒸汽蓄热器，它能够随时将废气锅炉多余的蒸汽储存起来，又能及时地在用汽多时提供出来，借助于这样的蒸汽热能的供求平衡作用，减少能量损失。

对柴油机余热的充分利用要做好两个方面的工作：第一要精心维护废气涡轮增压器，定期清洁增压器压气机进气滤器，定期对废气锅炉进行吹灰，航行中还要定期冲洗增压器压气机端、废气涡轮端；第二要保持废气锅炉高效工况，作为一种节能装置，废气锅炉不仅节约燃油，还能起到柴油机排气消音器的作用[33]。

8.3.2 燃料电池

燃料电池的优点是：①能量转化效率高，理论上可达 100%，实际效率可达 60%～80%，为内燃机的 1～2 倍；②不污染环境，燃料电池的燃料是氢和氧，生成物是清洁的水；③寿命长，燃料电池本身工作没有噪声，没有运动件，没有振动。因此，燃料电池用于船舶被公认为是替代化石燃料的最理想选择。由于能够将氢气或其他气体中的化学能直接转换为电能而没有污染，世界上很多国家已经或者计划建造采用燃料电池的绿色船舶。例如，加拿大已经开发出甲醇/液氧燃料电池用于军用潜艇；英国有兴趣将 1.5MW 的 PEM 燃料电池用于船舶；1997 年，意大利 DeNore 公司为 ANSALDO 公司开发了功率为 45kW、9 个电堆的船用 PEMFC 动力装置[34]。

燃料电池将化学能直接转化为电能，天然气、生物气、甲醇、乙醇、柴油或氢均可作为燃料电池的燃料。使用燃料电池不仅可以减少油耗、降低排放，与使用传统发动机相比，还可以降低船舶噪声和振动，减少维护成本。主要发展障碍是成本高、重量和体积大、使用寿命短以及对荷载变化反应较慢。

在 DNV 的 FellowSHIP 项目中(2005 年),330kW 的燃料电池成功地安装在“Viking Lady”号近海供应船上使用了超过 7 000 小时,是首个安装在商船上使用的燃料电池,证实了燃料电池可以在船舶上稳定、高效地应用,电力效率约为 44.5%,且无 NO_x、SO_x 和颗粒物排放。如果可以实现废热回收,电力效率可进一步达到 55%。虽然 330kW 这个量级还不足以为船舶推进服务,燃料电池离成为现实的可替代能源还有一定差距,但在不久的将来,随着技术的发展,燃料电池在混合电力船舶中提供部分推进动力还是很有希望的。

德国已经建成并下水多条燃料电池船舶,其中世界上第一艘燃料电池和柴-电动力系统构成的混合动力装置的潜艇已于 2003 年 4 月在德国基尔港下水;法国正在进行燃料电池用于船舶方面的可行性研究。日本研制的世界第一艘采用氢氧燃料电池动力的深海科学考察巡航器已经试航。

冰岛氢能公司为 Elding 游轮(图 8-43)开发了相应的氢能系统。这艘重达 130 吨、可搭乘 150 名乘客的商用船是冰岛最大的观鲸旗舰船,同时也是世界上第一艘配备氢能的商用船。

图 8-43　冰岛氢能公司的 Elding 游轮

德国海军的 212A 潜艇是全球首台采用燃料电池动力系统(AIP)和柴-电混合动力系统的潜艇,系统输出总功率为 306kW,可使潜艇以 4.5kn 的速度潜航 1 250 海里,时间为 15～17 天,是普通柴电潜艇潜航时间的 5 倍。

燃料电池在船舶上应用较为广泛,用于民用船舶主要包括以下几个方面:①应急电源;②作为船舶电站或将燃料电池产生的电一部分并入船舶电网;③用于小型船舶的电力推进或辅助推进动力来源。

8.3.3 LNG 代用燃料

液化天然气(LNG)作为船用燃料的优势如下。

(1) 体积压缩比:1/600;

(2) 质量轻:为同体积水的 45%左右;

(3) 热值高:每千克 12 000 千卡,高出柴油近 20%;

(4) 储存量大:能使用约 100 多年;

(5) 环境污染小:减排近 100%硫氧化物、85%～90%氮氧化物和 15%～20%的二氧化碳、无颗粒排放;

(6) 延长使用寿命:最高爆发压力略低、功率相当,热负荷、排烟度、积碳都相应减小;

(7) 价格优势:相同热值输出下,LNG 价格仅相当于柴油的 1/4～1/3。

现代船舶采用 LNG 作为动力源主要是两种方式:①在柴油机中燃烧天然气,这在实验室里是有可能做到的。但从本质上来说,天然气的燃烧特性与现有柴油机的性能是不相适应的,常规柴油机应从结构上改变后才能直接燃烧液化天然气;②在锅炉里燃用天然气产生蒸汽,再驱动汽轮机循环做功,这种方式相对是比较容易实现的[35]。

1) 单一 LNG 燃料的动力装置

(1) 汽轮机。

在主锅炉中采用 LNG 作为燃料,利用产生的蒸汽驱动蒸汽透平进而推动螺旋桨和发动机组。特点是输出功率大可满足推进要求,技术成熟、可靠性高,而且日常维护频率和成本都很低。不足之处在于整体热效率低,仅有 20%～30%,不及低速柴油机的一半续航力。

(2) 燃气轮机。

只有一次能量转化,燃烧气体推动透平后可再循环利用,热效率高于蒸汽轮机。特点是可靠性高、单位重量功率大、振动小。不足之处在于热效率依然比主流柴油机要低很多,续航问题难以解决。配置燃气轮机对电站、燃料供应系统、气体压力控制都较复杂,机舱布置难度和维护成本。

(3) 气体发动机。

原理与低速柴油机相似,通过电火花点燃,在高速机中有很成功的应用。但在低速机中,需要一次性点燃的燃料数量较大,电火花点火时释放的能量偏小且难以实现火源位置均衡,着火不稳定。同时为了防止气体产生爆燃现象,压缩比要适当降低。

2) 双燃料动力装置[36]

与传统意义上的低速柴油机几乎完全相同,结构相似。仅需增加一套气体燃料的供应及处理系统，喷入燃气的同时喷入少量柴油，柴油压缩自燃后再引燃天然气。特点是保持柴油机的高压缩比、高热效率、经济性好的特点，自燃的柴油可形成多个点火源确保气体燃料充分燃烧。同时既可以燃烧气体燃料又可以燃烧柴油，可灵活地选择比例，解决低负荷运行下，气体发动机低速不稳定的问题。常见类型有以下几个。

(1) 双燃料低速发动机＋双燃料高速发电机组动力装置。

无需较大改变现有船舶的柴油机结构及机舱布置，只需增加一套气体供应及处理的系统即可，操作方便。不足之处在于两种燃料的燃烧产物会在高温时发生反应形成酸性物质，可引起燃烧室腐蚀。相比单燃料发动机，需要更加频繁地进行停机维护，通常为 2～3 月一次，在维护时无法确保正常航行。同时 LNG 储罐布置困难，续航力不足。

(2) 双燃料电力推进动力装置。

采用多台双燃料发动机驱动发电机组提供电能，采用电动机驱动船舶推进器，可实现在任一机组停机维护时保持正常航行。同时发动机体积仅为低速机的 10%～20%，布置方便，可布置更多的储罐解决续航问题。并且此类发动机技术已经较为成熟。不足之处在于无法利用现有机舱布局，难以改造。采用电力推进的输配电系统较复杂且成本较高，同时需要相关的培训才能熟悉操作。

2011 年 2 月“赣抚州货 0608”干货船进行了赣江内首艘天然气-柴油混燃实船试验。该船 2008 年建造，总长 59.3m，型宽 11.8m，设计载货量 1 585 吨，两台 8138Cz9 型柴油机，主机总功率为 220kW。改装了 LNG 储供气系统、柴油-天然气混燃电控喷射系统、消防报警系统。改装费用为 38 万元，其中 LNG 储罐 19 万元(含汽化器)、柴油-天然气混燃电控喷射系统 5 万元、消防报警系统 2 万元、附件费用 3 万元、船舶改造及安装费用 9 万元。

改装后 6 月 19 日正式开始柴油-天然气混燃应用试验。通过三个月的运行到 9 月 18 日停止，航行了 23 个双航次，运行了 918.6 小时，航行 10 370km，运输沙石 43 950 吨，完成运输周转量 9 920kt · km，充装 12.1 吨液化天然气(一吨天然气可汽化 1 450N · m^3)，燃用天然气 15 596N · m^3(标准方)，燃用柴油 10 954.54kg。天然气取代纯柴油 12 981.5kg(1.2N · m^3 天然气取代 1kg 纯柴油)，减少碳排放 10 774.645kg(1kg 柴油产生 0.83kg 碳排放量)，降低燃料成本费 40 474 元。根据此数据测算，该船每年使用柴油-天然气双燃料，天然气取代 51 926kg 纯柴油，可减少碳排放 43 098.58kg，年燃料成本费可降低 16.189 4 万元，投资回收期为 2.488 年[37]。

2011 年，瓦锡兰公司公布了 65 000 吨级 LNG 燃料豪华旅游船的设计方案，如图 8-44 所示。该船装有 2 台瓦锡兰 6L50DF 型和 2 台 8L50DF 型双燃料发动机，主机总功率为 27 300kW，LNG 为主燃料，柴油为备用燃料，有 2 个 8 000kW 的电动机。燃料补给站布置在船尾储存柜附近，既减少了管路长度，又可以保证安全。由于 LNG 储气罐容积较大，船舶的补给通过驳船或者小型 LNG 运输船完成。

图 8-44　65000 吨级豪华旅游船双燃料推进布置图

韩日造船企业目前也在积极准备 LNG 燃料船舶的开发。其中，三菱重工是多艘 LNG 燃料船舶主机的供应商，日本商船三井于 2009 年公布了采用 LNG 燃料的“ISHIN-Ⅱ”号环保渡船的设计构想，大宇造船和海洋公司目前正在开发采用 LNG 燃料的大型集装箱船，该公司与 MAN 公司正在共同开发应用于 14000TEU 集装箱船的 ME-GI 发动机和 DSME 高压低温燃料供应系统。

目前在哥本哈根已经完成了一台 4T50ME-GI-X 柴油机的测试，同时正在进行不同发动机营运模式的测试和认证，旨在进一步提升这种双燃料发动机的性能，同时大大降低氮氧化物的排放。卡特彼勒船舶动力系统公司已经推出了一种新的船用双燃料发动机——MaK M46DF 双燃料发动机[38]。

LNG 作为一种清洁且高效的船舶燃料，目前已经被越来越多大型船企和船东所关注，并且有不少船舶已经开始使用这种燃料。与其他船用燃料相比，LNG 燃料最主要的优点是对环境的影响较小，排放量最低。目前，建造最多的 LNG 燃料船舶是渡船，其中包括车/客渡船、滚装船、客滚船等，因为这些船舶多属于短途沿海航行，对 LNG 储气罐的大小要求较低。

3）存在的问题

（1）续航能力弱，改造成本高及储气罐的布置空间有限，系统复杂。

（2）配套基础设施和供应网络不完善，没有足够的 LNG 加气站，且 LNG 资源分布不均，供应吃紧。

（3）标准规范不统一，法国、德国和挪威船级社（液/气、单/双）都发布了指南规范，行业标准不完善，没有统一的规范。

（4）加气技术不成熟，内河堤坝区域低温管道（伸延）的加气操作困难，用加气船传送超低温 LNG 的加气设施不可靠。

船舶使用 LNG 最主要的挑战在于燃料舱的容积是传统油舱的 2～3 倍，且需要冷却加压，因此燃料舱成本较高，通常 LNG 燃料船的建造成本比同等尺度的柴油燃料船舶高 10%～20%。另外，补给 LNG 燃料的基础设施目前比较缺乏，也使 LNG 的大量推广有所限制。不过由于技术较成熟以及排放和价格的优势，LNG 是发展潜力最大的清洁能源，未来有望在多种船型上使用，特别是那些需要在排放控制区长时间航行的船舶。

4）相关建议

（1）提高改造技术，推广 LNG 在商船上的使用。推进天然气发展战略，扩大试验的范围，并加快推广的力度。

（2）逐步完善配套设施，促进 LNG 需求增加，加强 LNG 接收站建设，逐步完善配套设施。

（3）制定有关支持政策，助力 LNG 推广应用，制定相关优惠政策，实现经济和环境的双赢。

（4）攻克技术难关，解决加气问题。如水上加气站、低温管道、防腐技术等。

（5）完善规范与国际标准接轨，在国内航运业建立统一的能效统计、分析、对比和验证平台，制定统一的技术要求和检验标准，完善规范指南。

对于我国的航运业，LNG 船用燃料的推广和应用已是大势所趋。在这样的背景下，我们应积极研究分析国外成功的 LNG 推广案例，取其之长，结合我国的 LNG 实际使用情况和基本国情，制定出适用于我国且与国际接轨的相关标准规范，同时配合配套基础设施建设，攻克技术难题，先从短途运输船开始着手，逐步开发大型长途运输船，使我国 LNG 船用燃料的推广和应用之路更加顺畅。

8.3.4 轴带发电机

采用轴带发电机的主要优点如下[39]。

（1）航行时只用轴带发电机发电，柴油发电机组全部停用，可以大大缩短柴油发电机组的总运行时间。延长使用寿命，使柴油机的维修保养及备体费用降低，并节省了人力。

（2）主机的有效油耗率比柴油发电机的有效油耗率低得多，可以节能。且可用更低质的燃油，降低了船舶的营运费用。

（3）可少配备一台柴油发电机组。

中、大型船舶装备轴带发电机装置，动力装置效率可提高 2%～4%，发电成本比柴油发电机组约低 50%。一般轴带发电机的价格为柴油发电机组的 1.2～2 倍，同时还有初投资费差额的利率。因而，对轴带发电机的采用，需从耗油率和燃油差价、总的维修费用的减少、机舱噪声的降低以及增加的额外初投资和所占空间等几方面进行比较后确定。

船舶的轴带发电系统分为变螺距桨船舶轴带发电机型式和定螺距桨船舶轴带发电机型式,定螺距轴带发电机又有转速补偿和频率补偿两种方式。在现在船舶中使用最广泛的是定螺距频率补偿型轴带发电机系统。

1) 传统轴带发电机

传统轴带发电机一般是可控硅轴带发电机,主要功能是在船舶航行期间,在螺旋桨转速变化和船舶负载变化的情况下,仍然能够向船舶电力系统供以恒频恒压的电能,它的主要结构原理如图 8-45 所示。

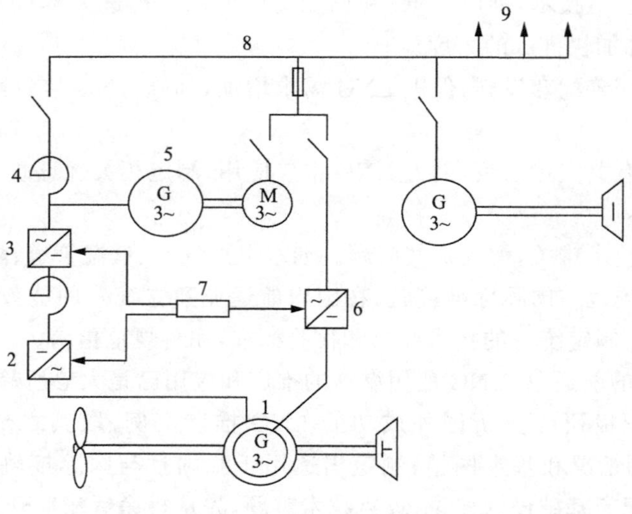

图 8-45 可控硅轴带发电机系统结构

1-SG;2-整流器;3-可控硅逆变器;4-电抗器;5-同步补偿器;6-励磁整流装置;7-控制系统;8-船舶电网;9-用电负荷

系统频率控制:通过对可控整流器输出和轴带发电机励磁的控制来实现。若主机负载增加和转速下降致使电网频率过低,则发电机的励磁增加,从而能在恒定电压下输出更大的有功电流。向电网输出有功功率的增加会使频率上升,直至功率输出和消耗平衡,该平衡点取决于系统整定值;反之,电网频率亦会随之下降。

电网电压控制:通过调节同步调相机的励磁来实现。在上述可控硅轴带发电机系统中,电网感性负载引起功率因数变化,负载从系统吸取的无功功率发生变化,电网电压将随着变化[40]。

当由于主机转速降低或负载增加而使得电网频率降低时,自动控制励磁可控硅整流器的控制角,增加轴带发电机励磁电流,从而提高整流电压 U_d,增加轴带发电机装置的有功功率输出,以维持电网频率的恒定;反之,减少 U_d 到原稳定值,使输出有功功率和电网频率恒定。当轴带发电机系统运行在输出功率线性递减区域时，即主机转速下降至75％额定转速以下时，励磁可控硅整流器的控制角维持至最小值，轴带发电机的励磁电压、励磁电流达到最大值，并维持不变。随着主机转速的下降，主整流器直流侧电压也随之下降，此时逆变器的逆变角也增大，以保证轴带发电机的输出功率线性减少。当主机转速下降至40％额定转速时，轴带发电机停止运转。

目前稳定轴带发电机的频率有两种办法：一种是转速补偿法，包括电机变换系统、轴带异步发电系统、电磁滑差离合器系统等；另一种是频率补偿法，主要是通过轴带发电机自带逆变器来实现补偿，即带晶闸管逆变器的轴带发电机系统。该频率补偿装置（又称变频器）中设有三相逆变器，通过调节轴带发电机的励磁来实现调频。若主机负载增加和转速下降使频率下降过低，则发电机的励磁增加，从而能在恒定电压下输出更大的有功电流。有功功率增加会使频率上升；相反，减少电流，则频率下降。

当主机转速变化时需要保持电流的频率基本不变，通常采用的方法有两种：一种是用可控硅整流器或相似功率的电子装置进行频率变换；另一种是用恒频齿轮传动装置与液压控制设施相结合的机械传动。前一方法的初投资费用比后一种要高，且效率较低。后一方法最常用的是RENK公司生产的称为RCF（RENK-constant-frequency）的恒频传动装置。这种系统效率高，对主机转速的任何变化反应极快，使用性能可靠，能保持轴带发电机的输出频率不变且投资费用比前一种要少。RCF齿轮传动装置有几种不同的布置方式，其中用得较多的一种是由主机、增速齿轮箱恒频齿轮箱和发电机等组成，恒频齿轮箱和发电机的轴中心线平行于主机曲轴中心线，主机的控制和保护由主机遥控装置实现，轴带发电机与柴油发电机组之间的负荷分配和转移由电站控制装置承担。恒频齿轮箱由恒频控制器实施控制、监视和保护。

传统轴带发电机系统存在的问题如下。

(1) 使用可控硅半控型器件，逆变器只有在存在电势差的情况下才能工作，向电网注入的是脉动的电流，谐波较大，电网功率因数低。

(2) 需要同步补偿器提供无功，本身体积、重量大，损耗和噪声都相对较大；而且启动需要另一台电动机带动，无功功率控制响应慢。

(3) 因为不具备良好的调速特性，不能与船舶电网上柴油发电机长时间并联运行。

2) 新型船舶轴带发电机

具有能量可双向流动的可逆PWM整流器实际上是一种可四象限运行的变流器，其不仅体现出AC/DC变流特性（整流），还可呈现出DC/AC变流特性（有源逆变）。因此，由全控型器件组成的PWM整流器是一个交、直流侧可控的四象限运行的变流装置。因为电压型应用较为成熟，这里只介绍电压型整流器。

要实现 PWM 整流器的四象限运行,关键在于网侧电流的控制。一方面,可以通过控制 PWM 整流器交流侧电压,间接控制其网侧电压;另一方面,也可通过网侧电流的闭环控制,直接控制 PWM 整流器的网侧电流。

如图 8-46 和图 8-47 所示,在只考虑基波的情况下,以电网电动势矢量 E 为参考,通过控制交流电压矢量 G 即能实现 PWM 整流器的四象限运行。

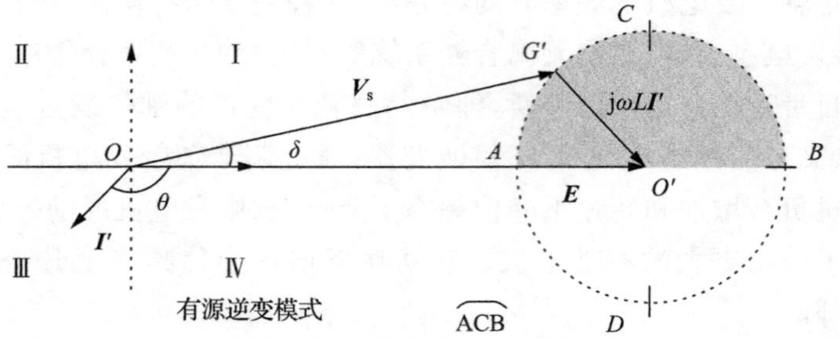

图 8-46　有源逆变模式

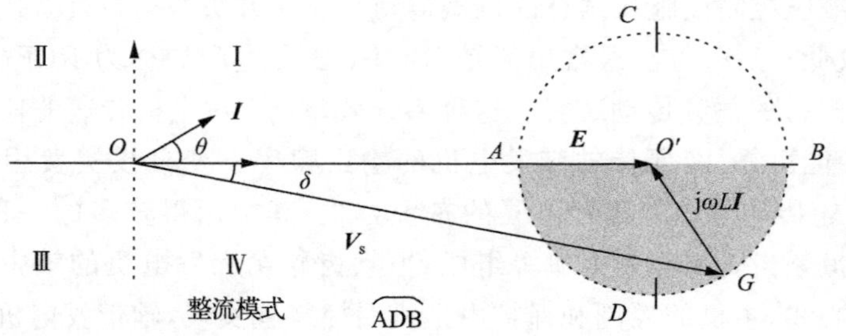

图 8-47　整流模式

Ⅰ和Ⅱ象限里,PWM 整流器运行于有源逆变状态,分别向电网传送有功、容性无功和有功、感性无功功率。

Ⅲ和Ⅳ象限里,PWM 整流器运行于整流状态,分别从电网吸收有功、感性无功和有功、容性无功功率。

静止无功发生器(SVG)利用 PWM 整流器的原理,适当地调节桥式电路交流侧输出电压的相位和幅值,就可以实现吸收或者发出满足要求的无功电流,实现无功补偿的目的。SVG 的无功发生原理非常适合于船舶上的应用,与有功传送相结合,常实现无功的快速调整而省去同步补偿机,同时船舶电网的质量也将有所改善。

将 PWM 有源逆变技术运用到轴带发电机系统中,这是一种新型的基于 SVPWM 逆变器的轴带发电机系统,且假定轴带发电机工作在额定功率输出的区域,整流与励磁控制能够保证直流侧电压恒定,其结构原理以及控制框图如图 8-48

所示。

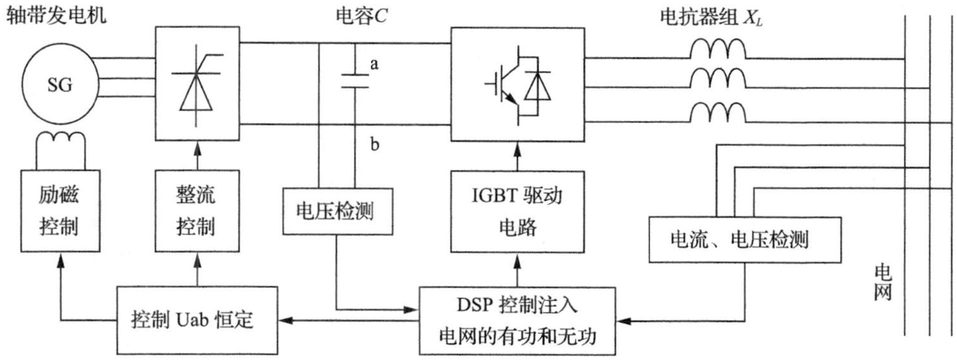

图 8-48　新型轴带发电机系统结构图

这种新型轴带发电机系统，主要的特点是能控制无功输出，减少注入电网的谐波。

针对传统的轴带发电机系统中的谐波问题，在基于 SVPWM 逆变器的轴带发电机系统中可使逆变侧直流电压始终高于交流电压，并采用 SVPWM 全控技术来进行处理，向电网注入正弦波电流，以消除低次谐波。

针对传统轴带发电机使用无功补偿机存在的问题，新型轴带发电机系统采用静止无功发生器(SVG)的原理，也是基于 IGBT 的电压型逆变器和直流电容器构成现代柔性交流输电系统(FACTS)。与 SVG 不同的是，逆变器还作为有功通路，将轴带发电机的有功逆变成所需频率电压送到电网。电容作为稳压、储存有功的同时，也要进行无功的能量交换。为了控制有功、无功输出，逆变器输出与电网电压有夹角，这要求交流电抗相当于同步电机中的同步电抗的作用，同时也起隔离电网和滤波的作用。

据统计，200kW 轴带发电机的成本约为柴油发电机的一半，而且功率越大，经济效果越显著。船舶轴带发电机首先是在小船和快艇上使用和发展。现有船舶轴带发电机组大部分采用交流发电机，其功率大、体积小、经济耐用。由于船舶在选用主柴油机时，要考虑船况、柴油机安全及航行环境等因素，所以要有一定的功率储备，且根据内河船检法规的要求，柴油机应具有 110%额定功率运转的能力。因此船舶主机功率储备不少于额定功率的 10%。一般情况下，船舶航行于平静的水面或是正常航行时，船舶航行环境比较好，这时主柴油机就有较大的功率储备没有得到充分使用。一般船舶主柴油机在低于 75%～85%额定功率的低负荷下运行时，其油耗率会升高，经济性将下降。如果安装了轴带发电机，可以充分利用主机的功率储备，使主机长时间在较高负荷下运行，降低主机的油耗率及机舱温度、噪声等，从而具有良好的经济性和舒适性。

现以一艘60 000吨级的散装货船为例，主机为B&W5L70MCE，8 200kW，主电站采用两种方案。方案一：一台500kW轴带发电机及两台600kW的柴油发电机组，航行时由轴带发电机供电，柴油发电机组备用；进出港时由一台柴油发电机组供电，另一机组备用。方案二：不用轴带发电机，主电站由三台500kW柴油发电机组组成。

方案一的燃油费 $F_1=713.2\times100=71\ 320$ 美元/年，维修费 $M=60\times20=1\ 200$ 美元/年；方案二的燃油费 $F_2=816\times105.3=85\ 925$ 美元/年，维修费 $M=200\times2\times20=8\ 000$ 美元/年。以近期订货价格，方案一比方案二的初投资费用约增加81万美元。这里可以看出，以往认为轴带发电机可以节能和提高经济性的看法，现在需重新评价，因为情况已发生了变化。如柴油发电机组的油耗率已有降低，而同样可以燃烧混合油，油的差价明显减小。另外，油价比前几年下跌较大，因此省下的燃油费用已不能有效地弥补初投资的费用，不可能在短时期内回收。

8.3.5 辅助设备节能

船舶辅助系统有很大的节能潜力，减少它的能耗措施如下[42]。

(1) 使用高效率机械：使用的辅助机械要求小型、高速、低成本和高效率。

(2) 减少无效动力：如在海水温度低的区域航行时，可减少冷却水流量，此时可通过改变海水泵转速或减少泵的运行台数来减少无效动力。

(3) 减少散热损失：加强保温措施，减少被加热设备和热输送过程的热损耗。

(4) 主机直接驱动辅助机械：辅助机械，特别是润滑油泵、海水泵、燃油输送泵等，由主机直接驱动可节省能耗和运行费用。

(5) 主机冷却水变量泵的应用。

(6) 鼓风机的变速驱动。

船舶辅机主要由数量众多的风机和泵浦组成，一般由电动机驱动运转，是船舶电网的主要用电负荷。辅机一般用于向船舶各系统提供水、冷热风及油料等，以保障船舶各个系统的正常运行，辅机的功耗与其所输送介质的流量、扬程等参数密切相关。根据当前的设计规范，辅机电动机额定功率值一般按照满足系统最大工况需求的原则设计，而辅机的控制方式往往只有简单的启动、停止控制。因此，辅机一旦开机就运行在额定功率或接近额定功率的范围内。在航行期间，船舶各系统的实际工况需求一般不会达到最大值，所以辅机长期处于“大马拉小车”的工作状态，造成了大量的能源浪费。另外，船舶辅机数量众多、种类多样，船舶各系统的水量、风量及油量需求指标也相对简单，辅机的管理比较粗放，只需满足基本的供水、供风、供油及供冷等功能，因而也容易导致电能的浪费。由于船舶所携能源有限，辅机能耗过大必然会占用船舶推进所需的能源份额，影响船舶续航力的提升，从而导致航运成本增加。

与刚性控制(如上面提到的简单启停控制)相比,柔性控制能够实现辅机输出功率的实时平滑可调,从而能够实现辅机功率输出与系统实际工况需求的最佳匹配。相对于粗放管理,能量精细管理按照“需要多少即供给多少”的按需分配原则实施辅机的运行管理,能够最大程度地减少电能浪费[41]。

1) 船舶辅机节能的基本原理

船舶辅机一般包括辅机机械设备和电力拖动系统两大部分,船舶辅机示意图如图 8-49 所示。从图中可以看出,辅机的电力拖动系统包括电动机和电机控制装置,是辅机的动力源,也是船舶电网的直接用电负荷,因此辅机电力拖动系统是辅机节能的研究重点。

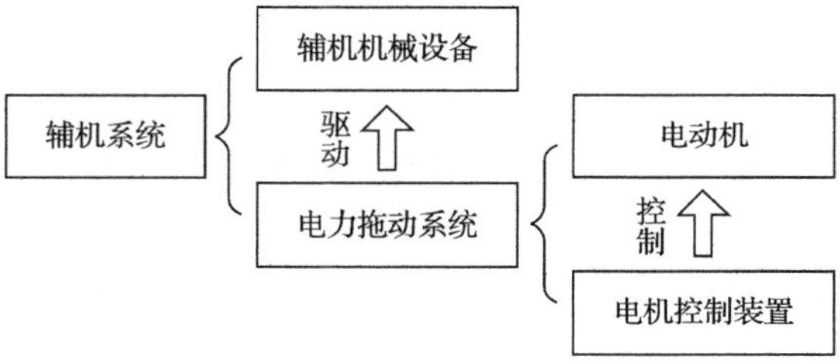

图 8-49　船舶辅机系统示意图

如前所述,在船舶航行期间,随着航行工况、外部环境等的变化,船舶各系统的实际需求是在不断变化的。由于目前的辅机电力拖动控制比较简单,一般只有简单的启停控制,电机的功率输出无法通过电气控制来适应系统实际需求的变化。为了减小辅机供给的流量,通常采用截流、回流等流量调节手段,如图 8-50 和图 8-51 所示。

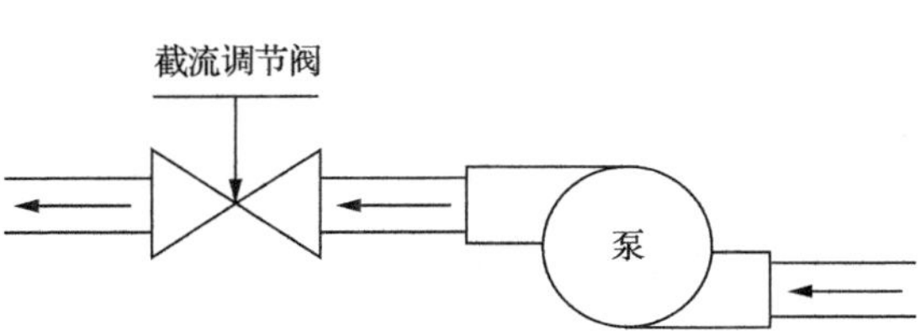

图 8-50　截流示意图

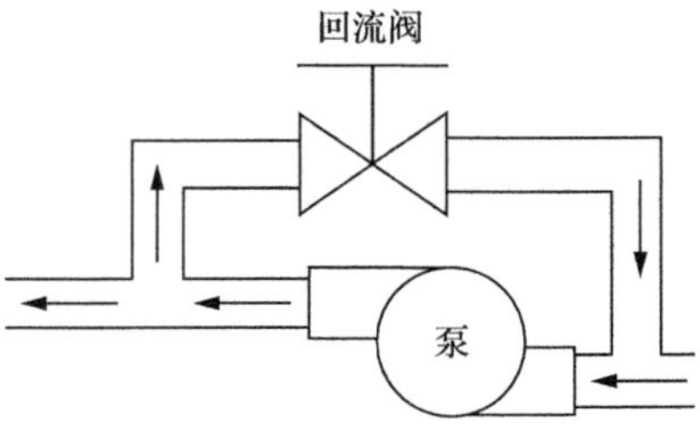

图 8-51　回流示意图

其中,截流的原理即为改变管路的阻力特性,最常用的方法就是减小水泵、风机等出口端管路的阀门开度。此时管路阻力增加,出口压力增加,风机、泵的输出流量减小。回流的原理即为在风机、泵出口端管路并联回流管路和回流阀,当输出流量过大时,开启回流阀,通过分流的方式来减小输出给用户的流量。不论是哪种方式,虽然输出给用户的流量减小了,但是辅机电动机的转速都基本不变,辅机消耗的电功率也基本不变,"大马拉小车"的能源浪费现象仍然存在。另外,截流期间截流阀两端压差增加,阀门的振动和磨损也增加,既缩短使用寿命还可能产生异常噪声;回流方式需要增设回流管路,占用了船舶平台的宝贵空间。所以,要实现辅机节能,就必须使电机功率输出自适应地跟随各系统实际需求的变化而变化。因而必须转变现有的控制方式及管理形式,从船舶辅机电力拖动系统入手,提高电动机运行效率,改进电机控制策略,形成能量精细管理的辅机管理模式。

由于船舶辅机主要是风机、泵浦负载,这类负载的机械特性曲线为二次曲线形式,因此,其流量 q、扬程 H、功率 P 与转速 n 之间的关系为

$$\frac{q_1}{q_2}=\frac{n_1}{n_2},\quad \frac{H_1}{H_2}=\left(\frac{n_1}{n_2}\right)^2,\quad \frac{P_1}{P_2}=\left(\frac{n_1}{n_2}\right)^3 \tag{8-2}$$

辅机消耗的电功率正比于其输出介质流量与扬程的乘积,并且流量与辅机电动机转速成正比,消耗电功率与电动机转速的三次方成正比。所以,采用调节辅机电动机转速的方式来调节流量,能够真正实现辅机节能。

图 8-52 为采用调速方式减小流量与截流方式减小流量的对比示意图。

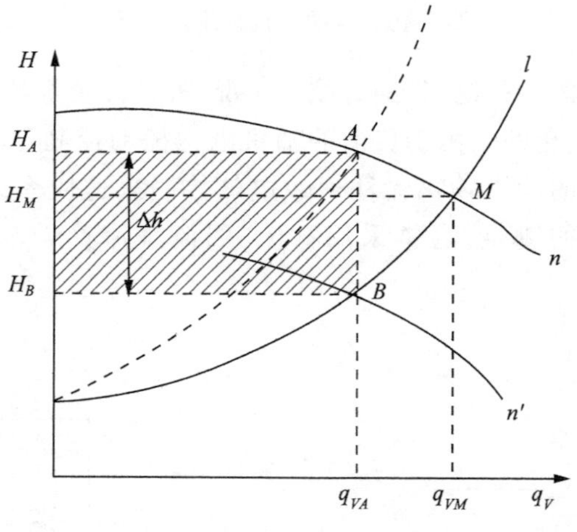

图 8-52 调速方式减小流量与截流方式减小流量的对比

图中,n 为辅机出口端管路调节阀全开时的管路特性曲线,l 为辅机额定转速时的工作特性曲线,与 n 的交点为管路调节阀门全开、辅机额定转速时的工作点,对应流量 q_{VM} 和扬程 H_M。如果采用截流的方式减小流量,此时因调节阀的开度减小,管路阻力增加,管路特性曲线变为 l',而辅机转速不变,辅机的工作特性曲线仍为 n,n 与 l' 的交点即为截流后的工作点,此时对应流量为 q_{VA}、扬程为 H_A。如果采用减小转速的方式减小流量,此时管路特性曲线不变,辅机工作特性曲线平行下移至 n',n' 与 l 的交点即为减小转速后的工作点,此时对应流量仍为 q_{VA}、扬程为 H_B。

虽然二者均将流量减小至 q_{VA}，但是根据式(8-2)，辅机消耗电动率是正比于流量与扬程的乘积的。因此，图 8-52 中的阴影部分面积即代表采用调速方式减小流量时所节省的电能。

综上所述，采用调速的方式来调节辅机流量输出，使得辅机功率能够匹配系统实际需求的变化，可以取得明显的节能效果，是辅机节能的最佳技术途径。需要说明的是，从式(8-2)和图 8-52 可以看出，扬程与电机转速的平方成正比，当转速降低时，扬程也呈平方关系下降。因此，采用调速的方式进行辅机节能控制时，还需要考虑转速降低后，扬程是否能满足系统需求。经验表明，辅机调速范围不宜太大，一般应在额定转速 70%～100%的范围之内调节。

2）基于柔性控制的辅机节能控制

如前所述，通过调速可有效实现辅机节能。辅机由电动机驱动运转，调节辅机转速实质为调节电动机转速。船舶辅机通常采用交流异步电动机，交流异步电动机的转速表达式为

$$n = \frac{60f}{p}(1-s) \tag{8-3}$$

式中，n 为电动机转速；f 为供电频率；p 为电机极对数；s 为转差率，即实际转速与同步转速之比。

根据式(8-3)，电动机转速与供电频率成正比，与电动机极对数成反比，与转差率成反比。改变电动机转速可采用三种途径，即变频调速、变级调速或变转差调速。

其中，变级调速为分级调速，且转速成倍下降。根据式(8-2)，辅机扬程与转速平方成正比，该方式因每档转速变化太大，导致扬程下降太快，无法满足实际系统需求。变转差调速一般包括降压调速、转子串电阻调速等，这种调速方式往往将辅机电动机转差功率消耗在电阻上，通过增加转差功率来降低电机转速。因此，电动机转速虽然降低，但并未节省电能消耗。同时这种方式容易导致电动机发热，调速后的工作状态也可能不稳定。变频调速通过改变供电频率来改变电机转速，能够实现无级平滑调速，且不存在转差功率消耗增加的问题，是一种能够实现真正节能的调速方式。当前，电机变频控制器技术日益成熟，在工业领域(如采矿、冶金、化工等)应用十分广泛，为船舶辅机变频调速能控制的实现提供了技术基础。

另一方面，辅机电动机是船舶电网的直接用电负荷，提升电动机效率也是减少辅机能耗的有效途径。尤其是航行期间处于连续运行状态的辅机，即使电动机效率仅提高一点点，整个航行期间累计节省的电能也是相当可观的。目前的船舶辅机通常采用交流异步电动机，此类电机的效率及功率因数会随着转速偏离额定工作点而下降。为更好地实现辅机节能，需要保证在调速范围内，电动机的效率及功

率因数保持在一个较高的水平。所以,辅机电动机应采用能适应调速变化要求的高效电动机。

近年来发展迅速的永磁同步电动机,为解决交流异步电动机存在的上述问题,提高电动机能效提供了一条新的技术途径。永磁同步电动机的转子由永磁体材料构成,转子侧无感应电流,不存在转子磁滞损耗和涡流损耗,提高了电机效率。由于无需转子励磁,电机功率因数可接近于1,减小了定子电流,进一步提高了电机效率,同时也改善了电网品质,降低了网损。全功率范围内效率高,即使负载降低到额定负载的25%,永磁电动机效率仍可达到90%以上,特别适用于具有调速需求的应用场合。另外,永磁电动机启动转矩大,在需要重载启动的辅机系统中,可以用较小容量的永磁电机替代较大容量的一般电机,能够克服"大马拉小车"的现象。此外,永磁电动机还具有温升低、体积小、质量轻的优点,并且不存在电刷,维护性好,特别适合用作船舶辅机驱动电机。

变频调速、永磁电动机技术为辅机调速节能提供了技术基础,而柔性控制则重点解决辅机功率输出如何自适应于船舶各系统实际工况需求变化的问题。因此,辅机柔性控制系统不仅要实现辅机的启动、调速、停止,更重要的是要实现"怎么调""调多少"。这就要求辅机柔性控制系统能够采集所服务的船舶系统运行工况信息,并进行计算和辨识,分析评估系统当前的实际需求,进而自适应地调节辅机转速来匹配系统的实际需求,从而实现节能。图8-53为船舶冷却水泵的柔性控制节能技术方案示意图。

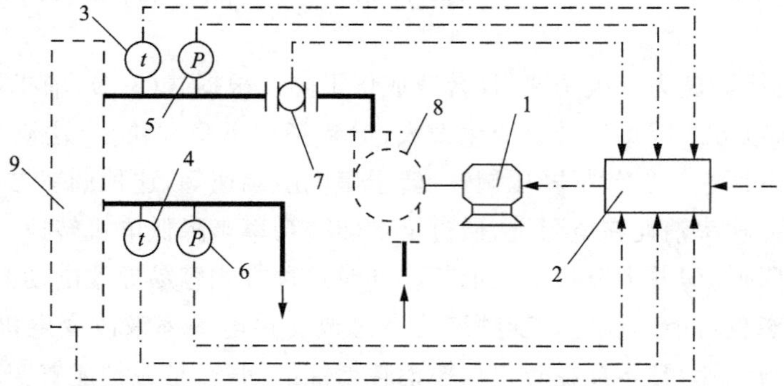

图8-53　船舶冷却水泵的柔性控制节能技术方案

1-永磁同步电动机;2-电动机控制装置;3-冷却水入口温度传感器;4-冷却水出口温度传感器;5-冷却水入口压力传感器;6-冷却水出口压力传感器;7-冷却水流量传感器;8-船舶冷却水泵;9-船舶热负荷;
——代表冷却水管路;-·-·-代表电气控制回路

图8-53中,电动机控制装置采用双处理器架构,分别作为柔性控制器及变频调速控制器的承载实体,其基本工作原理如下。

(1) 电动机控制装置2采集船舶热负荷9的工况状态信号,由内置的柔性控制器分析、辨识船舶热负荷 9 的实际运行工况。

(2) 电动机控制装置 2 采集冷却水入口温度传感器 3、冷却水出口温度传感器 4 传送的冷却水进、出口温度信号，以及冷却水入口压力传感器 5、冷却水出口压力传感器 6 传送的冷却水进、出口压力信号，由内置柔性控制器结合步骤(1)得出的热负荷运行工况需求，实时计算出满足船舶热负荷 9 实际运行工况所需的冷却水给定流量值。

(3) 电动机控制装置 2 采集流量传感器 7 传送的冷却水实际流量信号，由柔性控制器驱动变频调速控制器，自动调节输出电压和电流的大小、频率，以改变永磁同步电动机 1 的转速，进而调节船舶冷却水泵 8 的供水流量，使得实际流量与给定流量一致，经济节能地满足船舶热负荷 9 的实际工况冷却水需求。

3) 辅机节能综合管理

图 8-53 所示的柔性控制节能技术方案是针对单台辅机而言的。而船舶机舱各系统实际运行期间往往有多台辅机联合工作，并且系统实际运行情况较为复杂，除了与船舶的航行工况有关外，某一系统运行还往往受到船舶机舱其他系统运行工况以及航行期间各种外部环境因素的影响。因此，如何从全船电能经济使用的角度，对多台联合工作的辅机进行运行管理，是辅机节能综合管理系统面临的问题。

随着船舶机舱信息化技术的发展，越来越多的现代船舶构建了机舱一体化通信网络，为辅机节能综合管理系统获取船舶各相关系统的工况参数以及外部海洋环境参数，实时规划管理全船辅机的调速控制提供了现实条件，图 8-54 为辅机节能综合管理系统的原理框图。

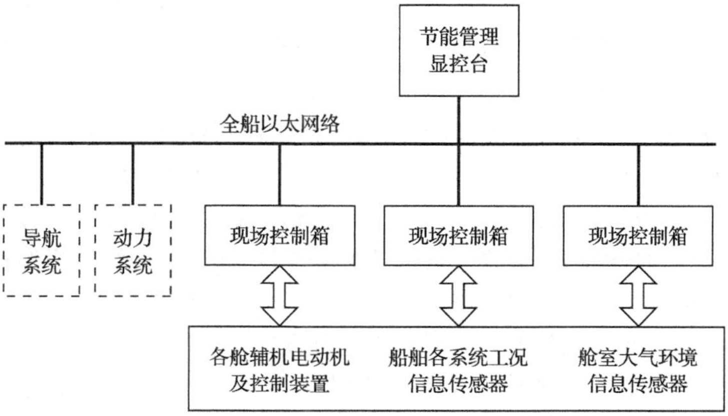

图 8-54　辅机节能综合管理系统原理图

如图 8-54 所示，辅机节能综合管理系统自上而下分为管理层、控制层和设备层三个层次。管理层为设置于集控室的节能管理显控台，控制层由分布于各舱室的现场控制箱组成,设备层则包括各舱辅机电动机及控制装置、船舶各系统工况信息传感器、舱室大气环境传感器等。设备层通过现场总线或硬件接线与控制层连接,能够在各个舱室实现辅机节能就地控制和管理;控制层通过全船以太网与节能管理显控台连接,在节能管理显控台上实施全船辅机节能集中监控和管理。除了获取系统内信息外,节能管理监控台还能通过全船以太网获取动力系统提供的航行工况信息、导航系统提供的海洋环境信息等,从而基于全船平台信息对各系统的实际需求进行分析和辨识,进而计算出最优的辅机节能运行方案,由操作人员依据节能运行方案进行集中遥控操作,或者由节能管理综合显控台自动解算出各辅机的节能控制指令,通过网络输出到各舱室辅机柔性控制系统自动进行辅机转速的控制调节,实现全船辅机联合工作的节能管理[42]。

辅机节能综合管理系统是基于全船信息平台的辅机柔性控制节能的集成,特别适合于连续工作时间长、用电需求大、流量供给变化频繁的辅机系统,如船舶冷却系统、空调系统、全船通风系统等。这些系统中的辅机数量多、功率大,在船上的分布也比较分散,系统实际需求往往随航行工况、热负荷分布、季节、海水环境温度等条件的变化而变化,因此采用辅机能综合管理系统,能够取得较明显的节能效果。

4) 制冷系统变频

船舶制冷系统的节能主要是对船舶中央空调系统采用变频技术,首先应采用变频调速的空调压缩机组和变频调速空调风机,确保设备功率的平滑可调;然后根据舱室人员分布、舱室温湿度、外部环境温度、冷媒水温度等信息,在满足人员需求和舱室环境要求的前提下,自动调节制冷量,实现空调设施的经济运行。空调装置是航行期间的能耗大户,主要是为人员服务的。当空调区域人员减少或者舱室环境温度不高时,通过调速自动减小空调功率;当空调区域无人时,及时关闭相应的空调制冷,降低空调能耗[43]。主要包括以下的设备控制。

(1) 冷冻泵:采用变频技术时,可以在冷冻水蒸发器的入口处设置一个温度检测点,将该温度送到变频器与给定的温度进行比较,根据比较的结果,变频器发出控制信号对电机进行速度控制。当回水温度升高时,说明房间温度高。此时通过变频器提高冷冻泵的转速,加快冷冻水的循环速度,使房间的温度降低;反之,则降低冷冻泵的转速。为避免系统发生冻结,冷冻水的流量不能低于额定流量的75%～80%,通常要对变频器的下限频率进行设定。

(2) 冷却泵:在冷却水循环系统中,冷却塔的水温是随环境温度变化而变化的,其单侧水温度不能准确地反映制冷机组内产生的热量的多少。因此,要以回水和进水之间的温度差作为依据,实现恒温差控制。温差信号送入变频器,温差大,则表明制冷机组产生的热量多,应该通过变频器提高冷却泵的转速,以加快冷却水的循环速度,带走更多热量;温差小,则说明冷冻机组产生的热量少,就可以通过变频器降低冷却泵的转速，减慢冷却水的循环速度，以节约电能。

(3) 冷却塔散热风扇：由于冷却水喷淋主要是与大气接触。因此，可以以大气的温度作为控制点。当天气热时，通过变频器提高风扇的转速；当天气凉时，可通过变频器降低风扇的转速，达到节能的目的[44]。

5）海水源空调热泵[45]

目前船舶中央空调绝大部分采用冷水机组供冷媒水制冷、辅锅炉供蒸汽或热水制热的方式，图 8-55 是常规的空调水系统图（以下称方案一）。

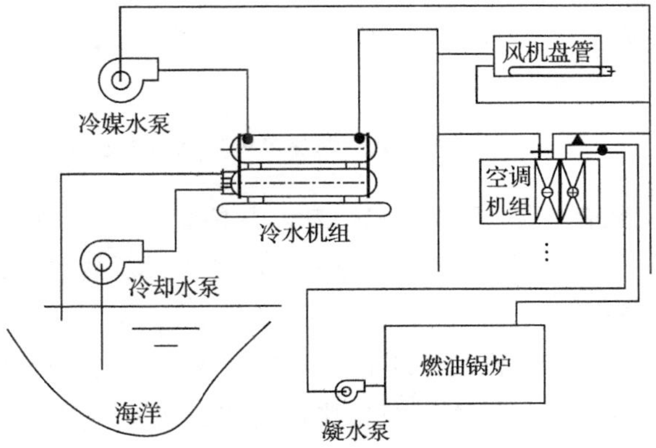

图 8-55　常规船舶中央空调水系统

从水系统图和使用特点进行分析可得出以下一些特点：

(1) 整个中央空调系统由冷却水系统、冷媒水系统、锅炉水系统、蒸汽或热水系统和通风系统等组成，系统内设备种类和数量较多。

(2) 夏季制冷消耗电能，冷媒水系统、冷却水系统和通风系统使用，锅炉系统闲置；冬季制热采用低压蒸汽或热水，通风系统和锅炉系统使用，冷媒水系统、冷却水系统闲置。

(3) 系统内设备利用率低，冬季依靠燃油锅炉供热，经济性较差。

(4) 冬、夏季需进行系统切换，设备管理和维护工作量大。

采用海水源空调热泵以后，空调系统得到了简化，系统如图 8-56 所示（以下称方案二）。

简化后的空调系统的优势是显而易见的，具体如下。

(1) 整个中央空调仅由冷却水系统、冷（热）媒水系统和通风系统组成，夏季制冷和冬季制热均由空调热泵机组完成，省去了锅炉水系统、蒸汽或热水系统，系统得到简化，设备种类和数量减少，减少了初投资，同时还为船舶节省了大量空间。

(2) 系统内的设备全年使用，无闲置设备。

(3) 冬季采用空调热泵供热，回收海水的低位热能，制热效率高、节能明显；若

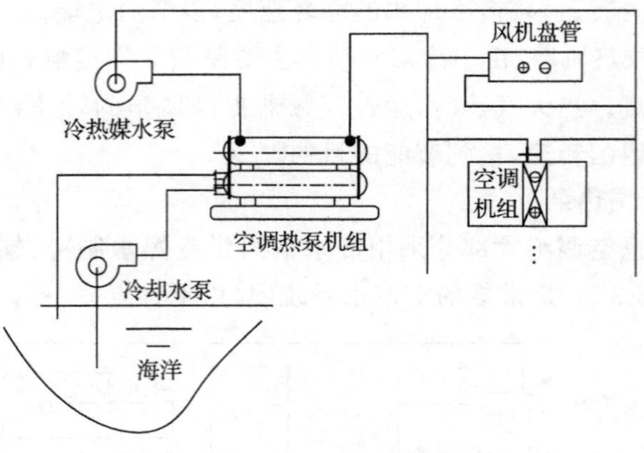

图 8-56　用海水源空调热泵中央空调水系统

与主机冷却水系统联合控制，回收主机冷却水热能，节能效果更明显、经济性更好。

(4) 由于冬夏季为一套水系统，省去了锅炉系统，使得设备管理和维护复杂度大大减小，节省维护费用。

(5) 中央空调空气处理机组中还省去了热水或蒸汽盘管，设备也得到了简化。

海水源空调热泵与常规冷水机组相比仅增加了四通换向阀、电子膨胀阀、储液罐等较少的部件，对设备初投资成本有所增加，约为 30%，但省去了辅锅炉或降低了辅锅炉的容量，并降低了空调机组的成本。初投资估算结果如表 8-8 所示。

表 8-8　两种方案初投资比较

设备组成	方案一/万元	方案二/万元	备注
冷水机组或空调热泵机组	23	30	空调热泵增加了四通换向阀、电子膨胀阀、储液罐等部件
锅炉及水系统设备	20	0	方案二采暖由空调热泵供热
蒸汽(或热水)系统	6	0	方案二由冷媒水系统替代
冷却水、冷媒水系统	10	方案二冷却水系统	
水系统	增加海水调节阀		
空调机组	10	8	空调热泵方案冷热盘管合用
合计	67	48	—
总初投资比较	空调热泵方案比常规方案节省初投资 28%		

由于海水源空调热泵系统内的设备数量和种类都大大减少，除运行费用可大大节省外，日常管理、维护和维修费用也可大大降低。若以 20 年为整个中央空调系统的寿命计算，在整个寿命周期，初投资和运行费用可节省经费 62.4 万元。

6）电气节能

船舶电力系统的节能技术措施有：发电机、电动机、照明器具和电缆等电气设备的高效能化。根据船舶辅机所需机械能的变化，力图减少运转所需要的电力，包括以下几个。

（1）减少照明用电，或者使用节能灯具。

（2）船舶电机的节能，即采用电动机的调频变速运转。具体做法如下。

① 变换交流异步电动机极数的二级速度控制，如将电动机的三相绕组由△接法改为 Y 形接法；

② 直流电动机，可以由电动机发电机组成的可变电压源和可控硅发电机电动机组控制等；

③ 交流异步电动机的换流器运转；

④ 同步电动机的反向换流器运转；

⑤ 交流异步电动机的涡流耦合器控制[46]。

（3）利用可控硅电子设备。船用电机的节能技术，在于提高电机本身的效率及实际运行效率，研制易于管理和可靠性高的电力转换和控制系统，以适应整个装置的需要。因此，采用大功率电子元件的电力控制装置将对船舶自动化和节能有重要的意义。方法如下。

① 船舶运行时，轴带发电机发出频率变化的电流，通过整流器变成直流，再经过可控硅逆变器将直流电流变换成频率一定的三相交流电供给船内电网。

② 三相逆变器是可控硅三相桥式电路，在某一确定的相位控制角触发控制。它把对应于直流电流太小的振幅每隔 120°相位角延滞的电流供给船内电网。

③ 根据逆变器的相位控制，向电网供给三相交流电，即逆变器产生电能的有功分量，吸收电网的无功分量。而轴带发电机运转中所必需的励磁电流是通过从柴油发电机组上脱开辅助发电机提供的。此时，辅助发电机作为同步调相机（旋转电容器）运转，此旋转电容器也有吸收逆变器的高次谐波电流、稳定系统电压的作用。

④ 频率是由调整电能的有功分量来控制的。如果系统的频率下降，即旋转电容器的转速下降，中间直流电路的电流自动增加，由电网供给其必要的电能。旋转电容器的励磁电流由励磁装置调整，使系统的频率保持一定。

⑤ 电网上的电能有功分量一旦增加，用于控制逆变器的电能无功分量也增加。若保持旋转电容器的励磁一定，则为了增加必要的电能无功分量，其电压不得不下降。为此，旋转电容器的励磁便供给电能无功分量，使电网的电压达到额定值。

⑥ 即使主机转速下降到最低转速以下（如突然停机），从柴油发电机开始启动直至进入运转状态，轴带发电机都能向船内三相交流电网供电。在这种情况下，不

仅轴带发电机的励磁增强，而且逆变器的相位控制也同时进行。此时连接到电网上的负荷要与转速成比例地减少，因此应提前从电网上切断次要的负荷群。

(4) 利用快速无功补偿装置。船舶装卸货时，变极式交流起货机频繁地启、制动，将引起电路的负荷急剧变化。在这种工况下为大幅度提高功率因数，达到少开一台交流发电机而节约能源的目的，可采用可控硅无功补偿装置，它可以解决馈电线路容量随无功功率增加而变大、稳定系统电压及减少电力损失。

快速无功补偿装置可使船舶电站的功率因数从 0.1～0.3 提高到 0.8，使电站运行的可靠性大幅度提高，改善电能质量。例如，25 000t 的货轮，在装卸货工况下，采用此装置可由原来所需的两台发电机组并联供电改为单机运行。仅此一项，油耗可降低 25%～30%。

(5) 采用陆电岸接的方式。在船舶停靠码头期间，船舶一般依靠柴油副机发电，提供全船的正常生活用电。但通过柴油机发电，一是浪费能源；二是成本较高；三是向大气排放二氧化碳等污染气体。另外，副机发电不管船舶用电量多少，都正常运转。这就意味着只要船上开一盏灯，也要副机正常运转。用岸电则不然，用多少电就消耗多少电能。

靠泊船舶使用岸电后，关闭船上的柴油发电机组，船上用电设备的电源改由岸上电网提供，从而节约了发电柴油机所消耗的燃油。靠泊船舶使用岸电后所节约的燃油与船舶的吨级、船型及靠泊时间有关，船舶吨级越大，靠泊时间越长，所节约的燃油越多。一般情况下，由于客轮、装载冷藏箱的集装箱船靠港期间用电负荷较大，所节约的燃油就越多[47]。

通过依靠码头的陆电岸接的方式，将陆地的电接通到船舶上，可以大量避免浪费燃油；也可以减小船舶机舱部门的工作强度和压力，减少二氧化碳等有害气体向港区的排放。而且陆电岸接实现起来较容易，不用过多的投资。

以一台功率 260×2kW 的船舶发电机组为例，每晚（天）生活用电消耗燃油 128kg，每升按 10 元计算，燃油费用 1 280 元。而用岸电量按每天 200kW·h 计算，大约费用 200 多元，这样一比较就明显看出二者费用的差距。每月 30 天可以节省燃油 3 840kg，节约费用 32 400 元，同时也可以减少二氧化碳等废气的排放 2 188kg。显而易见，船舶停靠码头期间，用电采用陆电岸接的方式对船舶的节能降耗、降本增效来说十分重要。

8.3.6 风能

1. 风能利用形式

风能用于船舶主要有两个方面：风力发电用于船舶电站或电力推进；直接作为动力用于船舶推进。风能用于船舶前景取决于风能技术的发展和经济因素。

1）船载风力发电

船舶在海上航行的过程中风力平均能达到 5～7 级，甚至更高，同时船舶本身就是一个很好的支架。由于海上风向的不稳定性，所以选用垂直轴风机比较合适，又由于船舶本身露天的可用空间的狭小性，可将风机安装于船舶的首部、顶部或者尾部，不宜选用叶轮直径较大的风机，以 5～6m 的居佳。

建立风力/柴油发电系统的目的是节约柴油、减少污染，节油率是衡量风力/柴油发电是否先进的一个重要的指标。20 世纪 80 年代初的风力/柴油发电系统的节油率很低，80 年代中期，由于系统中逐渐增加了蓄能设施，风能可以很有效地利用，节油率上升。到 90 年代初，已达到 40%～55%，有的系统更是高达 70%以上。同时又由于风力发电机技术的日趋成熟，尺寸不大的发电机达到很高的发电额定功率已渐渐不是梦想，大型蓄电设备也在一直发展（我国已有功率达几万瓦的）。风力柴油发电系统在船舶上的使用将越来越具有实用性[48]。

2004 年日本邮船公司宣布，它同东海大学等联合开发出船舶用的风力发电机，就搭载在 2004 年 8 月起航的大型运送汽车专用船上进行试验。这种发电机最大功率约为 30kW，翼一般的四角形轮片垂直于发电装置，因而可以不受风向影响。如果搭载一台这种新型发电机，与只使用柴油发电时相比，可以减少约 7%的二氧化碳排放量。该公司计划将来把功率 50kW 的风力发电机装载在各种船舶上，可提供航行中船舶电力需求量的 30%[49]。

2）风帆助航

风帆助航是一种直接将风能转化为船舶辅助推力的技术，风帆助航船舶可采用航速保持不变、降低主机输出功率或主机输出功率不变、航速提高等方式达到节约燃油消耗的目的。对风帆的型式进行分析和对风帆助航船舶的节能效果进行预测是对其综合经济效益进行切合实际估算的重要保证[50]。

风帆助航技术是一门古老的技术，是人类利用风能的重要方式。在人类进入蒸汽时代之前，风帆装置是船舶航行的一种重要的动力装置。借助于风帆的推力，郑和完成了七下西洋的航海壮举，欧洲的航海家实现了环球航行的伟大梦想，西班牙、葡萄牙等国家凭借着先进的风帆船舶实现了早期的世界霸权。从历史上看，风帆船舶对世界的发展起到了极大的推进作用，是 19 世纪以前人们出行的重要交通工具，是联系大洋彼岸、实现货物流通、促进各地区间经济文化交流的重要保障。

2. 风动力船的类型

1）传统帆的风动力船

传统帆是从古帆继承下来的，如现在的一些渔船、游船以及各国比赛用的风帆助航船舶等用的三角帆、方帆、梯形帆、“关刀头”帆等。这类帆多是用织物等制作的软帆。它们的升力系数为 0.7～0.8，工作效率较低，但经济实用，适用于偏僻海岛间的运输和内河近海捕捞作业。在旅游船上装上一些别具一格的帆具来助航也是很能吸引游客的,因此世界上不少国家仍在因地制宜地使用着[51]。

20世纪70年代开始,美国开展了一系列船舶加帆航行试验。例如,在重3100吨的"The Atlantic"船上安装了一面三角帆(独桅,面积120m²),每天可节省燃油1000L左右(图8-57)。另外又在重3000吨的"明尼·路易斯"轮上加装了一个直角帆(面积278m²)。为期14个月的验试试验数据表明,与同类无帆的船相比,主机每天节省燃油24%,平均可节约9万~10万美元/年的燃料费。

英国曾设计了两艘有三个风帆桅杆和方形帆的风帆助航船舶(图8-58),并为"The Atlantic"快艇安装了双桅叉骨帆(图8-59),桅杆的前后都挂着两面支索三角帆,1984年6月专家在普鲁茅斯至西印度之间的航线上,对其进行了全面试验。芬兰沃特塞尔船厂制造了几艘用传统风帆助航的游艇,其中最大的一艘是500吨带112个客位的支索帆游艇(图8-60)。此游艇仅使用帆作为动力装置航行,其帆面积达到1500m²,航行时航速可达14kn。

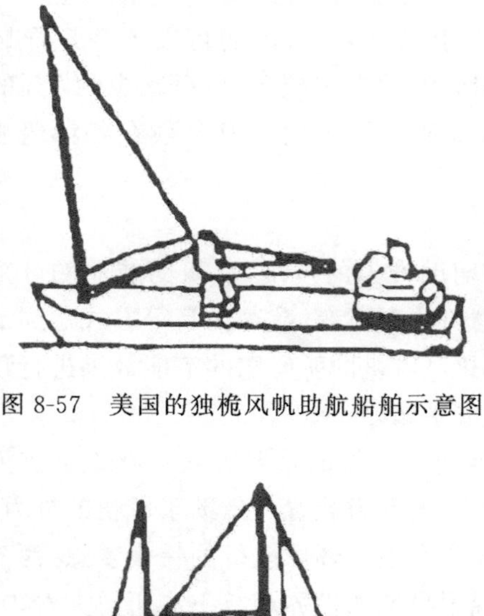

图8-57 美国的独桅风帆助航船舶示意图

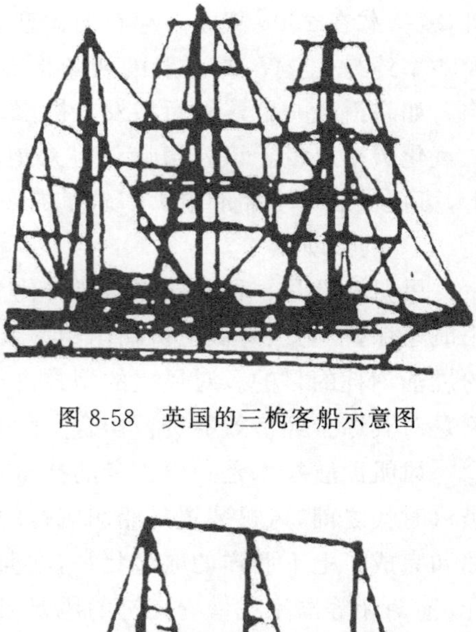

图8-58 英国的三桅客船示意图

图8-59 英国叉骨双桅风帆助航船舶示意图

图8-60 芬兰支索帆游艇示意图

2）翼型帆风动力船

0012、0015、NACA0018 等是现今用得比较多的翼型帆，此外还有层流型、圆弧型等翼型帆。翼型帆结构是参照飞机机翼而开发设计的，一般用布或帆衣构成，用多层玻璃纤维敷制的蜂窝胎芯设置在前后缘和襟翼板。它的强度高，气动特性比传统软帆好，升力系数通常 2～3，工作效率较高[52]。

英国研制的“加兰特”帆很像中国纵帆，框架为椭圆形，帆由框架和帆衣组合而成。在“加兰特”渔船上安装此帆后，航速达到 7～8kn 时，节油 20%以上。

3）弗莱特勒风筒式风动力船

1852 年古斯坦夫·马格努斯提出，圆筒形物体在垂直于其旋转轴线的流体中旋转时，会在其上形成侧向的推力，这个推力既垂直于流体流动方向又垂直于其旋转轴线。根据这一原理，德国航海家安东·弗莱特勒研制成功了借助风力旋转的风筒，1924 年把两个高 15.6m、直径 2.8m 的风筒(其表面积为原来船上帆面积的 1/10)安装在 600 吨的“Buckau”号船上进行航行试验，试航中风筒最大转速为 120r/min，驱动电机为 11kW(据说风筒所消耗的能量仅为其获得能量的 1/50)，试验中获得 9kn 航速并顺利地横渡了大西洋[53]。然而自那以后，风筒船再没有进一步研究和推广应用。直至 20 世纪 80 年代美国一风力开发公司才又重新对马格努斯效应的风筒船进行了一系列的试验研究。

1983 年美国风帆船公司把一个高 7.19m、直径 1.16m、投影面积 8.34m^2，重 82kg 的铝制风筒装在 18 吨的“跟踪者”号游艇上进行试验，它装在支座上，支座的一半伸入风筒内。从其升力和阻力系数分析看，效益超过了翼型帆。一般来说，风帆(包括刚性翼型帆)升力系数为 0.7～2.0[54]，而该风筒即使在阻力系数很高时，升力系数也能达到 1.4 左右。仅风筒所产生的动力，在 15kn 海风中就获得 6kn 航速，节能 20%～30%。

联邦德国“Blom und Foss”公司拟设计建造一艘载重量 50 000 吨位的风筒远洋货轮，上面准备安装三个铝制风筒，高 24m，直径 5.2m，两端圆盘直径 7.4m。但进一步的设计工作尚未着手进行。这可能是该风筒太复杂了，要保障其足够的推力，必须高速旋转才行[55]。

为了克服这一缺点，法国一位叫卢森·马连瓦尔的工程师制造了一个纵向开缝的、不旋转的风筒，开缝分布在气流分离点处，根据航向(逆风方向)依次关闭。在此点向风筒内吸入边界层气流，然后分散到风筒外面，以建立风筒表面压差。尽管这种固定式风筒所获得的气动力比旋转式风筒要小，但其结构简单，升力系数为 5.5～6.0。此风筒曾安装在长 22m、排水量 42 吨的古斯塔“风车”号船上进行过试验。该风筒高 13.5m，椭圆形圆筒断面 2.5m×1.5m，有效工作面积为 30m^2。固定式风筒亦可绕其轴线自如转动，以保证更好地对风，在该风筒的顶上安装一台风机，功率为 9kW，供风筒散风用。试验中侧向风速 20kn 时，这条固定式风筒船在两台 50kW 的主机控制下，航速为 9kn。由于风暴，古斯塔横渡大西洋未能成功。但他认为，在 800 吨位的“卡里布索亚”号船上(图 8-61)，安装两个风筒，航速可提高到 15kn。他还计划把这种风力助航装置安装在 102m 长的“尤金港”号近海船上，继续进行试验。

目前有些国家还对垂直轴和斜轴的风力机助航可行性进行了研究试验。联邦德国建造了一台 Wagner250 的试验装置(图 8-62)，这台风力机叶片长 25m，双叶片是 110°角配置，其轴与水平面的倾角为 55°。该风力机已经在北海上进行过运行试验，试验证明建造这种 10 万 kW 的风力装置是可行的。

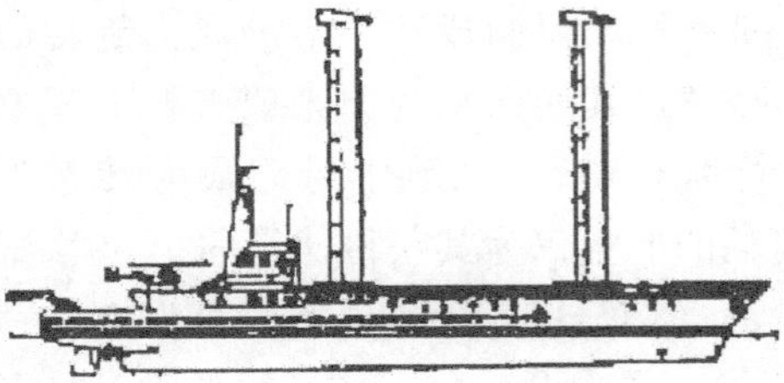

图 8-61 “卡里布索Ⅱ”号试验船侧视图

图 8-62 Wagner250 试验装置

瑞典海运研究中心设计建造了 930 吨“Buckau”号近海风筒船(图 8-63)，德国也曾为一艘 6 700 吨货船安装了风筒(图 8-64)。

图 8-63 “Buckau”号船

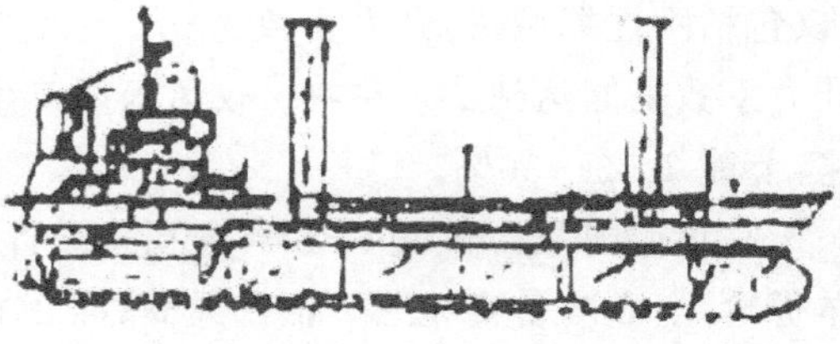

图 8-64 德国 6700 吨货船示意图

此外，为了进行全面的实船试验，法国专门制造了一艘“Alcyone”号船(图 8-65)，此船总长 31.1m，半载排水量 76.8 吨，两台 156 马力柴油机、两台 25 马力的液压发生器驱动排气风扇，铝风筒高 1.2m，表面积 $21m^2$，重 1 600kg。此风筒船 1985 年 6 月从法国开往美国纽约，成功地横渡了大西洋。试验表明，在 25kn 左右的风速下，可节能 55%～60%。

4) 风力机式风动力船

这是把通常用来发电或提水用的风力机安装到船上，用它直接或间接驱动船舶螺旋桨航行的一种方式。选用的风力机有水平轴(图 8-66)、立轴(图 8-67)和斜

图 8-65　法国"Alcyone"号船

轴的。一些国家已经对其可行性进行试验，专家认为立轴式的效果比水平轴和斜轴式的好。

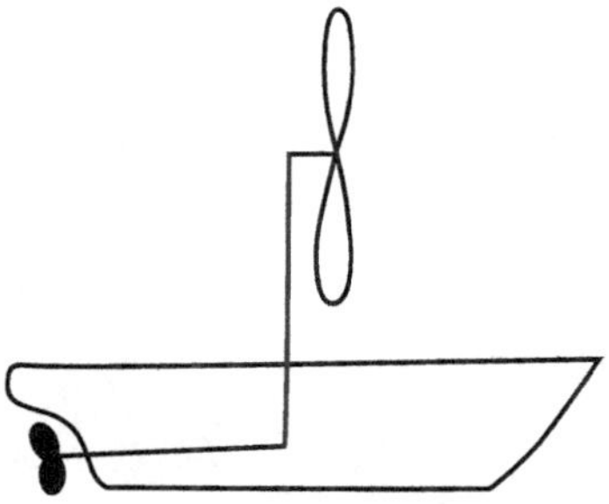

图 8-66　水平轴风力机助航船示意图

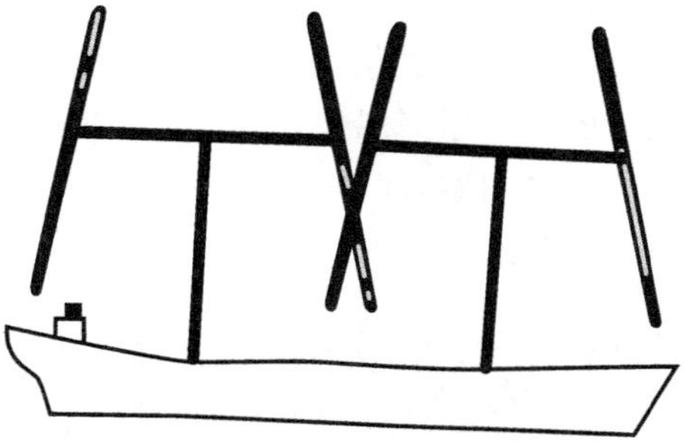

图 8-67　立轴风力机助航船示意图

5）风筝型帆船[52]

风筝型帆是在船首张挂巨大的伞翼状的风筝（又称天帆），通过其拖动作用协助船舶前进，从而减少船舶燃料消耗。风筝帆相比上述三种帆成本低、结构简单，对船体改造要求低，占用船舶空间较小，但其释放和控制难度高，对风向的要求更高。

（1）天帆系统的组成。

天帆公司运用巨大的牵引风帆取代装在桅杆上的传统风帆来推进船舶前进。牵引风帆的形状类似于滑翔伞，双层壁面结构，纵向有许多分隔腔室并列而成，是由高强度防风防雨材料制作成形状，如图 8-68 所示，通过延伸控制盒与牵引风帆之间线的长度来控制风帆的形状。天帆这样的构造特性使得它可以获得最佳的空气动力学效率，双层壁面结构使牵引风帆的空气动力学特性与飞机机翼相似。因此，天帆系统不仅可以在顺风时应用，在船前进方向 50°以上风向外都可以利用风能。

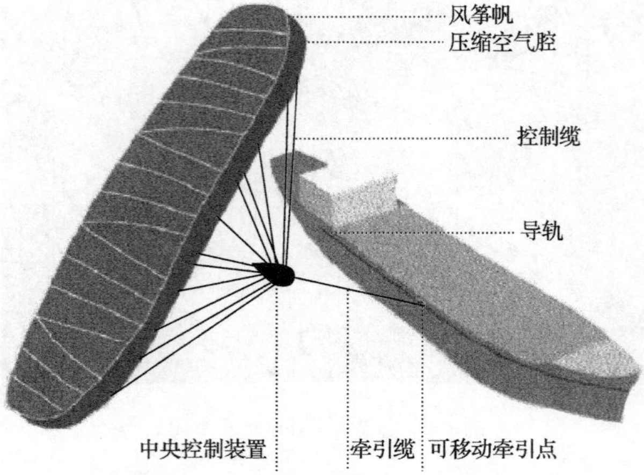

图 8-68　天帆系统的示意图

(2) 风力传送装置。

风力传送装置包括牵引索(该索为抗拉合成绳索)、风力传送点(牵引点,用于将风帆的牵引索与船体连接起来,如图 8-69 所示)、绞车(为动态控制绞车,用于回收和放出牵引索,同时还作为牵引索的储藏装置,如图 8-70 所示,该绞车上装有牵引力测量装置)。

图 8-69　天帆的风力传送点(牵引点)

图 8-70　风帆的牵引天帆绞车

(3) 升空回收系统。

牵引风帆的升空回收系统主要由绞车、储存箱、吊车组成，这些设备均设置在船首甲板上。牵引风帆投入工作前，先用吊车吊起牵引风帆，空气从进气口进入帆内的空气室后，牵引风帆如同手风琴一样逐渐打开，然后牵引风帆与吊车分离。风帆在风力作用下逐渐向上飞行，绞车放出牵引绳索直至风帆达到工作高度，整个放伞过程结束，只需要 10～20min。收帆与放帆的过程相反，伞的收放都是自动控制的。

(4) 驾控系统。

用于控制风帆的飞行轨迹，风帆的电子控制器和机械驱动器均安装在该装置上。

(5) 控制系统。

该系统由以下几个方面组成。

① 天帆系统船载计算机：整个系统的控制均由该计算机完成。

② 吊舱(图 8-71)控制计算机：该计算机位于吊舱中，用于传感器信号处理、电机控制、数据交换。

③ 自动导航系统/风帆操作控制：该系统根据风向、风速和航速自动控制风帆，使其处于稳定的飞行位置。其集成到船载计算机中，数据和控制指令通过与牵引索在一起的特殊电缆传送。

④ 升空回收过程控制：该自动机构使用 PLC 控制整个过程，绞车控制也由其完成。手动控制时由安装在船首甲板的控制面板完成。

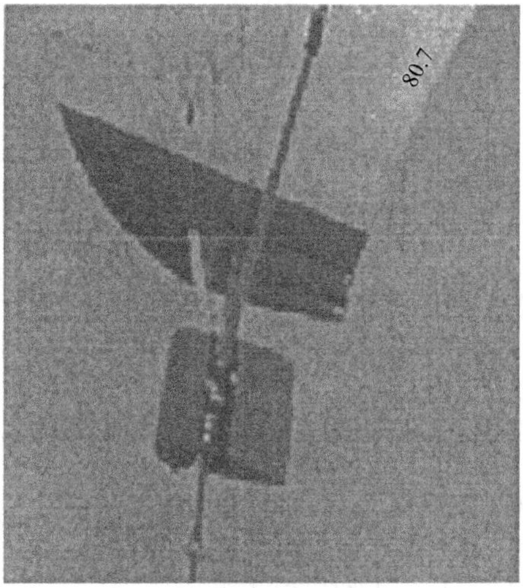

图 8-71　天帆的控制吊舱

⑤ 电子伺服控制吊舱：其电子器件用于控制吊舱的驱动装置。

⑥ 船舶传感器：包括 GPS、风向仪、风速计、舵位、航线，还有一些辅助传感器，包括风帆适配传感器、牵引点传感器、绞车传感器。

(6) 安全系统。

多层次安全系统和附加元件保证天帆系统在使用过程中的安全性。

① 根据需要改变牵引风帆与船的相对位置来改变拉力的大小。

② 通过改变拉力的方向，船的受力方向可以受到控制。

③ 绞车可以自动释放风帆，以防止过载。

④ 在极端情况下，牵引风帆有应急释放功能。

(7) 天帆技术的特点。

优点如下。

① 较高的推进功率。比起传统风帆,天帆系统每平方米产生的推进功率是传统风帆的 6 倍。因为牵引风帆所在的位置是风力最强和最稳定的部分(一般释放到海拔 100～300m)。

② 较小倾斜。和传统风帆不一样,由天帆系统产生的船舶倾斜是较小的,实际上可以被忽略。因为天帆系统的力矩比传统风帆短了很多,如图 8-72 所示。

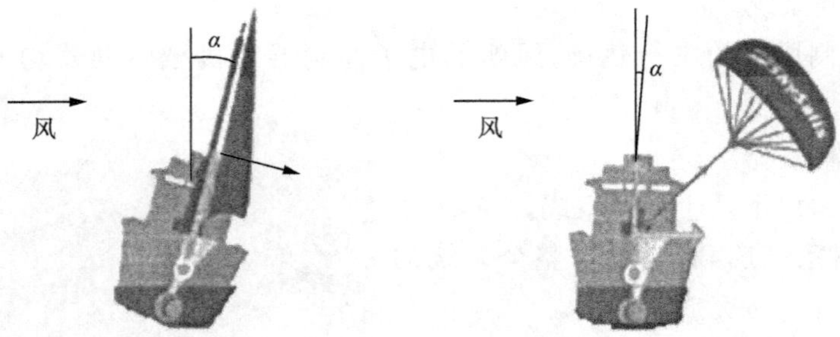

(a) 传统风帆　　(b) 风筝式风帆

图 8-72　天帆与传统风帆的对比

③ 提高航行安全性。天帆系统可以与主机推进装置组成船舶联合推进动力,牵引风帆产生的升力提高了主机的推进效率,产生的推力辅助主机推进。当主机出现故障时,牵引风帆可作为船舶应急推进动力,降低船舶航行过程中机损的风险,提高船舶航行的安全性。

④占有空间小,新、旧船改造都非常方便。牵引风帆回收以后体积非常小,放置在船首甲板一个小储存箱内,基本上不占用船舶装货空间。牵引索绞车和牵引点的设置也不需要改变船舶结构。因此在新船和旧船上加设天帆系统非常方便。

⑤ 力的可动态控制。为了确保船舶安全,牵引风帆在空中的位置可以改变以控制船舶所受的合力。例如,当飓风突然来临时,自动驾驶仪可把牵引风帆的位置调到船舶的正上方,在这个位置上牵引风帆对船没有任何作用力,如图 8-73 所示。因此在大风的情况下,牵引风帆可以安全地被收起。

缺点如下。

当遇到逆风或航行速度超过一定速度时,天帆系统将无法发挥作用。靠风力可能让航行增加不确定因素,必须严守交运时间,船运公司可能不愿冒风险,而且设备、安装费用以及维修保养费用较高。以"白鲸天帆号"(Beluga Sky Sails)为例,一套天帆系统需要 725 600 美元。此外这种仰赖风力航行的动力并非百分之百管用,一旦遇到逆风、暴风,巨帆将无用武之地,还是得依靠燃油的动力前进。

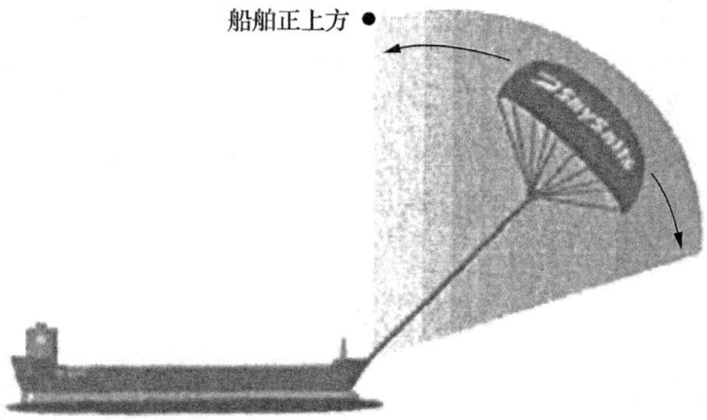

图 8-73　风帆的动态控制

3. 风帆的类型

目前风能的利用方式主要有滚筒帆、翼型帆和天帆等，根据各自的使用原理，具备不同的优缺点。其中，风力转筒的优点主要是空气动力学性能好；缺点是本身消耗能源，与船舶安全驾驶视线冲突，占用甲板面积较大。翼型帆的优点是应用较多，技术成熟，相关试验研究较全面；缺点是占用甲板面积较大。天帆的优点是占用甲板面积小，可利用的风速较高；缺点是可利用的风向范围较窄，收放时间较长，帆的总面积不大。

另外，从帆的外形来看，有方形帆、三角帆；从帆与桅杆的相对位置来看，有纵帆和横帆；从帆的结构形式来看，有硬帆和软帆；从帆的横断面拱度线形来看，有层流型、圆弧型、机翼型、卧背型、SY 型和构头型等。

1）矩形硬质帆翼

采用翼型原理的风帆称为帆翼，帆翼是参照飞机的机翼而产生的一种结构设计。由于其剖面的特殊性，它可以改变受力的方向以获得更优的空气动力学特性，将水平方向的推力转换为升力，以此来增加船舶向前的推动力和改变船舶航向的力。影响帆翼空气动力学特性的因素很多，主要因素是剖面的形状。不同的翼剖面会产生不同的空气动力特性。按照横剖面的不同，翼型风帆可以分为机翼型、层流型、圆弧型、卧背型，如图 8-74 所示。

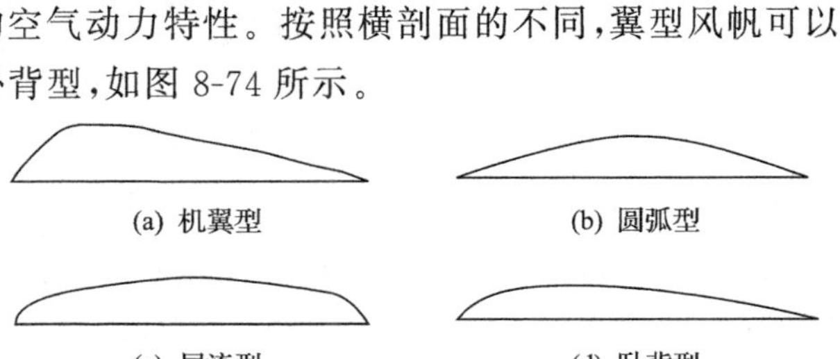

图 8-74　帆翼剖面类型

图 8-75 所示的矩形硬质帆翼属于层流型横剖面，即在帆翼的两边带有圆角。桅杆下端安装旋转机构，根据风况的限制而做出不同的调整。当风速和风向达到可利用的范围时，将帆翼旋转至最佳迎风角并充分展开帆翼的双臂，产生巨大的推力；当风况不在可利用范围内时，收拢帆翼并旋转至受力最小的角度，减少前进阻力。旋转和收放均采用液压系统，这种帆的结构形式简单、操纵方便，但效率受风限制较大。

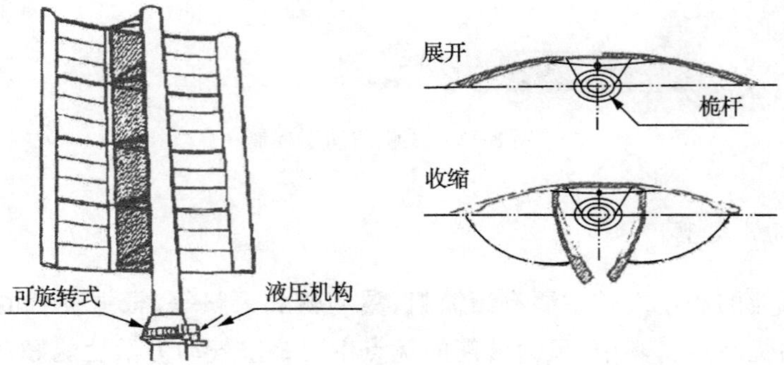

图 8-75　矩形硬质帆翼的基本结构

2）圆弧型矩形硬帆

根据一系列不同拱度比及展弦比的圆弧型矩形硬帆在风洞中的试验结果，可得出相应帆的空气动力特性曲线（即帆的极坐标图），其部分典型曲线如图 8-76～图 8-79 所示。

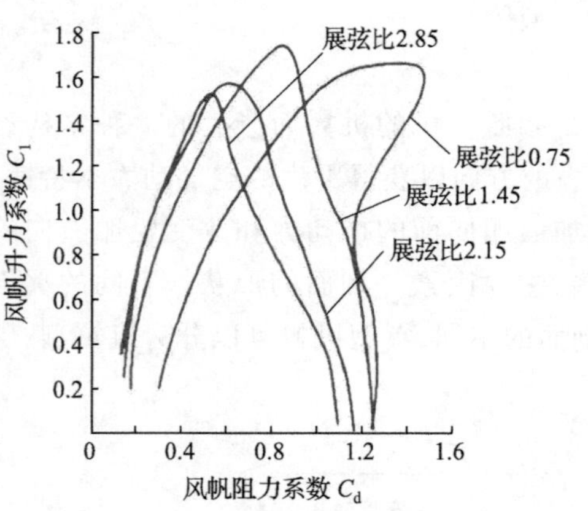

图 8-76　拱度比为 0.14 系列的圆弧型矩形硬帆的空气动力特性曲线

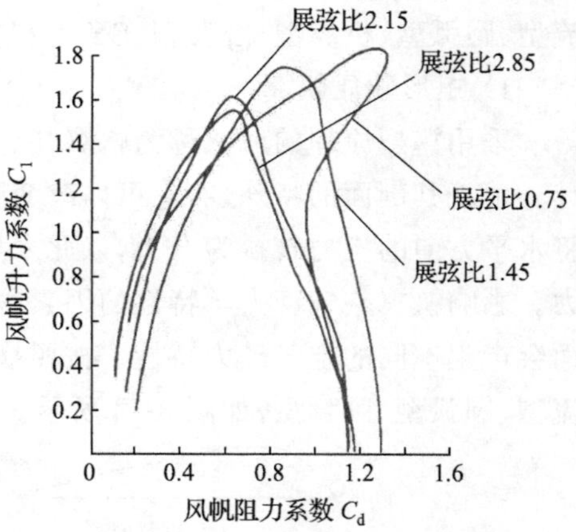

图 8-77　拱度比为 0.16 系列的圆弧型矩形硬帆的空气动力特性曲线

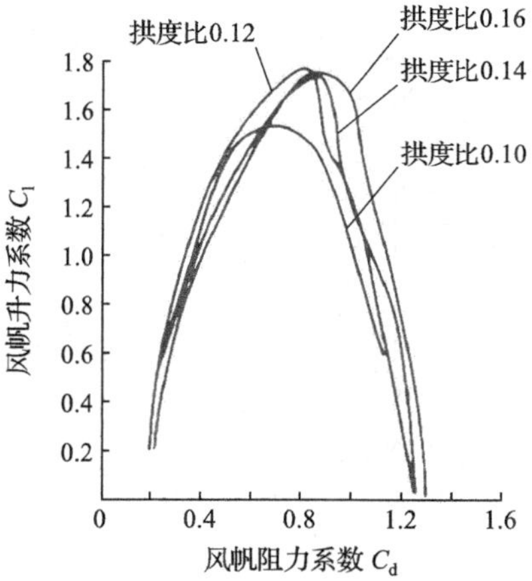

图 8-78　展弦比为 1.45 系列的圆弧型矩形硬帆的空气动力特性曲线

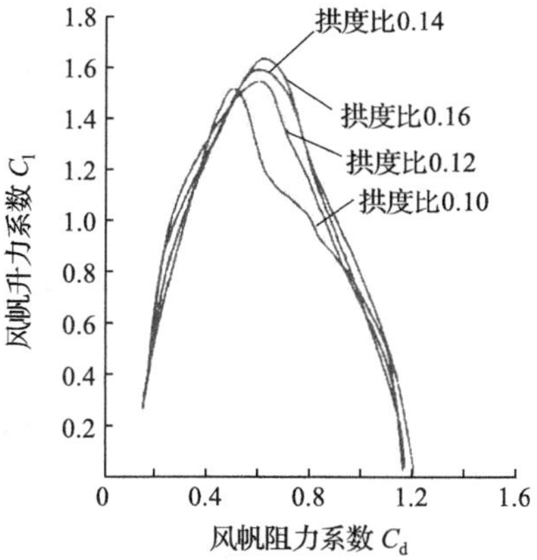

图 8-79　展弦比为 2.15 系列的圆弧型矩形硬帆的空气动力特性曲线

可以看出,硬帆随其展弦比、拱度比的不同,其升力系数 C_l 和阻力系数 C_d 也不同,硬帆的升力系数变化值的区间比阻力系数的变化值区间要大。而且,随着展弦比的下降,硬帆的最大升力系数随之升高;而随着拱度比的变大,硬帆的最大升力系数也随之提高。

根据线性插值方法可以得到拱度比为 0.12、展弦比为 0.8 的某设计风帆的空气动力特性曲线(即极坐标图)。在某一实际航线上,风的方向和速度随时间的变化而不断变化,风帆助航船必须操帆改变帆的迎风角度,以使船在前进方向上得到最大的风帆推力。图 8-80 为某一角度下设计风帆的受力示意及其极坐标图。

图 8-80 中帆与船艏垂向线的夹角为帆角 φ,相对风向与船艏中心线的夹角称迎风角 θ,攻角 α 是风帆方向与相对风向间的夹角。使 C_l-C_d 曲线的横坐标与相对风向平行且同向,船艏中心线通过坐标原点 O,当迎风角一定时,可在 C_l-C_d 曲线上找出一点,使其在航线上的投影为最大推力系数 C_{max},对应于该点的攻角即为最佳攻角 α_{opt}[53]。

3) Walker 型帆

这是一种机翼型风帆,也是迄今为止最有效的一种风帆推进装置。它安装在一艘 1 560 吨的“Robotham”号油船上,帆高约 12.5m。如图 8-81 所示,它是由两个相互靠得很近的对称机翼组成的,升力系数很高(C_l=3.0)。帆具的操作用微型计算机控制,并与主机相配合,以达到节能的效果。

Walker 型风帆是由英国航空工程师 Walker 设计的一种落地式、三平面结构的风帆装置,其基本结构如图 8-82 所示,其创新之处是采用了直接安装在船舶甲板上的厚翼结构,省掉了桅杆和吊索。在该翼帆的后方安装一个较小的导流翼是

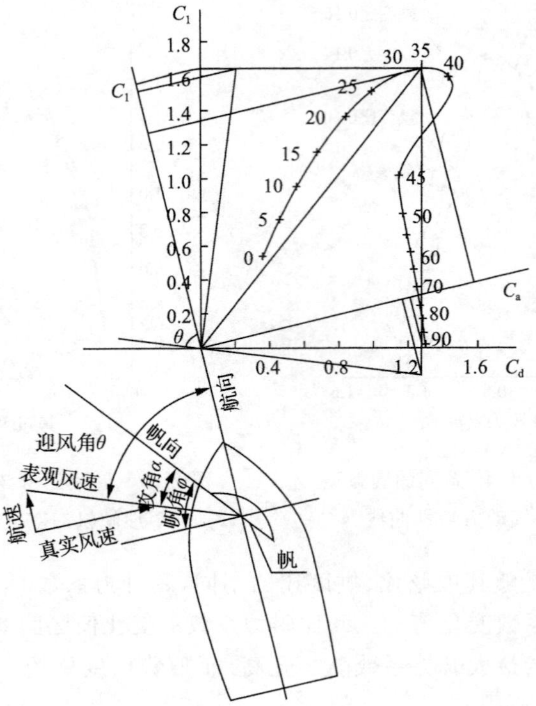

图 8-80　设计帆受力及极坐标

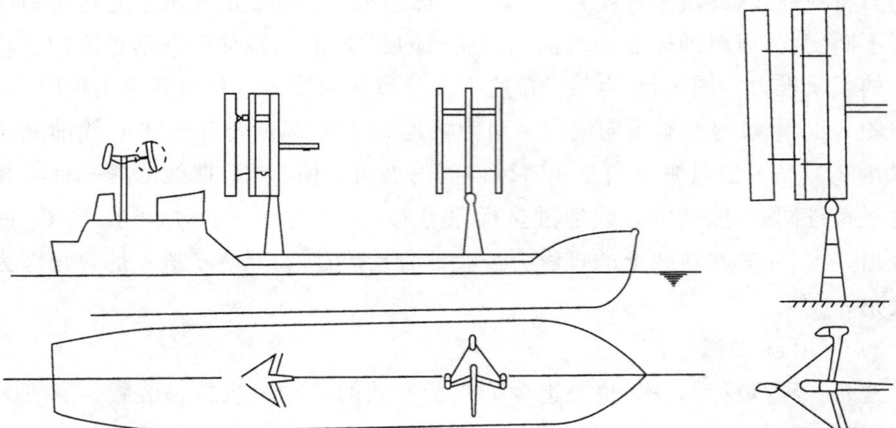

图 8-81　Walker 风帆的结构外形

为了提高它的空气动力学性能。此外，该帆型采用对称的翼剖形式，采用这种剖面帆翼的总升力系数理论上可以达到 3.0。但这种帆型的造价高、占地大，在实际使用中受较大的限制，因此它的研究主要为试验模拟研究，并未得到广泛应用。

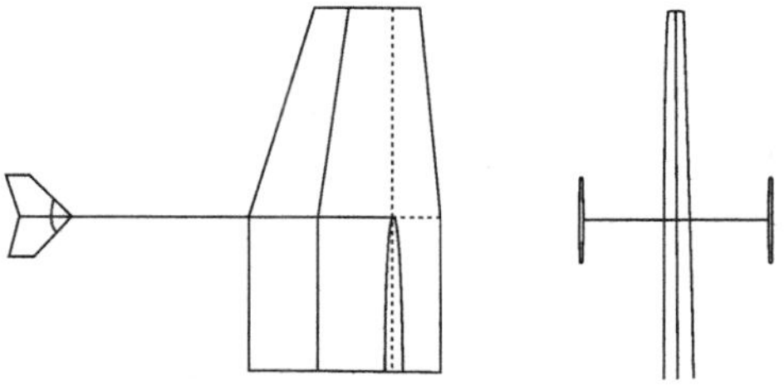

图 8-82　Walker 型翼帆的基本结构

4）天帆

天帆又称风筝帆，受风筝空气动力学的启发，天帆被放大之后应用于船舶。天帆的基本结构如图 8-83 所示，主要由中央控制装置、风筝帆、压缩空气腔、控制揽、牵引揽、导轨等组成。风筝帆可通过压缩空气腔的充气和放气来完成收放动作。牵引揽一端连接着固定在船体上的导轨，另一端连接着中央控制装置和控制揽。根据实时的船舶航向、风速、风向，中央控制装置通过控制揽调整和平衡风筝帆，由布置在船首的绞车对天帆的飞行高度进行收放，一般在 100～300m 可以获得最佳的空气动力学效率，并节省 10%～15%的油耗。但是由于天帆的自由度比较多，它的控制比较复杂而且需要驾驶人员经过专业的训练。

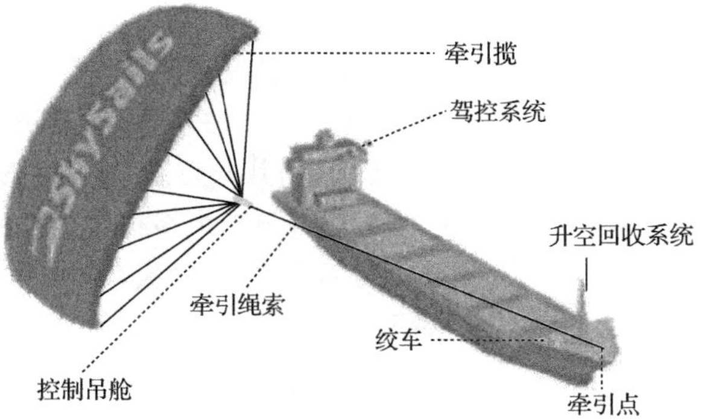

图 8-83　天帆系统的基本结构

5）滚筒帆

当旋转的圆柱体流动气体向前运动时，柱体上会产生垂直于运动方向力的作用，这就是所谓的马格努斯效应，滚筒帆就是利用了这种原理的一种新型风帆。如图 8-84 所示，该装置主要由中空的圆柱形转筒和固定在筒柱两端的圆盘构成。当船舶在航行时转筒不断旋转，筒体上产生向上的升力，只要调转速，升力的大小和方向就能够控制，船舶因此获得向前的推力。若在长 130m、宽 22.5m 的船上布置 4 个高 27m、直径 4m 的旋筒，并依靠汽轮机和旋筒共同推进，预计可提高 30%的经济效益。

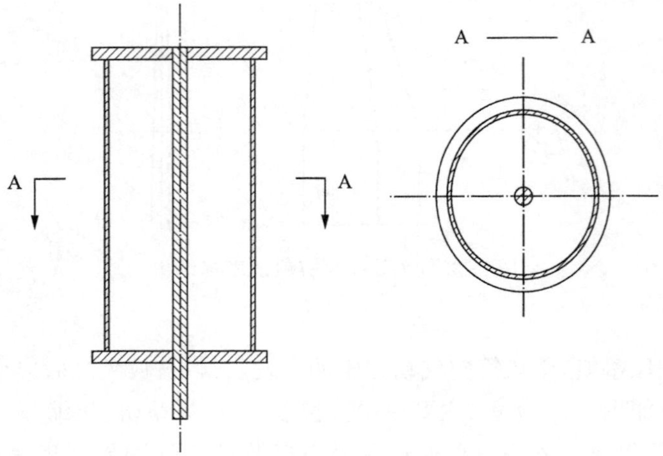

图 8-84　滚筒帆的基本结构

1979 年瑞士对一艘拟建造的"Stallan"号滚筒帆船做了系统的风洞试验和水上船模试验。1983 年美国风力发展中心在一艘 18 吨的"追踪号"船上安装了一个滚筒帆(图 8-84 和图 8-85)。船行试验结果,在关闭主发动机和在 27.78km/h 风速的条件下,利用滚筒帆可获得 11.11km/h 的航速。转柱所需的功率约为输出功率的 10%。

图 8-85　安装滚筒帆的"追踪号"船

滚筒帆具有很好的空气动力特性,对弗莱特勒(Flettner)转柱来说,其转速与风速之比大约可达到 5,则其升力系数 C_l 为 9 左右,实际的转柱为了获得与二维转柱相接近的空气动力特性,圆柱顶部安装了端板,其升力系数增加 50%。端板的直径约为转柱直径的 1.7 倍。

由于转柱的升力系数大,它比普通帆翼的帆面积要小,预计滚筒帆面积只需普通帆面积的 1/7～1/5。另外,滚筒帆还具有噪声低和振动小的优点。

据苏联的研究表明,在一艘 5 000t 的油船上安装两台这种装置,航速为 13kn 时可节省燃料 26%左右。

6) 抽气式涡轮帆

抽气式涡轮帆是根据控制边界层分离的原理而产生的一种帆型,它的结构和滚筒帆的结构相类似。该帆的主体结构是一个能够绕着中轴旋转的椭圆形筒,两个敞口的端板固定筒柱两端,端板内侧布置了控制抽气的涡轮抽气机,筒体两侧开设了许多通气小圆孔形成两道垂直抽气面，柱体中间位置设置了一块可以活动的分流板，随着抽气面的开闭而开闭、方向随风向的不同而转动，如图 8-86 所示。该帆型的控制是由传感器、微型计算机实时鉴别船舶航向、风速、风向等条件，对分流板的位置、涡轮机的抽气量等进行控制，使得边界层的分离点得以控制，从而使涡轮帆产生推动船体的巨大作用力。

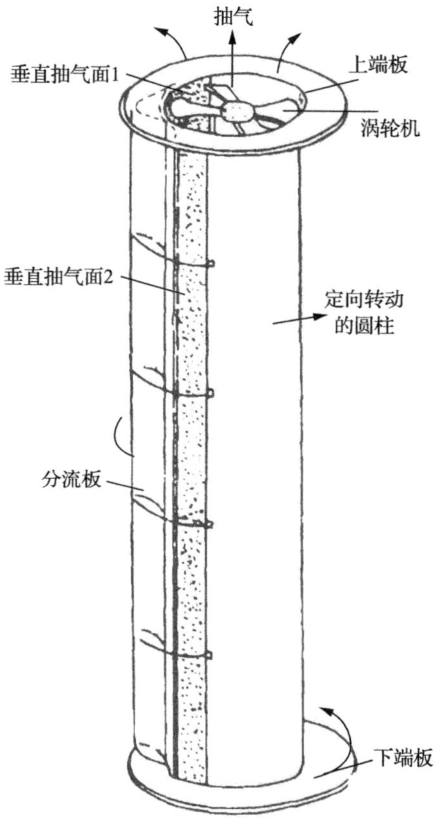

图 8-86　抽气式涡轮帆的基本结构

由于圆柱表面吸气是由圆柱顶部处安装的一台涡轮风机所产生的，所以称涡轮风帆，如图 8-87 所示。这种依据强力吸气和喷气控制边界层的原理，是提高风帆串气动力性能的一种有效途径。

风洞试验表明，一艘 800t 的船，在横向风速 12m/s 的作用下，如果装设两个涡轮风帆，它暴露于风中的总面积为 $150m^2$ 时，可获得 12kn 的航速。如果使用普通的翼帆，为了获得同样效果，则需要有 4 倍于圆柱的帆面积。

法国建造的一艘“Alcyone”号涡轮风帆船，其半载排水量为 76.8t，采用两台 114.66kW 的柴油机，抽吸空气的风机是由两台 18.38kW 液压发生器驱动，安装有两个高 10.2m、表面积为 $21m^2$ 的涡轮风帆。船是铝合金制成，重约 1600kg。实船试验表明，在大约 46km/h 的有利风速下，其节能效果可达 55%～60%。

还有一种将滚筒帆与帆翼组合在一起的组合帆如图 8-88 所示。

4. 风帆的对比分析

不同风帆类型的比较主要包括空气动力特性、操纵性、造价，尤其不能忽略风帆装置对船舶结构及稳性的影响。

1）空气动力特性的对比

对于风帆的研究，首先要考虑的是风帆空气动力特性的好坏，空气动力特性的好坏直接影响到风帆的使用效率。空气动力性能的指标主要包括作用在帆上的升力、阻力、推力、横倾力和横倾力矩等，影响这些指标的主要因素包括帆的结构、剖

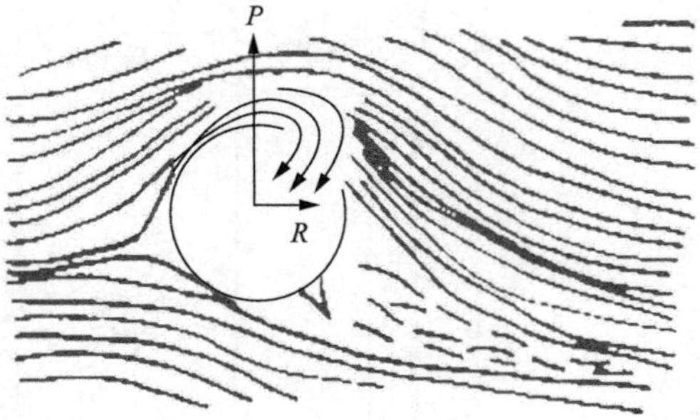

图 8-87　涡轮风帆的作用原理

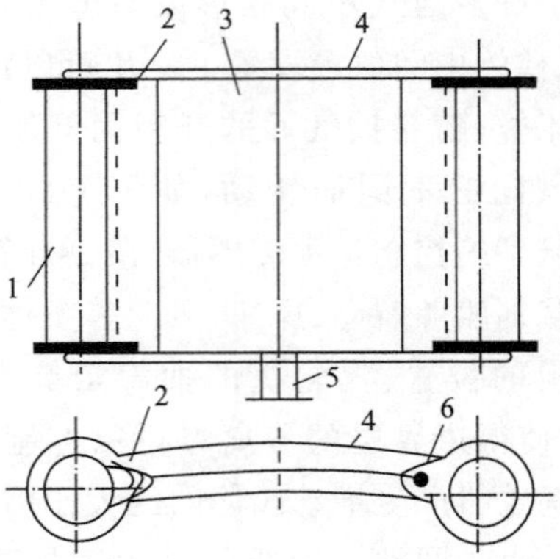

图 8-88　滚筒-帆翼组合帆

1-滚筒；2-导流板；3-帆；4-端板；5-支柱；6-圆筒转帆

面形状、展弦比、拱度、宽度、高度等。帆的空气动力性能的指标可通过帆模的风洞试验、理论计算或仿真模拟确定。

(1) 矩形帆翼的空气动力特性。

图 8-89 是通过风洞试验得到的某层流型矩形帆翼的空气动力特性曲线，层流型帆翼的最大升力系数为 1.8～2.2，圆弧型帆翼的最大升力系数可达 1.6 以上。由相关空气动力性能试验结果的分析可知，对于四种典型横剖面的矩形帆翼，空气动力性能最优的是层流型，圆弧型次之，普通翼型和卧背翼型则相对较差。

另外，从帆面的材料看，矩形帆翼还有软帆和硬帆之分。如图 8-90 所示，软、硬帆的阻力系数 C_d 差不多，迎风角度在 25°～60°时硬帆比软帆的升力系数 C_l 略大[54]。当船舶顺风航行时，软帆的推力系数要比硬帆大，帆面材料对船舶的总体影响不大。

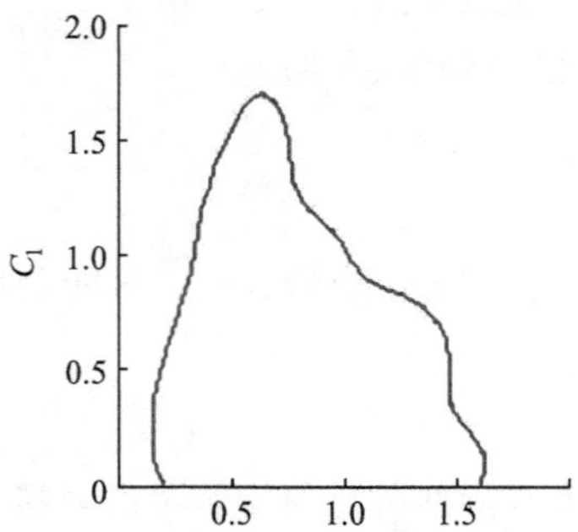

图 8-89　矩形帆翼(层流型帆翼)空气动力特性曲线图

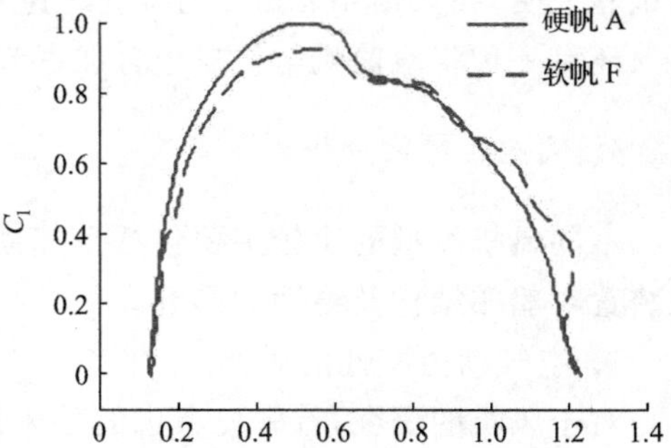

图 8-90　软、硬帆的曲线对比

拱度比是指帆翼的厚度与帆宽的比值。研究表明，拱度比对硬帆的空气动力性能影响比较明显，升力系数和阻力系数均随着拱度比值的增加而增加。但若比值过大，则会增加风帆受到的横倾力矩，不利于稳性，一般控制在 1/9～1/7 能够获得最优的风帆性能。对于软帆，拱度比的影响效果并不明显。

不同形状对帆翼气动特性的影响如下。

① 不同剖面形状的风帆（图 8-91）在推力性能方面的优良次序为：层流型＞圆弧型＞机翼型＞卧背型。

② 帆剖面的拱度对推力性能影响很大，当拱度比 f/C 增加时，升力系数 C_l 增大，同时阻力系数 C_d 也增大，但影响要小得多。

③ 前缘半径 r 对硬帆的推力性能影响也很大，当没有前缘半径时，推力系数会增大。

④ 当展弦比增大时，阻力系数 C_d 减小，而升力系数 C_l 趋于增大。

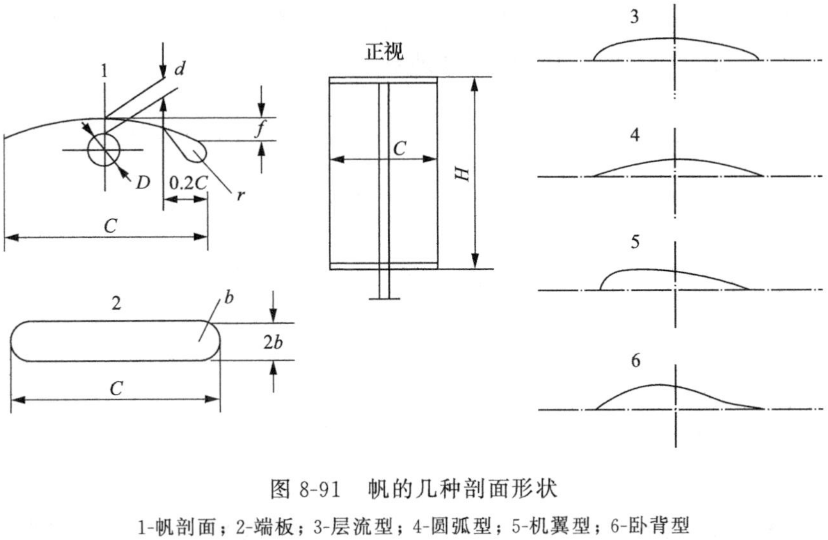

图 8-91　帆的几种剖面形状

1-帆剖面；2-端板；3-层流型；4-圆弧型；5-机翼型；6-卧背型

（2）天帆的空气动力特性。

天帆的最大升力系数为 0.8 左右，如图 8-92 所示，且当攻角控制在 20°～60°时，才能达到理想的效果，对天帆而言控制要求比较高。

（3）滚筒帆的空气动力特性。

通过数值模拟分析发现，不同尺寸的滚筒所产生的空气动力参数是不同的，而且很大程度上受滚筒帆旋转线速度 V_c 与来流风速 V 之比的影响，如图 8-93 所示。如当滚筒帆直径为 3m，滚筒帆旋转线速度与来流风速之比 V_c/V 为 11 时，升力系数可以达到 15 左右。

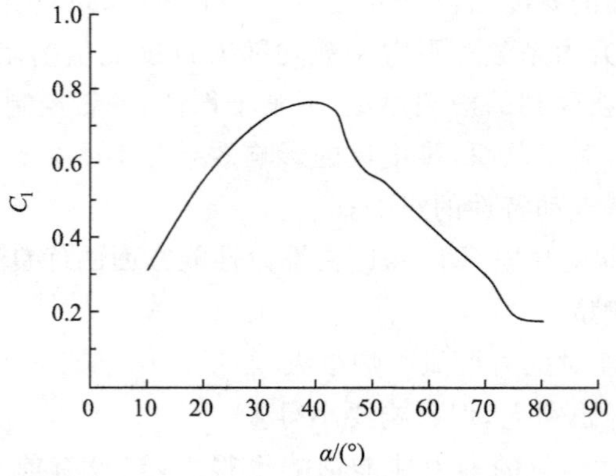

图 8-92　天帆升力系数与攻角之间的关系

(4) 抽气式涡轮帆的空气动力特性。

通过风洞试验得知，抽气式涡轮帆的最大升力系数为 6.2～6.8，且随着升力系数的增大阻力系数也增大，如图 8-94 所示。

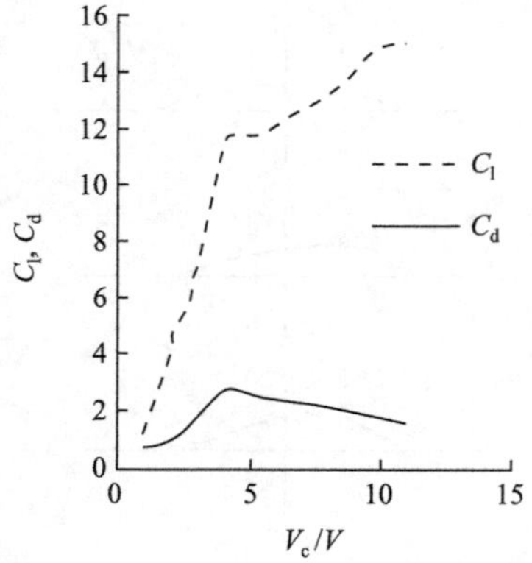

图 8-93　滚筒帆空气动力特性曲线图

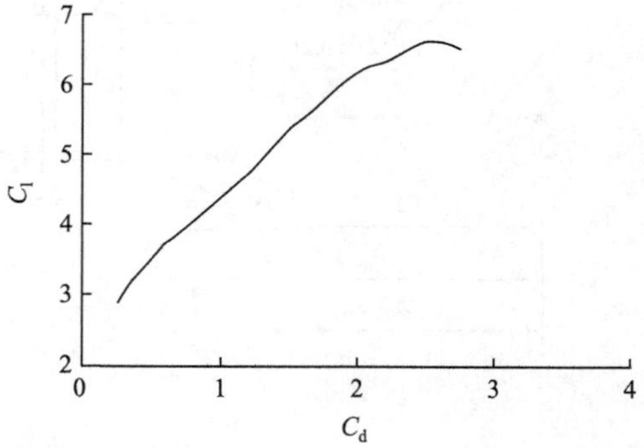

图 8-94　抽气式涡轮帆空气动力特性曲线图

通过对上述几种帆型的升力和阻力曲线的比较，发现滚筒帆的空气动力性能最好，抽气式涡轮帆的效果次之，再次为矩形帆翼，天帆最次。各帆型实船应用的特点比较如表 8-9 所示。

2) 其他制约因素的对比

从操纵方面来看，矩形帆翼一般采用液压系统来控制帆的收放和转向，操纵起来方便，但是精度稍差；天帆在飞行状态时具有多个自由度使其控制程序更加复杂，另外还需要对船舶驾驶人员进行专门的培训；滚筒帆是通过调整旋筒的转速来调整帆的升力大小和方向，但是由于无法实现收拢，在风况不稳定的情况下无法保障船舶航行的安全性；抽气涡轮帆要耗费额外的能量来驱动抽气机，且抽气机的持

表 8-9　帆型实船应用特性对比

项目	天帆	滚筒帆	硬帆
优点	占用甲板面积小，可利用的风速较高	空气动力学性能好	应用较多，技术成熟，相关实验研究较全面
不足	可利用的风向范围较窄，收放时间较长，帆的总面积不大	本身消耗能源，与船舶安全驾驶视线冲突，占用甲板面积较大	占用甲板面积较大
C_{lmax}	1.1	6.0～7.0	1.4～1.8

续运行降低了装帆的经济效益，另外要实现风帆的一次工作姿态调整，需要控制帆的角度、分流板的角度、抽气孔开闭和抽气量的大小，操纵程序比较复杂。

从材料方面来看，骨架、桅杆和帆面材料的选择对整套风帆装置的重量有很大的影响，原则上尽量选择轻质、高强度、造价和维修费用低的材料。矩形帆翼一般有软帆和硬帆之分，软帆采用尼龙帆布制成，硬帆用铝合金材料制成。相比而言，软帆的质量更轻、价格更低，骨材和桅杆的选择一般有钢材料、铝合金材料和玻璃钢材料，综合性能较优的是玻璃钢；制造天帆的材料通常使用超轻合成纤维，这种材料具有强度高、抗风化能力强、能防风防雨的优点，但是造价却极为昂贵，需要经常维护；滚筒帆和抽气涡轮帆相对构造复杂，一般使用合金钢来保证其强度要求，因此重量较大。

根据国内外有关材料和实践经验可得出以下几个结论。

(1) 影响帆的空气动力特性的因素很多，其中主要有平均弧高、最大弧高、前缘半径、展弦比、帆间距离、支撑帆的桅与帆面间隔、帆面积、帆高以及帆的材料等。

(2) 三角形帆逆风性能好，其展弦比越大，逆风性能越好，而顺风时动力负荷不大。横帆顺风时最有利，但逆风时性能极坏。

(3) 滚筒帆与传统风帆的区别在于其产生的推力仅取决于转筒表面速度与风速度之比，一般比值在 3 左右时为最佳。滚筒帆优点是结构紧凑、效率高、体积小、操作方便，只需控制回转速度，不必像普通风帆那样不断调整方向。但造价较贵，滚筒在运转时需消耗功率，适用于中小型渔船和其他船舶。

(4) 层流型硬帆效率高，但造价贵，结构复杂，收帆后横摇惯量大，不宜采用。圆弧型软帆效率虽比层流型硬帆低，但比传统风帆效率高一倍多，而且制造和操纵都较简单。

(5) 从空气动力角度看来，软帆比硬帆效果好，特别在顺风时，且制作工艺简单。而在横风时三角形帆和矩形硬帆的性能却高于软帆。硬帆后缘(随边)成圆弧者，空气动力性能较好，软帆随边近似直线者较好。

(6) 江湖和黄渤海区的风帆渔船，常用矩形风帆，在攻角为 90°时，升力系数

(C_l)为最大。东海和南海区的风帆渔船，常用三角形风帆在攻角为50°～60°为最佳，90°时略减。

(7) 一般硬帆在风向不利时，常设计成帆的两翼可以收拢，减少风帆受风面积。当风向有利时，帆的两翼可以张开，将帆转至最佳的迎风角度，以得到最大推力。而一般软帆，在风向不利时，帆可以下降收拢至离甲板一定的高度处。当风向有利时，帆可以升起并转至最佳的迎风角度[56]。

通过上面的对比发现，空气动力性能从优到次的排列是：滚筒帆的最优，其次为抽气式涡轮帆，再次为矩形帆翼，天帆最次；操纵方式从易到繁的排列是：矩形帆翼最简单，其次为滚筒帆，再次为抽气式涡轮帆，天帆最复杂；质量从轻到重的排列是：天帆最轻，其次为矩形帆翼，再次为滚筒帆和抽气式涡轮帆；造价从低到高排列是：矩形软帆翼最低，其次为滚筒帆，再次为抽气式涡轮帆，天帆最高。另外，考虑收拢后的受风面积，软帆与硬帆相比面积更小，因为硬帆在收拢之后还有高大的风帆面积，对稳性的要求更高时可以采用软质帆翼。

3) 远洋船舶的适用帆型

远洋船舶风帆帆型的选择，应考虑到如下条件。

(1) 推力性能优良、风能利用效率高。

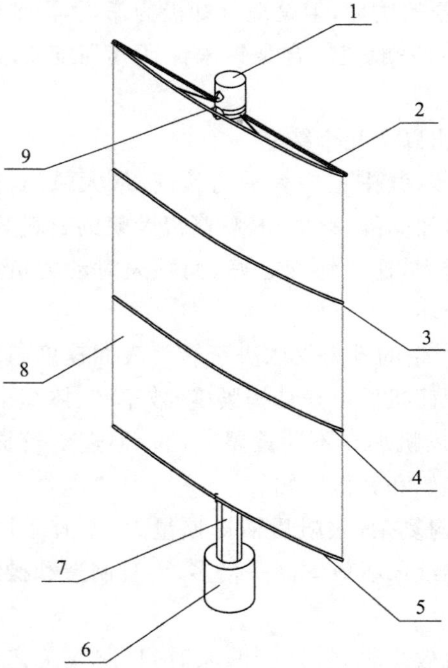

图 8-95　新型风帆整体结构图

1-桅杆帽；2-横骨架；3-横骨架；4-横骨架；5-横骨架；6-底座；7-桅杆；8-帆布；9-拉锁

(2) 结构简单、质量轻、强度高。

(3) 能适应复杂的气候条件，能够经受阳光照射和海水的侵蚀。

(4) 操作灵活方便、升降容易、可绕桅杆自由旋转，同时风帆占用船舶空间小，对驾驶台视线无干扰。

由此，综合考虑上述因素，最适合用在大型海船上的帆型是矩形帆翼，并且是选择帆布制成的软帆。但是，即使选择了矩形帆翼，仍然面临这样几个问题：如何最大限度地利用风能，使风帆能在有利的风速和风向下调整至最大的受风面积和最合适的迎风角；在不利风的情况下，迅速收拢至最小受风面，避免对船舶造成额外的阻力；选择怎样的帆翼横剖面、材料、布置方式等，以将对船舶稳性和结构的负面影响降低到最小。

图 8-95 是一种新型的矩形帆，它选择了尼龙帆布作为帆面材料。在矩形帆

翼中能实现的帆翼横剖面形状是具有对称性的剖面形状，有圆弧型和层流型两种可供选择。层流型与圆弧型的最大区别在于在帆的两边增加圆角，由于两者空气动力性能相差不大，而圆弧型风帆制造工艺更简单，更适用于大型海船的风帆助航项目。

风帆装置由桅杆帽 1、横骨架 2、3、4、5、底座 6、桅杆 7、帆布 8 和拉锁 9 构成。桅杆为中空设计，在其外侧开四条从顶部贯穿到底部的圆形槽口，目的在于让横骨架能通过拉锁在桅杆槽轨内自由升起和滑落。横骨架的形式如图 8-96 所示，按照一定的拱度比设计该骨架，配合桅杆上的槽轨设置了四个半圆形滑块 10，最顶端的横骨架在 11、13 的位置各设置了一个拉环，用于固定拉锁。每根横骨架在 12 和 14 的位置安装了磁铁，目的是将横骨架固定在桅杆的特定位置上。

在底座内设有电源和控制设备，可在操控室控制设备的运行。

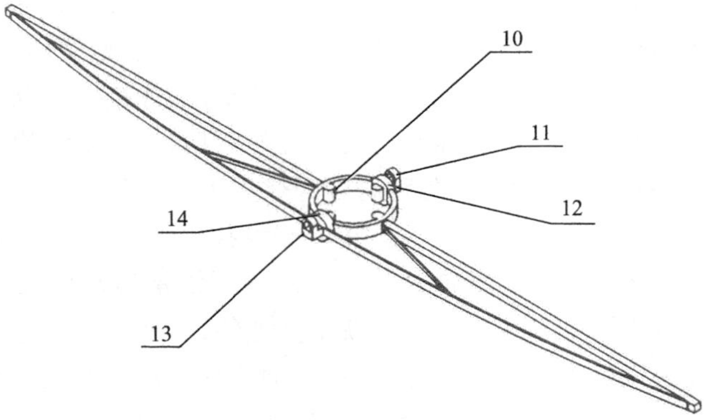

图 8-96　新型风帆的横骨架图

10-半圆形滑块；11-拉环；12-磁铁；13-拉环；14-磁铁

4）风帆主体参数的设计原则

（1）帆的高度和宽度。

对风帆参数进行设计时，应考虑跨海大桥的净空高度、驾驶视线等因素，由此来确定风帆的高度。当风帆的宽度占船舶最大宽度的 0.9 倍左右时可达到最佳节能效率。

实际上，风帆的高度和宽度决定了风帆的风帆面积，而风帆面积除了受船舶本身长、宽和排水量的限制之外，也极大程度上受船舶稳性余量的限制。

（2）桅杆的高度和直径。

将风帆视为一个甲板起重机，根据海上设施起重设备规范和甲板机械的布置情况，合理安排风帆底座的位置，根据位置的限制来确定风帆底座的直径。另外，根据跨海大桥的净空高度来确定桅杆的高度。

(3) 主体材料。

海上特殊而复杂的工作环境,对用于船舶与海洋工程使用的材料,主要有以下几个方面的要求:①良好的综合力学性能;②良好的工艺性能;③耐腐蚀性能;④使用性能;⑤经济性能。

当然,上述各项要求有时是互相矛盾的,这就要求在设计过程中考虑材料的各种性能、价格等,权衡利弊,科学合理地选用材料。

对于骨架,常用的材料有三种:钢、铝合金和玻璃钢。钢的优点是强度高、造价低,但是重量大,对船舶稳性不利;铝合金的质量轻、工艺性好,但是价格贵、弹性较差、容易产生永久变形,不适宜用于大型帆翼;玻璃钢的密度小、比强度高、弹性好,是一种较为理想的骨架材料。

对于桅杆,它是风帆主要的受力构件。传统的风帆历来采用优质木材,但为了实现现代风帆的自动控制,木材受到造型、原料来源等的限制,必然会被时代淘汰。工程上比较常用的普通低合金钢材、不锈钢、玻璃钢的性能概述如下。

普通低合金钢:具有较高的屈服强度、良好的塑性、焊接性能及耐蚀性,可应用于工程中各种能够承受较大载荷而自重要求轻的结构,如建筑结构、桥梁、车辆等。

不锈钢:最大的特点是能够在各种腐蚀介质中工作并且不生锈,由此主要用来制造有较高抗腐蚀能力的零件或结构。在尖端科技领域中广泛使用,同时在我们的日常生活中也能随处可见。日常生活中使用的不锈钢通常比较柔韧,强度不理想。但是在不锈钢中添加某些元素可以获得其他特性,如沉淀硬化型,能使钢在保持相当的耐蚀性的同时具有很高的强度,这类钢还具有良好的工艺性。

玻璃钢:是一种新型的聚合物基复合材料,突出特点是密度小、比强度高,能满足自重轻、强度高的工程要求,同时具有良好的抗腐蚀性,尤其是在海水等介质中能保持稳定的性能。另外,它也是良好的绝缘、隔热材料,不受电磁作用的影响,在船舶遭遇紧急情况也不影响求救信号的发射,这一点在海上航行的安全指标中至关重要。但是这种材料最大的缺点是刚性差,弯曲弹性模量是结构钢的 1/10～1/5。

另外,在这几个大类中,有比较适合海洋工程使用的型号,它们的基本性能如表 8-10 所示。

综上所述,风帆装置材料选定如图 8-97 所示。

5. 风帆的操纵装置

1) 风帆的操纵方式

古代风帆的控制是依靠人力手动操纵来实现的,操纵风帆是一门技术。在古代西方,风帆船舶使用的是软帆,水手需要在大风大浪中爬上桅杆绳索,叫喊着升落帆,手动完成风帆的操纵和控制,而这往往是非常危险的。在古代中国,由于使

表 8-10　几种工程材料的性能对比

材料类型	常用型号	密度/(10^3kg/m^3)	屈服强度/MPa	用途	备注
普通低合金钢	16Mn(Q345)	7.85	345	大型钢结构、桥梁、船舶、压力容器	综合力学性能良好，低温性能尚可，塑性和焊接性良好
	16MnNb(Q390)	7.85	390	大型焊接件、管道、重型机械设备	屈服强度比 16Mn 稍高
	14MnVTiRE(Q420)	7.85	420	焊接构件、重型机械设备	高强度，良好的抗疲劳性能
不锈钢	304	7.93	300	日常生活用具	“食品级”不锈钢
	316	8.03	315	船用钢	良好的耐腐蚀
	630	7.78	630	海上平台、航天、食品工业	高强度、硬度和抗腐蚀、不能耐低温
玻璃钢	环氧树脂玻璃钢	1.73	520	主承力构件、耐腐蚀件	造价较高、工艺性较差、收缩率大
	聚酯树脂玻璃钢	1.75	237	一般要求构件，如汽车、船舶	耐酸、耐碱性差
	酚醛树脂玻璃钢	1.8	110	飞机内部装饰、电工材料	强度较低、成型时有毒

用的是硬帆，其升降和调整角度比较容易，水手在甲板上用卷扬机和升降索就可以完成风帆的操纵和控制。古代中国硬帆的优点是操作简单，它的张挂依靠由滑轮、绞车、绳索组成的系统，很简单地就可以升和降，实现风帆的控制。所以这种硬帆拉上拉下，就像百叶窗帘一样，可以随意增加和减少帆的面积。风大时，可以少张几张帆，或升帆于桅杆之半。偶遇骤风，可迅速解缆降帆；风小时可以把所有的帆都张开。另外，竹条能使中国硬帆绷紧，从空气动力学的角度来说，效果会更好些。如果风帆鼓胀得太大，引起了过多的风湍流，就会使航行的速度减慢。李约瑟曾说，中国的平衡四

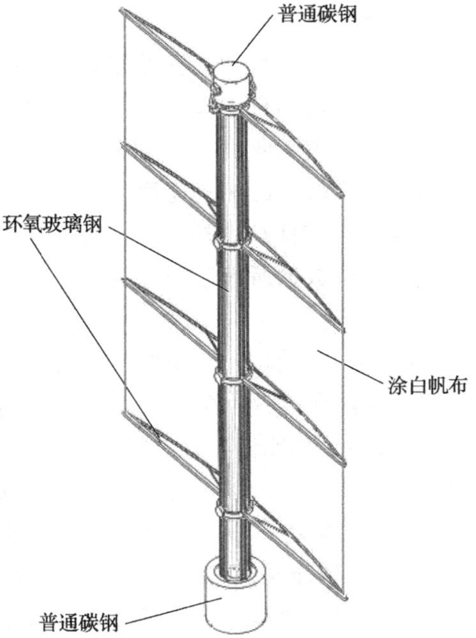

图 8-97　风帆选材示意图

角帆是人类利用风力方面第一流的成就。

15世纪初期，中国明代郑和率领庞大船队七次出海，到达亚洲和非洲三十多个国家，所使用都为风力驱动的帆船。繁盛一时的西洋帆船也是通过人力机械来调整风帆以保证船舶的正常行驶。这种控制方式落后陈旧，劳动强度大，仅适用于小型船舶，是早期风帆船最基本的控制方式，对于现代的风帆助航船舶已经不能满足操作要求了，只能是作为一种应急来操作。现代风帆操纵方式要靠计算机自动控制，能根据当时的气候条件、风力的大小方向、船舶的航向等综合情况，自动调整风帆转动角度以获得最佳的助航效果。目前风帆驱动控制的主要有两种形式，一种是液压驱动，另一种是电机直接驱动。但是从实际使用情况看，大多是按液压控制来驱动的，电动机驱动只是适合一些小型船舶[57]。

现代风帆采用了电子计算机的自动控制系统，如日本的第一艘现代风帆助航船“新爱德丸”号共配备了五台计算机，即自动操帆计算机，主机、可调螺距螺旋桨自动负荷控制计算机，航运管理操计算机，确认稳性计算机，电子劳兰。

其操作程序为：出港之前，船长把各舱的装载量输入稳性计算机内，通过计算机可详细地知道该船的有关要素。其中的排水量作为航运管理手操计算机计算基础的数据。当向计算机输入航行距离、所需航时、潮流、风向和风速等数据后，就能从终端打印出所需要的航速、主机功率和到港时刻。

根据这些资料，船长就可以决定航速。当船进入巡航状态时，首先调整功率，使船以选定的航速航行并按下计程仪按钮。在此基础上，风帆依照许可条件张帆，通过操帆计算机就可得知风帆的推力。

因主机自动负荷计算机可控制船速保持不变，所以从风帆获得推力的信息后，便使主机输出功率自动降低，并自动操纵以减小螺旋桨叶片的螺距。

电子劳兰是在明确显示出船位的同时，还可以算出船舶的对地速度，并根据此速度调节船舶对水的相对速度。

自动操帆计算机，按风速、风向每5分钟的平均值进行计算，然后将数据送入按预先的试验数据所编制的计算程序中。根据计算结果，启动油压装置，使帆转到最佳位置。

风帆旋转驱动控制系统的设计要综合考虑以下几方面要求。

(1) 风帆旋转驱动控制系统既要做到为风帆的旋转提供足够的驱动力，同时耗能少，又要保持船体稳性，尽量不影响船舶的装载能力等。此外也要考虑风帆能够自动化操作控制，减轻船员的劳动量，以获得最大的收益。

(2) 风帆旋转驱动控制系统要能够根据采集到的船舶航向、风速、风向等数据，依据帆的最佳操帆曲线，调整风帆转动角度，使风帆处于最佳工作状态，以达到最好的助推节能效果。特别是在遇到紧急情况时要能够迅速地转帆，以便保证船舶的安全。

(3) 风帆旋转驱动控制系统在工作时不能对整个船舶电网有大的冲击，同时要能够控制风帆与其他动力设备之间保持平衡，实现帆、机、舵的最佳配合，提高对风能的利用效率。

(4) 风帆面积一般比较大，所受风力对桅杆产生的扭矩及对船舶产生的横向力相对比较大。为减小对船舶电网的冲击，以及风帆对船舶结构及稳性的影响，风帆旋转驱动控制系统要将风帆平滑而稳定地旋转到所要求的角度，转动速度不能太快，一般要求在 0.5r/min 左右的转速下，在 −180°～180°的范围内转动。

(5) 风帆助航装置与锚机、绞缆机一样属于甲板机械，其工作环境恶劣，经常受到风浪的冲击和太阳的照射。因此风帆旋转驱动控制系统应具有较高的可靠性，能承受海水的腐蚀和温度的变化，能够适应复杂的气候环境。

(6) 考虑到海上恶劣条件，风帆旋转驱动控制系统的关键部件应设置双套，以便在其中的一套出现故障时，另一套能够及时替代，保证风帆装置和船舶安全。

2) 风帆液压驱动方式[58,59]

日本的风帆助航商用船舶“新爱德丸”采用“环形主系统”式液压控制方法，将起锚机、系泊绞车、起货机、增压泵、风扇、压载泵、风帆等一起驱动控制，其液压系统控制风帆的动作如下：船舶航行中，检测的风向、风速数据输入计算机，设在桅杆里的电磁阀便发出指令，使风帆角度调整到最佳状态。桅杆旋转到与指令的风帆角度达到一致时便停止转动。另外，计算机根据航速可以判断出风是否起到有效推进船的作用，以此来调节螺旋桨的推力。通过在船桥(驾驶室)手动或自动方式来控制设在桅杆内的电磁阀完成收放帆、左右转动、缚住帆、停止动作，电磁阀使用耐压防爆式磁铁。油泵通过设置在主机前端的增速传动装置驱动，在发动机运转的同时油泵作无负载运转，只在风帆动作时才作负载运转。这种“环形主系统”式液压控制方法比较复杂，而且船舶进出港时会发生误操作。又由于船舶航行中风况的复杂性对船舶安全方面要求较高，最好采用单独的液压控制方法来控制风帆。

“新爱德丸”号风帆助航油轮上装设了两套帆装置，前后帆均高 12.15m，宽 8m，总面积为 194.4m^2，由钢制的中央固定部和左右展缩部(钢制的边框、帆、钢制的端部)组成。帆的回转由设在桅基座的液压马达带动转盘来实现，该液压马达设置在帆柱下方的固定部分上，为无级调速的、恒功率输出的 A6V 系列变量液压马达(23～80mL/r)。只需供给一定油量，便在高负载时作低速回转，低负载时作高速回转，并能进行无级变速，故可称为定输入式液压马达。在与环形主系统组合使用的场合，即使流量小，也能高速回转，并能充分利用泵压力，因此能有效地提高系统效率。为了防止桅杆旋转中因受外力(风)的影响失去控制或停止，液压马达上设置了背压阀。

帆的展开或缩拢由展缩帆液压缸动作使展缩帆用的撑杆沿垂直导杆滑动来实现，帆装置的结构如图 8-98 所示。为了常规船员也能操作，操帆实行自动控制，即

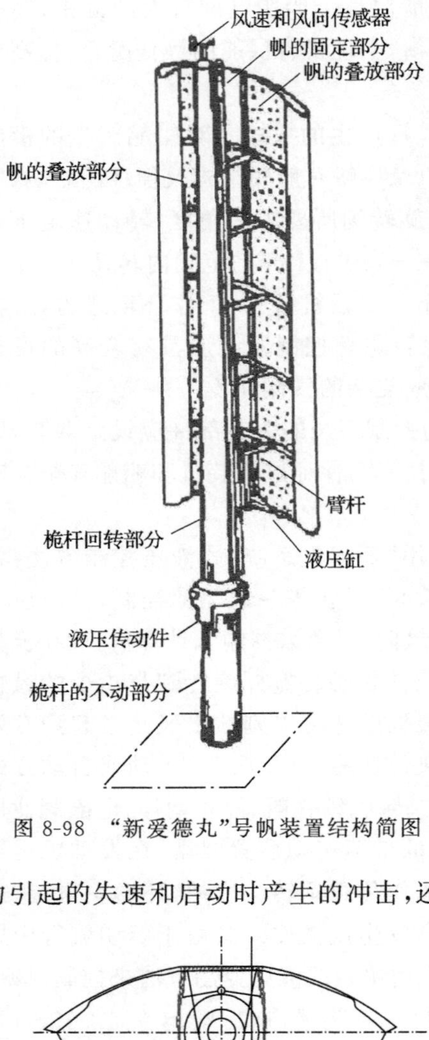

图 8-98　“新爱德丸”号帆装置结构简图

自动测量风向、风速和帆的方位角。当有风时，采用驱动帆到最佳方向以有效地利用风力的操帆控制；当不能利用风时，取缩帆状态，采用使帆转向阻力最小方位的向风控制，而且要控制自动缩帆。安全起见，当平均相对风速或真风速超过 20m/s 时，自动缩帆。

帆收放用油缸（内径 126mm，行程 1700mm）应用了伞的结构原理，如图 8-99 所示，以油缸的收缩操作进行收帆，以伸展操作进行扬帆。当风向不利时，这种帆的两翼可以收拢，其横截面近似于流线型（图 8-99(a)），借自动控制将收拢的帆转至受风阻力最小的位置。在风向有利时，帆的两翼张开成圆弧型薄翼（图 8-99(b)），借自动控制将帆转至最佳的迎风角度，以得到最大的推力[60]。因油缸与帆柱并排置于露天甲板上，所以活塞杆用 SUS304 材料，再镀上硬质铬。为了缓和完全收帆时的冲击，在液压缸活塞杆的一侧设置了一个高强度的缓冲阀。另外，为了缓和外力引起的失速和启动时产生的冲击，还设置了先导单向阀、节流阀。

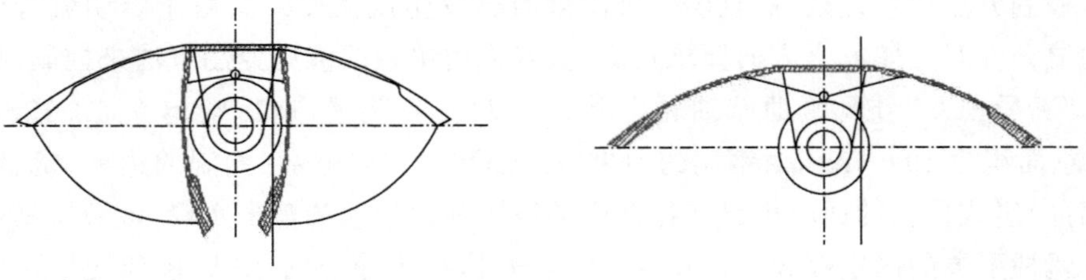

(a) 收缩　　(b) 展开

图 8-99　圆弧型硬帆横截面图

3）风帆电动驱动方式

由于电动机控制方便、灵活，容易获取驱动能源，没有公害污染，维护也比较容易。特别是随着电子技术和软件技术的发展，为电气伺服技术的发展提供了广阔的前景。随着微电子技术、电力电子技术以及微处理器技术的发展，运动控制高性能的要求得到实现。同时随着电气传动技术的迅速发展，全数字型交流或直流伺服系统在微机控制的运动控制系统中得到了广泛的应用。一个典型的现代运动控制系统的硬件由微控制器、伺服驱动系统、伺服电机组成，软件部分则着重加强了控制软件和先进的控制策略，用以控制整个系统的运行以及改善系统的稳态精度和动态特性，达到高性能的要求。位置伺服系统是以足够的控制精度(定位精确)、位置跟踪精度和足够快的跟踪速度作为主要的控制目标，典型的位置伺服系统中有电流环、速度环、位置环，其中分别对应电流控制器、速度控制器、位置控制器，这些控制器能够实现系统的稳态精度、动态特性等控制目标[63]。

就伺服系统的执行元件电动机而言，有他励直流电动机、串励直流电动机、两相异步电动机、三相异步电动机、滑差电动机、同步电动机、步进电动机、音圈电动机等。直流伺服电机由于存在机械换向器和电刷，降低了电机运行的可靠性，加重了维护和保养负担。目前，高性能的伺服系统已经进入了交流化的时代，永磁同步电机(PMSM)以其体积小、高效、高可靠性等优点而被广泛地应用于自动化过程控制领域。永磁同步电动机用永磁体取代普通同步电动机转子中的励磁绕组，节省了励磁线圈、滑环和电刷，具有功率密度大、效率高、高转矩电流比、低惯量和低损耗等优点。

交流伺服系统的基本结构组成如图 8-100 所示，除了交流伺服电机和编码器外，系统主要包括功率驱动单元、位置控制器、速度控制器、电流控制器、位置反馈单元及电流反馈单元等。

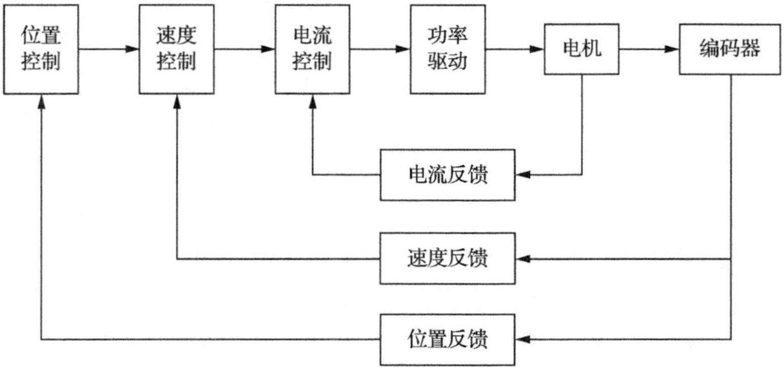

图 8-100 交流伺服系统结构组成

硬帆帆角伺服系统是一种位置伺服系统，交流位置伺服系统包括电气自动控制和机械执行结构两大组成部分，电气自动控制部分包括交流伺服电机、驱动功率放大器、反馈检测传感器和控制调节器。采用半闭环交流位置伺服系统，半闭环交流位置伺服系统的位置检测和反馈装置与交流伺服电机同轴相连，可直接测出电动机轴旋转的角位移，进而推知当前负载的实际位置，如图 8-101 所示。

由于半闭环交流位置伺服系统的位置检测传感器不是直接装在负载侧，位置

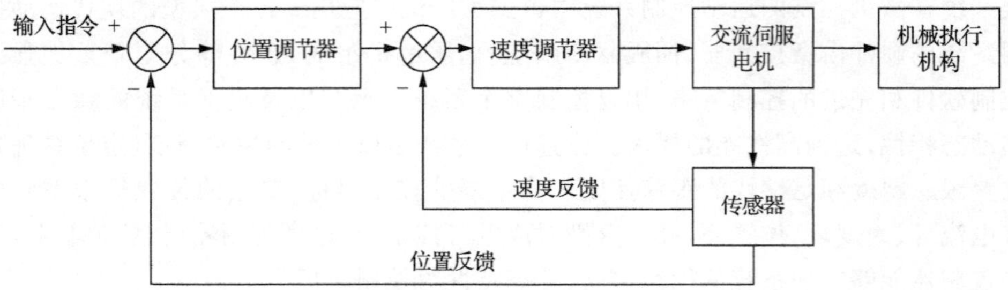

图 8-101　半闭环交流位置伺服系统

闭环只能控制到电机轴为止，所以被称为半闭环系统。半闭环系统没有把机械传动部分包含在整个闭环中，伺服系统的电气自动控制部分和机械执行机构相对独立，可以排除传动的间隙、摩擦特性的非线性等对控制系统稳定的影响，使系统不容易产生机电共振和低速爬行现象。

20 世纪 80 年代以来，我国开始风帆助航技术的研究并取得了可喜的成绩，相继自主研发了一些风帆助航船。1985 年 12 月试航成功的一艘 200 吨级风帆助航机动货驳船，船长 34.21m、宽 7m、深 2.2m、吃水 1.8m，装有 $60m^2$ 的风帆和 10m 高的桅杆。升落转动风帆和起降桅都采用电动控制，并配备 2105 型柴油机两台，共 40 匹马力。在自然风力达到四级时，可以提高航速 12.7%，节省功率 40%。由于这种船升落帆、起降桅采用电动控制，逢桥过闸均可自动降落帆。因此，不仅适用于长江，而且可以广泛在内河航道里航行。1989 年投入使用的一艘 120 吨风帆自航驳采用了电动、手动两用的风帆操纵装置，在电源或电机出现故障的情况下可用人工来进行控制。该船总长为 33.3m、型宽 6.4m，满载吃水 1.15m，在首甲板绞锚盘后面装有一总面积为 $65m^2$ 的风帆[61]。该风帆全部升起时帆高 10m，宽 6.5m。采用一台电动机来控制帆的升降和桅杆的起放。转帆通过调节风帆上的绳索来控制，电动机的电源采用蓄电池加装逆变电源，蓄电池用主机带动的发电机充电。1996 年我国第一艘微机控制风帆助航综合节能货船由武汉水运工程学院（现武汉理工大学）和湖南岳阳水运公司船厂联合研制成功，该船载货量为 326 吨，货舱容积 $410m^3$，船前后各设一帆，面积为 $70m^2\times2$。采用电脑-液压自动控制风帆，同时操作系统设有自动、手动和应急装置，桅杆可以起放，以保证船舶的安全可靠及灵活方便。1996 年 2 月由七〇八所和七一一所设计、宁波海运公司承建了 2 500 吨风帆助推综合节能多用途集装箱船“明州 22 号”，首航日本。该船操帆采用计算机控制液压系统，在船首首楼甲板后部设了帆面积为 $120m^2$ 矩形硬质风帆，操帆机构采用微机自动控制的电-液随动伺服系统来实现转帆、张帆、折帆功能。电控系统总功率为 15kW，液压机组的启动停止及风帆操作可在风帆控制室的控制箱和驾驶室的风帆遥控台上进行控制[62]。

4）风帆驱动方式选择[64]

风帆控制系统的选择对风帆助航装置的节能效果有很大影响，如果不能够准确可靠地控制风帆，就会使风帆对船舶的推力减小，甚至成为阻力。海上的复杂状况要求控制系统有很高的可靠性、稳定性、快速性，一旦出现紧急情况能够保障船舶和风帆的安全。电气驱动控制系统和液压驱动控制系统在船舶上均有普遍的应用，各自具有特点和优势，表 8-11 为两种驱动控制方式在船舶甲板设备使用的比较。

表 8-11　电气与液压驱动方式的比较

驱动方式	电气驱动	液压驱动
适用范围	油船化学品船不宜采用	适用于各种类型船舶
各类工程船舶的选用	较少	广泛
对船舶电站容量的要求	大功率装置启动时对电站及电网有冲击	基本不冲击船舶电站
启动特性	加速时间在 2～4s	加速时间小于 0.1s
调速特性	大多采用阶梯式	无级调速比、范围大
运行特性	难以保证平稳及抗冲击	运行平稳、能抗冲击
制造成本及可靠性	投资小可靠	投资大、可靠性好
技术发展趋势	PLC 控制	电液复合机电一体
维护管理	维修方便	维修工作量大

从表 8-11 可以看出，从制造成本及维护管理方面看，电气驱动控制具有明显的优势，但是从其运行特性及对船舶电站的影响来说，电气驱动控制又有不利的方面。这就要从船舶吨位、船型及所安装的风帆面积大小来综合考虑采用哪种控制方式。

电气驱动控制系统适用于船舶吨位比较小的船舶，如内河小型驳船、杂货船等。为了避免对船舶电站的影响，可以考虑单独用蓄电池加装逆变电源来给电动机供电，蓄电池则由船舶主机带动的发电机充电。但是这种供电方式给电机提供的功率有限，也就限制了风帆的使用面积。

液压驱动控制系统能使系统的输出量（如力矩）精确地跟随输入量（如位移、角度）的改变而改变，同时输出功率相应地增加。与电气驱动控制系统相比，液压驱动控制系统的传动效率相对较低，但是其运行不是连续的，而是根据风况的变化时断时续地运行，耗能不是很多；液压驱动控制系统虽然成本相对较高，但相对于日耗油几十万元左右的远洋船舶，如果能为船舶节能 15%，这些成本是可以忽略不计的。所以，液压驱动控制系统在船舶上应用有很大的优势。

液压伺服系统与电气传动控制系统相比，其单位体积输出功率大，结构紧凑，能够适应船舶上狭小的空间，符合船舶对设备要求质量轻、体积小的特点。例如，液压马达的功率-质量比一般为相当容量电动机的 10 倍，而力矩-惯量比为电动机的 10～20 倍。其次，液压伺服系统惯性小，加速能力强，动作灵敏、响应快、换向迅速，换向频率高，启动时间不超过 0.1s，能够适应海上突变的风况及时调整风帆角，使风帆达到最佳的节能效果。液压伺服系统的这些特点是电气传动控制系统难以达到的。此外液压伺服系统液压元件的标准化程度高，通用性强，可实现更换维修，这对远离大陆的远洋船舶来说是最为方便的。液压伺服系统还有其他优点，如过载保护容易，解决系统温升比较方便，调速范围宽、低速稳定性好，寿命长等。

综上所述，液压驱动控制系统是风帆助航装置旋转控制系统很好的选择。下面结合某 48 000DWT 散货船，说明选择液压驱动控制系统的必要性。

在某 48 000DWT 散货船上安装一组 400m^2 的风帆，风帆弦长 16.5m，扭矩系数 C_m 取最大值 0.130 1，空气密度按 1.205kg/m^3 计算，风速为 15m/s，由式(8-4)可得风帆驱动机构的所需扭矩：

$$M_Z = \frac{1}{2}\rho_0 S V_c^2 C_m = 0.5 \times 0.1301 \times 1.205 \times 15^2 \times 400 \times 16.5 = 116(\text{kN} \cdot \text{m}) \tag{8-4}$$

在不考虑摩擦力矩影响的情况下，一组风帆对驱动机构的扭矩要求达 116kN · m。若用电机直接驱动，取电机转速为 750r/min，根据功率与扭矩之间的关系可得电机的所需功率为

$$P_d = \frac{n \cdot M_Z}{9550} = \frac{750 \times 116}{9550} = 9.1(\text{kW}) \tag{8-5}$$

若用电机驱动，需要调速比很高(1 000 以上)的减速装置来驱动风帆转动，传动机构复杂，可靠性不高。且电机启动时，对船舶电站有较大的冲击。当液压马达的参数为总效率 $\eta_m = 0.9$，容积效率 $\eta_v = 0.92$，供油压力 $P = 10\text{MPa}$，输入流量 $Q = 20\text{L/min}$，输出同样扭矩时，所需转速为

$$n = \frac{60PQ \cdot \eta_m}{2\pi M_Z \cdot \eta_v} = \frac{60 \times 10 \times 20 \times 0.9}{2 \times 3.14 \times 116 \times 0.92} = 16.1(\text{r/min}) \tag{8-6}$$

液压马达所需功率为

$$P_m = \frac{PQ}{60} = \frac{10 \times 20}{60} = 3.3(\text{kW}) \tag{8-7}$$

由此可以看出，在输出相同扭矩的条件下，液压元件所需的功率要远小于电气元件，且所需要的调速比要小很多。同时液压元件体积小、质量轻、结构紧凑，能在较大范围内实现无级调速。对大型远洋船舶来说，液压驱动控制要比电气驱动控

制优越得多。

6. 风帆助航船舶的稳性

风帆助航技术涉及风帆的空气动力学分析、风帆结构设计和船舶稳性计算等多个方面。特别是船舶张帆航行时，船体在风帆侧向力的作用下会产生一定程度的横倾，因此风帆助航船舶在稳性方面具有一些与常规动力船不同的特性。目前国内外并没有风帆助航船舶相关的稳性规范，而如何正确校核风帆助航船的稳性是风帆助航技术应用的一个重大问题。

风帆对船舶产生附加的横倾力，会使船舶在风浪中的横摇加剧。风帆助航船舶的受风面积大，风压中心高，帆对船舶的横倾力矩大小取决于帆的空气动力特性、帆的使用面积、风压中心的位置、风速、风向以及帆攻角等，风帆助航船舶的稳性校核与常规船舶有很大的不同，船舶稳性是否满足要求直接影响到海上人员和船舶安全。目前，世界各国对风帆助航远洋船舶的稳性还没有进行试验研究，稳性标准还没有制定，这制约了风帆助航技术的发展和应用。

对船舶稳性的研究一直是国内外船舶行业所关注的重点课题，然而对非传统帆船的稳性研究相对较少。国外对风帆助航船的研究起步比较早，很多国家根据自己的研究情况，针对本国的风帆助航船舶提出了风帆助航船舶稳性校核的规范。对于帆船稳性规范的研究主要集中在英国、日本、美国、德国、法国、意大利等国家，例如，英国劳埃德船级社参照美国风帆训练船的要求制定了本国的帆船稳性校核方法，后来又进行了一系列关于风帆助航船舶稳性评价方法的研究，完善了英国帆船的稳性规范；美国海岸警卫队根据一艘长约 70m 的三桅帆船的稳性试验制定了本国帆船稳性的校核方法；法国船级社在 1985 年提出了针对本国客帆船的稳性要求；意大利在 1990 年提出了适用于 25～100m 的单体风帆船的稳性校核规定。

就目前公开的技术和研究成果而言，稳性计算方法的研究对象主要集中在渔船、集装箱船。我国学者参照这些理论成果，运用风帆的空气动力特性和机翼理论建立风帆助航船舶运动的数学模型，通过理论分析和风帆、船模风洞试验相结合的方式来研究风帆助航船舶在风力作用下航行时的完整稳性，由此带动了风帆助航船舶稳性计算的研究。

1) 美国海岸警卫队船舶稳性规范[65]

美国开展帆船稳性的研究是通过对海岸警卫队所属的帆船进行稳性试验。通过一系列的实船试验，制定了针对本国小型帆船的稳性校核方法，具体规定如下。

(1) 每一艘船在任何装载状态和操作状态下都应该满足如下条件：①在封闭航区航行的船舶，在任何装载状态下，稳性消失角要大于 70°；②对于在开放航区航行的船，稳性消失角要大于 90°。

(2) 每艘船在设计时必须满足如下的要求：

$$\frac{\Delta \cdot \mathrm{HZ}_A}{A \cdot H} \geqslant X \tag{8-8}$$

$$\frac{\Delta \cdot \mathrm{HZ}_B}{A \cdot H} \geqslant Y \tag{8-9}$$

$$\frac{\Delta \cdot \mathrm{HZ}_C}{A \cdot H} \geqslant Z \tag{8-10}$$

式中，A 为位于水线以上船体和船帆的面积总和，帆重叠的部分不能计算在内，m；H 为船体水下部分的型心（粗略计算取在 1/2 吃水处）到 A 型心的垂直距离，m；Δ 为所校核载况下船舶的排水量，kg；X、Y、Z 为限定值，对于在封闭航区航行的船：$X=10.9\mathrm{t/m^2}$，$Y=12.0\mathrm{t/m^2}$，$Z=13.7\mathrm{t/m^2}$，对于在开放航区航行的船：$X=16.4\mathrm{t/m^2}$，$Y=18.6\mathrm{t/m^2}$，$Z=20.8\mathrm{t/m^2}$；HZ_A、HZ_B、HZ_C代表的是横倾角为 0°时的风倾力臂值，它们的计算与静稳性力臂曲线有关，在任意装载情况下，HZ_A、HZ_B、HZ_C代表 HZ 在与静稳性力臂曲线同一坐标下横倾角 0°时的风倾力臂值，HZ 是满足一定条件的风倾力臂曲线。

2）意大利单体帆船稳性规范

意大利帆船稳性规则在 1990 年的一个国际会议中出现，由意大利的一家研究机构 Mario Alimento 通过试验研究总结出适用于长 25～100m 的单体帆船的稳性要求，具体要求如下。

（1）计算作用于帆上的风力时，取风速为 13m/s 的恒风（计算动倾角时阵风风速为 20m/s），风向沿船宽方向，帆的受风面积为整个帆面积。

（2）初稳性高必须大于 0.6m。

（3）稳性消失角要大于等于 90°。

（4）甲板边缘入水角要在 25°～30°。

（5）恒风下的静横倾角的大小要小于或等于甲板边缘入水角的 80%。

（6）最大静稳性臂要大于等于 0.3m。

（7）极限动倾角要小于等于 45°和入水角。

（8）静稳性曲线下在横倾角 0°～90°的面积要大于等于 1.5 倍的在这个角度范围内风压横倾力臂曲线下的面积。

3）英国劳埃德船级社帆船稳性规范

1987 年，英国劳埃德船级社对一艘 56m 长的帆船进行了多次实船试验，同时参照美国交通部的风帆训练船要求并特别考虑了风倾力矩和阵风影响，制定了本国的帆船稳性校核方法。后来应英国交通部的要求，又进行了一系列关于风帆助航船舶稳性评价方法的研究，完善了英国的帆船稳性规范。该规范的具体规定如下。

（1）必须对帆船满载出港和满载到港两种装载情况进行稳性校核。

(2) 复原力臂值在横摇角大于 90°的范围内必须为正值。

(3) 衍生风压横倾力臂(DWHL)曲线(图 8-102)与静稳性力臂曲线(GZ)的交点所对应的横倾角 θ_d 必须大于 15°,其中衍生风压横倾力臂曲线按照式(8-11)来确定:

$$\mathrm{DWHL} = 0.5 \cdot \frac{\mathrm{GZ_f}}{\cos^{1.3}\theta_f} \cdot \cos^{1.3}\theta \tag{8-11}$$

其中, GZ_f 为使船横摇至入水角或 60°(取较小者)时对应的力臂值。

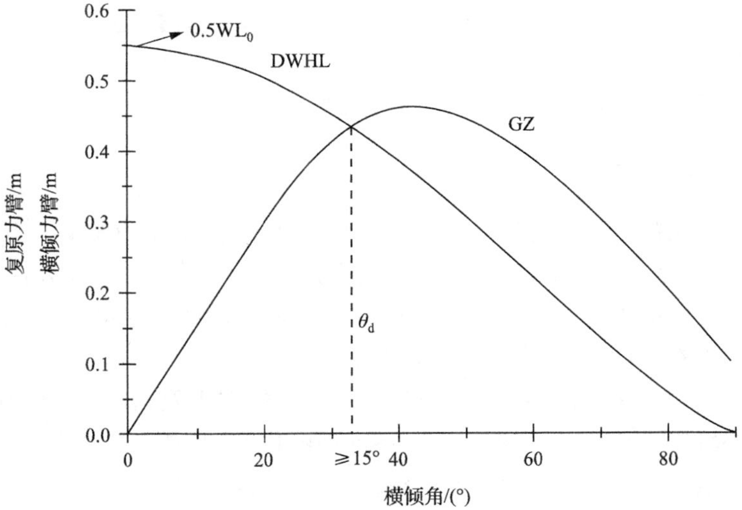

图 8-102　DWHL 曲线

4) 国内风帆船稳性校核方法

由于我国风帆助航研究起步较晚、项目较少,目前并没有关于风帆助航船明确的稳性校核的规定。参考早期国内有关单位对风帆助航船舶的研究,其稳性核算基本上是借用《海船稳性规范》中的客船衡准要求。按照已有的帆模风洞试验和实船试验,总结出了如下较有代表性的校核方法。

(1) 稳性衡准数: $K = M_q/M_f \geqslant 1$。

(2) 初稳性高: $GM > 0.3\mathrm{m}$。

(3) 静倾角: $\theta_s > 12°$。

(4) 横摇角按照规范来计算,但是要计入横摇角修正系数的影响。

另外,武汉水运工程学院学者研究发现,对于风倾力矩 M_f 的计算有不同的方法,主要概括为两种:一是根据风洞试验的结果把船和帆的力矩分开计算;二是把船和帆合为一体计算,把帆视为上层建筑的一部分。

由于风帆船帆的使用特性,即扬帆必须是在一定风速范围内,风太小达不到节能效益，风过大则有危险性。另外，加装风帆之后的船舶受风浪的作用被放大了。因此在考虑稳性时，将帆的面积作用通过计算船舶受到的横倾力和横倾力矩来衡量，以便能够针对不同类型风帆的形状特征进行稳性计算。考虑到风帆具有减摇效果，需要对船舶横摇角进行修正。注意到校核船舶气象衡准时的计算涉及船舶的自身倾覆力矩和外力横倾力矩以及横摇角，实际上是综合了上述稳性要求，因此着重考虑风浪联合作用下的天气衡准数 K 。此外，加装风帆之后的船舶重量分布发生变化，由此影响了稳性参数的计算和静稳性曲线的形状。由此，对风帆助航船舶稳性核算推荐按如下要求进行。

(1) 必须满足稳性衡准数：$K = M_q^* / M_f \geqslant 1$，其中，$M_q^*$ 是指考虑了风浪联合作用下，风帆船的最小倾覆力矩。

(2) 必须考虑风帆装置对船舶重心的影响。

7. 风帆助航技术的应用

风帆在船上的应用已有数千年之久。大约 160 年前，高速帆船(clipper)是当之无愧的“海洋之星”，它们通常采用三桅、方形横帆、三角前帆、斜桁后桅结构，最多可搭载 750 吨的人或物，以 20kn 的航速日行 450 海里，航迹遍布全球。这些数据就算放到现在，也足以为人们所称道[66]。

世界上最早的风帆船舶出现在 3000 多年前的古埃及，他们所使用的是方帆船，其他航海国家也有自己的船帆和高超的驶帆技术，但是中国制造出了不同于其他国家的硬帆。中国发明的硬帆(图 8-103)就是每隔一段距离有一根横梁，使竹子穿插其中，船帆的材料分布在横梁之间，整个帆成平衡四角形，与西方的软帆船有明显的不同(图 8-104)。我国古代船帆的材料有布、绸，特别还有一种用竹篾或芦苇叶编织成的席子，但共同的特点是使用竹条作骨架。这种帆的优点是能够根据风向调整风帆角度，能最有效地利用风力，从而使中国的木船能跨越海洋，领先于全世界。

到了近代，随着人类科技的高速发展，机械动力慢慢取代了风帆，如苏伊士或巴拿马运河之类的运河也因不适合帆船而加速了风帆的落幕。不过，当时间之轮转到 21 世纪，当节能环保越来越为人们所提倡时，世界又一次将目光缓缓移向了风动力这一没有任何油耗和排放的绿色能源。实际上，现代风能助航的研究已经开展了很长一段时间。早在 20 世纪，传统风帆就延续了本身优点被应用于单一风动力帆船之外的小型混合动力船舶之上，这就是最早的现代风帆助航技术。

20 世纪后半叶，借助风力而又不污染环境的风帆助航船舶，重新焕发出了活力，各种不同的新型帆船不断涌现。世界上有 20 多个海洋国家，先后成立了风帆研究所而且多次召开了关于研制现代帆船的国际学术会议。对风帆船的研究，欧、美等国比日本早，但他们侧重于“帆-机配合”的方式，比起日本的“机-帆配合”方式难度大，风险性也大，船东不敢贸然投资。但经过多年的研究、试验和论证，取得明朗的看法后，欧洲国家开始了实船的设计与建造。美国将帆布制成的三角帆安装在一艘 3 100 吨的货轮上，又在一艘 3 000 吨的船上安装了直角帆，进行了为期一年多的航行试验，具有明显的节能效果。英国、芬兰等地研制了风帆助航快艇、风帆助航客船、风帆助航渔船等。虽然传统帆的工作效率低，但是安装风帆之后节约了燃油开支，而且操作简便。后来，传统帆船得到了一定的发展，出现了风力机式动力船。它的原理是风带动风力机，然后用风力机带动曲轴作为螺旋桨的驱动来源，为船舶提供前进的动力。这种类型的风能助航方式极不稳定，而且只能用于小型船舶。苏联一直没有间断这方面的试验和研究，并取得了很大进展，出现了引人注目的研究项目。日本虽然起步较晚，但在西方举足不前时，日本果断地跨出了成功的一步。日本继其建造的世界第一条大型现代帆船后，又建造了许多各类帆船。迄今，日本对风帆技术的研究仍十分执着。法国的研究工作进展也较快，而且很出色。从 80 年代中期起，法国对滚筒帆推进装置的研究取得了突破性的进展，并且还建造了多条具有高水准的世界最大的风帆客船。比利时和波兰在风帆船方面也取得了良好的业绩，这两个国家自 80 年代以来设计并建造了不少世界瞩目的大型帆船。德国、挪威、荷兰、芬兰、印尼等国也开展了研究工作，并也有实船。中国在 70～80 年代也开展过研究[67]。

图 8-103　中国硬帆船

图 8-104　西方软帆船

美国从 20 世纪 70 年代末以来，就注意到风帆助航的美好前景，成立了专门建造风帆的委员会，制定了风帆助航规划，在拖驳船、渔船和浮吊(钻井船)、近海和远洋船上，对传统风帆和现代帆具进行了一系列的试验研究工作，颇见成效，如“诺福克·雷贝尔”号驳船上的加帆助航试验(图 8-105)。该船长 15.6m,动力装置功率为 195kW,前后加帆面积分别为 $78m^2$ 和 $136m^2$,航速为 10kn。试验表明,此船使用风帆作动力时,航速达 7~8kn,可节约 40%左右的燃料。

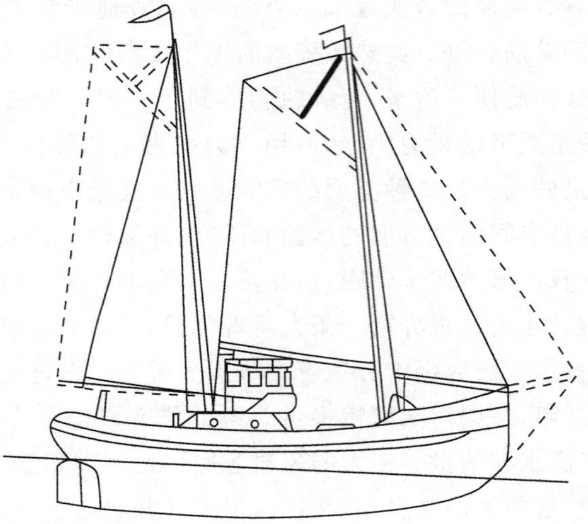

图 8-105　“诺福克·留贝尔”号风帆驳船的侧视图

“罗瓦·路易斯安娜”号钻井船的加帆试验。1978 年 3 月美国把该船从得克萨斯州的加尔维斯敦拖到墨西哥湾南部的钻井点进行作业试验。这条船的船头桅杆上装着自动升降的三角帆,帆面积约 $630m^2$,重 4 吨。在 31.5kn 风速时,帆的推力比 735kW 的拖船功率大,若增加 0.5kn 的拖速,每昼夜就可节省拖船燃料费 2 400 美元。

美国风帆船公司在 3 100 吨的“大西洋”号货船上,装了一面独桅三角帆(面积 $120m^2$),在 6~8 级风速时,可提高船速 1.5kn,使 1 210kW 的柴油机每昼夜节油 1 000L 左右,可比同类无帆船节约 20%的油(图 8-106)。1981 年该公司在 3000 吨的“明尼·路易斯”号近海货船上加装了一个直角帆(面积 $278m^2$),十四个月的试验表明,与同类无帆的船相比,主机每昼夜节油 24%,一年可节省 9 万~10 万美元的燃料费。

美国在一艘 9m 长的“坎莫莱昂”快艇上进行了翼型帆试验,结果表明,翼型帆升力系数 $C_l \approx 1.6$,可节省燃料 30%。美国“风力开发”公司对各种类型风轮机的性能系数进行了大量的研究工作,专家曾对一种带襟翼的翼型帆($S=28m^2$)进行了试验,将其安装在岸上的 10.8m 高的旋转桅杆上,试验结果证实了这种风轮机是可以在实际中使用的。

芬兰沃特塞尔船厂制造了几艘用传统风帆助航的游艇,其中最大的一艘是 500 吨带 112 个客位的支索帆游艇(图 8-107)。此船帆面积为 $1\,500m^2$,可转动使

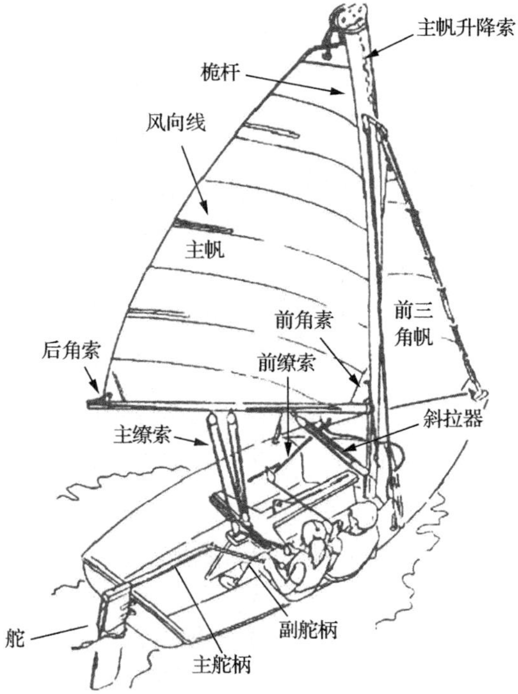

图 8-106　美国帆船公司的独桅帆船示意图

风，它仅用帆力航行，航速可达 14kn，可比美国无帆游艇省油 20%～30%。

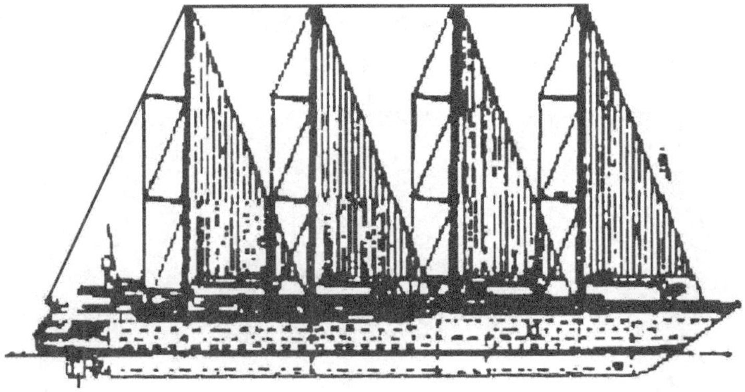

图 8-107　芬兰 500 吨支索帆游艇示意图

英国方帆公司设计了两艘三桅方帆旅游客船(图 8-108)，休·伟尔伯恩等为“大西洋”快艇设计安装了传统的叉骨帆。这种叉骨帆有两根桅杆，桅杆的前后都挂着两面支索三角帆，1984 年 6 月专家在普鲁茅斯至西印度之间的航线上，对其进行了全面试验。

图 8-108　英国的三桅客船示意图

到 20 世纪末，柴油机与汽轮机占领了当时的船舶市场，很大程度上限制了风动力船舶的发展。进入 21 世纪之后，能源和环境的迫切要求使得风能助航领域又呈现了新的动态，风帆的结构、形式和应用对象出现了前所未有的创新和突破。

德国 SkySails 公司开发了基于风筝帆的 Towing kite(牵引伞)推进系统(图 8-109)，并在德国 BELUGA 航运公司的一条多用途重吊船上装备了这套牵引伞推进系统。2007 年 12 月 15 日，全球第一艘用矩形风筝拉动的货轮“白鲸天帆”号在德国汉堡的一个港口下水。研发出天帆风力系统的汉堡市“天帆”公司和不莱梅港的“白鲸”轮船公司合作，在 132 公尺的“白鲸天帆号”上安装超轻合成纤维巨型风筝，可上升至 300m 高空，把风力和风向输入船上的计算机，指挥风筝沿围绕货轮的轨道移动，由不同方向拉动货轮，减少轮船的发动机负荷。不同于以往帆船的帆安装在船身，天帆把帆送上天，发明天帆的德国工程师瑞格说：“天帆的优点是可利

图 8-109　德国公司开发的“天帆”船

用上层最稳定而强劲的风力。”瑞格表示，全球登记的 10 万艘轮船有 6 万艘可加装天帆，包括货柜轮、油轮在内，根据风力状况可节省 10%～35%的燃料，风力最理想的短期间甚至可节省 50%的燃料，为船舶新能源的应用开辟了新的道路[68]。

2008 年德国 Enercon 公司投资建造了一艘长 130m、宽 22.5m 风帆助航货船“E-Ship 1”号(图 8-110)，该货船采用了造型独特的圆柱形滚筒帆。转筒在运动的气流中转动，从而产生了垂直于气流方向的横向力，由此产生帮助船舶前进的推力。在与柴油机动力的配合下，该船从德国汉堡航行至柏林的燃料消耗只有同尺度船的 50%。

图 8-110　“E-Ship 1”号滚筒帆混合动力货轮

1980 年日本建造了第一艘有现代帆具装备的“新爱德丸”油轮(图 8-111)。这艘油轮载重 1 600 吨，排水量为 2 400 吨，主机功率为 1 180kW，装有两个高 12.15m、宽 8m 的风帆。金属构架上蒙着帆布的帆面积为 194m^2，调距螺旋桨 2.65m，航速为 12kn，帆具和主机的动力匹配和营运管理均由电子计算机控制。

图 8-111　“新爱德丸”风帆助航油轮

它与同类型不加帆的油轮相比，大约可节省燃油 50%，其中仅风帆助航所节省的燃料为 15%。在这之后，日本又于 1982 年和 1983 年相继建造了“爱德丸”“扇蓉丸”“日产丸”等机动风帆货船，1984 年日本又设计和建造了 26 000 吨的“臼杵先锋”和另一艘 31 000 吨的现代风帆助航远洋货轮。

2000 年后，日本东京大学也在开展一项大型风帆助航项目“风之挑战者”的研究（图 8-112），将一艘 180 000DWT 的好望角型散货船作为研究对象，拟在该船上安装 9 个可以单独控制旋转的矩形硬帆，帆高达 50m、宽 20m，帆面的材质为碳纤维强化塑料，并设计成中空曲面，这种风帆最大的创新之处是它能够实现风帆的收放。帆体由五个部分套接而成，采用电机控制可以实现从下至上的升帆以及从上至下的降帆。通过试验模拟，预计该船 CO_2 的排放量可以降至未安装风帆时的一半，平均每年至少减少 30% 的燃料消耗量，用 5～10 年就可以收回成本。

图 8-112　日本“风之挑战者”号效果图

我国是世界上最早发明和利用风帆的国家，早在夏禹时期就已开始用帆了，三千多年前商代甲骨文中就有“帆”的记载。秦始皇派徐福率大型帆船队到海外找“长生不老药”，东晋法显到印度、锡金留学，三国时赤壁之战三方百万之师的战船队，明朝郑和七下西洋时二万六千之众的大型船队，均采用直帆和纵帆作动力。近代，我国解放战争时，百万雄师过大江用的也是帆船，风帆为我国历史写下了壮丽辉煌的篇章。

郑和船队下西洋时就已经利用季风和洋流，主要体现在出发和返回时间的选择上。郑和船队出发的时间一般选择冬季，返回的时间一般选择夏季。冬季，亚欧大陆冷高压势力强大，蒙古高压控制着我国冷空气的活动。蒙古高压 10 月出现，1 月最强，4 月消失。因此，郑和船队出发时间主要选在冬季风最强的时候。此时中国沿海的沿岸流向南运动，风助水势，正适合南下。夏季，郑和船队下西洋所经地区主要盛行西南季风，在西南风的作用下，西南季风漂流势力强大，船队先向东、再向北航行，可顺利返回故乡[69]。其航线图如图 8-113 所示。

新中国成立以后我国机动船的应用和发展很快，传统的风帆船逐渐被机动船

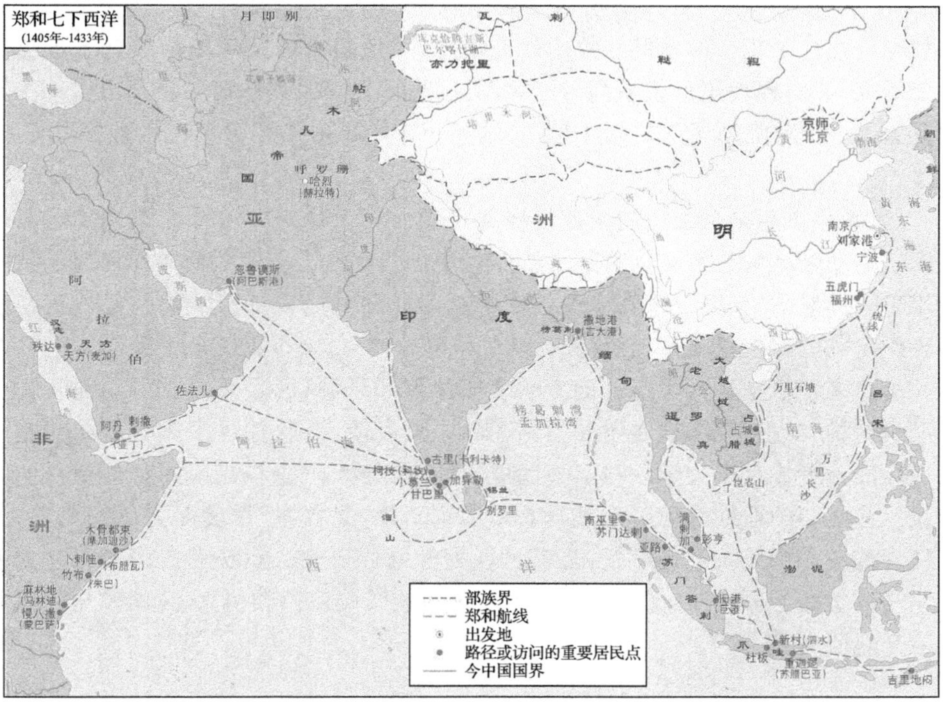

图 8-113　郑和下西洋航线图

代替。据不完全统计，目前全国仅机动渔船就有 6 万多艘，350 多万马力。在我国近海、内河等地捕鱼所使用传统风帆的船只也还不少，传统风帆渔船尚有 34 万余艘，其中舟山群岛就有大小机帆渔船 3 000 多艘。为了开源节流，近些年来有些地区的一些机动渔船又加装上了传统的帆具用来助航，实践证明这种机帆两用船节能效果很好。

广东省台山县横山渔港，30 艘 20 马力的单桅杆机动渔船加装风帆助航后，在 4 级风速时，功率可增加 25 马力，油耗量由原来的 4kg/h 减少到 2.5kg/h。广东省阳江县海欧大队的三桅机帆船，功率为 135 马力，加帆后功率提高到 210 马力，一艘船每年可节约燃油 8～10 吨。

我国在现代风帆助航技术的研究方面也做了不少的工作。我国第一艘大型风帆助航船是一艘 2 500 吨风帆助航综合节能多用途货船，该船由中船工业第七〇八所做总体设计，中船重工第 711 所负责研究开发风帆助航装置，将风帆布置在船首艏楼甲板后部，帆面积总共 120m^2，风帆的材质采用矩形硬质帆面，风帆的操纵机构采用自主研发的微机实现自动控制。这是我国船舶界的科研成果，该吨型的风帆助航船舶的建成和试航成功，标志着我国远洋船舶领域探索新能源的又一突破。在 20 世纪 80 年代，有关单位对该项技术进行了技术以及经济方面的初步探讨,其中具有代表性的是武汉水运工程学院(现武汉理工大学)的系列相关研究。该校专门成立了现代风帆助航技术研究小组,对风帆助航船舶的相关技术进行了系列研究,并对现代矩形帆系列做了风洞试验,形成了系列图谱并开发出了一种转带帆系统;开发研制了 300 吨风帆助航船,该项成果获得了交通部成果推广三等奖。

然而,由于后来柴油机的快速发展并占领中国市场,自 21 世纪以来我国对风帆助航船舶领域鲜有研究。直到 2008 年,中远集团联合多家科研单位将风能技术应用于远洋船舶,又开启了我国对风帆助航船舶领域研究的新局面。最近正在进行风帆研究的高校主要是上海海事大学、大连海事大学和武汉理工大学。上海海事大学对多种帆型进行了空气动力学模拟计算和风洞试验,并提出了一种新型百叶风帆结构,申报了 14 项实用新型专利和 5 项发明专利,探讨了风帆助航船舶的稳性标准。大连海事大学参与了中远集团的"风能太阳能"项目,并为该项目的开展做一些必要的前期研究工作,以 76 000DWT 的"文竹海"散货船为研究对象,主要针对该船采用风帆助航后帆-机-桨的匹配性开展研究。武汉理工大学以某大型巴拿马散货船为分析研究的对象,重点对风帆装置的建模和仿真、风帆模型的风洞试验开展研究。

8.3.7 其他能源

1. 太阳能

在船舶上更大规模地利用太阳能具备一系列有利的条件:①与太阳能汽车和太阳能飞机相比,船的尺度要大得多,故具有更大的受光面积;②船舶行驶速度低,便于安装各种太阳能利用装置;③装设太阳能利用装置对船舶的外形、自重与稳性不会产生很大的影响,甚至可将太阳能装置的集热和采光面与船舶甲板、上层围壁的隔热降温措施结合起来;④海面辽阔无边,阳光强烈,船舶的敞露条件很好,故光照效率比陆上高,尤其是在热带航行的远洋船舶,利用太阳能的条件是很好的;⑤太阳能比风能更容易预测,可以普遍地获取而直接转换为电能存储起来。

尽管太阳能存在成本高、效率低和储存能量困难的问题,但从以下几种方面利用太阳能还是有现实性的:①作为自控系统的光电控制源,作为船舶导航仪器或某些自控系统的动力源;②作为小功率的辅助动力源(如小型游艇的推进动力源、夏季运油船甲板洒水设备的动力源、远洋船舶海水制淡装置的动力源以及海上救生艇的推进动力源);③作为船舶的光电源;④作为船舶生活用热(冷)源。太阳能船舶的设计流程如图 8-114 所示。

太阳能已经开始在船舶(主要是旅游观光船、游艇、短途渡船等小型船舶)上应用,世界上已建成一些太阳能客轮和太阳能游艇(图 8-115)。1995 年瑞士 MW-

Line 公司建成世界上第一艘太阳能客轮——Solifleur，此后该公司又建造了载员 30、50 人的几条客船。Kopf 公司建造了一系列太阳能船：RA-System、Solarshuttle、SOL10、ECOSOL 等，其中 Solarshuttle 82 是当时最大型的太阳能驱动船。澳大利亚还设计了采用太阳能、风能、燃油混合动力能源的大型水船，用于给各大城市供水。2006 年美国与澳大利亚合作设计了太阳能风翼大型三体游船，可搭载 600 名乘客[70]。

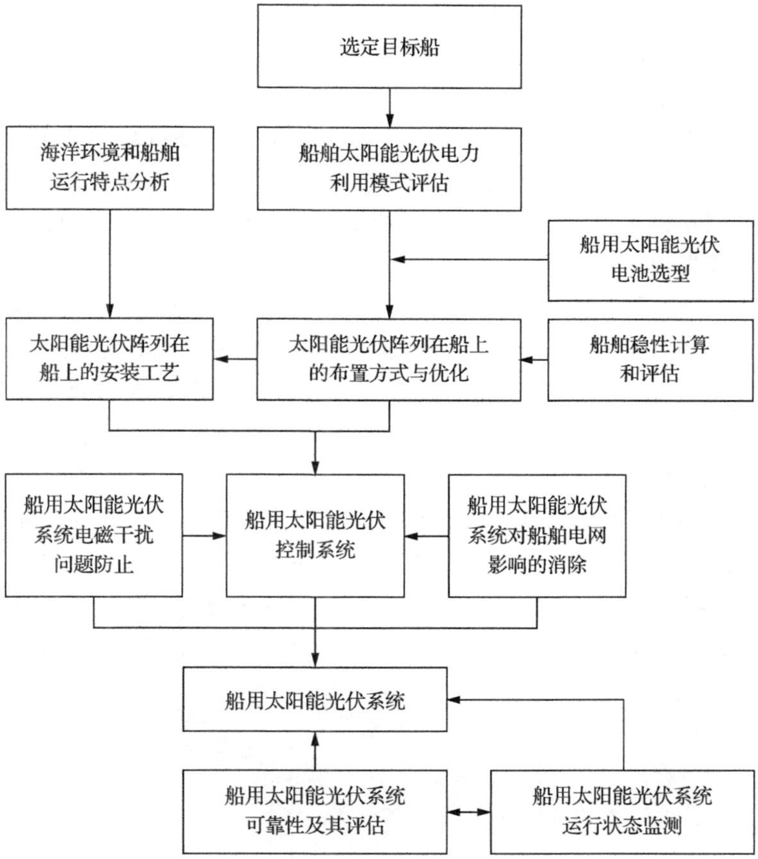

图 8-114　太阳能船舶的设计流程

图 8-115　太阳能客轮和太阳能游艇

太阳能 MobiCat 是当时世界上最大的太阳能客船，曾在瑞士 2002 年博览会上运载游客在瑞士的湖泊中定期往返。铎洋游艇（珠海）制造有限公司为美国买家建造的一艘太阳能动力游艇，造型奇特，它的顶部安装有两块总面积 $40m^2$ 的太阳能帆板。该游艇除了采用太阳能动力外，船上还装有电能和柴油动力装置，三种能源可以互相转换。该游艇长 42 英尺，重 15 吨，采用太阳能动力时航速在 7～10kn，比采用柴油动力航速稍慢[71]。

日本邮船公司与新日本石油公司合作研制在船舶推进动力中使用太阳能的汽车滚装船，这是世界上第一艘由太阳能提供部分动力的货轮，已于 2008 年在日本神户下水试航。船上装有 328 块太阳光板，产生的电量大约是船只总用电量的 0.2%，太阳能总发电量可达 40kW。这款新太阳能电池系统可节省 6.5%的柴油消耗量，并减少 1%～2%的二氧化碳排放。滚装船的动力燃料依然是重油，太阳能发电将使用在机械舱内的机器和发动机的制动等动力系统中，2010 年船舶发动机使用太阳能发电的比例提高到 1%。

2007 年 2 月，瑞士船舶“太阳能 21”号完成了跨越大西洋的航程，成为全球首艘穿越大西洋的太阳能船舶[72]。另外，还有风帆与太阳能的结合运用。日本福冈的生态船舶动力公司（EMP）正同一些开发合作伙伴合作开发水瓶座系统风能和太阳能帆板。这种帆板将用来收集风能和太阳能，然后用来为船舶提供动力，以便减少燃油消耗和温室气体排放。

一艘完全由太阳能提供动力的“图兰星球太阳（Turanor Planet Solar）”号船（图 8-116）已经进行了环球航行。该船船长 30m，宽 15m，排水量 60 吨，最高船速可达 14kn。船体上方装有面积为 $500m^2$ 的太阳能电池板，太阳能组件效率约为 $162W/m^2$，装机容量为 81kW。据悉，这艘船完成环球之旅后成为一艘奢华游艇，

图 8-116 “图兰星球太阳（Turanor Planet Solar）”号船

可搭乘 40 名游客。

2007 年 11 月我国沈阳泰克太阳能应用有限公司研制了“001 号”太阳能旅游船，船体长 62m，宽 1.9m，可载 9 人，航速约 10kn。这种太阳能旅游船在小于 4 级风的条件下可持续航行 6 小时，这是国内建造的第一艘太阳能旅游船。

2010 年 2 月 10 日，亚洲最大的全太阳能船在台湾高雄下水并投入正式营运，该船长 13m，采用双体船型，并搭配目前台湾厂商所能提供的最大电池（54kW · h 锂蓄电池组），两台 20kW 电动机，航速最高可达 9km/h，以 3km/h 航速至少可行驶 9 小时[73]。

目前太阳能在船舶上应用还有不少困难，具体表现在以下几方面。

(1) 能量供应不足。目前占市场主流的晶体硅太阳能电池，理论光电效率值约 29%，实验室已达 25%，商业化产品的光电效率在 15%～18%，每平方米电池在光照量较好地区夏季晴天最大产电能在 1kW 左右，冬季和阴天产电能不到夏天的 25%，再考虑雨天的电能储备以及直流经过逆变器转换成交流损失等因素，需要较大面积的电池板阵列才能产生足够的电能。而大中型船舶动力配备足，能源需求量大，由于船舶空间、甲板面积的有限性和船舶对稳性、抗风浪等要求，太阳能电池板阵列面积、安装高度等受限，日常维护工作量大。现有的市场太阳能产品难以提供船舶主机所需的大功率能量，特别是对航速要求高的船舶，因推动力与航速呈三次方关系，仅依靠太阳能难以保证[74]。

(2) 太阳能装置价格。现阶段市场太阳能电源装置的总投资价格较高，约在 5 万元/kW，电能的成本约 5 元/(kW · h)，与船舶柴油发电机组相比，投资价格差距较大，缺乏相应的市场竞争能力，是制约太阳能在大中型船舶动力装置中应用的关键因素。若能研制出新型太阳能电源装置，进一步提高光电转换率，降低装置总投资，使每度电能的价格基本接近燃油发电的成本，就具有很大的市场潜力和竞争能力。

(3) 电能储存比较困难。目前与太阳能动力系统配套的储能装置大部分为普通铅酸蓄电池，利用化学能和电能的可逆转换实现充电和放电，价格较低，但储能密度不高，容量不大，使用寿命较短，重量大，需要经常维护。已经应用的少维护、免维护铅酸蓄电池性能有一定提高，但仍难满足大容量、长时间储存电能的要求，这是制约太阳能在船舶动力装置中应用的重要因素。研发中的超导储能技术有望极大地提升和改变储存能力。

(4) 地理与光照条件影响。太阳能电源装置以太阳光为初始能源，受光照量影响大，船舶航区的地理条件和太阳光照量直接决定装置的光电转换和发电量。例如，我国西部高原地区的光照量比东南部地区高出 1 倍左右，平原地区光照量又优于丘陵山区，而海上航行（非阴雨天）光照量普遍较为充足，内陆山川河流蜿蜒（特别是中上游航道）光照量相对较差，再加上季节性的阴雨气象变化，无疑制约了太阳能在船舶动力装置中的推广应用。

(5) 太阳能装置可靠性。当今占市场主流的晶体硅太阳能电池的使用寿命一般在 20 年以上,非晶薄膜电池寿命已达 10 年左右。对常规船舶动力装置而言,晶体硅电池 20 年以上的使用寿命基本符合船舶正常使用期限(20～30 年),非晶薄膜电池 10 年左右使用寿命则相对较短,价格比晶体硅电池低很多。此外,太阳能装置在使用中的故障修理,需要专门技术人员而非一般轮机人员能完成,也是制约太阳能在船舶动力装置中应用的因素之一。

对船用太阳能发电装置,要求如下。

(1) 工作温度范围大:船舶在一望无际的大海上行驶,白天阳光充足,光伏系统长时间工作,晚上雨露水汽,温度变化范围相对较大,要根据晶硅组件确定选择合适的材料来实现。

(2) 防紫外线和臭氧的要求:海上阳光好,紫外线也强,要求限制裸露在外面零件的原材料表面。

(3) 较好的防腐性能:海洋性气候,盐分含量高、湿度大、酸碱性物质多,这对接线盒的材料提出较高的要求。

(4) 引燃性和自熄性的要求:这是对其防火的要求,也缩小了接线盒用原材料的可选范围。

(5) 对防护等级的要求:海上天气变化快,风雨较大,所以船用光伏接线盒一般采用防护等级 IP67[75]。

可以预见,太阳能在船舶动力装置中的应用会越来越多,并朝着优化船舶电站配置和分配用电,利用太阳能驱动主机、辅助机械及其他设备,将高效率、低电压、大功率、直流无刷永磁电机与船桨最佳配合等方向发展。太阳能具有的能源储备足、环境污染少、市场潜力大等优势,使其将成为现代船舶能源新的发展方向。

2. 核能

核能动力装置应用于船舶有其特殊的优点,具体如下。

(1) 消耗极微量的核燃料而能获得巨大的能量使船舶功率可以很大,续航力惊人。一艘新型核动力航空母舰可以航行 10 多年而不必加燃料,一艘 3 万吨级油轮在不补充核燃料条件下,航行一万海里仅消耗一公斤 U^{235},同样这条油轮若采用燃油航行同样距离,则要消耗 1 200 吨柴油。

(2) 核动力不需要消耗空气而获得能量,主机不需要进气和排气,这给潜艇提供了在水下长期航行的可能,大大提高了潜艇的隐蔽性及水下作战能力。

核能在船舶上的应用有两种方式。

1) 核能发电

利用核反应堆中核裂变所释放出的热能进行发电的方式,它与火力发电极其相似。过程：核能→水和水蒸气的内能→发电机转子的机械能→电能。

2）核能动力

核动力是利用可控核反应来获取能量，原理是：当裂变材料在受人为控制的条件下发生核裂变时，核能就会以热的形式被释放出来，这些热量会被用来驱动蒸汽机，蒸汽机直接提供动力。

核能在船舶上的应用，是作为一种与船舶燃料多样化的要求相适应的技术被采用的。但放射性物质对人体的严重杀伤作用，对水、码头港口的污染等安全问题是一个关键。几种核动力船舶如图 8-117 所示。

图 8-117　核动力船舶

1962 年美国建成一艘核动力船“萨娃娜”号，1968 年月 12 月德国建成一艘矿石运输船“奥托汉”号，1974 年 8 月 28 日日本“陆奥”号在开始的功率提升试验过程中发生了放射性泄漏事故，俄罗斯共建成了 9 艘核动力破冰船，目前正在服役的有 8 艘。核动力破冰船如图 8-118 所示。

图 8-118　核动力破冰船

3. 氢能

氢能用于船舶目前主要有两种方式。

(1) 作为燃料直接燃烧。

船舶一般要求的动力输出大约在 0.8kW/t。从理论上讲，由于氢气的发热量高，直接作为内燃机或燃气轮机的燃料燃烧比传统化石燃料效果更好，氢气与氧气燃烧产生水蒸气可以作为船舶热源或其他更多用途。

(2) 用于燃料电池产生电能。

燃料电池是一种将储存在燃料和氧化剂中的化学能直接转化为电能的装置。当源源不断地从外部向燃料电池供给燃料和氧化剂时，它可以连续发电。质子交换膜燃料电池以氢为燃料，是一种将氢和氧的化学能通过电极化学反应直接转换成电能的装置。燃料电池最大特点是:在能量转换过程中不涉及燃烧，不受卡诺循环限制，能量转换效率高，最大理论效率可达 99.75%；能量密度大、洁净、噪声低、对环境污染小、可靠性高及结构模块化等[76]。

现在已经投入使用的大部分氢动力船舶是氢燃料电池船舶(图 8-119)。2000 年，第一艘可载 22 人、长 12m 的氢燃料电池船舶出现，该船配有 32m^3 液氢舱，5kW 的 AFC 燃料电池。一个名为 Zemships(Zero Emissions Ships)的项目正在建造可载 100 人的氢能船舶，船长 25m，宽 5m，两个 50kW 的 PEM 燃料电池(140V DC)。

图 8-119　氢能动力船舶

目前，氢能在船舶上的应用，主要是以氢燃料电池的方式，应用于一些小型的船艇、观光艇，尤其是豪华游艇上。2007 年英国南安普敦大学提出的一种新概念集装箱船设计方案，进一步扩大了氢能在船舶上的应用领域。该船由四台氢燃料燃气涡轮机驱动，航速高达 65kn。2011 年 2 月欧特克公司发布设计出完整的船舶氢能系统，利用干净且永续性能源代替石油在船上发电，为冰岛最大赏鲸船的辅助发动机提供动力[77]。

氢能用于船舶需要解决如下问题。

(1) 存储问题。远洋船舶无法像氢能汽车那样行驶一段时间加氢，如何将氢能压缩存放是一个重要问题。

(2) 安全问题。氢气作为易燃易爆气体，泄漏和加装氢气过程容易造成爆炸燃烧，船舶的环境与陆上不同，生活区与机舱、机械设备等相邻，安全问题更为重要。

(3) 成本问题。氢气制取价格远高于化石燃料，少量氢能汽车使用得也很少，目前燃料电池的生产只是定制生产，还没有形成生产线。

4. 生物质能

1) 生物柴油与化石柴油的性能比较[78-80]

生物柴油在冷凝点、闪点、含硫量、含氧量、可再生性等方面优于普通柴油，而其他指标与普通柴油相当。生物柴油在下述方面具有普通柴油无法比拟的性能。

(1) 无添加剂时冷凝点达－20℃，具有较好的低温启动性能。

(2) 闪点高，在运输、储存和使用方面的危险性低于化石柴油。

(3) 十六烷值比较高，着火性能好。

(4) 含硫量极低，使得二氧化硫和硫化物的排放低。

(5) 不含对环境造成污染的芳香族烷烃，其使用后排放的废气也不会产生致癌物质，生产和使用完全不会危害人类的身体健康。

(6) 燃烧所产生的 CO_2 回归生态圈，供植物吸收成长，并无 CO_2 净值增加，形成密闭型的碳循环，不会引起温室效应。

(7) 含氧量高，并具有良好的自润滑性能，以生物柴油为燃料的柴油发动机燃烧充分，燃烧后尾气有害碳氢化合物和微粒排放大幅度下降，可以有效控制大气污染。

(8) 无毒而且不易挥发，生物降解率可达 98%，降解速率是化石柴油的 2 倍，如生产或者使用过程中发生泄漏，都不会污染地面和水体，属于环境友好的能源产品。

(9) 具有可再生性，作为一种可再生能源，资源不会枯竭，这是化石柴油最不可比拟的。

但是生物柴油也有其自身的缺点，使用中会带来如下一些问题。

(1) 黏度大。生物柴油的黏度约为柴油的 3 倍，给生物柴油在柴油机上的应用带来很多问题，如影响燃料的雾化质量、堵塞供油管路等。

(2) 易被氧化。生物柴油容易被氧化形成胶状物，堵塞供油管路，影响发动机的正常供油和生物柴油的储存。

(3) 倾点高。倾点高影响发动机低温状况下的运转，可能造成发动机转速波动较大，甚至熄火。

(4) 腐蚀性大。生物柴油中含有微量甲醇和甘油，并且自身也含有氧元素，会使与之接触的橡胶零件(如橡胶垫、密封圈、燃油管道等)逐渐降解。

(5) 含水率高：因含有微量甲醇，甲醇具有很强吸水性，导致生物柴油含水率较高，水分有利于降低油的黏度、提高稳定性，但降低了油的热值，使发动机达不到规定的功率要求。

(6) 生物柴油燃烧后 NO_x 排放增加，对环境产生有害影响。

2）生物柴油燃烧排放特性

生物柴油与化石柴油相比，在密度、运动黏度、十六烷值、硫和氧含量等方面均有差异，因此柴油机燃烧排放物亦有差异。柴油机的有害排放物主要成分是 NO_x、CO、HC 化合物和碳烟微粒等。大多数研究证实，燃用生物柴油，除 NO_x 稍有升高外，其他有害物的排放均有显著的降低，环保性能优越于化石柴油[81]。

（1）烟度。碳烟是在高温高压燃烧条件下，由于局部高温、缺氧、裂解并脱氢而产生以碳为主要成分的固体小颗粒混合气。生物柴油中不含芳香烃，饱和烷烃含量比较高，故生物柴油的烟度排放比纯柴油低。加上生物柴油的燃烧温度低于化石柴油，含氧量高，氧原子在燃烧过程中起到了助燃作用。这样就促进了燃烧，使碳烟的裂解倾向减少，从而降低了烟度的排放。

（2）NO_x 排放。高温、富氧是产生 NO_x 排放的主要原因。生物柴油的十六烷值高，着火延迟期短，燃烧反应速率高，氧含量高于化石柴油。当柴油机转速一定时，进气量不变，相对于化石柴油的燃烧过程来说，生物柴油则形成了富氧条件，有利于 NO_x 的生成，导致生物柴油发动机的 NO_x 排放增加。

（3）HC 排放。产生 HC 排放的主要原因是燃烧不完全。柴油机燃烧过程中由于燃料与空气混合不均匀而导致的混合物局部过浓或过稀，可燃混合物在靠近气缸壁或燃烧室其他壁面时的激冷效应均使燃烧不完全而产生 HC 排放。生物柴油含氧量高，不含芳香烃，十六烷值较高，燃烧性能好，滞燃期短，燃烧较充分，减少了未燃 HC 的排放。另外，生物柴油的黏度高，起到了一定的密封作用，从而减少了混合气的泄漏，降低了 HC 的排放。

（4）CO 排放。CO 的生成主要是燃烧时缺氧所致。柴油机排放的 CO 主要源于燃油喷射中过浓部分的不完全燃烧。一般工况下，生成的 CO 扩散出去与缸内富裕的氧气接触后，当缸内温度较高时都能再次氧化产生 CO_2。只有在负荷较低、温度过低或者负荷较高、燃油后喷及滴漏较严重的情况下，才会发生 CO 排放量较多的现象。生物柴油含氧量大，燃烧充分，可减少不完全燃烧产物 CO 的排放[82]。

3）生物柴油在船用柴油机的应用

生物柴油与普通化石柴油物化的相似性决定了生物柴油可作为船舶柴油机的一种代用燃料源。柴油机使用生物柴油，在其动力性、燃烧特性、经济性等方面应注意以下几点。

（1）生物柴油的热值比柴油低10%左右，但其密度比柴油高。因此，在体积循环供油量相同时，喷入的生物柴油的量相对多一些，可以弥补生物柴油的低热值，使循环加热量稍稍低于化石柴油，从而所发出的功率扭矩差别不大。

（2）生物柴油是含氧燃料，着火后的自供氧效应，使燃烧速度高于柴油。因此燃烧过程的持续时间短、燃烧完善程度比燃用柴油时好。

（3）生物柴油价格较高是其大量用于发动机的主要障碍。但随着环保意识的加强，环境治理费用必将计入燃料的使用成本，而生产及燃用生物柴油对环境的影响远小于生产和使用化石柴油。

目前生物柴油主要应用于车用小型柴油机上，且前提是对发动机不做任何改动，以掺混一定比例的生物柴油来研究应用时的燃烧排放动力性能。考虑到生物柴油应用时对发动机性能产生的影响，应采取以下改动措施[83]。

(1) 生物柴油对机械零件的腐蚀。生物柴油会使丁腈橡胶的耐油密封件发生溶胀，但对氟橡胶的溶胀影响很小；最佳耐生物柴油的氟橡胶中还不能含有金属氧化物，故需要将可能会与生物柴油发生溶胀的橡胶零件改用氟橡胶。其对金属件和常用的塑料件则没有明显区别于化石柴油的腐蚀。

(2) 生物柴油的热值比化石柴油低。为保证发动机动力性而增大每循环供油量，应增大柱塞的有效行程和直径。随着发动机柱塞行程增加，发动机供油时间增长，导致发动机后燃严重。虽功率增大，但发动机热效率下降。另外，行程增加，相应发动机凸轮升程增大，滚轮与凸轮之间的作用力增大，两者之间摩擦加剧，导致喷油泵柱塞滚轮磨损增加。随着柱塞的直径增大，每循环供油量增加，缩短了喷油持续期，减少了后燃。实际应综合考虑柱塞行程与柱塞直径的变化调整，达到最佳。

(3) 生物柴油对喷油器的改动要求。喷油器决定喷雾质量、油束与燃烧室的配合，进而影响发动机的性能指标。首先，生物柴油每循环供油量应大于化石柴油，因此所要求的喷油器喷孔数应增加、直径增大，总流通面积需要增加。其次，生物柴油黏度比柴油高，雾化困难，因此要提高喷油器的启喷压力，来提高空气对生物柴油的作用力，从而提高生物柴油的雾化质量。但是，提高启喷压力会使喷柱的贯穿距增大，就会有一部分生物柴油喷到燃烧室壁上，而不能及时与空气充分混合，从而使生物柴油在上止点不能充分燃烧，降低了燃烧效率。综上所述，应具体地结合气缸大小、进气扰动、生物柴油黏度、最优喷油压力等。

(4) 供油提前角的改动。当燃用生物柴油时，发火性能优于柴油，滞燃期短，需要适当减小喷油提前角，但会导致在着火延迟期内形成的可燃混合气量不足。再加上生物柴油的自供氧效应，燃烧速率快，故供油系统应采用先急后缓的供油方式。

船舶柴油机一般都是大、中型中低速柴油机，燃用重质燃料油，且每天的燃油消耗量巨大，又没有像汽车一样方便快捷的加油站等设施，长时间的航行所需的大量燃油需要随船携带。而且船舶上有燃油沉淀柜、日用柜、分油机等燃油储存和净化设备，油路复杂，供油与喷油设施也不一样，这就涉及与车用发动机不一样的问题。

目前生物柴油都是用在燃用轻质柴油的柴油机上，主要是车用。而船舶柴油机燃用重油，成本很低。所以生物柴油应用于船舶主机，没有必要是完全达标的生物柴油。可以是粗制生物柴油，可以含有更多的水分、甲醇、甘油等其他杂质，这样的生物柴油黏度高。除了像车用一样需要改动喷油器及增大喷油压力外，还需加装加热降黏设备，这在船上已有现成的设备，只是生物柴油加热后易氧化变质，对加热温度有一定限制，不要超过80℃，还要避免与空气接触、光照等。储存生物柴油的燃油舱要用惰性气体保护，输油及供油管路不能有空气进入。除此之外，对燃油管路上的滤器要经常清洗，喷油器还可能有严重的喷油滴漏，造成油嘴积碳，要经常清洗喷油器，防止喷油器堵塞。当燃用生物柴油时，发火性能优于重油，滞燃期短，与车用发动机一样需要适当减小喷油提前角，采用先急后缓的供油方式。增大每循环的喷油量，对喷油泵柱塞的有效行程和直径做相应调整，增大喷油器数目或孔径。为了燃用粗制生物柴油，需在原有的重油与轻油转换装置之外加装粗制生物柴油与重油的转换装置，或者设计两套喷油设备。

2008年6月27日，使用生物质能的新西兰"环球竞赛"号高速环保机动船(图8-120)完成了环球航程。该船装备两台康明斯·水星QSC型8.3L、397kW全电控船用发动机，虽然此型号柴油机可以使用B20混合生物柴油（由20%生物柴油和80%普通柴油混合而成），但是在整个航程中只燃用B100混合生物柴油（100%生物柴油）。

图8-120　新西兰地球竞赛号高速环保机动船

2010年3月AVIVA与香港大学合作推出香港第一艘环保船，该船采用B5混合生物柴油（5%生物柴油、95%超低硫柴油）作为燃料，燃烧后的污染物比一般超低硫柴油可减少10%黑烟、5%一氧化碳及10%的碳氢化物。

2010年3月马士基与英国劳氏船级社开展为期两年的船用发动机生物柴油燃料试验，试验船舶为马士基旗下Maersk Kalmar号集装箱船。在试验初期，燃料中将使用5%～7%的生物柴油混合，然后比例逐步增加，测试第一代生物燃料在船舶上应用的可行性。

2010年4月美国海军与美国农业部签署一项备忘录，合作开发生物燃料和其他可再生能源，将大规模使用生物燃料作为石油的替代能源。

8.4　船舶营运节能技术

8.4.1　航线优化

就航线的设计方面来讲，首先应该考虑的是航线的安全，在保障安全的前提下应尽可能结合海况及气象资料等设计经济航线，从而降低能耗。

为追求航速最大化而油耗最小化，近海短途航线选择设计，在确保航行安全的前提下，至少遵循如下原则。

(1) 航程最短并非是最佳航线，航时及耗油最少才是最优航线。

(2) 尽可能利用顺流而避开顶流。如果虽然有顺流但同时有强顶风，根据船舶受风面积较大的特点，受风影响大于流的影响，则宁可无流甚至顶流，而少顶风。

(3) 航行期间应该保持合适的离岸距离，一般距离是 9 海里，避免吃水较浅影响航速，以及避免搁浅等事故的发生。

(4) 应该及时更新海图资料，设计航线应避免经过危险暗礁及渔民下渔网海域。

在航行中，特别是远洋航行，航线的优劣对提高经济效益有重大的影响。科学、经济的航线可以有效降低燃油成本。因此，航运公司在布局航线时，要统筹考虑航道特点、所投船舶的适航能力、海洋水文、气象条件、货流情况，尽可能优化运输路线，缩短航距。船舶在保证安全、遵循航道规则的前提下尽可能提高航海技术，走经济航线，减少不必要绕航。

合理利用自然条件，风、流、潮、涌等许多自然现象对船舶航行都有着重要影响。远洋航行的船舶可以合理利用洋流，减速航行。夏季，远洋和近海航行船舶还要尤其关注台风情况，合理避台，尽量减少迎风、顶风航行。长江航行的非班轮船舶可以探索和利用潮汐法航行，上行船在平潮或涨潮时发航，乘整潮，遇到落潮时抛锚等下次涨潮后再起锚续航。如果多次利用涨潮航行，上行船就可将逆流航行变为顺流航行。与此相反，下行船在遇到涨潮流时，则会使顺流航行变为逆流航行，降低了航行速度，可抛锚等落潮后再起锚续航，以避开涨潮流对船舶航行速度的不利影响。

提高货物对流系数，做好货物的双向平衡，减少船舶单向空载率，也是船舶节能的重要影响因素，这种因素对班轮的影响尤为明显。提高货物对流系数，要根据航线货源特点，投入不同的揽货力量，尽量保证货流的相对平衡。同时利用联盟关系互租舱位，减少运力密集投入也可以有效节能。在揽货过程中要合理揽取冷藏货，冷藏货需要消耗船上能量。根据船上发电机的功率，科学装载冷藏货对船舶节能很有讲究。一位船舶电机员曾算过这么一笔细账：如果船上开一台辅机，满负荷时能满足 10 个冷箱用电，那么当装载第 11、12 个冷箱时，不得不开启第二台辅机，从经济学角度出发，第 11、12 个冷藏箱完全可以不装，因为两个冷箱的全部运费可能也抵不了一台辅机所耗燃油的费用。

8.4.2 减速航行[84-87]

1. 经济航速的概念(图 8-121)

在其他条件一定时，主机功率与船舶航速的三次方成正比，而主机功率与油耗为线性关系，主机油耗与航速也为三次方正比例关系。因此，航速下降可以大幅度降低油耗。但实际上，要确定一艘船的合理航速，有很多经济上和技术上的因素需要考虑。从不同角度考虑，可得到满足不同要求的相应航速。

图 8-121 经济航速的概念

1）最低营运费用航速

根据最低营运成本费用决定的航速，即某航次燃油费用和其他费用之和为最小的航速，即通常所称的经济航速。

船舶营运一天所需费用有两部分：一部分为与航速无关的固定费用；另一部分为与航速有关的燃油费用。船舶每天分摊的固定费用包括每天的利息、折旧费、保险费、船员人工费、滑油费、发电机燃油、维修费以及其他管理费等，以符号 f 表示；K 为船舶功率系数，是与船舶性能(螺旋桨、吃水、船体线型、航行状态等)、主机和推进装置型式以及燃油品种、价格等因素有关的系数；V 为平均航速(kn)。由于在一定航速范围内，燃油消耗量与推进功率成正比，所以每天的船舶推进燃油费用可用 KV^3 表示。这样，船舶在海上航行时，每天航行营运费用可表达为

$$C_d = f + KV^3 \tag{8-12}$$

由式(8-12)可推导出,每海里营运费用为

$$C_n = f/24V + KV^2/24 \tag{8-13}$$

式(8-13)表示每海里营运费随航速而变化,C_n 最小时的航速即为经济航速。当 $dC_n/dV=0$ 时,C_n 有最小值。

经推导可得经济航速公式为

$$V_e = (f/2K)^{1/3} \tag{8-14}$$

由式(8-14)可知,f 越小,K 值越大,则 V_e 越低,反之亦然。因此,当船舶造价越低,折旧年限越长,船员工资越低,维修费用越低时,f 就越少,则 V_e 越低;当油价越高,船舶阻力越大,螺旋桨效率越低,燃油消耗量越高,主机功率越大时,K 值越大,则 V_e 也越低。

2) 最大盈利航速

船舶最大盈利航速,即在某营运期内盈利最大的航速。它不仅考虑了支出,而且考虑了收入。航运公司不但关心最低成本,更关心每艘船舶有最大的盈利能力。由于降低航速将延长每个航次的周期,降低船舶周转量和运输能力。因此,在节约油耗降低成本的同时,也减少了运费的收入,综合反映在盈利上。在最大盈利航速下,成本虽不是最低,但盈利最大。

航运公司通常以每个月或每个航次作为经济核算单位,即以船舶每个月或每个航次的最大盈利值作为建立盈利航速的目标函数。若以船舶往返一个航次为经济核算单位,设航行中平均每天的最大盈利值为 r,则

$$r = (F - C)/D \tag{8-15}$$

式中,F 为航次的纯运费收入(扣除手续费、装卸费、港口费等),元或美元;C 为航次的营运成本费用,元或美元;D 为航次的营运天数。

每航次的营运天数 D 是该航程中航行天数 D_1 与停港天数 D_2 之和,即 $D=D_1+D_2$。每停港 1 天的费用 C_2 等于前述的 f,见式(8-12)。

已知海上航行一天的平均费用,则每航次的营运成本费用为

$$C = D_2 \cdot C_2 + D_1 \cdot C_d = D \cdot f + D_1 \cdot K \cdot V^3 \tag{8-16}$$

若取航速为平均航速,则海上航行天数 D_1 为总航程 S(海里)除以 $24V$(kn)所得之商。每营运天的最大盈利值 r 和相应的盈利航速均取决于每海里纯运费的平均收入 F/S 以及航程 S 与停港天数 D_2 之比。

当停港天数 $D_2=0$ 时,由式(8-16)可推导出最大盈利速度的极大值 V_{max}:

$$V_{max} = (8F/KS)^{1/2} \tag{8-17}$$

这极大值所对应的最大盈利极大值 $r_{\max}$ 可用式(8-17)和 $D_2=0$ 求得：

$$r_{\max} = 2KV_{\max}^3 - f \tag{8-18}$$

由上可知：①由于每个航次的停港天数 D_2 一般不可能为 0，所以当停港天数 D_2 增加时，盈利速度就会降低，这说明停港损失的时间不可能通过提高航速来弥补，否则只会加剧盈利的下降；②式(8-17)和式(8-18)说明最大盈利与固定费用 f 关系很大，但最大盈利速度与 f 无关，这与经济航速不同(见式(8-14))。

3）主机低限功率航速

船舶减速航行时主机工况偏离设计工况甚远，各种性能参数的匹配可能严重失调，导致换气、燃烧、增压效能以及热状态等一系列危及主机维持正常工况的问题。如果长期处于这种恶劣条件下运行，除耗油率会过大外，还将使主机燃烧室及扫气系统迅速污染积炭，气缸、活塞过度磨损以及低温腐蚀等，从而影响运行可靠性，增大维修保养工作量，所以应有一个从主机工况出发的允许减功极限。主机低限功率为

$$P = m \times P_e$$

式中，m 为减功度；P_e 为主机额定功率。

减速航行时的减功度 m 有两种数据(对主机工况加以调整和不加以调整时)，m 的具体数字要视具体船舶的主机性能而定。如以符号 V_m 表示主机在低限功率时的航速，则

$$V_m = V_0\ (P_{em}/P_{e0})^{1/3} \tag{8-19}$$

式中，V_0 为不减功时船舶航速；P_{e0} 为不减功时主机功率。

4）合理航速的确定

可见，整个船舶运输费用不仅是燃料费用，还包括船舶动力装置的折旧费、检修费、船员工资、运价、航线的距离、港口装卸的能力、船舶的大小、管理费及杂计费、附加费等。在降低航速实行减速运行后，每年的航行次数以及运输量都要减少，总的货运量也就减少，相对来说燃料费用等的营运费反而提高。同时，一定的航程，因航速降低，航行周期会加长，这也会增加费用。因此，并非航速越低越经济，而应该有一个最好的经济航速——每海里燃油消耗率最低的航速。但是，经济航速只追求营运经费最低，航运单位不一定利润最高。因此，经济航速也并非最佳航速。航运单位最关心的是资本盈利率，营运船舶总是寻求能带来最大利润的盈利速度而不是取决于最小费用的经济航速。

合理选择航速的原则是取经济航速 V_e、最大盈利航速 $V_{\max}$ 和低限主机功率航速 V_m 三者中的最高者，一般应取接近最大盈利航速为佳。当年航行率低等因素导致单位航程的运费收入低时，应降低成本以增加利润，$V_{\max}$ 就降低而向 V_e 接近；

当油价高、油耗大、船舶污底等技术状况差时，前述的 K 值大，V_{max} 也降低。实际上对航速的选择，船长还可根据具体情况灵活掌握，如特别强调节能时，可较大幅度实施减速航行，使航速尽量接近经济航速；又如因商务上的需要或要强调周转快时，也可使航速高于最大盈利航速。

一般情况下，船舶航行速度按照经济航速最省油。经济航速就是能够以一定量的燃油航行最远距离的速度。一般是在发动机额定负荷状态下 70%左右的速度。高于经济航速高速航行或者低于经济航速低速航行一般都比较费油。

2. 减速航行的问题

从我国目前远洋船舶的运输成本构成、营运条件和船舶技术状况分析，对大多数不担负定期班次任务的大功率船舶，其经济上合理的航速已下降到低于允许的低限功率(40%～50%额定功率)航速。一般船舶减速的程度实际上受到主机允许的最大降低功率范围的限制。主机低负荷运行将引起工况的恶化，使耗油率升高。减速航行会带来如下的问题。

(1) 增压柴油机的过量空气系数能否保证燃油的完全燃烧以及是否超热负荷。柴油机负荷降低时，排气量明显减少，一般废气涡轮增压(特别是定压增压)柴油机，当负荷降低到一定程度而未采取措施时，柴油机的性能将明显恶化。因此，当航速达到或低于柴油机性能明显恶化的相应转速时，应适当予以提高。对于定压并联带引射器增压的二冲程柴油机，为防止引射器一直工作而使增压器脏污，柴油机的功率下限应限制为其额定功率的 60%～70%。

(2) 供油和喷射问题。柴油机的供油系统是按其持续功率(CSR)匹配的，当负荷降得较低时，供油系统将发生失配现象，使燃油喷射不相适应，从而导致燃油雾化质量下降，燃烧不良，燃烧效率降低，并可能产生后燃和不完全燃烧，使柴油机的经济性和可靠性下降。此外，还可能使燃烧室周围和扫排气系统脏污加重，烧坏活塞，损坏气阀和阀座等。因此，如果柴油机使用大约 50%功率减速运行，应相应减小喷油器的喷孔面积，使喷射压力维持在使用正常功率时的水平。

(3) 腐蚀和磨损问题。柴油机低速运行时，由于燃烧室周围的温度相对下降。如果温度低于硫酸露点温度，会使润滑面的油膜遭到破坏，使润滑性能下降，从而产生低温腐蚀，使缸套和活塞环的磨损加大。此外，喷油压力的下降将使油雾颗粒变大，加上循环平均温度的降低，使燃油燃烧的物理滞燃期延长，燃烧不完全。没有燃烧的燃油除随废气排出气缸外，还将部分残留在活塞顶部，使活塞顶部积碳，导致磨损增加。

(4) 气缸润滑方面的问题。柴油机低负荷运行时，由于气缸注油量过大，碱性添加剂过剩，燃烧室脏污严重可能引起缸套、活塞环的异常磨损。此外，由于燃烧室周围的温度降低，含硫化物的燃烧生成物落在缸套等表面上，可能破坏润滑面油膜,使磨损加剧。再者,气缸注油量过多,可能引起排气总管内着火,从而导致增压器超速。所以,可通过逐渐减少气缸注油量,减小气缸油碱值的办法来改善。

(5) 振动问题。凸轮轴发生振动,会引起排气阀弹簧发生共振,主机和船体发生振动,会使贯穿螺栓折断。因此,在减速运行时,要多注意观察,一旦出现问题要立即采取措施。

因此,必须对柴油机低负荷工况加以调整,以改善运行性能,这方面的技术对策主要有以下几个。

(1) 改装喷油器,如改用小孔径的喷油器或采用喷孔流通截面积可变的喷油嘴。因为低负荷时循环喷油量减少,喷油系统通流能力过剩;喷油泵柱塞速度随转速降低,致使喷油压力明显下降,喷射雾化不良,引起燃烧过程恶化。

(2) 采用可变喷油定时机构(VIT),使喷油始点能在一定负荷范围内随着负荷的减小而自动提前,使80%～100%负荷下的最高燃烧压力 P_{max} 保持额定值,从而在低负荷下的压力升高比增大,热效率提高,燃油消耗率相对减少。采用双凸轮制,即采用两套凸轮,高负荷时用一套凸轮(进、排气的重叠角大),低负荷时用另一套凸轮(进、排气的重叠角小),避免了在低负荷下废气的倒冲。

(3) 改善增压系统的工作,由于部分负荷时柴油机排气特性下降,增压器通流能力过剩,工况失调,导致效率降低和扫气不力,影响工作过程。可采取的调整手段有:①对于已给定的增压器,可通过减小其通流能力,如停用部分增压器及减小喷嘴环截面等办法,以提高废气涡轮前压力,另可适当提高扫气温度,使排温升高,这样可使增压器转速提高,增大扫气压力;②加装辅助风机。扫气空气温度上升,排气温度和燃烧室各部分的温度也将上升。通常情况下,扫气空气温度一般为40～50℃,而在实行减速运行时,则应调整在60～70℃。因此,必须将空冷器的冷却海水流量减到常用流量的50%以下。或者采用相继增压系统,按照柴油机负荷的变化,相应地把一个或多个增压器脱离(或接入)增压系统,而使柴油机在任何转速下均能达到良好的燃烧室扫气,获得足够的燃烧空气。

(4) 通过在连杆大端或活塞杆下部增设调整垫片,其作用有:①可增大压缩比,以提高热效率以及循环最高温度;②可提高压缩终了压力和温度,使滞燃期缩短,燃烧过程提前,P_{max} 有所提高,减少气口打开时燃气倒冲的可能性,有助于保持气口的清洁,但宜适度进行,因压缩比增加到一定程度时,对热效率增加有限而使 P_{max} 剧增;③可使活塞的有效行程增加,增大循环功。

(5) 提高循环温度,减少循环热损失。低负荷时由于循环放热量大大减小,循环平均温度、循环最高温度以及缸套壁温均远低于额定负荷。在这种情况下,可能引起缸套或排气管道的低温腐蚀。因此,要适当提高缸套及活塞冷却水温度,以减少热损失从而提高循环平均温度,提高气缸、活塞、喷油器的冷却水温度。实践证明,在流量一定的情况下,提高冷却水温度时燃烧室各部分的表面温度也将上升,而材料强度方面几乎不受影响。因此,根据主机部分负荷时的热平衡,对冷却水系统进行调整,一般比正常功率的情况大约提高10℃。

(6) 主机在降低负荷时,功率随转速的三次方下降,而气缸油供油量只随转速的一次方变化。如不加以调整,往往因过量的气缸油而造成缸套、活塞的污染和额外磨损。要根据活塞缸套等燃烧室部件、扫气箱、排气通路、增压器等的污脏情况,适当调整气缸油供油量。

(7) 由于主机减功运行会使燃烧状态恶化、燃烧过程后移,可能导致在扫气口打开的瞬间,气缸内压力大于扫气压力,造成燃气倒冲使气道污染。要视情况缩短吊缸和检查缸套气口、扫气箱、排气阀、增压器等的间隔时间。

(8) 个别发动机可采用减缸运行,在低负荷时停止部分气缸的工作,使余下的气缸在较高的负荷下工作,以维持其较高的经济性。

(9) 如有可能,对螺旋桨采用修边技术,以改善机桨匹配的工况。

除采取上述技术措施外,还要考虑一些不安全因素。

(1) 要控制主机减速运行的使用功率,特别是长时间使用劣质燃油减速运行时,一定要限制主机功率的下限,此功率的下限一般为额定功率的60%～70%,以求尽可能减少不安全因素。如果采取了特别对策,主机的功率可为额定功率的40%～60%。

(2) 减速运行会使燃烧状态恶化,因此要根据实际情况缩短吊缸、清扫和检查扫排气口、检查排气阀和增压器的时间。

(3) 要注意空冷器的海水温度和流量,及时放除扫气室内的凝水,不要使扫气室内的温度下降。

(4) 由于柴油机减速运行后燃油量减少,排气温度下降,将会导致废气锅炉蒸发量不足,应予以注意。

(5) 由于风、浪、海流等自然因素的影响,船舶在航行中将会有时加速,有时减速,不可能一直按选定的节能航速航行,但不论加速还是减速,加、减速的幅度都不应过大。

3. 减速航行技术的应用

历史上,减速航行曾经出现过两次,第一次是在20世纪70年代第一次中东石油危机时期,当时原油价格从1973年每桶不到3美元涨到超过13美元。集装箱之父麦卡恩就是这一轮降速的牺牲者,它刚刚造好航速达到33kn的集装箱,因为高昂的油价全军覆没,最终卖给美国海军。

最新寻找到节约成本的方式,在2008年已经开始有意识地降低航速,其1.8万标箱的3E船,燃油消耗比E级船低26%,比10年前建造的8000标箱船平均单位箱位低大约50%。某国有大型航运企业相关人士透露,航运公司现在投入市场的船大都是2007年或2008年以前建造的，这些船的设计航速普遍较高，例如，10 000标箱的船，按照最初的参数，设计航速为25.8kn，当初的估算油耗为250吨/天。然而，如此的耗油放在当下，无疑是沉重的负担，减速航行变得无奈又那么顺理成章。现在，航运公司已经将航速降到17kn、18kn，油耗降到130～140吨/天，相当于每天少100吨。按照燃油价格600美元/吨计算，每天可减少燃油成本6万美元。

马士基公司还在其34艘集装箱船上安装升级工具，该工具适合于减速航行[88]。

据悉，34艘船都配备了Wartsila的低速发动机。升级工具将允许船舶在一定的航速范围内安全地运行，因为低速发动机甚至可在10%的低负荷下长期工作。安装它们的工具后，通过减速航行节省的燃油量将提高3%～7%。

此套工具包括多个截止阀，分别安装在位于涡轮增压器涡轮之前的发动机排气管以及位于压缩机之后的扫气道内。燃油的节省通过在低发动机负荷下关闭一个涡轮增压器来实现，此举可维持较高的扫气压力，达到更好的燃烧效果和更理想的发动机元件温度。此套工具的好处之一便是不必永久改变发动机，相当灵活，可以随时提速。一艘配备12缸60MW持续额定马力发动机的集装箱船，在一个8周的航次内，通过将航速降低4kn，可节省2 900吨燃油，安装其生产的工具后，可再节省210吨，等于多节约95 000美元。

日本东京油船"日精丸"(484 000吨、主机额定功率为33 113kW)，航速原来为14.3kn，减速到11kn航行，结果日耗油量从203吨降到120吨，效果显著。

澳大利亚国家航运公司的几艘远洋船舶，采用减速航行，也收到类似的结果。其中VENTURE号轮，航速由22kn减到20.5kn，获得节省燃油22%的效果。

某大型集装箱运输公司内部人士也透露，现在市场运力严重过剩，减速航行可以帮助航运公司消化部分运力，在市场上，大家称为加船减速。例如，欧洲线以前班期56天，8艘船，现在班期是70多天，10艘船，多投放了2艘船。经过计算对比，最后的结论是，10艘船的燃油成本和管理费用比8艘的低。这样，航运公司既节省了成本，又解决了多余的运力。

我国风茂轮在重载情况下(载货量为11 436吨)，当柴油机(6ESDZ76/160型)的转速由100r/min降低到91r/min时，其功率由3 809kW减少到2 825kW，减少了1 084kW，约占26%。而航速由14.3kn降低到12.2kn，下降了1.1kn，仅占7.7%，相应的日耗油量由19.65吨下降到14.8吨，每天节油4.8吨。

国内江船在上、下水航行时，主机采用不同的转速运行，也可收到一定的节能效果和经济效益。以30000吨级船舶为例，从A港到B港航行1 000海里，其设计航速为19.2kn，此时油耗为59.8吨/h，主机所消耗燃油为129.7吨。若按照15海里的经济航速航行，主机所消耗燃油为78.9吨，可节省燃油50.8吨。

由上述船舶减速航行时合理航速的确定可知，航速并非降得越低越好，在应用上还受到下列因素的限制：①从船舶的操纵性能看，所采取的航速不能使船舶的操纵性能明显恶化，这是因为过低的航速将使舵效下降；②不能使主机的工作可靠性明显下降；③对于无人机舱船舶，受到能否满足无人值班的要求，因为减速航行后机器的维修工作量明显增加，使轮机人员难以承受；④当减速航行主机采取调整技术后，应能恢复并容易恢复到原来的正常功率。

除了船舶自身因素外，在实际运用时，还可能碰到不能完全按照某一选定航速航行的情况。例如，自然条件的影响：风、浪和海流以及航道深浅、宽窄等自然因素将使船舶改变航速。另外，航行中还有机动航行工况。商务因素的影响：为维持定期定线班轮的信誉，必须加速或减速；为履行合同期要求而加减速；港口泊位拥挤而减速；为赶在休息日前到港而加速；夜间到港可能因支付加班费等而加减速，在减速航行实施时应予考虑。

4. 减速航行的实际问题

(1) 对主机的损坏。

低速航行减少的成本并非从天而降，而是以延迟交货时间和主机损耗为代价的。壳牌全球解决方案（德国）股份有限公司船舶技术团队经理 Jerry Hammett 曾提到："经济航速可节省燃料，但与发动机满负荷相比，理论上润滑油面对的压力会增加 3 倍以上。在此条件下，有些气缸油可能无法提供足够的保护。"全世界 80% 以上大型船舶使用的二冲程发动机的润滑油承受四种类型的压力：热、不溶物、酸和湿度。在经济航速条件下，由于气缸油驻留时间较长，这些压力显著增强。当发动机负荷由 90%减少到 30%时，气缸油驻留时间就提高了 3 倍。显然，减速航行虽然节省了燃油，但加剧了发动机的磨损和润滑油的消耗，长此以往势必会增加船舶的维修成本[89]。

(2) 船舶的操纵问题。

首先，船速降低，激波与兴波阻力随之改变，船舶的方形系数、球鼻艏就需要重新优化。其次，船舶巡航速度改变，对静水状态下的螺旋桨设计要求不再苛刻，而波浪阻力变得更加重要，避免推进系统过载、稳速成为主要因素。再次，设计时必须考虑到速度改变带来的静水动力和海上功率裕度的改变。还有，低速船的推进性能可能会影响到船舶的操纵性能，增加横摇的发生概率，这就需要对船舶舵机和航向稳定性进行研究和改进。

(3) 延迟交货的法律问题。

合理速遣，即以尽可能快的速度将货物运送至目的港，是船东的三大义务之一，通常会以提单条款的形式体现在运输合同中，而减速航行却与这一提单条款相悖，有可能会造成货物的延迟交付。船东保赔协会曾警告称，慢速航行可能违反协议义务中对“行驶过程中的合理快速航行”的规定,也可能使船东面临延迟交货带来的诉讼问题。虽然目前还没有这方面的案例,但已有货主提出要分享减速航行的好处,而不是像现在一样由船公司“独享”。

(4) 集装箱等设备的短缺。

由于减速航行所额外需要的集装箱设备也是必须要考虑的因素。减速航行导致运输时间拉长、运力有效利用率下降、集装箱等运输设备的周转速率下降并使集装箱和设备的短缺更加严重。据报道,自从船公司实行减速航行策略以来,部分航线港口集装箱设备紧缺,货主经常苦于找不到箱子来运货。船公司若要维持相同的服务水平,需要多配备25%以上的箱子。放在全球范围来看,额外需要的集装箱也接近7%～10%。额外投入的集装箱设备无疑又会增加船公司的经营成本,同时集装箱的生产、调运和装卸过程也会增加碳排放。

(5) 为保持服务频率而增加派船或减少挂港,增加了成本和碳排放。

为解决因减速带来的延迟到港从而造成的船舶周转不灵,航运公司目前正积极增加运力,投入新船,以保证周转,形成良性循环。赫伯罗特船务有限公司的欧洲—远东航线,航速现在降为20kn,航期从以前的56天增加到63天。该公司用省下的钱购买了一艘新船,使该航线的船舶总数达到9艘。另外,“伟大联盟”投入的船舶数量从原来的33艘增加到现在的35艘,“新世界联盟”也将船舶运力从31艘增加到了34艘,法国达飞和CKYH联盟也在航线上投入了新船[90]。

除增加运力外,航运公司还通过减少船舶挂港的数量来保证船舶按时到港,如马士基和长荣在减少挂港的同时还采取了互换箱位的做法。这种做法可以维持船舶航行时间不变,并且不必增加额外的船舶投入,但船公司将掏钱为多出来的支线服务买单。

无论增加船舶的投入还是减少挂港、增加支线运输,都会带来碳排放的增加和营运成本的增加。

(6) 给供应链库存带来的压力。

减速航行致使货物的运输时间拉长,供应链的主要方面之一——库存也受到很大影响。最初,减速航行会加速库存的消耗,货主很难填满货架,也不能及时向厂商的生产线供货。然后,货主不得不增加库存来适应减速航行。此外,运输时间拉长会让货主对供应链库存量需求的预测有欠精确,导致库存增加,这样既浪费钱又低效。而且,由于减速航行造成集装箱短缺,货主在某些情况下为获得集装箱和设备不得不支付一笔额外费用。可以说,减速航行与航班的减少联手抬高了运价。无论库存的增加还是运输方式的转变,都增加了供应链的成本以及二氧化碳的排放量。从这个角度来说,减速航行是否真正改善了船舶对环境的负面影响也是值得怀疑的[91]。

(7) 船公司降速的真正动力在于经济压力,而不是环境因素。

事实上,目前船公司减速航行的最大动力在于居高不下的燃油价格和较高的燃油成本。如果燃油价格回落或者航运市场情况好转,运费和库存成本上升,船公司减速航行的积极性就会减小。据测算,当燃油价格低于 300 美元/吨时,船公司就有可能采取全速航行。因此,降速减排措施能否长久地持续下去,还要视燃油价格和航运市场情况而定。如果发生这种情况,则需要政府出台相关政策,如通过征收碳税、强制减速等手段来向船公司施压,保持船公司减速航行的积极性。

8.4.3　船舶姿态控制

船舶在装载量一定的情况下,纵倾变化时,船体水线长度和水下几何形状(如球鼻首相对于吃水的位置、浮心位置、横剖面积曲线形状、进流角、去流角等)均发生变化,引起阻力和推进效率的变化,这种变化随速度不同而改变。当排水量及航速一定时,存在着最佳纵倾状态。在该纵倾状况下,所需的功率最小。

船舶在排水量一定的情况下,若改变其纵倾状态,则船体水线长度、水下几何形状、浮心位置、浸水面积及船型的方型系数 C_b 和水线面系数 C_w 等都将发生变化,进而必然导致兴波阻力 R_w、摩擦阻力 R_F 等各阻力成分的改变,致使船舶总阻力发生变化。由于不同纵倾所引起的船体尾部流场的变化也必将引起推进效率的改变,从而导致船-机-桨的配合随之改变,并随船速不同而不同。因此,在排水量及航速一定时,必定存在着一个最佳的纵倾状态。在该纵倾状态下,船舶以某一速度营运,可获得节省主机功率、减少油耗的效果。近 20 年的研究表明,不同类型的船舶在其不同吃水(满载、压载、半压载等)工况下、不同航行速度下均有一个明确的最佳纵倾浮态。船舶在最佳纵倾状态下航行时,船体阻力降低,推进效率提高,可大幅度节省主机功率[92]。

必须指出,有球鼻艏特别是带有大球鼻艏的船舶,调整纵倾的效果特别明显,因为一般球鼻艏是按某一特定的装载状态和航速设计的,通过调整纵倾改变球鼻艏与水面的相对位置,可避免球鼻艏在非设计状态所引起的不利干扰,使球鼻艏发挥最佳的减阻作用。

船舶在最佳纵倾状态航行时,船体阻力降低,推进效率提高,航速相应提高,引起螺旋桨的进速 $\lambda=V/D_n$ 增加,扭矩系数 K_M 减小,从而使螺旋桨特性曲线变得平坦。故在最佳纵倾情况下,可大幅度节约主机功率。

为了达到最佳节能效果,必须绘制最佳纵倾曲线,其绘制方法如下。

(1) 利用变吃水、变纵倾的阻力、自航试验结果,作为绘制最佳纵倾曲线的依据。

(2) 作变纵倾状态的稳性及强度校核。

(3) 根据最佳纵倾曲线提出合理的配载方案,并计算其节能效果。

（4）根据试验结果，对各种装载状态，从功率-纵倾变化曲线中找到各种不同航速时的最佳纵倾值，并绘出如图 8-122 所示的最佳纵倾曲线。

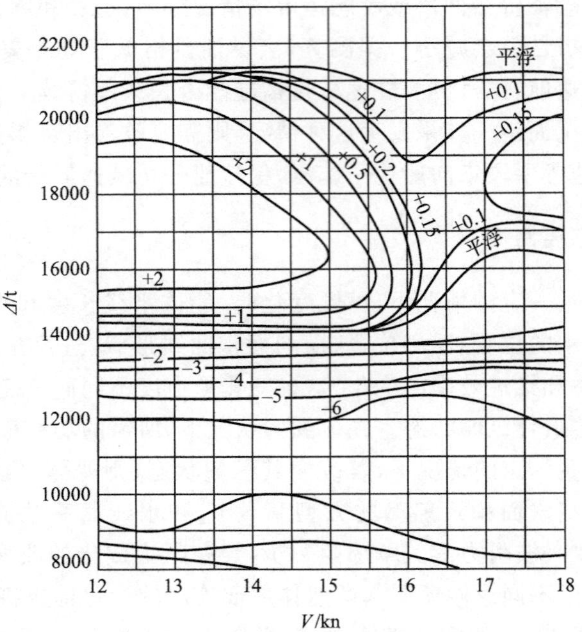

图 8-122　最佳纵倾曲线图

最佳纵倾曲线的应用如下。

（1）利用最佳纵倾曲线，查得各种排水量、各种航速时的最佳纵倾值及首尾吃水值。例如，若已知排水量为 12 000 吨，航速为 15kn，由图 8-122 便可查得其最佳纵倾值为－6m，即首尾吃水差为 6m。

（2）根据绘出的最佳纵倾值做性能和强度校核。当船舶在所选择的纵倾状况下营运时，由于船舶水下部分的形状不同于正浮状态，从而改变了船舶的稳性情况。试验结果表明，对于常规船型，当吃水差 $t \leqslant 0.5$m 时，纵倾对稳性的影响不大。但当吃水差较大时，纵倾对稳性有较大影响，通常是尾倾对稳性略为有利，首倾则会使稳性变差，因此需作具体校核。

最佳纵倾航行节能与其他节能措施比较，具有下列特点。

（1）节能效果显著。一般船舶利用最佳纵倾航行，通常可节能 2%～4%，对于有球鼻艏的船舶则可达 4%～10%。

（2）经济效果好。船舶采用最佳纵倾航行，其正常开支不会增加，不用增加设备，船舶也无需进行改造，但燃油费大大减少，盈利增加，经济效果显著。

（3）调整简便。一般可通过合理配载或利用压载水舱进行调节，不用很长时间便可达到目的。

(4) 不影响船的营运能力。利用最佳纵倾航行,不需要降低航速,船舶的运载能力及其他性能都可保持不变或得到提高。

模型试验以及实船对比试验证实,在装载量和航速均相同的情况下,采用最佳纵倾航行通常可节约 5%～6%的燃油。对于装有大球鼻艏的船舶节油效果更好,可达 8%。试验还证实,船舶满载定速航行时的最佳纵倾状态大多略呈拱头状态,半载、压载定速航行时的最佳纵倾为尾倾。如 1 万吨级普通球鼻艏商船满载定速航行的最佳纵倾约为+1.0m,半载和压载定速航行的最佳纵倾在−2～−4m。

应用实例:一艘 13 000 吨级远洋货船通过调整其航行姿态在满载服务航速 16kn 情况下,其主机功率可节省 296kW,约 6.5%;半载航行时主机功率可节省 677kW,约 12.7%;压载航行时主机功能可节省约 63kW,约 1.5%。

上海远洋运输公司"长"字型船舶空船吃水差基本上在 2.3m 左右,但尾部的吃水造成螺旋桨推进功率得不到充分发挥。根据天气及海况,采取艏压载舱中的压载水冲洗甲板后不再压进的方法,将空船吃水差调整到 3.3m 左右对适当提高航速有利。一年多实践下来,在平均转速 88r/min 下,平均航速可提高 0.5kn 左右,偏顺风航行时航速最大可提高 0.9kn 左右[93]。

CCS 目前与国内两家大型集装箱航运公司联合,正在进行集装箱船最佳纵倾操作技术的研究和开发,研究成果及船舶最佳纵倾软件已在 2013 年投入应用。

8.4.4　水下清洗技术[94-96]

水下清洗技术就是在船舶进坞前对船舶实行水下清洗、除锈水下检查等,使得进坞后可以迅速地对查出的故障进行处理,对船体进行涂装等维修工作,从而缩短坞修时间,也可以对水下检查后没有必要进坞维修的船舶进行完全的坞外清刷、喷涂。由于船舶长时间在海水中航行,海水的腐蚀性和海洋生物的强附着力,使得船体表面附着难以清除的贝类、锈皮和锈斑等,海生物不仅增加船体的重量,而且它产生的与海水的摩擦阻力同样导致燃油消耗的增加。根据船舶所在区域以及它的工作状况(运行速度、空闲时间等)不同,应在清洗与船舶例行维护保养周期之间选择最合适的时间间隔。船底涂料的类型和状态同样会影响清洗的时间间隔。大型船舶经常有好几层涂层,最大的有 6mm 的厚度,一般在两次清洗之间可以运行 4～6 个月,具体的清洗周期可以根据自身的情况灵活控制。

美国海军已经对海生物生长的船体与船舶性能和油耗进行过广泛的研究,他们的研究表明,一艘轻度生长海生物的船舶在正常巡航速度下能增加油耗 15%;一艘重度生长海生物的船体能使燃油的损耗增加 2 倍和 3 倍。一般新的巨型油轮(吨位在 20 万～30 万吨)每天大概使用 96 吨的燃油及每 24 小时 610 桶燃油。每天的燃油费用大约在 4.27 万美元(以油价 70 美元每桶计算),另外还有 2 万美元运作费用。在平均每次 1.5 万英里航行中,一艘干净船体的油轮每次航行周期大约为 25 天。如果船体表面覆盖有一层超过 0.5 英寸厚的海生物，同样的一个航程就要 28 天。这三天的时间等于大约下降了 2kn 的速度，这额外三天的燃油消耗花费大约是 12.8 万美元。甚至一艘船如果只有轻微的表面粗糙，其结果在一个正常的航程中能增加燃油费用 10%～15%。另外如果航速增加，这个不利因素会更大。

水下清洗技术的发展分为三个阶段：手工操作阶段、机械操作阶段和机器人作业阶段。

1. 手工操作阶段

手工操作完成一艘船舶船体的清洗，由潜水员携带气动或液压清洁器，潜水员操作清洁器从船头到船尾的船体表面，并且完成整艘船包括抛光推进器和运转传动装置等工作。这种作业方式效率质量低、能见度低、作业强度和难度大、潜水员易疲劳、质量也不高，而且耗费大量人力。随着大型船舶特别是大型油轮的出现，手工操作已经不能满足高效率和高质量的要求。

目前深圳市德威胜潜水工程有限公司获得了 CCS、ABS 和 DNV 的资格认证，可以采用潜水手段提供包括水下清洗、水下维护以及水下检验等水下工程服务，最深作业水深为 108m。2007 年 4 月深圳市德威胜潜水公司从美国引进了两套水下刮船器，且在 5 月成功应用于 JHN 南海盛开号油轮的船体和推进器清洗，完成的清洗面积大约为 14 000m^2。

2. 机械操作阶段

该阶段是由专用的清洗器、涂装机等液压或气动马达带动一个毛刷完成大型船舶的清刷任务，由潜水员手持转刷，利用转刷产生的负压使之紧贴船体，推动器向前运动完成清洗任务，具有较高的工作效率。一般采用的都是先彻底除去船舶壳体表面的锈层、旧漆皮、附着的海生物，使船舶壳体全部露白以增加油漆的附着力，然后涂上防污油漆。国外较先进的除白工艺是利用高压射流技术，以 85L/min、200～250MPa 高压射流水对船舶表面进行高压水除白，该工艺特点是基本满足环保要求，彻底杜绝喷砂除白落后工艺，改善操作者作业环境，减轻劳动强度。

以德国 HAMMELMANN 船系统为例，船体清洗系统每小时除白面积可达 70m^2。其不足是高温、高湿天气施工困难，快速生成的二次浮锈是困扰高压射流水船体除白技术推广应用的主因，船用高压射流除白系统水质要求严格，清洗用水必须是淡水，每小时清洗用水 5.1 吨，清洗耗水量大，平均每除 1m^2 表面耗水 72.86kg。在全球倡导节能的趋势下，用水会面临更严厉的限制。清洗后的大量污水夹杂着锈皮、漆皮流入江海，造成附近水域的严重污染。国内个别企业的高压射流除白设备自购买后因解决不了二次浮锈技术难题，长年闲置。

3. 遥控机械或机器人作业阶段

以 ROV 作为载体平台，加装钢丝刷进行局部清刷，或者在 ROV 有剩余功率和有效载荷的前提下，加装高压水清洗装置进行大规模水下作业，为在恶劣的海洋环境下工作提供了保障。采用机器人清洗设备，可以在船舶锚泊或停靠码头时直接进行，一方面减少了船舶的停航损失，另一方面也使得船舶的燃油消耗大大降低，提高了经济效益，也缓解了船坞不足的问题。组织实施的水下清刷作业机器人主要以大型船舶为作业对象，对万吨以上级船舶的清刷，一般每艘需 4～16h，清洗费为 2 万～5 万元。

清洗机器人必须具备三大机能，即吸附机能、移动机能和清洗机能，清洗机器人一般由本体吸附或移动机构、驱动控制机构和清洗作业机构组成。一般来讲，清洗机器人吸附方式有真空吸附、磁吸附和推力吸附三类，移动方式有车轮式、履带式、多层框架式和腿足式四类，清洗方式有超声波清洗、激光清洗、水射流清洗、等离子清洗和机械力清洗四类。水下船体表面清洗机器人由机器人本体、驱动系统、控制系统和检测系统四个部分构成，如图 8-123 所示。

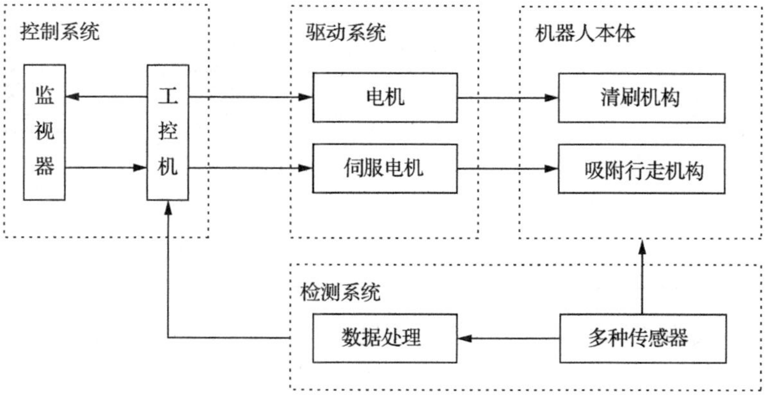

图 8-123　水下清洗机器人总体控制系统框图

哈尔滨工程大学在水下清洗机器人方面进行了多年的研究。2002 年哈尔滨工程大学投资 700 万元研制出国内首台可以为大型船舶洗澡的水下船体清刷、检测机器人(图 8-124)，并通过了专家鉴定。该机器人在遥控装置的控制下实现水上、水下爬行和船体清刷作业，可适应水下 20m 的作业环境，同时携带三套刷具，按照高、中、低三种速度，灵活稳定地前进、后退、左转和右转，一边运动一边清刷，并集成水下摄像系统、水下船体检测设备，可对水下船体表面进行检查和检测。船体清洗机器人由作业机器人和控制中心两大主体组成，并用“脐带”进行连接。该机器人在进行清洗作业时，从船舷通过绞车将清洗机器人放在船外侧的某个位置，吸在船表面，启动后开始按照程序所预定的轨迹向船体水下的部分行走。行进的同时，机器人前部的三个清洁刷旋转工作，所覆盖的区域即被清刷干净。

图 8-124 哈尔滨工程大学的水下清洗机器人

三种水下清洗方式的对比如表 8-12 所示。

表 8-12 船舶水下清洗技术对比

船舶水下清洗方案	清洗质量	清洗投资成本	清洗时间	环境污染
人工清洗	低	低	长	废弃物无法收回
机械清洗	高	低	短	喷砂环境污染大，高压射流耗水量大
机器人清洗	高	高	短	废弃物全部收回

天津港轮驳有限公司现有 27 艘各式轮船，2008 年总运营成本为 29 240 万元，总耗油量为 563.505 吨，大约是 337.5 万元（以柴油价每吨 5 990 元计算）。以机器人水下清洗可节省 6%的燃油来计算，天津港轮驳公司每年船舶节能的收益可达 20 万元左右。随着改革的深入，天津港轮驳公司到 2010 年港作船舶将达到 22 艘（最大功率为 3 678kW），引水船 3 艘，起重船 2 艘，辅助船 6 艘，共计 33 艘，节能空间巨大。采用机器人水下清洗，对一年燃油消耗量 1 000 万吨以上的远洋及沿海船舶来说，每年船舶节能的收益则达 2 亿元左右。

美国福禄公司推出的一种实现自动化高压水清洗的产品 HYDROCAT。清洗过程中，水及废弃物立即被真空装置吸走收集，经过滤器分离排出净水，废弃物集中处理。清洗过的表面马上干燥，避免了浮锈生成，可直接涂漆。

8.4.5　无压载水船舶

传统的船舶均设有压载水舱。压载水的用途有两个方面：当空载航行时，能使船舶保持一定深度的吃水；当载货航行时，通过调节各个压载水舱的压载水量，使船舶达到较佳的航行姿态。压载水对于船舶的安全航行起着非常重要的作用，但压载水的运输会增加船舶的能耗，而且任意排放会对海洋环境造成严重的破坏。图 8-125 展示了压载水从原始码头装载到目的地码头卸载的全过程。由于两地的自然环境差异，压载水中包含了许多从原始码头中装入的海生物，如果在目的地码头任意排放，势必会对该地的生态环境造成严重的破坏。

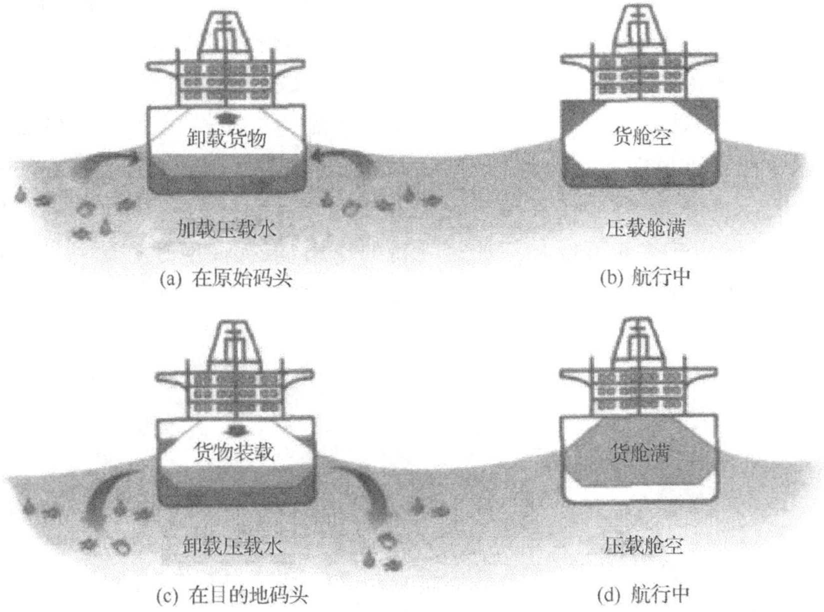

图 8-125　船舶压载水加载、卸载示意图

无压载水船舶无需压载水，或者在恶劣海况条件下只需少量压载水，因此具有很高的经济性和环保价值。目前主要的无压载水船舶设计理念有三种，分别是美国密西根大学研发设计的贯通流系统船体（Through-Flow System Hull）、日本造船研究中心（SRC）提出的 V 型船身设计方案（V-shape Hull）和荷兰代尔夫特理工大学（TUD）提出的单一结构船身设计方案（Monomaran Hull）[97]。

1. 贯通流系统

贯通流系统船体是目前各类无压载水船舶设计中最有创意的一种理念。2001 年，密西根大学的研究人员转变思维，认为压载水是为了减小船舶的浮力，而不是为了增加重量,并因此提出了无压载水船舶的概念。2004 年,密西根大学的米歇尔·帕森斯博士在美国造船与轮机工程协会年会上发表了关于无压载水船设计的论文,并着重讨论了贯通流系统船体技术[98]。

贯通流系统船体是指在水线下设置一个由大型管道组成的前后流通的管路系统,海水从船首进入,从船尾流出,通过选取合适的进水口和出水口,与船体表面形成良好和稳定的流场[99]。贯通流系统船体最大的优点是用流动缓慢的海水替代压载水,把压载水舱内的死水变成了纵向流动的活水,由于始终采用的是当地的海水,可以从根本上解决微生物、污染物在全球范围内扩散的问题。其最大缺点是,增加了船舶的湿表面积,对船舶阻力性能不利。

从成本方面看,贯通流系统船体所用钢材和相同尺度的传统货船相比有所增加,成本有所上升。新系统中采用大量的管路、阀门也将使建造成本进一步增加。但由于不再需要传统船舶的压载水处理系统,总的成本有所降低。

目前,美国密歇根大学成功研发出无压载水舱的货船模型,图 8-126 是该模型的示意图。科研人员在大型水池中对这种新型船舶进行了试验,结果表明这种船舶不仅能保持良好的稳性,而且由于船底安装的 2 条大型管道中海水自前向后流动,水流对螺旋桨推进器可以起到加速旋转的作用,能提高航速并达到节省燃油的作用。实验表明,最多可节省 7.3%的船舶动力。

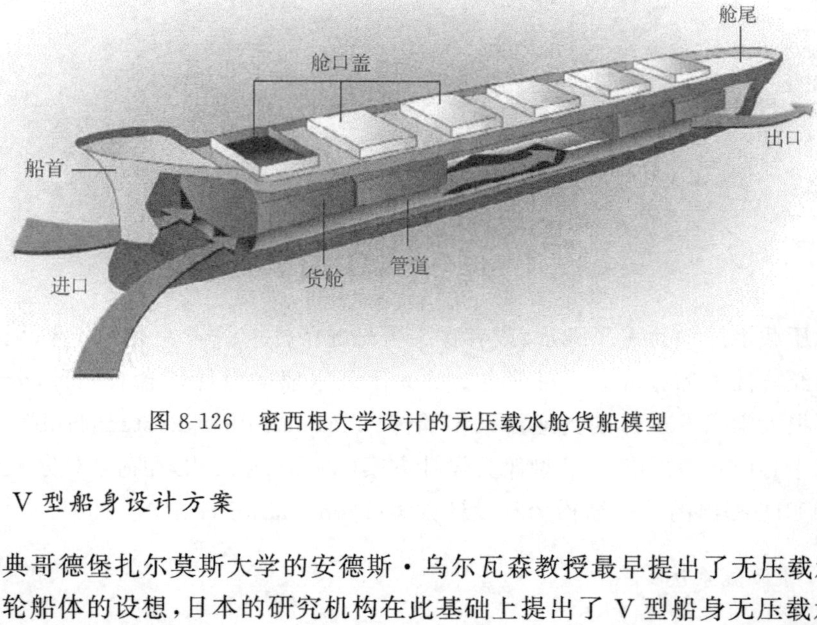

图 8-126　密西根大学设计的无压载水舱货船模型

2. V 型船身设计方案

瑞典哥德堡扎尔莫斯大学的安德斯·乌尔瓦森教授最早提出了无压载水舱超大型油轮船体的设想,日本的研究机构在此基础上提出了 V 型船身无压载水舱超大型油轮的设计理念[100]。2001 年,日本造船研究中心开始致力于开发无压载水舱船舶[101]。2003 年,该项目被提升为日本的国家工程项目。为了加快该船型的开发，三菱重工、日本船级社等单位联合成立了日本无压载水船舶设计建造研究所(No-Ballast Water Ship，NOBS)，着重研发 V 型 NOBS 船型[102]。

V 型船身设计理念是指将船底设计成沿船宽方向倾斜一定角度的形式，船底内船体重心位置与传统的方底或平底商船比较，具有更大的深度，从而可以实现当空载航行时，不使用压载水也可具有足够的吃水深度，这样就可以避免船首砰击和螺旋桨飞车。图 8-127 是 V 型船身设计方案的示意图。

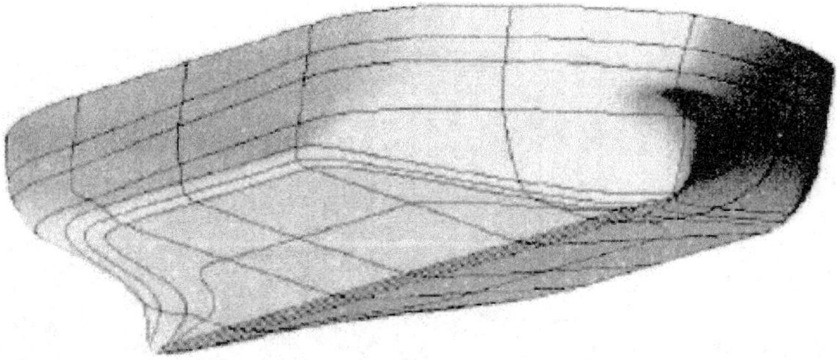

图 8-127　V 型船身设计方案

由于 V 型 NOBS 船自身的形状特点，可以有效降低船舶阻力。其设计理念的核心优势在于可使船舶免除配备造价昂贵的压载水处理系统，以及相关设备的维护和保养。但出于极端海况下航行安全的考虑，船上仍设置 2 个小型的备用压载水舱，可以根据海况条件，适时在备用水舱中打入压载水，确保航行安全。

日本造船研究所研究的 V 型船舶主要对象是苏伊士型油船和 VLCC，分别用 8 个模型进行了水池试验和结构计算，得到如下结论。

(1) NOBS 理念的油轮模型在正常海况与恶劣海况下，都能保证远洋航行的安全性。

(2) 传统船型在满载状态下的推进性能比 NOBS 理念船型稍好，而在空载状态下后者好于前者；NOBS 的平均航行性能比传统型高出 6.4%，主机动力和耗油量平均可节省至少 5%，减轻了对环境造成的污染。

(3) NOBS 理念船型操纵性满足 IMO 相关标准的要求。与传统船型比较，NOBS 船型具有更大的横摇阻尼，在设计时可以不设舭龙骨。由于船宽增加，横摇周期也增大，有利于改善耐波性能。

(4) 结构计算分析表明，NOBS 理念船型的船体具有足够的强度，满足规范要求。

(5) 由于船宽增加和船体一些部位需要局部加强，致使 NOBS 船体的建造钢料费用增加 10%左右。但综合来看，由于油耗减少、推进性能提高、压在水处理系统费用的节省，足以弥补结构材料费用增加造成的损失。

V 型 NOBS 船舶尽管不能完全消除压载水，但能够在相当程度上减少压载水所带来的种种问题。

3. 单一结构船身设计方案

单一结构船身设计方案由荷兰代尔夫特理工大学提出，其主要特点是通过在船舶底部设置一个向后开放的内凹，形成一个水流流通的通道，也可以认为是将船底中部的船体部分移到了两舷处，其示意图如图 8-128 所示[103]。

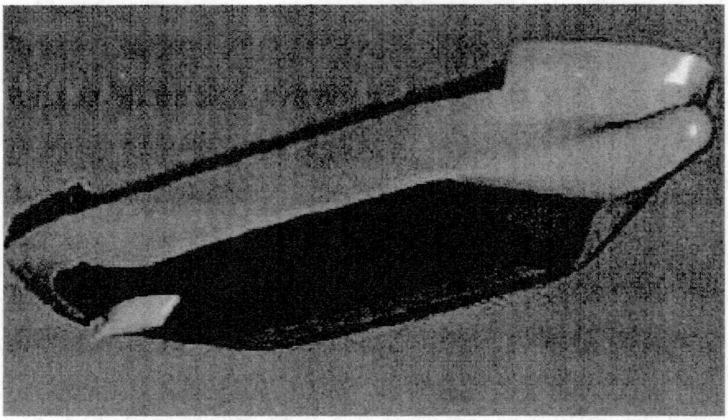

图 8-128　单一结构船身示意图

其主要优势体现在当船舶在轻载或空载航行时，也可以拥有较深的吃水，从而确保了航行时的稳性，避免或减轻了首底砰击、螺旋桨飞车等摇荡运动响应的程度。另一个优点是，主机废气排放不像传统型船那样直接向上排放到空气中，而是向下通过船底内凹，朝尾部方向排放。这样不仅产生利于减小阻力的空气润滑作用，而且也使废气中的一氧化碳、二氧化碳、各种颗粒状污染物和硫化物能够溶解于海水中，从而减轻对海洋空气和港口码头环境所造成的危害。

但与传统船型相比，单一结构船体与水接触的面积会增大很多，造成摩擦阻力大幅增加，油耗也随之增加。目前，荷兰代尔夫特理工大学试制成功一艘单一结构船身设计方案的样船，从最终试航的结果来看，载重量达到 4 000t，航速可以达到 14kn，不设压载水舱，其余各项参数基本达到了无压载水的设计指标。

4. 国内的研究进展

我国在研究无压载水船型方面起步较晚，到目前也仅有零散的相关介绍性文章，还没有成为一个研究系统。大连理工大学对 V 型船身设计方案研究较多，韦俊凯提出了 NOBS(V 型船身)船宽与底部倾角关系图谱，该图谱能够快速地确定 NOBS 任意底部倾角下的设计船宽，通过 ARX 对 AutoCAD 进行二次开发实现了

NOBS型线的快速设计，通过二次开发实现了不同底部倾斜角度下NOBS静水力性能、静稳性、大倾角稳性的快速计算[104]。郝宁珺校核两种船型(V型船身)的最小剖面模数，比较两种船型中横剖面等各项参数，分析引起参数变化的原因。以《双壳油船共同规范》和《CCS油船规范》为参考，对无压载船舶的设计进行验证，包括对于母型船和V型NOBS的船体梁极限强度以及舱段模型有限元强度的对比研究。根据分析结果，评价V型无压载船的结构特性的优缺点，也提出了设计修改意见[105]。华中科技大学的王琳等基于V型船体理论，通过船舶设计软件FREESHIP进行无压载水船设计，以一艘散货船为母型船进行实例变换，首次提出了确定船底倾角的方法和非平行中体部分型线变换新方法[106]。

8.4.6 洋流的利用

海洋表层海水由于海风、海水密度分布不均、陆地形状和地转偏向力的作用，会出现沿着一定方向作大规模流动的洋流，洋流的开发利用对海洋渔业、航运、排污和军事等都有重要意义。

1492年哥伦布第一次横渡大西洋到美洲，是逆着北大西洋暖流航行的，共花了37天的时间。1493年哥伦布第二次去美洲，是顺着加那利寒流和北赤道洋流航行的，结果只花了20天时间就顺利到达，比第1次少用了17天。此后，欧洲就经常利用这条航线去美洲。在船舶运输高度现代化的今天，若能熟悉和掌握洋流规律，仍有很大的好处——节约时间、缩短运转周期、节约燃料、减少事故。

美国爱克松公司在海洋气象局的帮助下利用湾流助航，收到了很好的效果。海洋气象局把通过人造卫星测得的湾流路线、流速(最大可达15kn)、主轴位置等资料提供给该公司。1975年，该公司的6艘船根据所获资料，在湾流最大流速区域向北航行；返航时则避开主流区，尽量靠近海岸南下。结果全年节约燃料油12 500多桶，资金36万美元。1976年，该公司决定全面使用卫星提供的洋流资料，对湾流进行更充分的利用，结果又节约了燃料油31 500多桶。

全球洋流的分布及特点请见本书第5章5.4节。

参考文献

[1] 王超峰. 国际海运业节能减排——各方在行动[J]. 航海，2010，(1)：2-4.

[2] 黄步松. EEDI的实施对船用柴油机的影响[J]. 交通节能与环保，2013，(5)：50-53.

[3] 费天昊. 基于低碳视角下的船舶节能[J]. 企业技术开发，2014，33(2)：174，176.

[4] 张宝吉. 船体线型优化设计方法及最小阻力船型研究[D]. 大连：大连理工大学博士学位论文，2009.

[5] 李干洛，罗维龙，谭政生，等. 节能船型设计[M]. 北京：国防工业出版社，1990.

[6] 黄胜，郭春雨. 船舶推进节能技术研究与进展[J]. 舰船科学技术，2007，29(1)：27-32.

[7] 林安平，余培文. 数种船舶节能技术性能分析[J]. 中外船舶科技，2009，(1)：21-23.

[8] 科海拾贝[J]. 航海，2005，(2)：43-44.

[9] 陈爱玲. 船舶节能减排动态研究[J]. 青岛远洋船员学院学报,2008,29(4):33-35.
[10] 李学军,苗飞,沈海龙. 基于 CFD 技术的节能舵球节能效果数值预报[J]. 船舶标准化工程师,2014,47(3):18-20.
[11] 杨海军. 高效螺旋桨与舵球组合使用节能效果分析[J]. 天津航海,2013,(3):12-14.
[12] 赵勇,赵天义,张伟,等. 更换定距桨实现船舶节能[J]. 世界海运,2005,28(4):5-7.
[13] 郭春雨,黄胜. 非线性涡格法预报桨后舵附推力鳍水动力性能[J]. 华中科技大学学报:自然科学版,2006,34(6):87-89.
[14] 钱文豪,赵汉魏,蔡跃进. 一种新型的船舶节能装置——桨前扇形整流鳍[J]. 船舶,1995,(4):27-32.
[15] 谢东维. 基于多工况船舶的螺旋桨计算机辅助设计[D]. 大连:大连理工大学硕士学位论文,2006.
[16] 黄少锋,黄国富,杨奕. 伴流补偿导管节能增效的 CFD 评估方法研究[J]. 中国造船,2012,53(S1):7-12.
[17] 陈学宁. 补偿导管节能技术的应用[J]. 中国水运,2005,(7):50.
[18] 郭灯,李铁骊,胡俊明. 螺旋桨毂帽鳍节能性能的数值模拟[J]. 中国舰船研究,2014,9(1):59-65.
[19] 何苗. 一体化节能推进装置的构型设计及水动力性能预报[D]. 哈尔滨:哈尔滨工程大学博士学位论文,2012.
[20] 林安平,余培文. 几种船舶节能技术性能分析[J]. 武汉船舶职业技术学院学报,2008,7(5):15-17.
[21] 李源. 船舶科技刮起绿色旋风[N]. 中国船舶报,2013-11-29.
[22] 张德尧. 低成本铝合金是车辆船舶首选的轻量化材料[J]. 稀有金属快报,2000,(2):7-9.
[23] 高阳. 天津港船舶主机余热利用节能途径分析[J]. 物流工程与管理,2009,31(11):91-92.
[24] 辛春安,蒋德志. 基于现代混合推进技术的船舶节能[J]. 青岛远洋船员学院学报,2006,27(2):29-32.
[25] 王宝泉,耿树彬. 我国船电技术概况及发展方向[J]. 中国造船,1988,(S1):125-129.
[26] 马智宏,孙培廷,王新全. 节能技术在船舶动力推进装置中的应用与发展[A]//2004 年大连国际海事技术交流会论文集(第一卷)[C]. 大连,2004.
[27] 任威,程向新,孔秀华,等. 利用柴油机余热改善客船空气调节质量[J]. 山东交通学院学报,2008,16(4):9-13.
[28] 于可真. 船舶余热热管吸附床最佳倾角试验研究[J]. 科技与企业,2013,(7):356,358.
[29] 杜双力. 太阳能热管沼气发酵加热系统研究[D]. 郑州:河南农业大学硕士学位论文,2013.
[30] 朱威力. 热虹吸管传热性能试验研究与理论分析[D]. 天津:河北工业大学硕士学位论文,2006.
[31] 乔国辉. 热管技术在高强化柴油机中的应用研究[D]. 北京:北京交通大学硕士学位论文,2007.
[32] 刘建华,黄凯旋. 高效节能型热管换热器在船舶上的应用[J]. 航海技术,1995,(6):54-56.
[33] 王振博. 船舶节能 高油价时代航运企业必走之路[J]. 中国远洋航务,2007,(5):71-73.
[34] 林奇,梁立民,简奔非. 燃料电池技术及其在船舶上的应用[J]. 广东造船,2003,(3):28-30.
[35] 李箭. 浅谈船舶节能和环保能源的利用[J]. 中国水运:理论版,2007,5(8):33-34.
[36] 朱伟琦. 未来 LNG 燃料船舶动力装置的选择[J]. 中国水运,2013,(3):50-51.
[37] 乔文典,赖招权,时国伟,等. 柴油和 LNG 混合动力技术在船舶上的应用[J]. 中国水运,2011,(12):54-55.
[38] 何建海,张建霞,胡以怀. 新型能源在船舶中的应用[J]. 中国水运(下半月),2012,12(10):76-77.
[39] 陈明康. 船舶主机轴带发电机和动力涡轮的节能与经济性分析[J]. 船舶工程,1989,(2):19-23.
[40] 李亮,刘以建,喻多祥. 船舶轴带发电机的发展与新方法的研究[J]. 船电技术,2009,29(5):5-9.
[41] 阳世荣. 船舶辅机节能控制与管理技术研究[J]. 中国造船,2012,53(S1):226-232.
[42] 徐立,刘杰. 船舶动力装置中的异步电动机变频调速节能技术[J]. 船海工程,2008,37(3):62-64.
[43] 阳世荣,王云鹤,吴团结,等. 船舶辅机电气设备节能技术研究[J]. 电气技术,2010,(8):182-184.

[44] 叶高文. 船舶节能新技术开发与应用研究[J]. 机电产品开发与创新,2007,20(6):106-107.
[45] 史学增,王伟勇,龚浩. 海水源热泵在船舶上的适用性分析[A]//2007 年学术年会论文集[C]. 上海,2007.
[46] 林淑华. 船舶电动机的节能技术[J]. 交通节能与环保,2009,(2):5-6.
[47] 赫伟建,黄晓光. 船舶使用岸电技术节能减排效果的探讨[J]. 交通节能与环保,2012,8(1):22-25.
[48] 倪受元. 风力发电讲座——第五讲 风力发电机组的独立运行和互补运行[J]. 太阳能,2001,(2):12-16.
[49] 吴新宪. 太阳能和风能在船舶上的应用分析[D]. 武汉:武汉理工大学硕士学位论文,2010.
[50] 陈鲁愚,陈顺怀,严新平. 大型远洋风帆助航船舶节能效率分析[J]. 船海工程,2010,39(6):121-123.
[51] 王元凯. 古今风帆[J]. 太阳能,1986,(3):14-20.
[52] 甘振海. 风筝帆助航技术研究[D]. 大连:大连海事大学硕士学位论文,2009.
[53] 施润华. 风帆助航实船推进性能分析[J]. 船舶工程,1989,(3):18-23.
[54] 曾向明,胡以怀,王友聪. 不同形状风帆的风洞试验[J]. 上海海事大学学报,2010,31(4):28-31.
[55] 王元凯. 风帆助航[J]. 太阳能,1986,(2):7-10.
[56] 蔡学廉,伍稷芳. 我国风能推进渔船[J]. 渔业机械仪器,1990,(5):41-44.
[57] 何建海,胡以怀,张建霞,等. 风帆驱动控制策略的研究[J]. 液压与气动,2014,(4):85-88.
[58] 入沢登美男,王宝姊. 装帆商船"新爱德丸"的液压系统[J]. 国外舰船技术(特辅机电设备类),1985,(5):25-28.
[59] 席龙飞. 世界上第一艘实用化的节能装帆商船"新爱德丸"[J]. 武汉造船,1981,(4):90-93.
[60] 张云彩,盛振邦. 圆弧型风帆空气动力性能的试验研究[J]. 中国造船,1983,(4):3-12.
[61] 汪先义,陆金辛. 我国第一艘 200 吨级风帆助航船在南京试航成功[J]. 江苏船舶,1985,(2):65.
[62] 何建海,胡以怀,张建霞,等. 风能在船舶上的应用现状及展望[J]. 船舶工程,2013,(5):112-115.
[63] 黄建岗. 开放式运动控制技术的研究[D]. 天津:河北工业大学硕士学位论文,2005.
[64] 胡以怀,薛树业,何建海. 风帆助航技术实船应用的若干思考[J]. 船舶工程,2014,(3):41-44.
[65] 李文博. 风帆训练舰线型设计与航行性能研究[D]. 哈尔滨:哈尔滨工程大学硕士学位论文,2010.
[66] 祁斌. 风动力船舶研发动向[J]. 中国船检,2013,(6):78-83.
[67] 刘蔼芳. 风帆船技术的发展及存在的问题[J]. 船舶节能,1999,(2):8-12.
[68] 全球首艘用风筝拉动的货轮起航[J]. 发明与创新:综合版,2008,(1):38.
[69] 冯立权,张桂兰. 浅谈郑和船队下西洋对季风和洋流的利用[J]. 地理教学,2009,(3):4-6.
[70] 卢晓平,魏光普,张文毓. 太阳能动力船舶发展综述[J]. 海军工程大学学报,2008,20(4):45-50.
[71] 吴立平. 珠海造太阳能游艇启运美国[N]. 中国船舶报,2008-09-17.
[72] 柳莺. 中国应尽早进入船舶新能源市场[N]. 中国船舶报,2008-08-15.
[73] 严新平. 新能源在船舶上的应用进展及展望[J]. 船海工程,2010,39(6):111-115.
[74] 李进. 太阳能在船舶动力装置中的应用与前景[J]. 船海工程,2010,39(4):70-72.
[75] 徐宏伟. 船用太阳能光伏接线盒设计[J]. 机电设备,2010,27(5):17-19.
[76] 唐丽华,陈祝平,傅小明. 基于 PEMFC 的船舶新动力系统[J]. 造船技术,2008,(4):35-36.
[77] 王传荣. 氢能——未来船舶的推进动力? [J]. 船舶物资与市场,2007,(3):24-26.
[78] 张珂. 生物柴油混合燃料对重型柴油机燃烧及排放的影响规律[D]. 长春:吉林大学硕士学位论文,2009.
[79] 胡以怀,张华武,杨少波,等. 生物柴油在船用发动机上的应用探讨[J]. 中国航海,2010,33(3):39-41.
[80] 刘洋. 生物柴油在压燃式发动机上的应用研究[D]. 长春:吉林大学硕士学位论文,2007.
[81] 王忠,袁银南,历宝录,等. 生物柴油的排放特性试验研究[J]. 农业工程学报,2005,21(7):77-80.

[82] 夏萍，刘伟伟，印菘，等．生物柴油的燃烧特性及排放标准[A]//现代农业理论与实践——安徽现代农业博士科技论坛论文集[C]．合肥，2007.
[83] 柴保明，谷兴海．柴油机燃烧生物柴油试验研究[J]．车用发动机，2008，(S1)：45-47.
[84] 张署．船舶营运航速的优化分析[D]．上海：上海海事大学硕士学位论文，2004.
[85] 陈宝忠，傅爱庆，孙永明．船舶减速航行与主机减额输出节能技术的分析研究[J]．中国航海，2005，(1)：84-88.
[86] 张泉乐．运输船舶营运经济性分析与研究[D]．武汉：武汉理工大学硕士学位论文，2004.
[87] 许加榜．浅谈船舶减速航行与节能[J]．船舶节能，2001，(2)：36-37.
[88] 邢丹．减速航行是与非[J]．中国船检，2013，(6)：19-22，130-131.
[89] 刘宝亮．壳牌：减速航行正在成为航运业趋势[N]．中国经济导报，2011-12-01.
[90] 茆萍．全球船舶遭遇航速"跳水"[N]．中国船舶报，2008-08-15.
[91] 许欢，刘伟，徐梦洁．船舶减速航行的现状、减排效果及产生的问题[J]．交通企业管理，2013，28(9)：46-47.
[92] 郭庆永．基于驾驶人员技能的船舶节能措施探讨[J]．能源与环境，2009，(6)：35-36.
[93] 颜世顺，宣华．从海务管理角度谈船舶节能工作[J]．航海技术，2002，(5)：30-31.
[94] 李敏．水下清洗技术在天津港船舶节能的应用[J]．物流工程与管理，2009，31(9)：104-105，107.
[95] 王丽慧．水下船体表面清刷机器人及相关技术研究[D]．哈尔滨：哈尔滨工程大学博士学位论文，2002.
[96] 金海涛．水下船体表面清刷机器人控制系统的研究[D]．哈尔滨：哈尔滨工程大学硕士学位论文，2003.
[97] Kotinis M，Parsons M G，Lamb T，et al. Development and Inves Tigation of the Ballast Free Ship Concept[M]. New York：Society of Naval Architects and Marine Engineers，2005.
[98] 顾敏童．船舶设计原理[M]．上海：上海交通大学出版社，1988.
[99] Takagi A. The Ultimate Solution[M]. Tokyo：Shipbuilding Research Center of Japan，2006.
[100] Taylor T E，Kerwin J E，Scherer J O. Waterjet Pump Design and Analysis Using a Coupled Liftingsurface and RANS Procedure[M]. London：The Royal Institution of Naval Architects，1998.
[101] 翁石光．船舶压载水对生态环境的威胁及其对策的探讨[J]．航海技术，2005，(5)：36-38.
[102] 张荣忠．日本造船研究所船舶无压载水革新设计[J]．世界海运，2007，(4)：31-33.
[103] 赵桥生，张铮铮．无压载水舱船舶的研究进展[J]．舰船科学技术，2009，(7)：27-28.
[104] 韦俊凯．V型NOBS方案设计方法研究[D]．大连：大连理工大学硕士学位论文，2009.
[105] 郝宁珺．新概念船型NOBS的结构特性研究[D]．大连：大连理工大学硕士学位论文，2010.
[106] 王琳，解德．基于FREESHIP的V型无压载水船研究[J]．中国造船，2013，(4)：10-18.